普通高等教育"新工科"系列精品教材

 石油和化工行业"十四五"规划教材

U0268576

催化理论与计算

Catalysis
Theory
and
Computation

冯　刚　主编

王建成　岑望来　卢章辉　王　涛　周　健　副主编

 化学工业出版社

·北京·

内容简介

随着化学理论的不断发展和计算机技术的进步，理论与计算化学将在催化领域发挥越来越重要的作用。为此，本书详细介绍了工业催化理论与计算化学基础知识，讲解如何采用理论计算的方法解决催化实践中的问题，阐述了催化科学与技术的发展态势，以及催化实践对理论计算的需求。

全书共分 12 章：第 1 章催化概述、第 2 章催化基础理论、第 3 章计算方法与软件、第 4 章负载型催化剂、第 5 章分子筛结构特性及催化反应机制的理论计算研究、第 6 章二维纳米催化材料、第 7 章电化学催化、第 8 章光催化、第 9 章理论计算在石油与天然气催化转化中的应用、第 10 章理论计算在煤转化中的应用、第 11 章理论计算在生物质转化中的应用、第 12 章理论计算在环境催化中的应用。

《催化理论与计算》可作为高等院校化学、应用化学、化学工程与工艺及相近专业高年级本科生、研究生的教材或教学参考书，亦可供从事有关科研、设计及生产的科技人员及工程技术人员阅读参考。

图书在版编目（CIP）数据

催化理论与计算 / 冯刚主编. —北京：化学工业
出版社，2022.1（2025.1 重印）
普通高等教育"新工科"系列精品教材
ISBN 978-7-122-40137-3

Ⅰ. ①催⋯ Ⅱ. ①冯⋯ Ⅲ. ①催化机理-高等学校-
教材②催化-计算-高等学校-教材 Ⅳ. ①O643.3

中国版本图书馆 CIP 数据核字（2021）第 213836 号

责任编辑：徐雅妮　　　　　　　　　文字编辑：黄福芝　陈小滔
责任校对：张雨彤　　　　　　　　　装帧设计：刘丽华

出版发行：化学工业出版社（北京市东城区青年湖南街 13 号　邮政编码 100011）
印　　装：大厂回族自治县聚鑫印刷有限责任公司
787mm×1092mm　1/16　印张 22¾　字数 565 千字　2025 年 1 月北京第 1 版第 4 次印刷

购书咨询：010-64518888　　　　　　售后服务：010-64518899
网　　址：http://www.cip.com.cn

凡购买本书，如有缺损质量问题，本社销售中心负责调换。

定　　价：69.00 元

版权所有　违者必究

《催化理论与计算》编写人员

主　编：冯　刚

副主编：王建成　岑望来　卢章辉　王　涛　周　健

编　审：张荣斌　于小虎　罗其全　李　强

编　者：（按姓氏拼音排序）
　　　　岑望来　陈　伟　冯　刚　付　强　江　凌　焦　研　金诚开
　　　　孔祥涛　李　强　李　哲　刘志强　卢章辉　罗其全　孟　宇
　　　　邱　岳　萨百晟　石　鎏　王建成　王　涛　王阳刚　叶闰平
　　　　易先峰　于小虎　张荣斌　张卫兵　张　雪　郑安民　周　健

前　言

　　催化是支撑国民经济可持续发展的关键技术之一，发挥着重要的作用。近年来，以解决催化领域关键科学与技术问题为目标，催化理论与计算相关研究得以蓬勃发展，成为化学领域发展较为迅速的一个学科分支。这些研究工作加深了人们对催化现象微观层次的认识，助推催化研究逐渐进入"分子工程"研究的新阶段。随着化学理论的不断发展和计算机技术的进步，可以预期，理论与计算化学将在催化领域发挥越来越重要的作用。

　　采用理论计算的方法解决催化实践中的问题需要多学科交叉合作。首先要在工业催化实践中提炼出关键科学问题，其次要将这些问题抽象为简洁通用的化学反应模型，再进一步转化为可用数学运算解决的科学模型，并采用高性能计算机辅助计算加以解决，最后将运算结果用化学的语言表述出来，并用于指导催化实践。

　　党的二十大报告指出"科技是第一生产力、人才是第一资源、创新是第一动力；培养造就大批德才兼备的高素质人才，是国家和民族长远发展大计。"目前我国尚缺乏较为系统地讲解催化理论与计算的教材。本书编写的初衷正是为催化专业人才的培养提供一本较为全面的参考书。本书详细讲解了理论与计算化学基础知识，通过实例启发读者如何使用理论与计算化学这一方法解决制约催化反应效率提升的关键科学问题。本书还介绍了催化技术的发展，以及催化实践对理论计算的需求。

　　本书各章编写工作的主要负责人分别是：第1章，王建成；第2章，焦研；第3章，于小虎；第4章，冯刚；第5章，郑安民；第6章，罗其全；第7章，王涛；第8章，岑望来；第9章，张荣斌；第10章，李哲；第11章，李强；第12章，岑望来；总结与展望，周健。本人主要负责确定本书的编写思想、制定各章节的主要内容以及统稿等工作。

　　值此付梓之际，特向各位支持及参编的老师致以感谢。并特别感谢指引我走上催化道路的导师——太原理工大学高峰教授，中国科学院山西煤炭化学研究所 朱珍平 研究员、焦海军研究员和霍春芳研究员，德国柏林洪堡大学 Joachim Sauer 教授和西班牙催化与石油化工研究所 Verónica Ganduglia-Pirovano 教授，是他们指导我走上了理论催化的研究方向。感谢中国石油化工股份有限公司上海石油化工研究院孔德金教授，在他的指导下我学习了一些工业催化的研发知识。感谢国家自然科学基金委、中国石油化工股份有限公司上海石油化工研究院、江西省教育厅、江西省科技厅等单位对本人科研和教学工作的资助和支持，这使我能够潜心催化研究和教学工作。本教材的出版还得到了南昌大学本科教材出版资助项目的支持。

催化科学与技术涉及和包含的知识非常广，本书将重点放在关于多相催化的实例分析和理论计算上，对均相催化着墨不多。此外，由于编者水平有限，本书难免存在疏漏，希望使用本书的同行不吝提出批评和修改意见，我们将在后续的版本中努力更正。

冯　刚

2021 年 8 月

目　录

第4章　负载型催化剂 / 108

第5章　分子筛结构特性及催化反应机制的理论计算研究 / 154

第1章

催化概述

从广义的角度，一切以一种事物改变另一事物变化速率的现象，皆可称之为"催化"，前面这一事物叫"催化剂"，后面的事物就是"反应物"。以此来看，自然界中的催化现象先于人类，甚至先于生命产生。我们暂无法探明自然界中的催化现象对宇宙演化、生命起源及人类社会造成的深远影响，但从人类记载的历史中[1]，我们可以追寻到人们对催化现象的认识和利用极大地改变了人类社会的发展。可以想象，应该是早在有"催化"文字之前，人们就已经试图采用一些古老的催化技术来改善生活，如：早期农耕用腐烂的植物等施肥，冶炼金属以及酒和醋的酿造等。中世纪时，炼金术士用硝石和硫黄为原料制造硫酸；13世纪，人们发现用硫酸能使乙醇变成乙醚，直到19世纪，产业革命有力地推动了科学技术的发展，人们陆续发现了大量的催化现象，催化对人类社会的影响也越来越大。

第一次世界大战前后，社会发展对生产力进步提出了更高的要求，人们亟需采用化工技术来提供更多的产品来满足人类需求。在这一期间极大地刺激了化工技术，尤其是催化技术的发展，1909 [Friedrich Wilhelm Ostwald（1853—1932）] 和1912 [Paul Sabatier（1854—1941）] 年诺贝尔奖全都颁发给了在催化领域做出重大贡献的人。这段时间中最具代表性，对人类影响最大的，要数德国犹太科学家 Fritz Haber 发明的合成氨催化技术，使人类从此摆脱了农业依靠天然氮肥的被动局面，从而极大地加速了世界农业的发展，Haber 因此获得1918年的诺贝尔化学奖。该技术的发明，一方面解决了农业氮肥来源问题，提升了粮食产量，促进了人类社会发展；另一方面，合成氨技术开辟了以氨为基础，将氨氧化制备硝酸盐来制取炸药的技术路线，摆脱了利用智利的硝石制造炸药的制约，加速了战争的进程。

随着石油化学工业的发展，利用催化方法制备油品、烯烃、芳烃、合成树脂、合成纤维、合成橡胶等的技术不断涌现，提供了方便人们生活的各种日用品。催化不仅解决了生活和生产过程中出现的许多难题，也让人们的视野变得更加开阔，有效地推动了近代产业革命的快速发展。至今，催化在支撑国民经济可持续发展中发挥着极其重要的作用，催化对于国民经济生产总值的直接和间接贡献已高达 $20\%\sim30\%$。

在人们以产品生产为目的开发催化技术的同时，为了指导工业生产实践，对催化现象的理性思考也促使了催化反应基础理论的逐渐形成。在物理化学发展的过程中，随着热力学和动力学理论的形成，有关催化的理论取得了快速发展。1894年 Ostwald 在有关催化的表述中提出了在可逆反应中，催化剂仅能加速反应平衡的到达，而不能改变平衡常数；并提出凡能改变化学反应的速度而本身不形成化学反应的最终产物的物质，就叫做催化剂。这些理论奠定了人们对催化现象理解的基础。

在早期人们研究催化的过程中，催化化学是一门实验科学，人们对催化现象的所有认识都是源自实验观察。20 世纪初期以后，随着量子力学、统计热力学等理论的出现，人们认识物质世界的方法产生了巨大的变革，从原来实验研究逐渐转变为理论预测与实验观测相结合。尤其是随着计算机技术的不断突破，采用超级计算机运行量子力学及分子动力学程序研究物质结构变为可行，计算化学在分子和原子水平研究催化反应机理方面展现出了极大的优势。基于实验需求构建合理的理论模型，通过计算来研究分子和原子层面的化学信息，并结合先进的谱学表征方法如红外、拉曼、X 射线光电子能谱（X-ray Photoelectron Spectroscopy，XPS）、核磁（Nuclear Magnetic Resonance，NMR）等，研究反应机理，促进有关催化的理论不断完善，并为化工过程设计提供基础数据，缩短工业催化技术的开发周期，计算化学显示出了其强大的功能。

可以预见，随着计算方法的不断革新和计算机技术的不断进步，计算化学将在认识催化现象方面发挥出更为重要的作用。以工业催化实践需求为驱动，采用计算化学研究催化现象并形成规律性的认识，并将这些理论应用于工业催化实践，必将对工业催化剂开发及反应工程的设计提供重要的支撑，这对催化学科和化工行业的发展必将产生深远的影响。

1.1 催化发展概述

催化现象可能在宇宙诞生之初就存在，在人类社会初期就为人所知，但当时人们对于催化现象的认识并不深入，对催化现象的特点和原理并不清楚。在当代，催化技术在我们社会绝大多数化学制品生产中扮演着一个核心的角色。

"催化"一词由 Berzelius（1779—1848）于 1835 年提出，来自希腊语单词"kata"，意思是"向下"，而"lyein"的意思是"放松"。根据 Berzelius 的定义："催化"意指"施加于其他物体上的一种作用，这种行为与化学亲和力不同。通过这一作用可以使物质分解，并形成新的原料中不存在的化合物。"[2] 根据 Kilani 和 Batis 的说法[3]，18 世纪末 19 世纪初，通过少量外来物质影响各类化学反应的相关实验数据的积累，人们考虑在化学亲和势理论框架之外解释"催化"现象。

1894 年，德国化学家 Ostwald 给出了最早的催化剂的定义："催化剂是一种可以改变化学反应速率，而不存在于产物中的物质。"19 世纪初，许多金属，特别是铂的催化性能已经引起人们的注意，并被广泛研究；在对均相催化原始的表述中使用了"不稳定的中间体"这一说法；到了 19 世纪 30 年代，这一概念逐渐清晰并被赋予了现在的名称，有关吸附的理论也逐渐被提出。

1.1.1 早期催化现象研究

早期关于催化的研究主要围绕生物质的发酵和一些贵金属的催化现象展开。人类早期就知道用糖发酵酿酒。已知的第一次使用无机催化剂是在 1552 年 Valerius Cordus（1514—1554）用硫酸催化乙醇转化为乙醚[4]。在 1781 年 Antoine Augustin Parmentier（1737—1813）观察到马铃薯淀粉与蒸馏水和酒石（酒石酸氢钾）混合，几个月后获得有甜味的东西。Parmentier 在 1781 年还发现，如果加入乙酸，这种甜味更明显。Johann Wolfgang Döbereiner（1780—1849）对这一反应进行了更深入的研究，他发现溶解在水中的淀粉会发酵成酒精，并认为淀粉首先转化为糖。他还发现了二氧化锰对氯酸钾热分解的催化作用，并以此来制备氧气[5]。

1811 年，Sigismund Konstantin Kirchhoff（1764—1833）发现，用无机酸加热淀粉的水溶液，使其变成胶状物、糊精和葡萄糖，这些酸不会被反应消耗，也不释放气体，且使用的酸可以被回收利用。1833 年，Anselme Payen（1795—1871）和 Jean-François Persoz（1805—1868）发现，Kirchhoff 发现的淀粉转化是由于一种叫做淀粉酶的特殊物质的作用，且加热到 100℃ 会使淀粉酶失活。1858 年，Morris Traube（1826—1894）研究发酵和腐烂的现象，并得出"相关的催化剂是蛋白质物质与水反应产生的化合物"的结论，其起作用方式与有机物中出现的发酵相同。所有这些发酵都具有把吸收的氧气转移到其他物质中去的能力，再被还原、再吸收新的氧、再转移氧往复循环。通过这种方式，所有的发酵都可以将游离的或结合的氧气近乎无限地转移到其他物质中去。直到 1878 年 Willy Kühne（1837—1900）建议将生物催化剂命名为酶。

在 18 世纪末期，Johann Rudolph Deiman（1743—1808）、Adrien Paets von Trootswijk（1752—1837）、Anthoni Lauwerenburg（1758—1820）、Nicolas Bondt（1765—1796）和 Pieter Nieuwland（1764—1794）报道了可以通过 75 份浓硫酸处理 25 份乙醇且不需要外部加热来制备乙烯，也可以将乙醇或乙醚蒸气通过含有氧化硅和氧化铝的玻璃管或黏土管来制备。这一研究被 Antoine Francois de Fourcroy（1755—1809）在 1796 年 12 月 16 日公开的一份报告中提及，由于其重要性，后来被发表在《Journal des Savants Etrangers》上。

1817 年，Humphry Davy（1778—1819）报道了通过提高温度来提高煤气和空气的气体混合物的燃烧极限的研究，意外地发现氧气和煤气与灼热的金属丝接触时，不会产生火焰，但会产生足够的热量来保持金属丝燃烧，同时维持自身的燃烧，只要比点火温度低得多的温度就能产生这种奇怪的现象。这种现象在一些易燃物质如：乙醚、乙醇、松节油和石脑油中同样存在，但是只有铂和钯可以产生，铜、银、铁、金和锌就不会产生这种效果。Humphry Davy 认为这一发现可以用来制造防爆灯，用于采矿作业。这一发现被认为是两种气态反应物在金属表面发生反应，而金属不会发生化学变化的第一个确凿证据。

1820 年，Edmund Davy（1785—1851）报告说，将硫酸铂与乙醇或乙醚的混合物煮沸，会沉淀出呈细碎粉末状态的黑色物质，加热粉末产生微弱的爆炸，伴随着红光和铂的还原。这种粉末无味，对石蕊试纸不敏感，暴露在空气中一段时间似乎不会发生变化。当它在铂片或纸片上被轻轻加热时，会产生嘶嘶声或微弱的爆炸并伴随着红光的闪光，铂被还原。当粉末与氨气接触时，会产生噼啪声，变成红色并起火花；氧气与空气对粉末在常温下的影响差不多，但氧气下适度加热会有轻微的燃烧，这似乎表明存在少量易燃物质。Edmund Davy 用这种现象来提供光和热：只需用酒精润湿任意多孔物质，如海绵、软木棉、石棉、沙子等，并让粉末颗粒落在被润湿的物体上，它立即变得炽热，并一直保持这种状态，直到被消耗殆尽。

Louis-Jacques Thenard（1777—1857）发现所有含糖果汁在自发发酵过程中，都会沉积一种类似啤酒酵母的物质，这种物质具有使纯糖发酵的能力。他认为这种酵母是一种自然界的动物，因为它含有氮，蒸馏后产生氨。这一现象引起了 Thenard 的思考，所有有关发酵的知识都表明糖类通过中间物能转化为乙醇和二氧化碳，但是仍不明白中间物是如何对糖起作用的？

1820 年，当 Thenard 研究金属屑对过氧化氢的影响时，他将这一现象与发酵中酵母的作用进行了比较。后来 Thenard 了解到 Döbereiner 的研究结果，发现通过简单接触即可分解过氧化氢的材料同样能够促进氧和氢之间的反应。Pierre-Louis Dulong（1785—1838）和 Thenard 验证了 Döbereiner 的结果。他们发现海绵钯也能点燃氢气；高温加热的海绵铱也能实现这种反应并生成水。氢气和 NO_2 或氢气和 NO 在海绵铂的存在下，在室温中反应生成水和氨。Dulong 和 Thenard 还报道了当海绵铂与混合的空气和氢气接触时，它会变得炽热。在室温下，若铂的形态为非常细的粉末、金属丝或金属薄片，反应会不发生或者很慢。尽管这些结果似乎表明金属的多孔性是这种现象发生的必要条件，但 Dulong 和 Thenard 把铂还原成非常薄的薄片，发现在这种状态下，金属在室温下也对氧和氢的混合物起作用；当薄片变得更薄时，反应更剧烈，甚至发生爆炸。一个非常薄的铂片卷在一个玻璃圆筒上，或者自由地放在一种爆炸性混合物中，即使在几天之后，也没有产生任何明显的效果，但是同样的铂片被弄皱和掩埋可以立即引爆混合物。

Davy 认为上述现象是流体之间相互作用的结果，没有考虑容纳它们的容器的性质。而 Dulong 和 Thenard 的观点认为：燃烧需要可燃物质在不同温度下与不同固体物质接触才发生。所有的这些观察揭示了一种用当时任何已知理论都无法解释的现象。Dulong 和 Thenard 试图研究电是否在这些现象中起作用，但他们只能通过一个纯电源的假设来解释大多数观察到的效应。

Döbereiner 需要铂来制造耐化学性的实验室器皿，从而引发了其对多相催化的兴趣。为了获得这种金属用于实验室器皿的制造和回收伴生金属，所以自 1812 年起，Döbereiner 开始同时开采两个美国铂矿。1821 年，Döbereiner 重复了 Humphry Davy 和 Edmund Davy 的实验，发现铂黑（他称之为 platinschwarz）使乙醇在室温下与大气中的氧气结合，形成乙酸。一个最重要的事实是，铂不仅完全将醇氧化成乙酸，而且在反应中铂保持不变，这一发现表明铂可直接用于乙醇生产醋。Döbereiner 正确地认为这一重要发现是由于铂的活性。起初，他认为铂是一种次氧化物，且铂次氧化物在乙醇转化过程中不会发生任何变化，可以立即再次用于酸化新鲜的乙醇，这一事实允许其用于大规模的乙酸制备。

1823 年，Döbereiner 通过燃烧六氯铂酸铵（V）制备了海绵铂，并有了一个引人注目的发现。在海绵上直接喷射氢气，氢气从储气罐通过一个长度为 4 厘米的毛细管（用以与空气混合）喷出，金属立即变红至白热，随即氢气燃烧。这种现象在室温即可发生，甚至在 $-10℃$ 都可以[5]。这一发现可以用于在没有燧石和火绒的情况下生火，当时引起轰动，并立即被众多化学家和物理学家的检验证实。这种低温下细铂粉末具有合并氧和氢的能力的现象，在当时被认为是"最重要的最伟大的发现"[5]。在当时，没有简单的方法生火，Döbereiner 的发现立即投入使用，氢灯也被称为 briquet rihydrogèydr（氢打火机）或 Döbereiner Feuerzeug（Döbereiner 灯）。Döbereiner Feuerzeug 曾被用于照明达 100 年之久，直到后来被磷火柴取代。

1832 年，Döbereiner 发现二氧化硫可以在铂存在的条件下被空气氧化成三氧化硫，但是这一发现的工业应用已被布里斯托尔的食醋商人 Peregrine Phillips 所预见，并在 1831 年已经获得了制造硫酸的英国专利。1838 年，Kuhlmann 申请了一项通过在玻璃或其他耐酸材料上负载铂金属屑来氧化硫生产硫酸的专利[5]。

William Henry（1774—1836）是第一个研究铂基催化剂失活的人。Henry 发现某些物质（例如硫化氢和二硫化碳）可以抑制氢气的燃烧，并且铂催化剂对甲烷和乙烯的燃烧活性低于氢气和一氧化碳。凭借这一新发现，Henry 基于铂催化剂对不同气体有不同反应活性，开发了用来分离和分析可燃气体的方法。

Henry Sainte-Claire Deville（1818—1881）在对分解现象进行研究的时候也做了一些催化方面的工作。例如，他发现在真空下加热氰化钾与湿空气的混合物到 $500\sim600℃$ 时，压力会增加到大约 1/2 大气压（1 大气压＝101.325kPa），并维持数小时。但是如果氰化钾先与铂海绵混合，会产生大量的氢气，并形成钾和铂的双氰化物。

尽管已经确定很多金属都有催化作用，但最令人感兴趣的仍然是铂，大部分的研究工作主要集中于铂。Sabatier 在他关于催化的专著中总结了有关铂的一些结果：铂只有在制成海绵铂时才表现出这种催化特性；当它被细分为锉屑、金属丝或车削屑时只要先略微加热也可以实现。许多实验使人们认为，铂越分散，这种催化活性越强。如果在煅烧之前将少量碳酸钠和糖加入煮沸氯铂酸盐的水溶液，能使铂活性增加得更多，氯铂酸盐完全分解生成黑色粉末状金属沉淀。这种粉末比海绵铂活性更高，它迅速吸收氢气，其中的最小颗粒可导致氢气和空气混合物瞬间点燃。这种黑色铂黑粉末可以迅速分解过氧化氢，使过氧化氢剧烈分解成氧气和水，而铂黑不吸收释放的气体且不失去其活性。到了 1900 年，铂的这种性质也在其他金属（如铜和铁）、金属氧化物（如二氧化锰）、碳、某些酸等物质中被发现。

1896 年 Henri Moissan（1852—1907，1906 年诺贝尔化学奖得主）和 Moureu 将乙炔通过刚用氢气从氧化物还原为金属态的铁、镍、钴的薄片时观察到明亮的白炽光。他们当时认为这种反应是由物理效应造成的，还原的铁、镍或钴的孔道非常多，吸附乙炔，产生的热量足以导致乙炔结构的破坏。Sabatier 和 Senderens 用乙烯代替乙炔重复了这些实验，乙烯是一种比乙炔活性弱的烃，但他们发现实验可以获得近乎纯净的甲烷。Sabatier 和 Senderens 认为镍和乙烯之间形成了一种不稳定的结合，类似于羰基镍，然后这种结合体会变成碳、甲烷和镍，并能够一直重复同样的过程，还原性的镍似乎具有促使乙烯加氢的功能。他们认为，这一结果"当然应该归因于这一由镍和乙烯直接特定结合产生的临时物种"。

Sabatier 和 Mailhe 发现一些金属氧化物不能用作加氢和脱氢的催化剂，但是可以作为水合和脱水的催化剂。他们还观察到无定形氧化物比结晶氧化物更有利于脱氢或脱水。通过煅烧可以改变活性中心的性质和分布以减少活性表面。这是第一个烧结效应的例子，后来被用来标定催化剂的活性。

在催化领域的众多研究工作中，Sabatier 和他的学生研究发现了许多金属无论单独或负载都具有独特的催化活性，特别是镍和铂族元素，尤其是对于加氢反应的活性，这一发现最终为石油化工的快速发展奠定基础。Sabatier 在这一领域的基础研究和工业课题的工作构成了当代关于催化和催化剂理论的基础，这也是当今石油化工的工业基础。Sabatier 和 Jean-Baptiste（1856—1937）发现了催化加氢，这一发现使 Sabatier 获得了 1912 年诺贝尔化学奖。金属加氢催化剂（尤其是镍）的存在使大多数分子被加氢成为可能。

当前铂/γ-氧化铝催化剂十分重要。近年来，负载的贵金属催化处理汽车尾气已经被广泛应用。对尾气有催化作用的金属组合包括铂铑、铂钯和铂钯铑。这些应用对金属材料的需求占了铂年产量的三分之一以上，铑年产量的五分之四以上。

1.1.2　20 世纪初期至第二次世界大战期间的发展阶段

在早期对催化现象研究的基础上，20 世纪初期人们在催化领域取得了更大的成就。这一阶段不仅在催化基本理论方面有所突破，更有不少成功的工业催化应用典范。表 1.1 列出了该阶段的一些代表性工业催化技术。

这一时期内，人们研究的催化剂范围得以拓宽，开发了一系列重要的金属催化剂，对催化剂活性组分的认识也由金属拓宽到氧化物，且催化剂的使用规模扩大。并尝试利用较为复杂的配方来开发和改善催化剂，包括用提高分散度的方法来提高催化活性，开发一系列催化剂制备技术如：沉淀法、浸渍法、热熔融法、浸取法等。这些方法至今仍为工业催化中的基础技术。此外，与反应特征相关的催化工艺及反应器的设计在这一时期也得到了巨大的发展。

在催化剂开发方面，1903 年始，德国化学家 Haber 等以磁铁矿为原料，经热熔融法并加入助剂开发的铁基合成氨催化剂（Fe_3O_4 为主催化剂，Al_2O_3、K_2O 和 MgO 等为助催化剂）是当时催化领域的代表作（获得 1918 年的诺贝尔化学奖，时至今日德国马普学会的 Haber 研究所仍是非均相催化领域的先进研究机构）。合成氨技术使人类从此摆脱了依靠天然氮肥的被动局面，解决农业氮肥来源问题，推动了世界农业的发展，提升了粮食产量，使得地球可以提供足够的食物供给更多的人口；另外，氨也是制备浓硝酸、己内酰胺、丙烯腈等的重要原料。但任何技术都有两面性，合成氨技术也促进了炸药制造行业的发展，使得战争变得更为残酷。

另一个影响比较大的工业催化技术是 Franz Joseph Emil Fischer（1877—1947）和 Hans Tropsch（1889—1935）在 20 世纪 20 年代以合成气（一氧化碳和氢气的混合气体）为原料在催化剂和适当条件下合成液态烃的技术（又称费-托合成或 F-T 合成），铁、钴等金属都有催化费-托合成的活性。该催化技术在很大程度上解决了少油国家（德国、南非、中国等）液态燃料的生产问题。由于费-托合成需要先将煤气转化为合成气，在这一过程中可以去除里面的氮、硫等有毒杂质，费-托合成得到的油品一般比煤直接液化得到的烃的纯度更高，也比石油化工炼制的油品质量高，具有较高的环保指标。此外，费-托合成除了生产烷烃做燃料，也可以生产烯烃和芳烃等产物。

20 世纪 30~40 年代俄裔科学家 Vladimir Nikolayevich Ipatieff 和他的同事 Pines 在美国发明的用于石油精炼的固体磷酸催化剂也是当时催化领域的杰出成果。这种催化剂可以用于烯烃的叠合反应和芳烃与烯烃的烷基化反应。当用于烯烃叠合反应时，后续对叠合产物进行加氢处理，在当时能生产辛烷值达 81 的燃料油，远远高于当时美国生产的 65 辛烷值的燃料。这一技术在 1935~1945 年间共有 100 多个炼油厂采用，时至今日仍有不少企业以这种技术生产汽油。固体酸催化剂用于催化芳烃与烯烃的烷基化时，可用于生产异丙苯，异丙苯可以作为 100 辛烷值航空燃料的关键组分。燃料的辛烷值越高，发动机的性能越好。

除此之外，这一时期还有很多工业催化领域的典范，如甲醇合成、氨氧化制硝酸、乙烯氧化、催化裂化制燃料油等[6]。但值得注意的是，由于当时人们对催化现象认识的局限性、催化理论和表征技术的欠缺，这些实用的催化技术更多的是在大量半经验的实验基础上获得的，而非在理论的指引下从实验室研究开发逐步放大的，在当时很难谈得上是所谓的"催化剂设计"。

表 1.1　1900~1945 年间的代表性工业催化技术 [6]

发明人	时间	催化技术
Haber	1909	合成氨
Ostwald	1910	氨制硝酸
BASF	1920	合成甲醇
Fisher，Tropsch	1922	合成气化学

续表

发明人	时间	催化技术
Union Carbide	1937	环氧乙烷
Houdry	1930~1940	固定床催化裂化燃料油
Ipatieff,Pines	1940	固体酸催化剂
Lewis,Gilleland	1941	流化床催化裂化

1.1.3 1945 年至 20 世纪 80 年代工业催化繁荣阶段

在第二次世界大战（简称二战）之后，随着科学技术的进步以及对催化现象研究的不断深入，人们越来越多地考虑如何设计想要的催化剂。如果说早期人们对催化现象的研究只是一些片面性的认识，只影响到人们生活的一些点，20 世纪初期至第二次世界大战期间催化学科发展阶段的催化技术只是提供了人们在能源和粮食方面亟需的大宗化学品，勾勒了人类社会发展路线的话，二战后的催化技术的繁荣发展则深入影响到人们生活的各个环节。在这一段时间，不仅有原有催化剂的更新升级，且有更多的领域，如高分子材料、环境、制药、食品等，引入催化技术来生产人们需求的化学品。表 1.2 列出了二战后的一些代表性工业催化技术。

在这一时期，Barrer 和他的同事在英国及 Breck、Rabo 和 Milton 等在美国，分别制备合成了与天然沸石相似的晶体，如：丝光沸石和 X、Y、L 型等分子筛，这些材料可以应用于催化裂化、烷基化、异构化等很多反应中。分子筛催化剂比传统使用的无定形硅铝具有更好的活性和特定的酸性，在石油化工中被广泛使用。后续还有 MFI、BEA 等很多分子筛逐渐被合成出来，并被广泛应用于催化领域。分子筛催化剂在这一时期的兴起不仅由于其孔道结构和酸性，还因为可以通过负载金属等方法对分子筛进一步改性，赋予催化剂多重功能，如既有加氢脱氢功能，又有孔道本身固有的择形功能，即所谓的"双功能"催化剂。

1953 年，德国化学家 Karl Waldemar Ziegler 第一个以钛基催化剂［四氯化钛-三乙基铝，$TiCl_4$-$Al(C_2H_5)_3$］作为引发剂，催化乙烯聚合合成高密度聚乙烯（60~90℃，0.2~1.5MPa），产物支链少（1~3 个支链/1000 碳原子）、结晶度高（约 90%）、熔点高（125~130℃）。1954 年，意大利人 Giulio Natta 进一步以 $TiCl_3$-$Al(C_2H_5)_3$ 作引发剂，使聚丙烯合成等规聚丙烯（熔点 175℃）。Ziegler 和 Natta 获得了 1963 年的诺贝尔化学奖。Ziegler-Natta（齐格勒-纳塔）催化剂的出现使得很多塑料的生产不再需要高压，减少了生产成本，并且使得生产者可以对产物结构与性质进行控制。从科学研究角度上，齐格勒-纳塔催化剂带动了对聚合反应机理的研究。随着机理研究的深入，一些对产物控制性更好的有机金属催化剂系统不断出现，如茂金属催化剂、凯明斯基催化剂等。

表 1.2 1945~1985 年间的代表性工业催化技术 [6]

发明人	催化技术
Rabo,Barrer,Breck,Milton,Plank and Rosinsky,Weisz,Haag	用于异构化，代替无定形硅铝用于催化裂化、烷基化等反应的分子筛催化剂
Haensel	酸性载体负载铂用于催化重整
Chevron,Exxon(Sinfelt)	精炼及加氢脱硫

续表

发明人	催化技术
Phillips	三烯法[负载的 $Mo(CO)_6$ 和 $W(CO)_6$]
Ziegler and Natta Kaminsky and Sinn	定向聚合
Katchalski(Nelson and Griffin)	固定化酶
Beecham and Bayer Tanabe Seiyaku	制药及食品生产
Johnson Matthey, Engelhardt etc	汽车尾气催化剂
Knowles,Noyori,Sharpless, Gratzel	对映选择性合成、光催化、烷烃活化、新型酸催化剂、催化蒸馏及可逆反应器

随着环境问题的逐渐突出，人们还开发了用于解决环境污染问题的工业催化剂，用于汽车尾气的脱硝、一氧化碳氧化、汽车尾气中碳颗粒的燃烧等。Rh、Pt、Pd 等在这些环境保护催化剂中均有应用。1975 年美国杜邦公司生产汽车排气净化催化剂，采用的是铂催化剂，铂用量巨大，1979 年占美国用铂总量的 57%，达 23.33 吨。目前，环保催化剂、化工催化剂和石油炼制催化剂并列为催化剂工业中的三大领域。另外，氧化铈材料由于其容易形成表面氧空穴位，可以吸收-释放氧而显示出优异的催化性能，在环境催化中受到广泛关注。

20 世纪 60 年代中期还出现了生物催化剂的工业应用，酶固定化的技术进展迅速。1969 年，用于拆分乙酰基-DL-氨基酸的固定化酶投入使用。70 年代以后，制成了多种大规模应用的固定化酶。1985 年，丙烯腈水解酶投入工业使用。生物催化剂的发展将引起化学工业生产的巨大变化。

除了在催化剂工程中取得的上述成就，这段时间内也出现了将催化反应与化工工艺设计结合的典范，如意大利 Enichem Company 将催化与蒸馏整合在一个催化蒸馏单元，以促进整体效率。还有催化热发生器的设计以及一些清洁生产技术的出现，减少了化工装置的二氧化碳排放和燃料的用量，促进能量的综合利用。

催化学科在这一段时间繁荣发展的另一体现是催化研究所必需的先进表征技术在飞速发展，尤其是用于表征催化剂表面结构的一些技术，如 X 射线光电子能谱、核磁、红外光谱、电镜、同步辐射等相关的表征技术。此外，在这段时间内，理论化学也取得了较大的进展，一些基于量子力学的计算方法不断突破，如密度泛函理论等，为日后应用于催化研究奠定了坚实的基础。

1.1.4　20 世纪 90 年代至今分子催化工程阶段

随着先进高效的合成、表征和模拟计算等手段的发展，人们逐渐认识到在分子水平上认识催化反应机理并设计催化反应的重要性，从"分子工程"（Molecular Engineering）的角度来理解并掌握催化反应基本规律日益凸显。以功能导向—结构设计—精细制备—定向催化为原则，追求在分子水平设计催化剂以实现反应物高效定向催化转化是这一时期的时代特征。催化研究，尤其是工业催化剂的开发，不再是以大量经验试错实验为基础的测试探索，而是以理论预测为基础的分子水平上的精准设计与制备。这些先进理念的实践，使得工业催化剂的开发从实验室研究到进入工业应用的时间大幅缩短，对原有工业催化剂的升级换代也起到了极大的推进作用。

各种特异的新材料层出不穷，如石墨烯等二维材料、等级孔材料、暴露特定晶面的纳米金属及氧化物、负载的单原子催化剂、共晶分子筛等被设计出来并用于特定的催化反应，并取得了很好的催化效果。其中，基于分子筛材料的择形催化（Shape Selective Catalysis）取得了显著的发展。在分子工程水平设计催化反应是实现选择催化（Selective Catalysis）的关键，以分子大小和孔道尺寸的匹配和活性位与孔道结构的匹配为主要特征的分子筛材料催化的择形催化是选择催化的典范。

需要指出的是，催化化学的分子工程的概念不只局限在分子水平对某些特定模型催化剂上的某一反应步骤中的反应物、产物或中间体进行操控；对于多步骤的复杂反应体系的选择催化，更关键的是基于对材料结构的了解，对特定反应路径的选择性设计，只有在分子水平提高特定反应路径的选择性，才能控制整个反应网络，并可能真正做到选择催化。

计算模拟被广泛地应用于催化研究是分子催化时期的重要特征。多相催化是包括扩散、吸附、表面反应等在内的多步骤过程，自 20 世纪 90 年代开始，计算化学开始被广泛地应用于分子在模型催化剂表面的吸附研究，并使人们逐渐认识到催化剂表面电子结构对催化反应机理影响的重要性，尤其是关于过渡金属活性描述的 d 带中心理论的提出，加深了人们对催化剂活性金属选择的规律性认识。

随着理论模拟方法的不断升级和计算机运算能力的提升，理论计算除了提供更为精准的热力学数据（焓、熵和吉布斯自由能），在吸附研究的基础上，计算模拟被用来研究反应的过渡态、扩散、反应速率、采用分子动力学原位观察一些反应动态等。这些模拟的方法不仅仅佐证了实验结果，更提供了一些实验手段难以捕捉的化学信息。尤其一些在多孔材料孔道内发生的吸附、反应和扩散行为，实验手段很难进行观察，而采用理论模拟的方法则具有独特的分子水平优势。

这些计算模拟的结果已经用于研究催化反应的许多方面：（1）作为化学工程和过程模拟的输入参数（反应热、平衡常数和反应动力学）；（2）用于比较初级反应步骤的活化能垒，确定动力学控制反应的产物选择性；（3）用于比较不同的假设机理，明晰复杂的过程实际上是如何在分子水平上发生的；（4）用于构建完整的催化循环，包括确定静止状态、速率限制步骤并估算与其相关的热力学势垒（催化活性）；（5）基于已获得的知识，可为催化剂设计或改进催化剂组成和结构提供指导等。

更为重要的是，结合理论计算和实验研究的方法，在对催化反应机理以及反应的基础热力学和动力学数据精准认识的基础上，工业催化剂从小试研究到工业开发应用成功的时间大幅缩短，极大地促进了生产力的进步。

1.2 催化的概念与理论

在工业催化研究中，人们最关心的是目标产物的收率。要提高产物收率，不仅要关注催化材料的设计制备、反应机理、产物的选择性和催化剂稳定性等因素，还要关注化工过程的动量、质量和能量传递等因素，这要求人们对催化反应规律有着深刻的认识。人们对催化理论的认识是一个漫长的过程，早期人们采用试错法进行研究，效率低、成本高。随着物理化学等学科的发展，尤其是热力学定律的出现，人们对化学反应有了越来越深入的认识，对化学反应平衡、反应速率等概念有了较为清晰的定义，对催化反应的把控能力逐渐提高。

1.2.1 早期对催化现象的认识

在早期的催化研究中，Thenard 把催化剂的作用归因于"电流体"的作用。Döbereiner 认为这是催化剂的晶体性质的影响。1824 年，Angelo Bellani（1776—1852）奠定了吸附理论的基础，他认为：吸附作用使物质的质点相互接近，因而它们之间容易发生反应；吸附作用是由电力而产生的分子吸引力。Désormes 和 Clément 对二氧化硫被氮氧化物均相氧化的现象进行解释，打开了探索催化机理的大门，当时试图用物理学来解释催化现象，限定了催化为物理行为对反应的影响，因此强调反应物的任何化学变化都符合化学计量比。

针对氮氧化物在铅室法制造硫酸中的均相催化作用，Désormes 和 Clément 第一次提出了一个合理的理论。他们首次建立了参与这一过程的亚硫酸、氧气和氮氧化物之间的定量关系。对于在硫酸生产中使用硝酸钾的优势，研究者们有不同的看法。一些人认为是爆燃产生的高温决定了硫酸的形成；另一些人认为硝酸盐为一开始燃烧提供了所需的氧气；还有人认为硝酸钾能分解水等。Désormes 和 Clément 决定只研究前两个似乎最可信的假设。第一个假设被否定，因为加入硝酸钾和硫黄之后紧接着加入黏土和水，由于黏土使燃烧变慢，水产生蒸汽，导致温度降低。而且硫在 1000℃ 以下燃烧根本不会产生硫酸。第二个假设也是不可接受的，因为它首先假定从硝酸钾中分离出的氧气足以将所有产生的二氧化硫转化为硫酸，但简单的物质守衡即可以证明这是不正确的。因为所用的硝酸钾不能提供多于 10％ 的将二氧化硫转化为三氧化硫所需的氧气。此外，对硫黄、硝酸钾和湿黏土混合物燃烧的目视观察表明，硝酸没有完全分解，一部分一氧化氮气体与二氧化硫一起进入铅室。

Désormes 和 Clément 认为：燃烧器内产生了一氧化氮和二氧化硫的混合物，并与水蒸气和氮气混合。在燃烧器出口处，混合物遇到较低的温度，导致蒸汽部分冷凝。由此产生的冷凝液夹带了三氧化硫，并降低了剩余物质的压力。在生产第一批三氧化硫后，剩余的气体混合物含有一氧化氮、二氧化硫和含更少氧气的残余空气。一氧化氮必须转化为二氧化氮，然后二氧化氮与第二部分的二氧化硫再次反应，直到所有的氧化物或大气中的氧气耗尽。在二氧化硫完全转化为三氧化硫之后，剩余的气体主要由大量的氮气和氮氧化物组成。因此，很明显，氮氧化物只是完全氧化硫的工具，正是一氧化氮一次又一次地将大气中的氧气转化给二氧化硫。这种解释可以认为是首次假定中间化合物在催化反应中起作用。

1819 年，Thenard 意识到各种不同的催化剂能够分解过氧化氢，并认为所有这些作用都来源于一种相同的不明力量。在 1821 年，Thenard 清楚地认识到催化现象的普遍性："不管是哪一个原因导致了这种现象……是不是可能是同一种原因产生了如此多的其他现象？"他举了一些例子，如银氨、氮的氯化物和碘化物的爆炸，粉末爆炸，氨气被金属分解，淀粉被微量的淀粉酶转化成糖，糖被少量的酵素转化成乙醇和二氧化碳等。在 1834 年出版的第六版《Traité de Chimie》中，Thenard 重述了他在 1821 年发表的关于过氧化氢分解研究工作的总结，因为未能找到这些催化现象的原因，他对这些事实感到非常困惑，在讨论了催化作用的所有可能的原因后，排除磁性流体的可能，选择电作为可能的原因[3]。这一观点在当时受到 Davy 等的认同。

Faraday 当时认为催化作用是由物理力引起的，在研究铂催化氢与氧的反应时，他认为在铂结合氧和氢的过程中，气体弹力的缺乏和金属对气体的吸引力，同时发生，结果就是产生水蒸气和升高温度，但是铂对生成的水的吸引力并不比对气体的吸引力大，正因为如此（因为金属几乎没有湿度），蒸汽会迅速扩散到剩余的气体中。Faraday 认为催化反应不是电力使然，而是靠物质相互吸收所产生的气体张力。他认为，如果催化剂表面极为干净，气体就会附着其上而凝结，一部分反应分子彼此接近到一定程度时，就会使新合力发生作用，抵消排斥力，因而使反应变得容易进行。还研究了今天我们称之为催化剂中毒的现象：描述了对这种现象的反常干扰，不取决于金属或其他起作用固体的性质或状态，而取决于某些混进气体的物质，从这些实验中可以非常清楚地看出，即使是少量的气态烯烃，在这种情况下也能非常显著地阻止氧和氢的结合，而且不会对铂的催化能力造成任何伤害或影响。

1843 年，Berzelius 在他的二元论框架内阐述了催化作用：它的主要作用在于增加或减少原子的极性。换句话说，催化力的表现形式是电关系的激发，而这些电关系至今还没有得到研究[3]。

Ostwald 认为像所有自然过程一样，催化反应必须总是朝着整个系统的自由能降低的方向进行。催化剂不会引发反应，而是加速反应，且并不会形成中间化合物。换句话说，催化剂是一个不参与反应就能改变反应的物体，这种说法明显不同于 Désormes 和 Clément。Ostwald 这样定义催化剂：凡能改变化学反应的速度而本身不形成化学反应的最终产物，就叫做催化剂。这些理论奠定了人们对催化现象理解的基础。

Sabatier 提出了一个催化化学理论，其中包括将形成不稳定可决定反应方向和速率的中间物种作为中间态（规范用词为居间态）。他假设在镍催化加氢过程中涉及各种各样的镍氢化物，其组成取决于镍的活性。他还认为中间化合物的形成和分解通常对应于系统吉布斯自由能的减少。他假设了不同的中间体化合物的形成，每种化合物都有自己的分解模式，还清楚地证明了一些有机反应是可逆的。在中间化合物不能被分离的情况下，他假设了表面化合物的形成，一种他命名为"固定"的现象，从而将有关催化的物理理论和化学理论联系起来。

Rudolph Knietsh（1854—1906）在合成三氧化硫的催化剂上发现了催化剂对毒物的敏感性，这是一种可用于控制催化反应的普遍现象。Sabatier 在比较催化剂和发酵剂时，用以下文字描述了中毒："就像被用的发酵剂被极少量的某些毒素杀死一样，矿物发酵剂是金属被氢或被加氢的物质带来的痕量的氯、溴、碘、硫和砷杀死，镍稍微中毒的时候，只能提供与铜相似的第一氢化物，用于硝基或乙烯双键，中毒的镍不能使芳香环完全加氢。"而中毒的镍被用于氢化硝基苯后，可以恢复其对苯加氢的能力。

在第一次世界大战期间，Langmuir 发表了一个被称为"化学吸附"的强大的理论，按照这一理论，气体在催化剂上的吸附是由于其不饱和键而被固定，从而产生 $M_x G_y$ 型气体金属化合物。这一理论与 Sabatier 关于不同的单个中间产物的假设相反，并更为重视物理状态。尽管 Langmuir 的理论保留了将反应物固定在催化剂表面的概念，但它赋予 Sabatier 有意忽略的物理状态以重要地位。在一段时间之内，Langmuir 的固定在催化剂上的单分子层理论具有一定的优势，因为它可以定量地解决多相催化的问题，并在实验研究中发挥了相当大的作用。Langmuir 的理论非常重要，因为它首次使得对某一反应的可能机理进行定量分析。

上述关于催化现象的理论主要集中在对催化剂与反应物的相互作用上。值得注意的是，在 19 世纪 80 年代，Svante August Arrhenius（1859—1927，1903 年诺贝尔化学奖得主）在

Jacobus Henricus van't Hoff（1852—1911，1901 年诺贝尔化学奖得主）研究的基础上提出了活化能这一概念，对化学反应常常需要吸热才能发生这一现象给出了解释，并给出了描述温度、活化能与反应速率常数关系的阿伦尼乌斯方程。公式可推算出温度升高 10℃，化学反应速度约加快一倍，这使化学动力学向前迈进了一大步。

1.2.2　催化理论与观点

19 世纪在化学反应的热力学和动力学理论完善的基础上，人们对催化反应的理论也不断完善。其中，较为重要的是关于吸附的理论和活性位的研究。

基于 Langmuir 早期提出的化学吸附单分子层的概念，形成了动力学上零级、一级或分数阶的反应机理。Langmuir-Hinshlwood 的表面催化反应机理要求两种（或多种）反应物的共吸附。另一方面，Rideal-Eley 机理仅要求一种反应物被化学吸附，另一种反应物仅与结合的物质（或与不完全吸附层中的空隙）发生黏滞碰撞，从而导致反应。实验表明，大多数催化反应更符合 Langmuir-Hinshelwood 机理，而不是 Rideal-Eley 机理。在化学工程实践中，用与 Langmuir-Hinshelwood 机理相关的表达表示总体速率方程也非常方便[7]。这样的速率方程有助于将实验室和中试工厂的研究扩大到成熟的工业规模操作。

美国人 H. S. Taylor 于 20 世纪 20 年代首先提出了活性中心理论，这些活性中心最初被认为是高吸附热的部位。后来，人们认识到需要结合态不必太强也不能太弱地与催化剂表面结合，现在人们认识的活性位的含义几乎与 Taylor 最初提出的相反。但 Taylor 的观点具有关键的意义和持久的有效性，随后被实验证实，在特定的催化剂上，可能有不同类型的活性部位作用于不同的催化反应。这很好地解释了为什么不同的毒剂或抑制剂[6]对不同的催化反应发挥不同的作用。

另外，非均相催化剂表面结构的不均一性，尤其是金属催化剂表面结构的不均一，会有台阶、点缺陷、拐角、位错等不规则形貌[8]，引起一些表面原子配位不饱和，并导致不同的吸附和催化活性。

在 Taylor 之后，苏联的科学家 Aleksei Aleksandrovich Balandin（1898—1967 年）对活性中心理论进行了进一步的完善和发展。1929 年，Balandin 提出了多位催化理论，认为催化剂活性中心的结构应当与反应物分子在催化反应过程中发生变化的那部分结构处于几何对应。这一理论把催化活化看作反应物中的多位体反应过程，并且这个作用会引起反应物中价键的变形，并使反应物分子活化，促成新价键的形成。

Lennard-Jones 在 1932 年将势能图引入催化，以解释吸附等压线的特性，尤其是温度上升时在固定的外压下（通常为氢气）观察到的吸附量差异。Germer 发现了表面重构现象，Grove 提出催化剂既可以催化正反应，也对其逆反应有催化功能。

包信和等基于对碳纳米管包覆的金属纳米颗粒催化合成气转化的研究，提出了"限域"的催化概念，认为这种碳纳米管的限域效应限制了管腔内纳米粒子的凝聚和生长，管腔内缺电子环境调制催化剂粒子的电子特性；对反应物，管内外吸附能力不同造成反应物局域浓度变化，这些特性会改变催化反应的活化能，并调变反应通道，另外还会影响产物分子的扩散动力学。这种限域效应并非碳纳米管独有，孔道小于 1nm 的微孔分子筛催化体系也存在这种效应，他们在解释氧化亚铁（FeO）纳米岛在金属铂（Pt）表面独特的催化选择氧化性能时将孔道内的限域效应推广到了表界面："界面限域"（Interfacial Confinement），对催化限域效应做出了广义表述[9]。

需要注意的是，虽然催化化学已经有 200 多年的历史，关于催化的理论概念等远不止上述内容，包括酸碱理论、火山曲线、d 电子理论、单原子催化、分子动态学等诸多内容。这些规律性的认识为人们认识催化机理、理解催化过程和开发催化剂等提供了重要的理论指导。但即使针对某一工业催化反应，真正意义上能够全方位精确描述催化机理，从而指导催化剂设计的案例仍然鲜见。更由反应物和目标产物的差异以及激发方式（热、光、电、磁等）的不同导致催化体系的多样性，催化领域尚没有完全统一的理论用以指导所有的催化实践活动。

需要指出，更深层次地揭示催化反应规律，无论是在热力学还是动力学方面，研究反应体系的电子和电子运动相关联的磁效应对催化反应影响已经成为当前催化学界的重要方向，计算化学由于其研究方式的特殊性必将在这一领域发挥不可替代的作用。

1.3　计算化学与工业催化的结合

如前所述，催化化学的研究已经进入了分子工程的层面，然而，要探究分子的运动和反应规律，必须要更深入地了解更为微观的分子的电子结构。20 世纪 50 年代以后，随着固体物理的发展，催化的电子理论出现。在这一层面上，研究者借助先进的表征仪器得到了丰富的实验成果，他们将催化剂的催化性质与催化剂及反应分子的电子行为和电子能级联系起来。20 世纪 70 年代，人们开始根据催化剂表面的原子结构、络合物中金属原子簇的结构和性质等，利用量子化学理论，对多相催化中高分散金属的催化活性基团产生催化活性的根源进行分析。到 20 世纪 90 年代，计算机技术突飞猛进，运算能力大幅提升，使得运算量巨大的量子力学公式可以通过程序编译在超级计算机上运行，一些商业和开源的计算程序如 Gaussian、VASP、CASTEP、Dmol^3、CPMD、Turbomole、ORCA 等也如雨后春笋般涌现，通过量子力学从头计算来解决化学反应机理问题变得可行。这是不同于传统实验研究的解决方案，人们只需要知道一些基本粒子的参数和物理常量，就可以对物质结构和化学反应的机理进行阐述。

1.3.1　计算化学概述

计算化学是建立在量子力学、统计热力学和经典力学基础之上的学科，通过大量的数值运算研究物质的性质及化学反应。最常见的例子是以量子化学、分子反应动态学、分子力学及分子动力学等理论的计算来获取物质的性质，例如：电子结构、总能量、磁矩、特征光谱、反应活性等，并用以解释一些具体的化学问题。对于未知或不易观测的化学系统，计算化学还常扮演着预测的角色，提供进一步研究的方向。此外，计算化学也常被用来验证、测试、修正或发展较高层次的化学理论。准确或有效率计算方法的开发创新也是计算化学领域中非常重要的一部分。

简言之，计算化学是一门应用计算机技术，通过理论计算研究化学反应的机制和速率，总结和预见化学物质结构和性能关系规律的学科。计算化学可以看作是化学、数学和计算机科学的交叉学科，解释实验中各种化学现象，帮助化学家以较具体的概念来了解、观察和分析得到的结果。最近几十年来，计算机技术的飞速发展和理论方法的进步使理论与计算化学逐渐成为一门新兴的学科。理论化学计算和实验研究的紧密结合大大改变了化学作为纯实验科学的传统印象，有力地推动了化学各个分支学科的发展。

1.3.1.1 计算化学发展过程

计算化学是随着量子化学理论的产生而发展起来的，自 20 世纪初量子力学理论建立以来，许多科学家曾尝试以各种数值计算方法来深入了解原子与分子之间的各种化学性质。然而在计算机被广泛使用之前，此类计算由于其复杂性而只能应用在简单的系统与高度简化的理论模型之中。所以，即使在此后的数十年里，计算化学仍是具有高度量子力学与数值分析素养的人从事的研究领域，而且由于其庞大的计算量，绝大部分的计算工作需依靠昂贵的大型计算机主机或高端工作站来进行。

从 20 世纪 60 年代起，电子计算机的兴起使量子化学步入蓬勃发展的阶段，其主要标志是对量子化学计算方法的研究，其中严格计算的从头计算、半经验计算全略微分重叠和间略微分重叠等方法的出现扩大了量子化学的应用范围，提高了计算精度。在先于计算机的第一发展阶段中，已经看到实验和半经验计算之间的定性符合。由于引入了快速计算机，从头计算的结果可以与实验半定量的结果符合。20 世纪 90 年代，理论上已经可以达到实验的精度时，计算和实验逐渐成为科研中不可偏废、互为补充的重要手段。

当前，个人计算机的运算速度已经直逼一些传统的工作站，使得个人计算机逐渐开始成为从事量子化学计算的一种经济而有效率的工具。计算化学得以普及的另外一个原因是图形接口的发展与使用。早期计算工作的输入与输出都是以文字方式来表示，不但输入耗时易错，许多计算结果的解读也非常不易。近年来图形接口的使用大大简化了这些过程，使得稍具计算化学知识的人都能够轻易地设计复杂的理论计算，并且能够以简单直接的视觉效果来分析计算所得的结果。

从验证解释跨越到预示设计，计算化学的发展已经使得化学成为一门实验与理论并重的科学。即化学的进步必须依靠"实验、理论方法和计算"三驾马车同时拉动，化学理论及由此建立和发展起来的计算化学为化学、物理、材料、生命及医学等学科的发展提供了不可替代的支撑作用，成为化学不可或缺的组成部分，化学的发展由此进入了一个新的阶段。

在 21 世纪，对理论和计算方法的应用将大大加强，使理论和实验更加密切结合。今后在该领域的研究应该向应用领域开拓，在不断开拓其应用领域的过程中逐步改善其方法。基于这样的构思，该方面研究将对许多学科在分子水平上的发展作出不可估量的贡献。它不仅可验证、解释各类实验现象，更重要的是可以预测还未实现的实验结果及发现现在实验结果中的不合理现象。

即便如上所述，对计算化学也不可以盲目乐观，由于计算化学主要是依靠计算机作为硬件载体和实施手段的一门学科，计算机技术的发展将对其起到相当的促进作用。在过去的几十年时间里，计算机技术进步的速度非常快，使得计算化学得以蓬勃发展。但由于物理定律的限制，现有的计算机处理器结构在运算能力上大概只有十倍的成长空间。短期来看，并行处理技术可在一定幅度内提升运算效率。长期来看，计算机运算能力的提升可能要依赖光学计算机甚至量子计算机。如果光学计算机和量子计算机能提供超越想象的计算速率，则会极大地刺激计算化学的发展。

另一方面，计算化学要有真正突破性的发展，除了计算机硬件的进步外，基础理论的发展更为重要。目前对大分子的计算，限于理论的复杂性只能使用分子力学或半经验法，虽然计算机在运算能力上能有数倍的提升，但是距离精确的量子仿真仍有一段距离。此外，由于计算体系的增大，计算量会呈指数增长（图 1.1），计算机运算能力的提升通常无法将可准确模拟的系统加大多少。因此，理论计算方法的开发对计算化学的发展至为重要。

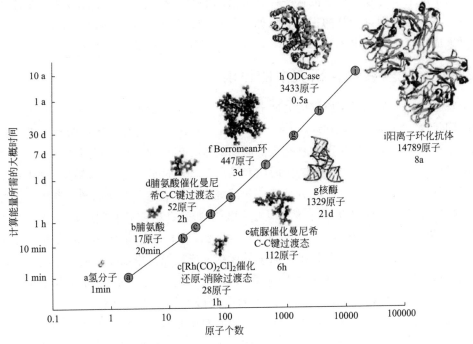

图 1.1　计算量及耗时随着计算体系的增大而增加的趋势图[10]

1.3.1.2　计算化学常用的方法简介

（1）从头计算方法

仅使用一些最基本的物理常数（如光速、普朗克常数等）作为已知参数，完全利用数学工具来求解 Schrödinger（薛定谔）方程，而不引入任何经验性质的化学参数。由于绝大多数化学体系的 Schrödinger 方程没有严格的解析解，只能在求解的过程中引入各种数学近似，使用数值解法得到结果。因此，从头计算方法并不是 100％的从头计算，给出的结果并不是 Schrödinger 方程的严格解，使用不同的从头计算方法得到的解的精度也各不相同。下式是 Schrödinger 方程，量子化学的一个基本问题就是求解 Schrödinger 方程。

$$-\frac{\hbar^2}{2\mu}\left(\frac{\partial^2 \Psi}{\partial x^2}+\frac{\partial^2 \Psi}{\partial y^2}+\frac{\partial^2 \Psi}{\partial z^2}\right)+U(x,\ y,\ z)\Psi = i\hbar\frac{\partial \Psi}{\partial t} \tag{1.3-1}$$

（2）半经验方法

从头计算方法虽然有严谨的理论支持，能得到较好的计算结果，但是当遇到诸如酶、聚合物、蛋白质等大分子体系时，计算很耗时，其计算代价无法承受。为了在计算时间和计算精度上找到一个平衡点，科学家们以从头计算方法为基础，忽略一些计算量极大但是对结果影响极小的积分，或者引用一些来自实验的参数，从而近似求解薛定谔方程，就诞生了半经验算法。如：AM1、PM3、MNDO、CNDO、ZDO 等。半经验方法在理论上没有从头计算方法那么严谨，因而在处理复杂体系的中间体、过渡态时会遇到一定的困难，其计算的结果只带有定性和半定量的特性。

（3）密度泛函理论

密度泛函理论（Density Functional Theory，DFT）基础上的密度泛函方法也要求解薛定谔方程，但与从头计算方法和半经验方法不同的是，密度泛函方法不使用波函数，而使用电子的空间分布（即电子密度函数）。通常情况，密度泛函方法在计算速度上优于从头计算方法，而在精度上可与较高级别的从头计算方法相媲美。20 世纪 90 年代以来，密度泛函方法发展迅速，已经在理论计算的很多方面如计算键能、预测化合物结构和反应机理等方面，取得了巨大成功。它的突出优点就是运算快速，同时能很好地处理电子相关性。

1.3.2　计算化学在催化研究中的作用

在微观上，一个基元反应所需的时间非常短，接近化学键振动一次的时间长度，在飞秒级别的时间尺度，空间上接近在埃（$1Å = 10^{-10}$ m）至纳米级别的尺度；而对于宏观的催化反应或者工业催化反应，则考虑在秒至天的时间跨度，催化剂颗粒和反应器的尺度在微米至米的空间尺度。所以，催化是跨越较大时间和长度范围的现象，这给计算模拟催化系统的模型构建带来巨大的挑战。例如：在分子筛催化系统中，考虑整个催化循环，首先，反应物分子必须吸附到孔道中（物理吸附）；然后，它们必须通过孔扩散并吸附到反应活性中心（化学吸附）；在该位置，分子可能会发生反应，也可能需要其他反应物分子的参与才能生成产物；产物分子从孔中扩散出去并解吸到周围的液相（或气相）中以完成循环。这些事件发生的长度范围从催化位点（10^{-10} m）到反应器的大小（1m）。相关的时间范围可能从几飞秒到几小时。原则上，可以通过求解量子力学的薛定谔方程来预测这些重要的宏观现象。然而，在实践中，由于计算量太大，直接执行这样的操作非常不容易。即使使用当今最快的计算机，量子力学计算也只能对数百个原子进行，而且要考虑的时间尺度的计算要超出当前运算能力的许多个数量级[11]。

跨越这些时间与空间尺度上的差距只能通过分级方法来实现。即在不同的时间和空间尺度上利用不同的计算方法，并将它们联接在一起，以解决从原子到宏观的尺度问题。通过几十年的努力，这种方法正在被业界接受。如图 1.2 所示。在最详细的描述层次上，电子结构计算用于预测原子排列的能量，这些结果可以为原子模拟提供能量参数。使用数百或数千个分子的系统进行的蒙特卡洛（Monte Carlo）和分子动力学（Molecular Dynamics，MD）模拟可用于预测宏观的热力学和传输性质，以及优选分子构型。然后，可以依次使用电子结构方法对优选结构进行更详细的分析。如果时间和空间尺度超出了原子模拟的范围，则应用其他统计力学处理。例如，过渡态理论（Transition State Theory，TST）可用于预测化学反应的速率或缓慢的物理过程的速率；在最长的时间和大的空间尺度上，使用连续动力学工程建模方法（例如微动力学建模），利用其他层次水平预测的模型参数来计算目标属性。注意，随着过程不断进展，获得了不同详细程度的不同种类的信息，在指导和完善每个层面的建模时，不同层次结构层面之间的反馈很重要。

1.3.2.1　量子化学计算

热力学和动力学始终是研究任何化学反应的基础。对于催化反应，认识反应前反应物的结构与能量和反应后产物的结构与能量是认识催化反应的首要问题，在此基础上探究可能的反应路径机理，寻找可能的过渡态结构，并计算反应能垒以及反应速率等。这些基础的热力学和动力学参数通常由量子化学计算获得。量子化学计算的特点是计算精度高但计算量大，能模拟的体系比较小，一般在几个到几百个原子的范围内建模。

在各种计算方法中，通常采用由半经验方法到从头计算的技术来求解薛定谔方程。理论

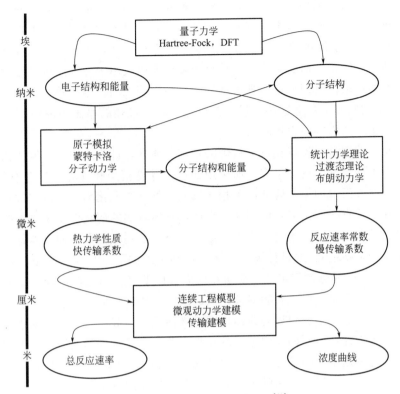

图 1.2　建模催化系统的分层方法[11]

计算方法以矩形显示，输入和输出以圆形显示

方法选择的基本原则是综合考虑计算的速度和准确性。相比基于第一性原理的技术，半经验方法的计算要求更低。这些半经验方法引进了近似值，方便对电子间相互作用引入项进行评估，并依赖于对实验数据的参数化。在含过渡金属的催化体系中应用最广泛的半经验方法是ZINDO，它也可以用于计算电子光谱[12]。随着计算能力的增强，人们越来越频繁地使用基于第一性原理或从头算的技术。从头计算的例子包括 HF，一些方法能更充分地表示电子间相互作用，例如组态相互作用（Configuration Interaction，CI）、Møller-Plesset 微扰方法（MP2）和 DFT。已经有很多综述性的文献对这些具体的计算方法进行了介绍[12-16]，本文不再赘述。

　　除了计算方法的选择，计算模型的构建是计算化学的另一个关键核心问题。一个优秀的模型既要能精准地表达催化剂表面结构信息，又要考虑计算量，兼顾计算方法的选取。目前通常采用的计算模型有团簇模型、嵌入模型和平板模型等。团簇模型使用少量的原子代表催化剂，通常只捕获活性位点周围的局部环境；嵌入模型中核心较少的原子采用高精度的计算方法，并结合了经典方法处理长程相互作用；平板方法利用周期边界条件来处理无限实体。这些模型的构建将在第三章中进行详细讲解。

　　需要指出的是，计算化学认识物质结构始终贯穿能量和力的最小化原理，即在计算的过程中通过结构优化将物质结构的能量优化到最低，将物质结构中的原子受力优化到最低，认为这种能量最低的结构才是最有可能稳定存在的结构。在找到最稳定的催化剂，反应物和产物分子的最稳定结构之后，可以研究催化反应的热力学和动力学问题。

　　化学反应首要关心的问题是反应的放热或吸热。利用能量和力最小化原理得到反应物与产物的结构和能量，通过配平反应方程式，将方程式左边的总能量减去右边的总能量，即可获得反应的吸热或放热等基础数据。需要注意的是，通常从头计算或者 DFT 计算得到的能量都是物质在 0K 时电子结构的能量，不包括零点振动能、化学键的振动、溶剂化以及自由分子的平动、转动等能量。而实验测定的放热或吸热值以及用于计算反应平衡的 Gibbs 自由能则包含了这些能量项。要精准地将理论计算结果与实验观测值相比较，必须要在从头计算或 DFT 计算结果的基础上加上这些能量的校正项。对于较轻的原子组成结构相对复杂的分子，这些能量校正项的影响通常比较大。

认识催化剂的结构是认识催化反应机理的基础。通常，计算采用的模型催化剂要根据实验条件构建，由于催化剂的种类繁多，所采用的理论计算模型和计算方法会有很大的差异。在计算模型的构建方面，如果是普通的单相金属或者氧化物催化剂，可以在优化好金属或氧化物晶胞的基础上，直接切出需要的催化剂表面，具体真实的催化体系中是哪些表面在起催化作用，可以通过实验表征来获得，也可以通过切出一系列低指数表面（通常认为低指数表面的能量比较低，更稳定），通过计算（在催化剂制备条件下或反应气氛下）这些表面的表面能，根据 Wuff 构造理论来判定哪些表面在反应条件下存在的比例比较大。对于有多相存在的催化剂体系，一定要注意多相间界面结构的匹配，比较典型的是氧化物载体负载的金属催化体系，金属团簇的大小、金属与载体之间的界面结构、载体表面吸附的水以及其他分子等，这些因素会影响计算得到的反应路线的结果。关于计算方法的选取，也有很多细节问题要注意：计算含有过渡金属的催化体系时要考虑对 d 和 f 电子进行库仑相互作用校正，对分子筛等多孔材料以及含有氢键较多的体系要考虑范德华作用校正，对有未成对电子的体系要采用自旋极化的方法，在一些表面模型结构各向差异较大或者存在极性的时候，则要考虑偶极校正。

除了通过能量和力的最小化原理来判定稳定的物质结构，计算化学还可以在结构优化得到物质结构的基础上，进一步分析计算得到物质内的电荷布局、电子态密度、能带结构等信息。还可以计算得到原子的振动光谱、电子光谱和激发态等数据，这些光谱数据则可以直接与实验获得的红外、拉曼、紫外、X 射线光电子能谱等数据进行参照。

在多相催化中，反应物的吸附被认为是发生催化反应的必要前提条件，反应物在催化剂表面的微观吸附状态会影响后续的反应机理。另外，研究探针分子在催化剂表面的吸附，也可以用以阐明催化剂表面的活性位结构。运用计算化学的能量和力的最小化原理，通过猜测所有可能的吸附模式，并优化结构获得反应分子在催化剂表面的吸附结构，用反应物吸附在模型催化剂表面的结构能量，分别减去气相分子的能量和单纯模型催化剂表面的能量，就可以获得吸附能的数据，并以此来判定是化学吸附还是物理吸附、强吸附或弱吸附、解离吸附与分子吸附等。这些吸附结构目前可以直观地通过可视化软件显示出来，以获取键长、键角等结构信息。我们还可以通过在模型催化剂表面放置多个同类或者不同类的反应分子，以研究被吸附分子的覆盖度与吸附能的关系，以及温度与分压等因素对吸附的影响，这些计算得到的数据，经过数据处理即可直观地与程序控制吸附/脱附实验结果进行对照。如果二者符合得很好，则可以认为构建的理论模型与实验的催化剂结构相符合，可以在此基础上进行反应机理的研究。反之，则要仔细地查找原因，并改进。研究产物脱附的过程与吸附的过程类似，只需要进行相反的数据处理即可。

在阐明反应物与产物在催化剂表面的吸附与脱附的微观机理之后，就可以通过计算模拟来研究反应的过渡态结构能垒，当前已经有很多基于 DFT 和从头计算方法计算过渡态的程序，比较典型的如 NEB（Nudged Elastic Band）方法和 Climbed NEB 方法等。另一种研究反应路径的方法是进行基于第一性原理的分子动力学运算，通常这种方法运算量比计算过渡态的计算量更大。过渡态结构和能垒是进行动力学研究计算反应速率的基础参数。

1.3.2.2 原子模拟

除了发生在活性位点的反应外，在一个完整的催化循环中，物理吸附和扩散也很重要。然而，这些现象发生的时间和空间尺度要比前面所述的量子化学方法描述的更长。而且它们通常由弱的范德华力支配，这些现象很难用当前的量子力学软件准确地描述，因此必须采用其他计算工具，如使用原子模型的模拟方法计算宏观的吸附等温线、吸附热、扩散系数和扩散的活化能等。此外，计算还可以提供详细的微观结构和短时运动，这可能有助于对相关催化体系的理解。由于吸附热力学和扩散对于在分子筛孔道内的催化反应特别重要，因此该领域的许多工作都集中在分子筛类催化材料上。

分子筛是工业催化中常用的一大类多孔材料，主要用作催化剂和分离材料。分子筛的结构已研究清楚[17]，并且小分子的结构也是已知的。沸石分子筛骨架通常被认为是刚性的。势函数是所需要的输入参数，这些函数描述了吸附质和分子筛之间以及和吸附质种类本身之间的相互作用能。通常考虑的有色散力、排斥力和静电力，也包括分子内力（例如柔性吸附物的扭转角能量）。如果认为感应偶极子力和其他力很重要，还可以对它们也进行考虑。总势能通常由体系中所有成对原子上的成对加成电势近似得出[18]。色散和排斥能的 Lennard-Jones 参数通常可以从文献中获得，或者使用原子的物理性质（例如极化率和半径）通过经验表达式如 Slater-Kirkwood 公式进行估算得到。库仑相互作用通常通过原子上的点电荷来建立模型，其中部分电荷通常是从量子化学计算中获得的。

分子模拟的"输出"包括热力学性质，例如吸附等温线和吸附热、动力学性质（如自扩散系数）以及有关分子结构的信息。在给定模型的情况下，分子模拟通过统计力学来生成所需的信息。一般情况下，需要采用不同的模拟方法来对吸附热力学以及扩散进行预测[12]。

自 20 世纪 70 年代以来[18]，使用原子细节模型的分子模拟已用于研究沸石孔道内的吸附与反应，近年来相关的文献数量迅速增长。在使用吸附数据解释催化活性时存在的一个问题是：在反应条件下不能进行热量测定和等温线测量，而且外推法可能会出现问题。另外，多组分吸附测量也难以进行。然而吸附实验和分子模拟的结合可以为该问题提供解决方案：首先在低温下进行模拟，然后与实验进行比较以证实该模型的合理性，然后在实验比较困难或不可能的反应条件下进行模拟。

从用于预测吸附等温线的相同原子模型中，可以计算出传输性质。平衡 MD 模拟可提供短时动力学信息，并且对于许多体系而言，MD 模拟可以获得扩散运动的时间尺度。对于当前的计算机，MD 可以模拟扩散系数高于 $10^{-11} \, \text{m}^2 \cdot \text{s}^{-1}$ 的系统。为了克服 MD 的固有局限性，研究人员转向了分级方法，如 TST 和 Brownian 动力学[19]。

TST 非常适合在沸石中特定位置之间通过不频繁的跃点发生扩散的系统。在典型的TST 计算中，首先使用类似于 MD 的原子模型来识别吸附位点和它们之间跃点的速率常数。在此基础上，提出了一种更粗粒度的晶格模型来研究长期动力学，分子在晶格位点之间跳跃的概率由 TST 速率常数决定。通过将反应事件纳入晶格模拟中，可以研究联合反应和扩散[20]。这种"动力学 Monte Carlo"模拟可以对微观动力学建模起到补充作用。

微观动力学建模是一种理想的框架，可用于组合由原子模拟和电子结构计算提供的微观信息，以获得在化学转化过程中系统物理和化学现象的宏观预测[21]。该方法的重点是用最基本的步骤来描述所关心的特定催化反应机理。与更传统的方法［如幂律动力学，Langmuir-Hinshelwood-Hougen-Watson（LHHW）公式］相比，它没有假定决速步骤（Rate-Determining Step，RDS）。因此，微观动力学模型比 RDS 的传统模型具有更广泛的适用性，因为 RDS 会随反应条件变化而变化。由于所有假定的基本步骤都明确包含在内，所以需要所有正向和逆向反应的精确速率参数来求解组成模型的方程。这一需求极大地增加了创建微观动力学模型所需的信息量，但这也是该技术的强大之处。通常，创建微观动力学模型所需的信息不能从一组实验中确定，而是需要从许多不同的实验和各种空间尺度的理论研究中收集获得。

通过开发微观动力学模型的方法细节可以更好地说明图 1.2 模型层次结构中各个层次之间的相互作用[21]。在提出了催化反应的机理步骤后，以常规捕获均相化学反应的相同方式，组装参与反应的每种物质（包括表面物质和活性位点）的平衡方程：

$$\Omega_i = \sum_{j=1}^{n} \nu_{ji} r_j \tag{1.3-2}$$

其中，Ω_i 是物种 i 的转换频率（Turnover Frequency，TOF），单位是每位点每秒的分子数；n 是基元反应的总数；ν_{ji} 是反应 j 中物种 i 的化学计量系数；r_j 是反应 j 的反应速率，单位与 TOF 相同。反应速率需要规定速率常数。尽管可以在可用且准确的情况下使用实验值，但是可以使用电子结构计算和 TST 为组成反应机理的每个步骤提供速率常数。此外，这些计算技术可以作为子程序直接与微观动力学模型交互，以进一步集成建模层次结构的层次。然后可以将 Ω_i 值与适合所需反应堆配置的反应堆设计方程式进行耦合。等式（1.3-3）和式（1.3-4）中分别为塞流式反应器（Plug Flow Reactor，PFR）和瞬态连续搅拌釜反应器（Transient Continuously Stirred Tank Reactor，CSTR）提供了示例性反应器设计方程：

$$\text{PFR：} F_{si} - F_{si}^0 = \frac{1}{S_R} \int \Omega_i \, dS_R \tag{1.3-3}$$

$$\text{CSTR：} \frac{dF_{si}}{dt} = (F_{si}^0 - F_{si} + \Omega_i) \frac{F_s}{N_s} + \frac{F_{si}}{F_s} \frac{dF_s}{dt} - \frac{F_{si}}{N_s} \frac{dN_s}{dt} \tag{1.3-4}$$

在上式中，F_{si} 是每个活性位点 i 物种的分子流率，上标"0"表示初始值；S_R 是活性位点的总数。F_s 是每个活性位点的总分子流率；N_s 是每个活性位点的气相分子总数。将 Ω_i 值插入到反应器设计方程中形成的方程组可以通过标准积分技术来求解[22]，得出气相浓度和表面物质的覆盖度随时间（或 PFR 反应器中距反应堆的距离）变化的函数。以这种详细程度捕获化学物质，可以获得有价值的信息，如表面物质的丰度、反应的相对速率以及每个可逆反应偏离平衡状态的程度。

微观动力学的研究在合成氨、催化裂化、合成气转化等工业催化反应中发挥了强大功能，被证明是解释催化反应现象的强大工具。但迄今为止使用微观动力学建模的示例都集中于在传质效果不重要的系统中单独纳入化学细节。受到传质限制的许多工业系统可从详细的微观动力学模型中受益，催化剂表面动力学的微观描述必须与内部和外部传质描述正确地联系在一起，用于计算催化剂表面 TOFs 的浓度必须与本体流体的特性相关，表征内部传质阻力的重要参数是多组分扩散系数，对于微孔材料（例如沸石）而言通常是不可获取的。但是，分子模拟提供了一种获取上述信息的方法。

1. 3. 3 总结

在非均相催化反应进行的时间和空间尺度内的各种模拟方法都已经有了很大的进展和很多成功的应用实例。这些研究方法可以回答不同尺度层次的不同问题。现在常规量子化学方法可以用来计算小体系的原子组合甚至周期性结构的能量、电子结构以及光谱性质。人们可以搜索物质的最小能量构型，而且经过稍微复杂一些的计算，可以找到对应于反应过渡态的鞍点，可以计算振动光谱、吸附能等。使用基于经验算法的势函数可以进行原子建模，可以研究吸附等温线、吸附热、扩散系数等。对于扩散时间超出 MD 可计算时间的系统，TST可用于计算首选位点之间的跳变速率，并将这些速率输入到更粗糙的晶格模型中以预测扩散系数。这样的晶格模型还可以用于对多孔固体中或表面的多步反应和扩散进行建模。微观动力学建模用于将有关多相表面上反应物、产物和反应中间体的分子水平信息与宏观动力学观察联系起来，根据实验和理论证据推测出反应机理，根据实验或关联理论计算获得每个基元步骤的速率常数，并将该机理与适当的反应器设计方程式结合在一起。通过解这些方程组，即可获得反应速率、表面物种的覆盖度、反应物转化率以及产物收率和选择性。

在多相催化的分子水平建模方面，人们已经取得了巨大的成功，但是，如果要实现这些方法的全部功能，仍然存在许多挑战。最大的挑战是如何将这些不同时间和空间尺度的计算结果更好地联系起来。

对于大型系统而言，高水平量子力学计算的成本仍然高得令人望而却步，而且在系统大小、基组选择、理论级别方面始终面临着权衡取舍。如果基于阿伦尼乌斯公式，可以预测8kJ/mol 的活化能误差导致反应速率的误差约为 10 倍（在 420K），计算精度问题十分重要。更高准确度的预测仍然是计算化学的长期目标。另一个目标是对不断扩大的系统进行更准确的建模。平板表面模型的计算可用于具有规则重复结构的催化剂，但不适用于具有大晶胞或不规则缺陷的系统。周期性计算确实可以探索表面覆盖度的影响，有关吸附质与吸附质相互作用的信息可以反馈给时间和空间尺度更大的层次结构的计算。嵌入模型还可以研究较大型系统。对更大的系统进行建模对于解决许多问题至关重要，例如金属-载体相互作用在负载型催化剂中的作用等。

计算速度的提高有助于计算更大的模型。为了模拟与沸石催化有关的吸附和扩散，研究人员在计算中考虑包括骨架柔韧性、极化能和沸石阳离子等细节，但是它们使模拟非常耗时。这些方法的致命弱点是力场问题，应该同时探索两种提高力场的方法：开发更好的经验力场和基于量子化学计算的力场。由于处理电子转移和极化较困难，极性分子与阳离子或催化位点相互作用的力场特别难处理。较长时间尺度的模拟仍然是一个问题，MD 模拟具有固有的时间尺度限制，无法通过更快的计算机简单地解决。对于分子通过在优选位点之间跳跃而扩散的系统，可以使用 TST 方法来研究扩散。

微观动力学模型可基于量子化学计算、原子模拟和实验获得的分子水平信息，获得特定催化剂表面在给定反应条件下的动力学行为。为了建立微动力学模型，必须假定反应机理。尽管将实验证据、化学直觉和理论相结合用于提出可能的机理，但对于多相表面的完整反应机理却鲜为人知，特别是对于其中涉及许多反应中间体的复杂系统而言。但是，即使在不了解"真实"机理的情况下，微观动力学建模也提供了测试各种假设的框架，并为实验检测的表面中间体提供可能的建议。在机理中指定每个反应的速率参数对开发微观动力学模型提出了特殊的挑战。通过联合实验值、动力学相关性和 TST 可以估算活化能和频率因子，并已经取得了很大的成功。通常，参数仍然必须拟合实验数据，这限制了微观动力学建模固有的预测能力。从头计算量子化学计算速率常数的准确性和速度的持续提高是改进微观动力学模型预测的一条有潜力的途径。迄今为止，大多数微观动力学模型已经采用平均场方法来描述反应性中间体与催化剂表面的相互作用。然而，已知多相催化剂表面具有不均匀性，并且催化剂在反应条件下是动态的。将更逼真的催化剂表面纳入微观动力学模型需要详细的催化剂表征，并且须知道更多的参数。此外，需要将空间变量添加到传统的微观动力学模型中以考虑反应性的局部差异。迄今为止，使用微观动力学建模的示例主要集中于传质效果不重要的系统中。为了包括传质效应，必须指定多组分扩散系数，并且可能需要对催化剂进行更明确的描述（例如，孔结构、活性部位的位置等）。

将上述这些方法联系在一起是一个巨大挑战。可靠、易于使用的商业软件可用于量子化学。从某种意义上讲，该代码是完全通用的并且独立于所关注的物理系统——工作始终是求解 Schrödinger 方程。MD 代码同样具有通用性——求解牛顿方程，给定原子之间的潜在相互作用。另一方面，分级建模通常是系统特定的，而通用软件中很少出现。以下是一些有助于在现有方法之间创建更好链接的方法。电负性均衡方法（Electronegativity Equalization Method，EEM）可用于将电子结构信息合并到原子模拟中。在基于 DFT 的公式中，EEM 将单个原子视为具有平衡电负性和硬度的中心。在模拟过程中，这些常数和其他原子上的外部点电荷决定了单个原子上的电荷，因此将电荷波动纳入模拟中。在使用经典模拟来搜索最可能发生反应的构型方案中，也可能使用 Fukui 函数和其他反应性指数来将量子化学方法与原子模拟联系起来。然后可以通过详细的 DFT 计算进一步分析这些内容。原子模拟与反应工程模型之间更好的联系可能来自于 TST、动力学蒙特卡洛和场理论的发展[23]。

在克服上述挑战方面不断取得进展，分子建模正迅速成为催化剂和其他材料设计的重要工具。分子建模可以提供可能难以通过实验确定的趋势和新见解，并且可以用于筛选潜在特定应用的催化剂，补充或在某些情况下甚至替代昂贵的实验。随着遗传算法、群体智能、机器学习等方法的发展，预计很快，研究人员就可以摆脱传统试错实验开发工业催化剂的巨大工作量。取而代之的是将上述理论催化计算方法与机器学习和群体智能等算法结合起来的分子模拟研究。而且可以预期，这些算法的出现将极大地减少计算化学在建模和分析数据方面的工作量。期待分子模型在未来催化系统的开发中发挥更为基础的关键作用。

参考文献

[1] Wisniak J. The history of catalysis. From the beginning to nobel prizes [J]. Educación Química, 2010, 21 (1): 60-69.

[2] Berzelius J. Sur un force jusqu'ici peu remarquée qui est probablement active dans la formation des composés organiques, section on vegetable chemistry [J]. Jahres-Bericht, 1835, 14: 237.

[3] Batis N, Kilani C B, Chastrette M. Developpement des idees sur la catalyse au debut du XiXe siecle [J]. Actualité Chimique, 2001, 9 (7/8): 44-50.

[4] Cordus V. Le guidon des apotiquaires: C'est à dire la vraye forme et manière de composer les médicaments [M]. Lyon: L. Cloquemem, 1572.

[5] Kauffman G B. The origins of heterogeneous catalysis by platinum: JohannWolfgang Döbereiner's contributions [J]. Enantiomer, 1999, 4 (6): 609-619.

[6] Thomas J M. Turning points in catalysis [J]. Angewandte Chemie International Edition in English, 1994, 33 (9): 913-937.

[7] Coteron A，Hayhurst A. Kinetics of the synthesis of methanol from CO＋ H_2 and CO＋ CO_2 ＋ H_2 over copper-based amorphous catalysts [J]. Chemical Engineering Science，1994，49 (2)：209-221.

[8] Jousse F，Auerbach S M. Activated diffusion of benzene in NaY zeolite：Rate constants from transition state theory with dynamical corrections [J]. The Journal of Chemical Physics，1997，107 (22)：9629-9639.

[9] 包信和. 催化基础理论研究发展浅析——兼述催化中的限域效应（代序）[J]. 中国科学：化学，2012，42 (4)：355-362.

[10] Houk K N，Cheong P H-Y. Computational prediction of smallmolecule catalysts [J]. Nature，2008，455 (7211)：309-313.

[11] Broadbelt L J，Snurr R Q. Applications of molecular modeling in heterogeneous catalysis research [J]. Applied Catalysis A：General，2000，200 (1/2)：23-46.

[12] Leach A. Principle and applications of molecular modeling [M]. Harlow：Addison Wesley Longman Limited，1996.

[13] Witko M. Oxidation of hydrocarbons on transition metal oxide catalysts—quantum chemical studies [J]. Journal of Molecular Catalysis，1991，70 (3)：277-333.

[14] Ruette F. Quantum chemistry approaches to chemisorption and heterogeneous catalysis [M]. Berlin：Springer Science & Business Media，2013.

[15] Van Santen R A，Neurock M. Concepts in theoretical heterogeneous catalytic reactivity [J]. Catalysis Reviews，1995，37 (4)：557-698.

[16] Jensen F. Introduction to computational chemistry [M]. New Jersey：John Wiley & Sons，2017.

[17] Meier W M，Olson D H. Atlas of zeolite structure types [J]. Zeolites，1996，17 (5)：3-4.

[18] Bezus A G，Kiselev A V，Lopatkin A A，et al. Molecular statistical calculation of the thermodynamic adsorption characteristics of zeolites using the atom-atom approximation. Part 1.—adsorption of methane by zeolite NaX [J]. Journal of the Chemical Society，Faraday Transactions 2：Molecular and Chemical Physics，1978，74：367-379.

[19] Maginn E J，Bell A T，Theodorou D N. Dynamics of long n-alkanes in silicalite：A hierarchical simulation approach [J]. The Journal of Physical Chemistry，1996，100 (17)：7155-7173.

[20] Kärger J，Petzold M，Pfeifer H，et al. Single-file diffusion and reaction in zeolites [J]. Journal of Catalysis，1992，136 (2)：283-299.

[21] Dumesic J A. The microkinetics of heterogeneous catalysis [M]. Washington：American Chemical Society Publication，1993.

[22] Petzold L R. Dassl. A differential/algebraic system solver [R]，Lawrence Livermore National Lab：CA（United States），1982.

[23] Deem M W. Recent contributions of statistical mechanics in chemical engineering [J]. AIChE Journal，1998，44 (12)：2569-2596.

第2章

催化基础理论

理论总是源自实践且又高于实践，是人们在实践过程中，在大量实践和严密的逻辑推理的基础上总结出用以指导实践工作的信条。经过长时间的发展和积累，人们在催化这一领域形成了很多用以指导催化实践的理论，如关于吸附的理论和活性位的研究，基于 Langmuir 提出的化学吸附单分子层概念，形成的动力学上零级、一级或分数阶的反应机理。在此基础上提出的表面催化反应：Langmuir-Hinshlwood 机理、Rideal-Eley 机理等。为了更好地阐述催化剂的活性中心，Taylor 于 20 世纪 20 年代提出的活性中心理论，Lennard-Jones 在 1932 年将势能图引入催化以解释吸附等压线的特性，Germer 发现的表面重构现象，以及酸碱理论、火山曲线、d 电子理论，最近逐渐形成的限域效应和单原子催化等，这些规律性的认识为人们认识催化反应的过程机理、理解催化反应的过程和开发新型高效的工业催化剂等提供了重要的理论指导，但都不能囊括所有的催化现象。我们回归到化学反应的本质，归根结底，催化反应属于化学反应，这些理论中最为重要的基础仍然是指导我们认识化学反应的热力学和动力学，本章将以热力学和动力学为基础，阐述催化领域一些基本的理论概念。

2.1 热力学

首先来讨论一下为什么要使用计算的手段来研究催化问题，这么做的原动力就是想清楚地理解在一个催化反应中到底发生了什么事情。计算的一个长处就是可以利用可视化的方式来描述反应的微观过程：通过建模和计算，可以看得到反应前的体系是什么样（初态），反应后的体系又是什么样（末态），然后整个体系从初态变成末态的中间过程是什么样（中间态）❶。这就导致了一个问题：我们建立的模型和实际上发生的反应可以联系起来吗？简单的回答是：二者可以通过热力学建立严格的联系，但是这里需要做一些必要的近似。

举个更加实际的例子：在催化和能源领域，有非常多理论计算和实验验证相结合的实例，为什么有些结合看起来比较吻合，有些看起来不吻合，我们应该怎么去判断哪些结合比较可靠？从统计物理学的角度来说，微观世界和宏观世界是通过热力学联系起来的。所以，热力学在计算催化中扮演着非常重要的角色。这一节的主要内容是热力学，以及怎么通过热力学计算将计算软件得到的数值（比如电子结构计算得到的能量和频率）和在实验室或者工厂里测量到的数值（比如物质的形成能和吸放热）联系起来。在联系二者的过程中，有一些

---

❶ 请注意中间态之间还有过渡态相连接，属于动力学的内容，在本节不做过多介绍。

容易混淆的概念和容易犯的错误，通过本节的学习可以澄清这些概念，避免这些错误。

2.1.1 宏观世界与微观体系的关系

热力学是联系宏观世界和微观世界的纽带，对于单个分子发生的催化反应，其实在实验上也可以观测到，但这需要非常严苛的条件，比如极度的低温和极度的压力。不过绝大部分催化实验研究的对象仍然不是一个个的分子，而是一组由无数个相同分子组成的整体所体现的宏观表象。借用统计物理学的概念，我们可以用系综的概念去描述这一组数量巨大的分子。系综代表了一定条件下一个分子组合的所有可能状态的集合，也就是说在一个系综里，每个分子组合状态都有一定的概率存在。系综所体现的宏观量可以通过每个可能存在的分子组合情况和其存在的概率来决定。换句话来说，一个系综所表现出来的宏观性质是由组成系综的分子的微观性质决定的，两者之间的纽带就是根据经验确定的热力学定律。几乎所有催化反应都可以用热力学的基本变量来描述。这些基本变量包括：熵（Entropy）、焓（Enthalpy）、自由能（Free Energy）、化学势（Chemical Potential）、热容（Heat Capacity）等。

这里需要首先澄清一下宏观世界和微观世界能量单位之间的转换。对于一个宏观体系，我们通常使用千卡每摩尔（kcal/mol）（1kcal＝4.1868kJ）或者千焦每摩尔（kJ/mol）来描述其能量，这是化学工程师（包括催化学科）经常使用的单位。而对于一个微观体系，我们主要的关注点为一个分子中每个电子和原子核的势能和动能，从而我们必须要使用原子单位，比如哈特里（Hartree）和电子伏特（eV），这也是物理学家和化学家常用的单位。在单位转换的过程中，1eV约等于96.485kJ/mol。根据这个转换方式，电子伏特是一个很大的单位。有一些计算催化学科的初学者觉得这个转换方式违反直觉，一个分子的能量怎么能大于一个由无数个分子组成的系统的能量呢？其实不然，电子伏特是一个非常非常小的量。造成这种错觉的原因是在千焦每摩尔的定义中用到了摩尔的概念。在宏观世界中，一个摩尔的物质是由阿伏伽德罗常量（6.022×10^{23}）个分子组成的。宏观世界的研究对象从不是一个个的分子本身，而是分子的集合。简单来说，宏观和微观的能量转换必须要用到阿伏伽德罗常数。为了方便大家使用，表2.1列出了一些常见能量单位之间的转换关系。

表 2.1　常见能量单位之间的换算关系

单位	Hartree(哈特里)	eV（电子伏特）	kJ/mol（千焦每摩尔）	kcal/mol（千卡每摩尔）	cm^{-1}（波数）
Hartree	1	27.21	2625.50	627.51	2.19×10^5
eV	3.67×10^{-2}	1	96.485	23.06	8065.50
kJ/mol	3.81×10^{-4}	1.04×10^{-2}	1	0.24	83.59
kcal/mol	1.59×10^{-3}	4.34×10^{-2}	4.18	1	349.75
cm^{-1}	4.56×10^{-6}	1.24×10^{-4}	1.196×10^{-2}	2.86×10^{-2}	1

另一个需要澄清的点是：我们通过计算得到的微观体系对于我们描述宏观体系有没有帮助？简单的回答是有。举一个简单的例子，我们可以通过计算来比较两个反应哪个更容易进行。具体操作为：首先通过计算软件来设置反应前、反应后和中间态的初始构型，然后放到计算软件里面进行结构弛豫，得到反应路径上各个状态的构型和能量。有的时候我们还关心态与态之间是怎么转变的（通过过渡态来进行），也想知道转变过程中需要的能量，所以我们可以继续进行运算，得到过渡态所具有的能量。我们可以通过比较两个反应的初末态能量

来决定它们是吸热反应还是放热反应；如果两个反应的初末态能量相差不多，我们还可以通过比较过渡态能量来决定哪个反应更容易发生。在这个过程中，我们可以只关心软件计算出来的、最可能存在的路径的能量值。这个策略比较省时省力。但是有时候这种策略过于简化，导致失策，因为在宏观上（或者说实验室和工厂里）我们能测量到的都是热力学量，比如吸放热、焓或者自由能，而并不是严格的某个分子发生某个反应所需要的确切能量。

2.1.2 系综、配分函数和热力学变量

（1）系综和正则系综

首先来简要回顾一下热力学里面系综的概念，系综的英文原文为"ensemble"，其本意为全体（很多东西放在一起），在生活中它可以指剧团，而在热力学领域翻译为系综。系综是组分完全相同的一系列系统，但是这些系统的状态不同。把系统所有可能的状态都遍历一边，放到一起，就构成了系综。其中某些状态的能量相同；如果某个能量值对应的状态数比较多，那么这个能量值出现的概率最大❶。那么都有哪些系综呢？描述一个系统最基本的变量是粒子数（N）、系统温度（T）、系统能量（E）、体积（V），还有化学势（μ）。变量太多了，我们必须要固定一些。根据固定的变量的不同，吉布斯本人定义了三种经典系综：

① 微正则系综（Microcanonical Ensemble，NVE）规定这个系综里面所有系统的粒子数、总体积和总能量是不变的。

② 正则系综（Canonical Ensemble，NVT）规定这个系综里面所有系统的粒子数、总体积和温度是不变的。

③ 巨正则系综（Grand Canonical Ensemble，μVT）规定这个系综里面所有系统的化学势、体积和温度是不变的。

这一章主要关注正则系综，因为在第一性原理计算中，粒子数 N 保持不变，计算的超胞大小不变，也就是体积 V 保持不变，温度 T 保持不变。

（2）配分函数

上一页的脚注中提到了"电子分布"和"系综中状态分布"的相似之处，即他们都是一种概率。我们用电子云来描述前者，用配分函数来描述后者。根据熵的最大化原则，对于一个能量分立的正则系综来讲，其配分函数表达式如下：

$$Q(N，V，T) = \sum_i e^{-E_i(N，V)/(k_B T)} \tag{2.1-1}$$

式中，i 代表了这个正则系综里面第 i 个状态，所以 $\sum$ 在这里表示遍历每个可能的状态；k_B 为玻尔兹曼常数。另外一个需要注意的点为上述表达式没有考虑到能级简并的情况，即我们认为每个能量上只分布有一个状态，或者叫做每个状态都具有与众不同的能量。当一个正则系综具有连续的能量分布，或者有能量简并的状态时，还有其他的表达方法，在这里不加赘述。

对于这个系综，每个状态 i 出现的概率 ρ_i 和一些常用热力学量（熵 S、焓 H、内能 U❷、

---

❶ 这种现象其实和电子云的概念有异曲同工之处。对于电子云，我们可以知道具有某个能量值的轨道上电子在空间某处出现的概率，但是我们不知道此刻电子在什么坐标处。对于系综，我们可以知道某个能量出现的概率，但是我们不知道具体是哪个体系。这个概率就是接下来要介绍的配分函数。

❷ U 为内能，它应该是一个考虑了系统中所有可能状态的平均量，但是在计算中我们通常用来指计算软件所给的体系总能量加上各种运动状态导致的能量的增加（或者叫做热容的积分）以及零点能。这些概念在本节都会有详尽的阐述。

吉布斯自由能 G、定容热容 C_V）表达如下：

$$\rho_i = \frac{1}{Q}e^{-E_i/(k_B T)} \tag{2.1-2}$$

$$U = \sum_i E_i \rho_i = k_B T^2 \frac{\partial \ln Q}{\partial T} \tag{2.1-3}$$

$$S = -k_B \sum_i \rho_i \ln\rho_i = \frac{U}{T} + k_B \ln Q \tag{2.1-4}$$

$$H = U + PV \tag{2.1-5}$$

$$G = H - TS \tag{2.1-6}$$

$$C_V = \left(\frac{\partial U}{\partial T}\right)_V \tag{2.1-7}$$

有了这些定义，研究一个热力学体系的任务就变成了寻找其可能的状态，从而得到一个定义清晰的配分函数，然后通过偏微分计算得到其他热力学量。但是在实际应用中，一个体系拥有的可能运动状态很多如振动、转动、平动，电子态的不同都会导致不同状态的产生。把这几项组合起来，组成了几乎无穷多的可能，从而使得到一个定义清晰的配分函数变成了不可能完成的任务。所幸这几项之间通常互不干扰，所以通常可以把这几项分开来考虑：

$$E = E_{\text{elec}} + E_{\text{trans}} + E_{\text{rot}} + E_{\text{vib}} \tag{2.1-8}$$

其中，脚标 elec 代表电子态（electronic term）；trans 代表平动态（translational term）；rot 代表转动态（rotational term）；vib 代表振动态（vibrational term）。在这样的假设下，系统的配分函数相应地变为更加容易分解开来的定义：

$$Q = Q_{\text{elec}} \times Q_{\text{trans}} \times Q_{\text{rot}} \times Q_{\text{vib}} \tag{2.1-9}$$

接下来将讨论每一项分开来考虑是什么样子的。

(3) 电子态配分函数

先从最简单的电子态配分函数开始，一般来说，电子能级之间的间隔非常大。以至于对于一个热平衡的体系，它通常处于最低的电子态上，几乎没有占据较高电子态的可能性。假设一个体系有 N 个电子态：$E_{\text{elec}}^1, E_{\text{elec}}^2, E_{\text{elec}}^3, \cdots, E_{\text{elec}}^N$。然后基态能量为零，其所有状态能量分布如图 2.1 所示。

因此，电子态配分函数只需要考虑基态：

$$Q_{\text{elec}} = \sum_i e^{-E_{\text{elec}}^i/k_B T} = e^{-E_{\text{elec}}^1/k_B T} = 1 \tag{2.1-10}$$

与此同时，电子态贡献的熵就是零。但是，有时最低的电子能级可能有简并：比如说不成对电子的自旋可以向上，也可以向下，从而造成了二重简并。如果最低电子态的简并性是 g_{elec}（比如自旋为 $1/2$ 的粒子是双重态，$g_{\text{elec}} = 2$；自旋为 1 的粒子是三重态，$g_{\text{elec}} = 3$），那么我们有：

$$Q_{\text{elec}} = \sum_i e^{-E_{\text{elec}}^i/k_B T} = g_{\text{elec}} e^{-E_{\text{elec}}^1/k_B T} = g_{\text{elec}} \tag{2.1-11}$$

在此基础上，我们可以得到电子态对于内能、熵和热容的贡献[1]：

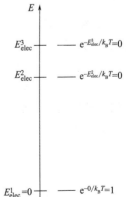

图 2.1 电子状态分布和对应的配分函数

---

[1] 这里涉及一个假设，即我们的研究对象是 1 摩尔粒子，从而 N 取阿伏伽德罗常数。

$$U_{\text{elec}} = 0 \tag{2.1-12}$$

$$S_{\text{elec}} N K_B \ln(g_{\text{elec}}) = R \ln(g_{\text{elec}}) \tag{2.1-13}$$

$$C_{V-\text{elec}} = 0 \tag{2.1-14}$$

不过在某些情况下，一个体系的能量最低电子态（基态）和能量次低电子态（激发态）之间的差没有那么大时，体系就有可能分布在能量次低电子态上。这时计算电子态配分函数就不能只考虑基态了。但是总体上来说，电子能级带来的热力学量计算相较以下几项会比较简单。

（4）平动配分函数

求解平动配分函数是量子力学里面的一个经典问题，大家通常使用盒子的假设。假设粒子在一个边长均为 a、体积为 a^3 的盒子里面自由运动，通过解薛定谔方程，我们可以得到粒子平动能级的精确解，表达如下：

$$E_{\text{trans}} = \frac{h^2}{8ma^2}(n_x^2 + n_y^2 + n_z^2) \tag{2.1-15}$$

其中，m 是粒子的质量，n_x、n_y、n_z 是三个坐标投影上的量子数。在真实情况中，这些能级接近连续，从而公式（2.1-15）的加和运算可以变成积分运算。从而我们可以得出平动配分函数的逻辑表达式：

$$Q_{\text{trans}} = \left(\frac{2\pi m k_B T}{h^2}\right)^{3/2} V \tag{2.1-16}$$

在这个式子中，盒子的体积不再表达为 a^3，而是更广义的 V。这样操作的话，只要我们知道粒子运动的总空间大小，就可以让平动配分函数的计算推广到任意形状的空间。这样的话，我们可以得出平动对体系内能、熵❶和热容的贡献分别为：

$$U_{\text{trans}} = \frac{3}{2}RT \tag{2.1-17}$$

$$S_{\text{trans}} = R\left\{\ln\left[\left(\frac{2\pi m k_B T}{h^2}\right)^{3/2} \times \frac{k_B T}{p^0}\right] + \frac{5}{2}\right\} \tag{2.1-18}$$

$$C_{V-\text{trans}} = \frac{3}{2}R \tag{2.1-19}$$

其实大家可能已经注意到了，计算平动配分函数并不需要电子结构的计算，所以不需要使用量子化学计算软件。我们只需要知道粒子质量就可以了。在实际应用中，这部分的计算通常与独立气体分子的计算相关。一旦气体分子发生了吸附，它就不可以在三维空间中自由活动，从而平动配分函数会演变成类似振动配分函数存在❷。

（5）转动配分函数

一般来说，求解分子转动能级的薛定谔方程的过程比较复杂。从最简单的情况开始。对于刚性线性分子，其能级的解析解为：

$$E_{\text{rot}}^j = Bj(j+1) \tag{2.1-20}$$

---

❶ 这里的公式变换过程中涉及理想气体假设。具体推导过程这里不做赘述，可以参考经典热力学教科书。

❷ 打个不太恰当的比方，吸附对于配分函数的影响，就好像苍蝇被粘在了苍蝇纸上一样。被抓住前，苍蝇可以满屋乱飞，对应于自由分子；被粘之后，苍蝇只能在纸上做无力的挣扎，对应于吸附在底物上面的吸附分子。但是苍蝇不会轻易放弃，它还是在不停地动弹、想要挣脱束缚，对应于吸附分子的频率在振动项以外还出现了与平动/转动相关的项。

其中，B 是分子的旋转常数，可以通过转动惯量（I）来得到：

$$I = \sum_k^{\text{原子核}} m_k r_k^2 \tag{2.1-21}$$

$$B = \frac{h^2}{8\pi^2 I} \tag{2.1-22}$$

使用这些能级，就可以得出转动配分函数❶：

$$Q_{\text{rot}} = \frac{1}{\sigma} \times \frac{k_{\text{B}}T}{B} \tag{2.1-23}$$

其中，σ 为旋转对称数（Rotational Symmetry Number），即其具有的对称等效取向的数目。对于非对称的线性分子，σ 为 1。对于对称的线性分子，σ 为 2。其余几个例子如下：HF 的对称数为 1；F_2 的对称数为 2；NH_3 的对称数为 3；BF_3 的对称数为 6（因为它是平面的）。

由此，对于线性分子我们可以得出其旋转内能、熵和热容的表达式：

$$U_{\text{rot}}^{\text{线性分子}} = RT \tag{2.1-24}$$

$$S_{\text{rot}}^{\text{线性分子}} = R\left[\ln\left(\frac{8\pi^2 I k_{\text{B}}T}{\sigma h^2}\right) + 1\right] \tag{2.1-25}$$

$$C_{V-\text{rot}}^{\text{线性分子}} = R \tag{2.1-26}$$

对于非线性分子，求解其解析解的过程比较复杂，详情请参见统计力学教科书[1]。简单来说，对于非线性分子的不同对称方向，有如下两个公式：

$$E_{\text{rot}} = Bj(j+1) + (A-B)k^2 \tag{2.1-27}$$
$$\text{（偏重对称/prolate top）}$$

$$E_{\text{rot}} = Bj(j+1) + (B-C)k^2 \tag{2.1-28}$$
$$\text{（偏平对称/oblate top）}$$

其中，A 是最大旋转常数（对应于具有最小惯性矩的分子的主轴），而 C 是最小旋转常数（对应于具有最大惯性矩的主轴）。求解 A 和 C 的方式和上面求解 B 的方式相同。使用这些能级，就可以表达出旋转配分函数。从而我们可以得到非线性分子的转动配分函数：

$$Q_{\text{rot}} = \frac{\pi^{1/2}}{\sigma}\left(\frac{k_{\text{B}}T}{A}\right)^{\frac{1}{2}}\left(\frac{k_{\text{B}}T}{B}\right)^{\frac{1}{2}}\left(\frac{k_{\text{B}}T}{C}\right)^{\frac{1}{2}} \tag{2.1-29}$$

从而我们可以得到转动对非对称分子的旋转内能、熵和热容的贡献分别为：

$$U_{\text{rot}}^{\text{非对称分子}} = \frac{3}{2}RT \tag{2.1-30}$$

$$S_{\text{rot}}^{\text{非对称分子}} = R\left\{\ln\left[\frac{\sqrt{\pi I_{\text{A}} I_{\text{B}} I_{\text{C}}}}{\sigma} \times \left(\frac{8\pi^2 k_{\text{B}}T}{h^2}\right)\right] + \frac{3}{2}\right\} \tag{2.1-31}$$

$$C_{V-\text{rot}}^{\text{非对称分子}} = \frac{3}{2}R \tag{2.1-32}$$

和平动配分函数类似，求解转动配分函数基本上不需要量子力学软件去计算。通常我们只要能够查到分子组分和构型信息，就可以得到它和转动运动相关的热力学信息。在吸附状

---

❶　请注意这里的线性分子假设。

态下，转动运动演变成振动运动，从而可以通过量子力学计算来得到相关信息。

（6）振动配分函数

当分析分子的振动运动时，一个经常使用的近似是将整体的振动运动分解为多个单独的一维振动的集合。这些一维振动可以被看作一个个的谐振子。因此，总体振动能量可以写为每个谐振子的能量之和：

$$E_{\text{vib}} = \sum_{i=1}^{n} E_{\text{vib}}^{i} = E_{\text{vib}}^{1} + E_{\text{vib}}^{2} + \cdots + E_{\text{vib}}^{n} \tag{2.1-33}$$

其中，n 是分子中独立振动的数量。对于一个含有 N 个原子的非线性分子，n 取 $3N-6$；对于一个含有 N 个原子的线性分子，n 取 $3N-5$。根据上式，我们可以得到这个分子的振动配分函数，它由每个振动状态配分函数相乘得来：

$$Q_{\text{vib}} = \prod_{i=1}^{n} Q_{\text{vib}}^{i} = Q_{\text{vib}}^{1} Q_{\text{vib}}^{2} \cdots Q_{\text{vib}}^{n} \tag{2.1-34}$$

下一步就是要求解每个谐振子的配分函数。通过求解一维谐振子的薛定谔方程，我们可以得到每个振动能级：

$$E_i = i(i+1/2)h\nu \tag{2.1-35}$$

其中，ν 是振动的频率，标准单位是赫兹（s^{-1}），但是也可以用波数（cm^{-1}）来表示。在计算软件中，频率有时候会直接和普朗克常数放到一起来考虑，直接给出用 eV 或者 meV 做单位的值。每个一维谐振子运动的振动分配函数为：

$$Q_{\text{vib}}^{i} = \sum_{k=0}^{\infty} e^{-kh\nu_i/k_{\text{B}}T} = \frac{1}{1-e^{-h\nu_i/k_{\text{B}}T}} \tag{2.1-36}$$

从而，总体的振动配分函数，振动内能、熵和热容可以分别表示为：

$$Q_{\text{vib}} = \prod_{i=1}^{n} \left(\frac{1}{1-e^{-\frac{h\nu_i}{k_{\text{B}}T}}} \right) \tag{2.1-37}$$

$$U_{\text{vib}} = R \sum_{i=1}^{n} \frac{h\nu_i}{k_{\text{B}}(e^{\frac{h\nu_i}{k_{\text{B}}T}}-1)} \tag{2.1-38}$$

$$S_{\text{vib}} = R \sum_{i=1}^{n} \left[\frac{h\nu_i}{k_{\text{B}}T(e^{\frac{h\nu_i}{k_{\text{B}}T}}-1)} - \ln(1-e^{-\frac{h\nu_i}{k_{\text{B}}T}}) \right] \tag{2.1-39}$$

$$C_{\text{vib}} = R \sum_{i=1}^{n} \left[\frac{\left(\frac{h\nu_i}{k_{\text{B}}T}\right)^2 e^{-\frac{h\nu_i}{k_{\text{B}}T}}}{(1-e^{\frac{h\nu_i}{k_{\text{B}}T}})^2} \right] \tag{2.1-40}$$

在所有配分函数的计算中，振动配分函数必须由第一性原理计算得来❶。而且如前所述，在吸附发生的时候，分子的平动和转动会演变为振动模式，从而可以用振动热力学变量来代替平动与转动热力学量。

---

❶ 其实对于自由分子的振动，有很多从光谱测量得到的经典数据可以使用。一般来说，计算得到的数据应该和这些经典数据相符合。

(7) 零点能（Zero-Point Energy，ZPE）

其实在处理分子振动的时候，有两种基态选择的方法。一种是取谐振子最低的能级，也就是把 $\frac{h\nu}{2}$ 这个点设置为能量零点。另外一种方法，也是上文所述的方法，取谐振子能量曲线上的最低点为能量零点。这两种方法都有人使用。不过有人更偏向于后一种方法，因为这个比较容易理解：把我们计算得到的点看作波恩-奥本海默势能面，然后把零点振动能作为原子核在绝对零度下所具有的能量。这个现象可以通过海森堡不确定原理来理解：我们无法同时确定一个粒子的位置和动量。计算中我们得到了一个个原子的绝对位置，那么这些原子必定具有动量，从而导致了零点能的现象。

如图 2.2 所示，在绝对零度的情况下，我们可以用谐振子的概念来描述原子核的振动能，其公式为：

$$U_{\text{ZPE}} = \frac{1}{2} \sum_{i=0}^{n} h\nu_i \qquad (2.1\text{-}41)$$

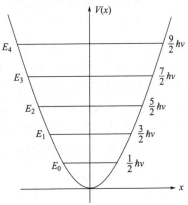

图 2.2　体系零点能的谐振子表示

其中，ν_i 是每一个振动模式的能量（可以通过量子化学频率分析计算得到），h 为普朗克常量。在绝大多数情况下，绝对零度时每一个势能面最低点附近都可以用这样的形式来表示。少数情况下，有些模式并不是严格简谐的。比如在研究吸附时，如果吸附物和基底作用较弱，此时和扭转相关的模式并不是严格简谐的。但是这一类的振动能量较小，对总体零点能贡献不大，可以忽略不计。

除了可以校正势能面上每个点的能量，零点能还有一个重要使用领域。根据零点能原理，我们可以在低温下分离同位素。这样做的原因是频率 ν 和同位素的（约化）质量有关，其二者之间的关系为：

$$\nu = \frac{1}{2\pi} \sqrt{\frac{k}{\mu}} \qquad (2.1\text{-}42)$$

其中，μ 为同位素约化质量；k 为化学键的键力常数。在温度比较低的情况下，质量比较大的同位素频率比较小，从而导致其零点能也比较小。这样的结果就是质量比较大的同位素扩散比较慢，质量比较小的同位素扩散比较快。扩散速率的不同导致了不同质量的同位素可以彼此分开。而且温度越低，不同质量的同位素的能量差越大，越有利于分离。

(8) 小结

本节我们主要描述了怎么通过求解配分函数来得到一系列热力学值的过程。其中平动和转动配分函数的计算不需要用到第一性原理计算即可得到，振动配分函数需要用到第一性原理计算。计算过程分两步：首先要将一个状态弛豫到局域最低点，或者通过过渡态搜索找到鞍点❶，这样做的目的是保证下一步的计算结构在一个谐振子势阱里面；第二步就是通过计算一个体系的黑塞矩阵（Hessian Matrix）来得到其频率。黑塞矩阵的计算是非常费时的，因为计算过程中需要将每一个原子在三个坐标投影上都进行位置挪动，计算其实时能量。这样对于一个 N 个原子的体系来说，需要进行 $6N$ 步的自洽收敛。所以在实际应用中，我们

---

❶　更多信息请查看动力学和过渡态搜索部分。

经常使用简化的方法，也就是不考虑对热力学项贡献不大的原子（比如吸附过程中的基底），只考虑有重大热力学贡献的原子（比如吸附过程中的吸附物）。

另外需要注意的一点是，上面给出了很多计算热力学量的公式，而这些公式并不是唯一表达。在不同的参考书或者计算软件的说明文件里面，会有另外的表达式。这些表达式都是等价的，比如使用不同的表达式计算平动和转动热力学量得到的结果相同。掌握好这一小节的内容可以对热力学的本质有更加深刻的了解。

2.1.3　热力学应用

（1）吸附、脱附和火山图❶

热力学最直接的应用是研究吸附和脱附。吸附（Adsorption）是指某种气体、液体或者被溶解的固体的原子、离子或者分子附着在某表面上。在刚接触吸附概念时，很多人会将其和"absorption"（吸收）混淆。吸收是指某种物质溶解于另一液体或固体中的过程。这个概念在其他领域也有广泛应用，比如它也可以指光子的能量被某个物体得到。另外，吸附仅限于固体表面，而吸收同时作用于表面和内部。笔者认为二者最大的区别在于，吸收使两个实体模糊边界变为一体，而吸附行为不会这样。（有关吸附的详细内容会在第四节中详细讲述）

描述吸附最常用到的参数就是吸附能了，其定义如下：

$$E_{adsorption} = E_{total} - E_{surface} - E_{adsorbate} \qquad (2.1\text{-}43)$$

其中，E_{total} 表示发生吸附后系统总能量；$E_{surface}$ 表示吸附基底的能量；$E_{adsorbate}$ 代表单纯吸附物分子的能量。

吸附基本上分为物理吸附和化学吸附两种情况，其最大的差别有两点：是否生成新键和吸附能量高低。物理吸附通常不会形成新的键，吸附能通常在 -0.1eV 到 -1eV 之间。化学吸附一定成新键，吸附能通常在 -0.5eV 到 -10eV 之间[2]。这里需要注意的是，只通过吸附能来判断一个吸附是物理吸附还是化学吸附有时有些武断，我们必须要结合成键情况、吸附物分子构形变化强度，甚至电子转移情况来做合理的判断。比如二氧化碳（CO_2）分子在氮化碳（g-C_3N_4）表面的吸附，情况比较复杂，有一种吸附构形其形式看起来是化学吸附，因为二氧化碳分子本身发生了弯折，和吸附底物之间距离较近并且成键，但是其吸附能并不是很强，这种吸附就兼具了物理吸附和化学吸附的特性。

关于吸附能量的计算，另外补充一点：现在计算学界的一个共识是不能直接使用通过电子结构计算得到的能量，而需要加一个范德华校正。这样做的根本原因是电子结构计算对成键系统的能量描述相对正确，但是得到的非成键系统的能量偏小。关于范德华矫正有很多方法，比如 Grimme 提出的 D2、D3 都是认可度比较高的方法，我们常常将加入了这种矫正的计算简称为 DFT-D2、DFT-D3 等。现在计算软件的发展日新月异，很多软件都包含了计算范德华矫正这一项，只需要简单勾选相应选项即可。

吸附和脱附的另外一个重要意义就是，非均相催化反应的第一步就是吸附过程。物质只有吸附在了表面上，才会被催化，从而进行下一步反应。一般来说，吸附越强，吸附底到吸附物之间的电荷转移越多，越容易发生反应。反应过后，就是产物脱附的问题。这就要求反应之后产物的吸附不能太强，不然产物粘在催化剂表面，不容易脱掉，从而"堵塞"催化剂表面的活性点位，造成催化剂的毒化。一个常见的催化剂毒化现象就是铂的一氧化碳（CO）

---

❶　在本小节中，能量单位是微观的 eV，因为我们通常研究的对象是微观的。

中毒，其根本原因就是铂对一氧化碳的吸附太强。

其实吸附脱附影响反应速度这个概念已经存在很久了。大概一百多年前，法国化学家 Paul Sabatier[1] 就提出了在催化反应中，催化剂和反应物之间的相互作用既不能太弱（否则难以吸附），也不能太强（否则难以脱附），只有吸附强度刚刚好的时候，反应速度是最快的。这样的话就存在一个恰当的吸附强度，对应于最高的反应速率。吸附越强或者越弱都会导致反应速率的降低。把这个现象画到纸上，就是火山图。在过去，人们通常用反应速率作为纵坐标，反应物在催化剂表面上的吸附热作为横坐标。现在，随着量子力学和计算化学的发展，科学家们开始用催化剂表面的吸附能做为横坐标。

另外通过总结过去的研究成果，我们还注意到一个表面对于每一族吸附物的吸附是有规律可循的。这里的一族吸附物可以定义为成分大致相同、结构类似、锚点原子相同的基团。比如 * O、* OH、* OOH 就可以看作是同一族吸附物。这个规律是指，在某个特定表面上，其中一个基团的吸附比较强，那么同一簇的其他基团的吸附也比较强，反之亦然。通过该原则，我们可以把一个复杂反应简单化，从而也可以用二维火山图的形式来表示。如果对于一个复杂反应，其表面吸附物的种类不能归于同一类，那么这时可以用三维火山图（有时也称为热图 Heatmap）。

（2）物质的形成能

热力学的一个重要应用是物质的形成能。物质的形成能定义为从（构成物质的）每个元素在标准状态下（273.15K，100kPa）最稳定的单质开始，到形成这种化合物结束，从外界得到或者失去的能量。关于最稳定状态的选择，举例说明，比如说单质碳，它的同素异形体有很多种，包括石墨、金刚石、无定形碳、石墨炔、石墨烯、富勒烯等。其中，石墨在标准压力下是最稳定的，所以我们会选择石墨这种形态来计算单个碳原子的能量。另外需要说明的一点是，在计算形成能的过程中，我们只关心一个物质形成的初态和末态，并不关心具体是怎么形成的。如果一定要可视化这个过程，最经常使用的情景是一个两步的过程。第一步把元素从最稳定的状态中抽取出来，变成一个个的原子，这个过程通常是吸热的；第二步把不同的原子再组合起来，形成目标化合物。

综上所述，我们可以把形成能（或者严格来说形成焓）看作储存在化合物中化学键上的能量。当形成焓是负值时，说明形成某个化合物是放热的；当形成焓是正值时，说明形成这个化合物是吸热的[2]。

（3）反应的自由能

在判断一个化学反应是否可以发生时，我们需要一个与形成能不同的概念。因为上面讨论的形成能只考虑到了形成各种物质时热量上的变化，并没有考虑熵的变化。而熵的作用其实是巨大的，正如热力学第二定律所讲述的：在自然过程中，一个孤立系统的总混乱度（即"熵"）不会减小。所以在化学反应中，我们会更关注自由能[3]这个概念。自由能的正负决定了一个反应是否可以发生，其定义为：

$$\Delta G = \Delta H - T\Delta S \tag{2.1-44}$$

---

[1]　Sabatier 在 1912 获得了诺贝尔化学奖，表彰他发明了在细金属粉存在下的有机化合物的加氢法。

[2]　这里的讨论有个前提，就是保证压力不变，也就是没有由压力变化带来的体系能量的变化。

[3]　在本小节中，因为人们首先从宏观上研究物质的形成能和熵的历史背景，我们使用宏观的 kJ/mol 作为能量单位。

表 2.2　焓、熵和自由能之间的关系

条件	反应焓小于零($\Delta H < 0$)	反应焓大于零($\Delta H > 0$)
熵变大于零($\Delta S > 0$；无序度变大)	自由能变化小于零，在所有温度下都是自发反应	高温下，当 $T\Delta S$ 较大时为自发反应
熵变小于零($\Delta S < 0$；无序度变小)	低温下，当 $T\Delta S$ 较小时为自发反应	自由能变化大于零，在所有温度下都不是自发反应

我们还可以用上述一个简单的表格（表 2.2）来理解焓、熵、自由能之间的关系以及判断反应是否可以自发进行。举一个简单的例子，来探讨焓和自由能之间的关系。氢气在氧气中燃烧生成水，我们已知氢气和氧气均处于该元素组分的最稳定状态，所以他们的形成焓都是零。液态水的形成焓可以查表[3]得知为 $-285.8\mathrm{kJ/mol}$。另外我们可以查表得到氢气、氧气和水在室温下的熵分别为 $131.0\mathrm{J/(mol \cdot K)}$、$205.0\mathrm{J/(mol \cdot K)}$ 和 $69.9\mathrm{J/(mol \cdot K)}$。考虑到室温（298.15K），这三个组分所贡献的 $T\Delta S$ 分别为：$39.1\mathrm{kJ/mol}$、$61.1\mathrm{kJ/mol}$ 和 $20.8\mathrm{kJ/mol}$。这样我们可以得到氢氧燃烧生成水的自由能为：$-285.8-20.8+39.1+61.1/2 = -237.0\mathrm{kJ/mol}$，与实验值接近。

另外，这里虽然讨论的是氢加氧生成水的自由能，但是这个数值适用于其他生成水的过程，比如在燃料电池中通过电化学的方法来生成水。和生成焓一样，我们关心的是初态和末态，具体中间是怎么样的历程不重要。

（4）反应路径的构建

因为自由能是一个非常直观的数据，又可以体现出反应的热力学可能性，所以在化学反应的过程中，我们通常使用构建反应的自由能图来描述这个反应的路径。这里举一个例子来说明反应自由能路径构建的重要性。这个例子对我们人类发展具有非常重要的意义，即合成氨技术。

合成氨的反应路径为 (1) $N_2 + 2* \longrightarrow 2N*$，(2) $H_2 + 2* \longrightarrow 2H*$，(3) $N* + H* \longrightarrow NH* + *$，(4) $NH* + H* \longrightarrow NH_2* + *$，(5) $NH_2* + H* \longrightarrow NH_3* + *$，(6) $NH_3* + * \longrightarrow NH_3$[2]。如图 2.3 黑线所示，在室温的时候整个反应中间部分的吸附态能量较低，是相对稳定的，也就是说大部分的反应进行到这一步就很难再继续向下进行。这就不符合 Sabatier 原则里面的"吸附不能太强"。因为这些中间吸附态的熵和初态/末态的熵值不一样，所以我们可以通过调节温度的方法来让这些吸附态的自由能向上挪动一些，例如图 2.3 中代表 500K 和 700K 的反应路径。大体上来说，在 700K 的时候中间吸附态的自由能和初态/末态保持平衡，从而保证更好地满足 Sabatier 原则。

可是提高反应温度的同时又带来了另外一个问题。在 700K 的情况下，末态的自由能比初态高，那么总体反应从热力学上讲是无法实现的，这就必须要进一步调节末态的自由能。除了调节温度外，还可以通过调节压力的方法来调节自由能。对于合成氨的反应路径来说，就是给整个体系加压，从而让末态的能量降低。如图 2.4 所示，当反应压力加大到 100bar（1bar＝100kPa）时，末态能量小于初态能量，从而保证整个反应向氨气的方向发展。

一旦反应的自由能路径建立起来，我们就可以开始计算反应路径上的配分函数和反应速率。这里需要提醒的一点是，大家经常使用阿伦尼乌斯方程来计算反应速率，其中涉及一个指前因子，其实指前因子是可以通过配分函数的计算来得到：

$$k = \frac{k_B T}{h} \frac{Q^{TS}}{Q^A Q^B} e^{-E_a/k_B T}$$

(2.1-45)

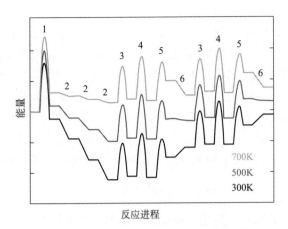

图 2.3　不同反应温度下合成氨的反应路径[2]

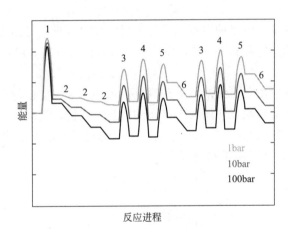

图 2.4　不同反应压力下合成氨的反应路径[2]

其中，E_a 为反应能垒，Q^{TS}、Q^A、Q^B 分别为过渡态、反应物 A 和反应物 B 的配分函数。感兴趣者可以参考相关的文献。

（5）电化学反应路径的构建

上面讲述了如何构建非均相反应的自由能路径，其中所有的吸附物都来源于气态反应物。当反应物来自于液态时（如一些电化学反应），也可以建立类似的反应热力学路径。电化学反应也是一种非均相反应，但是其反应物还包括了来自于溶液的质子/氢氧根和来自于/去向电极表面的电子。而且反应在溶液中进行，那么就必须要考虑溶液的贡献，比如酸碱度（pH 值）。所以要模拟电化学反应，我们必须考虑这些带电粒子、电子的贡献和 pH 值。

关于前者（带电粒子和电子）对反应的贡献，这里举一个简单的例子——氢析出反应的 Volmer-Tafel 路径：$2* + 2H^+ + 2e^- \longrightarrow 2H^+ * + 2e^- \longrightarrow 2H* \longrightarrow 2* + H_2$（另外还有 Volmer-Herovsky 路径）[4]。按照刚才的分析，我们要计算 H^+* 这个状态的能量和电子的能量。考虑表面带电状况的最直接的想法是，模拟这些带电状态就可以了，但是这是不可行的。原因有二：第一，因为很多量子化学计算方法有周期性边界条件，所以一个超胞必须不带电荷。如果要给表面加/减电荷，那就要给真空背景一个相反的电荷（不然就会产生无限大的静电势），这样有时会产生难以收敛的问题❶。第二，我们在比较不同状态能量时（包括建立自由能图），必须要保证路径上的每个状态所包含的粒子数和带电数都是相同的，不然这个比较就不合理。如果简单地往体系里面加/减电子，通常会产生无法比较的问题。

因为上面讨论的直接在反应路径上加电荷的方法很多时候不可行❷，所解释的内容也有限（比如反应过电位是多少的问题），所以在电化学里面更常用的是计算氢电极的解决办法。计算氢电极最大的作用是，它巧妙地定义了质子的能量，而且通过这个定义，还可以得出电子在不通电压下的能量。针对氢析出这个反应来说，在标准氢电极电位下（Standard Hydrogen Electrode❸，SHE），质子和氢气的互相转换是平衡的。所以质子的能量定义如下：

$$G_{H^+} = \frac{1}{2} G_{H_2} \text{ (vs. SHE)} \tag{2.1-46}$$

在这种情况下，电子的能量为零。那么在不同的电位下，电子的能量可以通过一个数学表达式来说明：

$$E_U = -eU \tag{2.1-47}$$

其中，U 为偏离标准氢电极的电压，常称为过电位。这里对应的是带一个电子的反应中间态；如果一个状态的带电数目不为 1，而是 n，那么公式（2.1-47）里面就需要加入电子数目，变为 $-neU$。

关于电催化的另外一个考虑是溶液的酸碱度。因为标准氢电极假设一体积摩尔浓度的溶液，所以不同的酸碱度会影响反应路径上状态的能量。我们从受溶液酸碱度影响最大和最直观的质子/氢氧根能量开始说起。这部分影响也可以通过简单的数学公式来处理。在不同的pH下，质子和氢氧根的能量由下述公式得到：

$$G_{H^+} = \frac{1}{2} G_{H_2} - k_B T \ln 10 \tag{2.1-48}$$

$$G_{OH^-} = G_{H_2O}(l) - G_{H^+} \tag{2.1-49}$$

在实际情况中，溶液对反应或者吸附的贡献不只是 pH 值对自由能的数学矫正。溶液中的各种离子会影响吸附，会在电极表面形成双电层，甚至在极酸或者极碱的情况下，在电极表面形成一个具有局域酸碱度（Local pH）的区域，其 pH 不同于全局酸碱度（或者叫做溶液酸碱度）。不过后面提到的这些概念超出了热力学基本概念的范围，所以不做过多阐述。

另外需要关注的一点是，公式（2.1-49）提到了液态水的自由能。通常计算得到的是气态的，所以这里要把相变过程中的能量变化考虑进去：

$$G_{H_2O}(l) = G_{H_2O}(g) + RT\ln\left(\frac{p}{p_0}\right) \tag{2.1-50}$$

式中，p 为液态水在室温（298.15K）下的逸度，0.035bar；p_0 为气态水在标准状态下

---

❶ 模拟带电表面还有一些其他方法，比如往超胞里面加进去一个带相反电荷的粒子（比如我们要模拟带负电的表面，可以往超胞里面加一个强给电子的原子，比如钠原子）。这样做也会有难以收敛的问题。

❷ 在某些特殊情况下，在体系里面直接加电荷也是可以的。详情请见参考文献。这个工作的计算部分在两个前提下使用了直接加电荷的方法：一个是没有采取周期性边界条件，收敛不成问题；一个是每条路径上的带电状态都是一样的。

❸ 另外一个和标准氢电极类似，而且容易混淆的概念是 Normal Hydrogen Electrode（NHE），有人将其翻译为普通氢电极。这个概念出现较早，而且有清晰的实验意义（只需要配1体积摩尔浓度的电解液，将铂电极浸入就可以得出）。后来大家使用 SHE 的概念，因为其有清晰的物理意义（铂电极在1体积摩尔浓度的理想电解液，最大特点是质子和其他离子没有任何相互作用，类似理想气体假设）。

的压强，1bar。

最后想说明的一点是，计算电化学反应路径时，有某些组分的自由能需要做反推，或者需要加一些矫正。我们分别举两个例子来说明。首先反推的例子：在计算氧还原反应路径的时候，反应的初态包含了氧气，一般来说通过计算软件计算氧气的能量是不准确的，因为其基态是三重态。所以我们一般用反推的方法，即从液态水和气态氢的自由能，通过氢氧燃烧生成水的自由能变化，得到气态氧的自由能。这样得到的反应路径上初态和末态的差可以非常精确地和实验相符合。这样做的另外一个含义就是可以得到和实验精确相符的反应平衡电位。比如上文我们得到了氢氧燃烧生成水的自由能为 -237.0kJ/mol，相当于 -2.46eV，然后这个过程如果用电化学来实现的话，会转移两个电子。具体推理过程如下：比如在碱性溶液中 ❶，其对应的电化学过程为氢氧化反应（Hydrogen Oxidation Reaction，HOR：$H_2 +2OH^- \longrightarrow 2H_2O + 2e^-$）和加氧还原反应（Oxygen Reduction Reaction，ORR：$1/2O_2 + H_2O + 2e^- \longrightarrow 2OH^-$）。两个电子总体的能量差为 2.46eV，那么为了让这个反应达到平衡，每个电子所需的电势就是 1.23eV（vs. SHE）。

下面我们再讨论矫正的例子：在构建二氧化碳还原的反应路径过程中，可以先比较一下量子化学计算得到的各个状态的能量是否对得上。例如二氧化碳和氢生成一氧化碳这个具体反应：$CO_2(g) + 2H^+ + 2e^- \longrightarrow CO + H_2O$。我们得到每个状态的能量，反推反应的平衡电位在 pH=0 的状态下为 -0.20eV（vs. SHE）。和实验值 -0.10eV（vs. SHE）不符合，说明气态能量的计算有出入。我们可以通过给气态二氧化碳加上一个矫正值（比如 0.185eV），就可以得到实验上的平衡电位。更多信息请查看相关文献 [5]。

2.1.4　小结

这一节主要讨论了热力学的几个非常重要的应用，包括吸附、脱附、非均相反应的自由能路径构建和电化学反应的自由能路径的构建。通过这几个例子，我们可以窥测到微观世界和宏观世界的联系是相当紧密的。除了上面涉及的这几个例子，还有一些领域需要用到热力学，比如相图和普尔贝图的构建。相图可以让我们知道：在不同温度和压力下物质处于什么相，以及改变相平衡所需的条件。普尔贝图可以让我们知道：在不同的电压和 pH 下，物质处于什么相。这些图都可以从实验和计算上分别得到，相关的文献表明两者之间具有较好的对应性。这也是我们通过模拟微观世界来研究宏观世界的成功案例。当然，我们也发现了很多单纯用热力学无法解释的现象，这就需要动力学的参与。

2.2　过渡态

2.2.1　过渡态与反应速率

自然界中的物质由一定数量的原子组成，原子的移动导致体系的能量变化。在计算化学中，用势能面（Potential Energy Surface，PES）来描述这种变化。例如单个 Ag 原子在 Cu

---

❶　在酸性溶液中有另外的两个式子，不过总体的计算过程是相似的。

（100）表面上的吸附（图 2.5），根据对称性规律推断，Ag 可以在 Cu（100）表面的空位、桥位或顶位三种高对称性位置吸附。以 Ag 的吸附能对其吸附位置作图，得到二维势能面（图 2.6）。从该势能面的起伏变化规律来看，Ag 原子在 Cu（100）表面的吸附能呈周期性变化，周期性与 Cu（100）面的周期性一致。从势能面上的能量分布特征来看，Ag 倾向于在四配位空位上吸附，对应势能面上全局能量最低点。桥位是势能面上的"鞍点"（Saddle Point），顶位为能量最高点。"鞍点"所处位置形似马鞍，向两侧空位方向能量下降，向两侧顶位方向能量上升。

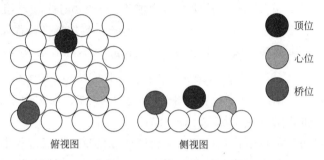

图 2.5　单原子 Ag 在 Cu（100）表面上的吸附示意图

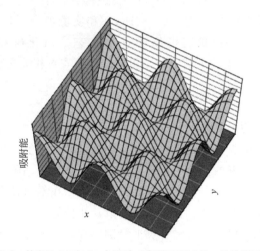

图 2.6　单原子 Ag 在 Cu（100）表面移动形成的二维势能面[6]

在常温和热力学平衡的情况下，Ag 会吸附在 Cu(100) 面的某个空位 A 上，并由于热运动会在吸附平衡位置振动。升高温度，Ag 以 A 点为中心的振动振幅会增大，体系能量升高。降温后，Ag 又会回到靠近 A 点的地方。但是当温度升到足够高，Ag 会越过桥位，进入相邻的空位 B 所处的能量低谷，且降温后不再回到 A 点。

理论上，从 A 到 B 可以有无穷多种可能的路径，但从催化反应角度来看，最重要的是最小能量反应路径（Minimum Energy Pathway，MEP），因为它决定 A 到 B 的迁移速率。结合图 2.5 和图 2.6 来看，Ag 在 Cu（100）表面上的反应路径是从四配位空位 A 跨过桥位到邻近的四配位空位 B，沿反应路径反应坐标的能量变化如图 2.7 所示，密度泛函理论计算结果表明，反应能垒约为 0.36eV。

图 2.8 表示与图 2.7 一样形状的一维能量曲线，反应坐标 x 是连接 $x=A$ 和 $x=B$ 两个局部最小能量点的距离，鞍点在 $x=x^+$ 处，称为过渡态（Transitional State，TS）。过渡态

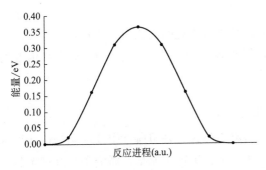

图 2.7 Ag 在 Cu（100）面上移动的
最小能量路径[6]

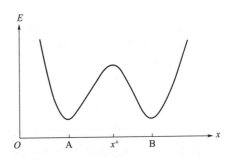

图 2.8 一维能量曲线上被一个过渡态分隔的
两个局部能量最小状态

x ＝A 和 B 是两个局部能量最小状态，分别对应
反应物和产物结构。x＝x^+位置对应过渡态。

左边的所有点都属于状态 A，称为初始态（Initial State，IS），过渡态右边的所有点都属于状态 B，称为末态（Final State，FS）。

根据过渡态理论，从状态 A 到状态 B 的反应速率：

$$k_{A \to B} = \frac{1}{2} \sqrt{\frac{2}{\beta \pi m}} \times \frac{e^{-\beta E^+}}{\int_A^B e^{-\beta E(x)} dx} \tag{2.2-1}$$

其中，$E^+ = E(x^+)$。为方便积分，在一般温度下，对体系在 A 点附近的能量采用谐振近似：

$$E(x) \cong E_A + \frac{k}{2}(x - x_A)^2 \tag{2.2-2}$$

那么：

$$\int_A^B e^{-\beta E(x)} dx \cong e^{-\beta E_A} \int_A^B e^{-\beta k (x - x_A)^2 / 2} dx \tag{2.2-3}$$

上式中等号右边积分随 $|x - x_A|$ 增加快速减小，于是：

$$\int_A^B e^{-\beta E(x)} dx \cong e^{-\beta E_A} \int_{-\infty}^{+\infty} e^{-\beta k (x - x_A)^2 / 2} dx = \sqrt{\frac{2\pi}{\beta k}} e^{-\beta E_A} \tag{2.2-4}$$

代入速率公式中，得到：

$$k_{A \to B} = \frac{1}{2\pi} \sqrt{\frac{k}{m}} e^{-\frac{E^+ - E_A}{k_B T}} \tag{2.2-5}$$

由于在速率公式计算过程中对能量计算做了谐振近似，这一速率计算理论也叫谐振过渡态理论（Harmonic Transition State Theory，HTST）。总体而言，在谐振近似过渡态理论中，从状态 A 到状态 B 的反应速率与两个量有关，一个是在状态 A 处的振动频率：

$$\nu = \frac{1}{2\pi} \sqrt{\frac{k}{m}} \tag{2.2-6}$$

另外一个是活化能：

$$\Delta E = E^+ - E_A \tag{2.2-7}$$

基于以上两点，反应速率可以简化为：

$$k_{A \to B} = \nu e^{-\frac{\Delta E}{k_B T}} \tag{2.2-8}$$

前面已经提到，过渡态处于鞍点。实际上，过渡态所处的鞍点为一阶鞍点，在反应路径上，振动频率为虚数，而在其他任意方向上，振动频率为正数。对于具有 N 维自由度的体系，反应速率可表示为：

$$k_{A \to B} = \frac{\nu_1 \nu_2 \cdots \nu_N}{\nu_1 \nu_2 \cdots \nu_{N-1}} e^{-\frac{\Delta E}{k_B T}} \tag{2.2-9}$$

基于以上推导过程，我们得到了基元反应的速率公式，表明通过密度泛函理论计算可以得到具有能垒的化学过程的反应速率，且反应速率主要决定于能垒。而能垒是过渡态和初始能量最小状态的能量差。因此确定过渡态是计算反应速率的核心。

另外，谐振过渡态理论方法暗含绝热近似，即 Born-Oppenheimer 近似，并包含二个假设条件：(1) 反应速率足够慢，以便反应物状态可以维持玻尔兹曼分布；(2) 体系状态只穿过过渡态一次，即从 A 状态进入 B 状态后不再回到 A 状态。

2.2.2　过渡态计算方法

前面已经提到连接反应物 A 和产物 B 的最小能量反应路径 MEP，过渡态是 MEP 上的鞍点。MEP 上可能有多个鞍点，其中最重要的是能量最高的鞍点，它决定总反应的快慢。对于多鞍点的 MEP，可以分拆为两个单鞍点的基元过程，拆分的前提是在 MEP 搜索过程中找到中间态 (Intermediate State，IS)。MEP 的搜索是在已经确定反应物和产物的前提下进行的，目前比较成熟可靠的方法是 Nudged Elastic Band (NEB) 方法[7]。通过常规 NEB 方法确定 MEP 后需要通过插值近似找到鞍点，也可以采用改进的 NEB 方法直接定位鞍点 (CI-NEB)。在已知反应物，不确定产物的情况下，可以通过 Dimmer 方法找到鞍点。下面将分别介绍这三种方法。

(1) NEB 方法

如图 2.9 所示，在二维势能面上有两个局部能量最小点 0 和 7，在二者之间等距离插入 1~6 号六个离散的中间状态，这六个点大致描述了从 0 到 7 的反应路径。通过 NEB 方法优化 1~6 六个中间状态，使他们整体收敛到连接 0 和 7 的实线上，得到最低能量路径 MEP。在 NEB 方法中，0 和 7 称为端点 (End Point)，1~6 点都称为相点 (Image)，意为与反应物或产物几何结构相近的构型。

如果势能面写作位置的函数 $E(r)$，0~7 点的受力就是 $E(r)$ 在每个点坐标处的一阶导数的相反数，即：

$$F = -\nabla E(r) \tag{2.2-10}$$

端点 0 和 7 处，它们是局部能量最小点，$F = 0$。在 1~6 点，受力方向指向最近的局部最小点。如果收敛到 MEP 上，每个点的受力 F 方向应当平行于 MEP 切线方向。正常情况下，1~6 点都会在受力作用下，收敛到临近的局部能量最低点，而不会收敛到 MEP 上。

NEB 方法的核心是重新定义每个 image 的受力，即：

$$F_i = F_i^s \big|_\parallel - \nabla E(r_i) \big|_\perp \tag{2.2-11}$$

其中：

$$\nabla E(r_i) \big|_\perp = \nabla E(r_i) - \nabla E(r_i) \cdot \hat{\tau}_i \tag{2.2-12}$$

E 是体系能量，为所有位置坐标的函数。$\hat{\tau}_i$ 是第 i 个 image 处的归一化单位矢量，方向

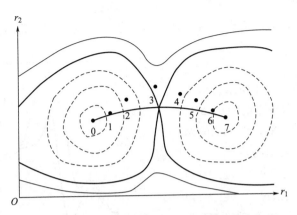

图 2.9 包含两个能量最小点的二维势能面等高线示意图

与 $r_{i+1} - r_{i-1}$ 方向相同。$\nabla E(r_i)\,|_{\perp}$ 的物理意义是第 i 个 image 实际受力沿当前反应路径垂线方向的分量：

$$F_i^s\,|_{\parallel} = k(|\,r_{i+1} - r_i\,| - |\,r_i - r_{i-1}\,|) \cdot \hat{\tau}_i \tag{2.2-13}$$

其物理意义是 image 之间人为设置的弹簧力平行于当前反应路径方向的分量。反应路径搜索过程就是让每个 image 的虚拟受力 $F_i = 0$，其中 $-\nabla E(r_i)\,|_{\perp}$ 的作用是驱动每个 image 向反应路径逼近，使得垂直于反应路径方向的上 image 的能量最低；$F_i^s\,|_{\parallel}$ 的作用是让每个 image 沿着反应路径方向均匀分布，避免他们在势能面上向邻近局部能量最小状态移动。

NEB 方法是目前搜索 MEP 效率较高的方法，在第一性原理电子结构计算和经验力场计算中都适用，其中在基于平面波方法的密度泛函理论计算中应用广泛。NEB 中的 Nudged，指每个 image 在虚拟受力计算过程中对实际受力向垂直于反应路径方向投影和认为设置弹簧力向平行于反应路径方向投影的过程。

从 NEB 计算过程可以看到，其计算过程需要初猜从反应物到产物的反应路径。这种猜测不一定能找到全局最小能量路径，因此需要根据实际情况多做几次猜测，比较结果后再做判断。

（2）CI-NEB 方法

NEB 方法可以找到从反应物到产物的最小能量路径，收敛后不同 image 之间以相等距离分割。其缺点是不能直接定位过渡态，而是需要通过插值得到过渡态的能量和结构。Henkelman 等通过引入 Climbing Image，能够在计算过程中直接定位到鞍点，从而确定过渡态。这一方法是基于 NEB 方法的发展，称为 CI-NEB 方法[8]。

具体做法是在 NEB 计算的基础上，将能量最高的点作为 Climbing Image，并将其实际受力平行于反应路径方向反向的分量反向，取消其弹簧力。这样，能量最高点在反应路径方向会向鞍点移动，而在垂直于反应路径方向向能量最小点移动。Climbing Image 的虚拟受力表示为：

$$F_{i_{max}} = -\nabla E(r_{i_{max}}) + 2\,\nabla E(r_{i_{max}})\,|_{\parallel} \tag{2.2-14}$$

$$\nabla E(r_{i_{max}})\,|_{\parallel} = \nabla E(r_{i_{max}}) \cdot \hat{\tau}_{i_{max}}\,\hat{\tau}_{i_{max}} \tag{2.2-15}$$

其他 image 虚拟受力计算方式与 NEB 方法一致。

与 NEB 方法相比，CI-NEB 方法只是在计算 NEB 的基础上，再将能量最高的点定位到鞍点，所有 image 都会收敛到 MEP 上，增加的计算量非常小。图 2.10 给出了 NEB 和 CI-NEB 方法计算的例子，表明后者直接定位过渡态能，与前者相比得到更为准确的鞍点位置和能量。

（3）Dimer 方法

Dimer 的定义如图 2.11 所示。对于势能面上任意一点 $\boldsymbol{R}$ 和较小的距离 ΔR，给定一个随机单位矢量 $\hat{\boldsymbol{N}}$，Dimer 的两个端点 $\boldsymbol{R}_1$ 和 $\boldsymbol{R}_2$ 分别表示为：

$$\boldsymbol{R}_1 = \boldsymbol{R} + \Delta R\hat{\boldsymbol{N}} \qquad (2.2\text{-}16)$$

$$\boldsymbol{R}_2 = \boldsymbol{R} - \Delta R\hat{\boldsymbol{N}} \qquad (2.2\text{-}17)$$

两个端点的能量和受力分别为 E_1、$\boldsymbol{F}_1$ 和 E_2、$\boldsymbol{F}_2$。Dimer 的能量 $E = (E_1 + E_2)/2$。中点 $\boldsymbol{R}$ 的能量和受力分别为 E_0 和 $\boldsymbol{F}_R$，其中 $\boldsymbol{F}_R = (\boldsymbol{F}_1 + \boldsymbol{F}_2)/2$。$E_0$ 由两个端点的能量和受力共同确定。根据有限差分原理，沿着 Dimer 方向的势能曲率 C 可表示为：

$$C = \frac{(\boldsymbol{F}_2 - \boldsymbol{F}_1) \cdot \hat{\boldsymbol{N}}}{2\Delta R} = \frac{E - 2E_0}{(\Delta R)^2}$$

$$(2.2\text{-}18)$$

于是得到：

$$E_0 = \frac{E}{2} + \frac{\Delta R}{4}(\boldsymbol{F}_1 - \boldsymbol{F}_2) \cdot \hat{\boldsymbol{N}}$$

$$(2.2\text{-}19)$$

Dimer 方法包括平移和旋转两步。收敛后的 $\boldsymbol{R}$ 和 E_0 分别是鞍点的位置和能量[9]。

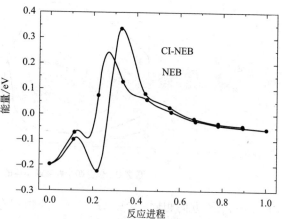

图 2.10　密度泛函理论计算 CH_4 在 Ir(111) 表面解离的最小能量路径[8]

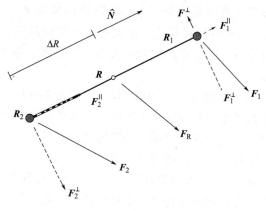

图 2.11　Dimer 坐标和受力分析示意图[9]

旋转 Dimer：保持 $\boldsymbol{R}_1$、$\boldsymbol{R}_2$ 的中点位置 $\boldsymbol{R}$ 不变作为轴，旋转 Dimer 直到总能量 E 最小。通过推导可知在旋转过程中，E 与 $\boldsymbol{R}$ 点在 dimer 方向（$\boldsymbol{R}_1 - \boldsymbol{R}_2$ 方向）上的曲率关系 C 是线性的，即最小化 E 的过程就是最小化 C 的过程。所以每一步的 Dimer 方向都是曲率最小方向，当最终 $\boldsymbol{R}$ 收敛到过渡态位置时，Dimer 就会平行于虚频方向。

平移 Dimer：与 CI-NEB 定位过渡态类似，为了让 Dimer 的中点定位到过渡态，需要重新定义 Dimer 受力。在 $C<0$ 的情况下，Dimer 在鞍点附近，受力定义如下：

$$\boldsymbol{F}^+ = \boldsymbol{F}_R - 2\boldsymbol{F}_R^{\parallel} \qquad (2.2\text{-}20)$$

这种情况下，将 Dimer 受力沿平行于 Dimer 的方向取反方向。而在 $C>0$ 的区域，Dimer 受力定义为：

$$\boldsymbol{F}^+ = -\boldsymbol{F}_R^{\parallel} \qquad (2.2\text{-}21)$$

以便 Dimer 快速离开局部能量最小点周围的能量低谷。

势能面上往往有许多鞍点，Dimer 方法可以做多鞍点搜索。通过分子动力学方法给予

Dimer 一定动能，使之能够在势能面广阔的区域内运动，根据一定标准提取轨迹中的一些点作为初猜，再执行标准 Dimer 方法可以得到许多不同的鞍点。Dimer 方法也可以与 NEB 方法配合，通过 NEB 方法找到反应的近似最小能量路径，然后将能量最高点作为 Dimer 的起始中点，并将近似最小能量路径的方向作为 Dimer 的初始方向，这样有可能比 CI-NEB 方法更快找到鞍点。

2.2.3 零点能修正

对于能垒较低或零点能（Zero-Point Energy, ZPE）较大的体系，需要对能垒和反应速率做零点能修正。零点能是体系的量子效应，表示在 0K 条件下，体系具有本征振动。能垒的零点能修正结果为：

$$\Delta E_{zpE} = \left(E^+ + \sum_{j=1}^{N-1} \frac{h\nu_j^+}{2}\right) - \left(E_A + \sum_{i=1}^{N} \frac{h\nu_i}{2}\right) \tag{2.2-22}$$

高温时，反应速率为：

$$k_{A\to B} = \nu e^{-\frac{\Delta E_{zpE}}{k_B T}} \tag{2.2-23}$$

当温度较低时：

$$k_{A\to B} = \frac{k_B T}{h} e^{-\frac{\Delta E_{zpE}}{k_B T}} \tag{2.2-24}$$

2.3 微观动力学

上一节我们了解了基元反应速率常数的计算方法，但在实际情况下，特别是在非均相催化反应中，总反应往往是多个基元反应的耦合。将化学反应平衡和基元反应速率常数联合来描述实际反应的方法称为微观动力学模型（Microkinetic Modeling）。

在有序表面上的吸附物种倾向于按照自由能最小化的方式运动。如果该过程中的热涨落远小于势能面起伏的幅度，但远大于吸附物种的缓慢扩散，吸附物种就会在吸附表面形成一定的结构。这种结构包括最小化吸附物种之间的排斥力形成的周期性结构和最大化吸附物种之间的吸引力形成的岛型结构，发生相变，或者形成其他不同类型的短程或长程有序结构。其复杂性很难精确处理，此类多体相互作用问题的解是统计力学方面重要的研究领域。在统计力学中，一种常用的一级近似解即所谓的平均场模型（Mean Field Model）。

在平均场模型框架下，多体之间的相互作用简化为任一个单体与其余部分的平均作用。通过这种替换，就把多体问题转化成了一组单体问题。该方法同样可用于模拟表面催化反应。在催化领域，平均场微观动力学模型（Mean Field Microkinetic Modeling）通常忽略吸附物种之间的排斥力或吸引力。这种处理策略使大量研究中得到的结果与实验研究结果具有高度一致性。

2.3.1 基元表面反应的微观动力学

假设已知 A 在某一表面的解吸速率常数 k_-。A 在某一位点上的解吸速率与速率常数

k_- 和该位点被占据的概率的乘积成正比，而位点被占据的概率与表面的覆盖度 θ_A 相等。因此：

$$r_{\text{desorption}} = k_- \theta_A \tag{2.3-1}$$

同理，吸附速率与表面未被覆盖的概率 θ_* 成正比。由表面吸附理论知：

$$\theta_A = K_{\text{ads}} p_A \theta_* \tag{2.3-2}$$

若吸附与解吸达到平衡，则其反应速率相等，即 $r_{\text{adsorption}} = r_{\text{desorption}}$。因此，在平衡状态下，有如下关系：

$$r_{\text{adsorption}} = k_- K_{\text{ads}} p_A \theta_* = k_+ p_A \theta_* \tag{2.3-3}$$

因此，下列关系成立：

$$K_{\text{ads}} = \frac{k_+}{k_-} \tag{2.3-4}$$

式 (2.3-3) 可看做两部分的乘积：(1) 速率常数 k_+，描述了 A 向表面的通量随其分压 p_A 的变化；(2) 表面空白位点的比例 θ_*。这一关系在非平衡状态下依然成立。

式 (2.3-4) 表述了一个一般性的结论：基元反应（此处为吸附/解吸）的平衡常数等于正向与反向速率常数之商。它蕴含着更深层次的原理。根据统计热力学在化学平衡中的应用，已知平衡常数的计算公式为：

$$K = e^{-\Delta G^\circ / k_B T} = \frac{k_+}{k_-} = \frac{\frac{k_B T}{h} e^{-(G^\circ_{+TS} - G^\circ_I)/k_B T}}{\frac{k_B T}{h} e^{-(G^\circ_{-TS} - G^\circ_F)/k_B T}} = e^{-(G^\circ_F - G^\circ_I)/k_B T} \tag{2.3-5}$$

当正向和逆向的 G°_{TS} 相互抵消时，最后一个等号成立。因此，在平衡状态下，正向和逆向反应会经历完全相同的过渡态，这便是微观可逆性原理的体现。所谓微观可逆性原理（最初是由玻尔兹曼解释气-固反应碰撞提出）是指控制反应系统动力学的基本力学定律具有时间反演对称性（如：牛顿的第二定律、含时薛定谔方程、狄拉克方程都具有时间反演对称性）。由微观可逆性原理可导出细致平衡原理——对于一个达到平衡的总反应，其所包含的每一个基元反应都要达到平衡（即正向与逆向反应速率相等）。

表面反应过程的速率采用与大家所熟知的气相或溶液化学反应中相同的表达形式。不同之处在于气相或液相反应物的化学势用压力或浓度表示，而表面反应物的化学势则用吸附物和吸附位点的覆盖度表示。对于表面反应过程，将反应式左侧活性的乘积与右侧活性的乘积之商定义为反应分数。对吸附-解吸反应 A + * ⟶ A *，其反应分数为 $\theta_A / p_A \theta_*$，且在平衡时，有：

$$\left. \frac{\theta_A}{p_A \theta_*} \right|_{\text{Eq}} = K_{\text{ads}} = e^{-\frac{\Delta G^\circ_{\text{ads}}}{k_B T}} \tag{2.3-6}$$

通常用一个基元反应或总反应的逆向反应速率除以正向反应速率来衡量其接近平衡的程度（也称可逆性）。结合式 (2.3-1) 与式 (2.3-2)，反应接近平衡状态的程度可表示为反应分数与平衡常数的商。对于一个吸附反应，则有：

$$\gamma_{\text{ads}} = \frac{\theta_A}{p_A \theta_*} K_{\text{ads}}^{-1} \tag{2.3-7}$$

由定义可知，γ 始终为正，并且有如下规律：

$\gamma < 1$，反应正向进行；

$\gamma=1$，反应处于平衡；

$\gamma>1$，反应逆向进行。

以上方法可直接推广到表面催化过程中其他重要的基元反应。对于解离吸附基元反应 $A_2+2* \longrightarrow 2A*$，有 $r_{diss}=k_{diss}p_{A_2}\theta_*^2$；对于其逆反应 $2A* \longrightarrow A_2+2*$，其反应速率为 $r_{ass}=k_{ass}\theta_A^2$。覆盖度的平方项 θ_*^2（或 θ_A^2）可理解为吸附剂表面有两个相邻的空位点（或两个都有 A 原子的位点）的概率（假设自由位或吸附物随机分布在表面上）。同样，对于表面扩散反应，即吸附物 A 从一个吸附位点迁至相邻位点，反应式可表示为 $A*+* \longrightarrow *+A*$，扩散速率 $r_{dif}=k_{dif}\theta_A\theta_*$，此处覆盖度的乘积表示同时找到一个吸附 A 原子的位点和相邻空位点的概率。对于表面进行的结合/断裂反应 $A*+B \longrightarrow AB*+*$，正逆反应速率分别为 $r_{coupling}=k_{coupling}\theta_A\theta_B$，$r_{scission}=k_{scission}\theta_{AB}\theta_*$。对于吸附歧化反应 $AB*+C* \longrightarrow A*+BC*$，正向反应速率 $r_{disprop}=k_{disprop}\theta_{AB}\theta_C$。在二维平面上，这些涉及双位点的反应实际上都有多个相邻位点可以参与其中。因此，找到相邻空位点的概率与空位点数量成正比。如果一个已吸附的位点有 6 个与之相邻的位点可以参与反应，则速率常数应该包含 6 个因素。在过渡态理论中，则将其计入整个表面区别于 6 种产物的反应区域上所有构型的积分，因此，过渡态理论已经考虑了多个相邻位点的因素，但没有考虑该因素，这是由于过渡态构型积分的简谐展开只在反应体系势能面的一个一阶鞍点上进行。因此，将 HTST 与微观动力学结合时，原则上应将等效路径的数量（$N_{equivalent\,paths}$）作为额外因素考虑进速率常数的计算。在过渡态理论下，这对应过渡态熵的增加，即 $k_BT\ln N_{equivalent\,paths}$，约是几个 k_BT_s 的量级，因此比能量的误差要小得多，在实际应用中通常不考虑。随着催化反应的定量分析变得越来越精确，并且与实验越来越接近，最终可能将等效路径纳入校正。

2.3.2　基元反应的表观活化能

实验获得反应速率的常用方法是测定其表观活化能。Arrhenius 的经验式 $k=Ae^{-E_A/(k_BT)}$ 中，把指前因子 A 与活化能 E_A 看作与温度无关的常数。该经验式等号两端同时对 $1/k_BT$ 偏分：

$$E_A^{apparent}=-\frac{\partial(\ln r)}{\partial(1/k_BT)} \tag{2.3-8}$$

对于在气相或溶液中进行的反应，上式说明温度可以影响反应物的分压或浓度。但是对于表面反应，覆盖度作为化学势很难通过反应温度来控制。对于表面基元反应（以上述歧化反应为例）：

$$E_A^{apparent}=-\frac{\partial(\ln r_{disprop})}{\partial\left(\dfrac{1}{k_BT}\right)}=-\frac{\partial(\ln k_{disprop}+\ln\theta_{AB}+\ln\theta_C)}{\partial\left(\dfrac{1}{k_BT}\right)} \tag{2.3-9}$$

结合 $k_{disprop}=Ae^{-E_A/k_BT}$ 可得：

$$E_A^{apparent}=E_A-\frac{\partial(\ln\theta_{AB}+\ln\theta_C)}{\partial(1/k_BT)} \tag{2.3-10}$$

因此，表观活化能和活化能之间存在差别。如果覆盖度 θ_{AB} 和 θ_C 接近 1，则几乎不随温度变化，因此表观活化能和活化能可视为相等；但若反应物 AB 和 C 的覆盖度较小，并且与气相中的 AB 和 C 处于平衡状态，根据 Langmuir 等温式 $\theta_{AB}\approx K_{ads,AB}$，$\theta_{AB}\approx K_{ads,C}$，因此：

$$E_A^{apparent} \approx E_A + E_{ads, AB} + E_{ads, C} \tag{2.3-11}$$

这表明，当 AB 和 C 覆盖度较小且与气相中的 AB 和 C 处于平衡状态时，由吸附态 AB 和 C 测得的反应能垒与由气相中测得的反应能垒相同。

2.3.3 表面非基元反应的微观动力学

本小节将用 2.3.2 节推导出的基元反应微观动力学方法描述一个完整的催化反应。非均相催化过程包括多个依次进行的基元反应。表面反应通常经历几个步骤：（1）反应物在表面的吸附；（2）反应物在表面进行扩散；（3）在表面反应生成产物；（4）产物解吸。有时，被吸附的反应物需要经过各种活化步骤才能发生反应。由于催化剂在反应过程中不会被消耗，且经历一系列反应后，最终会回到原来的结构，因此非基元反应可以理解为反应物按照化学计量的整数倍转化为产物。这一系列的基元反应构成了一个催化循环。在分析催化过程时，关注整个催化循环是很重要的，否则很容易误解催化过程的关键点。

以一个简单的催化循环为例，反应气体 A_2 和 B 生成气体 AB。假定该过程由两个基元反应组成，且它们的速率常数已知：

$$A_2 + 2* \longrightarrow 2A* \tag{2.3-12}$$
$$A* + B \longrightarrow AB + * \tag{2.3-13}$$

第一步每进行一次，第二步需要进行两次，反应物 B 直接通过气相与吸附态的 A* 反应，这就是 Eley-Ridea 机理，在气-固非均相反应中几乎不会发生。但在电化学领域，这一反应时常发生，只是通常 B 带有电荷，称作 Heyrovský 机理。此处这一基元反应仅作示意。

两个基元反应的净反应速率分别表示为：

$$R_1 = r_1 - r_{-1} = k_1 p_{A_2} \theta_*^2 - k_{-1} \theta_A^2 \tag{2.3-14}$$
$$R_2 = r_2 - r_{-2} = k_2 p_B \theta_A - k_{-2} p_{AB} \theta_* \tag{2.3-15}$$

由于两个基元反应都需要进行以形成产物，并且第一步的进行改变了进入第二步的覆盖度，因此必须同时求解两个速率表达式以获得总反应速率。从反应生成或消耗的表面物质来看，第一步反应生成了 2A*，第二步则消耗了 1A*，由此可写出 A 的覆盖度对时间的微分方程：

$$\frac{\partial \theta}{\partial t} = 2R_1 - R_2 = 2k_1 p_{A_2} \theta_*^2 - 2k_{-1} \theta_A^2 - k_2 p_B \theta_A + k_{-2} p_{AB} \theta_* \tag{2.3-16}$$

尽管方程中有两个覆盖度，即自由位点和 A 的覆盖度，但由于表面位点的归一化（$\sum_i \theta_i = 1$），空白位点覆盖度可由 A 的覆盖度表示。通常，反应器内所有点的确切时间行为并不是研究重点，更重要的目标是模拟并比较各种催化剂在相似条件下的行为。为此，采用稳定反应条件假设，假设我们描述的是催化反应器的某个点或部分，其压力和温度已给定并且恒定。通过该假设，速率常数以及反应物和产物的分压力不再与时间有关，从而简化了方程式（2.3-14）。但是，覆盖度仍然取决于时间。

如果微分方程中涉及一个自变量（此例为覆盖度），通常的行为是系统趋于稳定状态。由式（2.3-16）可看出，如果 A 的覆盖度足够接近 1，则其随时间的变化率为负值；如果 A 的覆盖度接近零，则其随时间的变化率为正值。由于系统倾向于达到平衡，A 的覆盖度将朝着降低其时间变化率的方向移动，并且逐渐达到变化率为 0。

式（2.3-16）尽管形式简单，但在实际催化反应中很复杂。例如，工业反应器中存在压力和温度梯度，使得整个反应器中反应物和产物的分压、反应的速率常数和覆盖度均有变化，因此需要根据反应器中的位置来求解微分方程。此外，温度和分压会随着反应速率的变化随时发生改变。为了准确模拟反应器内的反应，分压、速率常数和覆盖度需要作为时间和反应器位置的函数在微分方程中求解。在建立模型时，通常的思路是先建立简单的模型以得到定性的符合实际的结果，其后在模型中引入更多的细节变量，得到准确的定量模拟。

求解催化过程微动力学微分方程的另一个问题是，特解应满足覆盖度在 0～1 之间。如果在任何一点上采取了不允许的步骤，方程就会有向不允许的解移动的趋势。微分方程也"不灵活"，因为速率常数存在几个数量级的变化，微分方程的积分可能导致在不同时间尺度上的振荡，因此需要用到一些特殊的求解方法。有时，确定几乎相同的正向和逆向反应速率之间的确切差异是得到微分方程稳定解的关键，而仅用标准精度运算（通常精度为 16 位小数）可能会出现问题，因此要用到任意精度的计算软件。

如果微分方程中随时间变化的覆盖度这一变量的个数增多，反应方程的时间行为会变得更加复杂。当方程中有两个相互独立的覆盖度，系统仍可以朝稳态发展，但是它可以通过与单个覆盖度情况相同的阻尼衰减方式达到，也可以通过阻尼振荡方式朝着静止状态运动。稳态也可能是不稳定的，系统将保持无阻尼振荡运动即该微分方程有振荡解。如反应中存在三个或三个以上独立的覆盖度变量，相应的非线性微分方程组还可以表现出混沌行为。

如果将所有覆盖度视作随时间不变，即采用稳态近似，可以大大降低求解微观动力学方程的复杂性。即：

$$\frac{\partial \theta_i}{\partial t} = 0 \tag{2.3-17}$$

这是一个很好的近似，但是应该注意，有时不仅仅只有一组覆盖度处于稳态。对于因反应速率的振荡而导致覆盖度随时间变化的情况，通常仍然采用稳态近似，前提条件是含时微观动力学方程的时间平均速率接近于不稳定的稳态解的速率。稳态近似有效地将微观动力学模型从一组非线性时间微分方程转化为与时间无关的代数求解问题，该问题求解简单，有时甚至可以得到解析解。当速率常数连续变化时，相应稳态解的速率也是连续的，这对理解反应趋势很有帮助。稳态假设是否是一个合理的简化方式仍然值得商榷并有待进一步研究。

对于反应（2.3-12）和反应（2.3-13），稳态近似即：

$$2k_1 p_{A_2}(1-\theta_A)^2 - 2k_{-1}\theta_A^2 - k_2 p_B \theta_A + k_{-2} p_{AB}(1-\theta_A) = 0 \tag{2.3-18}$$

通过该二次方程可以求得 A 覆盖度的稳态解，在该方程的两个解中只有一个是正值，满足覆盖度的物理意义。

对于许多非均相催化反应，总反应速率通常由其中最慢的基元反应的速率决定。如果我们考虑微观动力学方程并采用稳态近似，这意味着不同基元反应的净速率近似相等（不考虑由于反应的化学计量数而乘上的整数），也就是说，吸附态的气体净产生速率为 0。因此，对于上述"最慢"反应的理解是在整个反应系统中最难进行，以至于与其他基元反应相比最不易处于平衡状态，可认为是整个反应的决速步骤，其他基元反应都达到平衡并且可逆系数 $\gamma=1$，它依然很难进行。决速步骤理论意味着一个动力学方程不管开始多么复杂，都可以解析求解。

采用决速步骤假设时，应该同时采用前文所述的稳态反应条件假设、稳态假设以及吸附物-吸附物非相互作用假设，除非不采用数值法求解方程，或是需要得到反应速率的解析解。这是由于只有同时采用四个假设，方程才可解析。并且四个假设是内在相互自洽的，只使用其中一个假设并不合理。解析性是简单平衡系统的一般特征，以决速步骤为界，这一步反应的能垒两边的基元反应都可以建立平衡。

通过决速近似求解反应（2.3-12）和反应（2.3-13），可用反应的可逆系数 γ 表示反应速率：

$$R_1 = k_1 p_{A_2} \theta_*^2 (1 - \gamma_1), \quad \gamma_1 = \frac{\theta_A^2}{p_{A_2} \theta_*^2} / K_1 \tag{2.3-19}$$

$$R_2 = k_2 p_B \theta_A (1 - \gamma_2), \quad \gamma_2 = \frac{p_{AB} \theta_*}{p_B \theta_A} / K_2 \tag{2.3-20}$$

对于一个第 i 步进行 n_i 次的催化循环反应，其总平衡常数和总可逆系数可分别为 $K_{eq} = \prod_i K_i^{n_i}$，$\gamma_{eq} = \prod_i \gamma_i^{n_i}$。此处对于示例反应，$n_1 = 1$，$n_2 = 2$，因此其 $K_{eq} = K_1 K_2^2$，$\gamma_{eq} = \gamma_1 \gamma_2^2$。假定第一步为决速步，即 $\gamma_2 = 1$，那么 $\gamma_1 = \gamma_{eq}$（可引申：如果第 i 步为决速步，则 $\gamma_i = \gamma_{eq}^{1/n_i}$）。$\gamma_2 = 1 = \frac{p_{AB} \theta_*}{p_B \theta_A} / K_2$，定义 $\lambda_A = \frac{\theta_A}{\theta_*}$，则：

$$\lambda_A = p_{AB} p_B^{-1} K_2^{-1} \tag{2.3-21}$$

上式适用于决速步骤假定下的催化反应中的其他吸附物。定义 $\lambda_j = \frac{\theta_j}{\theta_*}$，根据覆盖度的物理含义，有：

$$\theta_* + \sum_{i \neq *} \theta_j = 1 \tag{2.3-22}$$

θ_* 挪至括号外：

$$\theta_* \left(1 + \sum_{i \neq *} \lambda_j \right) = 1 \tag{2.3-23}$$

因此表面空白位点的数量为：

$$\theta_* = \left(1 + \sum_{i \neq *} \lambda_j \right)^{-1} \tag{2.3-24}$$

根据定义，则吸附物 k 的覆盖度可表示为：

$$\theta_k = \lambda_k \left(1 + \sum_{i \neq *} \lambda_j \right)^{-1} \tag{2.3-25}$$

对于我们的示例反应，空白位点的覆盖度为：

$$\theta_* = (1 + p_{AB} p_B^{-1} K_2^{-1})^{-1} \tag{2.3-26}$$

反应物 A 的覆盖度为：

$$\theta_A = (p_{AB} p_B^{-1} K_2^{-1})(1 + p_{AB} p_B^{-1} K_2^{-1})^{-1} \tag{2.3-27}$$

上式可进一步约化为：

$$\theta_A = (1 + p_{AB}^{-1} p_B K_2)^{-1} \tag{2.3-28}$$

可用决速步骤的反应速率确定整个反应的反应速率［对于第二步基元反应，$\gamma_2 = 1$，根据式（2.3-20），其反应速率为 0］。对于总反应：

$$\gamma_{eq} = \gamma_1 \gamma_2^2 = \frac{p_{AB}^2}{p_{A_2} p_B^2} / K_{eq},$$

总反应速率为：

$$R = k_1 p_{A_2} \theta_*^2 (1 - \gamma_{eq}) = k_1 p_{A_2} (1 + p_{AB} p_B^{-1} \cdot K_2^{-1})^{-2} \left(1 - \frac{p_{AB}^2}{p_{A_2} p_B^2} / K_{eq} \right) \quad (2.3\text{-}29)$$

2.4　吸附与扩散

反应物的吸附和产物的脱附是多相催化反应中的关键步骤。采用理论计算的方法研究吸附与脱附过程，有助于对这些宏观易观测的物理化学现象上升到抽象的分子原子层面的认识，以增进对吸附本质的理解。计算化学作为一个新兴学科，其在研究基础物性方面如分子结构、表面吸附、热力学等，有着简单易学、耗时短、成本低等特点。对于一些通过简单模型即可表述的物理化学问题，一台价格远低于大型实验仪器的计算化学服务器即可满足研究的需求，将计算化学应用于表面吸附研究，在分子原子尺度对吸附现象的本质进行解析，将有助于了解催化反应的机理，并促进物理化学学科的发展。

2.4.1　关于吸附

吸附是常见的表面现象之一，很早就为人们所观测以及利用。随着近代科学的发展，十九世纪初吸附技术开始应用于食品工业中的净化糖汁、酿酒工业中的酒精除杂。二十世纪初随着活性炭工厂的建立，吸附方法用于工业生产中气体的分离净化。吸附在工业上的应用促进了理论基础的研究与发展，二十世纪初在科学家对吸附不断认识过程中已经开始形成一个独立的学科，近年来吸附技术广泛应用于化工[10-12]、材料[13-15]、环境保护等领域。研究吸附现象有助于了解在表界面上进行的各种物理化学过程机理，并推进相关科学技术领域的进步，如与吸附相关的气体工业和化工中关键分离方法[16,17]、多相催化反应中工业催化剂的开发、应用吸附原理发展而成的各种色谱分析技术等。

随着科技的不断进步，多种实验仪器（如光电子能谱、场发射显微镜、低能电子衍射等）的问世使得探测表面成分和表面结构变为可行，吸附研究从宏观层次进入微观分子水平，但各种探测仪器对于分子原子层次吸附现象的描述仍有不足。随着密度泛函理论和计算机技术的不断进步，计算理论与化学学科得以建立，理论计算的研究方法被广泛用于研究物质结构与化学反应机理。新的科学研究方法使得科学家们对吸附有了分子原子层面更直观的认识，对于如键长、振动频率、吸附热等基础数据有了更准确的来源，从计算化学的角度来描述微观分子原子级别的吸附现象以及原理。

2.4.2　物理吸附和化学吸附

根据发生吸附作用时吸附质与吸附剂表面作用力的性质不同，可将在固体表面上的吸附分为物理吸附和化学吸附两大类。物理吸附的作用力主要是范德华力（色散力、取向力、诱导力），此外氢键所形成的吸附也常归属于物理吸附。物理吸附通常是可逆的，吸附速率很快，以至于无需活化能就能很快达到平衡；物理吸附时吸附质的结构不会发生明显变化，且吸附可以是多层的，由于物理吸附不形成新的化学键，体现在红外、紫外光谱图上无新的吸收峰出现，但可有位移。物理吸附可用于气体的分离、气体或液体的干燥、油的脱色等。化学吸附是吸附质与吸附剂表面有新的化学键形成。因此，化学吸附具有吸附速率慢，需在一定温度以上才能进行，且只能单层吸附，有选择性和一般为不可逆吸附等特点。大量的光谱数据和其他数据表明化学吸附发生时，在吸附质分子与表面分子间有化学成键，因此化学吸附常在高于吸附质临界温度的较高温度下发生，且需要活化能。

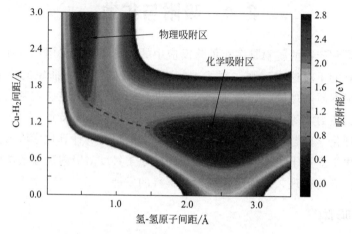

图 2.12 氢分子吸附在 Cu（111）表面的势能图[2]
红色虚线表示氢气吸附的最低势能路径

图 2.12 是丹麦化学家 Jens K. Nørskov 研究氢分子吸附在 Cu（111）表面的势能图[2]，图中左上角与右下角吸附区域分别是氢分子在 Cu（111）表面的物理吸附和化学吸附，在这两个吸附区域都会形成稳定的吸附结构。势能图中虚线是氢吸附的最低势能路径，其为在势能图中物理吸附最低势能点到化学吸附最低势能点。在路径中相当大的能垒将两个最稳定的吸附结构隔开，只有能越过能垒的分子才能由物理吸附的氢分子解离为两个氢原子并吸附在表面。

这里需要指出的是，并不是所有的化学吸附都比物理吸附放出更高的吸附热，比如二氧化碳在金属镍（111）表面的吸附，其化学吸附热为正值 0.32eV，表明二氧化碳在金属镍表面的化学吸附为吸热反应。而表面的物理吸附一般为熵减小的放热过程。

2.4.3 计算化学视角下的化学吸附现象

自二十世纪初量子化学诞生以来，计算化学在研究物质结构方面展示了独有的优势，尤其随着计算机技术的发展，二十世纪六七十年代大型计算机的问世，使得采用计算化学方法研究一些分子体系的化学反应问题得以实现。现在已经拥有采用超级计算机运行一些较大的基于密度泛函理论的计算方法，研究含有几百甚至上千个原子的体系，其中较常用的泛函有 PBE、PW91 等，一般的密度泛函理论方法的精度可以达到 $13\sim20kJ/mol$，G4 理论可以达到 $4kJ/mol$，而 W1 和 W2 理论为 $2kJ/mol$。Cottenier 以现有基态元素晶体为测试群，对材料晶体的五种特性（内聚能、平衡体积、体积模量、压力导数和弹性常数）用 DFT-PBE 进行了定量分析[18]。DFT-PBE 结果与高精度 APW+lo 以及实验值之间的差异被评估，如表

2.3 所示。ΔPAW（VASP）的平均数值误差为 0.18kJ/mol，而 Δ（exp）的平均数值误差为 2.26kJ/mol。其结果表明 DFT-PBE 的计算结果与高精度 APW+lo 之间的差异比与实验结果的差异好一个数量级。该结论可以对 DFT-PBE 预测结果与相应的实验值之间提供合理的误差估计。

在气固吸附体系中，通常将固体表面构建为周期性表面结构或者是团簇模型，首先分别优化计算单个气相分子和表面模型的结构，并分别计算其能量（E_A 和 E_S）；再经计算找到分子在表面吸附最稳定构型的能量 $E_{A/surf}$，吸附能（E_{ads}）可定义为：

$$E_{ads} = E_{A/surf} - E_A - E_S \tag{2.4-1}$$

表 2.3　DFT-PBE 结果与高精度 APW+lo 以及实验值之间的差异评估结果

元素	ΔPAW（VASP）	Δ（exp）	元素	ΔPAW（VASP）	Δ（exp）	元素	ΔPAW（VASP）	Δ（exp）
H	0.01		Al	0.03	0.38	Mn	0.13	4.59
He	0.00		Si	0.19	1.32	Fe	0.33	1.02
Li	0.02	0.4	P	0.37	1.83	Co	0.33	0.32
Be	0.01		S	0.32	4.23	Ni	0.19	0.60
B	0.03		Cl	0.38	4.44	Cu	0.04	1.30
C	0.03	1.69	Ar	0.01	3.71	Zn	0.03	0.73
N	1.02		K	0.01	0.13	Ga	0.02	
O	0.80		Ca	0.02	0.29	Ge	0.23	2.71
F	0.14		Sc	0.04	0.16	As	0.16	1.65
Ne	0.01	1.65	Ti	0.09	0.29	Se	0.14	1.07
Na	0.00	0.02	V	0.13	1.26	Br	0.14	2.15
Mg	0.07	0.14	Cr	0.30	0.15	Kr	0.0.1	5.25

注：ΔPAW（VASP）表示基态元素晶体的 APW+lo（wien2k）与 PAW（vasp）状态方程之间的数值误差，基态元素晶体的实验与 PAW（vasp）之间的状态方程数值误差用 Δ（exp）表示，能量单位为 kJ/mol。

根据密度泛函理论在描述物质结构方面的特长，可采用基于密度泛函理论的计算化学来获得实验难以测量的数据，如键长、键角，结合遗传算法或群体智能等方法搜索新物质结构，研究一些实验难以达到的极端条件，如在超高压、重金属元素吸附等方面展示出独有的优势，甚至用来计算吸附能，能获得比实验更为精确的数据。

（1）化学吸附对表面形貌的影响

吸附质分子会对表面形貌造成一定影响，甚至在强化学吸附下会形成表面重构，这些现象即使采用当前最先进的同步辐射光源表征技术，也很难获得准确的结构信息，而采用密度泛函理论则很容易获得。图 2.13 展示的是采用周期性 PBE 泛函计算的氢分子在 Cu_2O 表面的吸附[13]，图 2.13(a) 中氢分子以较小的吸附热吸附在 Cu_2O(111) 表面，氢分子的吸附几乎对表面形貌没有产生明显变化；图 2.13(b) 表明吸附质金原子与 Fe_3O_4(001) 表面有较大吸附热[19]，可以明显看出金原子与表面两个氧原子相互成键并使得该两个氧原子相较于原始表面有着较大位移，有脱离表面的趋势；图 2.13(c) 是氧原子吸附在 Cu_2O(110) 表面并产生大的吸附热[20]，使得表面的铜原子发生很大的位移以至于 Cu_2O(110) 表面发生表面重构。

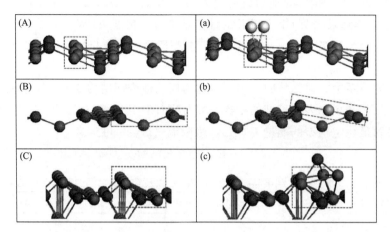

图 2.13 化学吸附对 Cu₂O（111）、 Fe₃O₄（001）和 Cu₂O（110）表面形貌的影响

（A）、（B）和（C）是吸附前洁净 Cu₂O(111)、 Fe₃O₄(001) 和 Cu₂O(110) 表面结构；

（a）是氢气分子以较小的吸附热（−0.47eV）吸附在 Cu₂O(111) 表面；

（b）是金原子以较大的吸附热（−3.44eV）吸附在 Fe₃O₄(001) 表面；

（c）是单个氧原子以大的吸附热（−8.19eV）吸附在 CuO₂（110）表面

（2）化学吸附的方式

按照被吸附分子在吸附前后的结构状态，可以将吸附分为分子吸附与解离吸附。所谓分子吸附是指吸附后被吸附分子仍保留其分子结构状态，而解离吸附中被吸附的分子至少会解离为两个及以上的自由基吸附在表面。在解离吸附的过程中，被吸附分子在吸附过程中有化学键被打断，并与表面形成新的化学键。一般来说物理吸附肯定是分子吸附，解离吸附一定是化学吸附。

Yu 等用第一性原理的方法研究水分子在 CuO(111) 表面的吸附[21]，单个水分子在表面最稳定的两种吸附结构如图 2.14 所示，图 2.14(a) 为分子吸附，其吸附热为−0.71eV；图 2.14(b) 结构为解离吸附，水分子解离为羟基和氢原子分别吸附在表面铜和氧原子上，其吸附热为−0.69eV；图 2.14(c) 结构为分子吸附和化学吸附的过渡态结构。

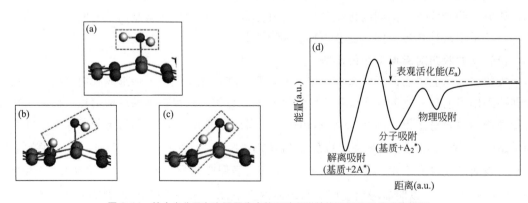

图 2.14 单个水分子在表面最稳定的两种吸附结构及双原子分子势能图

（a）、（b）和（c）分别为水分子在 CuO(111) 表面的分子吸附、解离吸附和过渡态结构；

（d）某些双原子分子 A₂ 吸附在某些表面后其与表面的距离与吸附能的势能图

Nørskov 等对双原子分子的解离吸附研究结果如图 2.14(d) 所示[2]。以 A_2 分子在距离表面无穷远处的势能为零点，当 A_2 分子接近表面一定范围时开始产生物理吸附作用，随着两者间的距离减小，分子越过一个较小能垒即可从物理吸附转变为化学吸附中的分子吸附。将 A_2 分子与表面距离继续减小，当分子越过一个较大的能垒，即图中 E_a（表观活化能），则吸附方式从分子吸附转变为解离吸附；若继续减小原子与表面的距离，会导致原子间排斥力占据主导，吸附能急剧减小。在催化反应过程中分子在表面吸附并解离，解离的原子或者离子再重组为新的目标产物，研究分子解离吸附对于研究催化反应原理具有重要的意义。

当有多个吸附质吸附在同一表面时即形成共同吸附。人们常用覆盖度（θ）来表达被吸附分子的密度：如果在洁净表面上存在 N_0 个表面位点，并且在该表面上吸附 N 个被吸附物，则覆盖度定义为 $\theta = N/N_0$。若有两种吸附质 A 和 B，在设定条件下在表面共吸的 $\Delta\Delta H_{AB}$-θ 图如图 2.15 所示。当 $\Delta\Delta H_{AB}$ 为零的时候吸附质 A、B 在表面的覆盖各占 0.5；当 A 与表面的结合比 B 强 0.1eV 时，吸附质 A 的吸附将占主导。

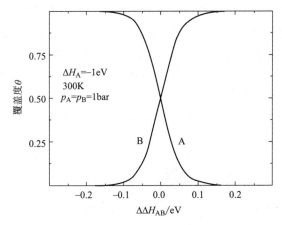

图 2.15　吸附质 A 和 B 的覆盖度与 △△H_AB-θ 的关系图 [2]

设定吸附质 A 的熵 $\Delta H_A = -1$eV，温度为 300K，A 与 B 的压强都设定为 1bar，标准吸附

熵设定为 -2meV，$\Delta\Delta H_{AB} = \Delta H_A - \Delta H_B$

(3) 吸附的电子结构

由于新的化学键的形成，发生化学吸附的吸附质会对表面态密度（或能带）产生影响，这对研究材料表面的物理化学性能非常重要。表面原子的电子态密度可以准确地反映出吸附前后表面电子结构的变化，从而揭示化学键的本质。石鎏等研究 Cu 原子吸附在 $CuAl_2O_4$ (100) 表面的成键机理[22]，对吸附质以及表面进行分波态密度（PDOS）分析，如图 2.16 所示。PDOS 结果表明 Cu 原子的 3d 轨道与表面氧原子的 2p 轨道相互重叠形成新的 Cu—O 键。

(4) 吸附热的影响因素

吸附热除了受吸附方式、吸附位点、键长等因素影响外，同时还会受到覆盖度的影响。此外吸附质间的排斥作用也对吸附热造成影响，图 2.17 以氧原子在铂表面的吸附为研究对象[2]，给出了铂表面两个氧原子之间的相互排斥能与它们之间距离的函数图。将两个氧原子置于相同的化学环境中，仅考虑两个氧原子的距离对排斥能的影响。当两个氧原子靠近时排斥力增大，短距离吸附质间的排斥意味着吸附能随着覆盖度的增加而变弱，这种排斥对吸

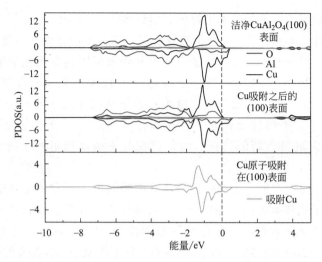

图 2.16　单个 Cu 原子吸附在 $CuAl_2O_4$（100）表面的分波态密度

附能具有重要贡献，所以通常吸附质的化学吸附覆盖度小于单层吸附。

目前对于化学吸附的"描述符"（理解化学反应的标度）在几十年间不断被化学家们提出并研究，例如原子序数、最外层电子数、d 轨道占据数、功函数、酸碱理论等。目前影响较大的有酸碱理论、Nørskov 提出的 d 带中心理论等[23]，这些理论的本质主要是认识吸附过程中的电荷转移，如 d 带中心理论较好地描述了在含有 d 电子的过渡金属元素上面发生的一些吸附现象。寻找一个可以更加全面准确地描述吸附本质及过程的方法仍是当前表面物理化学家的研究目标。

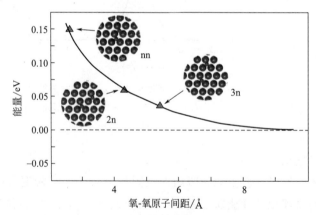

图 2.17　铂表面上两个氧原子的距离与其相互排斥能的函数图

2.4.4　分子模拟的吸附现象

除了上述微观描述外，针对常用的沸石分子筛催化剂，还可以采用计算的方法得到亨利常数 K_H，通过分子模型中一大气压下每克沸石所含的毫克吸附质的形式，对以下构型积分求值，计算出来[24]：

$$K_H = \frac{M_a}{8\pi^2 V_s \rho_z RT} \times \frac{\int e^{[-\beta V^z(r, \Psi, \phi) - \beta V^{intra}(\phi)]} dr d\Psi d\phi}{\int e^{[-\beta V^{intra}(\phi)]} d\phi} \tag{2.4-2}$$

式中，M_a 是吸附质的分子量；V_s 是沸石的体积；ρ_z 是块状沸石的密度；R 是气体常数；T 是温度；β 为 $1/kT$；k 为玻尔兹曼常数。沸石-吸附质相互作用的势能 V^z 是分子位置 r、取向 Ψ、内部自由度 ϕ 的函数。分母只对分子内自由度积分。利用 Monte Carlo 积分或其他数值积分方法可以方便地求上式中的积分。

完整等温线的绘制通常使用巨正则系统的 Monte Carlo(GCMC) 模拟来计算[24]。在 GCMC 模拟中，体积、温度和化学势是固定的，体系中的分子数量会波动。为了使吸附后的沸石相和周围的气相之间达到平衡，两相中的化学势和温度必须相等。在模拟中固定温度和化学势可以满足相平衡条件。对于单组分系统，按下面描述可获得等温线上的一个点：对于给定的气相温度和压力，使用气相状态方程计算化学势，然后用计算出的化学势以及给定的温度和具有周期性边界条件的 $8 \sim 27$ 个晶胞的沸石体积进行 GCMC 模拟[24]。在模拟过程中，计算系统中分子的平均数量，得出与气相条件（即等温线上的一个点）相对应的吸附量。该过程同时可以得到一些其他性质，如吸附热和吸附质分子的优先位置等。

通常人们认为活性位点上的化学吸附对催化很重要，但是许多研究者也指出了物理吸附在沸石催化烃类转化反应中的重要性[24]。例如，对 H-ZSM-5 沸石进行了研究[24]，结果表明随着正烷烃尺寸的增加，裂化率明显增加，这主要是因为烃类吸附常数的增加。也就是正烷烃裂化的固有反应速率对于所有链长都大致相同，较长分子的活性增加是由于 ZSM-5 孔隙空间内具有较高的物理吸附分子浓度。类似地，在比较特定分子在不同沸石中的裂解活性时，需要知道的是其吸附等温线和吸附热，以便进行有意义的比较[24]。

计算化学可以在原子和分子层次对吸附现象的本质进行模拟研究，对吸附热、吸附构型等可以进行较为精确的描述。且采用计算化学进行研究通常具有成本低、效率高、准确高、安全等优点，通过计算化学我们不仅可以在微观尺度轻易研究不同吸附质在各种表面的吸附情况，并可对成键轨道进行准确描述，更可以对宏观尺度的一些吸附现象进行研究。随着计算科学技术和各种算法的不断进步，计算化学的优势必将越来越突出，其将作为一种新兴研究手段广泛应用于日常教学以及研究中。由于吸附现象本身的重要性，吸附科学将是物理、化学甚至数学等多学科交叉的一个研究热点，希望在未来有更多学者有志于对该学科的研究并对其补充完善。

2.4.5　表面扩散

一个典型的多相催化反应的动力学过程包括如下几个步骤：①反应组分从流体主体向固体催化剂外表面传递（外扩散过程）；②反应组分从催化剂外表面向催化剂内表面传递（内扩散过程）；③反应组分在催化剂表面的活性中心吸附（吸附过程）；④在催化剂表面上进行化学反应（表面反应过程）；⑤反应产物在催化剂表面上脱附（脱附过程）；⑥反应产物从催化剂内表面向催化剂外表面传递（内扩散过程）；⑦反应产物从催化剂外表面向流体主体传递（外扩散过程）。①和⑦是反应物与颗粒处表面进行物质传递，称为外扩散过程；②和⑥是颗粒内的传质，称为内扩散过程；③和⑤是在颗粒表面上进行化学吸附和化学脱附的过程；④是在颗粒表面上进行的表面反应动力学过程。以上七个步骤是前后串联的。由此可见，气固相催化反应过程是多步骤过程，其中扩散发挥重要作用。如果其中某一步骤的速率与其他各步的速率相比要慢得多，以致整个反应速率取决于这一步的速率，该步骤就称为速率控制步骤。当反应过程达到定态时，各步骤的速率应该相等，且反应过程的速率等于控制步骤的速率。催化反应的七个关键步骤中有四个涉及扩散，可以看出扩散对催化反应的重要性。

在采用预测吸附等温线的相同原子模型中，可以计算出传输性质。平衡的分子动力学模拟可提供短时动力学信息，并且对于许多体系而言，分子动力学模拟可以获得扩散运动的时间尺度。Monte Carlo 模拟通过随机生成新的体系配置来提供平均值，而分子动力学模拟则通过对经典的牛顿运动方程式进行积分来确定性地采样配置空间。原子所受的力是根据势能模型计算出来的，并用有限差分法积分运动方程，从而及时生成轨迹[24]。然后可以根据爱因斯坦方程，从分子的均方位移计算出自扩散系数。由于分子筛催化材料在工业催化中的重要性，研究反应物在分子筛孔道内的扩散尤其重要，已出现了许多关于沸石扩散的分子动力学研究[24]，在本书第 5 章多孔催化材料中将进行详细描述。

另外，关于反应物吸附催化剂表面的微观迁移和扩散，通常可以采用计算过渡态的方法来研究，将这种扩散行为看作是反应分子从一个表面活性位经过一个过渡态迁移到另一个表面活性位，其迁移速率可以通过微观反应动力学来计算。

关于扩散计算的讨论目前主要集中在分子模拟上。然而，在许多系统中，扩散运动的时间尺度超出了当前分子动力学模拟的范围。一个粗略的指导原则是，对于当前的计算机运算能力，分子动力学可以模拟扩散系数高于 $10^{-11} \mathrm{m}^2/\mathrm{s}$ 的系统。为了克服分子动力学的固有局限性，研究人员转向了分级方法，如 TST 和 Brownian 动力学。TST 非常适合在沸石中特定位置之间通过不频繁的跃点发生扩散的系统。在典型的 TST 计算中，首先使用类似于分子动力学的原子模型来识别吸附位点和它们之间的跃点的速率常数。在此基础上，提出了一种更粗粒度的晶格模型来研究长期动力学，分子在晶格位点之间跳跃的概率由 TST 速率常数决定。通过将反应事件纳入晶格模拟中，可以研究联合反应和扩散。这种"动力学 Monte Carlo"模拟可以对微观动力学建模起到补充作用。

2.5 d 带中心理论

在众多的异相催化剂中，过渡金属催化剂占据了重要的地位。从理论上描述分子与过渡金属表面之间的相互作用，对系统理解过渡金属催化剂性能的演化规律有着重要的意义。由 Bjørk Hammer 和 Jens K. Nørskov 提出的 d 带中心模型在描述过渡金属催化活性中发挥了里程碑式的作用。众所周知，H_2 分子在金属 Pt 和 Ni 上的吸附能低，吸附较容易；而在 Cu 和 Au 上吸附较困难，如图 2.18 所示。对于其他一些小分子如 O_2 等，也有类似的吸附规律。d 带中心模型可以很好地解释这一现象，揭示了在自然界中金是非常稳定的单质，即金对几乎所有分子的吸附都很弱的根源。

理解 d 带中心模型还要从分子轨道理论出发。当吸附分子和金属表面发生相互作用时，生成新的成键轨道和反键轨道（如图 2.19 所示），如果电子都填充到成键轨道上，那么体系的整体能量是下降的。体系能量下降多少（也就是说吸附是否稳定），取决于分裂能 ΔE。ΔE 基本正比于两个片段轨道的重叠积分（分子），反比于两个轨道的能差（分母），如图 2.19 右边公式所示。Hammer 和 Norskov 提出的 d 带中心理论（d-Band Center Theory）正是从这个分母的角度去分析的[25]。

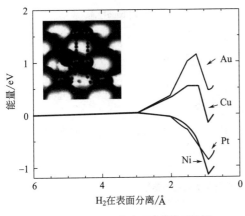

图 2.18　H_2 分子在金属表面的吸附能
随距离变化的示意图 [25]

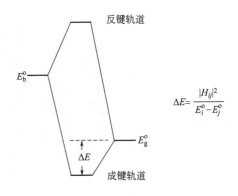

图 2.19　分子与金属表面作用生成成
键态和反键态的示意图

当吸附分子靠近金属表面的时候，吸附分子的轨道会和金属的 s 和 d 轨道发生作用，其中（吸附分子轨道）-（金属 d 轨道）作用会导致能级分裂，生成反键轨道的位置对体系的稳定性非常重要。按照 d 带中心模型，分子与过渡金属之间的相互作用可分为两部分：即分子能级与过渡金属 s 电子和 p 电子的相互作用，以及分子能级与过渡金属 d 电子的相互作用（图 2.20）。这里前者的作用也很强烈，只不过前者对于不同金属都差不多，主要表现为分子能级的移动和展宽，后者由于 d 轨道相对于 s 轨道更加局域则体现了分子与金属之间更为丰富的相互作用模式，不同的金属，其 d 轨道位置差别很大。对处于不同环境的同一过渡金属，或者位于同一周期的不同过渡金属，由 s 电子和 p 电子所造成的能级移动和展宽基本上是相似的，因而，过渡金属催化性质随不同环境或不同元素的演化主要体现在分子能级与 d 电子的相互作用上。

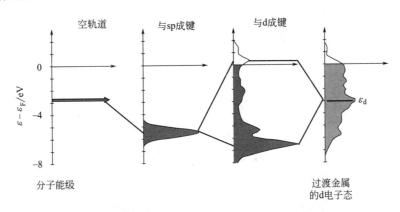

图 2.20　d 带中心模型框架下分子能级与过渡金属 d 电子态之间的相互作用

来源于吸附物的分子能级与来源于过渡金属的 d 电子态之间相互作用后，吸附物与表面的杂化态存在着能量较低的成键态和能量较高的反键态（对应于分子轨道理论中的成键轨道与反键轨道）。如果吸附物-表面杂化态仅有成键态被电子占据即最终生成的反键态高于费米能级，而反键态没有电子占据，则吸附物与表面的相互作用最强，吸附能最大；如果反键态也被电子占据即最终生成的反键态低于费米能级，则占据的电子数越多，相互作用被削弱得

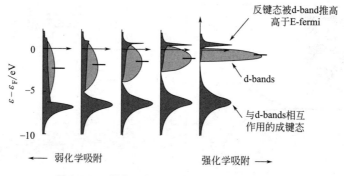

图 2.21　d 带中心模型解释强弱化学吸附的示意图

就越多，对应的吸附能的降低就越多。对于反键轨道的占据情况，可以通过过渡金属的 d 带中心来判断。根据 Norskov 1995 年的文章[25]，我们看金属对于分子的吸附是否稳定，看新生成的反键态的能级位置即可（见图 2.21）。从图 2.21 上可以看出，d 带能级越高（浅灰），所生成的新的能级反键态就越高（深灰），这样体系整体就会越稳定。从图中也可以看出，d带中心的能量位置上移，则吸附物-表面杂化态的能量也相应上移，从而，杂化态中反键态高出费米能级的比例增加，反键态占据比例降低，对应于吸附物-过渡金属表面之间相互作用的增强。换句话说，过渡金属的 d 带中心相对于费米能级越高，则其与吸附物的相互作用就越强（见图 2.21）。

　　d 带中心的计算可以用下列公式：

$$\varepsilon_d^{(n)} = \frac{\int_{-\infty}^{\infty} n_d(\varepsilon)(\varepsilon - \varepsilon_d)^n \mathrm{d}\varepsilon}{\int_{-\infty}^{\infty} n_d(\varepsilon)\mathrm{d}\varepsilon} \tag{2.5-1}$$

$$W_d = \sqrt{\frac{\int_{-\infty}^{\infty} \rho_d(\varepsilon)\varepsilon^2 \mathrm{d}\varepsilon}{\int_{-\infty}^{\infty} \rho_d(\varepsilon)\mathrm{d}\varepsilon} - \varepsilon_d^2} \tag{2.5-2}$$

　　可以通过上述公式对 d 带中心进行调控：同种元素 d 带中心改变，往往 d 轨道的宽度会随之改变。如图 2.22 所示，当带宽变窄（W_d），费米能级不变，则 d 带中心一定上升。

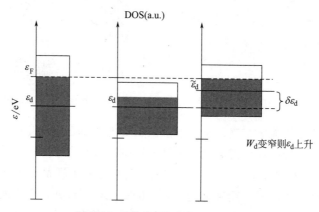

图 2.22　d 带中心的调控原理示意图

2.6　线性缩放关系和 Brønsted-Evans-Polanyi（BEP）关系

从上面的 d 带中心模型可以看出，吸附物在过渡金属表面的吸附能与金属表面原子的 d 带中心相关联。值得注意的是，此处的 d 带中心仅是过渡金属表面自身的性质，而与吸附物具体是何种分子无关。这就意味着，对于一系列不同的吸附物，他们与过渡金属表面的相互作用强弱仅由过渡金属自身的 d 带中心决定。

由于不同吸附物分子在过渡金属表面的吸附能均与表面的 d 带中心相关，因而，这些吸附能之间存在某种关系。2007 年，Nørskov 研究组通过密度泛函理论计算[26]，发现 CH_x（$x=0,1,2,3$）、NH_x（$x=0,1,2$）、OH_x（$x=0,1$）以及 SH_x（$x=0,1$）基团在一系列过渡金属表面的吸附能分别与相应 C、N、O 和 S 原子的吸附能之间存在线性的相关关系（图 2.23），相应的斜率与相应原子的未饱和程度有关［公式（2.6-1）］：

$$\gamma = \frac{x_{max} - x}{x_{max}} \tag{2.6-1}$$

此处，x_{max} 为相应原子的最大成键数（C 原子为 4，N 原子为 3），x 为原子的当前成键数（例如，CH_3 为 3，CH_2 为 2，NH 为 1）。需要说明的是，线性相关关系的适用范围较前面提到的 d 带中心模型要更宽泛一些。例如，由于所涉及的偶合矩阵元存在差别，如果过渡金属来自周期表的不同周期，相应的吸附能与金属 d 带中心之间的关联就显得并不那么直接，但不同吸附物的吸附能却依然可以统一在一条直线上（如图 2.23）。此外，对于过渡金属的氧化物、硫化物和氮化物，尽管 d 带中心模型已不再成立，但吸附能之间的线性相关关系依然可以存在。

Brønsted-Evans-Polanyi（BEP）关系也是一类线性相关关系，涉及反应能量变化与过渡态能量之间的线性相关。BEP 关系是多相催化反应中直线关联基元反应的活化能和相应反应焓变的经验规则理论，其通常的表达形式为 $E_a^{dis} = \alpha \Delta H + \beta$，其中 α 和 β 分别为 BEP 关系的斜率和截距。BEP 关系在基于火山性活性曲线筛选催化材料中扮演了一个非常重要的角色，它关联了催化反应的动力学和热力学信息，可以减少描述宏观催化反应速率的独立变量的数量，且可以通过简单的热力学信息建立催化反应的动力学行为。一些理论研究表现，BEP 关系的斜率和截距对催化火山型反应活性曲线的形状、定点位置都有很大的影响，从而成为催化剂设计和筛选的重要参数。

如果将反应的过渡态看作是一类"特殊"的吸附物，那么 BEP 线性关系之所以存在，就可以在缩放关系（Scaling Relation）的框架下进行理解。与吸附能之间的缩放关系相比，BEP 关系的应用范围更广泛。Nørskov 研究组发现[27]，对于一系列过渡金属表面上的多种化学反应，比如涉及 C—C、C—O、C—N、N—O、N—N 以及 O—O 键断裂的反应，尽管反应各不相同，但存在着统一的 BEP 关系（图 2.24）。从开展计算模拟的角度讲，由于搜寻过渡态所需的计算量大大高于结构优化所需的计算量，BEP 关系的存在能够有效地提高对反应能垒计算的效率。然而，BEP 关系更重要的意义，可能体现在对催化机理的深刻理解上。对于过渡金属表面，电子效应和几何效应均可以影响其催化性质，然而，如何以量化的方式区分这两类效应并不十分直接。BEP 关系的存在为区分这两种效应提供了一种方案：过

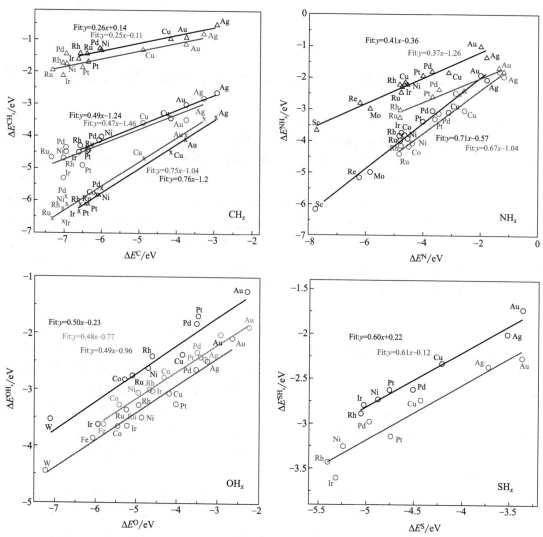

图 2.23 过渡金属表面上 CH$_x$（x= 0, 1, 2, 3）、 NH$_x$（x= 0, 1, 2）、 OH$_x$（x= 0, 1）及 SH$_x$（x= 0, 1）基团的吸附能与相应 C、 N、 O 和 S 原子的吸附能之间的线性关系[25]

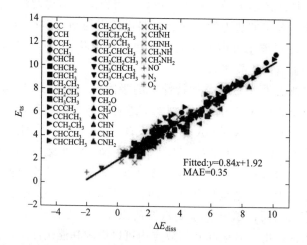

图 2.24 过渡金属表面上统一的 Brønsted-Evans-Polanyi（BEP）关系[26]

渡态能量与反应能之间沿同一直线上的变化来源于电子效应，而在不同平行的线性缩放关系之间的变化则源于几何效应。

2.7　描述符与火山曲线

异相催化反应往往包含许多基元反应的步骤，为了获得对整个催化反应的描述，原则上需要了解所有基元反应步骤的反应能垒及反应热。这意味着，如果要进一步理解该反应在不同催化剂条件下催化性质的变化规律，就需要大量的数据，这不仅难以获得，而且对探讨问题本身也带来了相当大的复杂性。前一节介绍的吸附能之间以及过渡态能量与反应热之间的线性相关关系则为上述讨论带来了极大的便利：既然很多能量数据之间已经通过线性关系建立了联系，那么，影响整个催化反应的独立的能量数据的数目将会显著降低。简化之后相互独立的能量数据，可以作为描述整个反应性能的"描述符"。而建立起来的催化性能与这些描述符之间的关系，对理解催化剂性质的演化规律以及设计更优异的催化剂有重要的意义。

图 2.25 展示了合成氨反应的转化频率与 N_2 分子解离吸附能之间的火山曲线关系。可以看出，沿着 Mo、Fe、Ru、Os、Co、Ni 的顺序，催化剂的转化效率先升高而后降低，类似于火山的形状，这就是异相催化领域常提及的火山曲线。火山曲线存在的原因在于异相催化反应是如下一个闭合的环路：这一过程从反应物的吸附和活化开始，经由旧化学键的断裂和新化学键的形成，最终生成产物并从催化剂的表面脱附，开始下一轮的循环。吸附能之间的相关关系告诉我们，如果催化剂与反应物分子的相互作用很强（由于 BEP 关系的存在，这将同时伴随着较低的反应能垒），催化剂与产物分子之间的相互作用也会表现得很强。因而，催化剂与吸附物之间过强的相互作用尽管有利于反应物分子的吸附和活化，但产物的较难脱附则会抑制整体的催化性能；而催化剂与吸附物之间的相互作用如果很弱，尽管产物会很容易脱附，但反应能垒也会随之升高，同样不利于整体催化性能的提升。因而，作为一个性能优异的催化剂，其与吸附物之间的相互作用既不能太强，也不能太弱，而应该处于某种中等的程度（这也是 Sabatier 原理的思想），这就是上述火山曲线存在的原因，也是火山曲线事实上的表现。正如图 2.25 所展现的，金属 Mo 的催化性能不理想的原因在于其与吸附物的相互作用过强，从而不利于产物的脱附；而金属 Ni 和 Co 的催化性能不理想的原因在

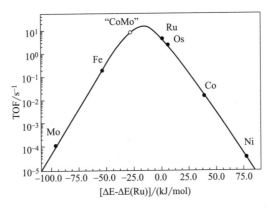

图 2.25　过渡金属催化剂催化合成氨反应的转化频率与 N_2 分子解离吸附能之间的火山曲线关系[27]

于其与吸附物的相互作用过弱，从而不利于 N_2 分子的活化。图 2.25 同时展现出，Ru、Os 和 Fe 是催化合成氨的良好的催化剂。在催化剂设计方面，如果将吸附较强的 Mo 与吸附较弱的 Co 合金化，则获得的 CoMo 合金可以具备更优异的催化性能，相应的实验结果证实了这一结论[28]。

参考文献

[1] Mcquarrie D A. Statistical mechanics [M]. New York: Harper & Row, 1975.

[2] Nørskov J K, Studt F, Abild-Pedersen F, et al. Fundamental concepts in heterogeneous catalysis [M]. New Jersey: John Wiley & Sons, 2014.

[3] Dean J A, Lange N A. Lange's handbook of chemistry [M]. New York: McGraw-Hill, 1979.

[4] Jiao Y, Zheng Y, Davey K, et al. Activity origin and catalyst design principles for electrocatalytic hydrogen evolution on heteroatom-doped graphene [J]. Nature Energy, 2016, 1 (10): 1-9.

[5] Peterson A A, Abild-Pedersen F, Studt F, et al. How copper catalyzes the electroreduction of carbon dioxide into hydrocarbon fuels [J]. Energy & Environmental Science, 2010, 3 (9): 1311-1315.

[6] Chakrabarty A, Mannan S, Cagin T. Multiscale modeling for process safety applications [M]. Oxford: Butterworth-Heinemann, 2015.

[7] Jónsson H, Mills G, Jacobsen K W. In classical and quantum dynamics in condensed phase simulations [M]. Singapore: World Scientific, 1998.

[8] Henkelman G, Uberuaga B P, Jónsson H. A climbing image nudged elastic band method for finding saddle points and minimum energy paths [J]. The Journal of Chemical Physics, 2000, 113 (22): 9901-9904.

[9] Henkelman G, Jónsson H. A dimer method for finding saddle points on high dimensional potential surfaces using only first derivatives [J]. The Journal of Chemical Physics, 1999, 111 (15): 7010-7022.

[10] Liu J W, Liu Z F, Feng G, et al. Dimerization of propene catalyzed by brønsted acid sites inside the main channel of zeoliteSAPO-5: A computational study [J]. The Journal of Physical Chemistry C, 2014, 118 (32): 18496-18504.

[11] Geng L, Han L N, Cen W L, et al. A first-principles study of Hg adsorption on Pd (111) and Pd/γ-Al$_2$O$_3$ (110) surfaces [J]. Applied Surface Science, 2014, 321: 30-37.

[12] Feng G, Huo C F, Deng C M, et al. Isopropanol adsorption on γ-Al$_2$O$_3$ surfaces: A computational study [J]. Journal of Molecular Catalysis A: Chemical, 2009, 304 (1): 58-64.

[13] Yu X H, Zhang X M, Wang H T, et al. High-coverage H$_2$ adsorption on the reconstructed Cu$_2$O (111) surface [J]. The Journal of Physical Chemistry C, 2017, 121 (40): 22081-22091.

[14] Feng G, Ganduglia-Pirovano M V, Huo C F, et al. Hydrogen spillover to copper clusters on hydroxylated γ-Al$_2$O$_3$ [J]. The Journal of Physical Chemistry C, 2018, 122 (32): 18445-18455.

[15] Deng C M, Huo C F, Bao L L, et al. CO adsorption on Fe$_4$C (100), (110), and (111) surfaces in Fischer-Tropsch synthesis [J]. The Journal of Physical Chemistry C, 2008, 112 (48): 19018-19029.

[16] Zhao X G, Chen B T, Han L N, et al. Density functional study on H$_2$S adsorption on Pd (111) and Pd/γ-Al$_2$O$_3$ (110) surfaces [J]. Applied Surface Science, 2017, 423: 592-601.

[17] Yu X H, Zhang X M, Jin L X, et al. CO adsorption, oxidation and carbonate formation mechanisms on Fe$_3$O$_4$ surfaces [J]. Physical Chemistry Chemical Physics, 2017, 19 (26): 17287-17299.

[18] Lejaeghere K, Speybroeck V V, Oost G V, et al. Error estimates for solid-state density-functional theory predictions: An overview by means of the ground-state elemental crystals [J]. Critical Reviews in Solid State & Materials Sciences, 2014, 39 (1): 1-24.

[19] Yu X H, Zhang X M, Wang S G, et al. Adsorption of Au$_n$ (n=1-4) clusters on Fe$_3$O$_4$ (001) b-termination [J]. RSC Advances, 2015, 5 (56): 45446-45453.

[20] Yu X H, Zhang X M, Tian X X, et al. Density functional theory calculations on oxygen adsorption on the Cu$_2$O surfaces [J]. Applied Surface Science, 2015, 324 (324): 53-60.

［21］ Yu X H, Zhang X M, Wang H T, et al. High coverage water adsorption on the CuO (111) surface [J]. Applied Surface Science, 2017, 425: 803-810.

［22］ Shi L, Wang D S, Yu X H, et al. Adsorption of Cu_n ($n=1$-4) clusters on $CuAl_2O_4$ spinel surface: A DFT study [J]. Molecular Catalysis, 2019, 468: 29-35.

［23］ Hammer B, Nørskov J K. Electronic factors determining the reactivity of metal surfaces [J]. Surface Science, 1995, 343 (3): 211-220.

［24］ Broadbelt L J, Snurr R Q. Applications of molecular modeling in heterogeneous catalysis research [J]. Applied Catalysis A: General, 2000, 200 (1/2): 23-46.

［25］ Hammer B, Norskov J. Why gold is the noblest of all the metals [J]. Nature, 1995, 376 (6537): 238-240.

［26］ Abild-Pedersen F, Greeley J, Studt F, et al. Scaling properties of adsorption energies for hydrogen-containing molecules on transition-metal surfaces [J]. Physical Review Letters, 2007, 99 (1): 016105.

［27］ Wang S G, Temel B, Shen J, et al. Universal Brønsted-Evans-Polanyi relations for C—C, C—O, C—N, N—O, N—N, and O—O dissociation reactions [J]. Catalysis Letters, 2011, 141 (3): 370-373.

［28］ Jacobsen C J H, Dahl S, Clausen B S, et al. Catalyst design by interpolation in the periodic table: Bimetallic ammonia synthesis catalysts [J]. Journal of the American Chemical Society, 2001, 123 (34): 8404-8405.

第3章
计算方法与软件

对计算方法的了解和计算软件的应用是开展计算化学工作解决催化问题的基础。在这一章，我们将重点讲解一些计算方法和计算软件的使用。

在多相催化反应中，主要研究一些旧化学键的断裂和新化学键的形成的过程。伴随着这些化学过程，反应的分子和催化剂体系的电子结构发生了显著的变化。而密度泛函理论已经被证明是一种高效的，基于第一性原理且能够精确处理电子结构变化的方法。第一性原理（First Principles）计算，是自量子力学产生以来人们努力从电子运动的角度研究物质结构和性质的一种计算方法，化学家又称之为从头计算（Ab Initio），是指不依赖任何经验参数即可合理预测微观体系的状态和性质。它有着半经验方法不可比拟的优势，在计算研究中只需要输入构成微观体系各元素的原子序数，而不需要输入任何其他的可调参数，便可以利用量子力学理论计算出该微观体系的总能量、电子结构等物理性质。并且进一步分析这些基本信息可以得到许多实验可观测的物理量，从而可以检测理论计算和实验的差别，为进一步的实验提供方向和理论依据。

在量子化学的理论和计算方法中，近二十年来最重要的进展是密度泛函理论（DFT）及相应计算实践的发展。由于传统的 ab initio HF SCF（Hartree-Fork Self-Consistent Field）方法不能较好地考虑电子相互作用，因此，最近几年科学研究者将 DFT 引入化学和生物化学问题的研究中。为了解决传统的从头计算方法中被忽略的库仑（Coulomb）相关问题，DFT 把着眼点放到电子密度上，而不是多体波函数上，进而把体系的基态能量等性质表示为电子密度的泛函。其基本物理思想是用粒子密度函数来描述原子、分子、固体的基态物理性质，从而研究体系的能力越来越强；同时计算方法也在不断优化，使得越来越多的体系都能进行非常精确的计算。相比于实验的高花费，特别是一些大型实验的高投入，第一性原理计算只需要一些能并行计算的计算机就够了，从而第一性原理计算成为科学研究中必不可少的一种"经济"方法。因此，最近第一性原理在多相催化学科中得到了广泛的推广运用。

在各种理论化学计算方法的不断发展过程中，新的计算机算法也不断涌现，如机器学习、群体智能、遗传算法、势能面随机行走等方法的开发，并与理论化学的计算方法耦合，应用于物质结构的探索，大幅提高了人们通过计算化学来寻找新物质结构的效率。

3.1 量子化学方法

量子化学是理论化学的一个分支学科，是用量子力学的基本原理和理论方法处理化学反应中的电子、原子和分子等微观粒子，研究反应过程如化学键的形成和断裂、电子的转移等的一门科学。量子化学研究化学体系中原子核空间构型和电子结构及其随时间的演化过程与体系性质的联系，核心内容是求解量子力学方程。研究范围主要包括稳定和不稳定分子的结构、性能及其结构与性能之间的关系，分子与分子之间的相互作用，分子与分子之间的相互碰撞和相互反应等。

相关量子力学方程是体系中原子核和电子坐标及外场参量的多变量偏微分方程，除了一些很简单的体系，只能采用近似方法求解。通常将原子核和电子分开处理，计算困难更多集中在求解电子的量子力学方程方面，电子结构计算为其他理论计算研究提供基础信息。量子化学主要分为两类：分子轨道法（Molecular Orbital Theory，MO 法）、价键法（Valence-Bond Theory，VB 法）。分子轨道法是原子轨道对分子的推广，即在物理模型中，假定分子中的每个电子在所有原子核和电子的平均势场中运动，即每个电子可由一个单电子函数（电子坐标的函数）来表示它的运动状态，并称这个单电子函数为分子轨道，而整个分子的运动状态由分子所有电子的分子轨道组成（乘积的线性组合）。其核心为哈特利-福克-罗特汉方程（Hartree-Fock-Roothaan Equation，HFR 方程）。

电子结构理论与计算方法研究的中心任务是发展理论和计算方法，获取有关化学体系中电子结构及其随时间演化的信息。求解偏微分方程近似解的数学方法主要有变分法、微扰理论、格林函数方法和实空间的数值方法。变分法和微扰理论在量子化学计算中已被应用多年，后两者近年来也逐渐受到重视。量子化学计算的困难，除涉及的变量很多以外，还因为化学变化的能量只占体系总能量很少的份额，对计算精度要求非常高，而提高计算精度将导致计算量迅速增大。

量子力学是描述微观体系运动规律的科学，而量子化学通过求解"波动方程"来得到原子及分子中电子运动、核运动及其相互作用的微观图像，从而阐明分子的各种性质，得出化学过程中基元反应的规律，预测分子的稳定性和反应活性。从普朗克的辐射量子假说、爱因斯坦的光子学说，以及德布罗意提出的实物微粒的波粒二象性到薛定谔方程的提出，量子力学开始基本成型。1927 年，海特勒和伦敦采用变分法求解了氢分子的波函数和分子能量，并高精度地预测了其键长，首次在理论水平上揭示了化学键的本质，开创了量子化学这一分支学科。

随着计算机科技的迅速发展和计算能力的极大提高，应用量子力学原理来处理复杂的化学问题越来越引起人们的注意。现在，量子化学已被广泛地应用在化学的各领域，形成了许多新兴交叉学科，比如，量子生化、量子催化、量子表面化学、量子固体化学等，从而将现代理论化学与实验化学密切结合起来。目前发展比较成熟的应用主要集中在药物分子设计、蛋白质分子设计和催化剂分子设计等领域。在量子化学中，基本假设包含如下五个方面。

3.1.1 波函数和微观粒子的状态

假设 I：对于一个微观体系，它的状态和由该状态所决定的各种物理性质可用波函数 $\Psi(x,y,z,t)$ 表示。Ψ 是体系的状态函数，是体系中所有粒子坐标的函数，也是时间的函数。对于多粒子体系的状态函数可用下式表示：

$$\Psi \equiv \Psi(q,t) \equiv \Psi(q_1,q_2,q_3,\cdots,q_f,t) \tag{3.1-1}$$

式中，$f=3N$，为体系的空间自由度，N 为体系所含微粒数。

由于空间某点波的强度与波函数绝对值的平方成正比，即在该点附近找到粒子的概率正比于 $\Psi^*\Psi$，所以通常将波函数 Ψ 描述的波称为概率波。在原子或分子等体系中，将 Ψ 称为原子轨道或分子轨道；将 $\Psi^*\Psi$ 称为概率密度，它就是通常所说的电子云；$\Psi^*\Psi\mathrm{d}\tau$ 表示在时间 t 发现体系在 f 维体积元 $\mathrm{d}\tau$ 内的概率 $\mathrm{d}W(q,t)$：

$$\mathrm{d}W(q,t)=\Psi^*(q,t)\Psi(q,t)\mathrm{d}\tau \tag{3.1-2}$$

粒子在全空间出现的概率和等于 1，故：

$$W=\int\Psi^*(q,t)\Psi(q,t)\mathrm{d}\tau=1 \tag{3.1-3}$$

而概率密度 ρ 等于：

$$\rho(q,t)=\frac{\mathrm{d}W(q,t)}{\mathrm{d}\tau}=\Psi^*(q,t)\Psi(q,t) \tag{3.1-4}$$

由于波函数 Ψ 描述的波是概率波，所以它必须满足下列 3 个条件：

① 单值性：由于 $\rho=\Psi^*\Psi$ 代表概率密度，所以波函数 Ψ 必须是坐标和时间的单值函数，即在空间每一点 Ψ 只能有一个值，否则粒子在空间的出现将具有不确定性。

② 连续性：状态函数 Ψ 在变量的变化范围内必须是连续的，且 Ψ 对 x，y，z 的一阶微商也是连续函数，若不连续，则对 Schrödinger 方程无法得到其二阶微商。

③ 平方可积性：波函数 Ψ 在整个空间的积分 $\int\Psi^*\Psi\mathrm{d}\tau=C$ 必须是有限的。通常要求波函数归一化，即：

$$\int\Psi^*\Psi\mathrm{d}\tau=1 \tag{3.1-5}$$

如果 C 为无穷大，那么波函数就无法归一化。

3.1.2 物理量和算符

假设 Ⅱ：对一个微观体系的每一个可观测的物理量，都对应着一个线性自轭算符。

为了使状态函数与可测的力学量联系起来，量子力学引进了算符概念，算符和力学量或对称操作是一一对应的。体系的每个可观测的物理量都和一个线性自轭算符相对应。组成力学量算符的规则如下。

① 如力学量 F 是 q 和 t 的函数，则其算符就是 $\hat{F}$，即：

$$\hat{F}(q,t)=F(q,t) \tag{3.1-6}$$

② 如力学量是 q、p 和 t 的函数，则其算符为：

$$\hat{G}(q_1,\cdots,q_f,p_1,\cdots,p_f,t)=G\left(q_1,\cdots,q_f,-i\hbar\frac{\partial}{\partial q_1},\cdots,-i\hbar\frac{\partial}{\partial q_f},t\right) \tag{3.1-7}$$

3.1.3 本征态、本征值和 Schrödinger 方程

假设 Ⅲ：某一物理量 A 的算符 $\hat{A}$ 作用于某一状态函数 Ψ，等于某一常数 a 乘以 Ψ，即 $\hat{A}\Psi=a\Psi$。

因此，对 Ψ 所描述的这个微观体系的状态，物理量 A 具有确定的数值 a。a 称为物理量算符 $\hat{A}$ 的本征值，Ψ 称为 A 的本征态或本征函数，上述方程称为 A 的本征方程。

对于势能只和坐标有关的体系（保守体系），其能量算符 $\hat{H}$ 的本征值 E 和波函数 Ψ 构成的本征方程称为 Schrödinger 方程：$\hat{H}\Psi=E\Psi$。

当微观粒子在某一时刻的状态函数 $\Psi(q,t)$ 已知时，可以用 Schrödinger 方程描述某一时刻粒子运动状态：

$$\hat{H}\Psi = \hat{H}\left(q,-i\hbar\frac{\partial}{\partial q},t\right)\Psi(q,t) = i\hbar\frac{\partial}{\partial t}\Psi(q,t) \tag{3.1-8}$$

可以认为，状态随时间的变化是 Hamilton 算符 $\hat{H}$ 作用的结果。

如果 $\Psi(q,t) = \Psi(q)e^{-\frac{i}{\hbar}Et}$，则此方程简化为 $\hat{H}\Psi = E\Psi$，称为定态 Schrödinger 方程。定态方程的概率分布为：

$$dW = \Psi^*(q,t)\Psi(q,t)d\tau = \Psi^*(q)\Psi(q)d\tau \tag{3.1-9}$$

由此可以看出，粒子出现的概率不随时间而变化。

3.1.4　态叠加原理

假设Ⅳ：若 $\Psi_1,\Psi_2,\cdots,\Psi_n$ 为某一微观体系的可能状态，它们线性组合所得的 Ψ 也是该体系可能存在的状态：

$$\Psi = c_1\Psi_1 + c_2\Psi_2 + c_3\Psi_3 + \cdots + c_n\Psi_n = \sum_i c_i\Psi_i \tag{3.1-10}$$

式中，$c_1,c_2,\cdots,c_n$ 为任意常数，称为线性组合系数。系数 $c_1,c_2,\cdots,c_n$ 等数值的大小，反映了 Ψ_n 对 Ψ 的贡献：c_i 越大，则对应的 Ψ_i 贡献越大。c_i^2 表示 Ψ_i 在 Ψ 中所占的百分数。根据 c_i 值可以求出与力学量 A 对应的平均值 $\langle a \rangle$，由于平均值可以和物理量 A 的实验值相对应，因此可以将体系的量子力学数学表达式与实验测量联系起来。在化学中，态叠加原理可用于原子轨道的杂化、分子轨道的形成以及共振结构理论等。

3.1.5　Pauli（泡利）原理

假设Ⅴ：在同一原子轨道或分子轨道上，最多只能容纳两个电子，这两个电子的自旋状态必须相反。或者说，两个自旋相同的电子不能占据同一原子轨道或分子轨道。

该假设是量子力学中一条独立的基本假设，一般表达为：一个多电子体系的波函数，对任意两粒子的全部坐标（空间坐标和自旋坐标）进行交换，一定得反对称的波函数。即同一原子中，不可能有两个或两个以上的电子具有相同的四个量子数 n、l、m 和 m_s。量子力学的这些基本假设，以及由这些基本假设引出的基本原理，其正确性已被大量的实验所证明。

3.1.6　量子化学计算方法

量子化学各种计算方法的差异主要表现在求解 Schrödinger 方程过程中所做的近似上。根据近似不同可分为半经验方法和从头计算方法。

（1）半经验方法

半经验方法是通过实验数据确定经验参数以达到简化 Schrödinger 方程求解的计算方法。由于参数设定是由实验数据决定的，所以不同的方法适用于不同的体系，对其适用的体系可以达到比较高的精度。由于半经验方法计算时间快，因此，可以应用在一些比较大的体系计算中。比如，可以先采用半经验方法处理大的体系，然后再根据从头计算或者密度泛函理论方法进行优化。半经验方法的缺点是其不具有普遍性，只能处理具有良好参数的体系。一般来说，半经验方法适用于简单的有机分子体系，获得定性的信息，如分子轨道、原子电荷及振动简正模式等。此外，对氢键、过渡态以及没有良好参数的体系的处理，不能得到很好的描述。

（2）从头计算方法

从头计算方法是求解多电子体系量子理论的全电子计算方法[1]，与半经验方法和分子力学方法的差异在于从头计算方法中的所有计算都建立在量子力学原理上，且不使用任何实验参数，只使用折合质量（μ）、电量（e）、普朗克常数（h）、光速（c）和玻尔兹曼常数（k）这五个物理常数。但是，精确求解多原子分子体系的 Schrödinger 方程是非常困难的，必须在物理模型上做一系列的近似简化才可以求解这些体系的 Schrödinger 方程。从头计算方法中采用了以下三个基本的近似：Born-Oppenheimer 近似、单电子近似和非相对论近似。

① Born-Oppenheimer 近似

在我们研究的体系中，由于原子核的质量比电子的质量大几千倍，并且分子中电子绕核运动的速度比原子核自身的运动速度快得多。所以，当原子核进行任一微小的运动时，电子都可以迅速地进行相应调整，建立起与变化后的核力场相对应的运动状态，即在任意确定的原子核排布条件下，电子都有其相应的运动状态。因此，核间的相对运动可以看作是电子运动的平均作用结果。故在求解电子运动问题时可以将电子与核的运动独立分开，认为原子核的运动不影响电子的运动状态。这就是求解 Schrödinger 方程的一个近似处理，即 Born-Oppenheimer 近似。

在该近似中，分子总波函数 Ψ_T 可以分离为电子运动波函数 $\Psi(r, R)$ 和核运动波函数 $\phi(R)$ 的乘积，即 $\Psi_T(r, R) = \Psi(r, R)\phi(R)$，其中 $\phi(R)$ 只与核坐标有关。

将以上方程代入 Schrödinger 方程，分离变量后得到两个方程：

$$-\frac{1}{2}\sum_i \nabla_i^2 \Psi + V(r, R)\Psi = E(e)\Psi \tag{3.1-11}$$

$$-\frac{1}{2}\sum_A \frac{1}{M_A}\nabla_A^2 \phi + E(R)\phi = E_T\phi \tag{3.1-12}$$

上述方程分别为在固定核的位置时电子体系的运动方程和核的运动方程。$E(e)$ 为核固定时体系电子的能量，在核运动方程中它又是核运动的位能，此时分子的总能量用 E_T 表示，电子能量 $E(R)$ 是分子的核坐标的函数，在空间画出的 $E(R)$ 随 R 的变化关系称为势能面。

② 单电子近似

单电子近似轨道又称为轨道近似，在该近似中，忽略了电子的瞬间相互作用，所有电子对个体电子的影响用一个平均有效势场代替。在该有效势场中，核的位置固定之后，单电子的运动仅依赖其在空间的坐标，因此，多电子波函数可分解成单电子波函数的乘积，即：

$$\Psi = \prod_i \phi_i(r_i) = \prod_i \phi_i(x, y, z, \xi) = \prod_i \phi_i(x, y, z)\eta(\xi) \tag{3.1-13}$$

根据 Pauli 不相容原理，在构成多电子体系波函数时，必须满足 Ψ 对任一对电子交换均能得到反对称的波函数。因此，一般不直接求 Hartree-Fock 方程的简单乘积型波函数 Ψ，而是求出对应自旋轨道电子的所有可能置换方式所构成的 Slater 行列式，即 Hartree-Fock 方法。

对于具有 $n = N/2$ 个轨道的 Ψ 上的 N 电子体系，单电子近似下的波函数 Ψ 写为：

$$\Psi = \frac{1}{\sqrt{N!}}\left| \phi_1\alpha(1)\phi_1\beta(2)\cdots\phi_{\frac{n}{2}}\alpha(n-1)\phi_{\frac{n}{2}}\beta(n) \right| \tag{3.1-14}$$

③ 非相对论近似

由于电子的高速运动，电子可以在原子核附近运动但又不被原子核所俘获，根据相对论原理，此时电子的质量是由其运动速度 v 决定的：

$$\mu = \frac{\mu_0}{\sqrt{1 - \dfrac{v^2}{c^2}}} \tag{3.1-15}$$

式中，μ_0 为电子静止质量；c 为光速。

而在非相对论效应中，忽略了相对论效应，认为电子的质量 $\mu = \mu_0$。在一般的化学反应中，很少涉及原子核的变化，仅仅是核的相对位置发生变化。对于 N_u 个原子核和 N_e 个电子的体系，采用原子单位（a. u.）时，该体系的定态 Schrodinger 方程为：

$$\left[-\sum_a \frac{1}{2M_a} \nabla_a^2 - \sum_i \frac{1}{2} \nabla_i^2 + V(r,R) \right] \Psi(r,R) = E\Psi(r,R) \tag{3.1-16}$$

式中，a 和 i 分别为原子核和电子的标号；式中的求和包括 N_u 个原子核和 N_e 个电子；r 为所有电子的坐标；R 为所有核的坐标。第一项包括对所有原子核的求和，第二项包括对所有电子的求和，E 为体系的总能量，$V(r,R)$ 为该体系的势能，包括核与电子之间吸引能，电子之间库仑排斥能和核之间的排斥能。$\Psi(r,R)$ 是体系总的波函数，将式中电子的质量视为其静止质量 μ_0，这仅在非相对论条件下才成立，故称为非相对论近似。

在使用从头计算方法求解 Schrödinger 方程时，使用了严格的数学近似，使得求解变得更加方便。与半经验方法相比，从头计算方法没有根据实验数据确定参数的限制，故可计算体系的范围要大得多，特别是后 Hartree-Fock 从头计算方法，其克服了 Hartree-Fock 方法中不能很好处理电子相关能的缺陷，使得其应用范围进一步扩大，但所需计算耗费也大大增加。由于在理论上的严格性和计算结果的可靠性，从头计算在各种量子化学计算方法中处于主导地位。从原子、分子到原子簇及化学反应等不同体系的电子运动状态及其有关的信息，都能通过从头计算方法得到合理的解释与预测。因此，它不仅是理论化学研究的一种不可或缺的工具，更是应用量子化学的重要组成部分。

3.2　密度泛函理论

密度泛函理论（DFT）是一种研究多电子体系电子结构的量子力学方法。DFT 在化学和物理上都有广泛的应用，特别是用来研究分子和凝聚态的性质，是计算化学和凝聚态物理计算材料学领域最常用的方法之一。DFT 的概念来源于 Thomas-Fermi 模型，其主要特点就是用电子密度取代波函数作为研究的基本量。Hohenberg-Kohn 定理是 DFT 坚实的理论依据：第一定理，体系的基态能量仅仅是电子密度的泛函；第二定理，体系以基态密度为变量，将其能量最小化后得到基态能量。

本质上 DFT 是处理电子相关作用的一条途径，对很多种体系效果都很好，是当前应用最广的方法之一。特别是对于大的和复杂的体系，DFT 是现在唯一实际可用的第一性原理方法。DFT 的主流研究方向一直是寻找能量密度泛函的精确表达式或者高效计算方法，难度很大，迄今未能如愿。不过通过分析精确交换相关能泛函本征性质，已经发现精确能量密度泛函应该满足的若干必要条件。最简单的近似求解方法为局域密度近似，它主要采用均匀电子气来计算体系的交换能，而相关能部分则采用对自由电子气进行拟合的方法来处理。这种近似在初期得到了广泛的应用，然而随后研究人员在研究复杂体系时发现了其具有不少的缺陷，就发展了一系列新的泛函。

根据对已有密度泛函缺陷的分析，结合实验数据优化待定参数，人们先后提出过多种近似能量密度泛函，大致可分列在五个梯级上，即局域密度泛函近似（Local Density Approximation，LDA 或 Local Spin Density Approximation，LSDA）、广义梯度近似（Generalized Gradient Approximation，GGA）、超广义梯度近似（Meta-Generalized Gradient Approximation，meta-GGA）、杂化近似密度泛函（在杂化泛函近似的基础上再掺入未占据轨道的信息，如部分二级微扰能量）。此外，还有优化有效势方法（Optimal Effective Potential，OEP）、SAOP 有效势等。在五个梯级的近似密度泛函中，后一梯级的计算结果一般优于前一梯级。密度泛函理论 Kohn-Sham 方法保持了简单的物理图像，可以处理相当大的体系，给出满意的结果，而计算量比组态相互作用或者多体微扰理论小很多。含时密度泛函理论（Time Dependent Density Functional Theory，TDDFT）在研究体系某些激发态性质（主要是光学激发）时也给出基本满意的结果。DFT 在近二十多年来得到广泛应用，可以预见其在未来仍将是理论与计算化学的重要研究手段，寻找更加精确的近似泛函也仍然是重要的研究方向。

3.2.1 密度泛函理论简介

（1）Kohn-Sham 方法

1965 年 Kohn 和 Sham 在 Thomas-Fermi 近似和 Kohn 与 Hohenberg 提出的两个定理基础上，解决了在密度泛函框架下，如何运用传统的平均势理论来求解电子相关能的问题，即 Kohn-Sham 方法。若得到泛函 $F(\rho)$ 的具体形式，则确定任意势场 $v(r)$ 的基态能量，便可转化为求 $\rho(r)$ 极小值的问题。由于 $F(\rho)$ 是一普适泛函，故在求解多电子体系基态的一般方法下应推导出有效的近似方案。

首先，Kohn 和 Sham 将分子的基态能量写成如下形式：

$$E_\rho = \int v(r)\rho(r)\mathrm{d}r + \frac{1}{2}\iint \frac{\rho(r)\rho(r')}{|r-r'|}\mathrm{d}r\mathrm{d}r' + T[\rho] + E_{xc}[\rho] \tag{3.2-1}$$

其中，第一项是非相互作用的电子在外场 $v(r)$ 中的势能；第二项是对密度分布的静电作用能求积分；$T[\rho]$ 为无相互作用（$\hat{H}_u = 0$）体系的动能；$E_{xc}[\rho]$ 则是含有交换能相关项。于是电子体系问题的难点就集中在求解 $E_{xc}[\rho]$ 这项上。对此，Kohn 与 Sham 引入了定域密度近似。下式即是在定域密度近似下的 Kohn-Sham（KS）方程式：

$$\left(-\frac{1}{2}\nabla^2 + V_{\mathrm{eff}}\right)\Psi_i(r) = \xi_i\Psi_i(r) \tag{3.2-2}$$

其中，$\sum_i^N \xi_i = \sum_i^N \left\langle \Psi_i \left| -\frac{1}{2}\nabla^2 + V_{\mathrm{eff}} \right| \Psi_i \right\rangle$。

由此可见，DFT 理论与 HF 理论类似，总的电子能量并不等于轨道能量 ξ_i 之和。原则上，由 DFT 理论得出的 KS 方程，其论述过程是严密的。但在具体求解过程中由于有效定域势能也与单电子密度 $\rho(r)$ 有关，所以需求一个近似的或猜想的单电子密度 $\rho(r)$，获得有效定域势能并代入 KS 方程，由此解出一组 KS 轨道 Ψ_i'，通过这组轨道再获得新的有效定域势能，代入 KS 方程开始新一轮的求解，如此反复迭代，直至自洽到所需的精度为止。这点与自洽场 HF 方法类似，但不同的是由 KS 轨道 Ψ_i 构造的 Slater 行列式波函数并不适于描述体系的电子状态，因为由 KS 方程得出的只是精确的单电子密度而已。因此又是与 SCF-HF 方法不同的。

上述 LDA 下的 DFT 方法的优点是具体计算中所需的计算时间与 N^3（N 为体系中的电子数）成比例，比 SCF-HF 方法所需的时间少 $2 \sim 3$ 个数量级。虽然 LDA 仅局限于电子密度变化非常缓慢的情况，然而，大量计算结果表明，即使在密度变化很快的区域，LDA 方法也可以达到相当高的精度。因此，LDA 方法在其他扩展体系也得到了广泛的应用。但当描述分子体系时，发现 LDA 往往过高估计了分子的结合能。这是在较低的电子密度区域内，计算的交换相关能偏低的缘故。

（2）常用的密度泛函方法

最常用的密度泛函理论方法有：BLYP（Becke 梯度校正交换函数与 Lee-Yang-Parr 梯度校正交换函数相结合）、B3LYP（Becke 三参数方法与 Lee-Yang-Parr 相关函数相结合）、B3P86（Becke 三参数方法与 Perdew 相关函数相结合）和 B3PW91（Becke 的三参数方法与 Perdew-Wilk 的相关函数相结合）。其中，B3LYP、B3P86 和 B3PW91 是 DFT/HF 的混合方法。著名的 B3LYP 表达如下：

$$E_{\text{B3LYP}}^{\text{XC}} = E + C_0(E_{\text{HF}}^X - E_{\text{LDA}}^X) + C_X \Delta B_{\text{Becke}}^X + E_{\text{VWN3}}^C + C_C(E_{\text{LYP}}^C - E_{\text{VWV3}}^C)$$

$$(3.2\text{-}3)$$

式中，C_0、C_X、C_C 均为修正参数。

不同密度泛函理论的差别集中在如何选择交换泛函和相关泛函上，例如：纯密度泛函只包含一个相关泛函和一个交换泛函，如 BDW、BLYP 等；而杂密度泛函则包含一个相关泛函和多个交换泛函，例如 B3LYP、B3PW91 等。

经过了几十年发展，由于 DFT 计算结果精确，计算速度快，其以无可比拟的巨大优越性成为当前理论计算研究的主流方向，通过与分子动力学结合的分子模拟，更是成为计算材料科学的强有力工具。近年来，DFT 计算在原子核物理、表面物理、固体物理、液态物理等方面的应用均取得了成功。尤其是在固体和表面的应用中表现出独特的优越性。但 DFT 并不适合所有的体系，研究表明，该方法对共价键体系计算结果精确，氢键体系次之，对范德华作用力的描述最差。

（3）Hohenberg-Kohn 定理

密度泛函理论基础是建立在 Hohenberg 和 Kohn 的关于非均匀电子气理论基础上的，它可归结为两个基本定理。

定理一：不计自旋的全同费米子系统的基态能量是粒子数密度函数 $\rho(r)$ 的唯一泛函。之所以称为"泛函"则是因为标量 E_0 是函数 $\rho(r)$ 的函数。粒子数密度函数 $\rho(r)$ 是一个决定系统基态物理性质的基本变量。因此，多粒子系统的所有基态性质，能量、波函数以及所有算符的期待值等，都是密度函数的唯一泛函，都由密度函数唯一确定。该定理保证了粒子密度作为体系基本物理量的合法性，同时也是密度泛函理论名称的由来。

定理二：在能量泛函 $E[\rho]$ 的粒子数不变条件下对正确的粒子数密度函数 $\rho(r)$ 取极小值，并等于基态能量。

Hohenberg-Kohn 定理说明粒子数密度函数是确定多粒子系统基态物理性质的基本变量以及能量泛函对粒子数密度函数的变分，是确定系统基态的途径，但仍存在如下三个问题未解决：①如何确定粒子数密度函数 $\rho(r)$；②如何确定动能泛函 $T[\rho]$；③如何确定交换关联

能泛函 $E_{xc}[\rho]$。Hohenberg-Kohn 定理没有给出如何计算电子密度和基态能量 E_0。1965年，根据 Hohenberg-Kohn 定理，Kohn 和 Sham 建立了 Kohn-Sham 方程，从而使密度泛函理论可用于实际分子体系计算。

（4）Kohn-Sham 方程

Kohn-Sham 方程的核心是用无相互作用粒子模型代替有相互作用粒子哈密顿量中的相应项，而将有相互作用粒子的全部复杂性归入交换关联相互作用泛函中去，从而导出单电子方程。与 Hartree-Fock 近似比较，密度泛函理论导出单电子 Kohn-Sham 方程的描述是严格的，因为多粒子系统相互作用的全部复杂性仍然包含在其中，遗憾的是交换关联势仍是未知的。当找出了交换关联泛函的准确的、便于表达的形式，Kohn-Sham 方程将会精确地给出严格的电子态，因此，交换关联泛函在密度泛函理论中占有重要地位。

（5）交换关联势

在构造能量泛函时，所有未知量都被归并到交换相关项。通常交换相关能量可以分解成交换项和关联项。其中交换能量是由 Pauli 原理引起的，而关联能量是由关联引起的。关联能量是多体体系基态能量和从 Slater 行列式出发得到的基态能量之差。通常交换相关项比能量泛函中其他已知项小很多，所以可以期望通过对交换相关项做一些简单的近似，得到关于能量泛函的一些有用的结果。

（6）能带计算方法的介绍

固体能带可以分为两类：壳层电子的能带和价带及导带，价带指的是最高的一个被占据能带，导带则代表最低的一个空（或半空）能带。众所周知，费米面必然位于导带与价带附近，所以人们感兴趣的是导带及价带结构。对于较低的壳层电子能带，一般都被填满，而且多半是窄能带，可以用紧束缚波函数表示。

对于固体中运动的电子，元胞中的离子实内区与离子实外区是两种性质上不同的区域。当导带或价带电子处于离子实区以外时，仅受到弱势场作用，波函数在空间平滑变化，这时波函数像平面波。在离子实区以内，由于有很强的局域势场作用，电子波函数表现出原子波函数的急剧振荡特征。因此需要采用平面波与壳层能带波函数的某种线性组合来描述布洛赫函数，这样才能兼顾两方面特征，应当说是更为切合实际情况的物理图像。下面介绍几种计算能带的方法。

① 缀加平面波方法 Augmented Plane Wave Method（APW）：薛定谔方程在零势场的解为平面波。距离原子核较远的电子可以看作自由粒子，从而可以用平面波来表示。距离原子核较近的电子可以看作自由的原子，从而可以用基于原子的波函数来描述他们。这就是投影缀加平面波方法的基本原理。②线性投影缀加平面波方法 Linear Augmented Plane Wave Method（LAPW）：通过合适的拟合把原子包含数和平面波连接起来，从而简化计算，得到比较合理的物理图像。③全势线性投影缀加平面波方法 Full-Potential Liner Augmented PlaneWave Method（FP-LAPW）：是基于全电子的一种方法，安装在 WIEN2K 程序包中。

3.2.2 密度泛函理论的发展

（1）LDA 和 GGA

基于 LDA 和 GGA 近似下的密度泛函理论现在是电子结构计算的标准工具。它能够给大多数固体材料的电子结构和基态性质给出定量化的描述。下面我们简要介绍一下 LDA 和 GGA 近似的原理。

LDA：泛函只与密度分布的局域值有关，是 Kohn 和 Sham 提出的用具有相同密度的均匀电子气的交换相关泛函作为对应的非均匀系统的近似值的方法。

GGA：泛函所依赖的变量除局域密度以外，还包括局域密度的梯度。由于 LDA 建立在理想的均匀电子气模型基础上，而实际原子和分子体系的电子密度远非均匀，所以由 LDA 计算得到的原子或分子的化学性质往往不能满足化学家的要求。要进一步提高计算精度，就需要考虑电子密度的非均匀性，这一般是通过在交换相关能泛函中引入电子密度的梯度来完成的，即构造所谓广义梯度近似泛函。

然而，LDA 和 GGA 是在近均匀的电子密度的近似下得到的，因此它们不能够描述具有强库仑关联体系。下面举例说明 LDA 和 GGA 的局限性[2]。

钠结晶形成晶格常数为 4.29Å 的体心立方晶格的立体结构。它是具有自由 3s 电子的金属。现在我们增加钠的晶格常数到 1 m，这时就产生了实际上是绝缘体的钠原子的系统。然而 LDA 仍然给出了金属的结论，尽管具有非常窄的能带（带宽为 W）。当然，在现实中，毫无疑问这个体系为绝缘体。如果两个电子恰巧处在同一个钠原子上，那么需要的能量为 U（在位库仑相互作用）。如果 $U \gg W$，电流是不能流动的，系统是绝缘体（更普遍的说法，Mott 绝缘体）。用另一句话说，电子的运动变为关联的。LDA 和 GGA 不能够正确描述这种在位关联作用，尽管这些泛函可以很好地描述其他的关联效应。

为了能够更好地描述强库仑关联作用即在位库仑相互作用，人们发展了一系列的方法。

（2）自相互作用修正

自相互作用修正的思想最早由 Stoll 等[3] 提出。自相互作用修正（Self-Interaction Correction，SIC）被用来消除不真实的电子与自身的相互作用。它也是一种轨道泛函，但是它可以施加在任何其他泛函上，以保证单个电子计算的准确性。在 Hartree-Fock（HF）方法中，在哈特里势中通过交换对总能的贡献精确抵消了多余自相互作用能。如果我们能够精确地知道 Kohn-Sham 泛函，我们也能够处理多余的自相互作用能量。然而在密度泛函理论中的近似泛函中由于不能够完全抵消自相互作用而出现了一些系统的错误。

（3）DFT＋U 方法

DFT＋U 方法的提出，是为了研究 Mott 绝缘体体系（如一些 3d 族过渡金属氧化物）的性质。我们知道电子从一个原子位跳跃到另一个原子位时，如果那个原子位已经有一个电子，那么这种跳跃需要克服一个库仑相互作用。如果这个能量比能带宽度大，尽管能带没有全满，电子也不能自由输运，系统表现绝缘性质。我们称这种绝缘体为 Mott 绝缘体。强关联 Mott 绝缘体体系可以由 Hubbard 紧束缚模型很好地描述，在 Hubbard 模型中通过一个 Hubbard 参数 U 来描述这种强的库仑排斥作用。

在传统的 DFT 中，只包含了由 Hund 规则对应的参数 J，而在 Mott 绝缘体体系中起决定作用的应该是 Hubbard 参数 U（U 通常比 J 大一个数量级）。这导致了 DFT 处理 Mott 绝缘体体系的失败。通过在原来的 DFT 能量泛函中加入 Hubbard 参数 U 对应的一项，可以解决这一问题，这就是 DFT＋U 方法。

如对过渡元素铁，其 3d 电子具有高度局域及强关联的特性，使得标准的 DFT 方法（在 LDA 或 GGA 近似下）不能恰当地描述其性质。研究表明，在 Fe_3O_4 晶体中，铁有二价和三价，其晶体为混合价过渡态金属氧化物，DFT 方法不能够对其给出正确的描述（如能带结构和电子态）。利用 DFT＋U 方法，人们成功地研究了 Fe_3O_4 的能带与电子结构[4]。在标准的 DFT 方法（在 LDA 或 GGA 近似下）基础上，通过引入 Hubbard-U 参数来描述 Fe

的 3d 电子的在位库仑相互作用 (on-site Coulomb Interaction)，有助于消除自相互作用所带来的误差 (The Self-Interaction Error)，从而改进对电子关联作用的描述。

（4）杂化泛函理论

自相互作用的错误能够精确地利用 HF 计算来消除。因此人们采用平面波和轨道波函数的组合来消除自相互作用，并且得到了很好的计算结果。

杂化泛函：泛函与占据轨道有关。一种很常用的交换相关能泛函是把 Hartree-Fock 交换能与近似交换相关能密度泛函按一定比例混合。

完全非局域泛函：泛函与所有占据和非占据的轨道都有关。

上面所列的泛函类别从上到下越来越接近于化学精确值，但在密度泛函中过度引入轨道会造成计算量的大大增加，失去密度泛函理论对一般从头计算方法的优势。

（5）含时密度泛函理论

由 Runge 和 Gross 首先提出的含时密度泛函理论 TDDFT 和含时局域密度泛函近似 (Time Dependent Local Density Approximation，TDLDA) 以新的方式定义了有效势和含时交换关联势[5]。为可能较好地处理激发态和光学性质问题提供了新的方法和途径。TDDFT 可以用来处理所有的含时的多粒子问题，包括高强度超短激光脉冲下的原子体系。在这种场合下相互作用的粒子在非常强的含时外场下运动，必须进行非围绕量子力学描述，这本身也是理论当前一个重要的研究领域。

TDDFT 理论的核心是考虑一个相互作用的多粒子体系在含时外场下运动，可以像 Kohn-Sham 方程那样，计算出体系的含时粒子密度。这个含时的单粒子方程也包括着含时的交换关联势。

（6）动力学平均场

动力学平均场理论是解决 Hubbard 模型的一个近似方法。它包括了能够描述从没有相互关联作用的金属到 Mott 绝缘体的参数 U/W 的整个范围。动力学平均场正式的最小参数是 $1/d$，这里 d 是空间维度的数值。在 $d=3$ 时，动力学平均场是一个合理的近似，然而动力学平均场在无限维的极限情况下是精确的。最近，动力学平均场组合基于 LDA 的第一性原理产生了 LDA/GGA＋DMFT 方法。这种方法可以用来从头计算强关联固体的电子结构。

LDA/GGA＋DMFT 方法的普遍意义上的公式是基于几个关键的假设：

① LDA 和 GGA 已经精确描述了具有 sp 电子的固体的电子结构；

② $H_{\mathrm{LDA/GGA+U}}$ 的跳跃部分是 LDA/GGA 哈密顿量，H_{eff}；

③ 对于具有 d 或者 f 电子的关联体系，Hubbard-U 是人为加上的；

④ 由此产生的 Hamitonian 可以在动力学平均场的框架下处理；

⑤ 一个双数的修正用来消除两次利用特定效应。

所有这些假设都是近似的，在严格意义上是不准确的。最后，像 LDA 和 GGA 方法一样，我们必须依赖物理经验来判定 LDA/GGA＋DMFT 方法是否能够准确地描述一个特定的物理问题。

3.3 分子动力学

近年来，理论与计算化学发展迅速，通过对反应机理的深入研究和对实验现象的解释，理论计算在揭示简单的金属催化剂的化学活性方面发挥着重要的作用。然而，对实际反应条件下复杂催化体系的理论研究仍然面临着巨大的挑战。催化现象往往是一种动态现象，需要同时考虑载体与催化剂活性组分的动态相互作用，反应物与催化剂的动态相互作用及反应物组成、温度、压力及溶剂环境等因素对催化过程的影响。如何理解实际反应条件下的催化机理，对催化动态性质进行探究，是未来理论催化研究领域的重大挑战。对催化反应体系的研究，传统的构型优化计算，只能预测体系在 0 K 下的静态性质如电子结构、化学反应能量等，而分子动力学模拟则可以对体系在一定温度下的动态性质如扩散、结构演化、化学反应过程等进行很好的预测和模拟，因此得到了广泛的应用。本节将试图以最简洁易懂的语言向大家简单介绍一下这种方法。

分子动力学模拟（Molecular Dynamics，MD）是一种基于牛顿运动定律来模拟分子体系运动规律的一种方法。通过分子动力学模拟，对分子体系不同状态构成的系统进行抽样，计算体系的构型积分，可以对体系的热力学量和其他宏观性质进行研究。根据计算力的方式不同分子动力学模拟可以分为经典的分子动力学模拟（Classic MD）和从头计算分子动力学模拟（Ab Initio Molecular Dynamics，AIMD）。经典的分子动力学模拟是 Alder 等[6]于 20世纪 50 年代首先提出并被应用到"硬球"液体模型中的。20 世纪 80 年代，Robert Car 等将量子力学与分子动力学方法结合起来，从而发展了从头计算分子动力学方法。

3.3.1　分子动力学模拟的基本原理和算法

在一般性的量子力学处理中，电子的质量比原子核小得多，故其运动速度比后者高若干个数量级。虽然原子本身处于热运动中，但当核的位置发生微小变化时，电子能迅速调整自己的运动状态使之与变化后的库仑场相适应。基于这一特性，Born 与 Oppenheimer 建议可将电子与原子核的运动分开处理。采用 Born-Oppenheimer 近似后，分子的总波函数写成电子波函数和核运动波函数两部分的乘积，两部分遵循的运动方程分别是：

电子运动方程 $\quad\quad\quad (H_{el} + V_{NN})\Psi_e(R,r) = E_{el}\Psi_e(R,r)$ $\quad\quad\quad$ (3.3-1)

核运动方程 $\quad\quad\quad (T_\alpha + E_{el})\Psi_N(R) = E\Psi_N(R)$ $\quad\quad\quad\quad\quad$ (3.3-2)

在电子运动方程中电子的能量 E_{el}，即体系的电子势能面，仅仅与原子核的坐标有关系；核运动方程中的 E，为体系的核势能面，其同时包含了电子的势能。对方程(3.3-1) 求解，可获得体系的电子波函数和能量，是原子核坐标的函数。在分子动力学模拟中，将方程(3.3-2)用牛顿运动方程代替，就构成了分子动力学的基础。同时，如果电子的势能面严格按照方程 （3.3-1）进行求解，即称为从头计算分子动力学模拟。考虑到通过量子化学求解电子波函数和势能面耗时巨大，可以将势能面进行经验性的拟合，构建力场（Force Field），形成分子力学，从而大大简化分子动力学模拟的计算量，由此称为经典分子动力学模拟。

分子动力学模拟假定多粒子体系的运动符合牛顿运动定律，其运动规律可以通过经典力的运动方程获得。在多粒子体系里，各个原子受到的力可以通过势能函数 $V(R)$ 的梯度进行计算：

$$F_i = -\nabla_i V(R_1, \cdots, R_M) = -\left(\vec{i}\,\frac{\partial}{\partial X_i} + \vec{j}\,\frac{\partial}{\partial Y_i} + \vec{k}\,\frac{\partial}{\partial Z_i}\right)V(R_1, \cdots, R_M) \quad (3.3-3)$$

进一步，通过牛顿运动定律获得粒子随时间运动的规律：

$$\frac{\mathrm{d}^2 R_i}{\mathrm{d}t^2} = \frac{F_i}{m_i} \quad\quad\quad\quad\quad (3.3-4)$$

由式(3.3-1) 和式(3.3-2) 两式可知，分子动力学模拟的关键在于两点：一方面，体系中各个粒子的受力需要通过势能面的梯度进行计算，而分子体系的势能面是 $3N$ 个原子坐标的函数，往往十分复杂，分子动力学模拟的可靠性很大程度取决于体系势能面的获取是否可靠；另一方面，对牛顿运动方程的求解，往往是通过数值方式进行求解，因此需要一个合理可靠的数值计算方法。

3.3.2 分子动力学模拟中力的计算

在经典分子动力学模拟中，每一个时间步中对力的计算都是通过分子力学的方法由经验力场构造的势能函数的梯度进行的。分子势能函数表达式一般为：

$$V(R_1,\cdots,R_M) = V_b + V_\theta + V_\xi + V_\Phi + V_{nb} + V_{el} \tag{3.3-5}$$

上式势能函数中等号右侧的 6 项依次表示为：键伸缩能、键角弯曲能、离平面振动能、二面角扭曲能、范德华相互作用能、库仑相互作用能。在分子力学中，常见的力场包括 Amber、Charmm、Gromos 等，不同的力场对各项有不同的表达式，这里不一一详述，仅给出势能函数各项的一般形式作为示例：

$$V(R_1,\cdots,R_M) = \sum_b \frac{1}{2}K_b(b-b_0)^2 + \sum_\theta \frac{1}{2}K_\theta(\theta-\theta_0)^2 + \sum_\xi \frac{1}{2}K_\xi(\xi-\xi_0)^2$$
$$+ \sum_\Phi K_\Phi[1+\cos(n\Phi-\delta)] + \sum_{i<j}\left[\frac{C_{12}}{R_{ij}^{12}} - \frac{C_6}{R_{ij}^6}\right] + \sum_{i=1}^M\left(-\frac{q_iq_j}{4\pi\varepsilon_0\varepsilon_i\varepsilon_j}\right)$$
$$\tag{3.3-6}$$

由上式可知，在分子力学中，势能函数通常可以简单地表达为各个原子几何坐标的函数，形式特别简单，计算不复杂。因此这种方法的优点是计算速度特别快，可以研究长时间演化的体系，缺点是由于力场大多采用的是拟合实验数据的经验参数，研究的体系种类和计算的精度都十分有限。

在从头计算分子动力学模拟中，每一步都是严格通过从头计算的量子化学方法准确计算。由于体系中动能与原子核的坐标无关，对势能函数梯度的计算也可以转换为对总能梯度进行计算，如下式：

$$F_i = -\frac{\partial V(R_1,\cdots,R_M)}{\partial R_i} = -\frac{\partial E_{tot}(R_1,\cdots,R_M)}{\partial R_i} \tag{3.3-7}$$

由上式可知，可以通过数值微分的方法改变每个原子的坐标位置，来计算总能的变化，从而对每个原子的力进行计算。然而，对于 M 个原子的体系，共有 $3M$ 个自由度可以变化，也就是说至少要进行 $3M+1$ 次从头计算，才能完成分子动力学模拟每一步力的计算，这种昂贵的计算是非常不现实的。实际计算中，是利用赫尔曼-费曼定理进行计算的，即：

$$F_i = -\left\langle \Phi \left| \frac{\partial \hat{H}_{tot}(R_1\cdots R_M)}{\partial R_i} \right| \Phi \right\rangle$$
$$\tag{3.3-8}$$
$$= -\sum_{n=1}^{n_{occ}}\left\langle \phi_n \left| \frac{\partial \hat{H}_e}{\partial R_i} \right| \phi_n \right\rangle - \frac{\partial E_{ion-ion}}{\partial R_i}$$

通过赫尔曼-费曼定理对力进行计算时，每一步都只需要进行一次电子波函数收敛的从头计算，因此大大简化了计算。

从头计算分子动力学模拟计算每一步都采用从头计算的方式计算力，因此其准确性十分高，但缺点是计算速度较慢，不适应于研究体系长时间的动态性质。

3.3.3　分子动力学模拟的系综

分子动力学模拟中的系综是指在一定的约束条件下如温度、压力、体系、总能等，所有具有相同性质的独立原子分子体系的集合。根据宏观约束条件的不同划分，常见的系综主要包括：微正则系综（Micro-Canonical Ensemble，NVE）、正则系综（Canonical Ensemble，NVT）、等温等压系综（Constant-Pressure and Constant-Temperature Ensemble，NPT）、等压等焓系综（Contant-Pressure，Constant-Enthalpy Ensemble，NPH）、巨正则系综（Grand Canonical Ensemble，$VT\mu$）。

微正则系综（NVE）是指在分子动力模拟过程中总的原子数 N、体积 V 和总能量 E 不变的系综，是孤立、保守的系综。微正则系综与外界没有能量或物质的交换，只有动能和势能之间的转换。正则系综（NVT）是指体系中的原子数 N、体积 V 和温度 T 均保持不变的系综。在分子动力学模拟计算过程中，由于需要保持体系的温度不变，通常会构建一个虚拟的热浴与体系进行耦合，使得体系的总动能不发生变化。最常见的控温方法包括速度标定法、Berendsen 热浴法和 Nose-Hoover 热浴法。等温等压系综（NPT）即保持体系的原子数 N、压力 P、温度 T 不变的系综。因为压强 P 和系统的体系 V 之间存在直接关联，为了保持压力恒定，可以通过标度系统的体系来实现，在模拟中通常通过改变原胞的 3 个方向或一个方向的尺寸来实现体积的变化，常见的方法包括 Berendsen 方法和 Andersen 方法。

3.3.4　分子动力学模拟在催化中的应用

近年来分子动力学模拟方法已经在催化中得到了广泛的应用。通过分子动力学模拟，人们开始对实际反应条件的催化动态性质进行描述，同时由于分子动力学模拟实际上是对系统进行时间取样，在催化研究中，很多新奇的催化机理被提出。本小节简单介绍一下通过分子动力学模拟，在催化研究中一般可以考察的催化性质。

(1) 随时间的动态演化性质

通过分子动力学模拟计算，可以获得系统随时间变化的动态性质，包括原子/分子的位置、速度、键长、键角以及电荷、势场等。在催化研究中，对这些动态性质的探讨，将有利于从原子、分子尺度上掌握催化反应机理的本质，包括理解断键/成键的本质、活性位点的动态变化、反应物种的输运性质等。如图 3.1 所示，Cao 等[7]通过应用从头计算分子动力学模拟，对 Mn_1N_4/C 单原子催化剂催化氧还原反应开展了理论研究。通过对运动轨迹的分析，他们发现在液相环境中，水分子可以通过氢键的形式与吸附态的 O_2 发生强烈相互作用，诱导催化剂向吸附态的氧物种电荷转移，导致其从超氧物种（O_2^-）向过氧物种的转变（O_2^{2-}）。

(2) 径向分布函数

径向分布函数是指以体系中任意一个粒子作为参考点，其他粒子在其周围的分布密度函数。如图 3.2 所示，假定圆圈为体系中的一个参考粒子，可以计算得到与其中心相距 r 到 $r+dr$ 的圆环内有 dN 个粒子，则径向分布函数 $g(r)$ 可以定义为：

$$g(r) = \frac{dN}{4\pi r^2 \rho dr}$$

(3.3-9)

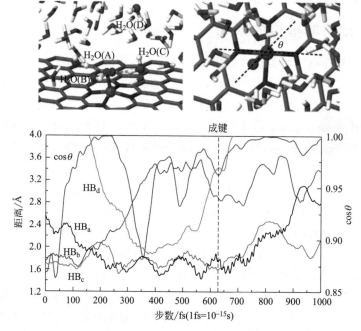

图 3.1　Mn_1N_4/C 单原子催化剂上液相环境中水分子与氧气分子的氢键相互作用分子动力学模拟展示[7]

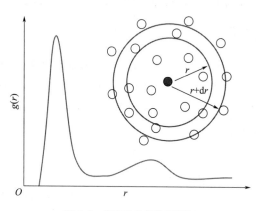

图 3.2　径向分布函数示意图

其中 ρ 为体系的平均密度，即单位体系内所含的粒子数目。上式径向分布函数的物理意义实际上是指以体系中任一粒子作为参考点，在与其距离为 r 的很小的区域内找到其他粒子的概率密度。由 ρ 和 $g(r)$ 的定义可知，径向分布函数实际上是体系的局域密度与平均密度的比值。图 3.2 给出了一般的径向分布函数的示意图，在离参考粒子距离较近的区域，局域密度与体系的平均密度相差较远，而在离参考粒子距离较远的区域，局域密度与平均密度趋近于相同。因此径向分布函数随 r 值的增大，最终会收敛于 1。

在分子动力学模拟中，径向分布函数有着很广泛的应用，不仅可以通过其来了解体系的成键性质，如径向分布函数的第一个峰位置通常对应临近两个原子之间的平均键长，第一个峰面积为体系原子的平均配位数，还可以通过其来计算体系的平均势能和压力等性质。最近 Wang 等[8]通过对分子动力学模拟轨迹的观察发现氧化物负载的金催化剂表面吸附的 CO 物种扩散行为具有一个显著特征，如图 3.3 所示。吸附的 CO 分子不是简单地从一个 Au 位点扩散到另一个 Au 位点，而是通过与其吸附的 Au 单原子位点一起扩散到界面处。从关于 Au—C 键的径向分布函数中可以看出，前两个峰之间存在一个零概率密度的区域，这表明一旦 Au—C 键形成，则在分子动力学模拟过程中，没有发生断裂。相反，从 Au—Au 键的径向分布函数可以看出，前两个峰之间有明显的重叠区域（概率密度非 0），这表明 Au—Au 键在模拟过程中很容易发生断裂。因此，在金催化剂催化 CO 氧化的反应中，将 CO 输运到界面处的物种很有可能是表面形成的金的动态单原子，其与 CO 结合，形成具有高移动性的 Au-CO 物种。

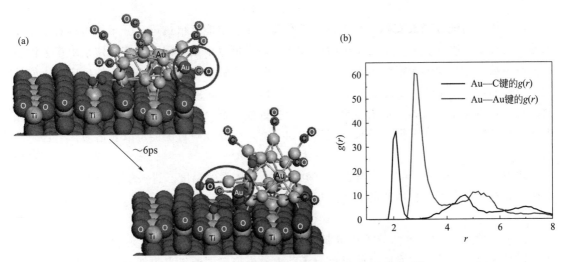

图 3.3　分子动力学模拟展示 Au-CO 物种的整体扩散行为[8]

(a) 模拟的始末状态；(b) Au—C 与 Au—Au 键的径向分布函数

(3) 扩散性质

在多相催化反应过程中，反应物分子的扩散行为影响到其在催化剂表面反应物分子的碰撞频率，因此对催化反应的活性有着显著的影响。在分子动力学模拟计算中，可以通过记录反应物分子随时间变化的运动轨迹，来对其扩散行为进行研究。由于体系中原子的位置随着时间不断变化，每一瞬间的位置均可以作为其运动的起点。通常考察其位移平方的平均值，即均方位移（Mean Square Displacement，MSD）：

$$\text{MSD} = \left\langle \left[R(t) - R(0) \right]^2 \right\rangle \tag{3.3-10}$$

式中，$\langle \ \rangle$ 表示随时间变化的统计热力学平均；$R(0)$ 为考察原子/分子的初始位置，时间起点可以是分子动力学模拟中的任何一个时间步；$R(t)$ 为考察分子在相对于 0 时刻的 t 时刻所在的位置。根据 Einstein 方程扩散系数可以通过 MSD 求得：

$$D = \frac{1}{6} \lim_{t \to \infty} \frac{\text{MSD}(t)}{t} \tag{3.3-11}$$

(4) 热力学量与反应自由能

根据统计热力学平均值的关系式，平衡系综的任一热力学量 A 的平均值均可以按下式计算获得：

$$\langle A \rangle = \iint A \, \mathrm{e}^{-\frac{H(p,q)}{k_{\mathrm{B}} T}} \, \mathrm{d}p \, \mathrm{d}q / Q \tag{3.3-12}$$

式中，p 和 q 分别为系统的动量和坐标；H 为系统的哈密尔顿量；Q 为系统的配分函数。采用上式计算热力学量，意味着需要获得体系平衡状态下的配分函数。在分子动力学模拟实践中，由于模拟时间的限制，在经过足够长时间的模拟之后，系统往往近似被认为达到平衡。

自由能是影响一个体系变化最重要的因素。对催化体系的理论模拟，一般需要考察反应自由能的变化，即需要同时考察反应体系的焓变和熵变。传统的静态理论计算对熵效应的考察一般都是基于频率计算的谐振熵，然而在实际的催化体系中，尤其是液固相催化体系，非谐熵效应对催化反应的贡献显著，很大程度上限制了理论对其的模拟。根据统计热力学知识，正则系综的自由能 F 与系统的配分函数 Q 相关，即：

$$F = -k_B T \ln Q \tag{3.3-13}$$

由于体系的配分函数实际上是体系中所有粒子在各个能级依最可几分布排布时对体系状态的一个描述，因此在分子动力学模拟的实践中通常可以根据时间平均获取体系中相关性质的分布函数，如径向分布函数、原子间距离的对分布函数等，从而获得相应的反应自由能的性质。例如，Cantu 等[9]通过经典分子动力学模拟考察了在液相环境下苯酚分子在催化剂表面的吸附自由能变化行为。他们假定苯酚分子在近催化剂表面的分布密度（ρ_z）与液相体相中的分布密度（ρ_0）在模拟足够长时间后达到平衡，则其吸附自由能可以表达为：

$$F = -k_B T \ln(\rho_z / \rho_0) \tag{3.3-14}$$

式中，z 为苯酚分子距催化剂表面的距离；T 为体系的温度。进一步，他们假定在恒定的压力和粒子密度下，自由能的表达式近似为：

$$F = E_b(z) - T\Delta S(z, T) \tag{3.3-15}$$

式中，$E_b(z)$ 表示苯酚分子在与催化剂表面相距 z 处所具有的吸附能（结合能）的大小。通过选取一些较小的温度区间进行分子动力学模拟（即通过自由能对温度的数值微分），便可以近似估算吸附过程的熵效应，如下式：

$$-\Delta S(z) = dF/dT \tag{3.3-16}$$

基于此，Cantu 等[9]发现在水溶液环境中，苯酚分子在催化剂载体表面的吸附行为具有显著的熵效应，使得其在催化剂载体与液相体相之间存在一个基于熵贡献的能垒（如图 3.4），从而有利于其在催化剂表面的稳定分布。

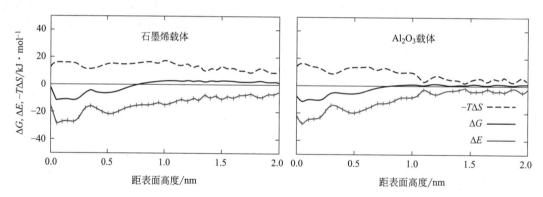

图 3.4　苯酚分子在石墨烯载体、Al$_2$O$_3$ 载体表面的吸附自由能性质[9]

对体系反应自由能变化的计算还可以通过热力学积分的方式获得，其计算表达式为：

$$\Delta F = \int_0^1 \left(\frac{\partial F(x)}{\partial x}\right)_x dx = \int_0^1 \left(\frac{\partial H(x)}{\partial x}\right)_x dx \tag{3.3-17}$$

式中，H 为体系的哈密尔顿量；x 为反应进度，$x=0$ 表示反应处于始态，$x=1$ 表示反应处于终态。通过在始末态之间插入一系列中间点，并应用分子动力学模拟，获得每个中间体自由能随反应进度的变化梯度，即可通过数值积分的方式求得反应的自由能变化。

近年来，Metadynamics 模拟（即元动力学模拟）的发展，对一些体系反应自由能的描述也起到了很好的效果。元动力学是一种强大的算法，通过选取适当的反应坐标（Collective Variable，CV），一方面，既可用于构建催化反应的自由能势能面，也可用于在经典或量子级别上加速复杂催化反应的发生，实现对催化体系的全面取样分析。

此外，针对非谐熵效应也可以利用长时间的分子动力学模拟进行取样并计算体系振动态密度的方式获得。具体计算方式如下，首先通过速度-速度时间自相关函数的傅里叶变换，获得振动态密度：

$$D(\omega) = \int_0^\infty e^{-i\omega t} \left\langle v(\tau) \cdot v(\tau + t) \right\rangle dt \tag{3.3-18}$$

进一步，采用准谐近似（Quasi-harmonic Approximation），获得振动熵：

$$S_{\text{vib}} = R(3N-6) \int_0^{\omega_{\max}} \left\{ \frac{\hbar\omega}{2k_B T} \coth\left(\frac{\hbar\omega}{2k_B T}\right) - \ln\left[2\sinh\left(\frac{\hbar\omega}{2k_B T}\right)\right] \right\} D(\omega) d\omega \tag{3.3-19}$$

该方法相对于元动力学模拟的优点在于不需要选定给定的反应坐标，通过分子动力学模拟对催化体系进行取样，既可以提供局部催化活性区域的非谐性质，也可以全局考察催化体系中存在的大量势能面极小点，获取整个体系的非谐性质。

3.4　振动光谱

采用理论计算研究催化相关的问题时，除了寻找催化剂和反应物可能存在的结构以及其对应的热力学和动力学数据，通常还要想办法将计算结果与实验表征结果相结合，加深对催化现象的理解。在这一方面，对非均相催化剂表面活性位及官能团的电子及振动光谱的研究是连接实验和理论计算的桥梁。如通过计算所猜测催化剂表面官能团结构的振动光谱，并与实验观测的红外或者拉曼光谱相结合，可以精准地认识催化剂表面活性位结构及反应物种在催化剂表面的吸附构型，对在分子水平认识反应机理提供必要的基础。这一小节将重点讲述关于振动光谱的计算。

3.4.1　振动光谱的计算

在 Born-Oppenheimer 近似下，分子中电子的运动和核的运动可以分离。然后，对分子的振动波函数求解时，也即求解原子核的薛定谔方程，最简单的处理方式是采用谐振子模型。简单来说，就是原子核之间的相互作用势能可以通过泰勒级数在平衡位置附近进行展开，忽略高阶项，其二阶近似为简谐近似。然后，通过简正坐标处理，原子核的动能项和势能项，在采用简正坐标之后并无偶合，也即没有交叉项。从而每个简正振动都是独立的简谐振动，且与初始的直角坐标系的选择无关。这样，得到的分子的振动能量是量子化的，其能量最小值为 $h\nu/2$，称为零点能。也就是说，即使处于绝对零度的基态，也还有振动能存在。

分子的红外光谱起源于分子振动能级之间的跃迁，一般是分子的振动基态与振动激发态之间的跃迁。当分子在温度较高的情况下，振动激发态也会有布居，分子在振动能级上的分布满足玻尔兹曼分布，此时会发生从振动激发态到振动激发态的跃迁，这被称为热带。只有在跃迁的过程中有偶极矩变化的振动，即跃迁偶极矩不为零的振动才会有红外吸收，这称为红外活性。在振动过程中，偶极矩改变大者，其相应的红外吸收带就强；偶极矩不发生变化的振动，就不会出现红外吸收，称为非红外活性。其中，从振动基态到振动第一激发态的跃迁对应的是振动基频。除了基频外，还会出现倍频、合频和差频。倍频是从振动基态到振动第二、第三激发态的跃迁，合频是两个不同振动频率的和，差频是两个不同振动频率的差。

这些频率的谱带相对于基频，其红外吸收强度往往较弱。此外，分子的红外光谱中还会有费米共振现象。费米共振是指一个振动的基频与某个合频或某一个振动的倍频比较接近时，二者的吸收频率和强度都发生了变化，原来的基频强度减弱而合频或者倍频吸收强度增强的现象。而对于实际分子体系，其振动往往偏离谐振子模型，而具有非谐性，此时需要通过定态微扰的方法在谐振子模型的基础上考虑势能函数的更高阶项。在求解的结果中，会在谐振子模型的基础上出现一些新的修正项。这些修正项和势能函数的高阶项有关，往往使得振动能级随着振动量子数的增大而能量下降，并且使得振动能级的间隔越来越小，即振动能级变得越来越密集。

简正振动可以简单分为两大类：①只是键长发生变化而键角不变的振动，称为伸缩振动，例如对称伸缩振动、不对称伸缩振动等；②键长不变而键角发生变化的振动，称为弯曲振动，例如面内弯曲振动、面外弯曲振动、摇摆振动等。分子的各种振动不论怎么复杂，往往都可以写成这些简正振动方式的叠加。每一个红外活性的简正振动都有一个特征频率，反映在红外光谱上可能出现一个吸收峰。简正振动方式的独立性使分析光谱问题得到简化，每个简正振动都可应用简谐振子的性质去描述。不同化合物中同一化学键或官能团近似地有一共同频率，称为该化学键或基团的特征振动频率。化学键和基团虽有相对稳定的特征吸收频率，但受到各种因素的影响，比如诱导效应、共轭效应、位阻效应、氢键效应等，在不同的化学环境中，将会有所变化。

在采用量子化学程序对分子体系的红外光谱进行求解时，首先需要进行谐振频率分析，即需要对分子能量关于正则坐标求二阶导数得到力常数矩阵，即质权 Hessian 矩阵，然后转化为谐振频率。相比于分子结构在势能面上单点能的计算，这个过程往往是十分耗时的。对于密度泛函理论（不包含双杂化泛函，因为其含有二阶微扰成分），一些量子化学程序对其解析导数的支持可以到高阶，比如三阶，所以基于密度泛函理论的频率分析一般是比较快的，但是随着体系的增大计算耗时也迅速增加。对于二阶微扰理论（Second-Order Moller-Plesset Perturbation Theory，MP2）或者双杂化泛函，对其解析导数的支持一般只到二阶，由于理论方法的限制，相比于密度泛函理论，其频率分析一般是十分耗时的，并且往往需要很大的硬盘空间。对于更高阶的微扰理论［MP3、MP4（SDQ）、MP5 等］，考虑双电子激发组态的组态相互作用方法［CISQ、QCISD、QCISD（T）等］或者耦合团簇方法［CCSD、CCSD（T）等］，一般只支持一阶解析导数，甚至没有解析导数，这时候频率分析计算需要数值导数，其计算量极大，往往只能计算很小的分子。谐振频率计算完成之后，得到的是吸收线。但是实验光谱因为有自然加宽、碰撞加宽、多普勒效应等加宽效应，得到的往往是吸收峰。所以这时候需要对计算的谐振频率进行展宽，变成吸收峰的形式，常用的展宽函数有高斯函数和洛伦兹函数等，其半峰宽的选择需要根据实验光谱来确定。由于实际的红外光谱的吸收峰往往具有非谐性，通过谐振频率分析计算的结果往往和实验不符合。一种简单的方法是对谐振频率乘以校正因子，校正因子在 $2000cm^{-1}$ 的高频区域往往小于 1，但是在低于 $2000cm^{-1}$ 的低频区域往往大于或者接近 1，不同的方法和基组通常对应不同的校正因子。对于同一分子体系，谐振频率往往随着不同理论方法的选择，结果会有一些差别。但是谐振频率对于基组的敏感性比较低，通过比较在同一种方法下，不同基组对计算结果的影响可以发现，谐振频率对于基组的依赖性远远没有能量对基组的依赖性强。另外，对不同方法的测试计算表明，密度泛函理论中 B3LYP 和 B2PLYP 泛函对谐振频率分析结果表现良好，其中 B2PLYP 泛函要稍微好一些。但是对于某一具体的分子体系还需要对泛函测试，比如对含有弱氢键的中性体系的计算表明，M062X 泛函计算结果要更好一些。

对于分子体系的非谐性处理，可以简单分为两种：一种是静态的非谐性，另外一种是动态的非谐性。静态的非谐性是由合频、倍频、差频以及费米共振引起的。它可以通过很多方式解决，一种容易实现的方式是二阶振动微扰理论（Vibrational Second-Order Perturbation Theory VPT2）。二阶振动微扰理论比较容易操作，并且可以对较大的分子进行非谐性计算。相比于谐振频率分析，其结果有所改善，但是和实验光谱相比，仍会有一定误差；并且其在处理费米共振时会因为存在奇异点而失效。因为在一些量子化学程序中，支持密度泛函理论的高阶解析导数，所以密度泛函理论的二阶振动微扰理论的非谐性分析要远远快于 MP2 理论。更为精确的非谐性计算可以采用离散变量表象（DVR），因为其计算量比较大，一般只适合处理小分子体系。

动态的非谐性是由分子在有限温度下在势能面上运动造成的，有时候也可能包含多个构象异构体的贡献。这常见于包含氢键作用力的分子体系中，因为氢键具有柔性的特点，造成极小点结构附近的势能面往往比较平缓，即使在很低温度下，其结构也会发生很大的变化，这时需要从头计算分子动力学。从头计算分子动力学包括 Born-Oppenheimer 分子动力学（BOMD）和 Car-Parrinello 分子动力学（CPMD）等。现在，由于计算资源的不断提高，更加精确的 BOMD 更为流行。BOMD 是根据 Born-Oppenheimer 近似，把多体系的薛定谔方程分解为电子运动方程和离子实运动方程，对电子运动采用量子力学的方法进行处理，而对离子实的运动则采用经典力学的方法处理。其中原子核每运动一次，就要在新的坐标函数下对系统的电子结构进行重新计算，从而得到基态的电子密度分布。这样，BOMD 的每一步动力学演化都需要进行自洽场迭代计算。BOMD 计算振动光谱的方法是通过将偶极时间相关函数（Dipole Time-Correlation Function，DTCF）进行傅里叶变换得到的：

$$\alpha(\omega) = \frac{2\pi\beta\omega^2}{3n(\omega)cV} \int_{-\infty}^{+\infty} dt \left\langle \vec{\boldsymbol{M}}(t) \cdot \vec{\boldsymbol{M}}(0) \right\rangle e^{i\omega t} \tag{3.4-1}$$

式中，$\beta = 1/kT$；$n(\omega)$ 是折射率；c 是真空中的光速；V 是体积；$\vec{\boldsymbol{M}}$ 是体系总的偶极矩矢量。振动态密度（Vibrational Density Of State，VDOS）通过将速度时间相关函数进行傅里叶变换也可以很容易得到：

$$\text{VDOS}(\omega) = \sum_{i=1,N} \int_{-\infty}^{+\infty} dt \left\langle \vec{\boldsymbol{v}}_i(t) \cdot \vec{\boldsymbol{v}}_i(0) \right\rangle e^{i\omega t} \tag{3.4-2}$$

求和典型的是针对分子中所有的原子。VDOS 不直接和振动光谱中的信号强度呈正比。但是当求和对象限制为单一的一个原子时，总的 VDOS 可以分解为这个原子的贡献，这样可以帮助确认振动光谱峰的归属。通过 BOMD，往往只能获得分子振动光谱的基频而无法获得合频、倍频和差频等，但是因为在 BOMD 模拟过程中，分子是在势能面上动态运动的，所以由 BOMD 获得的基频是非谐性的，一般不需要再乘以校正因子。另外，BOMD 对核的运动处理采用的是经典的牛顿力学，而不是量子力学，所以没有考虑到核的量子效应，导致其在计算一些非谐性较强的基频振动时也会存在较大误差。并且，由于没有考虑零点振动能，其模拟的温度也不能和真实的实验温度去对应。但是相比于静态的非谐性计算，其优势是可以解释实验光谱中因为温度效应而造成的一些谱峰加宽或者变窄以及由于能垒较低，实验光谱中出现的一些新的谱峰（比如过渡态的峰）等现象。所以对实际分子体系的红外光谱的模拟，可能需要将静态非谐性和动态非谐性计算结合使用。但是包含了核的量子效应和电子的量子效应的量子动力学包括了非谐性效应、温度效应以及核的量子效应，是求解分子体系红外光谱的理想方法，但是由于计算量极其大，往往能处理的分子非常小，因而使用范围大大受限。

下面通过两个例子来展示振动光谱在催化研究中的应用。

3.4.2　振动光谱在催化研究中的示例

（1）氨气二聚体和三聚体的红外光谱理论模拟

氨气在大气环境、工业催化等领域具有重要的作用，氨气团簇是研究分子振动对红外光谱及动力学作用机制的典型氢键体系。即使对这种简单的分子体系，谐振频率分析和实验也有较大的误差，不能解释光谱中的倍频以及费米共振峰等，并且计算的基频振动和实验值也有较大误差。对于氨气二聚体采用基于全维的从头计算势能面模拟（见图 3.5），而对于氨气三聚体采用离散变量表象非谐性模拟可以得到和实验非常符合的结果。由于计算量的限制，对氨气三聚体，不能再使用全维的从头计算势能面模拟方法。可以看到，对于一些弱氢键的中性体系，较高级别的非谐性计算是十分有必要的。

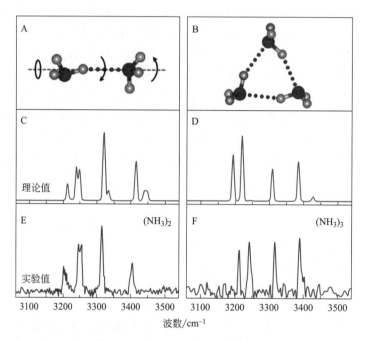

图 3.5　氨气二聚体和三聚体的红外光谱理论模拟

A 为氨气二聚体；B 为氨气三聚体，C 为在 CCSD(T)-F12/aug-cc-pVTZ 水平下，基于全维的从头计算势能面模拟的红外光谱；D 为在 CCSD(T)-F12/aug-cc-pVTZ 水平下，基于离散变量表象非谐性模拟的红外光谱；E 和 F 为中性氨气团簇的红外光谱

（2）硫酸氢根水合离子的从头计算分子动力学模拟

$HSO_4^-(H_2O)_n$ 的 BOMD 模拟显示，当 $n=12$ 时，HSO_4^- 开始发生部分解离；当 $n=16$ 时，HSO_4^- 已经完全解离（见图 3.6），形成了水合质子与共轭碱的离子对团簇，即 $(SO_4^{2-})(H_3O^+)(H_2O)_{n-1}$；$SO_4^{2-}$ 和 H_3O^+ 离子对与水分子形成了更强的氢键，使得溶剂壳层变得更加紧凑，这解释了红外光解离光谱实验发现的 S═O 伸缩振动显著变宽现象。可以看到，从头计算分子动力学非常适合解释实验光谱中的化学反应过程以及实验光谱中一

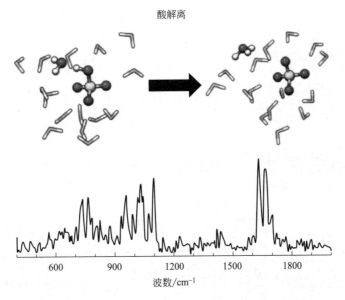

图 3.6　HSO$_4^-$（H$_2$O）$_{16}$ 在 100K 下的 BOMD 模拟光谱图

些峰的变宽原因，进而帮助从实验光谱中提取分子动力学信息。

3.5　机器学习

当代人工智能方法的出现有可能使计算机在科学研究和工程开发中的作用发生极大转变，大数据与人工智能的结合被称为"第四次科学范式"和"第四次工业革命"[10]。近年来，人工智能的一个重要分支——机器学习，发展势头迅猛，其在化学与催化领域中的应用正以惊人的速度增长。机器学习应用程序的核心是统计算法，其性能与研究人员的成长过程非常相似，是随着训练而不断提高的。随着机器学习基本工具的日益完善，它可以生成、测试和提炼科学模型。这类技术适用于处理涉及大量组合空间或非线性过程的复杂问题，而传统的方法要么无法解决这些问题，要么只能以高昂的计算代价来解决。

3.5.1　机器学习的基本原理

基于机器学习，结合足够多的数据和适合的规则发现算法，计算机能够在不需要人工输入的情况下确定所有已知的物理定律（可能还有目前未知的定律）。在传统的计算方法中，计算机只不过是一个计算器，采用的是由人类专家提供的硬编码算法。相比之下，机器学习方法通过评估数据的一部分并建立模型进行预测学习数据集中的内在规则。Keith T. Butler 等考虑构建模型所涉及的基本步骤，提出了在计算化学与材料研究过程中成功应用机器学习所需的通用工作流程的演变蓝图，如图 3.7 所示[11]。

图 3.7 中，第一代方法中的标准范例是计算输入结构的物理性质，通常是通过对薛定谔方程的近似，结合原子作用力的局部优化来实现的。在第二代方法中，通过使用全局优化，将化学成分的输入映射到输出上，这样的输出包含元素组合可能采用的结构或结构集合预测。新出现的第三代方法使用机器学习技术，只要有足够的数据和合适的模型进行训练，就

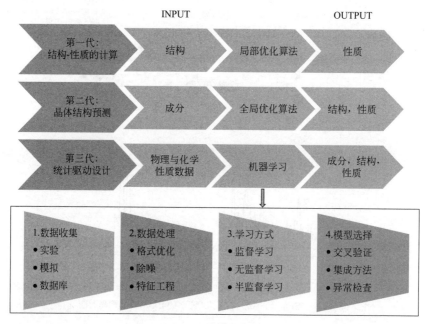

图 3.7　计算化学研究工作流程的演变

能够对组成、结构和属性进行预测。在图 3.7 底部面板中还列出了各个阶段的机器学习模型和一些常见的选择。

3.5.1.1　数据收集

机器学习从现有（训练）的数据中学习得到模型。数据可能需要进行初始预处理，包括识别和处理丢失或虚假的元素。例如，无机晶体结构数据库目前包含超过 19 万个条目，这些条目已经过技术错误检查，但仍会受到人为和测量错误的影响。识别和消除这些错误是避免机器学习算法被误导的关键。

机器学习取决于可用数据的类型和数量，机器学习模型的训练可以是有监督的、半监督的或无监督的。在监督学习中，训练数据由输入值和相关输出值组成。该算法的目标是导出一组具备映射关系的模型，该模型给定一组特定的输入值，并将输出值预测到可接受的保真度。监督学习常用于训练神经网络和决策树方法中，这两种方法高度依赖事先确定的分类系统给出的信息。对于神经网络方法，分类系统利用信息判断网络的错误，然后不断调整网络参数。对于决策树方法，分类系统用它来判断哪些属性提供了最多的信息。

如果可用的数据集仅由输入值组成，则可以使用无监督学习来尝试识别数据中的趋势、模式或聚类，无监督学习的方法分为两大类：一类为基于概率密度函数估计的直接方法，指设法找到各类别在特征空间的分布参数，再进行分类；另一类是基于样本间相似性度量的简洁聚类方法，其原理是设法定出不同类别的核心或初始内核，然后依据样本与核心之间的相似性度量将样本聚集成不同的类别。利用聚类结果，可以提取数据集中的隐藏信息，对未来数据进行分类和预测，应用于数据挖掘、模式识别、图像处理等。很多深度学习算法都属于无监督学习。如果有大量的输入数据，而只有有限的相应输出数据，在学习过程中对预测结果进行评估的半监督学习可能会更有价值。

3.5.1.2　特征工程

尽管原始的科学数据通常以数字为主，但数据呈现的形式往往会影响学习效果。在许多光谱学研究中，信号是在时域中获得的，但是为了解释，往往要通过傅里叶变换转换到频域中进行分析。像科学家一样，机器学习算法使用一种格式可能会比另一种更有效。将原始数据转换成更适合算法的表示方法的过程称为特征化或特征工程。

输入数据的表示方法越合适，算法就越能准确地将其映射到输出数据，选择最合适的表示数据的方法需要结合具体的科学问题和学习算法。

目前，化学与材料科学的数据大致可分为四类：来自实验和模拟的材料特性（物理、化学、结构、热力学、动力学等），化学反应数据（反应速率、反应温度等），图像数据（材料的扫描电子显微镜图像、材料表面的照片等）和来自文献的数据。这些数据可能是离散的（文本）、连续的（向量和张量）或是加权图等形式。由于数据以各种格式存储在各种数据库中，因此很难同时考虑来自多个数据库的数据。此外，所需的数据格式也取决于所应用的机器学习算法。因此，有必要在格式方面对数据进行统一处理，并为数据处理中的机器学习算法选择最为合适的数据表示形式。分子指纹、分子编码、特征矢量和库仑矩阵是几种常见的数据表示形式。

分子指纹是一种根据某种规则制定的用来表现一个分子整体特征的表现手法，分子指纹携带分子中基团、连接方式的信息。通过计算分子的分子指纹，我们可以得到不同分子之间的类似度并将它们可视化（图 3.8）。分子指纹通常是一串由 0 和 1 组成的固定长度的数字序列，0 和 1 反映了分子是否存在某种基团，有些分子指纹里存放的是某种基团出现的频次。

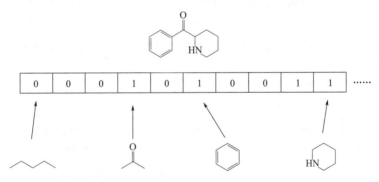

图 3.8　最常见的 MACCS 分子指纹

简化分子线性输入规范（Simplified Molecular Input Line Entry System，SMILES）是一种常见的 ASCII 形式的分子编码，是一种可用于输入和表示分子反应的线性符号。SMILES 是一种"语言"，虽然只有简单的"词汇"（原子和键符号）和少数"语法规则"。SMILES 结构表示可以反过来用作其他语言词汇表中的"词汇"，用于存储化学信息（化学品信息）。

特征矢量携带了材料物性的信息，是一种最简单的用数据表示材料的方法，通过选取若干关键性质组成 n 维向量，来代表某种材料。

库仑矩阵，是用来表示分子内笛卡尔坐标系集合和核电荷的矩阵。它包含原子核排斥和自由原子势能的信息，并且对分子的平移和旋转保持不变。分子系统也可以用图形来描述。

3.5.1.3 常见的模型

当收集的数据能够被合理地表示时，就可以选择一个模型来开展机器学习了。监督学习模型可以预测离散集（例如将材料分类为金属或绝缘体）或连续集（例如极化率）内的输出值。为前者建立模型需要使用分类方法，而为后者建立模型则需要使用回归方法。根据数据类型和需求，可以应用一系列算法（见表 3.1）。使用不同算法或相似却具有不同内部参数值的算法的集合（称为"bagging"或"stacking"）可能有助于创建更合适的整体模型。表 3.1 概述了一些常见的算法。

表 3.1　机器学习的技术种类和一些它们需要回答的化学问题

种类	贝叶斯	演化	象征	连接	类推
方法	概率推断	演化结构	逻辑推演	图像识别	约束最优化
算法包括	朴素贝叶斯,贝叶斯网络	遗传算法,粒子群算法	决策树	人工神经网络反向传播	最近邻,支持向量
化学查询	我的新理论有效吗	什么分子具有这种特性	我怎样做这个材料	我要合成什么化合物	查找结构与性质的关系

（1）朴素贝叶斯分类

贝叶斯分类是一类分类算法的总称，这类算法均以贝叶斯定理为基础，故统称为贝叶斯分类。朴素贝叶斯分类器是一组基于贝叶斯定理的分类算法，该算法将数据作为问题的先验知识，识别出最可能的假设。

朴素贝叶斯分类的思想基础是这样的：对于给出的待分类项，求解在此项出现的条件下各个类别出现的概率，哪个最大，就认为此待分类项属于哪个类别。朴素贝叶斯分类的定义如下：

① 设 $x=\{a_1,a_2,\cdots,a_m\}$ 为一个待分类项，而每个 a 为 x 的一个特征属性；

② 有类别集合 $C=\{y_1,y_2,\cdots,y_n\}$；

③ 计算 $P(y_1|x)$，$P(y_2|x)$，…，$P(y_n|x)$；

④ 如果 $P(y_k|x)=\max\{P(y_1|x)$，$P(y_2|x)$，…，$P(y_n|x)\}$，则 $x\in y_{k_e}$。

那么现在的关键是如何计算第 3 步中的各个条件概率。我们可以这么做：

① 找到一个已知分类的待分类项集合，这个集合就叫做训练样本集。

② 统计得到在各类别下各个特征属性的条件概率估计。即

$$P(a_1|y_1),P(a_2|y_1),\cdots,P(a_m|y_1);$$
$$P(a_1|y_2),P(a_2|y_2),\cdots,P(a_m|y_2);$$
$$\cdots\cdots$$
$$P(a_1|y_n),P(a_2|y_n),\cdots,P(a_m|y_n)$$

③ 如果各个特征属性是条件独立的，则根据贝叶斯定理有如下推导：

$$P(y_i|x)=\frac{P(x|y_i)P(y_i)}{P(x)} \tag{3.5-1}$$

因为分母对于所有类别为常数，我们只要将分子最大化即可。又因为各特征属性是条件独立的，所以有：

$$P(x\,|\,y_i)P(y_i)=P(a_1\,|\,y_i)P(a_2\,|\,y_i)\cdots P(a_m\,|\,y_i)P(y_i)=P(y_i)\prod_{j=1}^{m}P(a_j\,|\,y_i)$$

$$(3.5\text{-}2)$$

（2）k 近邻算法

k 近邻算法，顾名思义，其算法主体思想就是根据距离相近的元素类别，来判定自己所属的类别。最近邻模型可用于分类和回归模型：在分类中，预测由大多数 k 个最近点的类别决定；在回归中，预测由 k 个最近点的平均值决定。

在 k 近邻算法中，通过计算对象间距离，将其作为各个对象之间的非相似性指标，避免了对象之间的匹配问题，在这里距离一般使用欧氏距离或曼哈顿距离。

欧氏距离：

$$d(x,y)=\sqrt{\sum_{k=1}^{n}(x_k-y_k)^2}\qquad(3.5\text{-}3)$$

曼哈顿距离：

$$d(x,y)=\sqrt{\sum_{k=1}^{n}|x_k-y_k|}\qquad(3.5\text{-}4)$$

其算法的描述为：

① 计算测试数据与各个训练数据之间的距离；

② 按照距离的递增关系进行排序；

③ 选取距离最小的 k 个点；

④ 确定前 k 个点所在类别的出现频率；

⑤ 返回前 k 个点中出现频率最高的类别作为测试数据的预测分类。

（3）决策树

决策树是用于确定行动或结果的流程图。树的每个分支代表一个可能的决定、发生或反应。树的结构显示了一个选择如何以及为什么会导致下一个选择，分支表明每个选择是互斥的。决策树由根节点、叶节点和分支组成。根节点是树的起点。根节点和叶节点都包含要解决的问题或条件。分支是连接节点的箭头，显示从问题到答案的流程。集成方法通常使用决策树，将多棵树组合成一个预测模型以提高性能。图 3.9 为决策树示意图。

一棵决策树的生成过程主要分为以下 3 个部分。

① 特征选择：特征选择是指从训练数据众多的特征中选择一个特征作为当前节点的分裂标准，如何选择特征有着很多不同量化评估标准，从而衍生出不同的决策树算法。

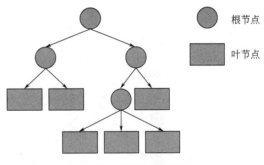

图 3.9　决策树示意图

② 决策树生成：根据选择的特征评估标准，从上至下递归地生成子节点，直到数据集不可分则停止决策树生长。

③ 剪枝：决策树容易过拟合，一般需要剪枝，缩小树结构规模、缓解过拟合。剪枝技术有预剪枝和后剪枝两种。

（4）核方法

核方法是一类算法的统称，其中最著名的是支持向量机（Support Vector Machine，SVM）算法和核岭回归。"核"这个名字来源于一个内核函数的使用，这个函数将输入数据转换成更高维的表示形式，使问题更容易解决。在某种意义上，内核是领域专家提供的一个相似函数：它接受两个输入并创建一个输出，量化它们的相似程度。

以支持向量机为例，支持向量机是机器学习中一个常见的算法，通过最大间隔的思想去求解一个优化问题，得到一个分类超平面。对于非线性问题，则是通过引入核函数，对特征进行映射（通常映射后的维度会更高），在映射之后的特征空间中，样本点变得线性可分。

（5）人工神经网络

人工神经网络算法模拟生物的神经网络，是一类模式匹配算法。通常用于解决分类和回归问题。人工神经网络和深层神经网络缓慢地模拟大脑的运作，人工神经元（处理单元）排列在输入、输出和隐藏层。在隐藏层中，每个神经元接收来自其他神经元的输入信号，对这些信号进行整合，然后将结果直接用于计算。神经元之间的连接具有权重，权重值表示网络存储的知识。学习是调整权重的过程，以便尽可能准确地再现训练数据。人工神经网络是机器学习的一个庞大的分支，有几百种不同的算法。图 3.10 以最简单的前馈神经网络为例，做简单介绍。前馈神经网络由一个输入层、一个或多个隐含层和一个输出层组成，多层感知器网络中的输入与输出变换关系为：

$$s_i^{(q)} = \sum_{j=0}^{n_{q-1}} w_{ij}^{(q)} x_j^{(q-1)}, \left[x_0^{(q-1)} = \theta_i^{(q)}, w_{i0}^{(q-1)} = -1 \right] \tag{3.5-5}$$

$$x_i^{(q)} = f(s_i^{(q)}) = \begin{cases} 1, s_i^{(q)} \geqslant 0 \\ -1, s_i^{(q)} < 0 \end{cases} \tag{3.5-6}$$

$$i = 1, 2, \cdots, n_q; \quad j = 1, 2, \cdots, n_{q-1}; \quad q = 1, 2, \cdots, Q$$

这时每一层相当于一个单层前馈神经网络，如对第 q 层，它形成一个 n_{q-1} 的超平面。它对该层的输入模式进行线性分类，但是由于多层的组合，最终可以实现对输入模式较复杂的分类。

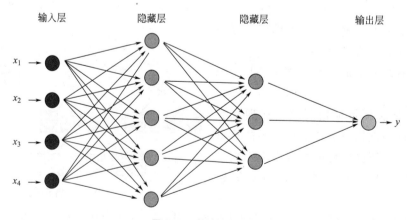

图 3.10　前馈神经网络

（6）卷积神经网络与深度学习

深度学习可以理解为"深度"和"学习"这两个名词的组合。"深度"体现在神经网络的层数上，一般来说，神经网络的层数越多，学习的越深度，则学习效果越好；"学习"体现为神经网络可以通过不断地灌溉数据来自动校正权重偏置等参数，以拟合更好的学习效果。而卷积神经网络（Convolutional Neural Networks，CNN）作为深度学习的典型模型，无论是在图像处理还是对材料结构信息转化的方面都具有广泛的应用。

卷积神经网络与普通神经网络非常相似，它们都由具有可学习的权重和偏置常量的神经元组成。每个神经元都接收一些输入，并做一些点积计算，输出是每个分类的分数，普通神经网络的一些计算技巧在这里依旧适用。通常来说，卷积神经网络由卷积层、池化层和全连接层组成，如图 3.11 所示。

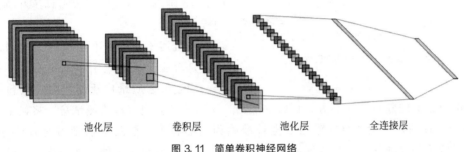

池化层　　　　卷积层　　　　池化层　　　　全连接层

图 3.11　简单卷积神经网络

① 卷积层（Convolutional Layer，CONV）

卷积神经网路中每层卷积层由若干卷积单元组成，每个卷积单元的参数都是通过反向传播算法优化得到的。卷积运算的目的是提取输入的不同特征，第一层卷积层可能只能提取一些低级的特征如边缘、线条和角等层级，更多层的网络能从低级特征中迭代提取更复杂的特征。

② 池化层（Pooling Layer，POOL）

池化是为了提取一定区域的主要特征，并减少参数数量，防止模型过拟合。通常在卷积层之后会得到维度很大的特征，将特征切成几个区域，取其最大值或平均值，得到新的、维度较小的特征。

③ 全连接层（Fully Connected layer，FC）

把所有局部特征结合变成全局特征，用来计算最后每一类的得分。这是神经网络中最普通的层，就是一排神经元。因为这一层的每一个单元都和前一层的每一个单元相连接，所以称之为"全连接"。

3.5.1.4　验证模型

当选择了 learner（或一组 learner）并进行预测时，必须对实验模型进行评估，以便优化和最终选择最佳模型。产生误差的三个主要来源必须加以考虑：模型偏差、模型方差和不可约误差，总误差为三者之和。偏差是算法中错误假设的误差，可能导致模型缺少底层关系；方差对训练集中的小波动很敏感；即使是训练有素的机器学习模型也可能包含由训练数据中的噪声、测量限制、计算不确定性或仅仅是离群值或缺失数据造成的误差。

模型性能差通常表示欠拟合或过拟合。当模型不足以充分描述输入和预测输出之间的关系时，或者当数据不够详细以允许发现合适的规则时，出现欠拟合。当模型随着参数数量的增加而变得过于复杂时会出现过拟合，对过拟合的诊断检验是，模型表示样本数据时的精度继续提高，而估计测试数据时的性能则趋于停滞或下降。如图 3.12 所示，在训练新模型和

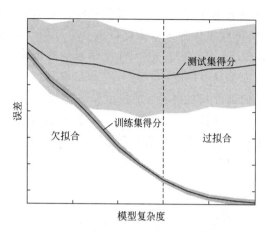

图 3.12　机器学习方法中出现的误差[10]

应用构建模型的过程中都可能出现误差。一个简单的模型可能会出现高偏差（欠拟合），而一个复杂的模型可能会出现高方差（过拟合），这导致偏差-方差的权衡。在欠拟合区域中，模型性能可以通过进一步参数化来改善，而在过拟合区域中，模型性能将下降。模型的最佳点就在测试集的性能随参数化的增加而开始恶化之前，这由垂直虚线表示。图 3.12 阴影区域显示了模型训练和测试拟合的标准偏差。

对机器学习模型准确性的关键测试是检验其是否能够成功应用于未知或看不见的数据。确定模型质量广泛使用的方法包括在训练期间保留数据的随机选择部分，训练完成后，该隐式数据集（称为测试集）将显示给模型（图 3.12），评估其在验证组的输出数据被准确预测的程度，然后提供学习有效性的量度。仅当用于训练和验证的样本包含所有数据集时，交叉验证才是可靠的，如果样本量较小或如果该模型应用与原始化合物完全不同的化合物的数据，则交叉验证可能会出现问题。在这种情况下，需要仔细选择评估模型的可移植性和适用性的方法。

3.5.2　机器学习结合计算材料用于催化剂设计

催化是一个复杂、多维和多尺度的研究领域。合理运用机器学习方法有助于建立更好的催化模型，理解催化研究，并产生新的催化知识。机器学习目前正在经历一场复兴，影响着许多科学和工程领域，包括催化领域。过去，非专家很难在软件中实现机器学习程序，并且学习过程往往需要大量计算。近年来随着 scikit-learn、TensorFlow、PyTorch、Chainer 等开源项目的快速发展，科研人员获得高质量、易于使用的机器学习工具的机会大增。同时，随着计算硬件的快速发展，特别是图形处理器（GPU）的大规模应用和云计算的普及，运用这些工具的计算成本及在科学研究中使用机器学习的门槛大大降低。这些因素的综合正是在当今科学研究中机器学习复兴的原因。

广义而言，机器学习是根据数据建立模型的实践。在所谓的经典模型构建中，很大程度上依赖物理洞察力和原理，例如，守恒定律或热力学或量子化学的见解，进而推导出带有参数的数学公式，这些参数可以通过（线性或非线性回归）拟合以再现（通常是实验性的）数据。机器学习采用不同的模型开发方法，依赖从参考数据中训练出来的灵活且通常是非线性的模型输出所需的信息。这种方法已经存在了几十年，并在早期应用于实验催化数据。如今，它越来越多地应用于催化领域的计算研究，并被整合到结合计算与实验研究的项目中。

3.5.2.1　计算原子势

基于密度泛函理论的第一性原理计算是一种用于理论模拟催化研究的重要方法，应用密度泛函理论的一个关键限制是其需要巨大的计算量。在许多情况下，在催化研究中希望能够同步运行几千乃至几十万个计算进程，例如，结构筛选、自由能计算、蒙特卡罗或分子动力学模拟等。开展巨大规模的密度泛函理论计算是不经济也不现实的。几十年来，这类计算通常采用基于半经验方法的原子间相互作用势的经典分子动力学方法开展。虽然半经验原子势计算效率高，但是往往缺乏足够的精度与所需的泛用性，很难系统地加以改进。一个有效的解决方法是利用机器学习方法，以密度泛函理论计算过程中获得的原子间相互作用力作为数据集，开发新型机器学习原子势。用于产生这些原子势的开源代码有：Amp、AENet、Prophet 等。以此为目的，还有其他比较常见的相关机器学习方法应用在化学和材料的研究中，通常是基于高斯过程或核岭回归方法。

机器学习原子势可以用于催化剂表面的大尺度反应动力学模拟，这使得人们可以在有限温度下模拟催化反应过程，获取过渡态产物，探测反应轨迹。Shakouri 等利用神经网络势模拟 Ru(0001) 上的氮离解，同时还研究了表面声子模式与吸附振动模式的耦合。利用这种机器学习原子势，能够开展与密度泛函理论相似精度的分子动力学计算，模拟氮在 Ru(0001) 上的动态离解全过程。这是很重要的，因为这个反应概率很低，而且需要长时间的模拟和保存大量的反应轨迹用于分析。通过加速计算，不仅得到了所需的模拟时间长度，而且模拟结果与实验吻合较好。这种方法的扩展之一是利用神经网络得到原子势，并通过分子动力学模拟来计算红外光谱。

由于模拟的规模和产生真实结构所需统计采样的需要，催化过程中的溶剂和纳米颗粒尺寸效应仍然难以通过密度泛函理论模型来实现。Artrith 和 Kolpack 利用神经网络原子势研究纳米合金在水中的作用，提出了一个解决这个问题的方案。利用神经网络原子势，能够模拟多达 1415 个原子的纳米粒子模型，确定它们的表面组成和表面能，以及 1.5 nm 粒子的温度相关偏析曲线，并确定表面上水的结构。结果表明，在反应条件下，机器学习原子势在识别相关的表面结构和组成方面具有一定的价值。虽然只是在反应条件下模拟催化的第一步，但对该领域来说是一个重要的进步。

3.5.2.2　开发催化剂性能模型

催化反应涉及一系列基本过程，例如反应物在催化剂上的吸附，反应中间产物的键重排以及最终产物的脱附为连续相的过程等。通过调整结构来合理控制化学键的形成和断裂，寻找并调控有效活性位点加快化学反应效率是催化科学的最终目标。在许多催化材料（例如，金属、氧化物、硫化物、氮化物、碳化物和金属络合物）上，包括过渡态物种在内的许多吸附物的结合强度之间固有的比例关系通常会导致两者之间存在火山状关系。最佳的催化剂应使反应物牢固结合以破坏所需的化学键，但又必须弱到足以除去中间体或产物。

从原子尺度设计具备两种几何上相邻的催化活性中心的双功能催化剂，已被认为是解决催化过程能源规模限制的一个有效的策略。然而，通过实验测试甚至结合量子化学计算的高通量筛选来优化这类催化剂的几何形状和组成既昂贵又费时，成为新型催化剂开发的主要障碍。Li 等基于描述符的动力学分析方法，构建了前馈人工神经网络的机器学习框架用于快速筛选双金属催化剂[12]，并建立了一个催化剂数据库，该数据库包含在端接的双金属模型合金表面上 *CO 和 *OH 的吸附能以及使用半局部广义梯度近似（GGA）的密度泛函理论计算得出的活性部位的指纹特征，用于优化人工神经网络的结构和权重参数。使用甲醇电氧化作为模型反应，大约 1000 个理想化合金表面的现有数据集训练得到的机器学习模型可以捕获与均方根误差 0.2eV 左右的复合物和非线性吸附物/金属配合物，并在探索双金属催化剂的极大化学空间方面显示出可预见的潜力。这种数据驱动的设计方法在催化的最新发展中变得可行，通过研究给定类型催化材料与具有相同原子的分子片段（例如，CO 与 CHO，O 与 OH，N 与 NH_x）中同类原子相互作用的吸附能间的内在线性相关性，可以大大降低复杂反应网络的动力学参数。经过精心设计的指纹特征而训练的人工神经网络和相关物质在某些金属表面上的吸附能可以捕获复合物和非线性吸附物/金属配合物，并具有足够的预测准确度进行催化剂筛选。尽管自洽的量子化学计算，特别是密度泛函理论计算，可用于更准确地计算反应性描述符，但还是会受到高计算成本的限制。另一方面，机器学习模型提供了一种方法，即通过学习指纹描述子与已知催化剂的吸附性能之间的潜在相关性，快速预测新催化剂的表面活性。

指纹特征的设计是机器学习模型开发中最关键的一步。从复杂材料属性中选择特征描述符需要丰富的专业知识。在开发用于金属表面吸附特性的指纹描述符时，有几个重要因素：①特征在表示活性位点的电子和几何结构时必须是唯一的；②必须易于计算或从数据库中随时可用，以实现快速筛选；③最重要的是，它们应该具有物理直观性，以确保模型的稳健性和对化学见解的直接推断。考虑到这一点，需要设计选择从密度泛函理论计算中可以直接获得的主要特征作为描述符，如吸附位点金属原子的连续 sp 电子能带特征和定域 d 电子能带特征。其中 d 电子能带特征由投射到金属原子价带 d 轨道上的态密度的特征矩阵表示，如填充度、中心位置、宽度、偏度和峰度。为了解释基质 sp 电子态密度对吸附质/基质相互作用的贡献，还需要引入一个基本特征，称为局部电负性（X_i），定义为活性位第一相邻壳层（$d_{ij} < 3.5 \text{Å}$）内金属原子的 Pauling 电负性的几何平均值。除了主要特征外，在吸附位点的指纹描述符中还具有一系列次要特征，包括离子势、电子亲和力、Pauli 电负性、功函数、原子半径、d 轨道半径和键合金属原子的 d 带中心，它们代表了主体金属原子在吸附点的本征性质。这些次要特征可以很容易地从元素周期表中提取。图 3.13 展示了一系列用于机器学习模型开发的双金属催化剂表面模型。通过改变周期表中 A 位和 B 位与金属元素的关系，可以得到在一千多个合金表面上，简单吸附质 CO 和 OH 的电子性质和相应的结合能。

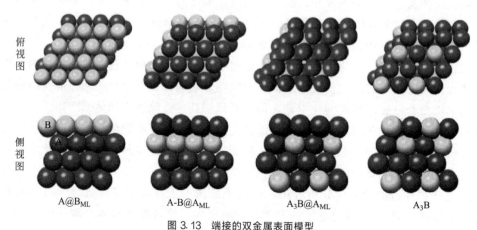

俯视图

侧视图

A@B$_{ML}$ A-B@A$_{ML}$ A$_3$B@A$_{ML}$ A$_3$B

图 3.13 端接的双金属表面模型

其中 A 和 B 代表元素周期表中的金属元素[12]

由于各种电子特性被用作指纹描述，数据集中的数值变化很大，这会导致梯度优化算法的训练效率低，预测偏差大。为了缓解这个数学问题，需要对数据进行标准化预处理：

$$X^{(i)}_{\text{std}} = \frac{X^{(i)} - \mu_x}{\sigma_x} \tag{3.5-7}$$

式中，$X^{(i)}$ 是特定样本 i 的特征向量；μ_x 和 σ_x 表示特征 x 的平均值和标准偏差。标准化后，特征以值 0 为中心，1 为标准偏差。然而，样本中可能存在离群值，这会导致模型预测的精度降低。图 3.14(a) 描绘了标准化指纹描述符的分布，在统计显著性界限正负 3σ 之外的任何主要特征值的样本均被视为异常值。总的来说，1032 种金属合金中有 61 种被认为是异常值，并将从未来的分析中排除。模型合金六个主要特征之间的相关性以 Pearson 积矩建立，如图 3.14(b) 所示。

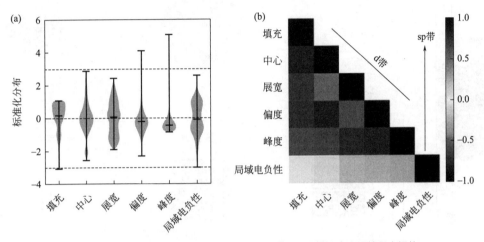

**图 3.14　标准化指纹描述符的小提琴图（a）和模型合金六个主要特征之间的
Pearson 对积矩相关热力图（b）**[12]

如图 3.15 所示，该模型在预测新型双金属催化剂中常用的反应性描述符 $*$ CO 和 $*$ OH 的吸附能均方根误差（Root Mean Squard Error，RMSE）为 0.2eV 左右，成功地识别了大多数已知的用于甲醇电氧化的合金催化剂。

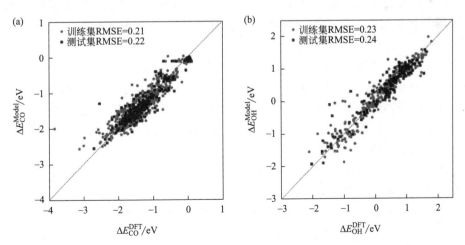

**图 3.15　DFT 计算的 $*$ CO（a）和 $*$ OH（b）在一组理想双金属表面上的吸附
能及与机器学习模型在训练和测试中预测的比较**[12]

　　另一方面，Back 等提出了一种基于原子种类和 Voronoi 多面体近邻信息的原子表面结构深度学习卷积神经网络的应用模型[13]。该模型有效地学习了最重要的表面特征以预测结合能。他们将 CNN 应用于块体晶体的图形表示，以预测各种性质。晶体的图形表示（如图 3.16）包括原子特征和原子间距离的信息，迭代卷积提取邻域信息以更新原子特征向量。其中只使用了晶体结构和基本原子特征。

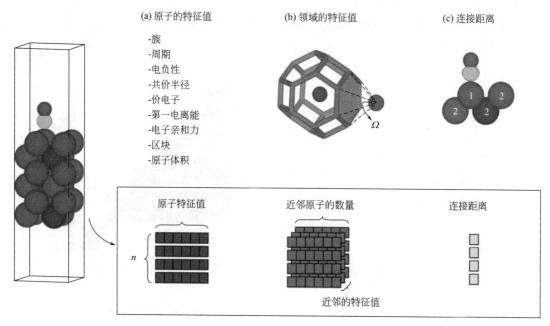

图 3.16　含有 n 个原子的原子结构转换为卷积神经网络数值输入的图形表示法[13]

　　如图 3.16(a)，通过 one-hot 编码给出 9 个基本的原子性质，获得了原子特征向量。图 3.16(b) 展示了采用基于 Voronoi 多面体的立体角（Ω）编码的邻域信息。灰色骨架表示 Cu 原子的 Voronoi 多面体，并标记了 Fe 原子与 Cu 和 Fe 多面体的共享平面之间的立体角。为了简单起见，省略了其他最近邻原子。图 3.16(c) 以吸附 CO 分子、表面原子到第二层的表面结构及其相应的连接性距离为例，计算从被吸附物到表面结构中所有原子的连接距离。

　　在这项工作中，使用 CNN 方法的改进形式来预测纯金属、金属合金和金属间化合物表面上的 CO 和 H 结合能。其中收集基于 Voronoi 多面体的图连接，以考虑额外的吸附质原子。使用 12000 个训练数据，对每个吸附质的表面组成和结构进行收集，得到 CO 和 H 结合能预测模型的学习结果与密度泛函理论计算的平均绝对误差为 0.15eV。

　　图 3.17 为该卷积神经网络的模型示意图。该模型使用 Adam 优化器，以最小化密度泛函理论计算结果和该模型预测的结合能之间的平均绝对误差（Mean Absolute Error，MAE）作为损失函数，对神经网络进行了训练。测试了两个池化函数（总和和均值）和四个激活函数（Sigmoid、Softplus、Leaky ReLu 和 ReLu），将密度泛函理论结果分为测试集（20%）和培训集（80%）。为了防止模型过度拟合训练数据，将训练数据分为训练（75%）和验证集（25%）。可根据 CNN 模型预测和密度泛函理论计算的结合能的平均绝对误差评估 CNN 模型的预测准确性，比较结果如图 3.18 所示。

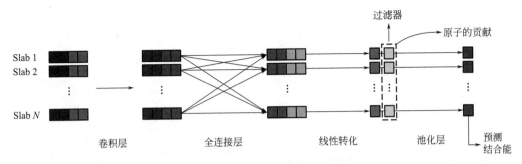

图 3.17 在原子表面结构的图形表示上的卷积神经网络的模型示意图 [13]

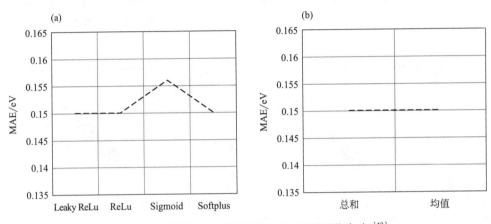

图 3.18 预测性能取决于激活函数（a）和池化函数（b）[13]

图 3.19 展示的是该方法在预测 CO 和 H 结合能方面的最终结果。可以注意到，如果只有极少量的数据，CO 和 H 的结合能相对密度泛函理论计算结果的标准偏差分别为 0.65eV 和 0.42eV，预测精度较低，其差异可能源于它们的数据分布。在这两种情况下，可以观察到随着训练原子结构数目的增加，平均绝对误差（MAE）有了系统的下降。可以发现 CO 和 H 分别在 5000 和 8000 组训练数据下的预测精度接近收敛，其误差均小于 0.2eV。

3.5.2.3 加速催化剂的开发

Tran 等使用主动机器学习方法，根据给定的数据集创建一个代理模型，然后使用该模型选择下一个应该获得的数据[14]。选定的数据被添加到原始数据集中，然后用于创建更新的代理项模型。该过程是迭代重复的，因此代理模型是不断改进的。

该工作流程使用机器学习模型搜索金属间化合物晶体和表面，尽可能优化结果，寻找最理想的 CO 吸附能和 H 吸附能。工作流程通过自动执行密度泛函理论计算来验证这些位点的吸附能。密度泛函理论计算结果存储在一个数据库中，用于重新训练机器学习模型。这产生了一个机器学习筛选、密度泛函理论验证和机器学习再培训的反馈闭环，获得了一个不断增长的密度泛函理论结果数据库，该数据库系统的自动增长不需要用户交互。值得注意的是，这个工作流程并没有使用机器学习加速用户提供的系统的计算。相反，它使用机器学习指导准确的密度泛函理论筛选。因此，这是使用密度泛函理论执行基于代理的优化，并使用

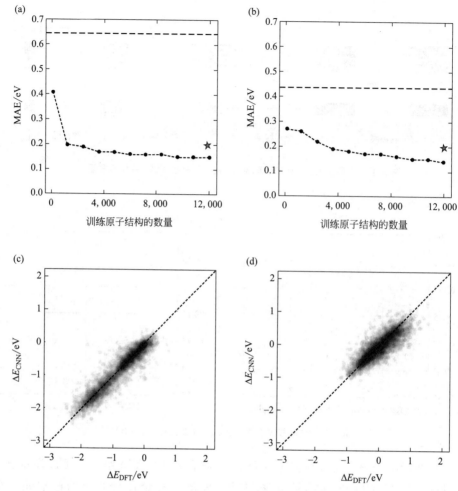

图 3.19　CO（a）和 H（b）结合能预测在不同训练原子结构数目的测试集下的平均绝对误差
及 CNN 预测与 DFT 计算的 CO（c）和 H（d）的结合能关系[13]
（a）和（b）中的水平虚线对应于 DFT 结合能的标准偏差

主动学习反馈回路引导优化。该工作流程如图 3.20 所示。

这样一个无需用户干预即可连续生成和存储密度泛函理论数据的框架将任务和计算管理软件与主动机器学习和代理优化相结合，实现了密度泛函理论计算的自动化、系统化选择和执行。该框架产生了 42785 个吸附能计算，用以确定 54 个具有潜在高二氧化碳还原活性的金属间化合物的 131 个候选表面和 102 个金属间化合物的 258 个候选表面的析氢活性。这里发现的一些表面已经被相关文献中的实验所证实，这表明在这个筛选中发现的未被研究的候选者值得进一步被研究。

该工作流程的任务和计算管理系统性地减少了配置和处理密度泛函理论计算所需的时间，密度泛函理论计算结果数据库能够跨越许多吸附位置、表面和材料空间进行整体分析，主动机器学习或基于代理的优化工作流程可以在不需要专家直觉的情况下指导候选催化剂的发现。该框架的灵活性还需要专家辅助指导，使用高通量密度泛函理论计算工作流程研究特定的位置、表面或系统。灵活性、自动化和机器学习指导的结合，加速了 CO_2 还原催化剂的理论发现和研究，H_2 进化或任何其他具有描述性能尺度关系的化学。

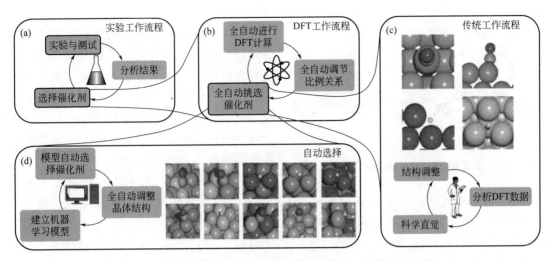

图 3.20　自动化理论材料发现的工作流程 [14]

（a）、（b）从头开始筛选催化剂的 DFT 工作流程加快了寻找催化剂的实验工作流程；

（c）传统的工作流程中需要科学的直觉来选择 DFT 筛选的候选材料；

（d）该项工作流程中使用机器学习系统地自动选择候选材料

　　然而这个工作流程的不足之处在于它严重依赖描述符性能关系，而描述符性能关系是用于指导主动学习算法的关键。例如，这种方法对产生与活性无关的反应机制的材料和表面的 CO_2 还原活性存在问题。此外，这种方法不涉及催化剂性能的其他重要方面，如表面稳定性或催化剂成本等。这些问题是可以接受的，因为这个框架经常被用作从较大的搜索空间中筛选候选催化剂的工具，并将机器推导的建议作为人为专业筛选的补充。这种类型的框架并不能直接取代可靠的理论和实验研究，只是通过将搜索空间缩小到更易于处理的大小，将研究集中到更有可能产生有趣结果的系统上，从而加速研究。

3.6　计算模型

　　构建计算模型是进行计算化学运算的基础。构建的模型既要能精准地表达催化剂表面结构信息，又要兼顾计算方法和计算量。目前通常采用的计算模型有团簇模型、嵌入模型和平板模型等。团簇模型使用少量的原子组成的团簇表达催化剂表面结构，通常只捕获活性位点及其周围很小的局部环境；嵌入模型中核心较少的原子采用相对高精度的计算方法，并结合经典方法处理长程相互作用；平板模型利用周期边界条件处理催化剂表面模型。

　　在早期的计算化学中，由于计算机的运算能力有限，团簇模型只需要少数原子就可以表达催化剂表面的活性原子结构，大家通常采用团簇模型进行计算，研究一些探针分子在催化剂表面的吸附作用。团簇模型由于原子数量少，所以运算量小，被很多研究者采用。但在采用团簇模型进行计算时要注意由于团簇表面断键较多，会影响计算结果中原子的电荷分布，最终影响催化活性的判断结果，解决这一问题常用的方法是把构造团簇形成的断键用别的原子进行饱和处理，如在采用团簇模型计算分子筛时通常用羟基或氢原子对断键进行饱和。团簇模型的另一个缺点是对长程相互作用，如范德华力等无法有效描述。Fe_4O_{14} 的团簇模型

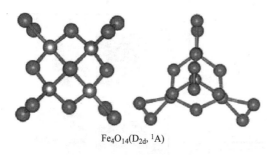

图 3.21 Fe$_4$O$_{14}$ 团簇模型[15]

见图 3.21。

嵌入模型可以在不使用从头计算量子力学处理整个系统的情况下考虑长程作用。在这种方法中，用量子力学处理较少数量的核心原子，用经典方法或较为低阶的理论处理周围区域。对于不同类型的系统，可以使用不同的方法进行计算。Brändle 等[16]曾对团簇模型和嵌入模型进行对比，在相同的方法和相同的基组下，使用嵌入方案和全量子力学解大体系得到的结果可以进行比较。采用杂化泛函，结合量子力学/原子间势能函数（QM-Pot），研究了菱沸石（小晶胞的沸石）中的质子落位和氨吸附，发现结合后的 QM-Pot 的相对稳定性和反应能量与整个 QM 结果仅相差 4～9kJ/mol。此外，通过两种方法计算出的沸石孔道内部的静电势非常相似，证明使用计算量较小的方法是合理的。

嵌入式的团簇计算是能够将理论结果与表面科学实验提供的丰富数据库进行比较的第一步。为了能够与实验结果进行更直接的比较，使用周期性模型从头计算方法的频率越来越高，该方法以周期性的边界条件处理无限大的固体。这种方法不仅可以验证实验数据，更可以用以探索未知问题。这种周期性模型不仅可以用于构建表面均一的氧化物或者金属表面，还可以根据实际需要通过构建台阶面、设计缺陷位、负载原子或团簇、设置不同种类催化剂的界面结构等方法研究不同配位环境和缺陷结构对催化的影响，铜铝尖晶石的表面模型如图 3.22。为了讲述这些方法在多相催化中的应用，下面将讲述几个典型的算例。

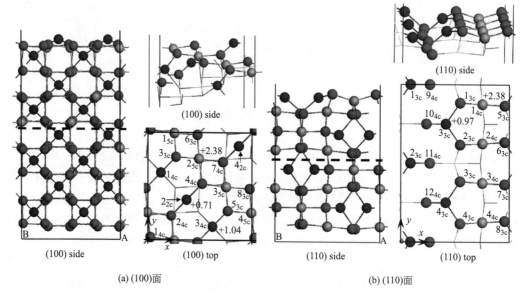

(a) (100)面   (b) (110)面

图 3.22 铜铝尖晶石的表面模型

Nørskov 等使用周期性计算检测了许多不同的体系，如氮气在铁单晶表面上的吸附和解离[17]。采用 DFT 计算氮气在 Fe(111)、Fe(100) 和 Fe(110) 表面上的吸附，构建了不同晶面的平板周期性模型，并使用广义梯度近似（GGA）进行了自洽自旋极化 DFT 计算。计算结果揭示了一种具有四配位的 N 原子 c(2×2)-N/Fe(100) 结构的稳定性，这与实验发现的

$c(2×2)$ 孤岛形成的趋势一致。为了将这些结果与合成氨反应联系起来,他们详细研究了在 Fe(111) 表面上氮气分子的解离[17]。基于这些计算,获得了与所有实验证据一致的解离过程的详细机理。

除了能够检测不同的单晶面之外,还可以使用周期性计算来研究双金属系统。在石化和精细化工行业中,许多工艺都使用了负载型双金属催化剂。Pallassana 和同事[18]研究了双金属体系,模拟了氢在 Pd(111)、Re(0001)、$Pd_{ML}/Re(0001)$ 和 $Re_{ML}/Pd(111)$ 上的化学吸附(下标 ML 表示单层的一种金属在第二种金属的顶部)。使用平面波基组进行了梯度校正的周期性 DFT 计算。计算结果表明在 Re 表面的氢键最强,氢分子在 Re(0001) 负载的单原子层 Pd 上结合较弱,这些计算结果与实验观测结果一致。

周期性计算具有的另一个优点是能够探测表面覆盖效果和团簇边缘效果。Pallassana 等[19]研究了表面覆盖度对顺丁烯二酸酐(马来酸酐)的吸附方式和能量的影响。他们表示在较高的表面覆盖度下,顶模式(在低表面覆盖下不太有利)和 di-σ 状态下的能量是一致的。Klinke 等[20]研究了镍和钴表面上与费-托合成有关的小的吸附质的结合能和表面覆盖之间的关系,观察到覆盖范围增加至单层的碳原子之间存在着显著的排斥力,并且随着表面覆盖度的进一步增大,形成了稳定的石墨。随着覆盖度的变化,氢在这些表面上的结合能受覆盖度影响较小。Pallassana 等[19]还对周期性平板模型的计算结果与使用不同尺寸团簇获得的结合能进行了比较。团簇尺寸对结合能的影响如表 3.2 所示,对于少于 10 个原子的团簇,结合能对 Pd 团簇尺寸的依赖性显著,但随着总团簇尺寸增加到 19 个原子,结合能与周期性平板计算的结果非常吻合。这些比较结果有助于证实含有 19 个原子的团簇,其团簇边缘效应可忽略不计,并且结果在数值上是可靠的。

表 3.2　团簇尺寸对马来酸酐在钯上的 di-σ 结合能的影响

团簇中原子个数	第一层原子数	第二层原子数	结合能/$kJ \cdot mol^{-1}$
2	2	0	−76
3	3	0	−103
10	10	0	−87
19	12	7	−83
Pd(111)($\theta=0.11ML$)	—	—	−84

最后需要指出的是,由于实际反应条件的复杂性,无论任何计算模型,通常都难以囊括多相催化剂的所有可能活性位点。另外,由于催化反应发生的环境不同,所采用的模型也应该做相应调整,如对在溶液中发生的反应,应该考虑溶剂化效应;对在电场或磁场中发生的催化反应,应该考虑电场或磁场的影响等。

3.7　常用计算软件

在过去的几十年里,密度泛函理论在研究分子和固体材料的结构和性质方面取得了巨大的成功。特别是,不同的研究小组开发了大量的计算代码,使得科研工作者利用 DFT 代码进行材料模拟变得容易。利用已有的 DFT 代码,人们解释了大量的实验,预测了许多新奇的新材料，并基于海量的计算数据建立了一些材料计算数据库，极大地推动了材料基因工程的进程。

如前所述，在求解 Kohn-Sham 方程时，不同的代码采用不同的数值方法如赝势/全电子、基组、自洽求解的优法算法。在相同的物理近似下，采用不同的代码计算得到结果的准确性和自洽性受到计算材料领域科研工作者的普遍关注。Lejaeghere 等用 15 种常用的计算代码和 40 种不同的势函数，计算了 71 种元素晶体的态方程，发现尽管计算结果存在一些微小的数值差别，但绝大多数代码和方法得到结果基本一致，显示了当前密度泛函代码的有效性和可靠性。

本小节我们将简要介绍常用的 DFT 软件及其主要特点和具备的计算功能。

3.7.1 全电子计算软件包

(1) WIEN2K

WIEN2k 是一款由维也纳工业大学材料化学研究所开发的商业密度泛函计算软件。该软件基于全势（线性化）增广平面波和局部轨道方法 [FP-(L)APW+lo] 求解 Kohn-Sham 方程。该方法是目前求解 Kohn-Sham 方程最精确的数值方案之一，具有非常高的计算精度。WIEN2k 考虑相对论效应，并通过使用优化的并行算法和数值库，高效实现了 APW+lo 全电子方案，自洽地考虑了所有电子，其计算结果被当作基准结果使用。特别在磁性计算等高精度领域应用较广。

WIEN2k 中实现了 LDA、GGA、meta-GGA（通过 libxc interface）、LDA + U 和 Hybrid-DFT 等许多不同交换关联泛函，内置 230 个空间群，能够方便地处理自旋极化和自旋-轨道耦合效应[21]。除了电子结构计算、结构优化等常规任务外，WIEN2k 还实现电场梯度、超精细场、X 射线发射和吸收谱、电子能量损失谱等问题。

另外，WINE2k 还可以通过图形用户界面 W2web（WIEN to WEB）产生和修改输入文件，并帮助用户执行各种计算任务（如电子密度、态密度等）。

(2) EXCITING

EXCITING 是由德国柏林洪堡大学 Claudia Draxl 小组开发的一款基于增广平面波和局部轨道方法 [(L)APW+lo] 的全电子全势开源第一性原理计算包。该代码主要面向材料的激发态性质计算，实现含时 DFT（TDDFT）等高阶计算方法。该代码实现了许多静态和动态交换关联内核，可以通过多种方案处理范德华力。TDDFT 可以用于计算具有弱电子-空穴相互作用材料（例如小分子和金属）的吸收光谱和电子损耗光谱。对具有显著电子-空穴关联效应的系统，EXCITING 还提供了多种基于多体微扰理论的光谱计算模块。为了计算准粒子能带结构，EXCITING 还实现 G0W0 近似和 Bethe-Salpeter 方程（BSE），能够准确描述解价电子和芯区电子的激发态[22]。除此之外，该代码还可以用于计算光-质相互作用过程，例如拉曼散射、二次谐波生成和磁光克尔效应[23]。

EXCITING 配备了关于代码的详细文档，包括交互式输入参考网页和 30 多个说明基本功能和高级功能的教程。同时，也集成了一些处理工具，可以非常方便地进行特定任务（如弹性常数和光学系数）的计算和后期处理。

ELK 是一款与 EXCITING 同源的高精度全电子全势线性化增强平面波（LAPW）代码。最初是在 Karl-Franzens-Universitat Graz 编写的，该程序希望通过简化代码从而加速实现密度泛函领域的最新理论进展。

(3) FHI-aims

FHI-aims 是由德国 Fritz-Haber 研究所主导开发的一款基于数值原子轨道的全电子商业密度泛函计算包。其开发团队遍布全球，包括 FHI、Duke University、TU Munich 和中国科技大学等。该代码实现不同层次的交换关联泛函和多体微扰理论，能够进行高精度的全电子第一性原理计算。由于采用数值原子轨道，FHI-aims 对分子系统和纳米结构特别有效，同时在包含非周期性和周期性系统中均可保持较高的数值精度和计算效率。该全电子代码具有和赝势平面波类似的计算量，可处理多达数千个原子的体系，同时它还具有非常高的并行效率，可以有效地利用上万个计算机内核。

FHI-aims 预设了可由用户自主选择 1-102 号元素的数值原子基组，能克服常见局域基组不完备的缺点，实现能量和各种性质随基组的收敛测试，预测的基组通常可以达到 meV 级别的总能收敛精度。该代码包含了 LDA、GGA、meta-GGA、杂化泛函和随机相近似（Random-Phase Approximation，RPA）等五个不同层次的交换关联泛函，同时也发展了多体微扰理论方法包括二阶 Moller-Plesset 理论（MP2）和 GW 近似。该代码还可以通过 Born-Oppenheimer 和路径积分分子动力学求解原子和固体的热力学性质[24]。另外，FHI-aims 针对范德华（van der Waals，vdW）力发展了一系列 Tkatchenko-Scheffler 范德华校正，解决了 LDA/GGA 在研究 vdW 相互作用起支配作用的体系时的不足。

(4) FLEUR

FLEUR 是由德国 Juelich 研究所开发的一款功能齐全免费开源的全电子 FLAPW 代码。该方法普遍适用于元素周期表中的所有元素，可以计算出由任意化学元素组成的晶体和薄膜的各种性质。除能带结构等外，FLEUR 还可以准确地描述非共线磁等复杂磁性系统和具有强自旋轨道耦合的系统。该代码还实现了不同级别的并行算法（MPI 和 OpenMP），并针对不同计算硬件（例如 CPU 或 GPU）进行优化，可以在包括超级计算机等各类计算资源上进行部署[25]。

FLAPW 方法计算精度高，但计算参数也十分复杂。为了简化这一过程，FLEUR 采用了两步计算程序。第一步，把基本结构输入到 FLEUR 输入文件生成器。该程序能根据不同的材料提供默认参数，创建一个完全参数化的 FLEUR 输入文件。第二步，用户在 FLEUR 输入文件中修改所选参数，用于后续的密度泛函计算。因此，用户不必自己编写复杂的 FLEUR 输入文件，大大简化计算难度。

(5) FPLO

FPLO 包是由德国 IFW Dresden 开发的一个基于原子轨道基的全电子全势商业电子结构计算代码。它可以对具有三维周期性的块体系统和具有自由边界条件的分子或团簇，采取同样的基组。代码使用了较小基组，但是可以达到与 FLAPW 类似的计算精度。

除了常规第一性原理计算如 LDA、GGA 和 DFT+U 方法外，FPLO 可以计算不同局域坐标系下的投影态密度，同时计算材料的拓扑性质[26]。

3.7.2　赝势计算软件包

(1) VASP

VASP 是基于平面波基组的电子结构计算和第一性原理分子动力学模拟软件包。它是材料模拟和计算物质科学研究中最流行的商用软件之一，目前被全球学术界和工业界超过 1400 个研究小组使用。VASP 起源于麻省理工学院 Mike Payne 编写的代码（这也是

CASTEP 的基础），随后被 Jürgen Hafner 带到了奥地利维也纳大学。VASP 目前主要由维也纳大学 Georg Kresse 领导的团队开发。

VASP 使用平面波基组，电子与离子间的相互作用使用超软赝势（Ultra-Soft Pseudo-Ppotential，USPP）或投影缀加波（Projected Augmented Wave，PAW）方法进行描述[27]。软件包提供经过广泛测试的势文件，具有较高的精度和计算效率。VASP 代码能充分利用任意构型的对称性，使用高效的矩阵对角化技术求解电子基态，并在迭代过程中采用了 Broyden 和 Pulay 密度混合方案加速自洽循环的收敛。VASP 实现了密度泛函领域常用的交换关联泛函包括杂化泛函，同时也实现了基于格林函数包括 GW 近似、无规相近似方法以及多体微扰理论如二阶 Møller-Plesset 方法。

VASP 代码中采用周期性边界条件（或超原胞模型）处理原子、分子、团簇、纳米线（或管）、薄膜、晶体、准晶和无定性材料，被广泛应用于研究材料的结构、力学性质、电子结构、光学性质、激发态、磁学性质以及晶格动力学性质。

（2）CASTEP

CASTEP 是剑桥大学开发的一款基于密度泛函理论的赝势平面波计算软件，支持 Vanderbilt 超软和模守恒赝势，能够有效地研究材料的能量、原子尺度结构、振动性质、电子响应性质[28]。另外，它还能模拟红外和拉曼光谱等谱性质。CASTEP 中包含 LST/QST 方法搜索过渡状态，可以方便地研究气相或材料表面的化学反应。此外，基于线性响应法或有限位移法，CASTEP 可以方便地获得固体的振动性质（声子色散、声子态的总密度和投影密度、热力学性质）。CASTEP 可用于计算分析固态核磁共振实验结果所需的性质如化学位移和电场梯度。

CASTEP 是作为 Cerius2 和 Materials Studio 等的量子化学模块之一，是用 Fortran90 语言编写的。借助于良好的用户界面，科研人员可以方便地利用 CASTEP 执行第一性原理量子力学计算，探索半导体、陶瓷、金属、矿物和沸石等材料中晶体和表面的特性。尽管 CASTEP 很早就被商业化，但是 CASTEP 源代码对学术界是免费的。

目前，CASTEP 实现的泛函包括 LDA、GGA（PW91、PBE、RPBE、PBEsol、WC）以及杂化密度泛函（PBE0、B3LYP、sX-LDA 和 HSE）功能。同时针对强关联和范德华体系发展了 DFT+U 和半经验色散校正（DFT+D）方法。

（3）Quantum ESPRESSO

Quantum ESPRESSO（QE）是一套由意大利理论物理研究中心开发的开源计算机代码，主要用于电子结构计算和纳米材料建模[29]。该代码电子结构计算模块即 PWscf，采用平面波基组和赝势，目前支持模守恒、超软和 PAW 势。QE 可以在同一代码中计算材料电子结构，包括能带、费米面（金属）、声子、电声耦合作用、超导、光学和输运性质。该代码开源免费、易于上手、功能完善且模块化，并包含专门的后处理程序包，在材料模拟领域得到了广泛应用。但是由于用户群体过多，存在同种原子赝势种类多、多组分化合物中的各元素赝势较难凑齐、结构优化较慢等问题。近年来，随着赝势越来越完善，QE 的计算精度也得到有效提高。

QE 软件包通过模块化的形式发布，目前包含的模块包括 PWscf（电子结构计算和结构优化模块）、Car-Parrinello（CP，分子动力学）、Phonon（基于密度泛函微扰理论的振动和介电性质计算）、TD-DFPT（基于含时密度泛函微扰理论光谱计算）、EPW（金属中电声子耦合计算）、PWneb（基于 NEB 计算过渡态和反应路径）以及 GWL（基于 GW 的多体微扰理论计算）。同时也提供了数据图形界面 PWgui，方便准备输入文件和处理计算结果。

（4）ABINIT

ABINIT 是一款由比利时鲁汶大学主导开发的功能强大的开源密度泛函程序包，采用平面波基组和赝势方法，计算分子和周期性固体的总能量、电荷密度和电子结构。与 Quantum ESPRESSO 相似，ABINIT 支持模守恒、超软赝势和 PAW 势。随着用户群体不断增加，赝势已经逐步完善，精度得到了极大的改善。常用的赝势包括 JTH PAW 势、GBRV 势、HGHk 模守恒势以及 Troullier-Martins 模守恒势。这些势被证明具有相当高的精度。

代码可以根据 DFT 计算得到的力和应力优化几何结构，进行分子动力学模拟。代码可以根据密度泛函微扰理论生成声子、波恩有效电荷和介电张量[30]。另外，也可以基于含时密度泛函 TDDFT 和多体微扰理论（GW 近似和 BSE 方程）计算材料的激发态和光谱。代码还实现了 DFT＋U 方法和动态平均场理论（Dynamical Mean Field Theory，DMFT），处理强关联材料。

除了主 ABINIT 代码之外，还提供了其他不同的实用程序如过线性响应理论自洽地计算 Hubbard 参数。同时 ABINIT 还可以通过 nanohub 提供基于网页的图形版本，方便用户使用。

（5）DACAPO

DACAPO 是丹麦工业大学早期开发的一个免费的赝势平面波计算代码。它对价电子态采用平面波基组进行展开，使用 Vanderbilt 超软赝势描述核-电子间相互作用。程序实现了采用局域密度近似和各种 GGA 交换关联泛函（PW91、PBE、rPBE）进行自洽计算，同时能进行分子动力学和结构弛豫。DACAPO 早期被广泛应用于计算各种分子在金属表面的吸附。

与其他代码不同的是，DACAPO 通过 ASE（Atomic Simulation Environment）完成结构建模和计算。ASE 是丹麦工业大学开发的一系列构建、分析和可视化原子模拟的 python 工具包，包括了建模、结构优化、wannier 函数、过渡态搜索、输运等模块，为不同的电子结构计算代码提供统一的界面。通过 ASE，人们可以十分方便地运用不同的方法来比较研究同一个材料体系。目前，ASE 可以连接大多数主流的 DFT 软件比如 VASP 等。

（6）SIESTA

SIESTA 是由西班牙 CIC nanoGUNE 主导开发的基于数值原子基组的开源赝势代码，能够对分子和固体进行高效的电子结构计算和从头计算分子动力学模拟。它使用严格局域化的原子轨道基组和完全非局域形式的模守恒赝势，实现线性标度算法，可以用于数千原子体系的电子结构模拟。SIESTA 的基组允许任意个角动量，多个 zeta，极化和截断轨道，用户可以改变基组使计算达到与平面波和全电子方法类似的精度。

除了基本电子结构计算，SIESTA 还包含 TranSIESTA 模块，可以进行输运性质计算。

（7）Dmol^3

Dmol^3 是由瑞士保罗谢尔研究所 Bernard Delley 主导开发的一款原子数值组的密度泛函计算软件，是美国 Accelrys 公司研发的 Cerius2 和 Materials Studio 的量子化学模块之一，适合于用户研究化学、化工、医药、材料科学以及固体物理方面的问题，可以模拟气相、溶液、表面以及固体环境中的过程。

Dmol^3 包括最小基组、DN、DND、DNP 等数值 AO 基组，包含常见的 LDA 和 GGA

泛函，可以进行自旋限制和非限制 DFT 计算，优化结构和计算振动频率，并能搜索和优化过渡态，图形显示反应路径和简正振动的动画。另外，代码还能直接模拟光谱。

参考文献

［1］ 刘靖疆. 基础量子化学与应用 ［M］. 北京：高等教育出版社，2004.

［2］ Stoll H，Pavlidou C M，Preuß H. On the calculation of correlation energies in the spin-density functional formalism ［J］. Theoretica Chimica Acta，1978，49（2）：143-149.

［3］ Anisimov V，Poteryaev A，Korotin M，et al. First-principles calculations of the electronic structure and spectra of strongly correlated systems：Dynamical mean-field theory ［J］. Journal of Physics：Condensed Matter，1997，9（35）：7359.

［4］ Runge E，Gross E K. Density-functional theory for time-dependent systems ［J］. Physical Review Letters，1984，52（12）：997.

［5］ Wills J M，Alouani M，Andersson P，et al. Full-potential electronic structure method：Energy and force calculations with density functional and dynamical mean field theory ［M］. Berlin：Springer Science & Business Media，2010.

［6］ Alder B J，Wainwright T E. Phase transition for a hard sphere system ［J］. The Journal of Chemical Physics，1957，27（5）：1208-1209.

［7］ Cao H，Xia G J，Chen J W，et al. Mechanistic insight into the oxygen reduction reaction on the $Mn-N_4/C$ single-atom catalyst：The role of the solvent environment ［J］. The Journal of Physical Chemistry C，2020，124（13）：7287-7294.

［8］ Wang Y G，Yoon Y，Glezakou V-A，et al. The role of reducible oxide-metal cluster charge transfer in catalytic processes：New insights on the catalytic mechanism of co oxidation on Au/TiO_2 from ab initio molecular dynamics ［J］. Journal of the American Chemical Society，2013，135（29）：10673-10683.

［9］ Cantu D C，Wang Y G，Yoon Y，et al. Heterogeneous catalysis in complex，condensed reaction media ［J］. Catalysis Today，2017，289：231-236.

［10］ Wei J，Chu X，Sun X Y，et al. Machine learning in materials science ［J］. InfoMat，2019，1（3）：338-358.

［11］ Butler K T，Davies D W，Cartwright H，et al. Machine learning for molecular and materials science ［J］. Nature，2018，559（7715）：547-555.

［12］ Li Z，Wang S，Chin W S，et al. High-throughput screening of bimetallic catalysts enabled by machine learning ［J］. Journal of Materials Chemistry A，2017，5（46）：24131-24138.

［13］ Back S，Yoon J，Tian N H，et al. Convolutional neural network of atomic surface structures to predict binding energies for high-throughput screening of catalysts ［J］. The Journal of Physical Chemistry Letters，2019，10（15）：4401-4408.

［14］ Tran K，Ulissi Z W. Active learning across intermetallics to guide discovery of electrocatalysts for CO_2 reduction and H_2 evolution ［J］. Nature Catalysis，2018，1（9）：696-703.

［15］ Yu X H，Oganov A R，Zhu Q，et al. Correction：The stability and unexpected chemistry of oxide clusters ［J］. Physical Chemistry Chemical Physics，2019，21（3）：1623-1623.

［16］ Brändle M，Sauer J，Dovesi R，et al. Comparison of a combined quantum mechanics/interatomic potential function approach with its periodic quantum-mechanical limit：Proton siting and ammonia adsorption in zeolite chabazite ［J］. The Journal of Chemical Physics，1998，109（23）：10379-10389.

［17］ Mortensen J J，Hansen L B，Hammer B，et al. Nitrogen adsorption and dissociation on Fe（111）［J］. Journal of Catalysis，1999，182（2）：479-488.

［18］ Pallassana V，Neurock M. Electronic factors governing ethylene hydrogenation and dehydrogenation activity of pseudomorphic PdML/Re（0001），PdML/Ru（0001），Pd（111），and PdML/Au（111）surfaces ［J］. Journal of Catalysis，2000，191（2）：301-317.

［19］ Pallassana V，Neurock M，Coulston G. Towards understanding the mechanism for the selective hydrogenation of maleic anhydride to tetrahydrofuran over palladium ［J］. Catalysis Today，1999，50（3/4）：589-601.

［20］　Klinke Ii D J，Broadbelt L J. Construction of a mechanistic model of Fischer-Tropsch synthesis on Ni（111）and Co （0001）surfaces［J］. Chemical Engineering Science，1999，54（15/16）：3379-3389.

［21］　WIEN2k［EB/OL］.［2021-06-01］. http：//www. wien2k. at/.

［22］　The Elk Code，http：//elk. sourceforge. net，2020

［23］　exciting，http：//exciting-code. org.

［24］　FHI-aims：Full-Potential，All-Electron Electronic Structure Theory with Numeric Atom-Centered Basis Functions， https：//aimsclub. fhi-berlin. mpg. de/index. php.

［25］　Welcome to the FLEUR-project，www. flapw. de.

［26］　FPLO，https：//www. fplo. de.

［27］　Perdew J P，Zunger A. Self-interaction correction to density-functional approximations for many-electron systems ［J］. Physical Review B，1981，23（10）：5048.

［28］　Clark S J，Segall M D，Pickard C J，et al. First principles methods using CASTEP［J］. Zeitschrift für Kristallographie-Crystalline Materials，2005，220（5/6）：567-570.

［29］　Giannozzi P，Baroni S，Bonini N，et al. QUANTUM ESPRESSO：A modular and open-source software project for quantum simulations of materials［J］. Journal of Physics：Condensed Matter，2009，21（39）：395502.

［30］　Gonze X，Amadon B，Antonius G，et al. The abinit project：Impact，environment and recent developments［J］. Computer Physics Communications，2020，248：107042.

第4章

负载型催化剂

负载型催化剂是指将活性组分及助剂组分均匀分散并负载在某种被选做载体的材料上所得到的催化剂，是多相催化中占比较大的一种催化剂。尤其是活性组分为贵金属的催化剂，制成负载型催化剂后，可提高贵金属的分散度，使金属暴露在晶粒表面的原子数与总的金属原子数之比提高，减少贵金属用量。载体可提供有效的表面和适宜的孔结构，使活性组分的烧结和聚集受到抑制，并增强催化剂的机械强度。在一些情况下，催化剂载体也会参与到催化反应中，与负载的活性组分形成协同效应，如溢流反应等。

研究负载型催化剂的结构，包括活性金属与载体的界面、金属的分散性、金属与载体的相互作用强弱等，是认识催化反应机理并改进催化剂性能的基础。现代表征技术可对催化剂的微观结构给出较为详尽的认识，尤其是针对一些高真空条件下的模型催化体系，扫描隧道显微镜及一些谱学表征手段能对催化剂的结构进行分子层面的解析，在此基础上结合理论催化计算，进一步阐明催化剂构效关系，为新型催化剂的创制奠定理论基础。

近年来，研究者将负载的活性金属组分提高到了单原子分散的水平，并发现了一些不同于以往负载较大团簇时的性质，引起了业内的广泛关注。本章将以负载型单原子催化剂为起点，逐步讲解负载型催化剂的金属与载体的相互作用，涉及金属在载体表面的生长与聚合、金属与载体间的电荷转移等，并列举一些模拟催化反应机理的实例。

4.1 单原子催化剂

自 2011 年在多相催化中提出单原子催化的概念后[1]，单原子催化的快速发展得到了人们的广泛关注。负载在载体上的单金属原子催化剂具有独特的化学和物理性质，具有和传统的纳米催化剂和金属催化剂不同的独特化学环境。研究表明，单原子催化剂具有三大优点：高选择性、高的原子效率和可调的高活性。从效率上看，单原子催化剂通过对反应物暴露单金属原子，最大化贵金属的使用。理想的单原子催化剂活性中心的局域配位环境是确定的，而固定在载体上的金属团簇和金属催化剂具有多重且复杂的活性中心，相比于载体上的纳米团簇催化剂和金属催化剂，单原子催化剂具有更好的选择性。单原子催化剂中单金属原子和载体原子独特的配位可能导致对特殊反应的高活性。为了避免在催化反应条件下活性金属聚集的问题，单原子催化剂可以通过在衬底的具体位置铆定金属单原子来固定金属单原子，包括镶嵌和表面吸附。考虑到复杂的现实催化反应条件，单原子催化剂的稳定性也依赖于表面反应条件、载体类型、反应物种、温度以及组分气压等，这些反应条件非常难确定，而且每个催化系统也都不尽一致，这导致预测和设计高稳定性和高活性单原子催化剂仍存在挑战。

4.1.1　单原子催化剂的概念和意义

由于单原子催化剂只包含单个孤立的金属原子分散于衬底的表面，因此，从定义上说，金属单原子催化剂的分散度是100%。这类催化剂和传统负载金属催化剂具有明显不同的独特性质。下面将阐述单原子催化剂的定义和其他高分散催化剂的区别以及联系。

(1) 单原子催化剂的概念

单中心多相催化剂　这里单中心催化剂指的是可以包含一个或者多个原子的催化剂。单中心指的是在空间上一个中心和另一个中心是孤立的，在这类中心之间没有光谱和其他相互干扰。每个中心具有相同的和反应物之间相互作用的能量，且每个中心结构可以很好地被表征，就像均相分子催化剂的单中心一样。

单原子催化剂[1]　单原子催化剂指的是仅仅在衬底上包含一个孤立的原子的催化剂。并且在孤立的单原子之间没有空间有序性也没有显著的相互作用。单原子催化剂的活性位通常包含单个金属原子、近邻的衬底原子或者其他功能物种。活性位的催化性质类似或者由于单原子和相邻原子的相互作用而不同。当单原子催化剂个体的催化行为类似或者一致时，那么单原子催化剂可以被看作单中心多相催化剂。

原子分散负载催化剂　这类催化剂中，负载金属的分散度也可以被认为是100%。然而，这类催化剂中的金属原子通过分散形成两维柱状、小团簇、三聚体、二聚体或者单体等结构的独特催化。原子分散负载催化剂的定义确定参数是金属原子的分散度为100%。单原子催化剂可以被认为是原子分散负载催化剂的一个分支。一个单原子催化剂的结构和催化性能相比于原子分散负载催化剂是更为明确和确定的。

位置孤立多相催化剂　这个术语通常指的是包含空间分离的有机金属复合物的多相催化剂。有机金属复合物具有非常明确的结构，他们通过配位键固定在衬底表面上，形成了位置孤立多相催化剂。一个典型的例子就是移植金属有机催化剂在二氧化硅的表面。位置孤立多相催化剂的活性位可以包含多个金属原子，且这些金属原子不必是原子分散的。位置孤立多相催化剂的特点是其活性位被配位键所保护，并且所有活性位的活性是一致的。只具有一种类型活性位的位置孤立多相催化剂可以认为是单中心多相催化剂，在文献报道中单中心多相催化剂和位置孤立多相催化剂是可以相互交换的。

通常来说，单中心多相催化剂可以通过有序微孔/介孔衬底（比如沸石）形成，而位置孤立多相催化剂可以通过功能小分子组的功能化和固定实现。单原子催化剂通常不是单中心多相催化剂，这是由于孤立金属原子和衬底的强烈作用依赖于表面结构的多相性质和衬底材料的缺陷特点。当单金属原子镶嵌入明确结构和高度有序的介孔结构中，或者当单金属原子只和衬底表面具有明确结构的功能组分子相互作用时，这类单原子催化剂可以视作单中心多相催化剂。例如，对于水煤气变换反应的催化剂，Flytzani-Stephanopoulos 研究组研究发现 $Au—O_x(OH)—S$（这里 S 代表衬底）的本征活性位[2]和通过—O 配位体将 Na 离子束缚在单中心 Pt 催化剂上对一系列衬底是一致的。在特殊的催化剂中，单原子催化剂的催化行为和单中心多相催化剂是一样的。

(2) 单原子催化是多相催化和均相催化的桥梁

从概念上来说，单原子催化剂中的单原子反应中心展示了均相和多相催化的结合点。这里列举两个例子来对比密切相关的均相和多相单原子催化剂的活性。尽管存在很多这类对比研究，这里将工业上发生在负载的 Rh 单原子催化剂上的氢甲酰化反应和发生在 M-N-C 上的有机转化进行对比研究。

烯烃的氢甲酰化反应是涉及均相催化的重要工业过程。有机配位体（例如三芳基膦）倾向进行氧化或者分解，催化剂易失活且再生困难，这促使人们开发更好的催化剂。单个铑原子负载在氧化锆纳米线上的催化剂展示出对烯烃的氢甲酰化反应具有高的催化活性，在适宜反应条件下（0.8MPa H_2 和 100℃）生成苯乙烯的转换频率为 40000s^{-1}，这个转换频率甚至比工业上用的 [$RhCl(PPh_3)_3$]（Wilkson 催化剂）更高。另一个 Rh/ZnO 单原子催化剂的显著特点是对烯烃的氢甲酰化反应的化学选择性接近 100%，这主要是由于单原子催化剂中没有 Rh—Rh 金属键的存在。类似的单原子催化剂 Rh/CoO 对丙烯氢甲酰化反应具有非常高的活性（TOF 达到 2065h^{-1}），生成丁醛的选择性非常高（94.4%），且在多次催化实验中非常稳定。这两个例子都表明无有机配位体的 Rh 单原子催化剂相比于均相磷化氢配位的 Rh 催化剂具有更高的活性和选择性。从这一方面来看，固体催化剂可以像有机配体一样来调整孤立 Rh 原子的电子结构。比如说，在 Rh/ZnO 单原子催化剂中 Rh 原子接近金属性（电中性），而在 Rh/CoO 中 Rh 原子接近正三价。在两种催化剂中 Rh 原子的不同电子结构反映了他们不同的氢甲酰化反应性能：Rh/ZnO 对线性的醛类没有选择性，而 Rh/CoO 具有非常高的选择性。进一步，利用密度泛函理论研究发现 Rh/CoO 催化剂在反应过程中发生了重构，而重构有利于反应物的吸附和活化。这种单原子催化剂的重构和再生可以类比于均相反应中的过程。

从 M-N-C 单原子催化剂上看，他们的活性位和 N 接触的金属复合物大分子类似，很多特点都非常像金属酶。从这一方面看，M-N-C 单原子催化剂也具有多相和均相的特征。M-N-C 单原子催化剂通过和均相对应催化反应的对比展示了其对一系列有机转化反应具有高催化活性，尽管后者的催化活性位结构已经得到确定。例如，对于血红蛋白而言，中心的铁离子在一个平面内被四个 N 原子所束缚，其中一个顶点位置被一个配位键所占据。配位不饱和的铁中心可以束缚 O_2（如图 4.1 右图所示）。在单原子催化剂中，FeN_5 结构可以通过高温裂解 $Fe(OAc)_2$/phen/MgO 混合物而得到。这种催化剂负载在很多衬底上都展示了高的催化活性和高的对 C—H 键的选择氧化能力。配位不饱和的原子在功能化传统的多相催化剂中也起着非常重要的作用，当使用较大的粒子做催化剂时尽管边界和顶点包含了比较多的原子，一般情况下被认为是催化活性位。因此，总的来说，要想真正在均相和多相催化之间搭起一座桥梁，还有非常多的工作需要继续进行。只有在多相催化中真正合成均一和明确活性位的单原子催化剂，才能在两者之间建立一座真正的桥梁。

4.1.2　单原子催化剂的稳定性

构建一个具有高密度活性位和高稳定性的单原子催化剂对潜在的工业应用非常重要。当金属分裂为小的粒子后，它的表面自由能会大大增加，基于此单原子在预活化和反应过程中很容易聚集。为了克服单原子富集的这种趋势，需要单原子和载体形成非常强烈的化学键，这也是研究单原子催化剂稳定性的核心目的（如图 4.2 所示）。这种强烈的相互作用不但能够影响单原子的稳定性而且能够影响束缚中心和单原子催化剂催化的化学反应的性质。

（1）单原子负载在氧化物衬底上

氧化物是使用最多的一类负载金属催化剂的载体。其具有高的比表面积，丰富的金属和

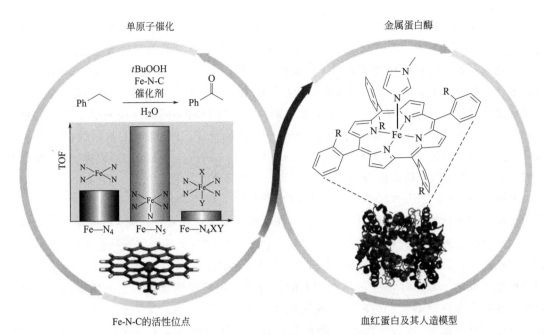

图 4.1　单原子 Fe-N-C 氧化催化剂和相关的金属蛋白[3]

左图：Fe-N-C 单原子催化剂的表征表明其具有四个不同的活性位结构 $Fe—N_x$ $(x=2～4)$，对乙苯氧化为苯乙酮的反应其展示了不同的转换频率，其中 $Fe—N_5$ 中心具有最高的催化活性；
右图：血红蛋白利用一个类似的 $Fe—N_5$ 中心束缚 O_2，简化的卟啉铁复合物结构也展示出来作为对比，包含一个 1-甲基咪唑配位键和一个空的铁配位键（和衬底配位）

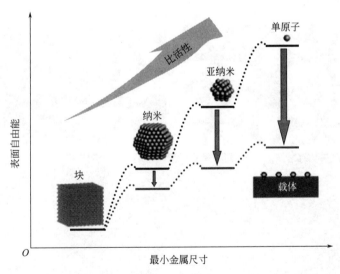

图 4.2　表面自由能和比活性与粒子尺寸的关系[4]

氧缺陷及表面羟基，相比于其他衬底，氧化物在稳定单原子上具有非常多的优点。特别是还原性金属离子的氧化物，比如 Ce^{4+}、Ti^{4+} 和 Fe^{3+} 等。下面我们将举例说明一些载体在稳定单原子催化剂方面的特性。

　　铁氧化物是典型的常用来稳定单贵金属原子的 3d 金属基衬底。铁具有氧化还原活性，依赖于化学反应和使用的预处理方法，铁氧化物呈现不同的物相。例如，在氧化的条件下赤铁矿（α-Fe_2O_3）和磁赤铁矿（γ-Fe_2O_3）是主要存在的相，然而在还原条件下，磁铁矿（Fe_3O_4）和方铁体（FeO）是主要存在的相。铁氧化物成分的不确定性使确定贵金属原子在铁氧化物衬底上的精确位置成为一个挑战性的任务；此外，表面羟基也会影响负载单原子的稳定性。FeO_x 载体可以通过形成离子和共价键来稳定铂原子，其他金属如铱和金也可以形成稳定的分散在 Fe_2O_3 表面的单原子催化剂。这些材料对不同的反应展示了不同的催化活性，比如一氧化碳氧化、水煤气变换反应和 NO 还原反应。Pt_1/FeO_x 材料的扩展 X 射线吸收精细结构谱（Extended X-Ray Absorption Fine Structure，EXAFS）数据表明 Pt 的配位数约为 3，表明每个活性位有三个 Pt—O 键。根据密度泛函理论可以计算这个活性位的结构，表明当 Pt 原子在 Fe_2O_3(001) 表面的 O_3 终结面上时将非常稳定，在 Pt 原子下的三层原子均由铁原子构成 [如图 4.3(a) 所示]。在这种情况下，也就是说在 O_3 终结面的上面一个 Fe 原子将被 Pt 原子取代，这个模型和 AC-HAADF-STEM 图像一致[1]。Pt 原子的半径相对于铁原子比较大，这意味着 Pt 原子不能和其他铁原子在同一平面内，即 Pt 原子将在氧原子所在平面的上方，Pt 原子将具有较大的机会和有机反应物接触。这个模型展示了其合理性，这种合理性归结于 Pt_1/Fe_2O_3 催化剂在空气中高温焙烧，其展示了高度的热稳定性和氧化稳定性 [如图 4.3(c) 所示]。当催化剂存在于还原性气氛下（比如 H_2 气氛），衬底表面甚至块体还原为 Fe_3O_4，此时和 Pt 原子的相互作用和 Pt_1/Fe_2O_3 是不同的 [如图 4.3(b) 所示]。在 Pt_1/Fe_3O_4 催化剂中，每个 Pt 原子只和两个氧原子成键，和实验中从刚还原的 Pt_1/Fe_3O_4 收集到的 EXAFS 数据一致。如果表面 Pt 原子的覆盖度足够高，Pt 原子将富集并且伴随着 Fe_2O_3 还原为 Fe_3O_4 [如图 4.3(d) 所示]。因此，在还原性环境中维持 Pt 的单原子状态需要 Pt 的密度非常低，通常 Pt 的含量低于 0.1%（质量分数）[如图 4.3(e) 所示]。

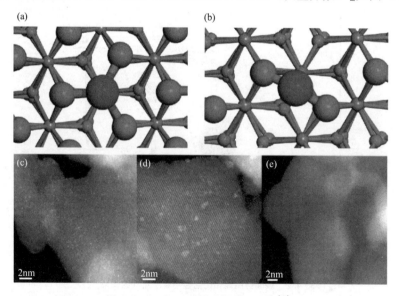

图 4.3 Pt_1/FeO_x 催化剂的原子结构[3]

（a）密度泛函理论计算表明在 Pt_1/Fe_2O_3 的结构中 Pt 原子被束缚在三个氧原子上并且在 Fe_2O_3(001) 表面的 O_3 终结面的 Fe 空位上方；（b）计算得到的 Pt_1/Fe_3O_4 结构，这里 Pt 原子只和表面的两个氧原子成键；（c）～（e）Pt_1/FeO_x 表面的大角度环形暗场扫描透射电子显微照片展示了其活性位：（c）2.5%（质量分数）Pt/Fe_2O_3 样品经过焙烧后，其中的亮点是 Pt 单原子中心；（d）微观图像展示了焙烧过的 2.5%（质量分数）Pt/Fe_2O_3 经过暴露在还原性条件后的图像；（e）微观图像展示了低覆盖度下分散的 Pt 原子

Pt_1/Fe_3O_4 单原子催化剂随后得到了一系列研究的证实，扫描隧道显微镜和 X 射线光电子能谱，结合密度泛函理论计算表明 Fe_3O_4（001）表面由于次表面铁缺陷而进行了 $(\sqrt{2}\times\sqrt{2})R45°$重构，形成一个空间可以容纳单金属原子[5]，即单金属原子可以通过和没有第二层铁原子的两个氧原子配位。束缚在这个空间的单原子的稳定性来源于第一个次表面的电荷和轨道有序性。除了 Pt 原子，其他贵金属比如金、铂和钯，也包括其他金属比如镍和银，在覆盖度比较低的情况下均可以稳定在这个位置。作为对比，Ti、Zr、Co 和 Mn 则倾向于占据次表面阳离子空位形成铁氧体的复合物。单金属原子也可以局域在氧空位的位置，此时它和衬底中的金属原子成键。

（2）单原子负载在含其他杂原子的衬底上

单个过渡态金属原子或离子和载体原子成键的稳定作用不仅仅局限于氧化物材料。特别是在考虑到富碳材料时，其他的供电子原子在稳定金属原子时也非常有效。例如，在碳富裕衬底上的 N 原子不仅强烈地锚定独立的金属中心而且修饰了碳材料的电子特性。相比于金属原子沉积在没有掺杂的碳材料上，在掺杂 N 的碳材料上的金属原子在一系列电催化过程中具有高的活性和选择性。这类单原子催化剂包含单贵金属原子分散在碳纤维上。密度泛函理论对这些材料的计算表明每一个贵金属原子和在石墨层边界配位的两个吡啶 N 原子配位[图 4.4(a)]，并且化学键的强度依赖于金属的电子性质，按照 Ru＞Pt＞Pd 排列。当以这种配位出现时，单金属中心带正电。

除了 N 掺杂的碳材料，更好的具有明确结构的固体材料，比如介孔聚合物石墨状氮化碳（mpg-C_3N_4），也是非常有用的固定单贵金属原子的衬底。mpg-C_3N_4 的空隙是固定金属

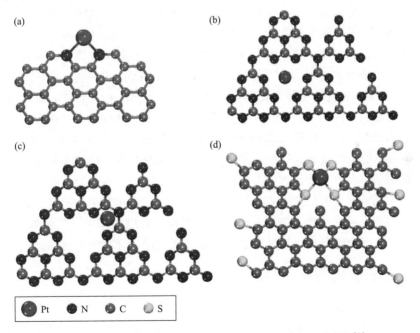

图 4.4　在掺杂的碳材料衬底上单 Pt 原子与富 N 和富 S 区域成键[3]

（a）N 掺杂石墨烯层的边界的特色是有一对吡啶 N 原子，这对 N 原子间的相互作用与 2,2′-bipyridine 束缚 Pt 原子时一样强；（b）Pt 原子也可以束缚在介孔聚合物 C_3N_4 的空穴内（包含六个 N 原子）；（c）Pt 原子能够负载在 C_3N_4 表面上方，和三个 N 原子以及两个 C 原子成键；（d）在 S 掺杂的碳材料中，二价的 Pt 离子可以在一个扭曲的四方构型中和硫醇基或者硫醚中的 S 中心成键

原子的理想位置，这是由于每个空位来自于六个 N 原子。将 Pd 和 Pt 负载在 mpg-C$_3$N$_4$ 上，只要负载密度小于 0.5％（质量分数）就可以得到 100％的原子分散率。通过密度泛函理论计算和 EXAFS 数据拟合可以得到具体的结构模型和探测到贵金属原子和 mpg-C$_3$N$_4$ 的相互作用。富 N 的空穴是最容易锚定贵金属单原子的中心［如图 4.4(b) 所示］，理论计算也表明这些空位具有较大的束缚能（对 Pd 和 Pt 原子的束缚能分别为 -2.17eV 和 -2.95eV)[6]。进一步，基于计算的电荷，表明单金属原子和 mpg-C$_3$N$_4$ 中相邻的吡啶 N 原子具有强烈的电子相互作用。在 mpg-C$_3$N$_4$ 上的 Pd 和 Pt 转移的电荷（+0.4e 和 +0.27e）比在 Fe$_2$O$_3$ 上少（+0.61e 和 +0.45e），表明含氧配位体和 Fe$_2$O$_3$ 容易进行还原。尽管有利的相互作用为贵金属原子和载体相互作用，然而实验发现和密度泛函理论计算的预测结果往往不一致。例如，EXAFS 数据表明单 Pt 原子容易束缚在另一个替代位，其在 mpg-C$_3$N$_4$ 上方且和三个 N 原子以及两个 C 原子成键［如图 4.4(c) 所示］。

除了含 N 的碳材料之外，含 S 的碳材料往往也是束缚贵金属原子的良好材料，这些材料能够转化为单原子催化剂，特别是对于软金属中心，软 Lewis 碱中心，比如 S 中心，束缚金属原子比 N 还要强。实际上，通过化学气相沉积法制备的 S 掺杂的沸石碳材料是束缚单原子 Pt 的非常好的衬底。EXAFS 数据表明 Pt 具有 +2 价且和石墨烯边界的四个 S 原子成键［如图 4.4(d) 所示］。这样的结构可以和均相的有机金属 Pt 复合物类比，表明单原子催化剂实际上可以看做均相和多相催化剂的桥梁。

（3）单原子催化剂负载在其他金属上

当两个不同的金属原子成键强度相比于同一金属的两个原子成键更强时，从原理上来说在一系列金属原子上形成另一个孤立的金属原子是可能的。如果 M1 是活性金属原子，那么更加惰性的金属 M2 保持较高的含量（比如，［M1］/［M2］＜0.01）确保 M1 金属不相互接触。这样产生的双金属单原子催化剂通常具有比单金属较高的催化活性。到目前为止，已经报道的单金属合金催化剂包括 Pt 族合金催化剂包括 Pd-Au、Pd-Ag、Pd-Ag、Pd-Cu、Pd-Zn、Pd-In 和 Pt-Cu。相比较于任意排列和无序合金催化剂，单原子合金催化剂由于具有孤立的单原子而具有独特的性质。比如，单原子金属合金催化剂展示了对炔烃氢化反应的选择性，由于其对烯烃双键的弱吸附及烯烃较弱的 π 键导致这些单原子合金催化剂相对于 Pt 族贵金属对 CO 分子的束缚较弱。因此，单原子合金催化剂能够抵抗 CO 中毒，这也是选择性氢化反应催化剂的一个重要特征。应当指出的是，由于在单金属合金催化剂中不同金属之间成键，这类催化剂通常比氧化物或者碳材料支撑的单原子催化剂更加稳定。相比于氧化物或者碳材料支撑的单原子催化剂，单原子合金催化剂也具有协同作用（几何效应）、电子效应和张力效应，这些效应通常也可以从任意合金和金属间隙化合物中观测到。

4.1.3　单原子催化剂的活性

研究发现，单原子催化剂能够提高很多反应类型的反应速率，化学反应的类型从热化学反应到电化学和光化学转化。单原子催化剂相比于其他催化剂的优势是多方面的，也可能不在于快速的反应速率。例如，单原子催化剂也不是全部都优于相应的纳米团簇催化剂。实际上，在某些化学反应中，单原子催化剂可能完全没有活性或者仅仅是促进剂和旁观者，特别的，有些反应需要两个或多个相邻的金属原子来活化反应物，在这类反应中，纳米粒子一般优于单原子催化剂。通常来说，单原子催化剂对反应的转化频率比相应的纳米粒子催化剂要高出数十倍。

（1）单原子催化剂在热催化反应中的应用

水煤气变换反应和 CO 氧化反应（包括在氢气中优先氧化 CO 的反应）是单原子催化剂最广泛研究的化学反应。当前研究已经确立了在还原性衬底的单原子催化剂（例如，负载在 FeO_x、CeO_2 或者 TiO_2 上的单贵金属原子中心）或者 Na^+ 改性的在非还原性氧化物上的贵金属单原子催化剂（例如沸石、碳材料或者氧化硅）比相应的纳米粒子催化剂对水煤气变换反应更具有活性。在 CO 氧化反应中单原子催化剂也不是一直优于纳米粒子，每种催化剂的相对优点依赖于一系列因素。对于 CO 氧化反应和优先氧化 CO 反应，Pt_1/FeO_x 的催化活性相比于 Pt 纳米粒子要高 $2\sim3$ 倍；另一方面，Ir_1/FeO_x 和 Rh_1/TiO_2 催化剂的催化活性要比他们对应的纳米粒子催化剂活性低，然而，Au_1/FeO_x 催化剂具有和其对应纳米粒子催化剂相当的催化活性。对于负载在 FeO_x 衬底上的单原子催化剂来说，他们的催化活性遵循 $Au_1>Pt_1>Ir_1\approx Rh_1$ 规律，而 CO 吸附强度和上述规律相反。阐明这些单原子催化剂活性的本质需要进一步的理论研究。然而，单原子催化剂理论和实验往往存在差异，这或许反映了化学的复杂性。正像 M_1/FeO_x 催化剂，在反应条件下，这个催化剂的衬底主要是 Fe_3O_4，通常情况下 Fe_3O_4 表面存在很多可能在氧化反应中起重要作用的氧缺陷或者羟基类物质，而这些表面物种通常在计算中没有被考虑到。实际上，还原性衬底在通过 O_2 或者 H_2O 低温氧化 CO 时起着重要的作用，这主要是因为衬底提供了反应所需的活性氧原子。进一步，少量水的存在也会利于 CO 的氧化，当使用单原子负载在还原性氧化物上时这种作用更加显著。当使用负载在还原性氧化物上的单原子催化剂时，水对加速优先氧化 CO 反应比加速 CO 氧化反应更加显著。

（2）单原子催化剂在电催化中的应用

受单原子催化剂中金属原子接近 100% 原子利用率的启发和实际生产中对低价值电催化剂的需求推动，单原子催化剂在电化学反应中的运用成为非常活跃的研究领域。尽管热催化活性主要依赖于活性位的性质和活性位的数量，但电催化和光催化额外还分别需要高的电导率和光的吸收，这通常可以通过在碳材料中掺杂杂原子而实现，故石墨碳材料（$g-C_3N_4$）和其他光吸附材料成为光催化剂。单原子催化剂中可以发展为电催化剂的两种主要类型是 M-N-C 单原子催化剂和 PGM 单原子催化剂。然而早期报道的 M-N-C 催化剂中的金属中心不都是原子分散的。实际上，这些催化系统除了单原子还有金属纳米粒子和大的金属碳化物。

最近，单原子催化剂合成路径和表征方法的发展重新引起了人们合成单原子分散的 M-N-C 电催化剂的兴趣，包括 Co-N-C、Fe-N-C、Ni-N-C 和 Cu-N-C 等材料。比如，从 MOF 中得到的 Co-N-C 和 Fe-N-C 优于商业上在碱金属电解质中氧还原反应得到的 Pt/C 催化剂。其高的催化活性归于单 Co 原子或者 Fe 原子将电荷转移到吸附的羟基物种上。除了 $M-N_x$ 复合物中心的本征活性，M-N-C 单原子催化剂也依赖于碳材料的多孔结构和电导率，多孔结构和电导率保证了质量和电子的传输。

（3）单原子催化剂在光化学中的应用

最近人们研究了负载的单原子催化剂在光催化转化反应中的活性。研究发现理想的衬底材料必须能够吸收太阳光，且能够提供束缚中心稳定单原子。基于此，人们发现 $g-C_3N_4$ 因具有非常高的稳定性、对可见光的吸附以及提供电子原子 N 的作用来稳定金属中心而成为一类很有潜力的光催化剂。

4.1.4　单原子催化剂的选择性

催化反应的选择性是评价催化剂的重要指标，低的选择性意味着原料转变为了副产物，这样原料消耗量大，且后期分离过程的负荷变大。单原子催化剂在载体表面统一均匀分布，与载体强烈作用的缺电子单原子催化剂，意味着催化系统可以通过调整催化剂结构实现对中间体以及生成物的吸附模式和强度的调控，从而实现对反应路径的调控，最终达到提高选择性的目的。单原子催化剂的可调控性在选择加氢反应中已经获得成功。

在农药、制药和染料生产中，硝基苯的选择性加氢是一个非常重要的过程。硝基选择转化为氨基已经在不同的多相纳米催化剂中进行了研究，比如负载的金、银贵金属以及合金纳米粒子。优于这些传统催化剂的新型催化剂是单原子 Pt/FeO$_x$ 催化剂，Pt 的负载量按照质量分数只有 0.08%，这是一种可以通过调控活性、化学选择性和衬底的优良催化剂。

4.1.5　单原子催化剂的动力学特性

如果单原子在衬底上束缚比较弱，则单原子催化剂在活化或反应过程中容易聚集，这样就带来了稳定性的问题。越来越多的证据表明通过共价键稳定的单原子催化剂比相应的纳米团簇催化剂更加稳定，甚至在高温条件下的反应中能够抗烧结[7]，在极端水热条件下，在催化生物质转化反应中能够保持较好的稳定性。

单原子催化剂在催化过程中由于化学反应或者高温会发生结构重构。理解单原子催化剂在反应条件下的动力学非常重要，尤其是最近发现纳米粒子可以在催化过程中转化为单原子催化剂。一系列第一性原理分子动力学模拟和静态密度泛函理论计算通过研究 CO 在还原性氧化物负载的 Au 纳米粒子上的氧化反应表明，CO 吸附在 Au 团簇的顶点以及纳米粒子和衬底的界面附近可以形成 AuCO 复合物[7,8]。以 CO 为媒介而形成的 Au 单原子催化剂的动力学行为是强烈依赖于衬底的，还原性强的衬底可以形成稳定的 Au 中心，这些理论研究结果已经被实验所证实。

负载在 Fe$_3$O$_4$(001) 表面的单原子 Pt 暴露在 CO 气氛下时移动能力会增强，形成的 PtCO 复合物会促进 Pt 的移动，甚至导致富集而形成 Pt 的纳米团簇。

4.1.6　单原子催化剂的理论研究

和纳米团簇相比较，单原子催化剂的本征稳定性主要来源于衬底协助降低的较低的化学势。当从纳米粒子变为单原子，系统的自由能变为负值时，纳米粒子会自发地转变为单原子，这导致了单原子催化剂的热力学稳定性［图 4.5(a)］。然而即使自由能为正值，当聚集的能垒足够高而阻止金属原子的团聚时，单原子催化剂也是稳定的，这种情况属于动力学稳定性［图 4.5(a)］。氧化物表面一般有四种不同的单原子［图 4.5(b)］。单原子固定在理想或者缺陷表面，也可以镶嵌在阳离子和氧缺陷处。遵循奥斯特瓦尔德熟化的原子理论，李隽研究组通过考虑反应环境、粒子尺寸和形貌、衬底类型和缺陷、金属和反应物的相互作用，发展了一种定量描述和对比研究两种模型稳定性的方式[9]，提出了一种完整的理论模型预测负载的单原子和纳米团簇催化剂的化学势，并以一氧化碳氧化反应作为例指导单原子催化剂稳定性的理论设计。通过研究衬底对负载单原子的稳定性[10]，发现量子初轨在决定单金原子和吸附衬底之间的价态和转移电荷时起着重要作用。研究发现，单金原子在还原性衬底

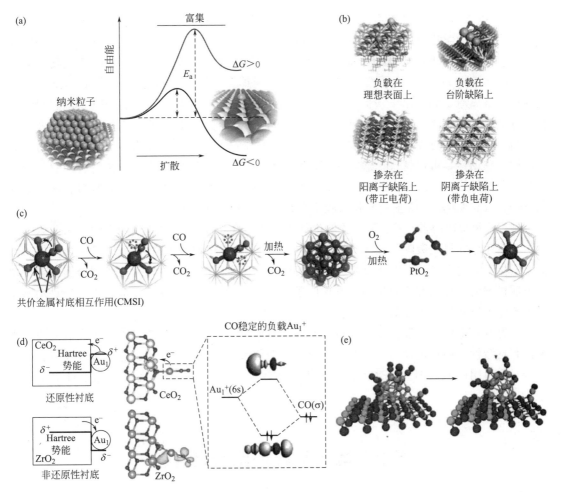

图 4.5　（a）金纳米粒子和单原子之间的聚集和扩散过程自由能相图的示意图；（b）在氧化物衬底上四种不同类型的单原子；（c）在 CO 和 O_2 气氛下的 Pt_1/FeO_x 催化剂的富集和扩散示意图；（d）在还原和非还原衬底 Hartree 势能和电荷转移关系，以及在 CeO_2 衬底上的 Au^+ CO 分子轨道[10] 的示意图；（e）在 CeO_2 负载金团簇表面的单原子催化活性中心的动态稳定性[8]

（CeO_2，TiO_2）上时电荷通过吸附原子转移到衬底而带正电荷，这导致了 CO 的 5σ 轨道和 Au^+ 原子之间的强烈相互作用。而单金原子在非还原性衬底（ZrO_2、HfO_2 和 ThO_2）上时保持零氧化态且对 CO 的吸附较弱，通过将部分电荷转移到 CO 的 π^* 反键轨道而形成弯曲吸附。对于同样的衬底，暴露不同的表面也会影响单原子的相对稳定性。例如，在 CeO_2 表面掺杂 Pt 单原子时的稳定性顺序为（110）＞（100）＞（111）。单 Pt 原子在（110）表面的稳定性主要得益于从两个表面氧原子自发形成的 O_2^{2-} 物种，这个过程把 Pt^{IV} 转变为 Pt^{II}。单原子在特定表面的不同锚定位置是决定其稳定性的另一个重要因素。研究发现表面缺陷的存在比如缺陷台阶位能够提高单金原子在 CeO_2（111）表面的稳定性，稳定顺序为阳离子缺陷＞台阶位＞氧空位＞理想表面[9]。

　　除了衬底效应，表面活性物种也能改变单原子催化剂的稳定性。众所周知，还原性气体的存在可以加速聚集，这是因为还原性气体能够把高价和中等价态的金属离子转变为零价金属，当然在某些特殊情况下纳米粒子也会重新分散为单原子催化剂。Jones 等研究发现在氧气气氛和 800℃ 下，Pt 纳米团簇可以在二氧化铈表面扩散[7]。李亚栋团队发现贵金属团簇可以转化为热力学稳定的单原子[11]。Parkinson 研究组发现在室温下 CO 吸附会导致 Pd 原子在 Fe_3O_4(001) 表面聚集[5]。这些现象由通过活性剂影响下的单原子化学势变化所导致的。如图 4.5(c) 所示，还原性气体如 CO 吸附到单金属原子上而能够和晶格氧原子反应，这导致了金属原子和氧原子共价键的断裂，尤其是对掺杂在阳离子缺陷位置的金属单原子，当所有金属和衬底之间的共价键被一氧化碳分子打断后，Pt 单原子的价态从正价转变为中性。同时，Pt 单原子的化学势增加到比 Pt 纳米粒子高，这种 CO 吸附的 Pt^0 物种变得具有高度的可移动性，可以越过扩散能垒而富集。相反，当 Pt 纳米粒子暴露在高温的氧气气氛下时，分散的 PtO_2 的化学势可以变得比 Pt 纳米粒子要低。如果这时有足够的表面中心捕获 PtO_2，Pt 纳米粒子将重新转化为吸附在衬底上的单原子催化剂。

这里应该提出的是，单金属原子催化剂也可能是在催化过程中动态产生的。如图 4.5(e) 所示，在还原性衬底吸附的金团簇催化剂上发现了这类单原子催化剂[8]，即单金阳离子在催化氧化 CO 过程中，可以从金团簇中分裂出来，而在完成催化过程后再回到金团簇上。单原子催化剂的这种动态效应称为动态单原子催化。最近研究发现，在反应条件下这种动态单原子催化可以归结为尺寸效应[12]。

尽管近年来单原子催化取得了重大发展，然而单原子催化还处在亟需大力发展阶段。更多具有高活性、高稳定性、高选择性的单原子催化系统还有待于人们的进一步开发研究。进一步开发单团簇催化剂（二聚体、三聚体或者较大团簇的催化剂）也是非常有前途的研究方向。

4.2　载体负载的团簇催化剂

虽然单原子催化剂展示了独特的催化性能和极高的金属利用率，但是在很多工业催化反应实践中，很难实现单原子催化剂的规模化制备和应用。负载的金属/氧化物团簇催化剂仍是当前工业催化剂的主流。

载体负载的团簇催化剂通常指将一种或多种活性组分负载到具有较大比表面积的某一载体上得到的催化剂。被负载的活性组分可以是单组分或多组分，可以是金属也可以是氧化物；载体的种类可以是金属氧化物、碳材料、金属、无机材料等。这类催化剂广泛用于工业加氢、脱氢及氧化还原反应中。由于其在工业催化中的重要性，其是催化领域的研究重点。不仅与其相关的催化反应机理备受瞩目，与催化反应机理相关的催化剂结构同样是近来研究的热点。

这种负载型催化剂的复杂性在于，通常要求负载的活性组分的分散度较高，即要求负载的金属团簇具有较小的粒度，这种较小粒度的活性组分通常具有不同于晶体所具备的长程有序的物质结构，随着活性组分粒度的变化，催化剂会表现出不同的物理化学性能，如金属与载体的相互作用及金属/载体界面结构等发生变化，从而导致催化剂显示出不同的催化性能。此外，受催化剂制备和反应条件的影响，催化剂载体表面往往会吸附一些小分子或官能团，如水、二氧化碳、卤素等，有时也会形成一些表面缺陷，这些被吸附的小分子和表面缺陷会影响负载的活性组分的性能。更有趣的是在反应条件下，尤其是氧化气氛或还原性气氛下，催化剂的结构会朝着热力学更稳定的方向逐渐演变，导致催化剂的活性不断改变，要指出的是这种催化剂结构的演变通常会导致催化剂的失活，但也有一些实例表明，这种演变有益于催化剂的稳定性。

上述这些现象都可以采用理论模拟的方法在分子水平上予以研究，给实验研究者提供基础的热力学和动力学数据，以及一些相关的谱学信息。需要注意的是通常由于真实反应体系的复杂性和计算模型的简单抽象性，必须采取慎重的态度将理论计算结果与实验结果进行结合比较。即使有时计算结果很好地符合实验数据及预期，尤其关于反应动力学能垒的计算及反应路径的探索，有时候接近 100% 地符合实验结果恰恰说明模拟的结果可能有问题，首先是因为实验通常会有不可忽略的误差；另一方面，尤其是工业催化剂暴露的活性位结构和活性晶面往往具有多样性，催化剂的实验评价结果，尤其在工业催化装置上，是宏观的统计数据，而当前的理论计算模型通常难以做到穷尽这种多样性的活性位。

由于这类负载型工业催化剂种类繁多，用途广泛，本节难以囊括所有该类型的催化剂研究要点，本小节将仅以铜-氧化铝催化剂为例，阐述采用计算模拟的方法，研究该类催化剂的思路和一些有趣的结果。

4.2.1 负载型 Cu/Al$_2$O$_3$ 催化剂的结构研究

负载型过渡金属在材料科学和催化领域种类繁多，且有着广泛的应用，Cu/Al$_2$O$_3$ 体系在非均相催化领域有着优异的催化性能与低廉的价格，尤其是 Cu/γ-Al$_2$O$_3$ 常被用作甲烷热分解和氢转移反应的催化剂[13]。研究 Cu/Al$_2$O$_3$ 催化剂的表面活性位结构对研究催化反应机理及开发高性能的催化剂至关重要。接下来我们讲述关于 Cu/Al$_2$O$_3$ 催化剂的研究进展。

Niu 等[14]发现在 5keV Ar$^+$ 溅射脱水的 α-Al$_2$O$_3$(0001) 表面，Cu 与 Al$_2$O$_3$ 作用较弱，Cu(Ⅰ) 团簇较难生成，但容易长成较大的 Cu(0) 团簇。增加表面羟基覆盖度可以促进 Cu(Ⅰ) 在 α-Al$_2$O$_3$(0001) 界面生成。表面上的羟基（ad-OH）稳定了沉积上去的铜原子，但是表面层内的羟基（in-surface—OH）使得表面的铜原子不稳定[14]。Hernández 等[15,16]曾对铜和 α-Al$_2$O$_3$(0001) 表面的作用进行详细的理论研究，发现从铜到表面的电荷转移是铜与表面相互作用的主要因素，而非极化作用。基于第一性原理的分子动力学模拟显示铜在 α-Al$_2$O$_3$(0001) 表面的作用机理取决于表面羟基。在洁净的氧化铝表面，金属与表面的作用较弱，吸附的铜原子在形成单层吸附前就生成了三维团簇，相应于 Volmer-Weber 生长模式。在氧化铝表面存在表面羟基时，表面吸附的铜原子可以首先均匀地生成一到几层的膜，然后生成三维的晶体，相应于 Stranski-Krastanov 生长模式。金属在衬底上的不同生长模式如图 4.6 所示。最近的实验结果表明，氧化铝表面的羟基影响铜团簇在其表面平衡的形貌，预覆盖水的 α-Al$_2$O$_3$ 会因为 Al—O—Cu 键的生成而增强 Cu 与表面的浸润作用，但是关于这一表面吸附反应的详细机理，很长时间内难以从实验获得。

一方面，这是由于实验表征手段的局限性；另一方面，从现在的认识来看，是因为这一催化剂体系的复杂性。Tikhov 等[17]采用电子谱和 XPS、ESR 以及 CO 探针分子吸附的红外光谱研究了 CuO/γ-Al$_2$O$_3$ 组分中的 CuO 成分和 CuAl$_2$O$_4$，发现催化剂表面存在几种类型铜的氧化物，如：孤立的离子、较弱的磁性物质、二维以及三维的团簇，以及有缺陷的 CuO 相。Sun 等[18]研究了 H$_2$/Ar 还原的 Cu/γ-Al$_2$O$_3$ 催化剂的微观结构，发现在 523K 的还原温度下，并未发现分离开的 Cu 物种，还原温度到 773K，孤立的含有 Cu(Ⅰ) 的环状铜

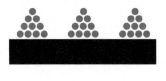
亚单层区域三维团簇的形成
Volmer-Weber(VW)模式

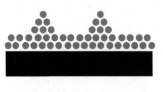
至少一个到三个原子层有序地逐层生长
Stranski-Krastanov(SK)模式

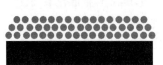
逐层生长模式
Frank-van der Merwe(FM)模式

图 4.6　金属在衬底上的不同生长模式

颗粒开始形成，还有含有 Cu(0) 的类体相形貌的颗粒。当还原温度到 1073K 时，形成核壳结构的大球状颗粒，其中 Cu(Ⅰ) 在壳层，Cu(0) 在核中。然而，这些实验远不能在原子级别上解释 Cu/γ-Al₂O₃ 体系。

通常人们认为这种负载型催化剂只不过是活性金属团簇吸附在氧化物表面而已。上述实验结果表明，载体表面吸附的水、表面缺陷、载体与活性金属之间的相互作用等因素均会影响负载型催化剂的界面结构。为了系统地阐述 Cu/γ-Al₂O₃ 催化剂的结构，我们首先研究单个铜原子与 γ-Al₂O₃ 表面的相互作用。

对于 γ-Al₂O₃ 的晶体结构目前虽然仍有争议，但 Digne 等提出的 γ-Al₂O₃ 表面模型的表面羟基振动频率表征表面路易斯酸碱性与实验值吻合较好[19]，我们选用了 Digne 等提出的 γ-Al₂O₃ 表面模型。(110) 方向最稳定的终结面在 500K 左右有 8.9～11.8OH/nm²，在 1150K 时完全脱水[19]。由于水常存在于催化剂制备和反应中，我们计算了铜原子在洁净面和水覆盖面的吸附情况，如图 4.7 所示。

计算均采用 VASP（Vienna Ab Initio Simulation Package）软件，采用了广义梯度交换相关函数和投影缀加平面波（PAW）的方法描述离子实、平面波基组的波函数，由于铜原子的 $3d^{10}4s^1$ 开壳结构，采用了自旋极化的计算方法。布里渊区采用 Monkhorst-Pack 方法进行 k 点取样产生，对 p(1×1) 的 (100) 和 (110) 面的格子均采用 3×3×1 的 k 点网格。结构优化和能量计算的收敛标准为：①SCF 收敛标准 1.0×10^{-4} eV；②总能收敛标准 1×10^{-3} eV；③原子受力的收敛标准 0.05eV/Å。

金属原子在表面的吸附能通过下式计算：

$$\Delta E_{ads} = E(M/\gamma\text{-}Al_2O_3) - [E(M) + E(\gamma\text{-}Al_2O_3)] \tag{4.2-1}$$

其中，$E(M/\gamma\text{-}Al_2O_3)$、$E(M)$ 和 $E(\gamma\text{-}Al_2O_3)$ 分别为金属原子吸附在 γ-Al₂O₃ 表面、单个金属原子、γ-Al₂O₃ 表面的能量。

首先我们发现在洁净的 (110) 表面，有两种类型的表面 Al 原子，Al(1～3) 原子在 γ-Al₂O₃ 体相中处于八面体中心，Al(4) 在四面体中心。形成表面后，Al(1～3) 原子变为四配位，而 Al(4) 变为三配位并形成一个共面的 AlO₃ 表面物种。因此，这两种 Al 原子对铜原子的吸附显示了不同的特征。

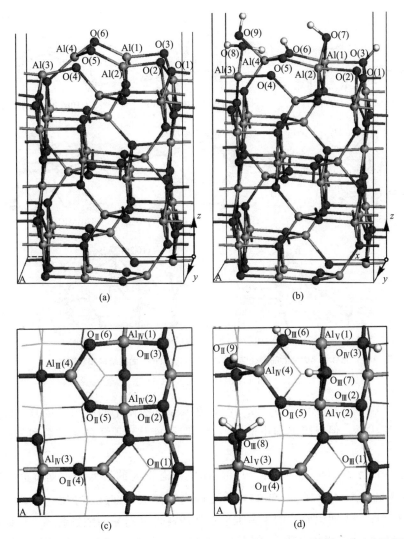

图 4.7　洁净的和水覆盖的（$\theta = 8.9 \sim 11.8$ OH/nm^2）γ-Al$_2$O$_3$（110）面侧视图（a）、（b）和俯视图（c）、（d）
表层原子配位数在俯视图中标出

4.2.1.1　单个铜原子在氧化铝表面的吸附

（1）铜原子在洁净表面的吸附

如图 4.8 所示，在八个最稳定的吸附结构中，铜原子与 Al$_{\text{III}}$（4）原子成键的（110）-Al$_{\text{III}}$（4）-O$_{\text{III}}$（2）和（110）-Al$_{\text{IV,III}}$（3,4）-O$_{\text{II,II}}$（4,6）有最大的吸附能，分别为 -1.43eV 和 -1.48eV。（110）-Al$_{\text{III}}$（4）-O$_{\text{III}}$（2）中铜原子桥联在 Al（4）和 O（2）位，（110）-Al$_{\text{IV,III}}$（3,4）-O$_{\text{II,II}}$（4,6）结构中，铜原子四配位于 Al（3,4）和 O（4,6）。在其余的结构中，铜原子有一配位（只与氧原子成键）、二配位或四配位（与氧原子和铝原子成键），而吸附能却变化不大 $-0.68 \sim -0.86$eV。在（110）面，从被吸附铜原子到表面有明显的电荷转移，Hernández 等[16]的工作发现从铜原子到表面的电荷转移是铜与 α-Al$_2$O$_3$（0001）面相互作用的主要因素，而我们的结果发现电荷转移与吸附能之间并没有直接的相关性。在最稳定的两个吸附构型中，铜原子在（110）-Al$_{\text{IV,III}}$（3,4）-O$_{\text{II,II}}$（4,6）中的 Bader 净电荷为 $+0.20$e，而在

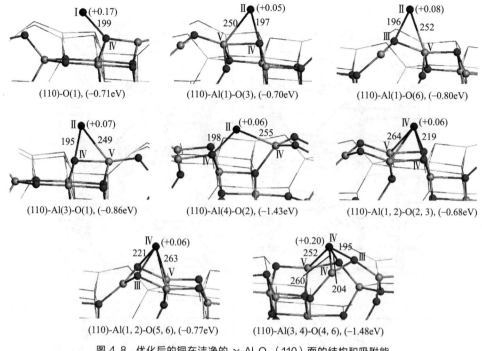

图 4.8 优化后的铜在洁净的 γ-Al₂O₃（110）面的结构和吸附能

键长，pm（1pm=10⁻¹²m）；Bader 电荷，e

（110）-Al$_{\mathrm{III}}$（4）-O$_{\mathrm{III}}$（2）中净电荷为 +0.06 e，在其余的吸附结构中与（110）-Al$_{\mathrm{III}}$（4）-O$_{\mathrm{III}}$（2）中铜原子的电荷相近，但吸附能却小很多。表明吸附能与铜原子的配位数和表面的电荷转移无关。

　　基于对洁净的 γ-Al₂O₃(100) 和（110）面电子态密度的最低未占据轨道（LUMO）的分析[19]，并参照 γ-Al₂O₃(100) 和（110）面的真空能级，Digne 等建立了每一个表面铝原子的受体能级顺序。表面铝原子的未占据轨道能级越低其路易斯酸性越强。以此定义的表面Al 原子的路易斯酸性能级是其内在的属性，而以探针分子（如 Cu 或 Pd 原子）得到的吸附能为表观值。表 4.1 给出了文献报道的 γ-Al₂O₃(100) 和（110）表面 Al 原子的路易斯酸性数据和本工作计算得到的 Cu 和 Pd 原子的吸附能。可以看出计算得到的吸附能与表面铝原子的路易斯酸性能级有关。即表面铝原子的酸性越强，Cu 和 Pd 原子在其附近的吸附能越大，表明 Cu 和 Pd 原子优先吸附在较强的表面路易斯酸性位。

表 4.1　γ-Al₂O₃ 表面路易斯酸性位强度与金属原子在其附近的吸附能

单位：eV

吸附位点	$E^{[20]}$	ΔE_{ads}(Cu)	ΔE_{ads}(Pd)
（100）-Al（2）	−0.7	−0.47	−1.14
（100）-Al（3）	−1.6	−0.74	−1.25[−1.34][20]
（100）-Al（4）	+0.1		
（110）-Al（1）	−1.1	−0.80	−1.33
（110）-Al（3）	−1.5	−0.86	−1.43
（110）-Al（4）	−2.5	−1.48	−1.84[−1.86][20]

（2）铜原子在水覆盖的氧化铝表面的吸附

通过在洁净（110）面的 $p(1\times1)$ 的格子中加入三个水分子即可得到羟基覆盖度为 $8.9\,OH/nm^2$ 的表面，以此模拟水覆盖的氧化铝表面。加入的水分子的氧原子由括号中的数字标示，虽然新加入的水分子阻止了铜原子与表面的 Al 和 O 位的直接结合，但表面羟基的氧原子对铜原子有吸附活性。

如图 4.9 所示，铜原子在水覆盖的（110）（$\theta=8.9$）面有 6 个吸附构型，最稳定的吸附位是（110）（$\theta=8.9$）-O_{III}（1），Cu-O 键长为 197pm，吸附能为 $-0.93eV$，比在洁净面的同一吸附位大 0.22eV。然而铜在（110）（$\theta=8.9$）-O_{III}（1）的吸附能比在洁净面的最稳定吸附位（110）-$Al_{\text{IV,III}}$（3,4）-$O_{\text{II,II}}$（4,6）小 0.55eV。这表明羟基不仅改变相同吸附位的吸附能也改变了最稳定的吸附位。

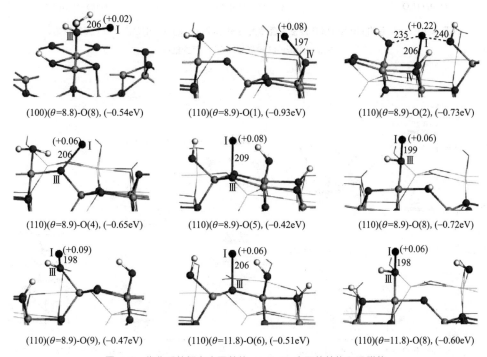

图 4.9　优化后的铜在水覆盖的 γ-Al_2O_3 表面的结构和吸附能

键长，pm；Bader 电荷，e

（3）铜原子在水覆盖的氧化铝表面的反应

在羟基覆盖度为 $8.9\,OH/nm^2$ 的 γ-Al_2O_3（110）面，我们计算了 Cu 原子可能与表面发生的化学反应，并与催化中常用的 Pd 原子的结果进行比较：

$$*\text{—OH}+M \longrightarrow *\text{—OH—M} \longrightarrow *\text{—O—M—H} \longrightarrow *\text{—O—M}+1/2\,H_2 \quad (4.2\text{-}2)$$

其中，*，表示表面。对 *—O—M—H 和 *—O—M，我们试了所有可能的结构和产物，本部分只讨论其最稳定的结构。图 4.10 列出了详细的产物结构参数和 Bader 电荷。该反应的势能面如图 4.11 所示。

Cu 和 Pd 的 *—O—M—H 结构比其纯吸附在（110）（$\theta=8.9$）-O_{III}（1）面分别更稳定 0.50eV 和 0.51eV，表明这一反应为放热反应。这一反应对 Cu 和 Pd 原子的能垒分别为 0.81eV 和 0.72eV。Cu 和 Pd 在这一表面的纯吸附结构的吸附能分别为 -0.93 和 $-1.29eV$，

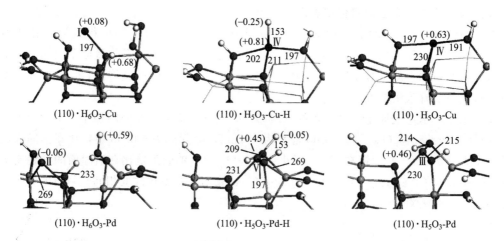

图 4.10　优化后的 Cu 和 Pd 在羟基覆盖度为 8.9 OH/nm² 的 γ-Al₂O₃（110）面的吸附、
Surf-Metal-H 和释放 1/2 H₂ 后的结构

键长，pm；Bader 电荷，e

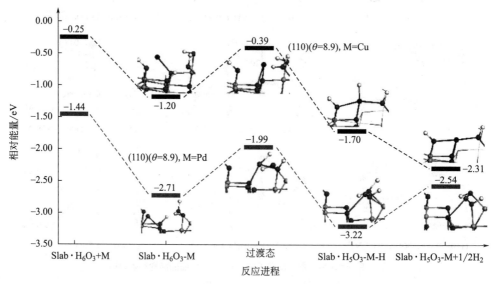

图 4.11　Cu 和 Pd 在羟基覆盖度为 8.9 OH/nm² 的 γ-Al₂O₃（110）面的势能面

$E(\text{slab} \cdot H_6O_3) = 0.0\text{eV}$

足以越过该能垒。此外，我们发现铜原子可以还原羟基 H 原子生成 1/2H₂，生成氢气的结构比 *—O—Cu—H 结构稳定 0.61eV。因而，*—OH＋M ⟶ *—O—M—H 的反应总放热为 −1.43eV 足以越过氢气释放的能垒 H₂（0.80eV）。由于 Pd 比铜原子有较大的电负性和电离势，因而，其还原能力比 Cu 弱。单个 Pd 原子要从 *—O—Pd—H 结构放出 1/2H₂ 需要吸收 0.68eV 的能量。如图 4.10 所示，*—OH—M 结构中，H 原子 Bader 电荷分别为 ＋0.68e 和 ＋0.59e，被吸附的 Cu 和 Pd 的 Bader 电荷分别为 ＋0.08e 和 −0.06e。而在 *—O—M—H 结构中 H 原子分别带 −0.25e 和 −0.05e 的电荷，而 Cu 和 Pd 分别变为带 ＋0.81e 和 ＋0.45e 的 Bader 电荷。说明 Cu 和 Pd 能还原表面羟基 H 原子，且 Cu 的还原能力较 Pd 强。如果 H 原子以 1/2H₂ 的形式释放出去后，Cu 原子变为 ＋0.63e，比在 *—O—

Cu—H 结构中少了 +0.18e。而 Pd 在 *—O—Pd—H 和 *—O—Pd 两个结构中的 Bader 电荷几乎相同。此外，我们尝试了如下反应：

$$*-(OH)_2 + M \longrightarrow *-O_2-M + H_2 \qquad (4.2-3)$$

结果表明该反应对 Pd 和 Cu 分别吸热 0.25eV 和放热 0.95eV，与释放 1/2 H_2 的反应相比较为不利。

以最稳定的 *—O—Cu+1/2 H_2 和 *—O—Pd—H 作为 Cu 和 Pd 与水覆盖的 γ-Al_2O_3(110)（θ=8.9）面吸附的最稳定结构，可以计算此时铜与表面的结合能为：

$$\Delta E = E(Slab \cdot H_5O_3\text{-Cu}) - [E(Cu) + E(Slab \cdot H_5O_3)] = -4.49eV \qquad (4.2-4)$$

比其在洁净的（110）面（-1.48eV）大。而 Pd 的吸附能：

$$\Delta E_{ads} = E(Slab \cdot H_5O_3\text{-Pd-H}) - [E(Pd) + E(Slab \cdot H_6O_3)] = -1.78eV \qquad (4.2-5)$$

比其在洁净的（110）面（-1.84eV）弱。假设 Pd 原子可以还原羟基氢生成 1/2 H_2：

$$\Delta E = E(Slab \cdot H_5O_3\text{-Pd}) - [E(Pd) + E(Slab \cdot H_5O_3)] = -3.53eV \qquad (4.2-6)$$

比铜的（-4.49eV）仍弱 0.96eV。

这一结果可以合理地解释以前实验报道的结果，用水预处理过的氧化铝表面会使 Cu 浸润表面，表明当金属沉积在水覆盖的氧化物表面时会发生反应，并生成更稳定的结构。确实，Heemeier 等[21]报道了 Rh 吸附在水覆盖的氧化铝表面伴随表面羟基消去的反应，Chambers 等[22]也报道了单个 Co 原子可以还原水覆盖的 α-Al_2O_3 表面羟基 H 原子生成氢分子，并认为这一反应对很多金属和氧化物都具有适用性。

4.2.1.2　铜团簇在氧化铝表面的吸附

在上一部分工作的基础上，进一步研究 2～5 个 Cu 原子在 Al_2O_3 表面的吸附。为了找到 Cu_n/γ-Al_2O_3（n=1～5）的最稳定结构，通过猜测一系列合理的初始结构进行优化，尝试从分子动力学得到的结构开始优化。在猜测结构的方法中，从单个铜原子在表面的最稳定结构出发，然后添加第二、三、四和第五个铜原子。在分子动力学计算中，γ-Al_2O_3 的格子和铜团簇在 700K 被保持 4ps（1ps=10^{-12}s），然后在 6ps 的时间内从 700K 冷却到 100K。时间的步长设为 2fs（1fs=10^{-15}s），H 原子的质量设为 2。然后对退火得到的结构进行结构优化。

为了保证计算得到的结果合理，我们测试了 Cu_4 吸附在 $p(1\times1)$ 和 $p(1\times2)$ 的格子中，结果显示吸附能差别小于 0.12eV（3.0%）。对 Cu_5/γ-Al_2O_3 的计算，采用了 $p(1\times2)$ 和 $p(2\times1)$ 的格子以减小相邻格子中 Cu_5 团簇间的相互作用。

（1）Cu_n 在洁净 γ-Al_2O_3 表面

Cu_n 在洁净的 γ-Al_2O_3 表面，结构优化和分子动力学退火得到相同的最稳定结构。图 4.12(a) 和图 4.13 给出了 Cu_n（n=1～5）在洁净 γ-Al_2O_3(110) 表面的局部结构和侧视及俯视图。

单个 Cu 原子配位于 $O(4)_{2c}$、$O(5)_{2c}$、$Al(3)_{4c}$ 和 $Al(4)_{3c}$ 表面原子，并使它们的配位数增加 1。在表面的 Cu_2 团簇中，第二个铜原子三配位于第一个铜原子和 $Al(4)_{3c}$ 和 $O(2)_{3c}$ 原子上，使得第一个铜原子变为五配位。表面吸附的 Cu_2 的 Cu—Cu 键长为 229pm，比其气相（实验与理论计算键长均为 222pm）团簇长 7pm。如在气相中一样，Cu_2 在表面吸附时的键长仍是被吸附团簇中最短的。表面吸附的 Cu_3 形成三角形结构，其 Cu—Cu 键长分别为 237pm、242pm 和 245pm。其结构也可以看做是用一个 Cu_{4c}—Cu_{4c} 的 Cu_2 团簇去取代被吸附的 Cu_2 中的 Cu_{3c} 原子。Cu_{4c}—Cu_{4c} 中一个铜原子连接下一层的氧原子和 $Al(4)_{2c}$，使得

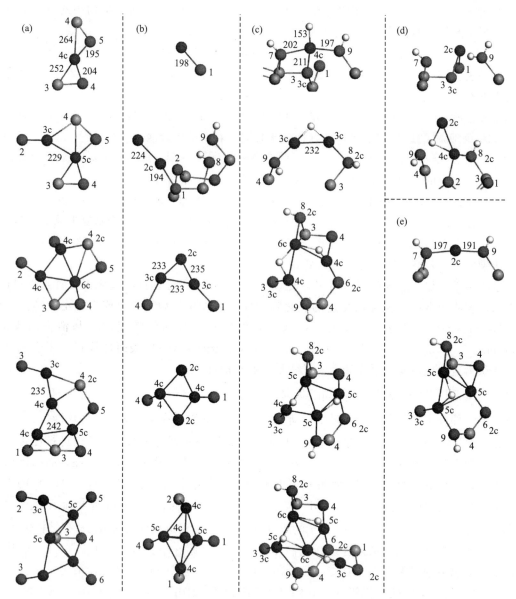

图 4.12　Cu_n（$n=1\sim5$）团簇吸附在洁净的（a）、水覆盖的（b）、水覆盖后发生氢溢流的（c）、
氢溢流的过渡态氢（d）、溢流后脱附氢气的（e）γ-Al_2O_3（110）面的局部结构

键长，pm

$Al(4)_{2c}$ 向上移动 144pm 并失去其对下一层原子的成键。此时在 $Al(4)_{2c}$ 原子和被吸附铜原子下面形成一个原子间距为 379pm 的笼（见图 4.13），这种结构可能使次表层有氢原子。

在洁净的 γ-Al_2O_3 表面，Cu_4 并没有保留其气相中最稳定的菱形结构，而是在 Cu_3 三角形的结构的一个顶端又加入一个铜原子，形成了"Y"形结构。这种"Y"形结构在气相中比菱形结构不稳定 0.38eV，但是比正方形的 Cu_4 稳定 0.31eV。表面新加入的铜原子配位于 $Al(4)_{2c}$、$O(3)_{3c}$ 和一个 Cu_3 中的 Cu 原子并使得这个铜原子的位置与 Cu_3 中的相比向上移动了 182pm，并失去了其与次表层氧原子的成键。第一个铜原子与 $Al(4)_{2c}$ 的距离被增加到 297pm。从键长上看，这一结构也可以看作是一个键长为 235pm 的 Cu_2 用其一端连接到

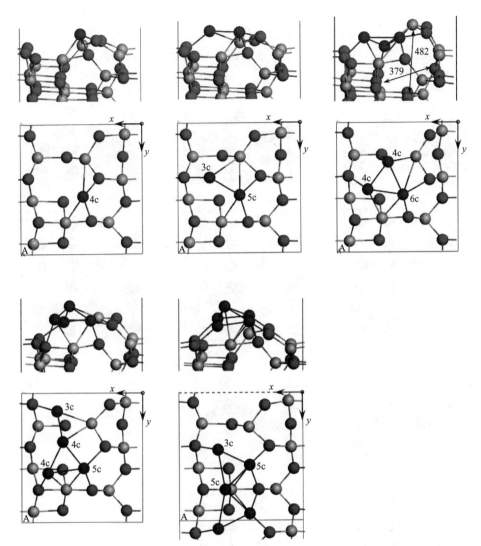

图 4.13　Cu_n（$n=1\sim5$）团簇吸附在洁净的 γ-Al_2O_3（110）表面的结构

键长，pm；铜原子的配位数已标出

另一个键长为 242pm 的 Cu_2。

最稳定的 Cu_5 的结构在气相中为平面的等腰梯形结构，由三个三角形构成。吸附在表面后 O(4) 原子插入到等腰梯形较短的一个底的 Cu-Cu 键。最终吸附后的结构为两个三角形结构的 Cu_3 共享一个铜原子，这时，表面 Al(3) 和 O(4) 原子形成的线为 Cu_5 对称线。与 $O(5)_{2c}$ 和 $O(6)_{2c}$ 原子成键的两边等价的铜原子均为五配位，与 $O(2)_{3c}$ 和 $O(3)_{3c}$ 原子成键的两边等价的铜原子均为三配位。

（2）Cu_n 在水覆盖的 γ-Al_2O_3 表面

图 4.12(b) 给出了 Cu_n（$n=1\sim5$）团簇吸附在水覆盖的 γ-Al_2O_3 表面的局部结构，图 4.14 给出了其侧视和俯视结构。从结构图上可以看出，铜团簇吸附在水覆盖的氧化铝表面仅与表面氧原子成键。由于 γ-Al_2O_3 表面低配位数的 $Al(4)_{3c}$ 和 $Al(3)_{4c}$ 原子已经被表面羟基覆盖，并增加了它们的配位数，变为 $Al(4)_{4c}$ 和 $Al(3)_{5c}$，因此不再是铜原子的优先吸附位。单个铜原子连接在表面低配位数的 $O(1)_{3c}$ 原子上，Cu—O 键长为 198pm。Cu_2 通过

一个铜原子配位于 $O(1)_{3c}$ 原子，其与表面氧原子的成键伴随着 Cu_2 的极化，如 Bader 电荷所示顶部和连接氧原子的铜原子的电荷分别为 $-0.21e$ 和 $+0.22e$，由于底部氧原子与 $O(1)_{3c}$ 原子的较强作用，Cu—O 和 Cu—Cu 键长分别为 194pm 和 224pm，其中 Cu_2 中 Cu—Cu 键长仅比气相结构（222pm）增长了 2pm。

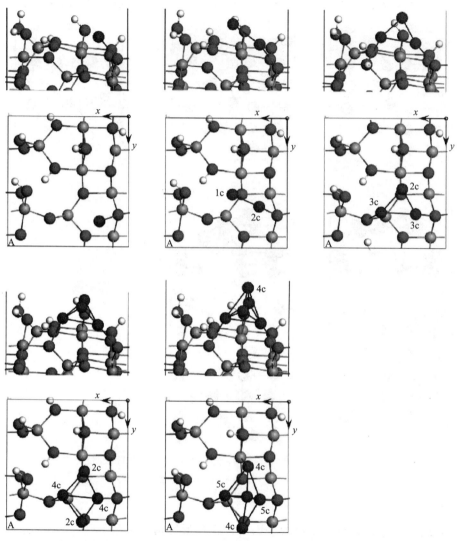

图 4.14　Cu_n（$n=1\sim5$）吸附在水覆盖的 $\gamma\text{-Al}_2O_3$ 表面的侧视图和俯视图

表层原子配位数已标出

Cu_3 的两个铜原子连接表面 $O(1)_{3c}$ 和 $O(4)_{2c}$，这两个铜原子形成三配位，第三个铜原子二配位于前两个铜原子。被吸附的 Cu_4 仍保留了其气相中最稳定的菱形结构，其中菱形中间的短键分别连接到 $O(1)_{3c}$ 和 $O(4)_{2c}$ 位置，形成两个四配位的铜原子。Cu_5 吸附在水覆盖的 $\gamma\text{-Al}_2O_3$ 表面形成三角双锥的结构，不同于其气相中最稳定的平面等腰梯形结构。其中三角双锥的两个顶部原子分别与 $O(1)_{3c}$ 和 $O(4)_{2c}$ 表面原子成键，其余两个尖部的原子靠近 $Al(1)_{5c}$ 和 $Al(2)_{5c}$ 位。此外，这些 Cu_n 吸附在水覆盖的 $\gamma\text{-Al}_2O_3$ 表面的结构也可以通过在 Cu_{n-1} 这个表面的最稳定吸附位连续加入一个铜原子得到。

（3）Cu_n 在水覆盖 $\gamma\text{-}Al_2O_3$ 表面的氢溢流

图 4.15 给出了 Cu_n（$n=1\sim5$）在水覆盖的 $\gamma\text{-}Al_2O_3$ 表面的所有可能的表面反应和相应的能量，可以看出，发生氢溢流反应的结构（$Cu_nH_m/H_{6-m}O_3\text{-surf}$），氢原子从表面羟基迁移到被吸附的铜团簇上：

$$Cu_n/H_6O_3\text{-surf} \longrightarrow [Cu_nH_m]^{m+}/[H_{6-m}O_3]^{m-}\text{-surf} \qquad (4.2\text{-}7)$$

比铜团簇直接吸附在水覆盖的 $\gamma\text{-}Al_2O_3$ 表面（$Cu_n/H_6O_3\text{-surf}$）更稳定。此外，氢原子可以以分子的形式从氢溢流的结构中脱附：

$$Cu_nH_m/H_{6-m}O_3\text{-surf} \longrightarrow k/2\,H_2 + Cu_nH_{m-k}/H_{6-m}O_3\text{-surf} \qquad (4.2\text{-}8)$$

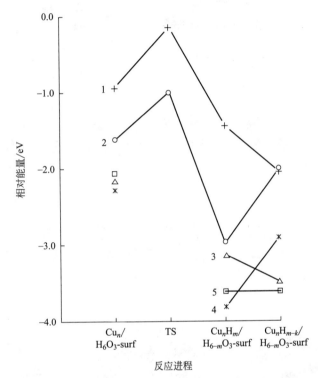

图 4.15　Cu_n（$n=1\sim5$）团簇在水覆盖的 $\gamma\text{-}Al_2O_3$ 表面的表面反应及相应能量

$Cu_n/H_6O_3\text{-surf}$，Cu_n 纯吸附在表面；TS，氢溢流的过渡态；$Cu_nH_m/H_{6-m}O_3\text{-surf}$，氢溢流结构；

$Cu_nH_{m-k}/H_{6-m}O_3\text{-surf}$，$k/2\,H_2$ 从表面脱附后

如图 4.15 和图 4.16 所示，单个铜原子和 Cu_2 在水覆盖的 $\gamma\text{-}Al_2O_3$ 表面发生氢溢流反应的能垒分别为 0.81eV 和 0.64eV，而单个铜原子和 Cu_2 纯吸附在这一表面的吸附能分别为 -0.93eV 和 -1.63eV，表明氢溢流反应是可行的。此外，我们发现 Cu 和 Cu_3 可以还原表面羟基氢原子生成 $1/2H_2$。

图 4.12(c)、图 4.12(e)、图 4.17 和图 4.18 给出了铜团簇在水覆盖氧化铝表面的氢溢流结构 $Cu_nH_m/H_{6-m}O_3\text{-surf}$。在 $CuH^+/[H_5O_3]^-\text{-surf}$ 的溢流结构中，CuH^+ 连接其 Cu 原子与 $O(3)_{4c}$、$O(7)_{3c}$ 和 $O(9)_{2c}$ 表面位，其中 Cu—H 键长为 153pm，比气相 CuH^+ 键长长 2pm。氢气脱附后，Cu^+ 紧密地与 $O(7)_{3c}$ 和 $O(9)_{2c}$ 原子相连，其键长分别为 191pm 和 197pm。在 Cu_2O 晶体中，Cu—O 键长为 185pm。

在 $Cu_2H^+/[H_5O_3]^-\text{-surf}$ 的结构中，Cu_2H^+ 单元的两个铜原子分别与 $O(8)_{2c}$ 和

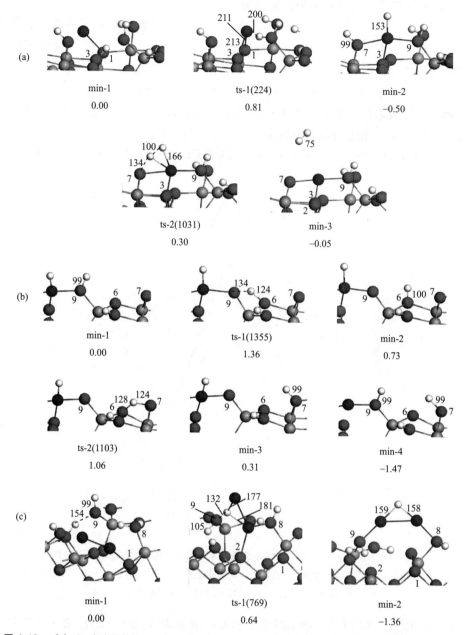

图 4.16　(a) Cu 在水覆盖的 γ-Al₂O₃ 表面的氢溢流和氢脱附的过渡态结构；(b) 氢原子在 γ-Al₂O₃ 表面迁移的过渡态结构；(c) Cu₂ 在水覆盖的 γ-Al₂O₃ 表面氢溢流反应的过渡态结构

键长，pm；相对的能量，eV；虚频，cm⁻¹；min 表示能量最低结构，ts 表示过渡态结构

O(9)$_{2c}$ 原子成键，这两个铜原子均为三配位。Cu—Cu 键长为 232pm，比气相 Cu₂H⁺ 团簇中的 Cu—Cu 键长变短了 7pm。Cu₂H⁺ 中的 Cu—Cu 键长为五个氢溢流结构中最短的。[Cu₃H₂]²⁺ 表面物种的三个铜原子分别配位于 O(3)$_{3c}$、O(4)$_{2c}$、O(6)$_{3c}$、O(8)$_{2c}$、O(9)$_{2c}$ 和 Al(3)$_{5c}$ 表面位。其上的两个氢原子均在 Cu—Cu 键的桥位上，略像 Cu₂H⁺ 的结构，脱附 1/2H₂ 后，[Cu₃H]⁺ 形成一个三角形的 Cu₃ 结构，氢原子仍在一个边的桥位上，这时三个铜原子均为五配位。

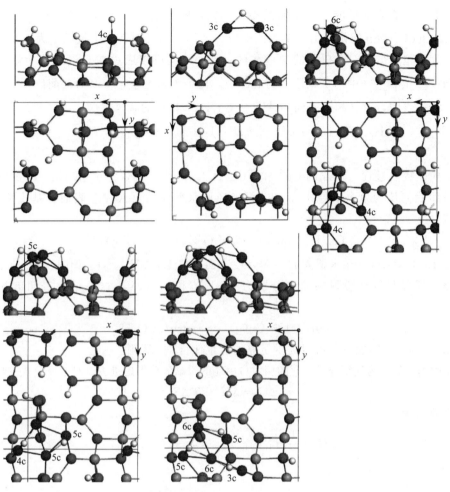

图 4.17 Cu$_n$（n= 1~5）团簇在水覆盖的 γ-Al$_2$O$_3$（110）面发生氢溢流反应后的结构

表层原子配位数在俯视图中标出

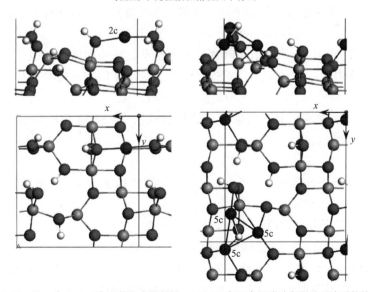

图 4.18 Cu$_n$（n= 1, 3）团簇在水覆盖的 γ-Al$_2$O$_3$（110）面发生氢溢流反应后的结构

表层原子配位数在图中标出

$[Cu_4H_2]^{2+}$ 在表面形成一个扭曲的菱形结构，两个氢原子分别在两个边的桥位，其中 Cu_4 的三个铜原子为五配位，另一个为四配位。$[Cu_5H_3]^{3+}$ 上有一个氢原子为三配位，另两个氢原子为桥位，形成一个扭曲的梯形结构，这一结构可以通过在 Cu_4 结构上增加一个铜原子得到；$[Cu_5H_3]^{3+}$ 中两个铜原子为五配位，两个为六配位，一个为三配位。

计算结果表明，对气相或表面 CuH^+ 和 $Cu_3H_2^{2+}$ 物种的脱氢反应：

$$[Cu_nH_m]^{m+}([H_{6-m}O_3]^{m-}\text{-surf}) \longrightarrow k/2H_2 + [Cu_nH_{m-k}]^{m+}([H_{6-m}O_3]^{m-}\text{-surf})$$

(4.2-9)

该反应是放热过程，生成的 Cu^+ 和 $[Cu_3H]^{2+}$ 物种含有 $d^{10}Cu^+$ 和 $Cu—H$ 的闭壳结构单元，因而我们认为单个铜原子和 Cu_3 可以还原水覆盖的 γ-Al_2O_3 表面羟基生成 $1/2H_2$。表面反应：

$$Cu/HO\text{-surf} \longrightarrow surf\text{-O-}Cu + 1/2\ H_2(g)$$

(4.2-10)

放热 1.11eV。（Cu 在水覆盖的 α-Al_2O_3 表面放热 1.35eV[15]）。如图 4.16 所示：表面羟基氢原子迁移和氢气脱附的能垒分别为 0.81eV 和 1.36eV。这一结果表明起初的表面反应：

$$surf\text{-}OH + Cu(g) \longrightarrow surf\text{-}Cu\text{-}O\text{-}H$$

(4.2-11)

放出 $-1.44eV$ 的能量，可以提供足够的能量使得 H_2 脱附。

由于脱附的氢气为气相分子，它的熵对自由能的贡献应该考虑进去，对于反应式（4.2-10）：

$$\Delta G = \Delta H - T\Delta S$$

(4.2-12)

这里焓变为：

$$\Delta H = \frac{1}{2}H_{H_2}^{g,T} + H_{surf\text{-O-}Cu}^T - H_{Cu/HO\text{-surf}}^T$$

(4.2-13)

熵变为：

$$\Delta S = \frac{1}{2}S_{H_2}^{g,T} + S_{surf\text{-O-}Cu}^T - S_{Cu/HO\text{-surf}}^T$$

(4.2-14)

对气相分子，（所讨论的气相分子均以理想气体对待）焓可以通过下式计算：

$$H_g = E_t + E_r + E_v + k_BT + \varepsilon_0$$

(4.2-15)

式中，E_t、E_r 和 E_v 分别代表了气相分子的平动、转动和振动的能量；k_B 为波尔兹曼常数；T 为开尔文温度；ε_0 代表了 VASP 计算得到的电子结构的能量。对 γ-Al_2O_3 表面：

$$H_{surf} = E_v + \varepsilon_0$$

(4.2-16)

这里只考虑了表层原子和被吸附原子的振动以及 VASP 优化得到的电子结构的能量。气相分子的熵的贡献：

$$S_g = S_t + S_r + S_v$$

(4.2-17)

这里考虑了气相分子的平动、转动和振动的贡献。对 γ-Al_2O_3 表面结构：

$$S_{surf} = S_v$$

(4.2-18)

只计算了顶层原子和吸附原子的振动对熵的贡献。

表 4.2 给出了 $1/2H_2$ 从表面脱附反应的自由能变化，100kPa 时，在 100K 到 600K 的温度区间，单个原子、Cu_3 和 Cu_5 均能与表面羟基反应并释放出 $1/2H_2$，在这一过程中熵是增加的，ΔG 随着温度升高而变得更负，表明反应在较高的温度下更为有利。此外，由于该类型反应常在高真空条件下进行，我们还计算了压力在 10kPa 时反应的自由能变化，发现随

着氢气分压的减小，生成氢气的反应更为有利，如在氢气分压为 10kPa 时 Cu_4 团簇在 600K 时也可以还原表面羟基氢生成氢气。

表 4.2 铜在水覆盖氧化铝表面反应的电子结构能量、零点能的改变，焓变，自由能变

(a) $Cu_n/HO\text{-surf} \longrightarrow [Cu_n H_{m-k}]^{m+}[H_{6-m}O_3]^{m-}\text{-surf} + k/2H_2(g)$

n^k	ΔE	ΔE_{ZPE}	ΔH_{100}	ΔH_{300}	ΔH_{600}	100kPa[①]			10kPa[②]		
						ΔG_{100}	ΔG_{300}	ΔG_{600}	ΔG_{100}	ΔG_{300}	ΔG_{600}
1^1	−1.11	−0.13	−1.22	−1.19	−1.14	−1.27	−1.39	−1.60	−1.28	−1.42	−1.66
2^1	−0.36	0.20	−0.14	−0.06	0.07	−0.21	−0.41	−0.81	−0.22	−0.44	−0.87
3^1	−1.31	−0.16	−1.48	−1.49	−1.50	−1.50	−1.54	−1.58	−1.51	−1.57	−1.64
3^2	0.07	−0.25	−0.17	−0.15	−0.14	−0.26	−0.45	−0.75	−0.28	−0.51	−0.86
4^1	−0.43	−0.18	−0.61	−0.63	−0.63	−0.64	−0.69	−0.75	−0.65	−0.72	−0.81
4^2	−0.67	−0.23	−0.89	−0.88	−0.88	−0.97	−1.15	−1.42	−0.99	−1.21	−1.54
5^1	−1.50	−0.15	−1.64	−1.58	−1.44	−1.69	−1.84	−2.14	−1.70	−1.87	−2.20
5^2	−0.42	−0.24	−0.63	−0.54	−0.38	−0.74	−1.00	−1.52	−0.76	−1.06	−1.64
H_2	−6.78	0.27	0.29	0.33	0.40	0.19	−0.07	−0.53	0.17	−0.13	−0.65

(b) $[Cu_n H_m]^{m+}[H_{6-m}O_3]^{m-}\text{-surf} \longrightarrow k/2H_2(g) + [Cu_n H_{m-k}]^{m+}[H_{6-m}O_3]^{m-}\text{-surf}$

n^k	ΔE	ΔE_{ZPE}	ΔH_{100}	ΔH_{300}	ΔH_{600}	100kPa[①]			10kPa[②]		
						ΔG_{100}	ΔG_{300}	ΔG_{600}	ΔG_{100}	ΔG_{300}	ΔG_{600}
1^1	−0.61	−0.03	−0.63	−0.61	−0.61	−0.68	−0.79	−0.98	−0.69	−0.82	−1.04
2^1	0.99	0.18	1.21	1.32	1.48	1.12	0.87	0.35	1.11	0.84	0.29
3^1	−0.36	−0.06	−0.40	−0.39	−0.39	−0.45	−0.55	−0.71	−0.46	−0.58	−0.77
3^2	1.02	−0.15	0.90	0.95	0.97	0.80	0.54	0.12	0.78	0.48	0.01
4^1	1.19	−0.07	1.13	1.15	1.16	1.08	0.97	0.78	1.07	0.94	0.72
4^2	0.95	−0.12	0.86	0.90	0.91	0.75	0.51	0.11	0.73	0.45	−0.01
5^1	0.01	−0.02	0.01	0.03	0.05	−0.05	−0.18	−0.40	−0.06	−0.21	−0.46
5^2	1.09	−0.10	1.02	1.08	1.12	0.91	0.65	0.21	0.89	0.59	0.09
H_2	−6.78	0.27	0.29	0.33	0.40	0.19	−0.07	−0.53	0.17	−0.13	−0.65

① 标准压力（1bar）。

② 分压：10kPa＝0.1bar（标准压力的 1/10）。

虽然计算结果表明铜可以还原 $\gamma\text{-}Al_2O_3$ 表面羟基氢生成氢气，但铜一般被看作惰性金属，并不能直接与盐酸等发生置换反应生成氢气，$\gamma\text{-}Al_2O_3$ 表面羟基的酸性当然没有盐酸的强。为了验证这一结果，我们计算了 $Cu_n H_m^{m+}$（$n=1\sim5$，$m=1\sim3$）气相团簇脱去 $1/2H_2$ 的能量。这种带电荷的 $Cu_n H_m^{m+}$（$n=1\sim5$，$m=1\sim3$）团簇可以看作水合团簇 $Cu_n(H_2O)_m$，这些团簇的脱氢反应，可以看做铜团簇与水反应生成氢气的简化模型。首先采用 Turbo-mole-PBE/TZVP 计算了电中性的 $Cu_n H_m$（$n=1\sim5$，$m=1\sim3$）团簇的脱氢反应的能量并与 VASP-PW91/平面波的结果做比较（见表 4.3），PW91/平面波和 PBE/TZVP 计算得到的电中性的 $Cu_n H_m$（$n=1\sim5$，$m=1\sim3$）团簇的脱氢能量差别很小，小于 0.08eV（12%）。$1/2 H_2$ 从带电的 CuH^+ 和 $Cu_3H_2^{2+}$ 团簇脱附的能量分别为 −0.90eV 和 −0.39eV。表明单个铜原子和 Cu_3 能还原水分子中的 H 生成 H_2。对 Cu_2、Cu_4 和 Cu_5，带电团簇的脱氢反应

在能量上是不利的，表明 Cu_2、Cu_4 和 Cu_5 的还原能力较弱，不能还原水分子中的氢原子生成 H_2。带电的 $Cu_nH_m^{m+}$（$n=1\sim5$，$m=1\sim3$）团簇脱氢反应的能量与表面物种 $Cu_nH_m/H_{6-m}O_3$-surf 脱氢反应的能量一致，只有单个铜原子和 Cu_3 能还原羟基氢原子生成 H_2。

表 4.3　从气相 Cu_nH_m 团簇脱去 $1/2H_2$ 的反应能量（VASP 对比 Turbomole）

n,m	Cu_nH_m①/eV	Cu_nH_m②/eV
1,1	0.63	0.56
2,1	−0.36	−0.34
2,2	0.75	0.70
3,1	0.56	0.57
3,2	0.58	0.57
4,1	0.37	0.37
4,2	1.17	1.16
5,3	1.46	1.38

① PW91/平板波（VASP）。
② PBE/TZVP（Turbomole）。

(4) 分析与讨论

从上述结果可以看出，载体表面吸附的水会影响负载的同团簇的结构和形貌，这些表面吸附的水可以来自催化剂制备过程，也可能来自反应气氛，活性金属和表面吸附的水的反应会增强金属与表面的相互作用，进而影响反应机理。

有文献报道了 Cu/MgO 的相关结构，铜团簇在 MgO 表面仍保留它们的气相团簇结构，并且垂直于表面；铜原子在 γ-Al_2O_3 表面的吸附比在 MgO 表面的吸附强。单个铜原子在洁净 MgO(100) 面的吸附能为 −0.94eV，比在洁净的 γ-Al_2O_3 表面小 0.53eV。此外，在洁净的 γ-Al_2O_3 表面，铜原子既与表面氧原子成键，又与表面铝原子成键，而在 MgO 表面，铜只与表面氧原子成键。尤其是 Cu_4 和 Cu_5 在洁净的 γ-Al_2O_3 表面，Cu_4 改变了其菱形的气相结构，变为"Y"形的结构，而一个氧原子插入到 Cu_5 的 Cu—Cu 键，表明 Cu_n 与 γ-Al_2O_3 表面的作用足以改变铜团簇的气相结构，而 Cu_n 与 MgO 表面的相互作用太弱，所以仍保留着其气相结构。

沉积在载体表面的过渡金属原子常常聚合并形成较大的团簇，金属团簇在载体表面的聚合行为依赖于金属与载体表面相互作用的强弱：如果金属与表面的成键较强，足以阻止金属原子的迁移和聚合，沉积的金属原子不会在沉积的开始就聚合，而会形成一层一层的结构（Frank-vander Merwe，FM 生长模式），或者，至少在起初的 $1\sim3$ 层为一层一层的结构，然后聚合成大的团簇（Stranski-Krastanov，SK 生长模式）；否则，沉积的金属会在表面迁移，并形成较大的团簇（Volmer-Weber，VW 生长模式）。

4.2.1.3　铜团簇与 $CuAl_2O_4$ 尖晶石表面

从上述研究结果看，Cu 与洁净的 γ-Al_2O_3 表面相互作用相当弱，Cu 生长成较大的颗粒在热力学上是有利的[23]。虽然水吸附在 γ-Al_2O_3 表面形成的表面羟基可以抑制 Cu 的生长，然而在实际长周期催化反应中负载的 Cu 基催化剂仍然失活，这是由于 Cu-Cu 相互作用比 Cu-载体相互作用强得多。高志贤等报道[24]，$CuAl_2O_4$ 尖晶石催化剂对甲醇水蒸气重整反应具有高活性和稳定性，这是因为 $CuAl_2O_4$ 尖晶石表面中的 Cu 原子是单活性位点。此外，在甲醇水蒸气重整反应期间，次表层和体相内 Cu 原子可以在反应的还原性气氛中逐渐释放，这有助于提高催化剂的稳定性。问题在于 $CuAl_2O_4$ 尖晶石催化剂在长催化运行期间也会失活，因为 Cu 原子从尖晶石块移动到表面上之后，催化剂中的 $CuAl_2O_4$ 尖晶石结构变成氧化铝负载的 Cu 颗粒。然而，Cu 原子与 $CuAl_2O_4$ 尖晶石表面相互作用的机理尚不清楚，尤其是在尖晶石还原初期，第一批铜原子被还原出来后与表面相互作用的机理对理解 Cu 逐渐释放的基元步骤是至关重要的。所以我们接下来研究了铜团簇在尖晶石表面的吸附，并探讨了表面氧缺位对吸附的影响。

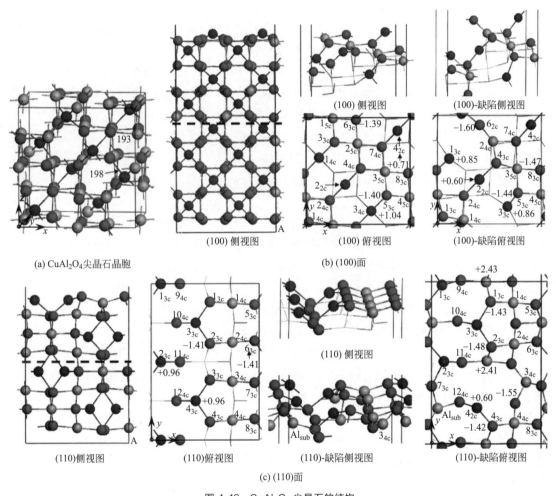

图 4.19　$CuAl_2O_4$ 尖晶石的结构

(a) 体相；(b)（100）表面；(c)（110）表面

（1）$CuAl_2O_4$ 尖晶石表面特征

洁净（100）表面的顶层暴露的 $Cu(2,4)_{2c}$ 为对等位点的二配位 Cu 原子，而略低于顶层原子的 $Cu(1,3)_{4c}$ 是四配位。$O(3,5,6,8)_{3c}$ 都是等价的三配位氧原子，$O(1,2,4,7)_{4c}$ 是等价的四配位氧原子。表面中的所有 $Al(1,2,3,4)_{5c}$ 原子都是五配位。

洁净（110）表面暴露的 $Cu(1,2,3,4)_{3c}$ 是对等位点的三配位原子，$O(1,2,3,4,5,6,7,8)_{3c}$ 原子都是对等位点的三配位，顶层 $Al(1,2,3,4)_{4c}$ 是等位点四配位铝原子；而次表层等位点的 O(9,10,11,12)$_{4c}$ 是四配位。

预计等位点的表面原子，如：（100）面的 Cu(2)$_{2c}$ 和 Cu(4)$_{2c}$，Cu(1)$_{4c}$ 和 Cu(3)$_{4c}$，O(3)$_{3c}$、O(5)$_{3c}$、O(6)$_{3c}$ 和 O(8)$_{3c}$，O(1)$_{4c}$、O(2)$_{4c}$、O(4)$_{4c}$ 和 O(7)$_{4c}$，Al(1)$_{5c}$、Al(2)$_{5c}$、Al(3)$_{5c}$ 和 Al(4)$_{5c}$；（110）面的 Cu(1)$_{3c}$、Cu(2)$_{3c}$、Cu(3)$_{3c}$ 和 Cu(4)$_{3c}$，O(1)$_{3c}$、O(2)$_{3c}$、O(3)$_{3c}$、O(4)$_{3c}$、O(5)$_{3c}$、O(6)$_{3c}$、O(7)$_{3c}$ 和 O(8)$_{3c}$，Al(1)$_{4c}$、Al(2)$_{4c}$、Al(3)$_{4c}$ 和 Al(4)$_{4c}$ 对铜原子的吸附具有相同的化学性质。

为了得到有氧缺陷的缺陷表面，我们试图从（100）表面和（110）表面去除一个表面氧原子。O-缺陷形成能（E_f）定义为：

$$E_f = E(\text{O-defect}) + 1/2E(O_2) - E(\text{slab}) \tag{4.2-19}$$

其中，$E(\text{O-defect})$、$E(O_2)$ 和 $E(\text{slab})$ 分别是 O-缺陷表面、气相 O_2 分子和洁净表面的总能量。O-缺陷形成能越小，氧缺陷越容易形成。

对表面所有可能的氧缺陷进行了测试，用方程（4.2-19）计算缺陷形成能（E_f）。研究发现，最稳定的氧缺陷表面是通过去除洁净（100）面和（110）表面的 O(3)$_{3c}$ 原子而形成的。在洁净（100）面和（110）表面和半气相氧分子中形成一个缺陷点的热力学吸热分别为 1.61eV 和 2.64eV，这表明在（100）表面比在（110）表面更容易产生氧缺陷。与其他氧化物表面相比，CuAl$_2$O$_4$(100) 表面比 CuO(111) 面、Cu$_2$O(111) 面和 α-Al$_2$O$_3$ 更容易形成氧空位，例如 CuO(111) 面、Cu$_2$O(111) 面[25] 和 α-Al$_2$O$_3$ 的 O 空位形成能分别为 3.02eV、2.18eV 和 5.83eV。

在去除表面 O(3)$_{3c}$ 原子之后，（100）面和（110）表面都产生形变。如图 4.19(b) 所示，O(6)$_{2c}$ 和 O(4)$_{3c}$ 变为二配位和三配位，Al(1)$_{4c}$ 和 Al(2)$_{4c}$ 变为四配位，Cu(1)$_{3c}$ 和 Cu(3)$_{3c}$ 变为三配位。有氧缺陷的（110）表面比（100）表面扭曲得更严重，图 4.19(c) 显示 Cu(4)$_{2c}$ 变为二配位，表面 O(1,2,4,5,6,7,8) 和 O(9,10,11,12) 分别保持它们之前的三配位和四配位。然而，发现 Al(3)$_{4c}$ 原子移动到次表层，于是次表层中一个 Al 向左移动。

（2）单个铜原子吸附在洁净和氧缺陷 CuAl$_2$O$_4$ 表面

在 CuAl$_2$O$_4$(100) 面和（110）表面上吸附单个 Cu 原子的结构和吸附能如图 4.20 所示，它表明 Cu 原子在 CuAl$_2$O$_4$(100) 面和（110）表面上都有很强的吸附作用。吸附能量表示，Cu(+0.68e) 与 O(5,6) 和 Cu(3) 结合，Cu/O 和 Cu—Cu 距离分别为 181pm 和 236pm，在 **Cu/(100)-O(5,6)-Cu(3)** 结构中，其放热 −4.46eV。应该注意的是，这里 Cu—O 和 Cu—Cu 键长比块状 Cu$_2$O(185pm) 和 Cu(256pm) 短，表明 Cu 与 CuAl$_2$O$_4$(100) 面具有强的相互作用。在 **Cu/(100)-O(4,7)-Cu(2)** 结构中，Cu 为 +0.48e，Cu—O 和 Cu—Cu 距离分别为 210pm 和 252pm，吸附能为 −2.14eV。在具有氧缺陷的(100)表面上，铜原子与 O(5,6) 和 Cu(3) 结合成形成 **Cu/(100)d-O(5,6)-Cu(3)** 结构，其 Cu—O 和 Cu—Cu 键长分别为 188pm、198pm 和 239pm，吸附能为 −3.56eV，小于吸附在完整表面上的结构 [**Cu/(100)-O(5,6)-Cu(3)**，−4.66eV]。此外铜与氧缺陷的(100)面的 O(2)、Cu(4) 和次表层 Al、O 原子结合为 **Cu/(100)d-O(2)-Cu(4)** 结构，但仅放热 −2.12eV。应该注意的是，计算出的 Bader 电荷表明吸附在理想表面上的 Cu 原子比氧缺陷表面被氧化程度更深，因此在洁净表面上的吸附能大于在缺陷表面上的吸附能。Hernández 等也发现 Cu 与 α-Al$_2$O$_3$(0001) 表面的相互作用最重要的贡献是电荷转移。

在洁净的 CuAl$_2$O$_4$(110) 表面上发现了三个单个 Cu 原子吸附能量最小的结构。在

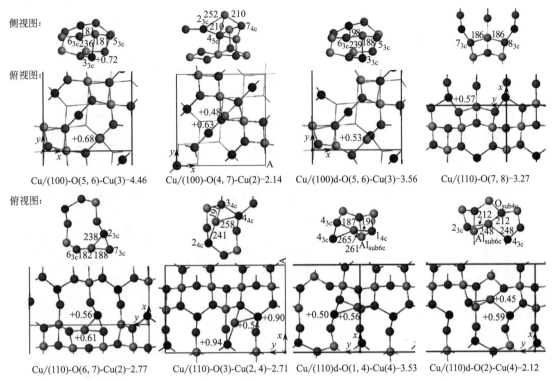

图 4.20　单 Cu 原子吸附在完美和氧缺陷 CuAl₂O₄ 尖晶石（100）表面和（110）表面上

键长、Bader 电荷和吸附能量单位分别为 pm、e 和 eV

Cu/（110）-O（7，8） 结构中，Cu 原子（＋0.57e）与 O（7，8）结合，Cu—O 键长为 186pm，放热 －3.27eV。在 **Cu/（110）-O（6，7）-Cu（2）** 和 **Cu/（110）-O（3）-Cu（2，4）** 中，Cu 原子与 O（6，7）、Cu（2）或与 O（3）和 Cu（2，4）结合，它们分别放热 －2.77eV 和 －2.71eV。然而，Cu 与氧缺陷（110）面中 O（1，4）、Cu（4）和次层 Al 原子结合形成 **Cu/（110）d-O（1，4）-Cu（4）** 结构，其形成两个 Cu—O、一个 Cu—Cu 和一个 Cu—Al，距离分别为 187pm、190pm、265pm 和 261pm，吸附能为 －3.53eV，并大于完美表面。

应该注意的是单个铜原子吸附在洁净的 γ-Al₂O₃（110）表面上仅放热 －1.47eV（PBE）[23]，比吸附在 CuAl₂O₄ 尖晶石表面小得多。该结果可以说明 CuAl₂O₄ 尖晶石催化剂比 Cu/γ-Al₂O₃ 催化剂具有更好的稳定性。Cu 与氧化铝表面的相互作用很弱，以至于 Cu 可以在催化反应过程中移动并聚集成大颗粒并失活。然而，Cu 与 CuAl₂O₄ 尖晶石的相互作用非常强，Cu 紧密地固定在表面上，这抑制了 Cu 原子在尖晶石表面上的聚集，并进一步导致 CuAl₂O₄ 尖晶石催化剂的稳定性提高。此外，我们还计算了单个 Cu 原子在 CuO（111）表面上的吸附，发现吸附的 Cu 原子与表面 Cu 和 O 原子结合，其吸附能为 －3.38eV，能量接近 Cu 吸附在 CuAl₂O₄ 尖晶石表面上。

（3）Cuₙ（n＝2～4）吸附在洁净的 CuAl₂O₄ 表面

基于单个 Cu 原子最稳定的吸附位点，我们进一步尝试将第二、第三和第四 Cu 原子放在 CuAl₂O₄（100）表面和（110）表面上，如图 4.21 所示。

Cu₂/（100）-O（3，5，6，8）-Cu（1，3） 结构是 Cu₂ 在 CuAl₂O₄（100）表面最稳定的吸附结构，其吸附能为 －6.02eV。两个 Cu 原子分别与 O（3，8）-Cu（1）和 O（5，6）-Cu（3）结合，两

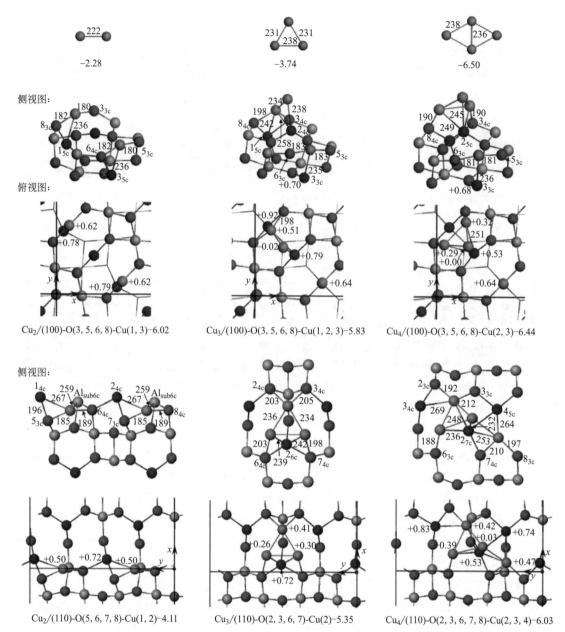

图 4.21　气相 Cu_n（n= 2~4）团簇及其在洁净的 $CuAl_2O_4$ 尖晶石（100）表面和（110）表面上的吸附

键长、Bader 电荷和吸附能（Cu_n 的结合能）单位分别为 pm、e 和 eV

个 Cu—O 键长分别为 180pm 和 182pm，Cu—Cu 键长为 236pm。在两个吸附的 Cu 原子之间没有形成直接的化学键，因为 Cu 与尖晶石（100）表面的相互作用（$-4.46eV$）比其与另一个 Cu 原子（$-2.28eV$）强得多。我们还尝试计算表面上的 Cu_2 分子吸附，然而，优化导致解离吸附结构为 $Cu_2/(100)$-O(3,5,6,8)-Cu(1,3)。第三个 Cu 原子与预吸附的 Cu 原子和表面的 Cu_2 之一结合形成 $Cu_3/(100)$-O(3,5,6,8)-Cu(1,2,3) 结构，吸附能为 $-5.83eV$，小于 Cu_2 团簇的吸附能。该结构也可以认为是吸附的 Cu_2 和一个表面 Cu 原子形成三角形，表面 Cu 原子指向另一个吸附的 Cu 原子，距离为 292pm。Cu_4 簇也更易在尖晶石（100）表面上解离吸附，Cu_3 结合到 O(3,8)-Cu(2) 并形成四面体，另一个 Cu 原子结合到 O(5,6)-Cu(3)。在 **Cu_4/(100)-O(,3,5,6,8)-Cu(2,3)** 结构中 Cu_4 的吸附能为 $-6.44eV$，大于 Cu_2 和 Cu_3 团簇的吸附能。

洁净 $CuAl_2O_4$ 尖晶石 (110) 表面上的 Cu_2 也形成解离吸附，其结构为 **Cu_2/(110)-O(3,5,6,8)-Cu(1,3)**，两个分离的 Cu 原子结合到 O(5,6)-Cu(1) 和次表层 Al 原子，以及 O(7,8)-Cu(2) 和次表层 Al 原子。应注意，(110) 表面上 Cu_2 的吸附能为 $-4.11eV$，比 (100) 表面上的吸附能数值小 1.91eV。当第三个 Cu 原子加入到表面时，吸附的 Cu_3 形成三角形结构并与 O(2,3,6,7) 和 Cu(2) 结合为 **Cu_3/(110)-O(2,3,6,7)-Cu(2)** 结构，其吸附能为 $-5.35eV$，接近 (100) 表面上 Cu_3 的吸附能 ($-5.83eV$)。Cu_4 在 (110) 表面形成 "Y" 形结构，如 **Cu_4/(110)-O(2,3,6,7,8)-Cu(2,3,4)** 结构所示，像 Cu_4 吸附在洁净 γ-Al_2O_3(110) 表面上一样[23]，一个 Cu_2 与另一个 Cu_2 的两个 Cu 原子连接在一起。然而，尖晶石 (110) 表面上的 Cu_4 的吸附能 ($-6.03eV$) 比 γ-Al_2O_3(110) 表面上的吸附能强得多 ($-3.92eV$)。

4.2.2　金属团簇在载体表面的热力学稳定性

为了研究金属团簇在载体表面的热力学，我们对团簇的生长和聚合进行如下的定义。

对气相团簇，总聚合能的定义为 n 个金属原子聚合成一个由 n 个原子组成的团簇的生成能：

$$E_{agg}(n) = E_{gas}(n) - nE_{gas}(1) \tag{4.2-20}$$

式中，$E_{gas}(n)$ 为 n 个原子的团簇的能量，聚合能的数值也可以看作是结合能。

$(n-1)$ 个原子的气相团簇得到一个气相原子，变为 n 个原子的气相团簇的能量定义为生长能：

$$E_{growth}[n/(n-1)] = E_{gas}(n) - E_{gas}(n-1) - E_{gas}(1) \tag{4.2-21}$$

对于金属原子在表面的聚合过程，聚合能被定义为：

$$E_{agg}(n) = E_{surf}(n) + (n-1)E_{surf}(0) - nE_{surf}(1) \tag{4.2-22}$$

生长能被定义为：

$$E_{growth}[n/(n-1)] = [E_{surf}(n) + E_{surf}(0)] - [E_{surf}(n-1) + E_{surf}(1)] \tag{4.2-23}$$

式中，$E_{surf}(n)$ 和 $E_{surf}(0)$ 分别为含有和不含有 n 个金属原子的载体表面（洁净的或水覆盖的）。

对负载型催化剂的热力学稳定性，我们可以通过计算生长能和聚合能进行分析，接下来我们以铜在氧化铝和铜铝尖晶石表面的生长和聚合为例分析这一模型催化剂的稳定性

(1) Cu 团簇在洁净氧化铝表面

表 4.4 给出了铜团簇吸附在 γ-Al_2O_3 洁净表面的每原子的聚合能、生长能和 Bader 电荷，并与气相团簇的参数作比较。在气相中聚合能随着团簇增大而增加，由于单个铜原子的一个未配对电子，生长能显示随原子个数奇偶改变的性质，如图 4.22 所示。铜团簇随原子个数奇偶改变的特征还显示在表面吸附团簇的生长能以及其 Bader 电荷上，如吸附的 Cu、Cu_2、Cu_3、Cu_4 和 Cu_5 的 Bader 电荷分别为：$+0.19e$、$+0.03e$、$+0.12e$、$+0.06e$ 和 $+0.06e$。铜团簇在洁净 γ-Al_2O_3 表面的吸附能随着团簇增大而增大（表 4.4），但是每增加一个铜原子后吸附能的增加幅度逐渐减小，比如从 Cu 到 Cu_2、Cu_3、Cu_4 和 Cu_5 其吸附能

的增加幅度分别为：1.37eV、0.70eV、0.39eV 和 0.33eV。此外，吸附在表面铜团簇的每原子的聚合能从 $n=2$ 开始几乎不变（图 4.22），而不像在气相团簇中那样一直增大，充分说明载体对负载的金属团簇的稳定作用。

表 4.4 气相和在表面的铜团簇的每原子聚合能和生长能（E_{agg}/n 和 E_{growth}）、平均铜原子被铜原子配位的配位数（N_{Cu}）、平均 Cu—Cu 键长（R）、表面吸附团簇的平均吸附能（E_{ads}/n）、平均的总配位数（N_{av}）和总的 Bader 电荷（q）

	气相				Cu_n/表面								
n	N_{Cu}	E_{agg}/n[①]	E_{growth}	R[①]	N_{Cu}	N_{av}	E_{agg}/n	E_{growth}	E_{ads}/n	Cu-O	Cu-Al	R	q
		eV	eV	pm			eV	eV	eV	pm	pm	pm	e
1		0.00	0.00			4	0.00	0.00	−1.47	200	258		+0.19
2	1	−1.12	−2.23	225	1	4	−1.07	−2.14	−1.42	201	252	229	+0.06
3	2	−1.26	−1.55	238	2	4.7	−0.94	−0.68	−1.18	205	252	241	+0.36
4	2.5	−1.63	−2.74	238	2	4	−1.10	−1.57	−0.98	208	245	238	+0.24
5	2.8	−1.77	−2.35	238	2.4	4.2	−1.10	−1.11	−0.85	207	255	248	+0.30

① 计算得到的 Cu 原子在体相中的聚合能为 −3.45eV 每原子，其中 Cu—Cu 键长为 258pm，实验值为 259pm。

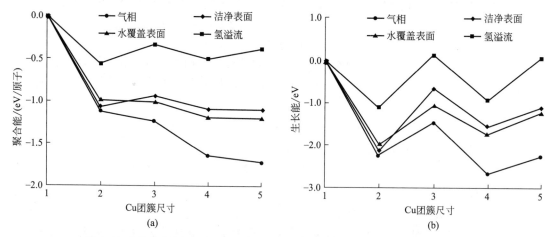

图 4.22 铜团簇在气相、洁净的和水覆盖的（包括有无溢流的时候）γ-Al_2O_3 表面的生长能（b）和每原子聚合能（a）随 Cu 团簇尺寸的变化

（2）Cu 团簇在水覆盖的 γ-Al_2O_3 表面

表 4.5 列出了 Cu_n（$n=1\sim5$）在水覆盖的 γ-Al_2O_3 表面的吸附能、聚合能、Bader 电荷以及键长等数据。从单原子到 Cu_4 在这个面的总吸附能从 −0.94eV 增加到 −2.21eV，而 Cu_5 的吸附能为 −2.11eV。而平均每个原子的吸附能逐渐从 −0.94eV 减小到 −0.42eV。此外，铜团簇在这个表面的生长能与在洁净面的相似，仍显示随原子个数奇偶改变的性质，除 Cu_2，铜团簇在这个面的生长能和聚合能均大于其在洁净的 γ-Al_2O_3 表面。

表 4.5 和表 4.6 给出了铜团簇在水覆盖的 γ-Al_2O_3 表面发生氢溢流反应的吸附能、每原子的聚合能、生长能、总的 Bader 电荷和平均键长，以及从氢溢流结构和相应气相团簇中脱去 $1/2H_2$ 的能量。

表 4.5　Cu_n（n=1~5）团簇在水覆盖的 $\gamma\text{-Al}_2O_3$ 表面，在无/有氢溢流（$Cu_n/H_6O_3\text{-surf}$ 和 $Cu_nH_m/H_{6-m}O_3\text{-surf}$）的情况下的平均每原子的吸附能、聚合能，生长能和 Bader 电荷

Cu_n/H_6O_3-surf						Cu_nH_m/H_{6-m}O_3-surf						
n	E_{ads}/n	E_{agg}/n	E_{growth}	R	Cu-O	q	n	m	E_{ads}/n	R	Cu-O	Cu-H	q
	eV	eV	eV	pm	pm	e			eV	pm	pm	pm	e
1	−0.94	0.00	0.00		198	0.14	1	1	−1.44		203	153	0.81
2	−0.81	−0.99	−1.99	224	194	0.02	2	1	−1.49	232	189	158	0.88
3	−0.72	−1.01	−1.04	234	199	0.21	3	2	−1.04	249	203	161	1.68
4	−0.55	−1.19	−1.74	235	198	0.08	4	2	−0.96	244	199	164	1.72
5	−0.42	−1.19	−1.20	243	203	0.15	5	3	−0.72	252	203	167	2.50

表 4.6　Cu_n（n=1~5）团簇在水覆盖的 $\gamma\text{-Al}_2O_3$ 表面发生氢溢流反应和氢气脱附后的平均每原子的吸附能、每原子聚合能和生长能、平均键长、总的 Bader 电荷及表面反应脱氢气的能量

			$[Cu_nH_{m-k}]^{m+}$	Cu_nH_{m-k}/H_{6-m}O_3-surf							
n	m	k	E_{deh} [①]	E_{deh} [①]	E_{ads}/n	E_{agg}/n	E_{growth}	R	Cu-O	Cu-H	q
			eV	eV	eV	eV	eV	pm	pm	pm	e
1	1	1	−0.90	−0.62	−2.05	0.00	0.00		194		0.63
2	1	1	1.26	0.99	−0.99	−0.56	−1.12	230	196	163	1.26
3	2	1	−0.39	−0.36	−1.16	−0.34	0.11	244	201	163	1.42
4	2	1	1.25	1.19	−0.66	−0.49	−0.94	241	197	167	1.43
5	3	1	0.21	0.01	−0.72	−0.39	0.03	252	201	165	2.27

① $[Cu_nH_m]^{m+}([H_{6-m}O_3]^{m-}\text{-surf}) \rightarrow k/2\ H_2 + [Cu_nH_{m-k}]^{m+}([H_{6-m}O_3]^{m-}\text{-surf})$。

与铜团簇在水覆盖的表面的纯吸附结果相似，发生过氢溢流反应后从 $n=1$ 到 $n=4$，吸附能从 −2.05eV（表 4.6，$n=1$，$m=1$，$k=1$）逐渐增加到 −3.83eV（表 4.5，$n=4$，$m=2$），但是 Cu_5 的吸附能较小，仅为 −3.61eV。从 $n=1$ 到 $n=5$，铜团簇的平均吸附能逐渐减小。Bader 电荷分析显示：铜原子在氢溢流的结构中比在没有发生氢溢流的结构中被氧化程度更深。

为了讨论铜在 $\gamma\text{-Al}_2O_3$ 表面的生长模式，我们定义了 Cu_n 在气相和在表面的生长能和每原子的聚合能，如图 4.23。在气相中，随着团簇的增大，每原子的聚合能逐渐增大，在没有发生氢溢流反应的氧化铝表面每原子的聚合能在 −1.0eV 左右，但是在有氢溢流反应发生的表面，急剧减小到 −0.5eV。铜团簇的生长能在气相中显示随原子个数奇偶改变的性质，且在气相、没有氢溢流反应和有氢溢流反应的表面其生长能逐渐减小，表明铜团簇与表面的相互作用抑制了其生长和聚合，尤其是在有氢溢流反应发生的表面。

如图 4.22 所示，Cu_n 在没有溢流反应发生的表面生长是有利的。为了详细地了解铜团簇在氧化铝洁净表面的生长，还进行了分子动力学模拟，为了保持每个 $p(1\times1)$ 格子中有 5 个铜原子，我们采用在 $p(1\times2)$ 的表面格子中放 10 个铜原子，发现 10 个铜原子在 $p(1\times2)$ 的格子中聚合成一个较大的团簇比两个 Cu_5 在邻近的格子中能量稳定 0.71eV。此外，Cu_5 团簇在一个 $p(1\times2)$ 的格子中的能量比 Cu_2/Cu_3 和 Cu/Cu_4 在相邻的 $p(1\times1)$ 的格子

中分别更稳定 0.53eV 和 1.11eV。如图 4.23 所示，单个铜原子和 Cu$_2$ 在洁净的 γ-Al$_2$O$_3$ 表面从其最稳定的吸附位移出的能垒分别为 0.68eV 和 1.02eV。表明吸附在洁净的 γ-Al$_2$O$_3$ 表面的铜原子和小团簇并不稳定，很容易聚合成较大的团簇，我们计算得单个铜原子在 Cu(100) 面的吸附能为 -2.91eV，比在洁净的氧化铝表面的吸附能（-1.47eV）大。这与文献报道的实验结果一致：铜在洁净的 Al$_2$O$_3$ 薄膜表面生成 20Å 的三维团簇，而非首先生成薄膜，相应于 VW 的生长模式。此外，铜团簇在 γ-Al$_2$O$_3$ 表面平均每原子的吸附能从 Cu 到 Cu$_5$（有/无溢流发生的情况下）逐渐减小，表明铜原子与铜原子的相互作用较强，而抑制了其与表面的相互作用。

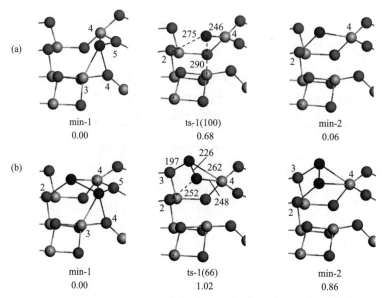

图 4.23　单个铜原子（a）和 Cu$_2$（b）在洁净 γ-Al$_2$O$_3$ 表面迁移的过渡态

键长，pm；相对能量，eV；虚频，cm^{-1}

铜团簇在水覆盖的氧化铝表面发生氢溢流反应之后的聚合能比没有发生氢溢流的情况下小很多。尤其 Cu$_3$ 和 Cu$_5$ 的生长能为正值，表明 Cu$_2$ 和 Cu$_4$ 在溢流的结构中没有能力再得到一个铜原子，铜团簇在水覆盖的表面有溢流反应发生的情况下，其生长成较大的团簇是不利的，Cu$_2$ 和 Cu$_4$ 可能是在羟基覆盖表面最为稳定的物种。值得注意的是，氢溢流反应发生后 Cu$_n$（$n=1\sim5$）表面的吸附能分别为 -2.05eV、-2.98eV、-3.49eV、-3.83eV 和 -3.61eV，与其在洁净表面的吸附能（-1.47eV、-2.84eV、-3.54eV、-3.93eV 和 -4.26eV）仍相近。而 Cu$_n$（$n=1\sim5$）在没有发生氢溢流表面的结合能与其在表面的吸附能相等：

$$E_{bind}(Cu_n) = E(Cu_n/surf) - [E(Cu_n) + E(surf)] = E_{ads}(Cu_n) \qquad (4.2\text{-}24)$$

而在有氢溢流的结构中，由于 H 原子在铜团簇上面，所以，Cu$_n$ 与表面的结合能为：

$$E_{bind}(Cu_n) = E_{bind}(Cu_nH_m) = E_{ads}(Cu_nH_m) = E(Cu_nH_m/surf) - [E(Cu_nH_m) + E(surf)]$$
$$(4.2\text{-}25)$$

对 1/2H$_2$ 脱附的结构：

$$E_{bind}(Cu_n) = E_{bind}(Cu_nH_{m-1}) = E_{ads}(Cu_nH_{m-1})$$
$$= E(Cu_nH_{m-1}/surf) - [E(Cu_nH_{m-1}) + E(surf)]$$
$$(4.2\text{-}26)$$

因此，$Cu_n(n=1\sim5)$ 在氢溢流反应和氢气脱附后对表面的结合能为：$-4.49eV$、$-5.78eV$、$-8.38eV$、$-7.74eV$ 和 $-8.58eV$，比在没有发生氢溢流表面的结合能（$-1.47eV$、$-2.84eV$、$-3.54eV$、$-3.93eV$ 和 $-4.26eV$）要大。表明溢流反应增强了 Cu 团簇与表面的结合，并抑制了铜团簇在表面的迁移、生长和聚合。溢流反应之所以能增强铜团簇与表面的结合是因为溢流反应的氢原子氧化了铜团簇，与纯吸附的结构相比，更深地氧化了被吸附的铜团簇。带正电荷的 Cu_n 团簇与表面带负电的氧原子的键增强了，这一结果可以合理地解释以前实验报道的结果，表面羟基对铜团簇在表面的生长有着极其重要的作用，这是由于氢溢流反应的发生。铜与水覆盖的氧化铝表面的结合由于形成 Al—O—Cu 键而增强，并使得铜可以浸润氧化铝表面。

综上所述，铜团簇在 $\gamma\text{-}Al_2O_3(110)$ 表面的吸附能和 Bader 电荷显示吸附能随铜团簇原子个数奇偶改变的特征，如果逐个加入铜原子，其第一、第三和第五个铜原子的吸附能比第二和第四个铜原子的吸附能小。奇数原子的铜团簇比偶数原子的团簇显示较强的还原能力。尤其是单个铜原子和 Cu_3 能还原表面羟基氢生成 H_2 分子。

铜团簇与洁净的 $\gamma\text{-}Al_2O_3$ 表面的结合较弱，容易生长成 3D 结构的大团簇。在水覆盖的表面，由于表面羟基的氢原子迁移到沉积的 $Cu_n(n=1\sim5)$ 团簇上以及 H_2 分子的脱附反应深度氧化了沉积在表面的铜团簇，并增强了铜与氧化铝表面的结合。与铜在洁净面的 3D 生长模式相比，由于 Cu_n 与水覆盖的氧化铝的表面羟基之间的反应，偶数原子的小团簇在水覆盖的氧化铝表面较有利。

(3) Cu 团簇在洁净铜铝尖晶石表面

表 4.7 显示了 Cu_n 团簇在 $CuAl_2O_4$、$\gamma\text{-}Al_2O_3$ 表面上的生长能和聚合能。$CuAl_2O_4$ 表面上 Cu 团簇的每个 Cu 原子的聚集能为正，而气相和 $\gamma\text{-}Al_2O_3(110)$ 表面的聚合能为负。它揭示了气相和 $\gamma\text{-}Al_2O_3(110)$ 表面上的 Cu 原子优先聚集成大颗粒。然而，在尖晶石（100）表面和（110）表面上，正的聚合能显示 Cu 原子的聚集在热力学上是不利的。

表 4.7　Cu_n（n= 1~4）团簇在气相中、$CuAl_2O_4$（100）表面、
（110）表面和 $\gamma\text{-}Al_2O_3$（110）表面的生长能和每个 Cu 原子的聚合能　　单位：eV

n	$CuAl_2O_4(100)$		$CuAl_2O_4(110)$		$\gamma\text{-}Al_2O_3(110)$[①]		气相	
	E_{growth}	E_{agg}/n	E_{growth}	E_{agg}/n	E_{growth}	E_{agg}/n	E_{growth}	E_{agg}/n
2	0.62	0.31	0.30	0.15	-2.14	-1.07	-2.23	-1.12
3	3.19	1.27	0.42	0.24	-0.68	-0.94	-1.55	-1.26
4	1.11	1.23	-0.16	0.14	-1.57	-1.10	-2.74	-1.77

① 见参考文献 [23]。

$Cu_n(n=2,3,4)$ 团簇在 $CuAl_2O_4(100)$ 表面上的生长能为正，这表明单个 Cu 原子、Cu_2 和 Cu_3 再生成一个 Cu 原子生长成 Cu_2、Cu_3 和 $CuAl_2O_4(100)$ 表面上的 Cu_4 是吸热的。在 $CuAl_2O_4(110)$ 表面上，单个 Cu 原子和 Cu_2 生长为 Cu_2 和 Cu_3 是吸热的，而 Cu_3 向 Cu_4 的生长放热为 $-0.16eV$。此外，结果还表明，尖晶石（100）表面上 Cu 簇的聚集和生长比（110）表面上的聚集和生长更困难。Cu_n 团簇的生长和聚集能力依次为：气相 > $\gamma\text{-}Al_2O_3(110)$ > $CuAl_2O_4(110)$ > $CuAl_2O_4(100)$。Cu 与 $CuAl_2O_4$ 表面的相互作用强于 $\gamma\text{-}Al_2O_3(110)$ 表面。该结果可以对 $CuAl_2O_4$ 尖晶石上负载 Cu 显示出比 $\gamma\text{-}Al_2O_3$ 更好的稳定性的实验现象给出合理的解释。

4.2.3 电子态密度和电荷分析

电子态密度和电荷布局分析是了解化学键本质的一个关键方法，通过分析单个铜原子在 $\gamma\text{-}Al_2O_3(110)$ 表面吸附结构的 Cu、表层 Al 和 O 原子的投射电子态密度（图 4.24）与孤立的单个 Cu 原子（$3d^{10}4s^1$）以及洁净的 $\gamma\text{-}Al_2O_3$ 表面（绝缘体）Al 和 O 原子的电子态密度，铜原子吸附在表面后，其 4s 峰消失了，同时其 3d 峰变宽，表明铜原子的 d 电子重排。吸附能越大，d 电子重排越严重。此外，可以发现表面 Al 原子的未占据轨道向费米能级移动，表明表面 Al 原子得到电子，而表层氧原子的占据轨道右移，表明表面氧原子失去电子。

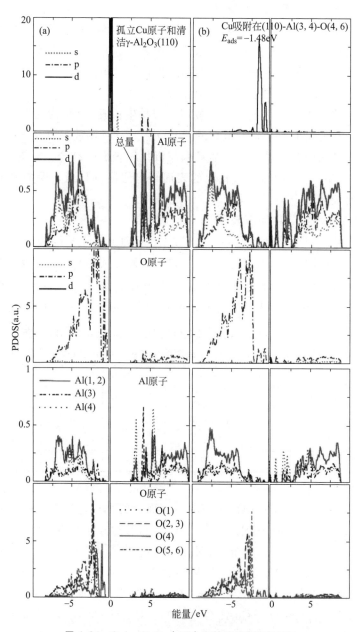

图 4.24　Cu/γ-Al$_2$O$_3$（110）面的投影电子态密度

Bader 电荷分析显示 Cu 在 (110)-Al$_{IV,III}$(3,4)-O$_{II,II}$(4,6)、(110)-Al$_{IV}$(3)-O$_{III}$(1)、(110)-Al$_{IV}$(1)-O$_{II}$(6) 和 (110)-O$_{III}$(1) 位置的吸附使表层 O 原子分别失去 0.15e、0.19e、0.16e 和 0.15e 电荷，而 Al 原子分别得到 0.35e、0.20e、0.16e 和 0.18e 电荷。若删去被吸附的原子，固定 γ-Al$_2$O$_3$ 的表面结构，Bader 电荷分析显示表面 O 原子仍失去多于 0.10e 的电荷，而表面 Al 原子得到大于 0.10e 的电荷，表明铜原子的吸附引起表层原子的重构和电子的重排。因此，可以理解吸附能与电荷转移无直接线性关系。由铜原子的吸附引起表面氧原子和铝原子之间的电荷重排，因此必须综合考虑表面 Al 原子的路易斯酸性能级和表面氧原子的路易斯碱性能级才能深入理解铜原子在表面的吸附能与表面重构、电荷转移以及 γ-Al$_2$O$_3$ 表面的电子重排之间的关系。但是以表面 O 原子的占据轨道去表征表面 O 原子的路易斯碱性比较困难，因为表面氧原子的占据轨道能级在能量和空间上比较离域，很难确定在某一个表面 O 原子上。

图 4.25 显示了在 CuAl$_2$O$_4$ 表面吸附的 Cu 原子以及体系的顶层 O、Al 和 Cu 原子的 PDOS 曲线。已知孤立的 Cu 原子具有 3d^{10}4s^1 的壳层电子结构，显示出很强的电子释放能力。对于吸附在 (100) 表面和 (110) 表面上的 Cu 原子，吸附的 Cu 原子的 4s 轨道电荷转移到表面而消失。吸附的 Cu 原子的 3d 轨道分裂成几个峰，并且由于 Cu 原子与表面的结合，电子态密度峰变宽，这表明其通过 3d 轨道与表面原子结合。此外，吸附的 Cu 的 3d 轨

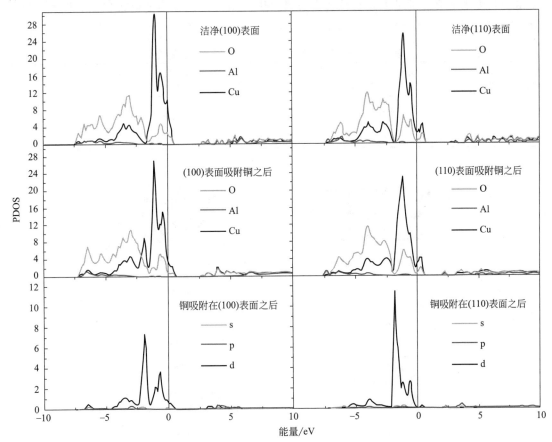

图 4.25　铜吸附在 CuAl$_2$O$_4$（100）表面和（110）表面前后吸附的 Cu 原子、

体系最顶层原子（Cu、Al、O）的 PDOS 曲线

结构如图 4.21 中 Cu/(100)-O(5,6)-Cu(3) 和 Cu/(110)-O(7,8)

道在（100）表面上比在（110）表面上收缩得更多，这表明 Cu 原子与（100）表面的相互作用比与（110）表面的相互作用更强。这与计算的吸附能和 Bader 电荷 [－4.46eV，（100）表面上的 0.68e 对比－3.27eV，（110）表面上的 0.57e] 一致。

4.2.4 Pt/γ-Al$_2$O$_3$ 催化剂 CO$_2$ 催化加氢机理的研究

理论计算不仅可以研究负载型催化剂的结构及一些分子在催化剂表面的吸附，还可以用来研究催化反应的机理。下面以 Pt/γ-Al$_2$O$_3$ 表面发生的 CO$_2$ 催化加氢为例，讲述计算催化反应机理的过程。

(1) CO$_2$ 吸附在洁净的 Pt$_4$/Al$_2$O$_3$ 表面

反应分子吸附在催化剂表面是发生催化反应的前提，所以研究催化反应机理的第一步，仍然是计算吸附。图 4.26（a）展示了 CO$_2$ 被吸附在洁净的 Pt$_4$/Al$_2$O$_3$ 表面上的结构，吸附能和一些其他的结构参数被列举在表 4.8 中。在这个结构中，CO$_2$ 与两个 Pt（即 Pt$_4$ 和 Pt$_3$）原子通过 C—Pt$_3$（1.96Å）和 O$_a$—Pt$_4$（2.16Å）相互连接。但是它已经从气相中的线性结构扭曲成折线的结构，它的结构参数见表 4.8。C—O$_a$ 和 C—O$_b$ 的键长分别是 1.30Å 和 1.28Å，O$_a$—C—O$_b$ 的夹角是 124°。C—O 键的伸长和 O—C—O 夹角的减少，表明 C—O 键部分或全都被激活。CO$_2$ 的吸附能是－2.05eV，相比于 Ni 基催化剂上 CO$_2$ 的吸附能（0.93eV）要大的多，此处的正负号代表吸热放热，Ni 文献的吸附能公式与本节相反，故二者都是一个方向，都属于放热，也就是说，CO$_2$ 更容易吸附在 Pt 基的催化剂上。

表 4.8 气相和被吸附的 CO$_2$ 结构参数和吸附能

项目	C—O$_a$ 键长/Å	C—O$_b$ 键长/Å	O$_a$—C—O$_b$ 夹角/(°)	$\Delta E_{ab}^{CO_2}$/eV
吸附态 CO$_2$	1.30	1.28	124	－2.05
气相 CO$_2$	1.19	1.19	180	
CO$_3^{2-}$	1.28	1.28	120	

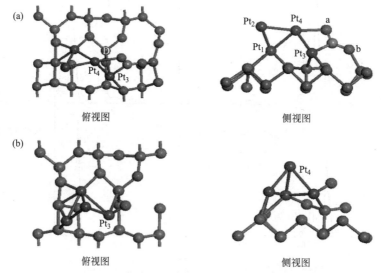

图 4.26 CO$_2$（a）和 H（b）单独吸附在 Pt$_4$/Al$_2$O$_4$ 表面上稳定的结构

CO$_2$ 的两个 O 原子用 O$_a$ 和 O$_b$ 来表示

H 单独吸附在洁净的 Pt_4/Al_2O_3 表面上最稳定结构如图 4.26(b) 所示，H 与 Pt_3 的路易斯酸性比较强和载体表面上唯一的三配位 Al_D 成键相连，其中 H—Pt_3 和 H—Al_D 的键长分别为 1.55Å 和 2.50Å。H 的吸附能是 −0.73eV（气相中 H_2 分子中单独一个 H 原子的能量为 −3.38eV）。由此我们可以看出，CO_2 与 H 单独吸附在 Pt_4/Al_2O_3 表面上相比，CO_2 更容易被吸附。

（2）CO_2 和 H 共吸附在洁净的 Pt_4/Al_2O_3 表面

对 CO_2 和 H 单独吸附的结构，我们已经计算出很多初始模型，最终找到上述 CO_2 和 H 单独吸附时的最佳位置，这种研究有助于我们在模拟 CO_2 和 H 共吸附的情况下，可以较快找对共吸附的位置，即便共吸附后的位置与单独吸附时不一样。这主要是 CO_2 和 H 在各自最优位置处有相互作用，从而导致最后共吸附的位置与单独吸附时不同。

CO_2 和 H 共吸附状态下最稳定的结构如图 4.27 所示，我们能看到在 H 和 CO_2 共存的情况下，H 离开了自己单独吸附时最优的位置，这可能是由于 CO_2 分子比 H 原子大，同时由他们单独吸附时的吸附能得知，CO_2 更容易被吸附在载体表面，所以两者结合的结果，使得 CO_2 优先与 Pt_3（C—Pt_3 键长 2.02Å）连接成键，而 H 与 CO_2 的相互作用，使他们彼此发生排斥现象，最终形成 H 与 Pt_4（1.55Å）连接成键，而 CO_2 基本还在单独吸附时的最优位置处。但因为排斥作用，O_a 远离了 Pt_4 原子。相比于 CO_2 单独吸附时的键长参数，共吸附时的 C—O_a（1.23Å）变小，这可能是因为 O_a 远离了 Pt_4，少了一个原子的束缚，所以缩短了 C—O_a 的距离；而 C—O_b（1.30Å）增加了 0.02Å，其增加可能是因为 C—O_a 间距离的缩短，相互间作用力加强，使得 C—O_b 之间的作用力相对减少，导致最后的键长缩短，O_a—C—O_b 的夹角为 129°，与单独吸附时相比，相应地增加了。而且，我们还发现 CO_2 和 H 共吸附依旧处在载体表面上的盆状区域。CO_2 和 H 共吸附的吸附能是 −1.77eV，与 Ni 基催化剂上 CO_2 与 H 共吸附结构的吸附能（1.46eV）相比，Pt 基的依旧较高，这说明 CO_2 与 H 优先吸附于 Pt 基催化剂。共吸附的结构作为 CO_2 催化加氢到 HCOO 和到 CO 的基态结构。

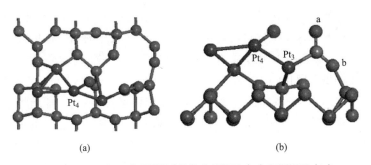

图 4.27　CO_2 和 H 共吸附稳定结构的俯视图（a）和侧视图（b）

（3）CO_2 催化加氢到中间体 HCOO 的路径

在 Pt_4/Al_2O_3 催化剂表面上进行 CO_2 催化加氢到 HCOO 的反应路径相对能量和结构如图 4.28 所示。（a）是 CO_2 和 H 共吸附在 Pt_4/Al_2O_3 表面的最稳定结构，并以（a）为基础，将其能量定义为 0.00eV；（b）和（d）都是反应路径中出现的过渡态结构；（c）是路径中过渡态之间的一个中间体结构；（e）是 CO_2 催化加氢生成甲醇的中间体 HCOO 结构。

通过图 4.28 的展示，我们知道 CO_2 和 H 处在最稳定的共吸附结构里（a），整个路径

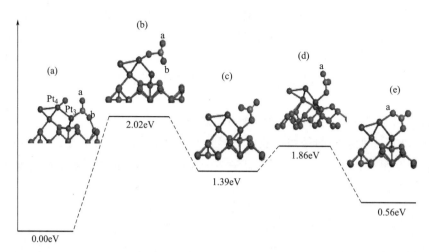

图 4.28 在洁净的 Pt_4/Al_2O_3 催化剂表面上 CO_2 催化加氢到中间体 HCOO 的反应路径相对能量和结构图

需要吸热才能进行。若要进行第一步反应，即形成中间体 (c) 则需要克服一个高达 2.02eV 的能垒，即过渡态 (b)，而且形成中间体 (c) 的过程是吸热的，需要消耗 1.39eV 的能量。在这一步反应中，CO_2 分子需要破坏 Pt_3—C(2.02Å) 和 O_b—Al(1.80Å) 键，然后"亲自出发"来吸引 H 原子与其结合成键，如 (b) 结构，CO_2 成功与 H 原子连接成键，Pt_4—H 键由 (a) 结构中的 1.55Å 增加到 1.64Å，这或许是因为 CO_2 分子的吸引和与 H 成键，导致开始有远离 Pt_4 原子的倾向；C 原子与 H 连接后，C—H 键长为 1.65Å，C—O_a 从 1.23Å 减小到 1.20Å，C—O_b 从 1.29Å 减小至 1.24Å，而 O_a—C—O_b 的夹角由 130°增加至 151°。(b) 结构是过渡态，结构不会停留太久，但是如果此时反应热量达不到 2.02eV 的能垒，它很难进行接下来的反应。由于 Al_D 位置是表面上唯一的 Al 的三配位，此处路易斯酸性最强，CO_2 和 H 单独吸附时，总是在此位置的附近被优先吸附，所以把 H 原子吸引过来的 CO_2 分子就要"启程"回到自己的最优位置处，HO_aCO_b 组合在向最优位置移动的过程中，O_b 成为"先锋"，慢慢靠近 Pt_3 原子，直至与它成键，其中，C—H 键减小比较多至 1.17Å，C—O_a 增加了少许至 1.22Å（H 与 C 的连接，削弱了 C 与 O_a 的相互作用），C—O_b 键增加至 1.34Å（O_b 还与 Pt_3 有相互作用并成键，从而削弱 C 与 O_b 间的作用，C—O_b 键增加），O_aCO_b 夹角减少到 126°［HO_aCO_b 的组合完全靠 Pt_3—O_b(1.98Å) 键支撑其与载体表面的连接，图中各夹角之间保持一定的均一性，能够使结构保持稳定］，即结构 (c)。

接下来就开始进行第二步反应，在 (c) 的基础上，生成我们选择的中间体产物 HCOO (e) 的过程需要克服 0.47eV 的能量，但是这一过程在热力学上是放热反应，能放出 0.83eV 的能量，放出的热量可以弥补此步反应克服能垒所消耗的能量，而且相比于第一步反应的吸热和克服高达 2.02eV 的能垒，此步反应相对来说易进行。(c) 结构在第二步反应中 HO_aC 组合首先发生了旋转，如过渡态 (d) 结构，此时的 O_a 被旋转至靠近 Pt_4 的附近，H 则位于 C 的正后方，其中，C—H 键、C—O_a 键、C—O_b 键和 O_aCO_b 夹角都变化很小，而 Pt_3—O_b 的键长依旧保持不变，也就是说，HO_aCO_b 组合在自己的位置上发生了旋转，所以需要克服的能量比第一步反应要少得多。在一定旋转后，O_a 原子成功与 Pt_4 原子相连成键，其键长为 2.12Å，Pt_3—O_b 键长延长至 2.03Å，这或许是因为，O_a 与 Pt_4 的成键，减轻了 O_b—Pt_3 键的能量，使得键长得以延长。C—O_a 和 C—O_b 键长分别为 1.28Å 和

1.30Å，O_a—C—O_b 间的夹角为 127°，C—H 键是 1.10Å。我们发现，形成中间体的 HCOO 中 C—O_a 键相比（a）中的相应键来说增加了，而 C—O_b 键的长度依旧保持不变。

从 CO_2 催化加氢到生成中间体 HCOO 的这一路径我们发现，整体来说反应依旧是吸热的，而且中间还需要克服一个高达 2.02eV 的能垒，尽管第二步的反应是放热的，但是放出来的热量不足以补给总的消耗的能量，所以，我们得出 Pt_4/Al_2O_3 催化剂在 CO_2 催化加氢生成最终产物甲醇的过程中，需要消耗一定的能量。所以若选择用催化剂催化加氢来制甲醇，可以尽量减少 Pt 类催化剂的使用。In（铟）基催化剂和 Cu 基催化剂在制甲醇上是不错的选择。

（4）CO_2 催化加氢到中间体 CO 的路径

在 Pt_4/Al_2O_3 催化剂表面上进行 CO_2 催化加氢到 CO 的反应路径相对能量结构如图 4.29 所示。其中，图 4.29（a）与图 4.28（a）是同一个结构，都是 CO_2 和 H 共吸附在 Pt_4/Al_2O_3 催化剂上最稳定的结构。在反应能量路径图上，我们依旧是以此结构为基础，将其能量缩减至 0.00eV，对比各过渡态和中间体与（a）之间的相对能量的大小；（b）、（d）和（f）是此反应路径中出现的三个过渡态结构；（c）和（e）是反应路径中过渡态之间的中间体结构；（g）是 CO_2 催化加氢生成甲烷的中间体结构 CO。

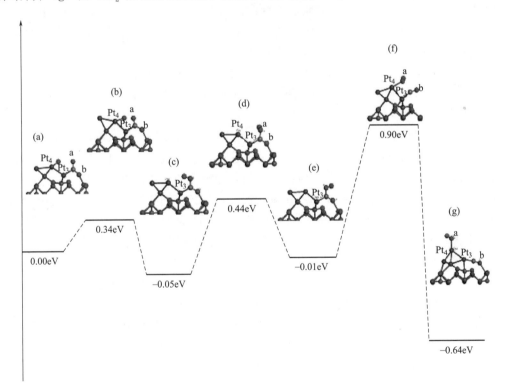

图 4.29　在洁净的 Pt_4/Al_2O_3 催化剂表面上 CO_2 催化加氢到中间体 CO 的反应路径能量和结构图

通过图 4.29，我们能看到 CO_2 催化加氢生成中间体 CO 的总反应过程是放热的。此反应路径由三步反应组成。第一步反应，即由初始共吸附结构（a）形成中间体结构（c），这个过程是放热的，放出 0.05eV 的能量，但是却需要通过一个能垒是 0.34eV 的过渡态结构（b）。在这一反应里，连接着 Pt_4 原子的 H 原子（Pt_4—H 键长为 1.55Å），主动向 CO_2（C—O_a 为 1.23Å，C—O_b 键为 1.33Å，O_a—C—O_b 夹角为 129°）分子靠近，可能因为 Pt_4 原子的连接，在 H 原子向 CO_2 分子"主动"靠近的过程中，引起 Pt_4 团簇的轻微形变，即形成了过渡态结构（b），此时，Pt_4—H 键长增长到 1.67Å，H 与 O_a 之间的距离由原先的 2.54Å 变为目前的 1.48Å，由此键长数据我们能得到，H 在"卖力"地向 CO_2 分子靠近时，尽管 Pt_4 原子束缚着 H 原子，使它们之间的键长变化不大，但是 CO_2 分子也在 H 的吸引下，慢慢地靠近 H 原子，在二者共同作用（以 H 主动移动的为主）下，从而使 H 原子与 O_a 原子之间的距离越来越近；此时 CO_2 分子 C—O_a 键长略微增加至 1.26Å，C—O_b 键减少至 1.28Å，O_a—C—O_b 夹角也随之减小至 123°，而连接 CO_2 分子的 Pt_3—C 键的长度由（a）结构中的 2.02Å 减小至 1.98Å，由此我们可以知道 CO_2 在慢慢向 H 靠近的过程中，同时也在慢慢接近金属团簇。当通过外在的能量达到 0.34eV 这个能垒后，反应就会很自发地形成中间体结构（c），从（b）到（c），我们发现 H 原子在靠近 CO_2 分子的过程中，越来越远离 Pt_4 原子，最后甚至摆脱了 Pt_4 原子的束缚，并与 CO_2 分子中 O_a 原子成功连接成键，形成中间体结构（c），H—O_a 键长为 1.00Å，C—O_a 键长为 1.35Å，此键长相比过渡态结构（b）相应来说增加了不少，这可能是由于 H 与 O_a 键连接，相对削弱了 C 与 O_a 的相互作用；C—O_b 键长为 1.26Å，相对结构（b）减少了，当 C 与 O_a 间的相互作用被削弱的时候，连接 C 的另一个氧原子 O_b 相对加强了它们之间的相互作用，键长相应减少；O_a—C—O_b 夹角相对结构（b）减少至 116°，此角度的变化，或许是因为 HO_aCO_b 组合仅仅由一个 Pt_3 原子（Pt_3—C 键长为 1.94Å）和表面上的一个 Al 原子连接支撑，为了使这个组合稳定地存在，只有缩聚在一起（导致 O_a—C—O_b 夹角和 Pt_3—C 键长变小），减少分散性，才会使接下来的反应正常进行。在这个结构里我们同时也发现，在过渡态（b）中，因为 H 原子的靠近并同时连接 Pt_4 原子，从而导致 Pt_4 团簇发生小形变，在 H 与 Pt_4 原子之间的键断裂后，它也随之消失。

第二步反应，即由中间体（c）形成另一中间体（e）的过程，此步反应是吸热的，需消耗 0.04eV 的能量，也不是消耗很大，而且这个过程需要通过一个 0.44eV 的能垒，即过渡态结构（d），这一能垒相比第一步反应要高，而且是吸热的，所以第二步反应相比第一步较难。这一步反应，是 H 在 O_a 原子周围做旋转运动，即处于稳定结构（c）在外加的能量上，开始做顺时针的旋转，当经过一个 0.44eV 的能垒后，H 原子此刻旋转到 O_a 原子的正后方（为方便能看到 H 的位置，不至于被 O_a 原子挡到，特截图时，稍微倾斜了一点）。此时其他原子未发生明显变化，HO_aCO_b 结构依旧由 Pt_3 和表面一 Al 原子连接。当经过能垒后，就很容易形成中间体结构（e），在这一小过程[(d)-(e)]中，H 原子依旧是沿顺时针方向围绕 O_a 原子旋转至结构（e），其中，（c）、（d）和（e）三种结构中，主要原子之间的相对距离和角度没有发生多大变化。这一步反应的旋转运动与工程力学里提到的力矩旋转类似，这种旋转，有利于 H—O_a 与 C 之间键的断裂。

第三步反应是此条总反应路径中最困难和最关键的一步。在这步反应过程中，反应是放热的，能放出 0.63eV 的能量，但需要克服的能垒却很高（0.90eV）。经过旋转后所形成的结构（e），在外加能量的作用下，其中的 H 原子开始围绕 O_a 原子做逆时针旋转，同时相比 C—O_a 作用力较强的 H—O_a 键慢慢开始朝着 H 原子原来所处的比较有利的位置（Pt_4 附近）靠近，而 C—O_a 键长越来越大，最后断裂形成过渡态结构（f），其中 H—O_a 键长依旧变化不大，C—O_a 键的断裂使得 O_b 原子受 C 原子的束缚越来越强以至于 C—O_b 缩减至 1.18Å，而 Pt_3 原子少了一个 O_a 原子的支撑，使得 Pt_3—C 键由结构（e）中的 1.93Å 减少至 1.88Å。这个过程需要通过本条反应路径中最高的能垒 0.90eV，即过渡态结构（f），这个能垒比前两步反应的能垒要高，这是因为经过旋转后的 O_aH 要与 C 原子之间断开，此处的断开，需要消耗大量的能量才能达到。通过这个能垒后，反应就会自发进行下去，即放热反应，形成生成甲烷的一个最重要的中间体 CO+OH 结构，即结构（g），在这个过程中，$H—O_a$ 和 $C—O_b$ 慢慢地向各自最佳的和最"舒服"的位置移动，$C—O_b$ 和 $H—O_a$ 之间的排斥作用，使得 H 原子与 $C—O_b$ 呈反方向，其中 $H—O_a$ 键长依旧保持最佳长度 1.00Å，$C—O_b$ 键长增至 1.21Å，$Pt_3—C$ 键长减少至 1.82Å，$C—O_b$ 和 $Pt_3—C$ 的小变化均与 HO_a 和 CO_b 两种组合的排斥作用有关。

（5）CO_2 催化加氢两条路径的总结

与图 4.28 不同的是，图 4.29 这条反应路径里有三个过渡态两个中间体，比 HCOO 的反应过程复杂，但即便再复杂，总的反应路径要通过的最高能垒是 0.90eV，比 HCOO 的最高能垒 2.02eV 低将近一半，而且前者在整体上反应是放热的，也就是说在 $Pt_4/\gamma\text{-}Al_2O_3$ 催化剂上进行 CO_2 催化加氢生成 CO，进而生成甲烷的这一路径在热力学上和动力学上都高于生成 HCOO（即最终产物是甲醇）的反应路径。

我们发现一个很巧妙的细节，在 CO_2 催化加氢生成 HCOO 的路径上，CO_2 分子离开自己最佳的吸附位置，主动向 H 原子移动，并与 H 连接成键，然后断开 Pt_4 与 H 的键，再将 H 原子"带"回到自己原来的最"佳"位置附近；而在生成 CO 的路径里，我们却发现 CO_2 并没有主动连接 H 原子，而是 H 原子主动向 CO_2 分子靠近，并吸引 CO_2 分子慢慢向 H 原子移动（CO_2 分子依旧在其最优位置附近），最后在 CO_2 分子周围与 O_a 连接成键，并经旋转断开 $C—O_a$ 键，接着 H 和与之成键的 O_a 一起回到 H 原子原先吸附的位置附近，即 Pt_4 原子顶端。巧妙之处就在于两个不同的反应路径，初始结构是一致的，然后"主动分子"（HCOO 路径是 CO_2 分子主动，CO 路径是 H 原子主动）却不一样，而且在 H 主动地情况下，需要克服的能垒要少于 CO_2 分子主动时克服的，在生成 CO 的路径上，H 原子的主动性与 Ni 基和 Cu 基催化剂研究 CO_2 催化加氢生成 CO 的路径中是一致的。

所以很明显能看出来在 $Pt_4/\gamma\text{-}Al_2O_3$ 催化剂表面更容易生成 CO，最后进而生成甲烷，而且生成 CO 的路径中需要克服的能垒小于 Ni 基和 Cu 基的（如表 4.9 所示），最终释放的热量也高于 Ni 基释放的，尽管相比来说 Cu 基释放的能量是最多的，但是它需要克服的能垒也很大，所以结合热力学和动力学的合理性，我们所选择的 $Pt_4/\gamma\text{-}Al_2O_3$ 催化剂在 CO_2 催化加氢生成甲烷上较为合适。

表 4.9　在 Pt 基、Ni 基和 Cu 基催化剂表面上生成 CO 路径中克服的最大能垒和最终释放的能量

催化剂	$Pt_4/\gamma\text{-}Al_2O_3$	$Ni_4/\gamma\text{-}Al_2O_3$	$Cu_4/\gamma\text{-}Al_2O_3$
克服能垒/eV	0.90	2.13	2.72
能量释放/eV	0.64	0.48	1.17

（6）结论

通过第一性原理的计算模拟方法研究 $Pt/\gamma\text{-}Al_2O_3$ 催化剂对 CO_2 催化加氢反应的两条路径（即生成甲醇的中间体 HCOO 和生成甲烷的中间体 CO 进行计算模拟），可以得出如下主要结论：①在催化剂洁净的和水化的载体 $\gamma\text{-}Al_2O_3$ 表面存在一个盆状区域，此区域能够稳定 Pt_n 团簇，进而稳定整个 $Pt_n/\gamma\text{-}Al_2O_3$ 催化剂；②在水化表面上，盆状区域、Pt_n 团簇的尺寸和载体独特的性质，对氢溢流的影响很小；③在 $\gamma\text{-}Al_2O_3(110)$ 表面上连着三配位 O 的 H 的位置，被确认为是最佳的氢溢流和最合适的氢供给位置。这可以归因于此处 H—O

原子之间独特的 sp 杂化。而基于平衡氢溢流释放的能量和氢脱附需要消耗的能量，Pt_n（$n=3\sim4$）团簇被认为是比 Pt_n（$n=1\sim2$）团簇更有活性。这预示着在被负载的 Pt_n 团簇上，将有一个最优尺寸范围是 $n>3$；④在洁净表面的催化剂上，CO_2 催化加氢生成甲醇中间体 HCOO 反应路径的整个趋势都是吸热的，这在经济上代价较高，可以选择其他容易生成甲醇的催化剂，如 In 基或 Cu 基催化剂；⑤同样还是在洁净表面上，CO_2 催化加氢生成甲烷中间体 CO 的反应路径的趋势是放热的，而且反应过程中克服的能垒比目前比较热门的 Cu 基和 Ni 基小，放出的热量也比 Ni 基多，所以在 CO_2 催化加氢生成甲烷的路径上，$Pt_4/\gamma\text{-}Al_2O_3$ 催化剂较为合适。

综上所述，理论与计算化学不仅可以用来研究负载型催化剂的结构，还可以研究反应机理，随着计算机技术及各种计算方法的突破，对工业催化剂的设计开发必将发挥越来越重要的作用。

参考文献

[1] Qiao B T，Wang A Q，Yang X F，et al. Single-atom catalysis of CO oxidation using Pt_1/FeO_x [J]. Nature Chemistry，2011，3 (8)：634-641.

[2] Flytzani-Stephanopoulos M. Gold atoms stabilized on various supports catalyze the water-gas shift reaction [J]. Accounts of Chemical Research，2014，47 (3)：783-92.

[3] Wang A Q，Li J，Zhang T. Heterogeneous single-atom catalysis [J]. Nature Reviews Chemistry，2018，2 (6)：65-81.

[4] Yang X-F，Wang A Q，Qiao B T，et al. Single-atom catalysts：A new frontier in heterogeneous catalysis [J]. Accounts of Chemical Research，2013，46 (8)：1740-1748.

[5] Parkinson G S，Novotny Z，Argentero G，et al. Carbon monoxide-induced adatom sintering in a $Pd\text{-}Fe_3O_4$ model catalyst [J]. Nature Materials，2013，12 (8)：724-728.

[6] Gao G P，Jiao Y，Waclawik E R，et al. Single atom (Pd/Pt) supported on graphitic carbon nitride as an efficient photocatalyst for visible-light reduction of carbon dioxide [J]. Journal of the American Chemical Society，2016，138 (19)：6292-6297.

[7] Jones J，Xiong H F，Delariva A T，et al. Thermally stable single-atom platinum-on-ceria catalysts via atom trapping [J]. Science，2016，353 (6295)：150-154.

[8] Wang Y G，Mei D H，Glezakou V-A，et al. Dynamic formation of single-atom catalytic active sites on ceria-supported gold nanoparticles [J]. Nature Communications，2015，6 (1)：1-8.

[9] Liu J C，Wang Y G，Li J. Toward rational design of oxide-supported single-atom catalysts：Atomic dispersion of gold on ceria [J]. Journal of the American Chemical Society，2017，139 (17)：6190-6199.

[10] Tang Y，Zhao S，Long B，et al. On the nature of support effects of metal dioxides MO_2 (M = Ti，Zr，Hf，Ce，Th) in single-atom gold catalysts：Importance of quantum primogenic effect [J]. The Journal of Physical Chemistry C，2016，120 (31)：17514-17526.

[11] Wei S J，Li A，Liu J C，et al. Direct observation of noble metal nanoparticles transforming to thermally stable single atoms [J]. Nature Nanotechnology，2018，13 (9)：856-861.

[12] He Y，Liu J C，Luo L L，et al. Size-dependent dynamic structures of supported gold nanoparticles in CO oxidation reaction condition [J]. Proceedings of the National Academy of Sciences，2018，115 (30)：7700-7705.

[13] Huang L，Zhu Y L，Huo C F，et al. Mechanistic insight into the heterogeneous catalytic transfer hydrogenation over Cu/Al_2O_3：Direct evidence for the assistant role of support [J]. Journal of Molecular Catalysis A：Chemical，2008，288 (1/2)：109-115.

[14] Niu C，Shepherd K，Martini D，et al. Cu interactions with $\alpha\text{-}Al_2O_3$ (0001)：Effects of surface hydroxyl groups versus dehydroxylation by Ar-ion sputtering [J]. Surface Science，2000，465 (1/2)：163-176.

[15] Sanz J F, Hernández N C. Mechanism of Cu deposition on the α-Al$_2$O$_3$ (0001) surface [J]. Physical Review Letters, 2005, 94 (1): 016104.

[16] Hernández N C, Sanz J F. First principles study of Cu atoms deposited on the α-Al$_2$O$_3$ (0001) surface [J]. The Journal of Physical Chemistry B, 2002, 106 (44): 11495-11500.

[17] Tikhov S F, Sadykov V A, Kryukova G N, et al. Microstructural and spectroscopic investigations of the supported copper alumina oxide system - nature of aging in oxidizing reaction media [J]. Journal of Catalysis, 1992, 134 (2): 506-524.

[18] Sun K, Liu J Y, Browning N D. Direct atomic scale analysis of the distribution of Cu valence states in Cu/γ-Al$_2$O$_3$ catalysts [J]. Applied Catalysis B: Environmental, 2002, 38 (4): 271-281.

[19] Digne M, Sautet P, Raybaud P, et al. Use of DFT to achieve a rational understanding of acid-basic properties of γ-alumina surfaces [J]. Journal of Catalysis, 2004, 226 (1): 54-68.

[20] Valero M C, Raybaud P, Sautet P. Influence of the hydroxylation of γ-Al$_2$O$_3$ surfaces on the stability and diffusion of single Pd atoms: A DFT study [J]. The Journal of Physical Chemistry B, 2006, 110 (4): 1759-1767.

[21] Heemeier M, Frank M, Libuda J, et al. The influence of OH groups on the growth of rhodium on alumina: A model study [J]. Catalysis Letters, 2000, 68 (1/2): 19-24.

[22] Chambers S A, Droubay T, Jennison D R, et al. Laminar growth of ultrathin metal films on metal oxides: Co on hydroxylated α-Al$_2$O$_3$ (0001) [J]. Science, 2002, 297 (5582): 827-831.

[23] Feng G, Ganduglia-Pirovano M V, Huo C F, et al. Hydrogen spillover to copper clusters on hydroxylated γ-Al$_2$O$_3$ [J]. The Journal of Physical Chemistry C, 2018, 122 (32): 18445-18455.

[24] Li G J, Gu C T, Zhu W B, et al. Hydrogen production from methanol decomposition using Cu-Al spinel catalysts [J]. Journal of Cleaner Production, 2018, 53 (44): 11886-11889.

[25] Yu X H, Zhang X M, Wang S G, et al. A computational study on water adsorption on Cu$_2$O(111) surfaces: The effects of coverage and oxygen defect [J]. Applied Surface Science, 2015, 343: 33-40.

第 5 章

分子筛结构特性及催化反应机制的理论计算研究

分子筛是能源化工行业中应用极为广泛的高效催化材料，在原油精炼、石油化工和工业催化等领域具有举足轻重的作用。随着社会经济的发展与技术的进步，对先进分子筛材料的研究开发提出了更多、更高的要求。根据产业发展的具体需求，对不同的化工技术路线和发展趋势进行深入分析和研究。分子筛催化剂的开发往往要结合工业催化的具体方向对分子筛材料进行结构功能关系构建，通过采取调控催化活性中心、形貌和孔道、骨架杂原子、分子筛/金属催化剂双功能耦合以及反应/分离耦合等手段才能实现高效、绿色、可持续发展。通过与材料科学、表征科学和信息科学的学科交叉，人们深入研究了新型分子筛材料的结构规律与催化反应机理，实现对新结构、新反应和新路线的定向设计与先进分子筛材料的绿色合成。另一方面，要发挥介孔分子筛材料和有机物骨架材料的独特孔道结构优势，推动其在各种催化反应中的应用。

分子筛催化材料不同于其他催化材料，关键在于其特有的酸性和独特的孔道结构。分子筛的酸性位点为催化反应的发生提供活性中心，孔道结构有助于在限域条件下实现催化的筛分和择形功能。因此本章重点讲解在分子筛酸性特征和孔道限域方面的理论和实验研究工作。

5.1 分子筛结构及酸性的理论计算研究

5.1.1 分子筛简介

由于具有反应活性高、选择性好、反应条件温和、环境友好等诸多优点，分子筛被广泛应用于高品质石油化工和大宗化学品的工业化生产等方面。分子筛是一类具有三维（3D）规则骨架结构的无机硅铝酸盐，其孔径一般小于 2nm。最早的分子筛是由瑞典矿石学家 Baron Cronstedt 于 1756 年在天然矿石中发现的，因其稍微加热会释放出大量水分，好像沸腾的石头，故命名为 Zeolite（沸石）。目前国际沸石协会（IZA）网站已经收集了超过 240 种分子筛的骨架拓扑结构[1]，根据 IUPAC 的命名规则，每种确定的骨架结构都被赋予一个代码（三个字母），例如 MFI 代表 ZSM-5、MOR 代表丝光沸石、FAU 代表八面沸石等。

分子筛最基本的结构单元（一级结构单元）是以 T 位原子为中心的 TO_4 四面体结构，

其中，T 原子通常指的是骨架 Si、Al 或 P 原子。这些 TO_4 四面体通过共享顶点相互连接而形成的环状结构称为二级结构单元。一级和二级结构单元又可以按照一定的规则组合成各种各样的笼和孔道结构，并最终形成分子筛复杂的三维骨架网络。

　　纯硅分子筛没有酸性，因此不具备催化反应活性。只有当骨架中引入其他原子（如 Al、Sn、Ti、B、Zr 等）时，才会产生相应的反应活性中心，进而催化整个化学反应的进行。其中，铝原子是最常见的掺杂原子，当铝原子被引入到分子筛骨架取代硅原子时，由于铝是 +3 价，而硅是 +4 价，为了保持电中性，分子筛骨架可能吸附阳离子 H^+ 来平衡电荷，形成桥式羟基，即 Brønsted 酸位（布朗斯特酸，B 酸），它能够使被吸附分子发生质子化反应，生成相对活泼的反应中间体。此外，当 H 型分子筛经过高温焙烧或水热处理，会使骨架中的铝原子脱落变成非骨架铝物种，从而产生 Lewis 酸位（路易斯酸，L 酸），在催化反应过程中能够接受电子对，因此也可以催化反应的进行。值得注意的是，Sn、Ti、Zr 等杂原子的引入也可以使分子筛骨架产生 Lewis 酸性位点。

　　分子筛的结构及酸性特征（酸类型、酸强度、酸分布、酸浓度及酸位空间临近性）与其催化反应效能密切相关。然而，由于缺乏合适的表征手段，人们始终无法准确构建分子筛结构、酸性与催化反应性能之间的构效关系，从而导致在工业催化剂的选择和改性方面存在盲目性，严重制约着催化效率的提高。由此可知，分子筛催化剂结构与酸性研究是分子筛催化领域最根本的关键基础科学问题。只有清晰阐明分子筛的构效关系，才能为高效工业催化剂的合成、改性与研发提供理论指导，其具有重要的现实意义与应用价值。

　　在实验中，人们往往借助于 X 射线衍射、电子显微镜、热分析、红外光谱、固体核磁共振等方法对分子筛的结构、酸性以及催化反应微观机制进行研究。然而，实验手段得到的往往只是宏观的定性结果，如何对分子筛做微观的定量研究，去深入洞悉分子筛的形成机制、活性中心的具体分布以及局域精细环境等结构与酸性的微观特征，必须借助于理论计算的方法。

　　作为实验手段的强有力补充，理论计算被广泛应用于研究分子筛等固体酸催化剂的结构、酸性特征以及催化反应微观机制。理论计算能够在原子分子水平解析分子筛的结构，描述催化反应过程中反应物分子在分子筛限域孔道内的吸附、扩散、反应以及脱附过程，获得反应物分子吸附态、过渡态、中间体以及产物的结构与能量信息。通过对比理论结果与实验结果，有助于人们更全面、更深入地理解分子筛催化反应历程及催化反应本质。另外，理论计算还可以对吸附分子的红外（Infrared Spectrum，IR）和核磁共振（Nuclear Magnetic Resonance，NMR）光谱以及反应物分子在活性中心上的反应路径和反应性能进行预测，深化人们对分子筛催化反应本质的认识，进一步指导高效工业催化剂的合成与研发。本章节我们将从分子筛结构特性和酸性表征两个方面，系统地介绍理论计算在多相催化体系研究中的应用。

5.1.2　分子筛结构特性的理论计算研究

（1）分子筛的合成机理

　　分子筛在催化、吸附、分离等领域的广泛应用与其微观尺度上的规则结构特征密切相关。为了保证骨架结构的规整性，在分子筛的合成中通常需要加入结构导向剂（Structure Direct Agent，SDA），主要是有机胺类与季铵离子等。这些 SDA 通过离子键、氢键和范德华力等作用力，在溶剂存在的条件下对游离状态的无机前驱体（硅酸盐）进行引导，最终生成具有纳米有序结构的分子筛骨架。清楚地理解 SDA 与分子筛的关系将为分子筛的合成以及改性提供理论指导，具有十分重要的意义。然而，由于分子筛的合成是一个十分复杂的过程，涉及到诸多因素。对这一领域的研究对于实验来说极具挑战，而理论计算则可以轻易地考察各个因素对分子筛合成的影响。

ITQ-7 分子筛（拓扑结构为 ISV）与 C-β 两种分子筛（拓扑结构为 BEC）非常相似，在合成过程中两种分子筛通常混合生成。为了寻找更适合合成 ITQ-7 分子筛的模板剂，Corma 研究组[2]选择了五种结构相似的导向剂：SDA-1（$C_{13}H_{19}N_2^+$）、SDA-2（$C_{14}H_{26}N^+$）、SDA-3（$C_{16}H_{28}N^+$）、SDA-4（$C_{12}H_{20}N^+$）和 SDA-5（$C_{10}H_{19}N$）（图 5.1），并对合成 Ge-ITQ-7 和 Ge-β 分子筛的选择性进行了理论研究。结果表明，与 SDA-2 相比，当 SDA-3 作为结构导向剂时，SDA-分子筛相互作用能在 Ge-ITQ-7 中为 5.334eV，明显强于 Ge-β 分子筛（4.189eV）。此外，SDA-3 在 Ge-ITQ-7 中的形变能（0.016eV，图 5.1）明显要小于 Ge-β（0.487eV），表明了 SDA-3 可以作为更适合的模板剂用于选择性合成 ITQ-7 分子筛。随后的实验也证实了 SDA-3 可以选择性地促进 ITQ-7 分子筛的合成。随后，Corma 研究组采用类似的方法在 9 种相似结构的化合物中为纯硅 C-β（BEC）分子筛筛选出合适的模板剂，并通过合成实验所证实。显然，这些工作是理论计算指导分子筛合成的典型例子。

此外，Tang 等[3]采用理论计算的方法还研究了合成条件下，SDA、Na^+ 以及水对 SSZ-13 分子筛骨架 Al 原子分布的影响，基于 SDA 与分子筛骨架之间的相互作用，他们提出 Al 分布的导向概率分布算法，实现了 SDA 对 SSZ-13 等分子筛上不同骨架 Al 原子分布概率的可视化和定量化分析。

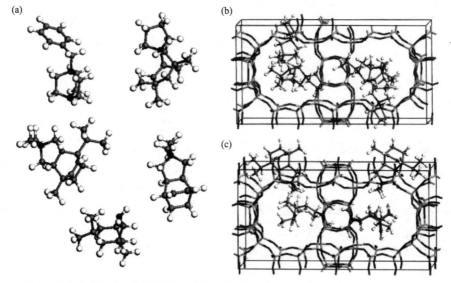

图 5.1 （a）合成 ITQ-7 的五种结构导向剂结构图；（b） SDA-2 在 ITQ-7 中的最优化结构；（c） SDA-3 在 ITO-7 中的最优化结构[2]

（2）分子筛的结构表征

尽管人们采用各种各样的实验手段对分子筛的结构进行了大量的表征工作，但由于分子筛骨架结构的复杂性，实验数据往往很难进行明确的归属。而理论计算则可以从原子分子水平对分子筛的骨架结构特性以及各种不等价 T 位的化学位移等 NMR 参数进行详细研究，通过与实验数据进行比较，可以建立分子筛宏观实验数据与微观化学环境之间的关联。

比如 Pickard 研究组[4] 采用理论计算的方法研究了 FER 分子筛骨架中 10 个不等价氧位点的 [17]O 化学位移和四极耦合常数（C_q）。理论计算结果与实验值完全吻合，成功将实验得到的宏观信息（化学位移、耦合常数）与 FER 晶体结构中微观的具体氧位（O）联系起来，建立了宏观的核磁参数与微观的晶体结构之间的关联。此外，^{29}Si NMR 化学位移也能够反映分子筛骨架局部精细结构信息，是表征分子筛骨架结构的常用技术手段。Brouwer 等[5] 采用超高场核磁共振技术与理论计算相结合的方法，对纯硅分子筛中 [29]Si 的核磁共振参数进行了研究。如图 5.2 所示，纯硅 ZSM-5 分子筛的 ^{29}Si NMR 实验化学位移值与理论计算结果非常符合，基于此，他们成功实现了对 ^{29}Si NMR 复杂谱图的化学位移归属，将 ^{29}Si NMR 实验中的各个谱峰与 ZSM-5 分子筛骨架微观晶体结构中不同 T 位的 Si 原子一一对应起来。

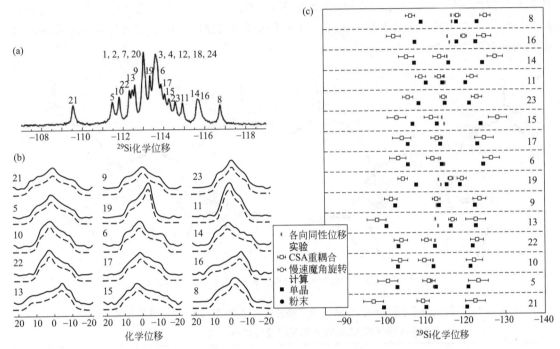

图 5.2　（a）Si-ZSM-5 分子筛室温下单斜相的 1D ^{29}Si MAS NMR 谱；（b）从二维谱图中提取的 Si 位的实验（实线）和最佳拟合模拟（虚线）的拟静态 CSA 重耦合线；（c）ZSM-5 单斜相 [29]Si 化学位移张量的实验和从头计算主成分的比较[5]

5.1.3　分子筛酸性特性的理论计算研究

分子筛的酸性（酸类型、酸强度、酸分布、酸浓度以及酸位空间邻近性）与其催化反应性能密切相关，因此，分子筛酸性研究的重要性不言而喻。尽管人们采用各种各样的实验手段（比如，程序升温脱吸附、红外光谱以及固体 NMR）对分子筛做了大量的酸性表征工作，但实验得到的只是一个宏观结果，往往不够精细。只有结合理论计算，才能从原子分子水平深入洞悉分子筛的酸性特征，从而准确构建分子筛催化的构效关系。

5.1.3.1　固有酸强度

Brønsted 酸的酸强度主要体现为酸中心提供质子的能力。去质子化能（Deprotonation

Energy，DPE）是衡量分子筛和其他固体酸催化剂固有酸强度的一种简单的评判标准。DPE常常被定义为 Brønsted 酸位脱去一个酸性质子，生成相应的共轭碱时所需要吸收的能量。实验上对 DPE 的测量往往比较困难，而通过理论计算比较酸性质子脱去前后活性中心的相对能量，可以很轻易地得到 Brønsted 酸位的 DPE 值。一般情况下，DPE 越小，固体酸酸强度越大。比如，Nicholas[6]构建了 8T H-ZSM-5 的模型 H_3Si—OH—AlH_3 及其去质子模型 $[H_3Si$—O—$AlH_3]^-$，如图 5.3 所示，通过能量对比，理论预测 ZSM-5 分子筛的 DPE 值为 294.1kcal/mol，与实验值（291～300kcal/mol）完全吻合。Yuan 等[7]理论研究了不同金属原子（B、Al、Ga）掺杂的 ZSM-5 分子筛的 DPE 值，发现它们的固有酸强度由强到弱依次为：Al-ZSM-5＞Ga-ZSM-5＞B-ZSM-5，与实验结果完全吻合。进一步的理论分析（表 5.1）表明，桥式羟基中 O 原子的负电荷密度（Q_O）及 H 原子的正电荷密度（Q_H）均与分子筛的固有酸强度密切相关，分子筛固有酸强度越强，Q_O 越小，而 Q_H 越大。另外，理论计算结果还证实了桥式羟基振动波数（γ_{OH}）与分子筛固有酸强度之间的关联性，γ_{OH} 越小，分子筛的固有酸强度越强。

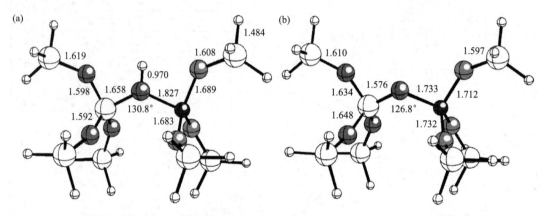

图 5.3　8T H-ZSM-5 分子筛模型（a）及其去质子化模型（b）的理论优化结构[6]

表 5.1　不同金属原子掺杂的 ZSM-5 分子筛的去质子化能（DPE）、结构参数（键长）、O 和 H 原子的 Mulliken 电荷以及羟基振动波数（γ_{OH}）[7]

模型	DPE/(kcal/mol)	r_{O-H}/Å	Q_O/|e|	Q_H/|e|	γ_{OH}/cm^{-1}	γ_{OH}（来自红外谱图）/cm^{-1}①
Al-ZSM-5	325.4	0.977	−0.9883	0.5077	3816	3610
Ga-ZSM-5	326.7	0.976	−0.9725	0.5052	3825	3620
B-ZSM-5	340.1	0.976	−0.9435	0.4900	3830	3725

① IR 实验数据源自参考文献 [7]。

5.1.3.2　探针分子技术

通过对固有酸强度的计算，尽管人们可以得到分子筛的酸强度信息，但是它们并不能提供分子筛的酸浓度、酸分布及酸位空间邻近性等重要信息，而这些酸属性在分子筛催化领域是大家最为关注的问题。为了解决这一难题，还可以借助于探针分子技术，通过选择合适的探针分子，利用 DFT 计算结合固体核磁共振实验的方法，可以获得分子筛相应的酸性信息。目前最为常用的探针分子主要有氘代乙腈（Acetonitrile-D$_3$，CD$_3$CN）、氘代吡啶（Pyridine-D$_5$）、2-^{13}C-丙酮（2-^{13}C-Acetone）、三烷基氧膦（TRPO）和三甲基膦（TMP）等，通过理论模拟优化探针分子在不同酸性模型上的吸附构型，并进一步计算其相应的核磁共振参数，可以得到探针分子相应的化学位移与分子筛活性位点之间的对应关系，从而辅助 NMR 实验归属，准确构建分子筛活性中心结构与酸性之间的关联。本小节，我们将集中介绍氘代乙腈和三甲基膦两种探针分子在分子筛酸性表征中的应用，其他方面的工作在《分子筛催化理论计算——从基础到应用》一书中已经做了比较详细的描述[8]，在此不再赘述。

（1）氘代乙腈

在前期建立的一系列具有不同酸强度的 8T 分子筛酸位模型的基础上，Yi 等[9]理论优化了氘代乙腈探针分子的吸附构型。表 5.2 列出了一系列不同酸强度的酸性模型的 DPE 值以及主要的结构参数。可以看出，随着 r_{Si-H} 键长由 1.25Å 增加到 2.50Å，酸性模型桥式羟基的 O—H 键键长 r_{O-H} 由 0.970Å 逐渐增加到 0.973Å，相应的 DPE 值也由 313.0kcal/mol 逐渐减小到 254.2kcal/mol，明显表明分子筛的固有酸强度在逐渐增强，这同样也可以通过酸性质子的电荷变化得到证实（Q_H 由 0.378|e| 逐渐增加到 0.391|e|）。图 5.4 展示的是 CD_3CN 吸附在一系列具有不同酸强度的酸性模型上的优化结构，相应的结构参数在表 5.2 中对应给出。可以明显看到，随着分子筛固有酸强度的增加，Brønsted 酸位的 O—H 键键长 r_{O-H} 由 1.004Å 逐渐增加到 1.060Å，与此同时，吸附态 CD_3CN 分子的 N 原子与 Brønsted 酸性质子 H 之间的距离 r_{N-H} 也由 1.699Å 逐渐减小到 1.481Å。此外，CD_3CN 分子的吸附能也在逐渐增加（由 DPE 值 313.0kcal/mol 时的 −9.7kcal/mol 增加到 DPE 值 254.2kcal/mol 时的 −22.5kcal/mol），这些结果都明显表明 CD_3CN 分子与酸性分子筛之间的酸-碱相互作用越来越强。

表 5.2　不同酸强度的酸性模型的 DPE 值以及相应 CD_3CN 吸附结构的主要结构参数 [9]

r_{Si-H}	孤立的酸模型			CD_3CN 吸附结构			
	r_{O-H}/Å	Q_H/|e|	DPE/(kcal/mol)	r_{O-H}/Å	r_{N-H}/Å	E_{ads}/(kcal/mol)	$\delta^1 H$
1.25	0.970	0.378	313.0	1.004	1.699	−9.7	9.0
1.50	0.971	0.381	300.3	1.012	1.654	−12.0	9.8
1.75	0.972	0.384	286.6	1.022	1.606	−14.7	10.8
2.00	0.972	0.387	273.8	1.034	1.559	−17.5	11.8
2.25	0.973	0.390	263.0	1.047	1.517	−20.1	12.7
2.50	0.973	0.391	254.2	1.060	1.481	−22.5	13.6

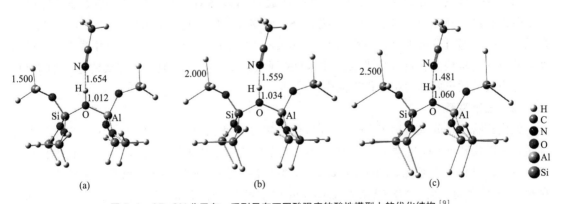

图 5.4　CD_3CN 分子在一系列具有不同酸强度的酸性模型上的优化结构 [9]

在优化结构的基础之上，进一步计算 CD_3CN 分子在不同酸强度分子筛上吸附结构的 ^{1}H NMR 化学位移。如表 5.2 所示，随着分子筛的 DPE 值由 313.0kcal/mol 减小到 254.2kcal/mol，吸附 CD_3CN 分子的 ^{1}H NMR 化学位移由 9.0 逐渐增加到 13.6。基于表 5.2 列出的计算数据，他们发现，吸附 CD_3CN 的 ^{1}H NMR 化学位移与固体催化剂固有酸强度（DPE）之间存在着非常好的线性关系（图 5.5），因此，CD_3CN 分子可以用来定量地表征固体催化剂的固有酸强度。此外，进一步的理论计算结果还表明，与 CD_3CN 分子化学性质相似，但空间尺寸更大的三甲基乙腈 $[C(CH_3)_3CN]$ 和二苯乙腈 $[CH(C_6H_5)_2CN]$ 也可以用作定量表征固体酸酸强度的探针分子，在同等 Brønsted 酸强度条件下，吸附 $C(CH_3)_3CN$ 和 $CH(C_6H_5)_2CN$ 的 ^{1}H NMR 化学位移几乎没有区别，但比 CD_3CN 要高 1.0 左右。然而由于 $C(CH_3)_3CN$ 和 $CH(C_6H_5)_2CN$ 分子尺寸较大，只能吸附在分子筛较大的孔道内或者外表面，而 CD_3CN 则可以吸附在分子筛内外表面的所有酸性位点上，因此，通过将 CD_3CN、$C(CH_3)_3CN$ 和 $CH(C_6H_5)_2CN$ 相结合，得到了分子筛催化剂内外表面酸浓度和酸分布的定量信息。

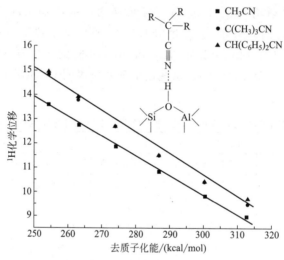

图 5.5　计算所得吸附不同 CD_3CN 的 ^{1}H NMR 化学位移与
固体催化剂固有酸强度之间的线性关系 [9]

结合这些理论计算结果，Yi 等 [10] 进一步通过固体 NMR 实验对 H-MOR 分子筛的 8-MR 小孔道和 12-MR 主孔道进行了明确区分，发现 8-MR 小孔道的酸强度要强于 12-MR 主孔道。另外，通过分峰拟合，还得到不同 Brønsted 酸量的 H/Na-MOR 样品中酸性质子的浓度与分布的定量信息。结合先进的二维 NMR 同核相关谱技术，他们还首次构建了 H-MOR 分子筛中酸性质子的空间相互作用网络。

（2）三甲基膦

氘代乙腈探针分子适用于 Brønsted 酸位的定量表征，但并不适用于 Lewis 酸位。在这方面，三甲基膦（TMP）具有天然的优势，大量的研究工作表明，气相 TMP 的化学位移一般在 -67，当它吸附到 Brønsted 酸位时，会发生质子化生成 $TMPH^+$ 离子，化学位移一般在 -5～-2 之间。而 TMP 吸附在 Lewis 酸位上的化学位移范围分布相对较宽，一般在 -60～-32。由此可见，TMP 可以用来定量表征 Lewis 酸强度。

为了研究脱铝分子筛的 Lewis 酸性特征，Yi 等[11]理论构建了各种各样可能存在的非骨架铝（Extra-Framework Aluminium，EFAL）物种以及三配位骨架铝（Tri-coordinated Framework Aluminum，TFAL）物种团簇结构模型，如图 5.6 所示，其中 EFAL 包括离子态的 Al^{3+}、$AlOH^{2+}$、AlO^+ 和 $Al(OH)_2^+$ 以及中性的 $Al(OH)_3$ 和 AlOOH。通过理论优化 TMP 在这些 Lewis 酸性位点上的吸附构型，他们发现对于 TMP-EFAL 吸附体系，不同构型中的 P—Al 键长变化范围为 2.370～2.519Å。作为对比，TMP-TFAL 吸附构型中的 P—Al 键长变化范围为 2.431～2.456Å。在所有这些吸附构型中，TMP 吸附在三配位 EFAL_Al^{3+} 物种上时具有最短的 P—Al 键长（2.370Å），表明它们之间的酸碱相互作用最强。上述结论与 LUMO 能计算结果完全一致（表 5.3），三配位 EFAL_Al^{3+} 物种具有最低的 LUMO 能量（−6.65eV），而其他 EFAL 和 TFAL 的 LUMO 能量分布范围为−0.68～−3.40eV。由此可知，脱铝分子筛中的三配位 EFAL_Al^{3+} 物种确实拥有比其他 EFAL 和 TFAL 更强的酸强度。同样的结论也可以通过氟离子亲和能（FIA）的计算结果得到，三配位 EFAL_Al^{3+} 物种具有最高的 FIA（见表 5.3）。

基于上述优化得到的 TMP-Lewis 酸吸附结构，他们进一步计算了相应的 NMR 参数，包括 ^{31}P NMR 化学位移（$\delta^{31}P$）和 ^{31}P-^{27}Al J-耦合常数（J_{P-Al}），如表 5.3 所示。通过对比可以发现，TMP 吸附在三配位 EFAL_Al^{3+} 物种上具有最高的 J_{P-Al}（696.4Hz）和 $\delta^{31}P$（−35.3），而 TMP 吸附在其他 EFAL 和 TFAL 物种上的 J_{P-Al}（155.3～496.2Hz）和 $\delta^{31}P$（−54.2～−45.2）均较小。理论计算所得的 TMP 吸附在各种 Lewis 酸上的 ^{31}P NMR 化学位移与 NMR 实验结果（−33、−47、−53 和−57）完全吻合。据此，结合理论计算与 NMR 实验，可以把 NMR 实验观测到的−33 信号归属为具有最低 LUMO 能量、最高 FIA 值、最短 P—Al 键长、最大 J_{P-Al} 以及最大 $\delta^{31}P$ 的三配位 EFAL_Al^{3+} 物种。

表 5.3　TMP 在不同 Lewis 酸性位上的吸附构型参数[11]

类型	能量		吸附复合物参数				
	LUMO /eV	FIA /(kcal/mol)	r_{P-Al} /Å	J_{P-Al} /Hz	$\delta^{31}P$	δ^1H	
						CH_3	H^+
Al^{3+}	−6.65	192.8	2.370	696.4	−35.3	2.7	—
AlO^+	−1.84	111.3	2.426	267.7	−52.8	1.8	—
$AlOH^{2+}$	−3.40	155.6	2.402	496.2	−50.3	2.0	—
$Al(OH)_2^+$	−0.68	91.9	2.519	288.9	−45.2	1.6	—
$Al(OH)_3$	−1.06	80.1	2.471	274.4	−49.2	1.6	—
AlOOH	−1.52	77.1	2.498	155.3	−54.2	1.7	—
$AlSi_3$	−1.74	120.5	2.431	357.6	−50.7	1.7	—
$AlSi_2$	−1.10	101.1	2.446	342.8	−49.4	1.7	—
$AlSi_1$	−1.00	95.1	2.456	318.1	−49.5	1.6	—
Si—OH—Al	—	—	—	—	−5	2.2	8.3
Si—OH	—	—	—	—	−60	1.4	7.4

为了进一步验证 TMP 探针分子与脱铝分子筛中不同 Lewis 酸性位点之间的酸碱相互作用，Yi 等[11]还进行了二维电子离域分析（Electron Localization Function，ELF）以及局域电子能量密度计算。ELF 可以用来描述电子的离域程度，ELF＝0 表示电子的完全离域，而 ELF＝1 则代表电子完全处于定域状态。正因如此，ELF 越大，化学键的共价性越突出。图 5.7 展示的是 TMP 分别吸附在 EFAL_Al^{3+}、EFAL_AlOH^{2+} 和 TFAL_AlSi$_3$ 三个不同 Lewis 酸位上的 ELF 剖面图，从图中可以明显看出 TMP/EFAL_Al^{3+} 复合物的 P—Al 键具有更高的电子定域程度。换言之，吸附 TMP 之后，TMP 探针分子上的电子更倾向于靠近 EFAL_Al^{3+} 物种中的 Al 原子，从而表现出更强的酸碱相互作用，这与 NMR 实验结果完全一致。通过局域电子能量密度计算也可以得到同样的结论，图 5.7 中 TMP/EFAL_Al^{3+} 复合物的 P—Al 键具有更明显的共价键特征。

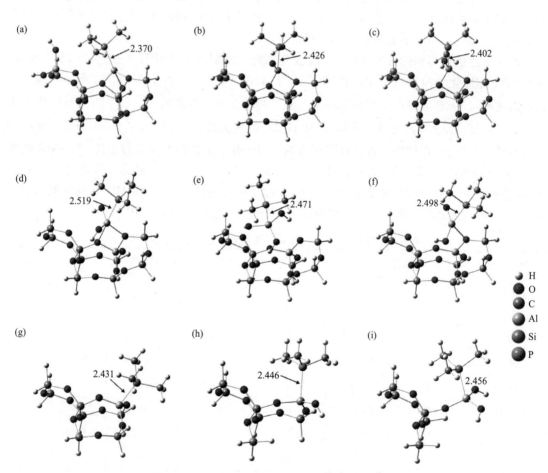

图 5.6　TMP 在不同 Lewis 酸性位上的吸附构型[11]

此外，TMP 探针分子技术也可以用于表征固体氧化物等固体催化剂的酸性特征，在这方面，理论计算同样可以辅助不同氧化物晶面的 NMR 实验归属。如图 5.8 所示，结合理论计算与^{31}P-TMP NMR 实验结果，Peng 等[12]定量区分了不同形貌 ZnO 的晶面结构，从而建立了 ZnO 不同晶面特性与其催化反应性能之间的关联。

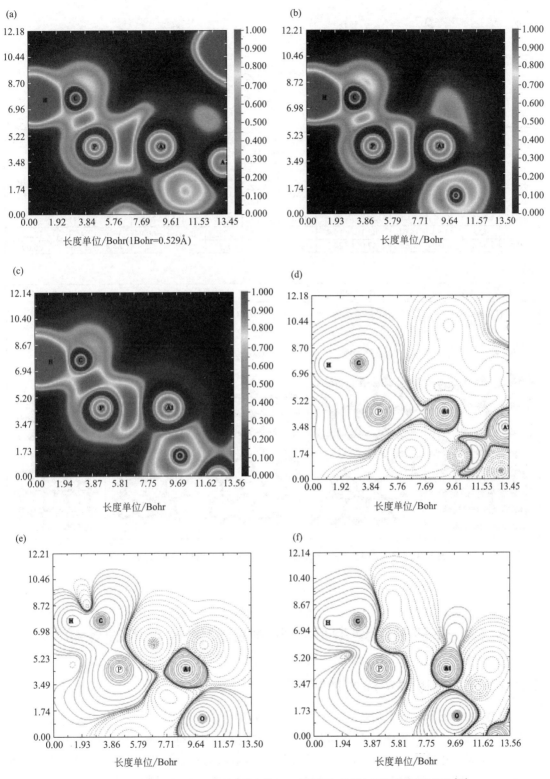

图 5.7　TMP 吸附在不同 Lewis 酸位上的 ELF 剖面图与局域电子能量密度分析图 [11]

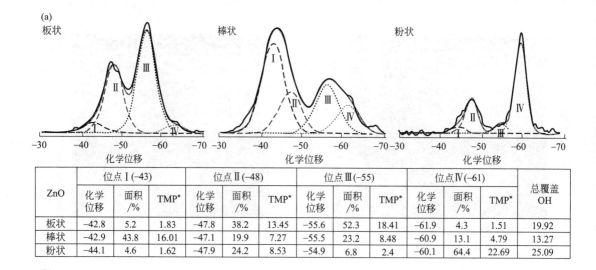

ZnO	位点 I (−43)			位点 II (−48)			位点 III (−55)			位点 IV(−61)			总覆盖OH
	化学位移	面积/%	TMP*	化学位移	面积/%	TMP*	化学位移	面积/%	TMP*	化学位移	面积/%	TMP*	
板状	−42.8	5.2	1.83	−47.8	38.2	13.45	−55.6	52.3	18.41	−61.9	4.3	1.51	19.92
棒状	−42.9	43.8	16.01	−47.1	19.9	7.27	−55.5	23.2	8.48	−60.9	13.1	4.79	13.27
粉状	−44.1	4.6	1.62	−47.9	24.2	8.53	−54.9	6.8	2.4	−60.1	64.4	22.69	25.09

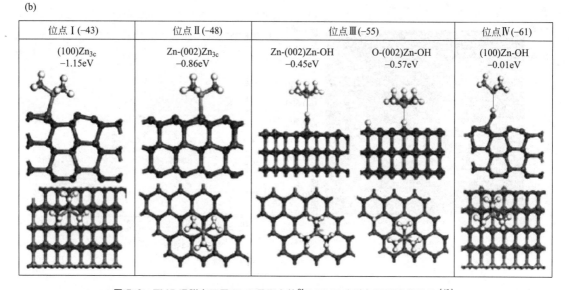

图 5.8　TMP 吸附在不同 ZnO 晶面上的 ^{31}P NMR 实验与理论计算结果 [12]

5.2　分子筛限域空间内吸附和扩散性能的理论研究

5.2.1　分子筛限域空间内扩散概述

　　分子筛催化剂因其具有独特的孔道结构、良好的热稳定性、高反应活性及环境友好等诸多优点，被广泛应用于气体的存储和分离、离子交换和多相催化等领域。在多相催化过程中，分子筛限域孔道效应制约着反应物的转化、中间体的形成、产物的生产以及所有反应物种的扩散传质特性。扩散系数是传质过程中的重要参数之一，它是物系组分在分子筛孔道中扩散迁移特性的表征，可揭示分子筛孔道结构与吸附质的相互作用以及定量描述吸附质在分子筛限域孔道中的运动快慢，因此限于空间内扩散系数的测定对催化反应性能具有重要意义。常用的扩散系数测定方法包括吸附速率法（Uptake Methods）、色谱法（Chromatography）、脉冲梯度核磁共振（Pulsed Field Gradient Nuclear Magnetic Resonance，PFG-NMR）和准弹性中子散射（Quasi-Elastic Neutron Scattering，QENS）等方法。虽然通过实验方法可以测量出吸附质在分子筛等多孔材料限域孔道中的扩散系数，却很难从原子分子层面定量地分析影响扩散性能的微观机制。这是因为扩散行为往往受到诸如吸附质浓度、温度、分子筛拓扑结构和化学组成等多个因素的影响，并且通常这些因素共同起作用。

作为实验的有力补充，分子模拟已被广泛应用于分子筛体系吸附和扩散性质的理论研究。分子模拟的核心在于分子力场的选择，一个好的力场能够精确定量地描述吸附质在多孔材料中的空间结构、吸附等温曲线、扩散等性质。目前存在一些较通用的力场，如 UFF、Dreiding、TraPPE、COMPASS、CVFF 等，可以用于较快地分析吸附质在分子筛限域空间内的吸附和扩散等性质。然而对于一些体系来说，其测量精度仍然无法满足要求。针对特定的分子筛体系，已经开发出一些特定的力场，虽然特定力场的扩展性不如通用力场，但在一定条件下可以非常好地重复实验现象并预测相应的物理化学性质，如 SLC 核壳可极化力场、TraPPE-zeo、FFSiOH 等力场，详细介绍可参考 zheng 等工作[8]。

吸附质在分子筛孔道内的吸附和扩散与体相有着明显的不同，除了吸附质自身的碰撞外，还受到分子筛骨架的作用。因此，在分子筛限域空间内存在一些特殊的扩散现象，比如单一通道扩散（Single-File Diffusion）、共振扩散（Resonant Diffusion）、分子运输控制（Molecular Traffic Control）和分子路径控制（Molecular Path Control）等。目前扩散系数主要包括以下三种，即传输（Transport or Fick）扩散系数、校正（Collective，Corrected 或 Maxwell-Stefan）扩散系数和自（Self）扩散系数。由于自扩散系数描述的是在没有浓度梯度情况下，粒子在分子筛中的扩散性质，其是吸附分子在孔道中的本征扩散，能够更好地反映出催化材料的扩散性能。自扩散系数 D_s 是标记粒子在给定时间间隔内均方位移（Mean Square Displacement，MSD）的量度。均方位移定义为：

$$\langle \boldsymbol{r}^2(t) \rangle = \frac{1}{N} \sum_{i=1}^{N} [\boldsymbol{r}_i(t) - \boldsymbol{r}_i(0)]^2 = 2nD_s t + b \tag{5.2-1}$$

式中，N 为系统的粒子数；$\boldsymbol{r}_i(t)$ 是第 i 个粒子在 t 时刻的位置矢量；n 为分子筛的维度，$n=1$，2，3 分别对应一维、二维和三维分子筛；D_s 为自扩散系数；b 是一个常数。如无特殊说明，本小节涉及的扩散系数均为自扩散系数。

5.2.2　微孔分子筛限域空间内的吸附和扩散性能研究

目前理论计算主要聚焦于微孔分子筛，因为其在工业中具有广泛的应用，且具有结构简单（相比多级孔分子筛）、可参照的实验值多等优点。Ghysels 等[13]采用分子动力学模拟方法研究了乙烯分子在几种八元环笼状分子筛中的扩散行为，发现可以用可接近窗口关联扩散和分子筛孔径，并且分析了分子筛组成、拓扑结构、酸位点以及温度对扩散的影响。Krishna 课题组[14]研究了几种小分子在孔道相差较大的分子筛孔道中的扩散行为，如一维（1D）直孔道 AFI（7.3Å）、3D 笼状 CHA（3.8Å）及 3D 交叉孔 MFI（5.1～5.6Å）分子筛，发现扩散与吸附质的浓度以及温度密切相关。

然而，系统地研究孔道尺寸相近而孔道曲率及维数不同的分子筛限域空间内与扩散性能相关的工作依旧较少。Zheng 课题组[15]使用分子动力学（MD）及蒙特卡洛（MC）模拟方法系统地研究了短链烷烃（甲烷、乙烷、丙烷和丁烷）在六种孔径相近（约 5.0Å）但曲率不同的分子筛催化剂（1D 直孔道 PSI 和 ATO；1D 弯曲孔道 PON 和 BOF；3D 交叉孔道 MFI 和 MEL）中的扩散性质，并考虑了温度、浓度、链长及混合组分等因素对扩散的影响。通过 MC 模拟发现由于较强的吸附热，分子筛有非常强的浓度聚集作用。常温常压下，分子筛中甲烷的浓度比气相约高一个数量级。通过 MD 模拟发现，分子筛中烷烃的扩散系数为 $10^{-7} \sim 10^{-10}\,\text{m}^2/\text{s}$，比气相（$10^{-5}\,\text{m}^2/\text{s}$）约慢 2～5 个数量级。烷烃在直孔道分子筛中（PSI 和 ATO）的扩散比弯曲孔道中（PON 和 BOF）的扩散快，这是因为在弯曲孔道中分子更容易与孔壁碰撞。通过对不同温度扩散系数的计算，该课题组发现弯曲孔道扩散活化能较大，即随着温度升高，在弯曲孔道分子筛中扩散系数增加快。随着浓度增加，1D 分子筛中扩散系数均减小。对于不同链长烷烃，分子筛内存在共振扩散现象。有趣的是在 3D 孔道 MEL 和 MFI 分子筛中，气体分子存在扩散各向异性，三个方向的扩散系数如图 5.9 所示。由此可见，3D 交叉孔道分子筛中不同方向的扩散随着温度和浓度等条件变化的情况可能不同。

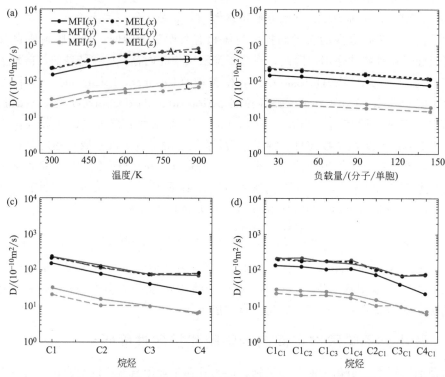

图 5.9　烷烃在三维交叉孔道分子筛 MEL 和 MFI 中的扩散系数 [15]
（a）不同温度；（b）不同浓度；（c）不同链长；（d）不同混合物

虽然笼状 SAPO 分子筛具有良好的催化活性和产物选择性，然而在实验和理论上对其扩散机制的研究依旧缺乏。近期，Gao 等[16] 使用 PFG-NMR 实验及分子模拟技术研究在了不同浓度情况下，甲烷在 SAPO-34（CHA）、SAPO-35（LEV）和 DNL-6（RHO）分子筛中的吸附和扩散性质，发现扩散系数满足 LEV＜CHA＜RHO。三种分子筛[1]H PFG-NMR 回波衰减信号及拟合晶体内扩散系数随结构、浓度和温度变化如图 5.10 所示。基于分子模拟，该课题组从吸附位置、相互作用能、扩散轨迹、扩散系数和扩散半径出发，并结合粗粒化跳跃模型研究了笼状分子筛中甲烷的扩散机制，确定了扩散系数与分子筛孔道结构之间的关联。其中甲烷在三种分子筛中跳跃频率、跳跃步长及相互作用能垒见图 5.11。由于甲烷吸附在 LEV 顶部靠近六元环处，笼间扩散能垒最高，这种情况下甲烷在不同笼中的跳跃最少，所以甲烷在 LEV 中的扩散速度最慢。在 CHA 分子筛中，甲烷优先吸附在八元环附近，并且八元环窗口能垒最低，不同笼之间的扩散最频繁，然而由于其跳跃长度较短，所以扩散系数小于 RHO。甲烷在 RHO 中的扩散速度最快是由于相互作用能垒较低和扩散跳跃步长最长。同时此方法还可以拓展到其他和催化相关反应物种的吸附、扩散和分离的研究中。

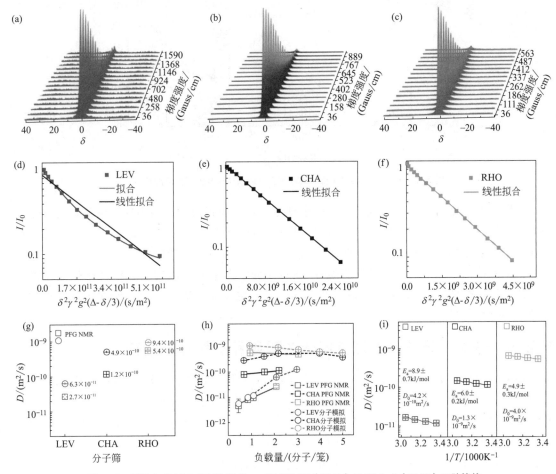

图 5.10　甲烷在 SAPO-35（LEV）、 SAPO-34（CHA）及 DNL-6（RHO）三种笼状
分子筛中的 ^{1}H PFG-NMR、自旋回波衰减信号及不同浓度和温度的扩散系数图[16]

　　除了短链烷烃外，芳香烃在工业上也有着广泛的应用。Sastre 等[17]研究了同时具有十元环及十二元环孔道的分子筛（BOG、MSE、IWR、SFS、SOF 和 UWY）限域空间内三甲苯/甲苯在烷基转移反应中的扩散性质，并考虑了不同比例混合时的扩散情况。通过分子动力学模拟，该课题组发现 UWY 分子筛是三甲苯烷基转移反应选择性得到对二甲苯最佳的候选者：这是由于 UWY 分子筛交叉孔可用于稳定过渡态，且其十元环适用于对二甲苯扩散，而邻二甲苯及间二甲苯以及三甲苯均朝着十二元环孔道扩散。Kolokathis 等[18]采用分子动力学模拟（MD）及准弹性中子散射（QENS）研究了苯及对二甲苯在硅沸石中的扩散，发现由于苯在交叉孔任意旋转，存在非常强的熵作用，因此其扩散系数大约是对二甲苯的1/100。

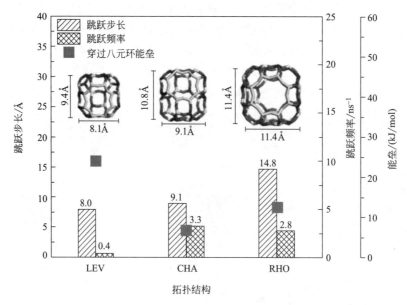

图 5.11　甲烷在三种分子筛中跳跃频率、跳跃步长及相互作用能垒[16]

　　近期，Thomas[19] 研究发现，由于分子动力学理论模拟通常采用周期性结构，忽略了表面效应，得到的扩散系数与实验存在差异。同时 Sastre 等[20] 采用分子动力学模拟研究了甲烷在分子筛表面的扩散行为，发现吸附和脱附过程是对称的。在实验方面，Zeng 等[21] 采用 PFG-NMR 技术研究了正丁烷及异丁烷在 ZSM-5 分子筛中的扩散性质，发现正丁烷扩散系数大约是异丁烷的 1000 倍，并且该课题组发现正丁烷在直孔道中的扩散比在正弦孔道中的扩散快一个数量级。

5.2.3　多级孔分子筛限域空间内的吸附和扩散性能研究

　　根据分子筛孔道尺寸的大小，可以将分子筛分为微孔分子筛（小于 2nm）、介孔分子筛（2~50nm）和大孔分子筛（大于 50nm）。其中同时具有微孔/介孔/大孔三种孔道或其中任意两种孔道的分子筛称为多级孔分子筛。由于多级孔分子筛同时具有较小孔道的孔道限域效应和较大孔道的快速传质特性，在吸附、分离及催化领域具有广泛的应用。本小节主要研究同时具有微孔及介孔的多级孔分子筛内的吸附和扩散性质。

　　Bai 等[22] 研究了同时具有微孔（MFI 拓扑结构）及介孔的多级孔（SPP）分子筛中烷烃的吸附性质。该团队通过蒙特卡洛（MC）模拟方法发现在低浓度情况下，由于微孔区域自由能较低，烷烃主要吸附在微孔区域；随着吸附质浓度增加，微孔区域吸附量趋于饱和，2,2-二甲基庚烷分子逐渐向介孔区域吸附（如图 5.12 所示）。除吸附外，该团队还研究了正己烷在微孔 MFI 及多级孔 SPP 分子筛中的扩散性质[23]。通过分子动力学（MD）模拟发现，在 363K 和低浓度情况下在多级孔分子筛中的扩散比微孔分子筛慢（如图 5.13 所示），这是由于正己烷主要在微孔区域扩散 [图 5.14(a)]，没有体现介孔的加速作用，同时在微孔和介孔界面较高的自由能垒使得烷烃的扩散速率减慢。随着浓度或者温度的增加，部分分子进入介孔区域 [图 5.14(b) 和图 5.14(c)]，多级孔分子筛的扩散优势越来越明显。例如，当浓度为 0.8mol/kg，温度为 543K 时，正己烷在多级孔分子筛 SPP 中的扩散速率比微孔分子筛 MFI 中至少快 1 个数量级。由此可见，多级孔分子筛在高温/高压下存在比较明显的扩散优势。Bu 等[24]发现积碳前驱体苯、萘和蒽在多级孔 MFI 中也有类似的结论。

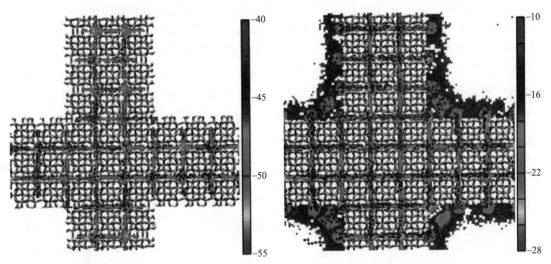

图 5.12　温度为 363K 时，2，2-二甲基庚烷分子在多级孔分子筛 XY 平面的自由能分布[22]

压强为 $p/p_0 = 2 \times 10^{-5}$（左边）和 0.2（右边）

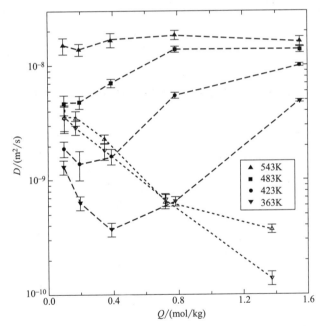

图 5.13　不同温度条件下正己烷在多级孔 SPP 分子筛（实心符号）及

微孔 MFI 分子筛（空心符号）中的自扩散系数随浓度的变化曲线[23]

　　Rezlerová 等[25]采用 GCMC 及 MD 研究了 C1～C4 烷烃分子在微孔 MFI 分子筛及在同时具有微孔及介孔的多级孔分子筛中的吸附和扩散性质，发现微孔分子筛中吸附甲烷的含量比多级孔分子筛高 [如图 5.15(a) 所示]，同样的吸附现象对乙烷分子在 6 个大气压以下时也能观察到，但是当气压升高到 7 个大气压及以上时，多级孔分子筛中乙烷的吸附量比微孔分子筛高 [如图 5.15(b) 所示]。对丙烷和丁烷，除了在较低压强下微孔分子筛吸附量较高以外，大多数情况下多级孔分子筛中烷烃的吸附量比微孔分子筛要高，并且烷烃链越长，出现这个变化点对应的压强越小 [如图 5.15(c) 和图 5.15(d) 所示]。由于分子进入介孔后运动更快，因此多级孔分子筛中的扩散系数比微孔中的大，尤其是沿着介孔方向；同时压强越大，烷烃在介孔分子筛中的扩散越快。此外，Zheng 等[26] 研究了苯在微孔 FAU 及多级孔 FAU 中的扩散性质，发现在温度为 300～500K 时，苯只在微孔区域扩散，不连续介孔对于总扩散没有影响。但是温度在 500～800K 时，苯的扩散得到较大的提高，这是由于苯在高温时运动到介孔区域。Bonilla 等[27] 研究了在微孔及多级孔 SAPO-34 中的扩散现象，发现多级孔中的传质加速还与孔道的连通性密切相关。

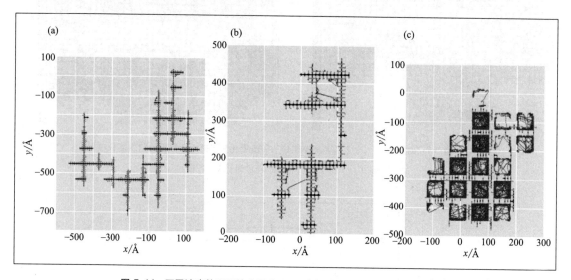

图 5.14   不同浓度的正己烷分子在 SPP 多级孔分子筛内的扩散轨迹 [23]

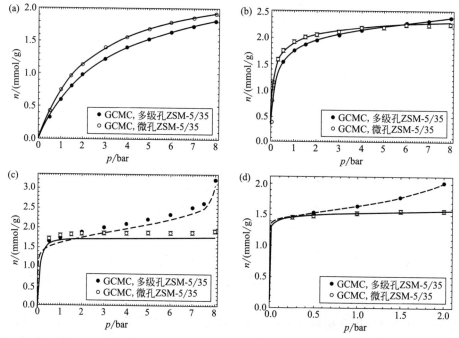

图 5.15   温度为 293K 时，烷烃分子在微孔分子筛及多级孔分子筛中的等温吸附曲线 [25]

(a) 甲烷；(b) 乙烷；(c) 丙烷；(d) 丁烷分子

目前，有关多级孔分子筛的理论模拟工作依旧较少，主要难点归类如下：首先多级孔模型的建立较微孔分子筛难，微孔分子筛的拓扑结构可以从国际分子筛协会数据库直接下载，而多级孔分子筛中介孔的形状、大小以及介孔比例等因素比较难确定；其次可对比的实验数据缺乏和精确通用的力场较少，无论是吸附还是扩散，分子模拟力场的选择需要得到与实验接近的物理量，而可参考和对比的实验数据少阻碍相应的研究；此外多级孔分子筛的模拟体系通常较大，较常规微孔分子筛模拟耗时。然而，随着计算机的发展、高精度力场的开发以及理论模拟理论的不断完善，相信分子模拟可以更加精确系统地研究多级孔分子筛限域空间内分子的吸附和扩散性质，进一步揭示多级孔分子筛限域空间内的微观相互作用机理。

5.2.4　吸附和扩散对催化反应性能的影响

分子筛催化剂中的吸附和扩散对于完整的催化过程起着重要的作用，如果反应物不能扩散到活性中心，产物不能从活性中心脱附，或者脱附的产物不能顺利扩散出分子筛孔道，整个催化过程都无法高效进行。前期研究表明甲醇制烯烃（MTO）反应通常遵循以芳香烃和烯烃为中间体的双循环机理，而反应物种的扩散可能是影响其反应路径的关键因素之一。因此，研究 MTO 反应过程中反应物、中间体和产物的扩散将为高活性催化剂的设计提供理论指导。

Gao 等[28]基于 MTO 双循环机制及 Maxwell-Stefan 扩散理论发展了可用于研究扩散-反应的理论模型，并考虑了 SAPO-34 分子筛中在 MTO 过程中积碳形成对吸附和扩散的影响。基于实验观察及理论模拟结果，该课题组提出 SAPO-34 分子筛 MTO 过程中可能的扩散和反应路径，如图 5.16 所示。Liu 等[29]研究了甲醇（反应物）、多甲苯、烷氧（中间体）和烯烃（产物）在一维分子筛 ZSM-12 和 ZSM-22 中的扩散性质。分子动力学结果表明，在 673K 和无限稀释情况下，甲醇和烯烃分子在 ZSM-12 中的扩散速度为 ZSM-22 分子筛中的 2 至 3 倍。芳香烃机理中，三甲基苯在 ZSM-22 中扩散受阻，容易形成四甲基苯进一步堵塞该孔道。而在 ZSM-12 分子筛中，四甲基苯扩散较慢，更容易形成具有 MTO 活性的五甲基苯碳正离子从而生成烯烃（如图 5.17）。此外，该课题组发现当烷氧中间体形成后，烯烃分子仍可以在这两种分子筛中自由扩散，且在 ZSM-22 中烯烃和烷氧中间体接触时间更长，更容

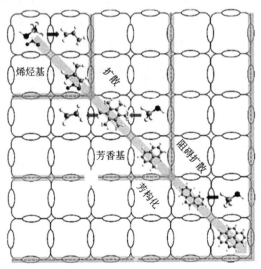

图 5.16　SAPO-34 分子筛 MTO 反应中可能的扩散和反应路径[28]

易发生甲基化反应。因此，烯烃甲基化机理可以在 ZSM-12 和 ZSM-22 中进行，而在 ZSM-22 中表现出更高的活性；但芳香烃机理只能在 ZSM-12 中进行。

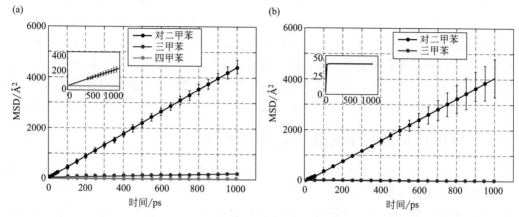

图 5.17　甲醇与多甲苯共吸附时甲醇的均方位移随时间变化曲线[29]
(a) ZSM-12；(b) ZSM-22 分子筛

工业上已经实现利用分子筛催化二甲醚羰基化反应制备乙酸甲酯。在众多分子筛催化剂中，具有十二元环（12-MR）一维孔道及八元环（8-MR）口袋结构的丝光沸石（MOR）在羰基化过程中，活性和选择性最好。然而，二甲醚和 CO 在分子筛孔道中的吸附、扩散和反应机理并未能揭示，同时丝光沸石的 12-MR 和 8-MR 孔道在反应中的作用也未确定。Liu 等[29]结合密度泛函理论、蒙特卡洛（MC）和分子动力学（MD）模拟系统分析了几类具有相似 8-MR 和 12-MR 孔道的分子筛（例如 MOR、FER、GON、ATS、IRN）在羰基化过程中的反应动力学和扩散动力学行为，揭示了 MOR 分子筛高活性的原因。DFT 和 MC 表明 MOR 的 8-MR 口袋结构的活化能最低且 CO 聚集能力最强，MD 表明 MOR 的 12-MR 孔道有利于反应物和产物的快速扩散，从而有效地避免分子筛孔道被堵塞（催化剂失活）。相比于 MOR 分子筛，其他类型的分子筛由于孔道不能有效聚集 CO，或反应活化能垒高，或产物乙酸甲酯不能有效扩散，因而表现出相对低的羰基化反应活性（见表 5.4）。该工作系统全面地研究了羰基化过程中反应、吸附及扩散行为，对深入理解羰基化反应具有重要的意义，同时还可以指导催化剂合成和改性，为提高催化剂活性提供理论参考。

表 5.4　分子筛孔道结构及催化活性[29]

分子筛	孔道类型	孔道尺寸/Å×Å	活化能/(kcal/mol)	CO 生长	MA 扩散	催化活性
MOR	十二元环×八元环	6.5×7.0	31.6	极好	极好	极好
FER	十二元环×八元环	3.4×4.8	26.6	好	好	好
		4.2×5.4	29.7			
GON	十二元环×八元环	3.5×4.8	26.9	差	好	差
		5.4×6.8	30.9			
		1.3×4.3	—			
ATS	十二元环×八元环	6.5×7.5	32.5	差	好	差
IRN	十二元环×八元环	3.4×4.8	22.6	好	差	差
GME	十二元环×八元环	7.0×7.0	30.0	好	极好	好

续表

分子筛	孔道类型	孔道尺寸/Å×Å	活化能/(kcal/mol)	CO 生长	MA 扩散	催化活性
OFF	十二元环×八元环	3.6×3.9	31.6	好	极好	好
		6.7×6.8	30.6			
		3.6×4.9	32.5			

近期，Cnudde 等[30]采用从头计算分子动力学模拟结合增强采样方法研究了甲醇制烯烃（MTO）反应过程中短链烯烃在 SPAO-34 分子筛中的扩散现象，发现 MTO 原位环境（如酸位点、反应物浓度、碳氢池物种以及温度等因素）对产物的扩散及选择性具有非常大的影响。如图 5.18 所示，当分子筛 A 笼中含有甲醇，B 笼中含有六甲基苯时，丙烯分子的自由能曲线不再是对称的，其进入 B 笼时的自由能非常大（＞500kJ/mol）；而当笼内形成甲基苯时，虽然自由能有所减小，但是依旧在 150kJ/mol 以上；该自由能曲线说明当分子筛笼内形成多甲基苯时，丙烯分子很难扩散进该笼或者丙烯会快速从该笼扩散离开。此外该工作还发现八元环处具有的酸位点会促进分子的扩散。

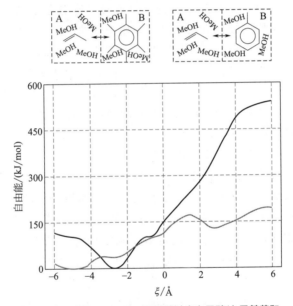

图 5.18　温度为 650K 时，丙烯通过含有甲醇/六甲基苯和
甲醇/甲苯笼间的扩散自由能[30]

总之，理论计算可以分析出分子筛限域孔道内微观扩散过程中主客体之间的相互作用，定性和定量地预测气体在孔道中的扩散系数，并能从微观上解释引起吸附和扩散变化的原因，这对催化反应中如何针对特定吸附质选择合适的分子筛进行吸附、分离和催化具有重要的指导意义。

5.3　分子筛限域催化反应的理论研究

相比于其他多相催化剂，分子筛具有规则的孔道结构、良好的热力学稳定性和优异的反应选择性等。作为一种固体酸催化剂,分子筛中的 Brønsted 酸位是分子筛发生催化反应活性的主要位点。相比磷钨酸和磷钼酸等固体超强酸,分子筛的酸强度并不突出,表现为中强酸,然而其在催化反应中却表现出更高的反应活性和选择性。通常认为,分子筛孔道结构形成的限域环境使得反应物分子与酸位点碰撞频率升高,有效碰撞增加从而提高反应活性,所以酸特性和孔道限域是分子筛具有高性能催化效率的重要原因。实验手段难以直观地从微观电子尺度解释这两个因素在催化反应中所起到的重要作用,理论模拟与计算作为实验的重要补充,一方面能够通过热力学和动力学计算很好地解释催化反应机理,阐明反应路径和选择性;另一方面借助波函数分析和弱相互作用计算能够定性或定量地描述孔道限域作用对催化反应的影响,最终建立分子筛结构与催化反应微观机制之间的构效关系。本节主要从分子筛催化反应理论计算的处理方法、分子筛择形催化、分子筛孔道限域效应的理论研究方法等方面阐述分子筛限域催化中的微观电子结构本质,并阐述将现今理论研究方法应用到分子筛催化反应中时存在的问题和可行的解决方案。

5.3.1 分子筛催化反应理论计算的处理方法

分子筛作为一种晶体材料,其晶体结构均可通过国际分子筛结构数据库下载,一般来说,晶体结构的计算最常用的处理方法是直接采用周期性的第一性原理方法计算,但是一方面因为计算能力的限制,在周期性条件的限制下,往往需要在高达数百个原子下进行,使得常规的密度泛函理论方法难以进行;另一方面,目前对周期性体系的第一性原理计算仅能采用基于广义梯度近似的泛函,如 PBE、PW91 等,在精度上难以达到对分子筛反应机理计算的要求,而杂化泛函、双杂化泛函和从头算等对薛定谔方程中电子相关和库仑相关处理更为精准的方法则因为计算量巨大而难以开展。

因此,一方面为了降低分子筛反应机理理论计算的门槛,另一方面为了使用更高精度的计算化学方法,前人通过建立团簇模型,在气相下实现了对分子筛反应机理的理论研究。为了充分地考虑孔道限域对分子筛催化反应过程的影响,截取的团簇往往截止于 300 个原子。在如此大的体系下,对整个体系采用 DFT 方法也难以进行,借助结合量子力学和分子力学计算(QM/MM)的理念,人们通常采用对分子筛结构分层的方式(ONIOM)进行处理,一般而言,对涉及反应活性中心的酸位部分采用 DFT 方法,而对主要以环境效应影响催化反应的部分则采用耗时低的分子力学或半经验方法。这样的处理方法主要针对反应过程的结构优化和频率计算部分,而为了获得更为精准的能量,还要采用 DFT 方法对整个体系进行单点能的计算。通过这样的处理方式,一方面提高了计算效率,另一方面保证了计算结果的可靠性。

除此之外,为了进一步提高计算精度,Sauer 等[31]采用周期性 DFT 方法与团簇从头计算方法相结合的手段使得对分子筛催化反应机理的计算精度达到了化学精度,也就是 4kJ/mol。

总的来说,分子筛体系的理论计算主要包括完全基于 DFT 方法的周期性结构计算和基于 ONIOM 分层方法处理的团簇结构计算。两种方法各有利弊,前者因为对孔道结构的考虑更符合真实条件和计算水平的显著提高,应用越来越广泛,但是计算方法的限制和分析手段的局限性限制其进一步发展;后者通过分层处理大大降低了计算耗费,同时也可以选用丰富的 DFT 和从头计算方法,分析手段非常成熟,如能量分解分析、约化密度梯度和丰富的电荷布局分析等。团簇结构计算脱离了晶体结构进行的处理方法也存在缺点。在分子筛体系的计算过程中，色散作用作为孔道限域效应的重要表现形式，无论是周期性 DFT 计算还是团簇结构计算都需要对其充分考虑，Grimme 等开发的 DFT-D 方法是一种在不明显增加计算量的前提下，比较好的解决方案。

　　为了更好地解释分子筛限域催化机制，除了对孔道限域效应的考虑，分子筛的酸特性也是影响催化反应活性的重要因素。去质子化能可以通过酸位脱去质子的能力强弱反映分子筛的酸强度，酸强度直接关系到在酸催化反应中碳正离子形成的难易程度，O—H 键的长度和伸缩振动频率也是衡量酸性强弱的重要工具；而分子筛孔道限域对反应物种作用则直接与催化反应中产物的选择性相关联，除了与分子筛中活性位点的直接作用以外，由于分子筛丰富的孔道结构，其对特定反应物、反应过渡态和产物具有一定程度的限域作用，通常以色散力和静电力为代表的非键作用和以排斥力为代表的空间位阻效应表现出来，前者可以促进反应朝特定产物生成的方向进行，后者则可以阻碍反应生成特定产物，从而改变其最终产物的选择性。

5.3.2　分子筛择形催化

　　在整个分子筛催化反应过程中需经历扩散—吸附—反应—脱附—扩散五个过程，而分子筛的择形催化则也反映到这些过程中，反应前的扩散和吸附过程：分子筛孔道尺寸和形状的限制会选择性地让某些分子能够进入分子筛内部的活性中心，而其他尺寸太大或形状不匹配的分子则无法进入，即分子筛的反应物选择性。反应物吸附在活性中心后可能发生多种路径的反应从而生成多种产物，而在反应过程中，生成各种产物往往需要跨过不同构型的过渡态，对于速控步来说，过渡态能量的高低直接决定了反应的方向，分子筛孔道的限域环境一方面能够有效地提高过渡态的稳定性，降低过渡态能量，从而降低生成特定产物的反应能垒；另一方面一些与分子筛孔道极度不匹配的过渡态结构会提高过渡态的能量，甚至无法获得过渡态，从而阻断了反应朝着该产物发生，这种直接通过孔道调节反应过渡态能量以实现选择性的过程即为过渡态选择性。除此之外，随着产物的生成，产物开始从活性位点扩散出孔道，但是由于不同的产物与孔道的作用强度和匹配性不同，在孔道中表现出不同的扩散速度，而扩散较慢的产物则有可能与孔道中的一些位点进一步发生反应生成匹配性更好的产物，这就是分子筛对催化反应的扩散或产物选择性[32]。

　　由于反应物选择性在实际应用中很少涉及，产物选择性在上节的扩散过程讨论中已经详述，本节主要讨论最受关注的过渡态选择性，而由于过渡态选择性普遍存在于分子筛催化反应体系中，这里以最具代表性的苯甲基化反应为例展开讨论，该反应涉及甲醇制烯烃和二甲苯合成两个分子筛催化应用的重要方面，由于反应过程简单容易通过该反应理解分子筛催化反应的基本过程。

　　工业上分子筛催化苯甲基化反应的常用试剂是甲醇，如图 5.19 所示，该反应存在两种可能的路径：分步机理和协同机理。在分步机理中甲醇以氢键吸附在分子筛的 Brønsted 酸位上，并将甲醇质子化为 $CH_3OH_2^+$，随后构型翻转通过甲基与分子筛酸位氧的成键和甲醇内部 C—O 键的断裂形成甲基烷氧，并脱去一分子水，此时分子筛的活性中心从 Brønsted 酸性质子变成了甲基烷氧，甲基烷氧进一步与苯分子作用再次通过 SN2 构型翻转形成质子化的甲基苯 $C_6H_6CH_3^+$，最后 $C_6H_6CH_3^+$ 脱质子形成甲基苯并还原 Brønsted 酸性质子；而协同机理相对简单，不涉及中间体甲基烷氧的生成和转化，即甲醇吸附在 Brønsted 酸位的同时苯上的一个碳与甲醇中的甲基发生作用，在甲醇分子内 C—O 键断裂的同时，甲基与苯

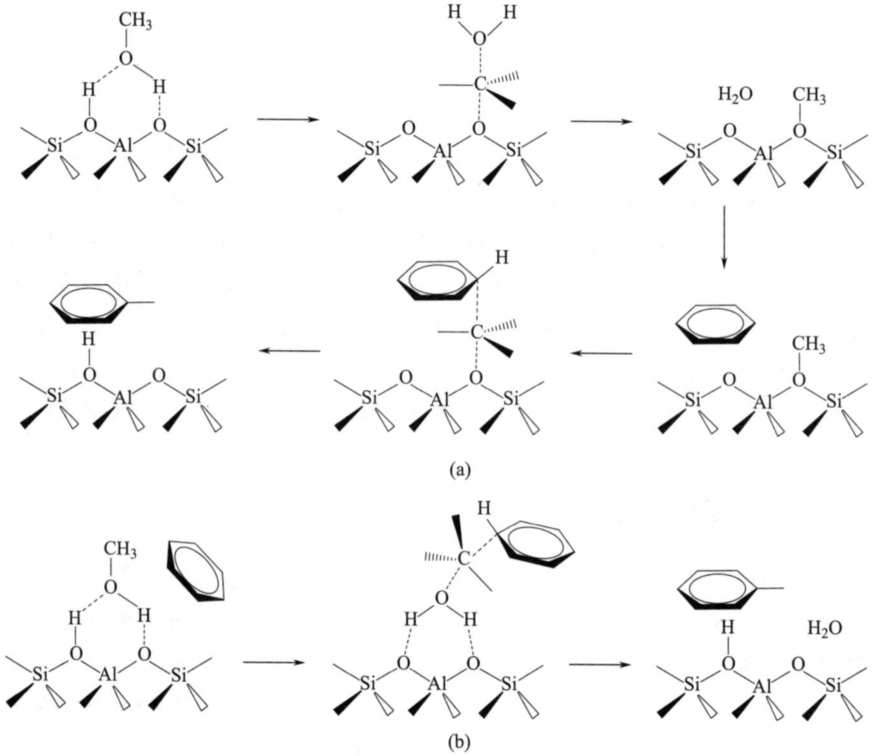

图 5.19　分子筛催化苯甲基化的分步机理（a）和协同机理（b）

之间的 C—C 键生成，并伴随着水的生成。

　　一般来说，分步反应中因为始终只涉及两个物种之间的转化，相比协同机理需要甲醇、苯和酸性质子三个物种同时反应更容易进行。如图 5.20 所示，华东理工大学的朱学栋等[33]通过团簇结构计算苯甲基化在 H-ZSM-11 上的能垒 129kJ/mol 相比 H-ZSM-5 的 149kJ/mol 更低，所以 H-ZSM-11 通过协同机理生成甲苯更容易，说明 H-ZSM-11 的孔道相比 H-ZSM-5 在协同机理反应过程更加匹配。而对于分步机理，如图 5.21 所示，其反应速控步主要在于第一步甲基烷氧的生成，该步的能垒在 H-ZSM-5 和 H-ZSM-11 中分别为 149kJ/mol 和 153kJ/mol，而随后的甲基化反应能垒则只有 97kJ/mol 和 93kJ/mol，相对比较容易进行。可以看到无论是 H-ZSM-5 还是 H-ZSM-11，从能垒上分步机理都高于协同机理。但是由于实际工业反应中甲醇可能存在多个分子的聚集，从而显著降低第一步反应的能垒。如比利时根特大学的 Speybroeck 等[34]采用可以考虑反应温度和分子筛骨架柔性的从头计算分子动力学计算发现，在 H-SAPO-34 分子筛的 CHA 笼中，甲醇的个数从 1 个增加到 5 个时，氢键网络的形成大大降低了过渡态能量使得甲基烷氧生成的反应能垒从 167kJ/mol 降低到 123kJ/mol，另外水分子的引入也会起到类似的作用。由于在分子筛催化反应中对反应过程产生影响的变量众多，所以对分子筛催化反应的考虑应尽可能周全。

　　甲基化试剂是有可能影响该反应的重要因素。除了甲醇，作为甲醇二聚的脱水产物，二甲醚（DME）也是重要的工业原料，在分子筛催化反应中被广泛涉及，而二甲醚和甲醇在分子筛 Brønsted 酸性质子作用下本身存在着动态平衡。为了弄清楚在苯甲基化反应中哪种甲基化试剂更有利于反应，如图 5.22 所示，De Wispelaere 等[35]通过周期性 DFT 计算发

现，在协同机理中，DME 和苯共吸附络合物更加稳定，DME 中多一个甲基导致反应过渡
态更加稳定，因此在协同机理中，DME 反应活性更高。在分步反应机理中，两种甲基化试
剂活性相当。比较两种机理，协同机理的反应活化能垒更低，所以在研究的反应条件下，反
应更倾向于朝着协同机理的方向进行。

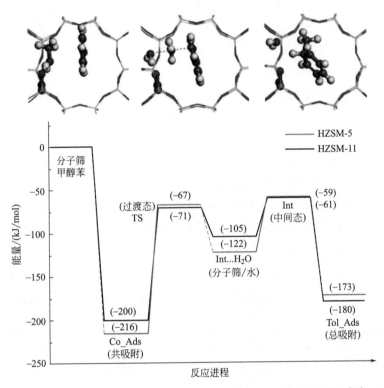

图 5.20　苯甲基化在 H-ZSM-5 和 H-ZSM-11 上的协同机理反应势能面[33]

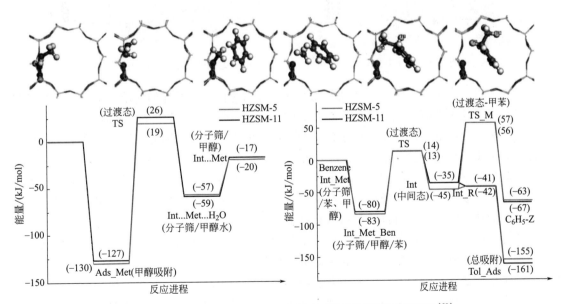

图 5.21　苯甲基化在 H-ZSM-5 和 H-ZSM-11 上的分步机理反应势能面[33]

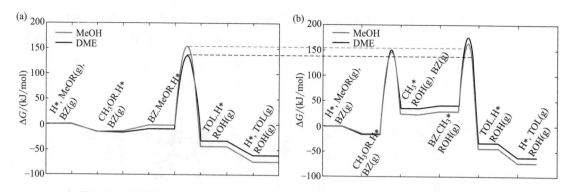

图 5.22　250℃下 H-ZSM-5 中分别以甲醇（MeOH）和二甲醚（DME）为甲基化试剂发生
苯甲基化反应的自由能势能面[35]
（a）协同机理；（b）逐步机理

　　由不同甲基化试剂引起的反应势能面差距并不大，想弄清楚在真实反应过程中，在不同温度和压力条件下究竟是何种甲基化试剂以何种机理发生苯甲基化反应，需要进行进一步的微观动力学分析。如图 5.23，可以看到，在低温下，二甲醚作为甲基化试剂时甲苯产率明显高于甲醇，但二甲醚对温度的敏感性不如甲醇，而甲醇对压力的敏感度则不及二甲醚。最后当压力和温度都比较高时两者的差别消失。

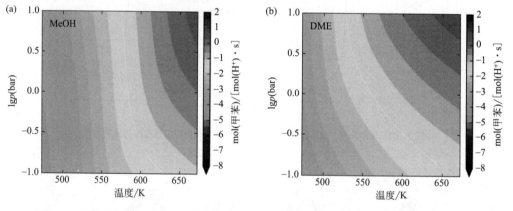

图 5.23　甲苯的产出速率在甲醇（a）和二甲醚（b）作为甲基化试剂时与温度和压力的关系[35]

　　而为了进一步了解不同甲基化试剂在两种机理的速控步中所起的作用，接下来研究了温度和压强对反应过渡态生成速率的影响。如图 5.24 所示，高温使甲基烷氧的生成变得容易，导致二甲醚和甲醇的差距变小，甲基化试剂对反应的影响消失。因此可以推测在真实的反应条件下，分步机理可能更加重要。以上结果表明，随着温度和压强的变化，协同机理和分步机理之间的竞争关系发生改变，在低温时，协同机理占主导作用，此时甲基化试剂为二甲醚时，反应更容易进行；随着温度的升高，甲基烷氧的生成更加容易，并且二甲醚和甲醇生成甲基烷氧的活化能相近，所以两种甲基化试剂体现的反应活性差距消失，此时反应主要按照分步机理的方式进行。通过分子筛催化苯甲基化生成甲苯的理论计算可以发现影响催化反应高效率进行的因素众多，我们进行相关研究时应特别注意。

　　除了采用量子化学和第一性原理方法的常规计算方法，将从头计算方法与分子动力学相结合考虑温度、压力和分子筛骨架柔性的从头计算分子动力学方法（AIMD）能够实时地将催化反应过程再现，但是由于常规的 AIMD 方法能够模拟的时间尺度有限，大约在几百个

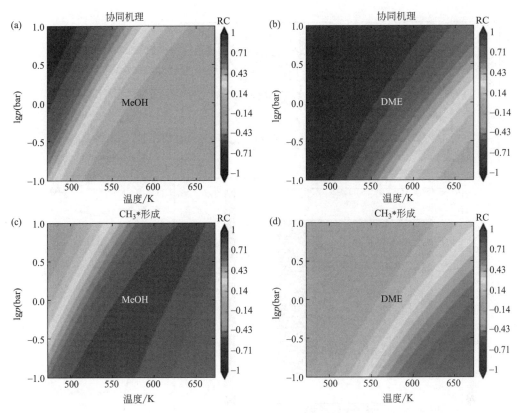

图 5.24　以甲醇（a）和二甲醚（b）为甲基化试剂时协同机理的速控步与甲苯生成速率
控制程度（RC）的关系；以甲醇（c）和二甲醚（d）为甲基化试剂时分步机理的速控步
（甲基烷氧的生成）与甲苯生成速率控制程度的关系[35]

皮秒，而催化反应的发生往往在更长的时间尺度上，因此要想再现催化反应过程需要用到增强采样方法，其中在分子筛体系中应用最广的是多元动力学（Metadynamics，MTD）。Speybroeck 等[36]采用 AIMD 结合 MTD 的方法在实际反应条件下讨论了 ZSM-5 中苯甲基化的真实过程。如图 5.25 所示，对苯甲基化过程中关键参数（甲醇中 C—O 的配位数和甲醇的甲基与分子筛铝氧四面体中氧的配位数）施加偏置势，该方法不仅能够给出更加精准的反应条件下的二维自由能势能面，还能真实地捕捉反应过程中的各个状态。由于动力学过程能给出丰富的动力学信息，作者还分析了反应过程中各个反应物的取向和相对位置对反应的影响，发现苯分子总是位于 ZSM-5 的交叉孔道中，相对远离酸性位点，而当苯分子倾向于平行三个孔道方向时，反应更容易发生。另外，作者还研究了多个甲醇形成的质子化团簇对反应的影响，他们发现多个甲醇分子聚集时，非常容易拔取分子筛的酸性质子，形成质子化的甲醇团簇，且主要以三聚体形式存在，这些三聚体的形成一方面降低了反应能垒，另一方面提供了额外的限域效应从而提高了反应效率。由此可见，从头计算分子动力学方法作为最近十余年在分子筛催化领域兴起的新方法，因为对反应条件的充分考虑和反应过程的细节再现，将成为对分子筛限域催化反应机理研究的重要方法。

　　相比甲苯，二甲苯在工业上具有更高的应用价值，特别是对二甲苯具有极高的经济价值。甲苯生成过程产物的单一性导致孔道限域效应对过渡态的选择性难以体现出来，甲苯通过进一步的甲基化反应生成二甲苯时，已有甲基参与使得反应对孔道匹配性的要求更高，分子

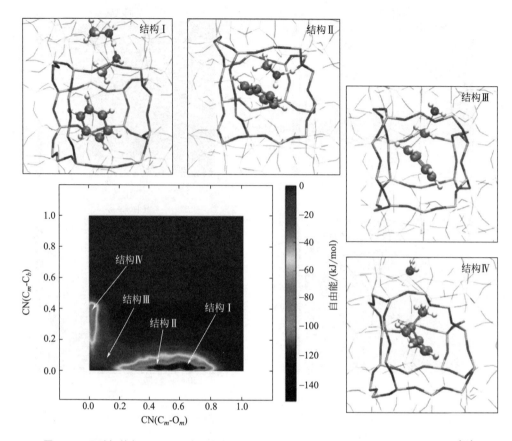

图 5.25 甲醇与苯在 H-ZSM-5 中反应生成甲基苯的二维自由能势能面及反应各个状态结构[36]

筛限域催化体现得更为明显。如图 5.26 所示，ZSM-5 分子筛对生成不同二甲苯的孔道限域强度有明显差别，对二甲苯为 127kJ/mol、间二甲苯为 105kJ/mol、邻二甲苯为 106kJ/mol，从反应机理上看 H-ZSM-5 难以选择性地催化甲苯甲基化生成对二甲苯[37]。然而实际上，因为酸性位点始终存在，两分子甲苯在分子筛中还可以通过歧化反应的方式生成二甲苯和苯。

如图 5.27 所示，两个甲苯分子通过 C—C 键连接形成过渡态，然后进一步反应生成苯和甲苯，注意到相比甲基苯直接甲基化或二甲苯分子内甲基迁移生成指定的二甲苯产物，该反应的过渡态尺寸明显较大，且不同过渡态结构的特异性不同，所以对分子筛孔道的匹配性要求更高。相反，如果某个分子筛的孔道结构与其中一个过渡态结构匹配度很高，那么用该分子筛催化该反应得到指定产物的选择性也就越高。这就是基于过渡态结构与分子筛孔道结构匹配性定向合成特定分子筛的基本思路。

Corma 等[38]采用"从头"合成的思路，基于甲苯歧化和乙苯异构制二甲苯的反应过渡态进行有机模板剂的设计，合成出了对二甲苯选择性远高于 MOR 的 ITQ-64 分子筛。随后，他们以甲醇制烯烃反应中关键的烃池中间体为基础，选择相比侧链机理，能量更低的修边机理的中间体为母体得到了用于合成分子筛的有机模板剂，在以该模板剂为原料导向合成出的分子筛中 RTH 拓扑的 RUB-13 分子筛表现出了很高的丙烯选择性。通过这些例子可以看出，一方面，分子筛通过孔道限域效应诱导出的过渡态选择性可以获得特定的产物；另一方面，基于过渡态选择性进行特定分子筛的定向设计合成又能获得更高的产物选择性。所以，分子筛的孔道限域是分子筛作为择形催化剂的基础，而为了更好地表现出择形催化的内在本质需要对分子筛的孔道限域效应进行评估。

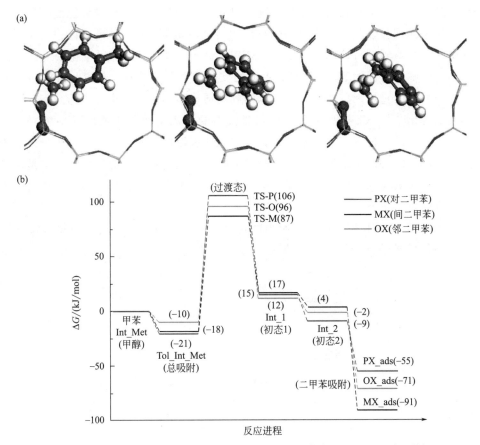

图 5.26　生成对二甲苯、邻二甲苯、间二甲苯的过渡态（a）和 H-ZSM-5 中甲苯与甲基烷氧进行甲基化反应生成二甲苯的自由能势能面（b）[37]

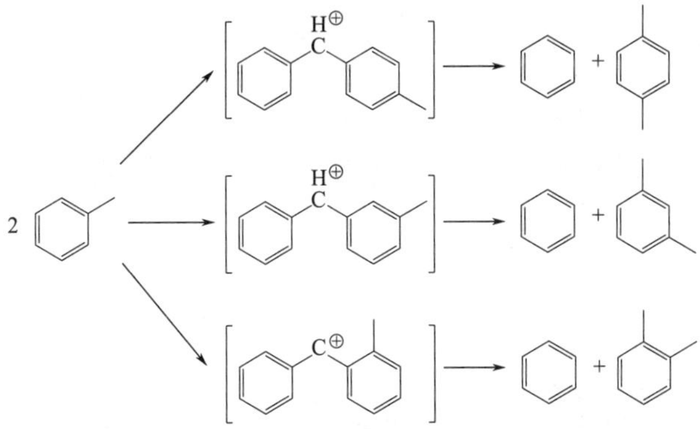

图 5.27　甲苯歧化反应

5.3.3　分子筛孔道限域效应的理论研究方法

　　相比实验上通过气体吸附进行谱学分析的手段判断孔道限域效应的局限性，理论计算可以在电子水平上对分子筛的孔道限域效应进行微观解释。现今比较常用的分析方法包括能量分解分析、电荷转移分析和弱作用分析等，而对这些分析方法又有独特的处理手段来更好地区分孔道限域作用。对于团簇计算，在保证活性位点不变的情况下，可以选取不同尺寸大小的分子筛模型来代表分子筛孔道的完整程度，以此为基础分别进行反应势能面的计算，通过对比能量差别来体现孔道限域效应对催化反应中各物种的影响。例如，如图 5.28 所示，基于能表现出完整孔道限域特性的 72T Al-ZSM-5 模型计算得到的丁烯甲基化反应势能面要比仅能表现出分子筛酸特性的 8T 模型具有更低的反应能垒和反应热，且过渡态能量的降低是整个反应能垒降低的重要因素，这一点可以明确地通过不同模型大小分子筛与三个反应过渡态的弱作用图看出[39]。8T 模型中分子筛与过渡态的作用主要位于反应活性中心附近，而72T 模型中除此以外，过渡态上方的分子筛骨架原子也提供了明显的作用，用于进一步稳定过渡态。该计算策略可以明确地区分分子筛的酸特性和孔道限域效应的影响，但是仅能体现出分子筛孔道限域效应的整体影响，无法给出电子水平更深入的解释，为了解决这一点，能量分解分析则是重要手段。

不同于图 5.28 中约化密度梯度图给出的定性解释，能量分解分析可以将分子筛与各反应物种的相互作用能进行分解，比较常见的分解方法是分解为静电相互作用、轨道相互作

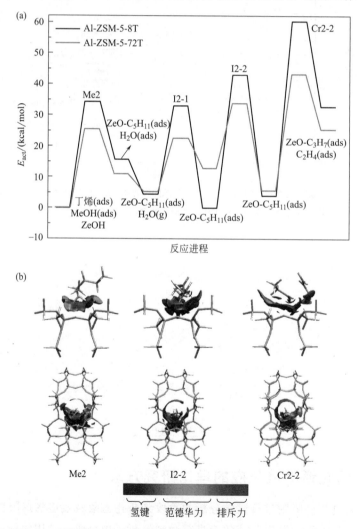

图 5.28　不同模型大小的 Al-ZSM-5 催化丁烯甲基化反应的势能面（a）和
不同模型大小 Al-ZSM-5 中各过渡态物种与分子筛相互作用的约化密度梯度图（b）[39]

用、色散相互作用和 Pauli 排斥作用，其中前三者为促进两者结合的正相互作用，后者为阻碍两者结合的负相互作用。通过这样的分解，可以对孔道限域效应进行定量评估。一般来说，除分子筛活性中心与反应物种基于电子的强相互作用外，分子筛骨架对反应物种的孔道限域作用主要以色散相互作用体现出来。但是，Zheng 等的前期工作发现[40]，色散相互作用、静电相互作用和轨道相互作用在分子筛稳定反应物、过渡态、中间体和产物的过程中所起的作用差别明显。

① 对于中性吸附物种，其在分子筛中的稳定性与色散相互作用直接关联，且分子尺寸越大色散相互作用越明显；

② 对于分子筛中常出现的烷氧物种，除了由于分子轨道重叠产生的轨道相互作用，静电相互作用在稳定烷氧物种方面也起到了重要作用；

③ 常以过渡态或反应中间体出现在分子筛中的碳正离子在分子筛中的稳定性则由静电相互作用主导，分子筛的孔道限域效应也主要以静电相互作用表现出来。

由此可见，只有通过微观电子结构分析才能对孔道限域效应有更深刻的认识。当然，上述分析在本质上还是分子筛骨架与反应物种整体作用的体现，理论计算的优越性可以进一步将这些整体作用归属到不同原子之间。通过基于分子中原子理论（AIM）的拓扑分析，可以将产生孔道限域作用的每对原子以键鞍点的形式标记显示出来。如图 5.29 所示，在苯甲

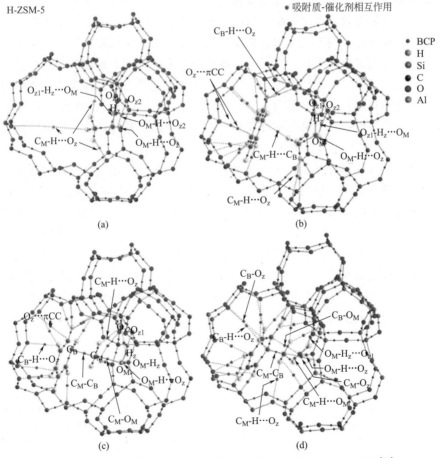

图 5.29　H-ZSM-5 催化苯与甲醇通过协同机理生成甲苯的 AIM 拓扑分析[41]

（a）甲醇吸附态；（b）甲醇和苯共吸附；（c）过渡态；（d）中间体

基化反应的各个状态中，除反应活性位的强相互作用位点外，苯和甲醇还能通过甲基 H、苯环 H 和苯环 C 与分子筛骨架 O 原子产生如 C—H…O 的弱氢键作用和 O…C═C 相互作用，这样的分析能将孔道限域效应更加具象化，而且还可以通过分析每对作用键鞍点的电子性质参数并进行对比，如电子密度、拉普拉斯电子密度和能量密度等[41]。

众所周知，所有的化学作用在本质上都是由电子相互作用引起的，孔道限域效应的主要表现形式色散相互作用和静电相互作用也不例外。原子电荷作为体系中原子的电子性质的直接体现，其在反应过程中的变化情况也可以作为衡量孔道限域效应重要参数。而且原子电荷作为量子化学计算中最常见的性质参数，相比能量分解分析、约化密度梯度和 AIM 分析更加容易获取。北京化工大学的代成娜等[42]基于反应中特定基团和原子在反应物、过渡态和产物中的马利肯电荷转移信息，发现在 beta 分子筛催化苯与异丙醇反应生成异丙苯的过程中，最终回到分子筛酸位的质子来自于苯环而不是异丙醇中次甲基。另一方面，通过对比分子筛骨架在反应过程中电荷总量的变化确定过渡态时，电荷转移量最大。可见通过电荷转移分析，不仅可以对反应过程有更深入的认识，还可以评估孔道限域效应。

5.3.4　总结与展望

分子筛限域催化作为多相催化的重要分支，也是现今工业化程度最高、应用最为广泛的一部分。本节通过对分子筛限域催化反应机理研究方法、择形催化和孔道限域效应的认识，理解了分子筛孔道限域效应在实际催化反应中的本质。现今关于分子筛限域催化反应的研究还局限于对单一反应过程的单纯考虑，如反应物浓度、活性位点种类等，而且由于分子筛催化反应大多已经实现工业化生产，在反应过程中需要考虑的因素纷繁复杂，如温度、压力和分子筛在实际反应条件下的骨架柔性等，但目前基于静态量子化学计算的分子筛限域催化反应机理的理论计算具有极强的局限性，这导致实际催化过程与理论计算之间还存在很大偏差。如理论计算从反应能垒上难以解释实验上极易捕捉的甲基烷氧信号和甲醇制烯烃反应诱导阶段第一个 C—C 键的生成机理等。

有幸的是，随着计算机模拟技术的发展，在分子筛限域催化反应机理的研究过程中能够采用的方法越来越丰富，能够计算的分子尺度也越来越大，能够考虑的外界因素也越来愈多。例如，最近兴起的从头计算分子动力学（Ab Initio Molecular Dynamics，AIMD）是量子化学方法与分子动力学方法相结合的动态研究方法，不仅保证了对能量的精确描述，还可以克服静态计算无法原位实时地考虑反应温度、压力和分子筛骨架柔性等因素影响的缺陷，使得计算结果更接近真实情况。因此，进一步提高计算效率，同时提高 AIMD 方法的计算效率，并尽可能地将量子化学方法作为其他动态过程研究方法的能量计算参考是今后理论计算在分子筛体系应用的重要方向。

参考文献

[1]　Database of zeolite structures，http：//www. iza-structure. org/databases.

[2]　Sastre G，Cantin A，Diaz-Cabañas M J，et al. Searching organic structure directing agents for the synthesis of specific zeolitic structures：An experimentally tested computational study [J]. Chemistry of Materials，2005，17（3）：545-552.

[3]　Tang X，Liu Z Q，Huang L，et al. Violation or abidance of Löwenstein's rule in zeolites under synthesis conditions？ [J]. ACS Catalysis，2019，9（12）：10618-10625.

［4］　Profeta M，Mauri F，Pickard C J. Accurate first principles prediction of ^{17}O NMR parameters in SiO$_2$：assignment of the zeolite ferrierite spectrum ［J］. Journal of the American Chemical Society，2003，125 （2）：541-548.

［5］　Brouwer D H，Enright G D. Probing local structure in zeolite frameworks：Ultrahigh-field NMR measurements and accurate first-principles calculations of zeolite ^{29}Si magnetic shielding tensors ［J］. Journal of the American Chemical Society，2008，130 （10）：3095-3105.

［6］　Nicholas J B. A theoretical explanation of solvent effects in zeolite catalysis ［J］. Topics in Catalysis，1999，9 （3）：181-189.

［7］　Yuan S P，Wang J G，Li Y W，et al. Theoretical studies on the properties of acid site in isomorphously substituted ZSM-5 ［J］. Journal of Molecular Catalysis A：Chemical，2002，178 （1/2）：267-274.

［8］　郑安民. 分子筛催化理论计算——从基础到应用 ［M］. 北京：科学出版社，2020.

［9］　易先锋. 分子筛限域孔道中的酸碱特性表征与反应机理研究 ［D］. 武汉：中国科学院大学（中国科学院武汉物理与数学研究所），2017.

［10］　Yi X F，Xiao Y，Li G，et al. From one to two：Acidic proton spatial networks in porous zeolite materials ［J］. Chemistry of Materials，2020，32 （3）：1332-1342.

［11］　Yi X F，Liu K Y，Chen W，et al. Origin and structural characteristics of tri-coordinated extra-framework aluminum species in dealuminated zeolites ［J］. Journal of the American Chemical Society，2018，140 （34）：10764-10774.

［12］　Peng Y K，Ye L，Qu J，et al. Trimethylphosphine-assisted surface fingerprinting of metal oxide nanoparticle by ^{31}P solid-state NMR：A zinc oxide case study ［J］. Journal of the American Chemical Society，2016，138 （7）：2225-2234.

［13］　Ghysels A，Moors S L C，Hemelsoet K，et al. Shape-selective diffusion of olefins in 8-ring solid acid microporous zeolites ［J］. The Journal of Physical Chemistry C，2015，119 （41）：23721-23734.

［14］　Krishna R，Van Baten J M. A molecular dynamics investigation of a variety of influences of temperature on diffusion in zeolites ［J］. Microporous and Mesoporous Materials，2009，125 （1/2）：126-134.

［15］　Liu Z Q，Zhou J，Tang X，et al. Dependence of zeolite topology on alkane diffusion inside diverse channels ［J］. AIChE Journal. 2020，66：e16269.

［16］　Gao S，Liu Z Q，Xu S，et al. Cavity-controlled diffusion in 8-membered ring molecular sieve catalysts for shape selective strategy ［J］. Journal of Catalysis，2019，377：51-62.

［17］　Toda J，Corma A，Sastre G. Diffusion of trimethylbenzenes and xylenes in zeolites with 12-and 10-ring channels as catalyst for toluene-trimethylbenzene transalkylation ［J］. The Journal of Physical Chemistry C，2016，120 （30）：16668-16680.

［18］　Kolokathis P D，Kali G，Jobic H，et al. Diffusion of aromatics in silicalite-1：Experimental and theoretical evidence of entropic barriers ［J］. The Journal of Physical Chemistry C，2016，120 （38）：21410-21426.

［19］　Thomas A M，Subramanian Y. Simulations on "powder" samples for better agreement with macroscopic measurements ［J］. The Journal of Physical Chemistry C，2019，123 （26）：16172-16178.

［20］　Sastre G，Karger J，Ruthven D M. Diffusion path reversibility confirms symmetry of surface barriers ［J］. The Journal of Physical Chemistry C，2019，123 （32）：19596-19601.

［21］　Zeng S，Xu S T，Gao S S，et al. Differentiating diffusivity in different channels of ZSM-5 zeolite by pulsed field gradient （PFG）NMR ［J］. ChemCatChem，2020，12 （2）：463-468.

［22］　Bai P，Olson D H，Tsapatsis M，et al. Understanding the unusual adsorption behavior in hierarchical zeolite nanosheets ［J］. ChemPhysChem，2014，15 （11）：2225-2229.

［23］　Bai P，Haldoupis E，Dauenhauer P J，et al. Understanding diffusion in hierarchical zeolites with house-of-cards nanosheets ［J］. ACSNano，2016，10 （8）：7612-7618.

［24］　Bu L T，Nimlos M R，Robichaud D J，et al. Diffusion of aromatic hydrocarbons in hierarchical mesoporous H-ZSM-5 zeolite ［J］. Catalysis Today，2018，312：73-81.

［25］　Rezlerova E，Zukal A，Cejka J，et al. Adsorption and diffusion of C-1 to C-4 alkanes in dual-porosity zeolites by molecular simulations ［J］. Langmuir，2017，33 （42）：11126-11137.

［26］　Zheng H M，Zhai D，Zhao L，et al. Insight into the contribution of isolated mesopore on diffusion in hierarchical zeolites: The effect of temperature [J]. Industrial & Engineering Chemistry Research, 2018, 57 (15): 5453-5463.

[27] Bonilla M R, Valiullin R, Karger J, et al. Understanding adsorption and transport of light gases in hierarchical materials using molecular simulation and effective medium theory [J]. The Journal of Physical Chemistry C, 2014, 118 (26): 14355-14370.

[28] Gao M B, Li H, Yang M, et al. A modeling study on reaction and diffusion in MTO process over SAPO-34 zeolites [J]. Chemical Engineering Journal, 2019, 377: 119668.

[29] 刘志强. 碳基小分子在分子筛限域孔道中扩散机制的理论研究 [D]. 武汉: 中国科学院大学 (中国科学院武汉物理与数学研究所), 2018.

[30] Cnudde P, Demuynck R, Vandenbrande S, et al. Light olefin diffusion during the MTO process on H-SAPO-34: A complex interplay of molecular factors [J]. Journal of the American Chemical Society, 2020, 142 (13): 6007-6017.

[31] Svelle S, Tuma C, Rozanska X, et al. Quantum chemical modeling of zeolite-catalyzed methylation reactions: Toward chemical accuracy for barriers [J]. Journal of the American Chemical Society, 2009, 131 (2): 816-825.

[32] Smit B, Maesen T L M. Molecular simulations of zeolites: Adsorption, diffusion, and shape selectivity [J]. Chemical Reviews, 2008, 108 (10): 4125-4184.

[33] Wen Z H, Yang D Q, He X, et al. Methylation of benzene with methanol over HZSM-11 and HZSM-5: A density functional theory study [J]. Journal of Molecular Catalysis A: Chemical, 2016, 424: 351-357.

[34] De Wispelaere K, Wondergem C S, Ensing B, et al. Insight into the effect of water on the methanol-to-olefins conversion in H-SAPO-34 from molecular simulations and in situ microspectroscopy [J]. ACS Catalysis, 2016, 6 (3): 1991-2002.

[35] De Wispelaere K, Martinez-Espin J S, Hoffmann M J, et al. Understanding zeolite-catalyzed benzene methylation reactions by methanol and dimethyl ether at operating conditions from first principle microkinetic modeling and experiments [J]. Catalysis Today, 2018, 312: 35-43.

[36] Moors S L C, De Wispelaere K, Van Der Mynsbrugge J, et al. Molecular dynamics kinetic study on the zeolite-catalyzed benzene methylation in ZSM-5 [J]. ACS Catalysis, 2013, 3 (11): 2556-2567.

[37] Wen Z, Yang D, Yang F, et al. Methylation of toluene with methanol over HZSM-5: A periodic density functional theory investigation [J]. Chinese Journal of Catalysis, 2016, 37 (11): 1882-1890.

[38] Gallego E M, Portilla M T, Paris C, et al. "Ab initio" synthesis of zeolites for preestablished catalytic reactions [J]. Science, 2017, 355 (6329): 1051-1054.

[39] Zhang W N, Chu Y Y, Wei Y X, et al. Influences of the confinement effect and acid strength of zeolite on the mechanisms of methanol-to-olefins conversion over H-ZSM-5: A theoretical study of alkenes-based cycle [J]. Microporous and Mesoporous Materials, 2016, 231: 216-229.

[40] Song B T, Chu Y Y, Li G C, et al. Origin of zeolite confinement revisited by energy decomposition analysis [J]. The Journal of Physical Chemistry C, 2016, 120 (48): 27349-27363.

[41] Zalazar M F, Cabral N D, Romero Ojeda G D, et al. Confinement effects in protonation reactions catalyzed by zeolites with large void structures [J]. The Journal of Physical Chemistry C, 2018, 122 (48): 27350-27359.

[42] Lei Z G, Liu L Y, Dai C N. Insight into the reaction mechanism and charge transfer analysis for the alkylation of benzene with propylene over H-betazeolite [J]. Molecular Catalysis, 2018, 454: 1-11.

第6章

二维纳米催化材料

材料在空间上受限于不同的维度，以维度标准可将其划分为零维（Zero-Dimensional，0D）、一维（One-Dimensional，1D）、二维（Two-Dimensional，2D）和三维（Three-Dimensional，3D）材料。例如，碳元素可以形成零维富勒烯、一维碳纳米管、二维石墨烯和三维石墨等不同维度的材料。纳米材料指的是材料至少在一个维度上尺寸小于100nm。20世纪90年代兴起的纳米科学研究热潮迅速蔓延到催化领域。本章节主要关注二维纳米材料（二维材料）在催化领域的理论研究进展。二维材料指的是材料在一个维度上的尺寸仅有几个原子层厚度或者极限情况下的单原子厚度，而在另外两个维度上尺寸较大，材料的电子和热传导限域在二维平面内，一般具有与其对应的块材不同的物理和化学性质。对二维材料的研究可以追溯到160余年前，但是直到2004年Novoselov和Geim等通过机械剥离的方法从石墨中成功获得可在室温下稳定存在的石墨烯（Graphene）和具有几个原子层厚度的石墨薄膜，并发现它们具有优异的电学性质后，二维材料的研究才开始驶入快车道，新型的二维材料层出不穷。二维材料独特的几何和电子结构使之具有一些新颖的物理和化学性质，其被广泛研究并寄希望用于电子器件、光电器件、磁电器件、催化材料等领域。

二维材料具有不同的化学成分以及不同的分类方式。例如，石墨烯是单一碳元素组成的二维材料。石墨烯研究的蓬勃发展，催生了一系列某些物理和（或）化学性质类似的单原子层单质二维材料（英文名称中以"-ene"结尾）Xenes，如硅烯（Silicene）、锗烯（Germanene）、锡烯（Stanene）、铅烯（Plumbene）、磷烯（Phosphorene）、砷烯（Arsenene）、锑烯（Antimonene）、铋烯（Bismuthene）。除单元素二维材料之外，一些多元素组成的二维材料化合物也广受关注。其中二维六方氮化硼（2D Hexagonal Boron Nitride，h-BN）、二维石墨相氮化碳（2D Graphitic Carbon Nitride，2D g-C_3N_4）、二维过渡金属碳/氮化物（2D Transition-Metal Carbides and Nitrides，2D MXenes）和二维过渡金属硫化物（2D Transition-Metal Dichalcogenides，2D TMDs）以及二维层状双氢氧化物（2D Layered Double Hydroxides，2D LDHs）等受到了学术界较多的关注和研究。

多相催化在人类生产和生活中扮演着举足轻重的作用，传统的多相催化剂多是多孔材料，可以提供较多的表面活性位点。二维材料具有高比表面积，同时，其独特的空间结构以及电子限域在二维平面内，使其量子尺寸效应、量子限域效应显著，这些对提高催化活性、调控催化反应选择性等提供了有利的条件和空间。二维材料在催化反应中既可以作为催化剂直接参与催化反应提高原子利用率，又可以作为载体材料与负载材料协同催化反应。常见的对二维材料催化剂的调控手段包括缺陷工程、表面功能化、掺杂杂原子、应力工程等。此外，广义的二维材料还包括金属、金属氧化物、二维金属有机骨架材料等，限于篇幅，本章节将主要回顾近年来在理论研究中一些常见的二维层状材料（层内原子强键合，层间通过范德瓦耳斯力相互作用）在化学催化过程中的应用。

催化理论计算在催化化学的研究中占据了重要的位置，在理性设计催化剂研究反应机理以指导实验、实验与理论相结合揭示催化反应本质以及理论解释实验结果等方面都卓有成效。在二维材料催化理论计算方面已有一些总结性工作，例如在二维材料电催化还原二氧化碳、二维材料光解水、二维材料电催化能量储存等方面。对二维材料催化剂的研究，催化剂本身仅有几个原子层或者单个原子层厚度，在理论计算中可以构造接近真实催化剂结构的模型。这有利于我们探究催化剂真正的活性位点，阐明催化机理。同时，二维材料与传统催化剂材料催化构效关系存在异同，比如材料的电子结构可能随着材料的厚度变化而改变。在具体体系的理论研究过程中运用现有的理论计算方法并根据二维材料的具体特性分析结果。

6.1 单质二维材料

6.1.1 石墨烯

石墨烯是单原子层石墨，一类典型的二维材料，因其独特的物理和化学性质近年来广受关注[1]。特别是，石墨烯有非常大的比表面积（$2630m^2 \cdot g^{-1}$）、高的电子迁移率和高稳定性，常作为催化剂材料应用于能量转换和储存领域。完美石墨烯（Pristine Graphene）中的碳原子以 sp^2 杂化轨道组成六角形呈蜂巢晶格，每个碳原子上剩余的垂直于平面的 p_z 轨道电子共同形成一个大 π 键，因而，一般不具有催化活性。在催化反应中，常见的手段是将石墨烯基材料作为一种负载材料与负载的过渡金属原子协同完成催化过程，或者利用表面缺陷工程和功能化等方式调制其催化活性。

完美石墨烯表面金属原子的吸附相对较弱，金属容易聚集。利用缺陷工程，在石墨烯表面上构造 C 原子缺陷，利用缺陷位置锚定掺杂原子是计算催化研究较多的创制石墨烯基催化剂方法。实验中显示，石墨烯表面 C 原子缺陷可以调制其电子、化学、磁和机械性质。过渡金属原子可以和石墨烯表面缺陷位的 C 原子形成配位，而这些金属原子可以作为催化剂的活性位点。利用聚焦电子束照射石墨烯表面特定区域产生空位，这些空位可以稳定吸附金属单原子和双原子。例如，Warner 等报道单个 Fe 原子可以吸附在石墨烯表面的单和双空位上[2]。Warner 等后续的研究将 Fe 双原子负载到石墨烯的空位里，并且发现了 4 个稳定的结构：Fe 双原子埋入到石墨烯表面上一个三空位的两种形式、在两个相邻的单空位和四空位。实验上已经可以把金属单原子负载在石墨烯表面的单空位和双空位里；把金属双原子负载在石墨烯表面的双、三和四空位里。除了利用缺陷工程调制石墨烯催化活性之外，还可以采用对石墨烯表面功能化、杂原子掺杂等手段调控催化活性。

CO 低温氧化过程在氢气燃料电池中去除富氢氛围中少量的 CO 的优先氧化反应[3]、汽车发动机尾气中控制 CO 排放等方面具有重要的现实意义。在石墨烯上 C 原子缺陷位负载过渡金属单原子策略被广泛用于催化 CO 氧化反应。2009 年，冯元平等理论上构建了 Au 单原子负载在单个 C 缺陷的石墨烯体系，并计算了 CO 氧化反应[4]。计算结果显示第一步反应通过 Langmuir-Hinshelwood(L-H) 机理进行；CO 和 O_2 共吸附在 Au 原子上生成 CO_3，能垒为 0.31eV，而 OOCO 进一步分解成 CO_2 和吸附的 O 不需要越过能垒；第二步反应是气相的 CO 直接进攻 O 生成 CO_2（Eley-Rideal：E-R 机理），活化能仅为 0.18eV。Au 与缺陷石墨烯之间的强相互作用，使得 Au 部分占据的 d 轨道局域在费米能级，这可能是导致 Au 负载石墨烯体系高活性的原因，作者同时推测其他过渡金属负载的石墨烯也应该有较高的活性。周震和陈中方等用类似的策略构造了 Fe 单原子负载在单缺陷石墨烯模型，在此模型上 CO 氧化机理与 Au 负载略有区别，计算发现 Fe 的 3d 态和 O_2 的 2p 态杂化可以使 O_2 充分活化，CO 插入活化 O—O 键之间形成 CO_3（E-R）更具有优势，CO_3 与第二个 CO 分子反应（L-H 机理）同时生成两个 CO_2 完成催化循环[5]。文子和蒋青同样构造了 Cu 负载的缺陷石墨烯材料催化 CO 氧化过程，反应分为两步：第一步 L-H 机理（$CO+O_2 \longrightarrow OOCO \longrightarrow CO_2+O$）活化能分别为 0.25eV 和 0.54eV；第二步 Cu 上吸附的 O 与气相 CO 直接结合（E-R 机理）自发反应生成 CO_2（$CO+O \longrightarrow CO_2$）[6]。刘建文等也用了同样的构造催化剂方法研究了 Pt 负载的缺陷石墨烯催化 CO 氧化过程[7]，反应机理与冯元平等计算的 Au 负载石墨烯类似，且活化能低，第一步和第二步 CO_2 产生的能垒分别为 0.33eV 和 0.46eV。

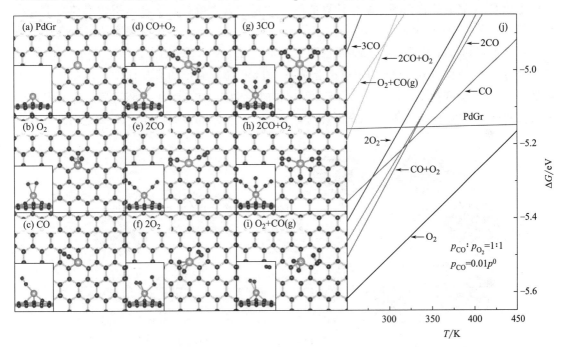

图 6.1 CO 在 Pd 单原子负载的单空位缺陷石墨烯上氧化反应的各可能物种吸附的
原子构型的侧视和俯视图 [（a）~（i）] 以及吉布斯自由能（j）[8]

$p_{CO}=0.01atm$（$1atm=101325Pa$），$p_{CO}/p_{O_2}=1:1$

刘新、韩宇和孟长功等计算了 Pd 单原子在单空位缺陷石墨烯上（PdGr）吸附催化 CO 氧化反应[8]。在 CO 氧化条件下，在催化剂模型上通过化学计量计算的 $Pd(CO)_x(O_2)_y$ 物种的形成可以描述为单空位石墨烯，孤立的 Pd 原子和气态 CO、O_2 的自由能变化，计算公式如下：

$$\Delta G = G_{Pd(CO)_x(O_2)_y} - G_{Pd} - G_{Gr} - xG_{CO} - yG_{O_2} \qquad (6.1\text{-}1)$$

x 和 y 是形成 $Pd(CO)_x(O_2)_y$ 时通过化学计量计算的 CO 和 O_2 的个数。$G_{Pd(CO)_x(O_2)_y}$、G_{Pd}、G_{Gr}、G_{CO} 和 G_{O_2} 分别为催化剂（共）吸附 x 个 CO 和 y 个 O_2 体系、Pd 原子、单空位缺陷石墨烯、气相 CO 和气相 O_2 的自由能。G_{CO} 和 G_{O_2} 可以通过下列式子求解：

$$G_{gas}(T, p) = E_{gas}^e + \Delta\mu_{gas}(T, p^0) + k_B T \ln\left(\frac{p}{p^0}\right) \tag{6.1-2}$$

式中，E_{gas}^e 是计算所得的气体能量；$\Delta\mu_{gas}$（T，p^0）由计算气体的配分函数得到；T 是反应温度；p 是气体分压。

图 6.1 是考虑 p_{CO} 与 p_{O_2} 相等且为 0.01 个标准大气压情况下形成 $Pd(CO)_x(O_2)_y$ 时与温度之间的函数关系。250～450K 之间 PdGr 上 O_2 吸附最稳定，其次可能会形成 CO 吸附或者 CO 和 O_2 共吸附模型。计算过程中综合考虑了各种可能的 CO 氧化机理，详见图 6.2。TER 机理即 Pd 上形成三分子（2CO+O_2）共吸附状态，接着 O_2 与两个 CO 反应得到 OOCCOO，随之生成 2 分子 CO_2 完成催化循环，这与 CO 在 Au 负载的 h-BN 氧化机制相同[9]；rLH 机理即 O_2 与 CO 共吸附生成过氧化物 OOCO，再分解成气相的 CO_2 和吸附的 O 原子；ER1 机理即气相 CO 进攻吸附的 O_2 生成气相的 CO_2 和吸附的 O 原子，rLH 和 ER1 机理第一步反应后 Pd 上都留有一个吸附的 O 原子，第二分子 CO 共吸附在 Pd 上与 O 反应生成 CO_2 完成催化循环。结合计算的热力学和动力学数据，作者运用微观动力学方法模拟得到了图 6.3(a) 所示的（$p_{CO}=0.01atm$、$p_{O_2}=0.20atm$）反应速率随温度变化关系图。可以观察到随着温度的升高 rLH 机理占主导地位。图 6.3(b) 考虑 $p_{O_2}=0.20atm$，调节 p_{CO}/p_{O_2} 比率值得到 TOF 随温度变化关系。TOF 随着温度的升高而增大，在考察的不同的 p_{CO}/p_{O_2} 比率值中，$p_{CO}=p_{O_2}=0.20atm$ 时，TOF 随温度变化最明显。作者根据计算所得的热力学和动力学数据，结合微观动力学分析，尝试搭建理论预测与实验之间的桥梁。

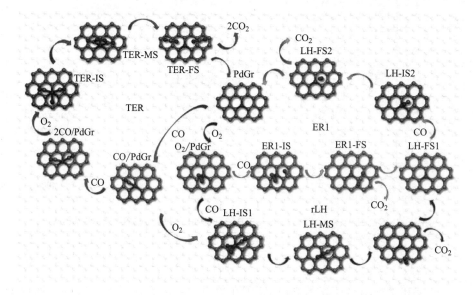

图 6.2 CO 在 PdGr 上氧化反应网络图[8]

路战胜和杨宗献等计算发现将石墨烯上一些 C 原子用 N 替换掺杂同样可以把 Pt 单原子锚定在表面上，计算发现其在表面上迁移能垒高，使得 Pt 原子不易迁移和聚集成团簇。计算发现此时三分子 E-R 机理（2CO+$O_2 \longrightarrow$ OCO—OCO $\longrightarrow$ 2CO_2）更具有优势，活化能仅为 0.16eV[10]。

计算发现此类单原子负载的石墨烯催化 CO 氧化成 CO_2 过程，反应机理随负载原子种类的不同而变化，但是这些催化剂都具有很低的活化能垒，显示其有望催化 CO 低温氧化。

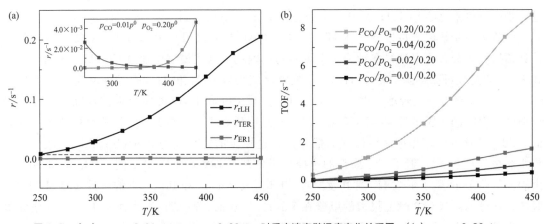

图 6.3 　（a）p_{CO} = 0.01atm、 p_{O_2} = 0.20atm 时反应速率随温度变化关系图；（b）p_{O_2} = 0.20atm，

各种不同比率 p_{CO}/p_{O_2} 时 TOF 随温度变化关系图[8]

　　氢气是一种重要的清洁能源，甲酸制氢受到了研究者们广泛的关注[11]。在多相催化反应中，Pd 基材料被证明是一种高效的甲酸分解制氢催化剂[12]。为了提高贵金属 Pd 的利用率，中国科学技术大学杨金龙教授课题组把 Pd 单原子和双原子负载在石墨烯不同的空位上催化甲酸分解（Pd_{1-G} vs. Pd_{2-G}）[13]，见图 6.4。对于 Pd_{1-G}，研究者考虑把 Pd 单原子负载在石墨烯单空位上和两个相邻的单空位上（Pd_{1m-G} vs. Pd_{1d-G}）；对于 Pd_{2d-G}，两个 Pd 原子取代石墨烯上一个碳环上相邻、相对和相间的两个 C 原子；对于 Pd_{2t-G} 和 Pd_{2q-G}，为双原子在石墨烯三和四空位的吸附方式。

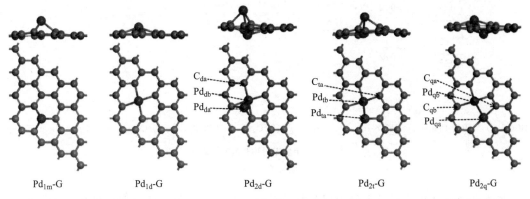

图 6.4 　优化后的 Pd_1-G（$Pd_{1m}-G$ vs. $Pd_{1d}-G$）和 Pd_2-G（$Pd_{2d}-G$ vs. $Pd_{2t}-G$ vs. $Pd_{2q}-G$）结构图

（侧视图和俯视图）

　　计算过程中，杨金龙等考虑了如图 6.5 所示的可能的分解路径。第一步分解可以产生（HCO_2＋H）或者（CO_2H＋H），从 HCO_2 到（CO_2＋H）然后进一步到产生氢气即甲酸根反应路径。有两种通道可以产生 CO，一个是 HCO_2 脱氢得到（HCO＋H），然后 HCO

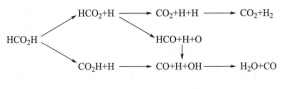

图 6.5 　甲酸分解的路径

进一步脱氢得到（CO＋H）；另外一个通道是 CO_2H 解离得到（CO＋OH）。

甲酸第一步解离既可以分解成 H＋HCO_2（甲酸根）又可以分解成 H＋CO_2H（羧基）。计算结果发现分解成甲酸根在动力学上更容易，因此，这些模型中通过 CO_2H 分解生产 CO 和 H_2O 的路径可以排除。基于 HCO_2，脱氢反应得到 CO_2 和 H，而竞争反应选择性生产 CHO 和 O 在热力学上较难，因此通过 HCO_2 生成 CO 和 H_2O 的路径也被排除了。在这些模型中，甲酸倾向脱氢反应得到氢气。图 6.6 是甲酸在 Pd_{1-G} 和 Pd_{2-G} 上吸附和制氢的势能面。Pd_{2d} 是这几个模型中活性最好的催化剂，速控步的能垒仅为 0.68eV；Pd_{1d-G} 次之，速控步能垒为 0.90eV；剩下三个模型的速控步能垒在 1.1eV 和 1.3eV 之间。Pd_{1d-G} 和 Pd_{2q-G}，由表面的两个 H 原子形成 H_2 是其速控步；Pd_{1m-G}、Pd_{2d-G} 和 Pd_{2t-G} 上的速控步则是 HCO_2 脱氢。计算的结果与文献上报道的甲酸在 Pd(111) 表面、Pd(211) 表面和 Pd_7 上催化分解的机理进行了系统的详细对比。在 Pd_{1-G} 和 Pd_{2-G} 催化剂上甲酸分解遵循甲酸根路径，其中在 Pd_{2d-G} 上，脱氢反应的速控步的能垒比 Pd(111) 更低。计算的结果表明单原子或者双原子 Pd 负载在石墨烯空位缺陷位材料可以作为一种潜在的甲酸制氢催化剂。

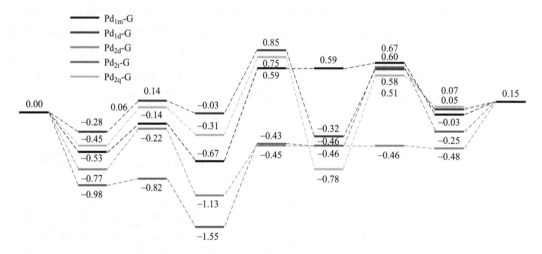

图 6.6　甲酸吸附和制氢的势能面

能量单位，eV

基于高通量计算，通过大量数据分析与总结，找出反应的描述符进而理性设计催化剂并指导实验精准合成是计算催化化学中的一个前沿方向。石墨烯具有高的电子迁移能力和稳定性，在电催化反应中获得了极大的关注。程道建、曹达鹏和曾晓成等基于 Nørskov 提出的计算氢电极模型（Computational Hydrogen Electrode，CHE）成功地引入了一个定量的基于活性中心结构特征的描述符，可以在电催化析氧反应（Oxygen Evolution Reaction，OER）、氧气还原反应（Oxygen Reduction Reaction，ORR）和析氢反应（Hydrogen Evolution Reaction，HER）中直接关联石墨烯负载的过渡金属单原子催化剂活性中心的本征特性（金属原子 d 轨道中价电子数、电负性以及配位数）与催化活性，直接揭示催化剂构效关系，从而打破了传统能量描述符计算量大且实验验证难的桎梏，为理性设计石墨烯基单原子催化剂提供了通用的设计原则。研究者们进一步的研究发现这种设计方法可以推广到以大环分子为载体的体系中，且部分理论计算结果与已知的实验结果符合很好。

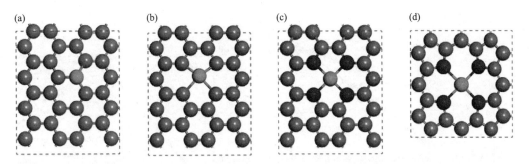

图 6.7 （a）过渡金属单原子负载在单空位缺陷石墨烯并与邻近三个碳原子配位（SV-C$_3$）；（b）过渡金属单原子负载在双空位缺陷石墨烯并与邻近四个碳原子配位（DV-C$_4$）；（c）过渡金属单原子负载在 N 原子掺杂的石墨烯并与邻近的吡啶 N 配位（Pyridine-N$_4$）；（d）过渡金属单原子负载在 N 原子掺杂的石墨烯并与邻近的吡咯 N 配位（Pyrrole-N$_4$）[14]

绿色、蓝色和灰色分别代表负载的过渡金属、共掺杂的 N 原子和石墨烯衬底

M-N-C 类单原子催化剂（M 代表过渡金属单原子，C 代表负载材料石墨烯，N 表示的是和 M 共掺杂在石墨烯内的氮原子），在实验上引起了广泛的关注，被认为是一种潜在的替代贵金属的电极材料可用于 OER、ORR、HER 和氮还原反应（Nitrogen Reduction Reaction，NRR）等反应。曾晓成等考虑了 28 种过渡金属（Sc、Ti、V、Cr、Mn、Fe、Co、Ni、Cu、Zn、Y、Zr、Nb、Mo、Tc、Ru、Rh、Pd、Ag、Cd、Hf、Ta、W、Re、Os、Ir、Pt 和 Au），每种金属分别考虑四种负载形式（图 6.7），共 112 个模型。

通过计算可以将 OOH ∗ 和 O ∗ 的吸附自由能（ΔG_{OOH*} 和 ΔG_{O*}）分别对 OH ∗ 的吸附自由能（ΔG_{OH*}）作图［图 6.8(a)］，图中的数据可以拟合出下列的线性关系：

$$\Delta G_{OOH*} = 0.92 \times \Delta G_{OH*} + 3.14$$

$$\Delta G_{O*} = 1.87 \times \Delta G_{OH*} + 0.22 (\Delta G_{OH*} > -0.7eV)$$

$$\Delta G_{O*} = -1.59 \times \Delta G_{OH*} - 2.30 (\Delta G_{OH*} < -0.7eV)$$

可以得到在这类单原子催化剂体系上，ΔG_{OOH*}、ΔG_{O*} 和 ΔG_{OH*} 是相关联的。因此，将 ΔG_{OH*} 作为独立变量描述这类体系在 ORR 和 OER 中的 U^{onset}（起始电位）并作图 6.8(b) 和图 6.8(c)。计算得到 HER 的过电势与 ΔG_{H*} 的关系如图 6.8(d) 所示。综合上述关系式，可以建立能量描述符（ΔG_{OH*} 和 ΔG_{H*}）与 OER 和 ORR 的起始电位以及 HER 的过电位之间的函数关系。

能量描述符 ΔG_{OH*} 和 ΔG_{H*} 不便于快速扫描、评估催化剂活性，进而理性设计和制备催化剂。研究者致力于探明催化剂活性中心结构的本征特性、这些在实验中可以获取的信息及与催化活性的构效关系，并以此为依据设计催化剂。他们首先考察了负载的过渡金属元素 d 轨道中价电子数 θ_d，发现独立的 θ_d 无法关联 ΔG_{OH*} 和 ΔG_{H*}。紧接着他们把负载的金属元素和 H 以及 O 的电负性一同考虑进来，探寻 ΔG_{OH*} 和 ΔG_{H*} 与 $\theta_d \times E_M / E_O$ 和 $\theta_d \times E_M / E_H$（$E_M$、$E_O$ 和 E_H）之间的函数关系，得到的结果比仅考虑 θ_d 有所改善。接着，研究者进一步考虑活性中心的配位情况，最终得到一个定量的通用结构描述符 φ，可以写作下式并关联这类体系的 ΔG_{OH*} 和 ΔG_{H*}：

$$\varphi = \theta_d \times \frac{E_M + \alpha \times (n_N \times E_N + n_C \times E_C)}{E_{O/H}} \tag{6.1-3}$$

其中，E_N 和 E_C 表示的是 N 和 C 的电负性；n_N 和 n_C 代表活性位点的最近邻配位 N

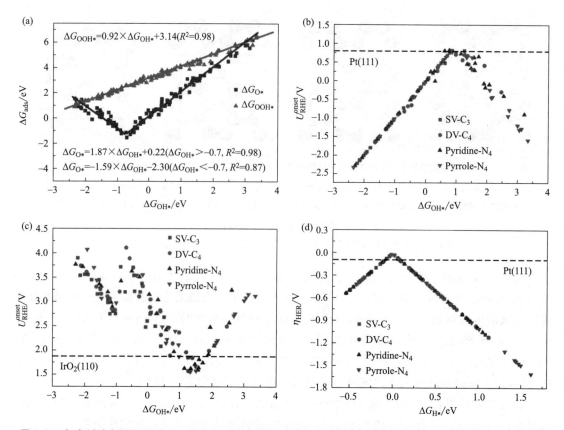

图6.8 （a）过渡金属单原子负载石墨烯催化剂上 OOH* 和 O* 的吸附自由能相对于 OH* 吸附自由能图；（b）过渡金属单原子负载石墨烯催化剂上 ORR 理论起始电位与 ΔG_{OH*} 关系图以及 Pt（111）面上 ORR 理论起始电位；（c）过渡金属单原子负载石墨烯催化剂上 OER 理论起始电位与 ΔG_{OH*} 关系图以及 IrO$_2$（110）面上 OER 理论起始电位；（d）过渡金属单原子负载石墨烯催化剂上 HER 过电势与 ΔG_H* 关系图以及 Pt（111）面上 HER 过电势[14]

和 C 原子个数；α 是修正系数，对于单原子吸附的 Pyrrole-N$_4$ 模型 α 取值 $5/4=1.25$，其余体系为 1。能量描述符与 φ 的关系可如下式表述：

$$\Delta G_{OH*} = 0.11\varphi - 2.48$$
$$\Delta G_{H*} = -0.07\varphi + 1.27(\varphi < 27)$$
$$\Delta G_{H*} = 0.04\varphi - 1.43(\varphi > 27)$$

ΔG_{OH*} 和 ΔG_{H*} 都可以写成描述符 φ 的一次函数。φ 其本身与催化剂活性中心本征量（电负性、配位环境）相关，可以替代能量描述符。研究者进一步把负载衬底换成大环分子，φ 描述符仍然适用。

催化理论计算中常用理想化的模型去解决实际催化反应问题，但是对一些体系可能会遇到理论结果与实验现象相违背的情况。例如，CHE 模型在理论解释实验现象和理论预测实验方面有很多成功的案例，但是对于一些特定催化体系其计算结果可能不适用，甚至与实验结论相反。近期研究发现 Ni 单原子负载的石墨烯催化剂（Ni-N-C）电催化 CO$_2$ 还原反应（CO$_2$R），实验结果显示可以高效地得到产物 CO，但是基于 CHE 模型的计算发现其竞争反应 HER 更具有优势。赵训华和刘远越等认为 CHE 模型主要存在三个问题：①计算是基于电中性表面的，而实际反应中催化剂可能是带电体系；②忽视溶剂化效应，实际反应中氢键可能会稳定中间物种；③只考虑热力学因素，而实际反应中动力学（反应能垒）与反应速率关联更紧密。赵训华和刘远越在 Ni-N-C 催化 CO_2R 的计算模型中加入表面电荷（由电极电势控制）和几层水分子模型模拟的溶液环境；同时运用第一性原理分子动力学"slow-growth"方法计算反应能垒。计算结果表明，电荷和氢键在 Ni-N-C 模型的 CO_2R 中起着重要作用。

图 6.9 中（a）～（f）是赵训华和刘远越在计算中考虑的几种石墨烯和 N 原子掺杂修饰的石墨烯负载 Ni 单原子催化剂构型。研究发现，在考虑基底带电和催化剂表面存在水分子的条件下，CO_2 在 Ni 原子上形成稳定的化学吸附结构。以 1N 模型为例，图 6.9 中（g）、（h）则是同时考虑了基底带一个 e^- 和存在四个水分子条件，CO_2 与周围的四个水分子形成氢键并呈现出一种弯曲的化学吸附构型。赵训华和刘远越的计算表明只有在两个条件同时存在时，CO_2 为化学吸附。

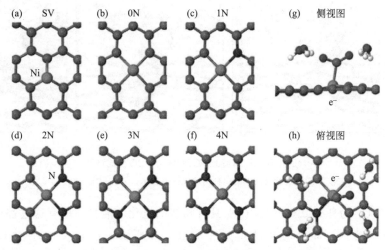

图 6.9 （a）～（f）Ni 单原子锚定在石墨烯可能构型，催化剂表面存在水分子和
表面电荷共同稳定的化学吸附 CO_2 侧视（g）和俯视（h）结构图[15]

基于化学吸附的 CO_2 和考虑到实验中此体系 CO_2R 大多发生在中性或者碱性溶液环境中，赵训华和刘远越的计算考虑以下三步反应：（1）＊$COO+H_2O+e^- \longrightarrow$ ＊$COOH+OH^-$（aq），＊$COOH$ 生成步骤；（2）＊$COOH+H_2O+e^- \longrightarrow$ ＊$CO+H_2O+OH^-$（aq），＊CO 生成步骤；（3）＊$CO \longrightarrow CO$（aq），CO 脱附步骤。前两个反应步骤是电化学过程，后一步是热脱附过程。在 1N 模型上对应的电化学步骤如图 6.10 所示。CO_2 在带电表面已经被活化，并与溶剂分子 H_2O 形成多个氢键。在两个反应中，生成的 OH^- 通过氢键网络转移到水中。

图 6.11(a) 是 $U_{RHE}=-0.65V$ 时不同活性位点上反应的能垒，0N 和 1N 位的电化学步骤能垒低于 4N 和 SV 位；具体而言，SV 位的 ＊CO 生成步能垒较高（1.07eV），4N 位的＊$COOH$ 生成步能垒较高（1.16eV），这表明这些位点在 $U_{RHE}=-0.65V$ 下对 CO_2R 没有活性。相比之下，0N 和 1N 位置的电化学步骤的能垒要低得多（对于 ＊$COOH$ 的形成，能垒分别为 0.61eV 和 0.62eV；对于 ＊CO 的形成分别为 0.54eV 和 0.55eV）。0N 和 1N 位点之间的活性差异由 CO 脱附能垒决定：0N 为 0.77eV，1N 为 0.47eV。因此，1N 位点在 CO_2R 中具有较高的活性。

是什么决定了不同位点电化学能垒的差别？为什么 0N 和 1N 位置的电化学步骤能垒比

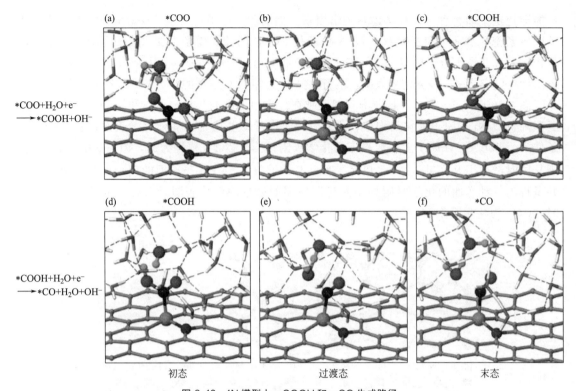

图 6.10　1N 模型上 * COOH 和 * CO 生成路径

Ni 和 N 以及参与反应的物种用球棍模型表示，氢键用细虚线表示

4N 和 SV 位置低？为什么 0N 和 1N 位点具有相似的电化学能垒？所有这些都可以用位点可承载电荷数量来解释，即电荷容量。如图 6.11(c) 所示，在 $U_{RHE} = -0.65V$ 时，对于 * CO_2，0N、1N 和 SV 位有约 2 个负电荷（$2e^-$），而 4N 少于 $1e^-$。由于在该位置累积更多的负电荷可促进后续电化学步骤的电荷转移，因此 0N、1N 和 SV 位对于后续 * COOH 形成步骤具有比 4N 更低的能垒。0N、1N 和 SV 对于 * COOH 的形成具有相似的能垒，这与它们具有相似的电荷容量（具有 * COO）一致。在 * COOH 形成后，0N 和 1N 位仍然具有 $2e^-$ 的电荷，而 SV 位点的电荷容量降至约为 $1.2e^-$，导致其后续步骤中 * CO 的形成，拥有更大的能垒。虽然高电荷容量有利于电化学步骤，但可能阻碍脱附步骤，这可从 0N 和 1N 位的 CO 脱附能垒差异中看出。即便它们在电荷中性状态下具有类似的能垒，但是在 $U_{RHE} = -0.65V$ 下，0N 位点比 1N 位点具有更多的电荷（0N 为 $1.8e^-$；1N 为 $1.2e^-$），并且与 CO 的结合更强（0N 为 1.03eV；1N 为 0.76eV），因此脱附能垒更高［如图 6.11(a) 中所示，0N 为 0.77eV；1N 为 0.47eV］。这些结果表明，电荷容量在决定催化位点的活性方面起着关键作用，较大的电荷容量将降低电化学步骤的能垒，而过大的电荷容量可能会阻碍脱附，因此需要最佳的电荷容量以获得较高的催化活性。

为了进一步理解电荷容量的作用，赵和刘计算了不同位置但具有相同表面电荷数的电化学能垒。如图 6.11(b) 所示，对于不同的位置，* COOH 形成［或（ * ）CO 形成］的能垒十分相似。例如，当 4N 位点带 $2e^-$ 电荷时，对于 * COOH 形成步骤，其能垒降低至 0.61eV，近似于 0N 或 1N 位上的能垒。当电位足够高，表面电荷充足时，4N 位点将变得活跃。计算结果表明，为了激活 4N 位点，U_{RHE} 需要小于 -1.2V。类似地，当 SV 位带

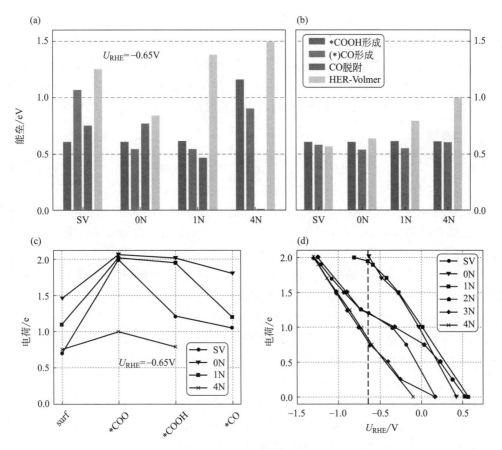

图 6.11　（a）$U_{RHE}=-0.65V$ 时不同活性位点上反应的能垒；（b）基底带 $2e^-$ 时
不同活性位点的反应能垒；（c）不同活性位点吸附不同物种在 $U_{RHE}=-0.65V$ 时
带电量；（d）* COOH 在不同活性位点上相同电势下带电量[15]

$2e^-$ 电荷时，对于 * CO 形成步骤，其能垒也降低至 0.60eV，与 0N 或 1N 位点上的能垒也
相当。在这些电位下，0N 和 1N 位也会具有更多的表面电荷，因此它们仍然比 4N 和 SV 更
具有活性。为何 0N 和 1N 的电荷容量高于 4N 和 SV？图 6.11(d) 以 * COOH 为例，表明
了表面电荷数量与所施加电极电势的函数关系。当电势变得更负时，表面电荷的数量增加。
虽然 4N 位的电容与 0N 和 1N 位的电容相似，但在电荷中性状态下，它具有较高的费米能
级（较低的功函数）；因此，当它被充电到与 0N 和 1N 具有相同的最终费米能级时（由施加
的电极电势决定），它的表面电荷更少，即容量更低。同样，在电中性时，SV 位也比 0N 和
1N 具有更高的费米能级，因此，它的电荷容量也低于 0N 和 1N。图 6.11(d) 还表明 $U_{RHE}=$
$-0.65V$ 时 2N 位与 SV 位具有相同的容量，3N 位与 4N 位具有相同的容量。由于它们都比
0N 和 1N 位的电荷容量低，应该具有更高的电化学能垒，因此活性较低。

　　除了上文介绍的几个典型反应，石墨烯作为负载材料还被用于 CO_2 还原反应、1,3-丁
二烯加氢、丙烷脱氢制丙烯、甲烷转化制甲醇、NO 氧化、电催化、氨硼烷水解[16]、OER
和 ORR 等反应以及储氢、气体传感器、气体吸附过滤膜[17]等应用中。

　　在石墨烯基材料催化的理论研究过程中运用多种模拟手段，取得了一系列重要的成果。
例如，对某一个体系活性位点的确定、基元步骤的探究以及反应条件对催化反应选择性的影
响等。或者，对一系列体系进行高通量计算以研究反应规律总结趋势，其落脚点主要集中在

弄清催化剂的构效关系，解释或者预测催化反应。完美石墨烯本身电子结构决定了其本征催化活性低，如何综合运用计算方法理性设计具有特定功能的催化剂仍是一项艰巨的任务。在对石墨烯基材料进行研究的过程中还发现了一些新颖的性质，例如，中国科学技术大学江俊教授等研究发现石墨烯负载的孤立或者中心之间对吸附物种之间有长程作用[18]。石墨烯体系的一些独特性质逐渐被发现，这将促进研究者进一步探明这类材料更多更广的催化应用。

6.1.2 磷烯

黑磷是磷的一种不常见的同素异形体，相比于常见的白磷和红磷，黑磷的稳定性相对较高，单层或者几个原子层厚的黑磷又称磷烯（Phosphorene）[19]。磷烯不同于石墨烯（零带隙），是直接带隙半导体，且带隙可调并随层数增加而减小。单层黑磷在第一布里渊区Gamma点的带隙约为 1.5eV，具有应用于电器件、光电器件、能量储存、催化剂材料等领域的潜在能力。

单层或者几个原子层厚的黑磷已经可以制备。二维黑磷在环境中容易降解，为了弄清楚其降解机制，陈乾和王金兰等系统研究了光照、氧气以及水在其降解过程中的作用，并依据计算结果提出了利用表层氧化稳定黑磷防止降解的策略。

王金兰等首先计算了超氧根离子（O_2^-）和氧气（O_2）在双层黑磷上的解离过程，计算发现 O_2^- 比 O_2 更容易分解，即前者反应能垒（0.40eV）更低且放热更多 [图 6.12(a)]。计算表明超氧根离子可以促进黑磷表面氧化。

仅有超氧根离子（O_2^-）或者氧气（O_2）在黑磷表面吸附时，直到解离并不能破坏黑磷表面的结构。王金兰等进一步考察了水存在于黑磷表面有悬挂 O 原子的情况 [P—O 键，见图 6.13(a)]，水分子与 O 原子形成氢键致使该表面是一个亲水性表面，通过氢键作用，水分子拖拽表面 O 原子导致表面 P—P 键断裂，进一步可能导致内层 P 原子被氧化。如果表面形成 P—O—P 结构单元（P_2O_5）的氧化层 [图 6.13(b)]，在水分子存在的条件下，其表面结构仍然可以保持稳定而不被破坏。图 6.13(c) 和图 6.13(d) 分别是黑磷表面有悬挂 O 和形成 P—O—P 氧化层在水分子存在条件下的分子动力学模拟，证实了以上结论。

经过对理论计算结果的分析，王金兰等提出了如图 6.14 所示的完整的光致磷烯降解过程。在环境光照条件下黑磷表面产生 O_2^-，紧接着 O_2^- 被表面磷原子吸附并与之形成 P＝O键，计算表明 O_2^- 比 O_2 活性更好，最后水分子与表面的 O 形成氢键并拖拽表面的 O 导致相邻的 P—P 键断裂，触发黑磷表面降解。在这个降解机制的启发下，作者提出了可以利用表面 P—O—P 键固定表面 P 原子的二维黑磷的保护机制。

张永伟等研究了黑磷光催化 HER[20]，并发现其高活性主要来自 P 原子缺陷调制 H 吸附能力的贡献。如图 6.15(a) 所示，缺陷的引入可以有效改善 H 原子的吸附能量，从而提高 HER 活性，图中显示 HER 活性顺序是：三缺陷（TV）磷烯＞单缺陷（MV）磷烯＞双缺陷（DV）磷烯＞完美磷烯。图 6.15(b) 是这几类缺陷磷烯的原子结构图，以图 6.15(b)双缺陷磷烯为例研究了应力调制对 HER 活性的影响 [如图 6.15(c)]。结果显示施加合适的应力也可以调节催化剂的活性。

对于磷烯析氢反应，冯页新研究发现单层黑磷电催化 HER，利用化学修饰手段（掺杂N、S、C 和 O 原子，或者吸附氨基或羟基使表面功能化）提高黑磷的 HER 活性[22]。Li 等计算表明对磷烯进行应力拉伸可以提高其在可见光吸收效率，从而提高光催化 HER 性能[23]。

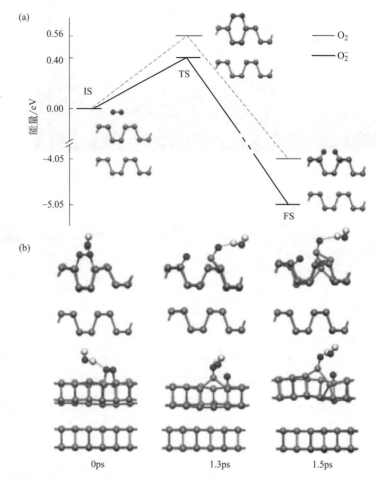

图 6.12　双层黑磷氧化和分解过程[21]

（a）O_2^-（黑色）和 O_2（蓝色）在双层黑磷上由物理吸附到化学吸附的反应过程；（b）水分子在氧吸附的双层黑磷上第一性原理分子动力学模拟快照图，1.5ps 后表层 P—P 键断裂导致黑磷降解。

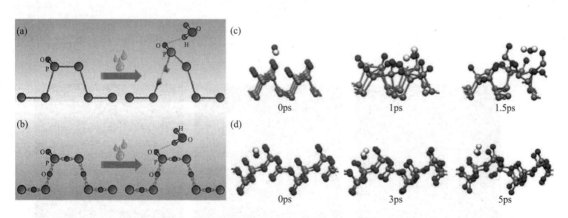

图 6.13　水存在情况下黑磷的稳定性[21]

（a）P—P 键；（b）P—O—P，P 之间成键的 O 助稳定表面的黑磷框架；水分子在部分（c）和全部（d）氧化的单层黑磷上第一性原理分子动力学模拟快照图，部分氧化的且没有 P—O—P 键存在的单层黑磷 1.5ps 后开始降解，全部氧化层在模拟时间内（5ps）保持完整

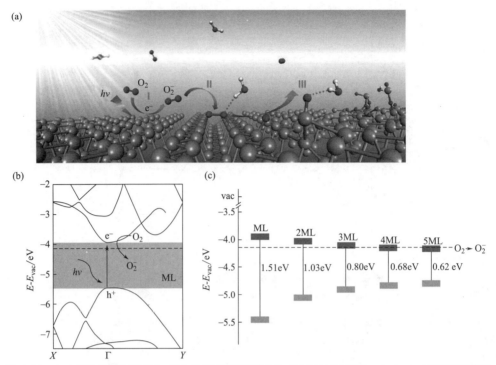

图 6.14 （a）光致磷烯降解过程；（b）单层黑磷的能带结构（HSE 计算结果）；（c）1~5 层黑磷相对于真空能级的 VBM 和 CBM（虚线是 O_2/O_2^- 氧化还原电势）[21]

对于（a）过程 I：光照下发生电荷转移反应产生超氧根离子（O_2^-）（$O_2 + h\nu \xrightarrow{P} O_2^- + h^+$；P 和 h^+ 分别代表磷烯和光致空穴）；过程 II：O_2^- 在磷烯表面解离并形成两个 P—O 键（$O_2^- + P + h^+ \longrightarrow P_xO_y$）；过程 III：通过氢键作用，水分子拖拽表面的 O 原子并破坏表层的 P—P 键，进而继续氧化下层的 P 原子

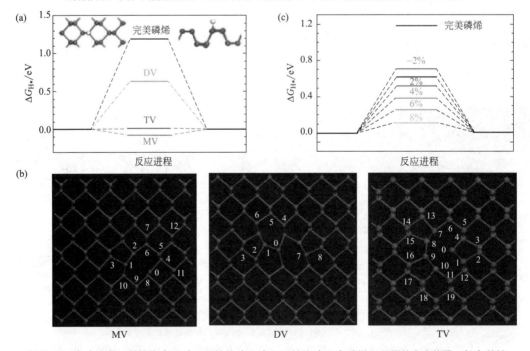

图 6.15 （a）完美、单缺陷（MV）、双缺陷（DV）和三缺陷（TV）磷烯 H 吸附的自由能图；（b）单缺陷、双缺陷和三缺陷磷烯的原子模型图；（c）双缺陷磷烯 0 号原子上应力调制下 H 吸附自由能[20]

冯页新等还研究了完美的单层黑磷 OER 和 ORR 活性低，可以通过对表面 P 不同程度氧化调节其 OER 和 ORR 活性。在磷烯表面负载过渡金属单原子策略还可以用于 CO 氧化反应、热、电和光催化 NRR、不饱和小分子加氢反应等。

6.1.3　铋烯

相比于磷烯，第五主族另一元素铋（Bi）形成的 2D 结构铋烯在电催化二氧化碳还原反应中有良好性能。重金属铋（Bi）是 vdW 接触的层状材料，具有很强的自旋轨道耦合作用（Spin-Orbit Coupling Effect，SOC 作用）。同时考虑到 2D 材料的电子性质与材料厚度之间的密切关联性，李亚飞教授课题组研究了 1 至 6 层 Bi（图 6.16）电催化 CO_2 还原制甲酸（HCO_2H）的反应[24]。他们的计算结果显示催化活性随着 Bi 层厚的变化而变化，Bi 原子 SOC 的作用主要贡献在费米能级附近的态上，进而驱动催化反应。

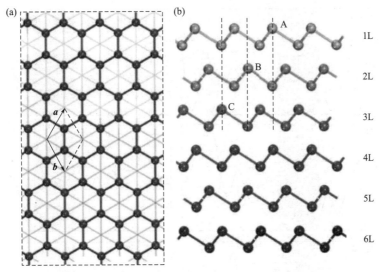

图 6.16　具有不同层数 Bi 结构的俯视（a）和侧视（b）图[24]

a 和 b 是晶格向量，A、B 和 C 是晶体的堆积方式

在 Bi 纳米片上 CO_2 电催化还原成 HCO_2H 过程中中间产物 OCHO 的生成是电势限制步骤（Potential-Limiting Step），因此，可以用 OCHO* 在 Bi 上的吸附自由能（ΔG_{OCHO*}）作为催化活性的描述符。从图 6.17(a) 中可以看到，考虑和不考虑 SOC 作用，每个模型上 ΔG_{OCHO*} 值都不相同，即表示催化活性和催化剂层厚相关，单层 Bi(1L-Bi) 模型活性最低。电子结构计算结果表明考虑和不考虑 SOC 作用时，单层的 Bi(1L-Bi) 呈现的是半导体性质，而 2L-Bi 至 6L-Bi 则是金属性质。同时，也可以发现所有层厚模型，在考虑 SOC 效应后 ΔG_{OCHO*} 比不考虑的值更小。

图 6.17(b) 是 SOC 作用贡献的稳定化能（Stabilization Energy，E_{SOC}）。1L-Bi 的 E_{SOC} 最负（$-0.27eV$），随着层厚的增加，6L-Bi 对应的 E_{SOC} 最小。计算的结果表明 SOC 效应对 ΔG_{OCHO*} 值有实质性影响，针对这类体系在研究过程中需要考虑其效应。2L-Bi 是活性最高的，它也是在具有金属性质 Bi 薄片中 SOC 效应最显著的模型。图 6.17(c) 是投影 p 轨道态密度图，可以看出费米能级附近考虑 SOC 后的态密度更高。

图 6.18(a) 是整个反应的自由能图，2L-Bi 模型自由能量变最小。作者进一步计算了

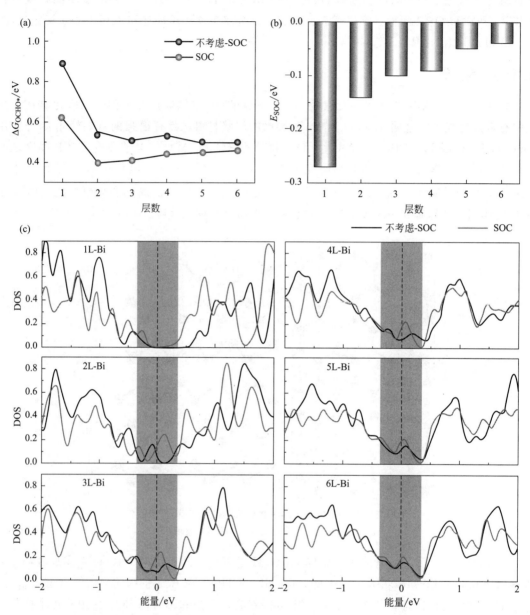

图 6.17 （a）考虑和不考虑 SOC 作用 OCHO＊的吸附自由能；（b） SOC 作用贡献稳定化能；
（c）对应的投影 p 轨道态密度图[24]
费米能级设置为 0eV

CO_2 形成 OCHO＊的能垒为 0.55eV。所以整个反应的速控步（Rate-Limiting Step）是 CO_2 形成 OCHO＊的过程。李亚飞等基于稳态近似的微观动力学模型分析得到 TOF，进而计算反应的理论极化曲线，2L-Bi 在－0.68V（vs. RHE）时的电流可以达到 $10mA \cdot cm^{-2}$。

Jha 等研究了 2D 单层拓扑绝缘体 Bi、BiAs 和 BiSb 吸附 H 和 O 原子能力并推测它们的 HER 和 OER 催化特性[25]。计算结果表明与 2D 单层 Bi 相比，BiAs 和 BiSb 分别具有更好的 HER 和 OER 活性。

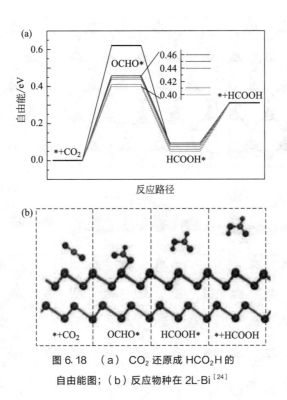

图 6.18 （a）CO_2 还原成 HCO_2H 的自由能图；（b）反应物种在 2L-Bi[24]

6.2 二维化合物催化材料

6.2.1 六方氮化硼

氮化硼（Boron Nitride，BN），是等量的 B 和 N 元素组成的化合物，其与 C 等电子，和 C 元素组成的物质类似，性质高度依赖晶形[26]。六方氮化硼 h-BN（α-BN）与石墨结构相似，闪锌矿型氮化硼（β-BN）具有类似于立方金刚石的结构，而纤锌矿型氮化硼（γ-BN）则类似于六方金刚石的结构。六方氮化硼（h-BN）是二维层状结构，平面内 B 和 N 原子以 sp^2 杂化轨道组成六角形呈蜂巢状晶格。h-BN 具有高化学稳定性、高热导率、耐高温、不易氧化等优点，是宽带隙绝缘体。单层 h-BN 也叫"白（色）石墨烯（White Graphene）"，在化学反应中作为催化剂，常用表面缺陷工程、掺杂等手段调节其催化活性。

大多数过渡金属单原子在单层完美 h-BN 上可以形成稳定的化学吸附，分别利用 h-BN 上单个 B 原子或者 N 原子缺陷负载过渡金属单原子催化 CO 氧化成 CO_2，利用 h-BN 上单个 B 原子缺陷位置锚定过渡金属单原子进行电催化氮气还原成氨气、一氧化碳氧化成二氧化碳，锚定 Si 单原子将一氧化碳氧化成二氧化碳，用 C 和 O 分别替代 h-BN 上的 B 和 N 原子生成非金属催化剂催化 CO 氧化成 CO_2，利用 h-BN 上 B 原子缺陷捕获和活化 CO_2。

这里以武晓君课题组研究的 Au 单原子负载的单层 h-BN 催化 CO 氧化反应为例，简介 h-BN 的催化过程。Wu 等首先考察了 Au 在完美和缺陷（N 或者 B）单层 h-BN 上的吸附行为（图 6.19），相对应的模型分别命名为 Au/h-BN、Au/V_N-h-BN 和 Au/V_B-h-BN。计算结

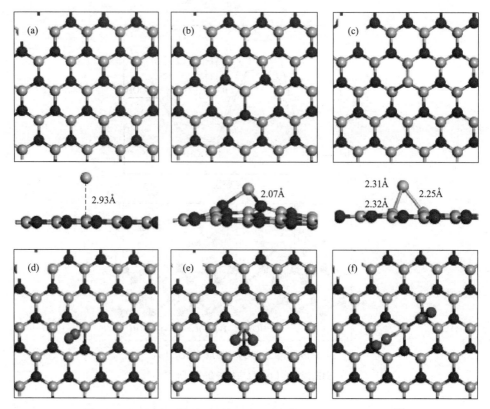

图 6.19　Au 原子吸附和埋入单层 h-BN 优化后结构的俯视和侧视图[9]

(a) Au 原子完美单层 h-BN 吸附；(b) Au 原子负载在单层 h-BN 的 B 原子缺陷位；(c) Au 原子负载在单层 h-BN 的 C 原子缺陷位；(d)～(f) CO、O_2 以及 2 个 CO 分子分别在 Au/V_B-h-BN 吸附的最稳定构型

果表明 Au 在单层 h-BN 上吸附弱，在 h-BN 表面有团聚或者脱附的趋势。在 V_N-h-BN 和 V_B-h-BN 的缺陷位置内，Au 原子吸附能（定义值越正吸附越强）分别为 3.17eV 和 3.45eV，表面缺陷位置可以锚定单个 Au 原子。O_2 在 V_N-h-BN 和 V_B-h-BN 上的吸附能分别为 8.81eV 和 1.75eV，对于 CO，对应的吸附能分别为 3.97eV 和 5.86eV。在 V_N-h-BN 上 O_2 吸附能远大于 Au，预示在 O_2 存在时，吸附的 Au 原子可能会被 O_2 替换并吸附在缺陷位，基于第一性原理的分子动力学模拟证实了这一观点。而 Au/V_B-h-BN 在 CO 和 O_2 存在的情况下，分子动力学模拟结果显示催化剂仍然保持稳定。武晓君等后续的催化反应计算基于 Au/V_B-h-BN 模型。

　　Au/V_B-h-BN 催化剂上，计算所得的 CO 和 O_2 的吸附能分别为 1.28eV 和 0.78eV。在 CO 预吸附的模型上，CO 和 O_2 的吸附能分别为 0.22eV 和 0.08eV。CO 分子的吸附并没有显著削弱 Au 与 V_B-h-BN 之间的吸附强度，AuCO 和 Au(CO)$_2$ 在 V_B-h-BN 吸附能分别为 4.00eV 和 3.22eV。

　　武晓君等考虑了双分子的 L-H 机理反应（**PATH-BLH**）如图 6.20(a) 所示。CO 和 O_2 共吸附在 Au/V_B-h-BN，O_2 进攻 CO 形成中间体 OCOO（**PATH-BLH** 中 **MS-Ⅰ**），活化能 0.23eV；OCOO 解离成 CO_2 和吸附在 Au 原子上的 O，能垒为 0.72eV（**TS2-Ⅰ**）；最后，O 与气相的 CO 反应生成 CO_2，计算的能垒仅为 0.15eV（**TS3-Ⅰ**）。前文所述在 CO 预吸附的 Au/V_B-h-BN 上再捕获 CO 或 O_2，CO 吸附能更具优势，因此，**PATH-BLH** 不是主要反应路径。

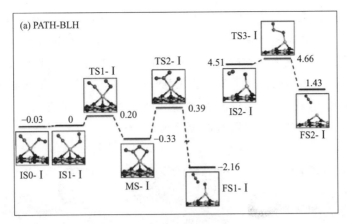

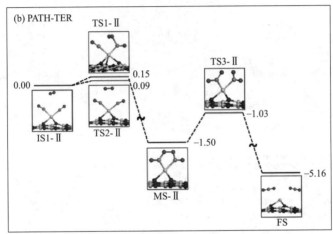

图 6.20　CO 在 Au 单原子负载在 h-BN 上的反应路径[9]

（a）CO 氧化遵循双分子 L-H 机理；（b）CO 氧化遵循三分子 E-R 机理。

所有能量相对于 CO 分子吸附在 Au/V_B-h-BN

在基于 CO 预吸附的 Au/V_B-h-BN 上，CO 的吸附强于 O_2。武晓君等研究了 O_2 进攻两个 CO 共吸附的 Au/V_B-h-BN 模型，如图 6.20(b) 所示。O_2 进攻反应通过一种三分子的 E-R 机理（**PATH-TER**）进行：O_2 被 CO 分子直接活化。O_2 进攻单个 CO 或者同时进攻两个 CO 分子的能垒分别为 0.15eV（**TS1-II**）和 0.09eV（**TS2-II**），生成的产物都为 OOCAuCOO∗，反应放热 1.50eV。最后，OOCAuCOO∗ 解离成两个 CO_2 分子（**TS3-II**），完成整个催化循环。进一步的分子动力学模拟捕捉到整个反应的过程。

6.2.2　石墨相氮化碳

理论计算预测氮化碳（C_3N_4）有五种不同的结构形式（α 相、β 相、立方相、准立方相和石墨相）且性质各异，其中石墨相 C_3N_4（g-C_3N_4）是室温下最稳定的相。二维 g-C_3N_4 具有类石墨的结构，高的热稳定性和化学稳定性，合适的能带结构，带宽在 2.7eV 左右。2009 年，王心晨等首次报道了 g-C_3N_4 可见光催化析氢反应[27]，此后，对氮化碳基材料光催化反应的研究日益增多。同时，g-C_3N_4 作为多相催化剂和燃料电池电极材料也广受关注。

杜爱军和王金兰等[28]研究了 g-C_3N_4 负载 B 原子光催化 N_2 合成氨的反应。如图 6.21（a），过渡金属催化剂的高活性主要源自金属空的未被占据的 d 轨道，一方面接收 N_2 的孤对电子，另一方面反馈电子给 N_2 反键轨道使得 N≡N 三键变弱。B 原子最外层电子排布是 $2s^2 2p^1$，若形成 sp^3 杂化轨道就会出现三个半充满轨道和一个空轨道 [图 6.21(b)]。把 B 原子负载在一个合适的衬底上并和衬底形成两个化学键，B 原子将剩余一个未被占据的和一个空的 sp^3 轨道，其电子结构类似于金属催化剂 [图 6.21(c)]。当把 B 原子负载在 $g\text{-}C_3N_4$ 上时，B 原子与大孔边缘的两个邻近的 N 成键 [图 6.21(d)]，剩下一个空的 sp^3 轨道和一个半充满的 sp^3 轨道。所以 B 原子可以强吸附 N_2 分子。

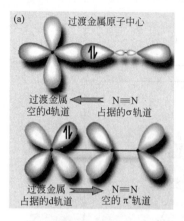

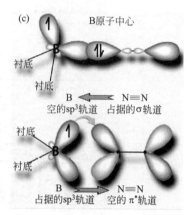

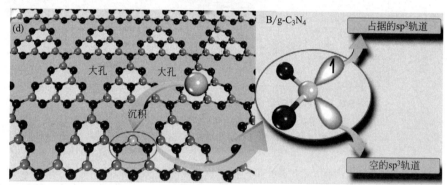

图 6.21　（a）N_2 和过渡金属成键示意图；（b）B 原子、sp^3 杂化 B 原子的电子结构；（c）N_2 与被衬底稳定的 B 原子成键；（d）光催化固氮设计理念图[28]

B 原子负载的 $g\text{-}C_3N_4$ 最稳定构型（$B/g\text{-}C_3N_4$）如图 6.22(a) 所示。图 6.22(b) 和图 6.22(c) 是 N_2 以平躺（Side-on）吸附模式和端点（End-on）吸附模式在 $g\text{-}C_3N_4$ 上，对应的吸附能分别为 $-1.04eV$ 和 $-1.28eV$。两种吸附模式对应的差分电荷密度图分别如图 6.22(d) 和图 6.22(e) 所示。在两种吸附构型中都可以观察到 B 和 N_2 之间的电荷双向转移过程，这与作者的设计理念一致。

N_2 还原得到 NH_3，三种常见的机理：端式（Distal）、交替式（Alternating）和酶促式（Enzymatic），如图 6.23(a) 所示。三种机理反应的自由能见图 6.23(b)~(d)。端式机理的电势决定步骤（Potential-Determining Step）是第二个 NH_3 产生的过程，起始电位为 0.87V。交替式机理的电势决定步骤为 $*NH-NH_2$ 到 $*NH_2-NH_2$ 的反应过程，起始电位为 1.21V。酶促式反应，除了最后一步反应（$*NH_2-*NH_3+H^++e^-===*NH_3+NH_3$），所有反应步骤都是放热过程，起始电位仅为 0.20V。

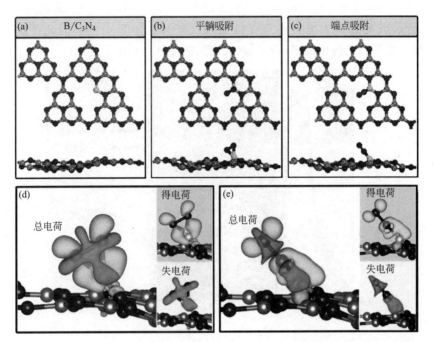

图 6.22　（a）B/g-C$_3$N$_4$ 的俯视和侧视图；（b）N$_2$ 平躺吸附在 B/g-C$_3$N$_4$ 的俯视和侧视图；
（c）N$_2$ 端点吸附在 B/g-C$_3$N$_4$ 的俯视和侧视图；（d）N$_2$ 平躺吸附在 B/g-C$_3$N$_4$ 的差分电荷
密度图；（e）N$_2$ 端点吸附在 B/g-C$_3$N$_4$ 的差分电荷密度图[28]
等值面值设置为 0.005e/Å^3

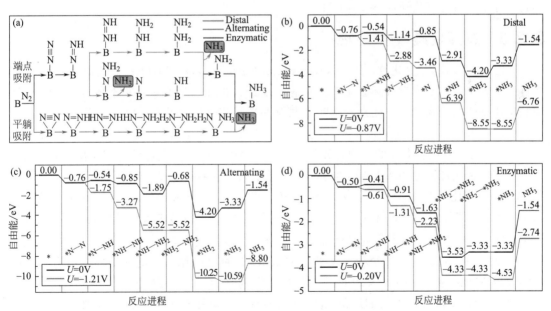

图 6.23　（a）N$_2$ 还原到 NH$_3$ 端式（Distal）、交替式（Alternating）和酶促式（Enzymatic）机制示意图；
不同外加电势下，端式（b）、交替式（c）和酶促式（d）机制的 B/g-C$_3$N$_4$ 催化 N$_2$ 还原自由能图[28]

　　作为光催化剂，光转化效率至关重要，g-C$_3$N$_4$ 带隙大导致其对可见光吸收弱，而掺杂 B 原子后，B/g-C$_3$N$_4$ 的带隙变窄，从而提高了其可见光吸收能力。计算结果显示 g-C$_3$N$_4$

主要吸收紫外和少量可见光段区域的波长。相比于 g-C$_3$N$_4$，B/g-C$_3$N$_4$ 催化剂对紫外光吸收略有变弱，而对可见光大大加强甚至可以吸收红外光，如图 6.24。因此，设计的催化剂 B/g-C$_3$N$_4$ 具有更高的光转化效率，有望具有更高的光催化效率

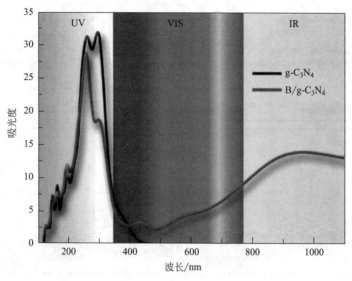

图 6.24　g-C$_3$N$_4$ 和 B/g-C$_3$N$_4$ 的光吸收谱[28]

B 原子吸附在 g-C$_3$N$_4$ 模型上，B/g-C$_3$N$_4$ 是最稳定构型。通过第一性原理分子动力学模拟发现在 1000K 温度下 10ps 内催化剂 B/g-C$_3$N$_4$ 结构没有发生明显的形变。非金属单原子光催化剂 B/g-C$_3$N$_4$，在催化固氮反应中具有高活性，催化剂本身稳定性好，且光吸收效率高，有望高效光催化还原 N$_2$ 制 NH$_3$。

6.2.3　过渡金属碳/氮化物

二维过渡金属碳/氮化物（Transition-Metal Carbides and Nitrides），简称 MXenes，M 是过渡金属第Ⅳ、Ⅴ或者Ⅵ副族元素，X 是 C 或者 N 原子。MXenes 源自于 MAX 相即三元层状碳化物或氮化物（六方晶系，空间点群为 $P63/mmc$），分子式可以写成 M$_{n+1}$AX$_n$（$n=$ 1、2 或 3）形式，A 代表主族元素，通过 HF 刻蚀等手段去掉 A 元素就得到了 MXenes。MXenes 在诸多领域有潜在的应用，如能量存储、电磁器件、光电器件、催化反应等。

在催化理论计算方面 MXenes 也受到了较多关注。例如，孙成华等研究了过渡金属碳化物 M$_3$C$_2$ 电催化性质（M＝Ti、Zr、Hf、V、Nb、Ta、Cr 和 Mo），计算结果表明这些 M$_3$C$_2$ 有望电催化固氮得到氨气。M$_3$C$_2$ 上第一个电子-质子传递步骤为反应的速控步。计算发现 V$_3$C$_2$ 是所有研究模型中的最优催化剂，速控步能垒仅为 0.64eV[29]。考虑到实验中常用 HF 刻蚀 MAX 相中的 A 物种，以研究 MXenes 是否可以作为锂电池阳极材料为出发点，周震等以 MAX 相 Ti$_3$AlC$_2$ 为例通过 HF 刻蚀得到 Ti$_3$C$_2$（Ti$_3$AlC$_2$＋3HF ══AlF$_3$＋3/2 H$_2$＋Ti$_3$C$_2$），溶液环境中的 HF 和 H$_2$O 可能导致 Ti$_3$C$_2$ 暴露在外的 Ti 原子吸附 F 或（和）OH 物种。这类表面功能化后的材料表现出从金属到窄带隙半导体转变[30]。基于上述考虑，周等在计算中考虑了三种模型：Ti$_3$C$_2$、Ti$_3$C$_2$F$_2$ 和 Ti$_3$C$_2$(OH)$_2$。计算结果表明 Li 在三种材料上的迁移能力 Ti$_3$C$_2$＞Ti$_3$C$_2$F$_2$＞Ti$_3$C$_2$(OH)$_2$；Li 的吸附容量也具有同样趋势。进一步研究表明 Ti$_3$C$_2$ 还具有优良的电导率和低的开路电压。理论研究表明 Ti$_3$C$_2$ 是一个良好的

锂电池阳极材料，在实验制备中应该避免这类材料表面氟化和羟基化。周震等对比研究了 CO 分别在 Cu_3 团簇负载、在完美 Mo_2CO_2（Cu_3/p-Mo_2CO_2）和表面有 O 缺陷的 Mo_2CO_2（Cu_3/d-Mo_2CO_2）催化剂上的氧化过程[31]。计算发现 Cu_3/p-Mo_2CO_2 中铜团簇结构不稳定；Mo_2CO_2 模型上容易形成 O 空位缺陷，这些缺陷位可以锚定 Cu_3 团簇；Cu_3/d-Mo_2CO_2 在催化 CO 氧化过程中具有电子存储器（Electron Reservoir）功能，促进 CO 氧化成 CO_2。周震等计算还发现 Ti_2CO_2 具有潜在的光催化 CO_2 高选择产甲酸的能力[32]。张千帆等研究了将 MXenes 材料表面羟基化电催化 CO_2 还原[33]反应以及表面修饰过渡金属原子催化 HER[34]中的理论性能。寻找电催化 HER 中贵金属催化剂的替代材料是一项充满挑战的任务。杜爱军等以实验上合成制备的一些 MXenes 如：Ti_2C、V_2C 和 Ti_3C_2 以及它们的—O 或者—OH 为终结面，计算发现具有—O 或者—OH 终结面的物质材料都具有金属性质，且—O 终结面材料中的 O 是 HER 催化剂的活性位点[35]。

我们以李能和孙成华等研究的 2D M_3C_2（M=Ti、Zr、Hf、V、Nb、Ta、Cr 和 Mo）电催化 CO_2 转化成碳氢燃料的机制为例，对 MXenes 基材料催化反应做详细的案例介绍[36]。他们首先计算了 CO_2 和各种可能生成的中间物种以及产物在催化剂表面的吸附行为，计算结果表明 CO_2 可以直接被催化剂捕获并在催化剂表面形成稳定的化学吸附构型，吸附能的大小与计算方法相关。PBE/DFT-D2 的测试结果显示 Cr_3C_2 和 Mo_3C_2 是两种最优催化剂。运用 PBE/DFT-D3 方法计算的结果显示在 Cr_3C_2 和 Mo_3C_2 上，CO_2 的吸附能更大，优先于 H_2O 吸附在催化剂上。CO_2 和 H_2O 的吸附结构和能量见图 6.25。

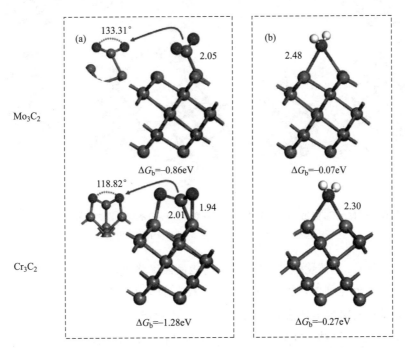

图 6.25 （a）CO_2 吸附构型图；（b）H_2O 吸附构型图[36]

对于左图，数值是 C—M 和 O—M 键长，单位 Å，Cr_3C_2 和 Mo_3C_2 上吸附的 CO_2 的 ∠O—C—O 分别是 133.31° 和 118.82°。对于右图，数值为 O—M 键长，单位 Å。
计算的几何结构和吸附自由能（修正到室温下）基于 PBE/DFT-D3 方法

　　图 6.26 是 CO_2 在 Mo_3C_2 电催化还原过程的能量最优路径。CO_2 在 Mo_3C_2 形成化学吸附（＊＊CO_2），并放出 0.86eV 能量，吸附的 ＊＊CO_2 经过第一个 H^+/e^- 步后生成 ＊＊$OCHO$· 并需要放热 0.64eV，第二个 H^+/e^- 步是一个微弱的吸热过程反应（0.04eV），后生成 ＊＊·OCH_2O·，紧接着经第三个 H^+/e^- 步反应得到 ＊＊$HOCH_2O$· 并需要吸收 0.77eV，第四个 H^+/e^- 步则是一个放热反应（0.37eV），脱去一分子 H_2O 并生成 ＊＊H_2CO，生成的甲醛经历第五个 H^+/e^- 步得到 ＊＊CH_3O·，放热 0.17eV，第六个 H^+/e^- 步是个巨大放热步骤，释放出 CH_4，在催化剂表面上生成吸附的 ＊＊O·，经过第七个 H^+/e^- 后得到 ＊＊OH· 并吸热 0.07eV，最后一步 H^+/e^- 是整个反应过程中需要吸收能量最多的一步（1.31eV）得到整个反应过程中的第二个 ＊＊H_2O，且 ＊＊H_2O 在催化剂表面是弱吸附，吸附能仅为 0.07eV，意味着其容易脱附。

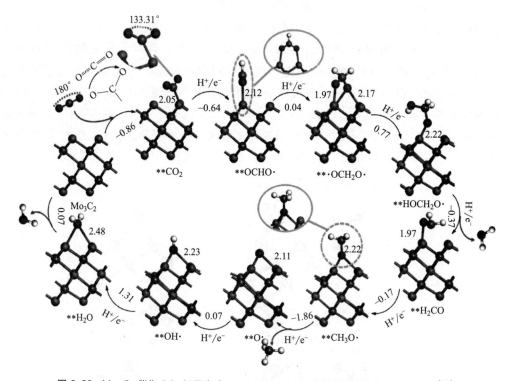

图 6.26　Mo_3C_2 催化 CO_2 还原生成 ＊CH_4 和 ＊＊H_2O 的能量最优路径（侧视图）[36]

计算基于 PBE/DFT-D3 方法。＊＊表示化学吸附物种。

　　图 6.27 是 Cr_3C_2 电催化还原 CO_2 反应的能量最优路径，与 CO_2 在 Mo_3C_2 上的反应过程一致。在 Cr_3C_2 催化剂上，孙成华等计算了反应的动力学过程，可以发现 CO_2 在 Cr_3C_2 上电催化还原过程的速控步是第七个 H^+/e^- 步，活化能为 1.28eV。

　　为了探究 MXens 材料—O 或者—OH 作为终结面的情况，作者进一步研究了 Mo_3C_2 上—O 和—OH 为终结面模型的［$Mo_3C_2O_2$ 与 $Mo_3C_2(OH)_2$］稳定性和反应机制。假设在酸性还原条件下，对于 $Mo_3C_2O_2$，如图 6.28 所示，＊O 通过 H^+/e^- 步转化为 ＊OH 是一个热力学自发反应，放热 0.45eV，继续通过 H^+/e^- 生成 ＊H_2O 需要吸热 0.70eV，最后将催化剂表面生成的 ＊H_2O 释放需要吸热 0.50eV，所以—O 终结面有可能被羟基化；而全

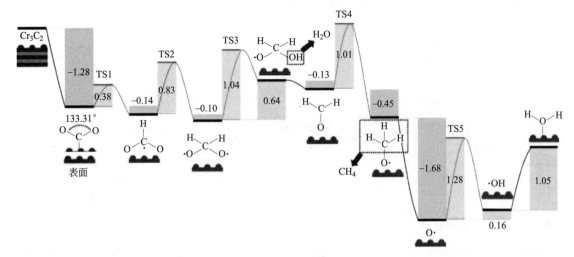

图 6.27　Cr_3C_2 催化 CO_2 还原生成 $*CH_4$ 和 $**H_2O$ 的能量最优路径及反应中间体和过渡态[36]

计算基于 PBE/DFT-D3 方法

羟基化模型 $Mo_3C_2(OH)_2$，通过 H^+/e^- 步生成 $*H_2O$ 是一个微弱放热过程（0.05eV），同时将生成的 $*H_2O$ 脱附吸热仅为 0.22eV，所以，$Mo_3C_2(OH)_2$ 模型有脱羟基的趋势。

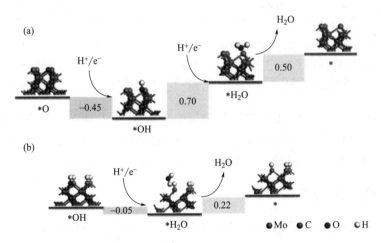

图 6.28　(a) $Mo_3C_2O_2$ 脱氧；(b) $Mo_3C_2(OH)_2$ 脱羟基过程[36]

标准氢电极下催化剂表面质子化和脱 H_2O 的吉布斯自由能变，单位 eV

$Mo_3C_2O_2$ 催化 CO_2 还原的能量最优路径如图 6.29 所示。气相的 CO_2 在 $Mo_3C_2O_2$ 表面是物理吸附，吸附能为正（0.23eV），第一个 H^+/e^- 步生成 $*COOH$ 能量更小，但是仍需 0.49eV，第二个 H^+/e^- 步是个微弱放热过程（-0.08eV），生成 $*HCOOH$，紧接着第三个 H^+/e^- 步反应脱去一个水分子并生成 $*CHO$，反应放热 0.20eV，经过第四个 H^+/e^- 步反应得到 $*CH_2O$，需要吸热 0.54eV，第五个 H^+/e^- 步生成 $*CH_2OH$，放热 0.89eV，第六个 H^+/e^- 步反应后生成 $*CH_3OH$，这一步也是一个吸热过程，反应能为 0.35eV，经历第七个 H^+/e^- 步反应后释放出反应中的第二个水分子，并生成 $*CH_3$，最后一个 $H^+/$

e^- 步，甲基生成甲烷 $*CH_4$，反应放热 $0.38eV$。

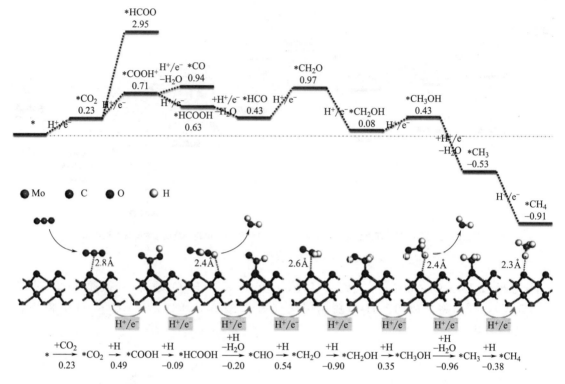

图 6.29　$Mo_3C_2O_2$ 催化 CO_2 还原生成 $*CH_4$ 和 $**H_2O$ 的能量最优路径[36]

相对于 SHE 反应过程的吉布斯自由能（顶部位置图），单位 eV；反应过程中间物侧视图
以及部分关键键长（中间位置图）；反应中间物的化学式以及对应的吉布斯自由能变（底部位置图）

$Mo_3C_2(OH)_2$ 催化 CO_2 还原的能量最优路径如图 6.30 所示。物理吸附的 $*CO_2$ 到 $*COOH$、$*HCOOH$、$*CH_2OOH$、$*CH_2O$（脱水）、$*CH_2O$、$*CH_3O$、$*O$（脱甲烷）、$*OH$、$*H_2O$，其中最后一步生成水是整个反应中吸热最多的一步（$1.17eV$）。

6.2.4　过渡金属硫化物

二维过渡金属硫化物（Transition-Metal Dichalcogenides TMDs）是一类二维层状化合物，化学式具有 MX_2 形式，其中 M 代表的是过渡金属第ⅣB 族（Ti、Zr 或 Hf）、第ⅤB 族（V、Nb 或 Ta）或者第ⅥB 族（Mo 或 W）元素，X 是硫族元素 S、Se 或者 Te，MoS_2 为典型代表。与石墨烯以及石墨类似，大多数 TMDs 层内原子通过共价键结合，层与层之间存在弱的范德瓦耳斯力作用。2D TMDs 主要呈现 2H（八面体结构）和 1T（三棱柱结构）相，数字代表 XMX 的堆叠次序，2H 是 ABA 堆积方式，1T 则是 ABC 堆积方式。

TMDs 材料性质各异，囊括半导体、金属和超导。大多数 TMDs 能带可调，可从体相的非直接带隙到单层的直接带隙变化。因此，2D TMDs 具有被广泛应用于电子、光电器件的潜力。同时，2D TMDs 具有比表面积高、暴露活性位置多，能带位置和结构可调以及2H 至 1T 相之间可控转变等优点，使得其在催化反应中具有应用潜力，特别是 HER。研究发现块材 TMD 的 HER 活性位点主要源自端面原子、缺陷工程利用端面催化 HER、表面缺

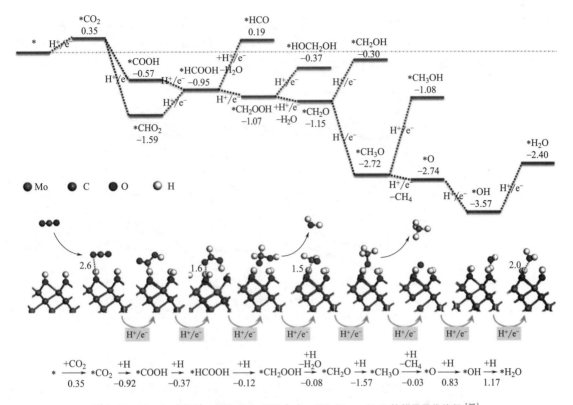

图 6.30　$Mo_3C_2(OH)_2$ 催化 CO_2 还原生成 * CH_4 和 * * H_2O 的能量最优路径[36]

相对于 SHE 的反应过程的吉布斯自由能（顶部位置图），单位 eV；反应过程中间物侧视图
以及部分关键键长（中间位置图）；反应中间物的化学式以及对应的吉布斯自由能变（底部位置图）

陷工程和拉伸应力调节基面活性、催化剂垂直生长提供更多的端面同时掺杂调节 HER 活性、利用非最稳定相的端面催化 HER。

如何利用面积更大的平面提高催化效率是一个挑战。由于 $2H\text{-}MX_2$ 具有更高的稳定性和电导率，潘晖研究了单层 $2H\text{-}MX_2$（M＝Nb、Ta 和 V；X＝S、Se 和 Te）电催化 HER 反应[37]。作者首先计算了氢原子全覆盖（在 MX_2 其中一个面上，每个 X 原子在顶位吸附一个 H 原子：MX_2-H）模型对比于完美 MX_2 构型晶格参数的变化规律。计算结果表明：MX_2-H 随着 X 从 S 到 Se 至 Te，相应的 NbX_2、TaX_2 和 VX_2 的晶格常数分别扩大 2.0％～3.8％、1.7％～3.3％ 和 3.4％～4.5％（见图 6.31），而单层 MX_2 层厚和 X—M 键长变小。计算所得对应的 S—H、Se—H 和 Te—H 键长在 1.4Å、1.5Å 和 1.7Å 附近。

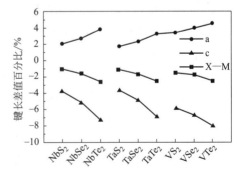

图 6.31　完美和 H 全覆盖的单层 MX_2 之间晶格常数、层厚以及 X—M 键长差值百分比[37]

计算中将使用完美单层 MX_2 构造的催化剂模型晶格参数命名为 "p-supercell"，相应的 MX_2-H 晶格参数命名为 "h-supercell"。

潘晖在计算 H 氢原子吸附能时考虑了两种方法：在某个 H 覆盖度情况下，所有可能构型的能量取"平均"和只用"最稳定"构型能量值。从图 6.32 中数据可以发现，计算所得单层 MX_2 的过电势都为正值，且 ΔG_H 随着催化剂表面 H 的覆盖度增加而增大，这一趋势与 Pt 电极相同。而且两种计算方法结果一致。在 H 覆盖度相同的情况下，MS_2 的 ΔG_H 值比 MSe_2 和 MTe_2 低 40%，也就意味着 MS_2 活性更高。

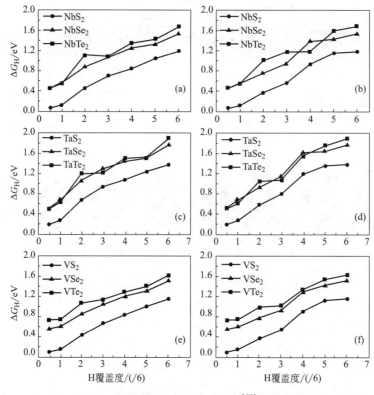

图 6.32 p-supercell 模型[37]

计算过电势随 H 覆盖度的函数关系，(a)、(c) 和 (e) 使用"平均"法，(b)、(d) 和 (f) 使用"最稳定"法

MS_2 相比 MSe_2 和 MTe_2 具有更高的活性，以 MS_2 计算过电势随着催化剂表面 H 的覆盖度以及计算中催化剂不同晶格参数之间的响应规律。对 p-supercell 模型，计算所得的 ΔG_H 随着催化剂表面 H 变化规律如图 6.33(a)，HER 活性随着 M 从 Ta 到 Nb 再到 V 变化而增大。对 h-supercell 模型，可以得到 ΔG_H 随着催化剂表面 H 变化规律如图 6.33(b) 所示，由于 h-supercell 模型晶格膨胀，相应 ΔG_H 值变小。

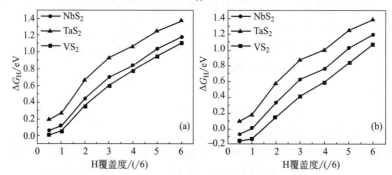

图 6.33 使用"平均"法，计算过电势随 H 覆盖度的函数关系[37]

(a) p-supercell；(b) h-supercell

p-supercell 模型和 h-supercell 模型，HER 活性随 H 覆盖度的变化规律相同，如图 6.34 所示。对 h-supercell 模型，在 H 覆盖度相同的条件下，MS_2 仍是活性最高的催化剂。在所有单层 MX_2 模型中，p-supercell 模型和 h-supercell 模型计算所得的 ΔG_H 差值随着催化剂表面 H 覆盖度增加而变小，表明高 H 覆盖度情况下应力对 HER 活性影响减小。

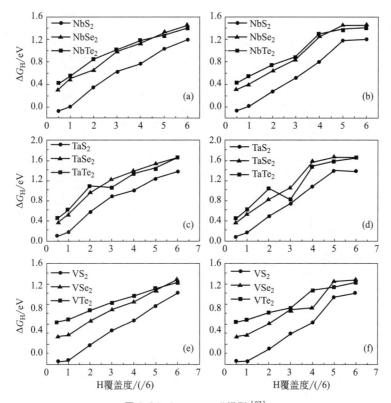

图 6.34　h-supercell 模型[37]

计算过电势随 H 覆盖度的函数关系，(a)、(c) 和 (e) 使用"平均"法，(b)、(d) 和 (f) 使用"最稳定"法

如图 6.35 所示，对比 p-supercell 模型和 h-supercell 模型计算所得的能量值，当 H 的覆盖度小于 2/6 时，其对晶格参数的影响可以忽略不计。所以使用"平均"法计算过电势随 H 覆盖度的函数关系：当 H 覆盖度小于 2/6 时用 p-supercell 模型，而当 H 覆盖度大于等于 2/6 时用 h-supercell 模型。计算发现 VS_2 在所有考虑的模型中 HER 活性最高。

为了探究 VS_2 高活性的来源，潘晖计算了在 p-supercell 模型中完美单层和不同 H 覆盖条件下 PDOS 图（图 6.36）。完美单层 VS_2 具有金属性质，费米能级在中间能带低，中间能带主要由 V 的 d 电子控制。当把 H 原子引入到催化剂表面，费米能级移向中间能带的高能区。费米能级随着 H 覆盖度的增加继续上移，当 H 原子达到 3/6 时，费米能级位

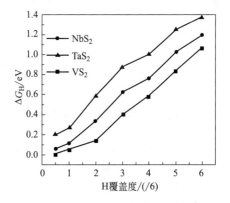

图 6.35　使用"平均"法，计算过电势随 H 覆盖度的函数关系[37]

当 H 覆盖度小于 2/6 时用 p-supercell 模型，当 H 覆盖度大于等于 2/6 时用 h-supercell 模型

于中间能带的顶部附近。类似于半导体的能带结构，可以把中间能带当作价带，而将之上的看作导带。费米能级移向中间能带（价带）顶增加了催化剂的电导率。随着 H 覆盖度继续增加 VS$_2$ 电导率降低，导致了 HER 活性的降低。

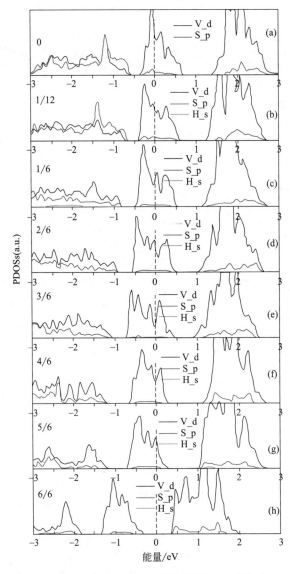

图 6.36 p-supercell 模型中完美单层 VS$_2$（a）和不同 H 覆盖度单层 VS$_2$［（b）～（h）］的 PDOS 图[37]

潘晖研究了 MX$_2$ 电催化 HER 反应，计算结果表明单层 MS$_2$ 比单层 MSe$_2$ 和单层 MTe$_2$ 活性高，特别的，VS$_2$ 是所有模型中最优的催化剂。系统的研究还表明 HER 的活性与催化剂表面 H 的覆盖度以及应力之间有响应关系。

江德恩等研究了 1T 相单层 MoS$_2$ 端面催化 HER[38]。计算结果表明在电极电势为 $-0.22V$，H 在端面 S 原子上吸附且覆盖度为 25% 时，反应主要通过 Volmer-Heyrovsky 机理进行。计算结果同时预测掺杂过渡金属可以提高 1T 相 MoS$_2$ 催化活性。韩国延世大学 Han 等[39]设计了 48 个单原子催化剂模型即把单原子负载在单层 TMDs 缺陷位置（A$_1$/ TMD，其中 A＝Ni、Cu、Pd、Ag、Pt 和 Au；TM＝Mo、W、Nb 和 Ta；D＝S 和 Se）催化 HER、OER 和 ORR。计算结果显示吸附中间体自由能之间存在很好的关联性（Scaling Relation）。Pt_1/MoS_2 是所有计算模型中最优的双功能催化剂，可以同时催化 OER 和 ORR；$Pt_1/NbSe_2$ 和 Pt_1/TaS_2 则具有较好的 OER 和 HER 活性。如何实现 2D TMDs 端面活性，范晓丽和刘焕明等[40]设计了单层过渡金属二硫属化物（$npm\text{-}MS_2$，其中 M＝Mo、W 或 V）的纳米多角形，并通过控制其形态和尺寸调控材料边缘活性，得到高效的 HER 催化剂。Han 等研究发现可以通过构筑不同 2D TMDs 的异质结构实现其端面催化 HER[41]。Shenoy 等[42]利用 DFT 研究了以各种 Janus-TMD 单分子膜作为催化剂提高其析氢反应（HER）催化活性。

6.2.5 小结

二维纳米材料的发展日新月异，包括对一些"老"的二维纳米材料某些性质的新发现和认识，同时也包括理论预测或实验合成的一些新型二维纳米材料及其研究进展。例如，将两层单层石墨烯扭转到一些特殊角度，同时加以电场调控载流子浓度，可以诱导体系在低温下产生超导性质；不同计量比的层状氮化碳（C_xN_y）催化甲酸分解；Janus 单层 TMDs 材料的成功合成并发现其具有良好的 HER 活性等。以二维纳米材料为基本构建单元组装或者衍生了一系列新的二维纳米材料，如把两种二维材料复合可以形成二维材料异质结或者平面内杂化结构。本章节只是对一些热门的二维纳米材料理论研究上的进展做了简单的介绍，希望能起到抛砖引玉的作用，激发更多的研究者关注和研究这个领域。

二维材料独特的几何和电子结构使其具有成为优良催化剂材料的潜质，例如，可以暴露更多比例的活性位点、量子效应凸显、利于表面工程修饰改性等。对二维纳米材料的催化模拟计算，特别是单层或者几个原子层厚度的催化剂，理论计算中的模型更加接近实验上制备的真实催化剂构型。实验中不同的制备方式可能会引起催化剂表面缺陷，或者带有功能化的基团，同时多相催化过程中往往伴随着活性位点的动态变化，这些是传统催化剂体系和二维材料体系都需要考察的问题。另外，高通量计算设计催化剂材料、人工智能、机器学习等手段也越来越多地被用于二维材料催化剂催化反应的研究中。

参考文献

[1] Xu M，Liang T，Shi M，et al. Graphene-like two-dimensional materials [J]. Chemical Reviews，2013，113（5）：3766-3798.

[2] Robertson A W，Montanari B，He K，et al. Dynamics of single Fe atoms in graphene vacancies [J]. Nano Letters，2013，13（4）：1468-1475.

[3] Cao L，Liu W，Luo Q，et al. Atomically dispersed iron hydroxide anchored on Pt for preferential oxidation of CO in H_2 [J]. Nature，2019，565（7741）：631-635.

[4] Lu Y H，Zhou M，Zhang C，et al. Metal-embedded graphene：A possible catalyst with high activity [J]. The Journal of Physical Chemistry C，2009，113（47）：20156-20160.

[5] Li Y F，Zhou Z，Yu G T，et al. CO catalytic oxidation on iron-embedded graphene：Computational quest for low-cost nanocatalysts [J]. The Journal of Physical Chemistry C，2010，114（14）：6250-6254.

[6] Song E H，Wen Z，Jiang Q. CO catalytic oxidation on copper-embedded graphene [J]. The Journal of Physical Chemistry C，2011，115（9）：3678-3683.

[7] Liu X，Sui Y H，T Duan，et al. Co oxidation catalyzed by Pt-embedded graphene：a first-principles investigation [J]. Physical Chemistry Chemical Physics，2014，16（43）：23584-23593.

[8]　Liu X，Xu M，Wan L Y，et al. Superior catalytic performance of atomically dispersed palladium on graphene in CO oxidation [J]. ACS Catalysis，2020，10 (5)：3084-3093.

[9]　Mao K，Li L，Zhang W，et al. A theoretical study of single-atom catalysis of CO oxidation using Au embedded 2D *h*-BN monolayer：A CO-promoted O_2 activation [J]. Scientific Reports，2014，4 (1)：1-7.

[10]　Zhang X，Lu Z，Xu G，et al. Single Pt atom stabilized on nitrogen doped graphene：CO oxidation readily occurs via the tri-molecular Eley-Rideal mechanism [J]. Physical Chemistry Chemical Physics，2015，17 (30)：20006-20013.

[11]　Loges B，Boddien A，Gärtner F，et al. Catalytic generation of hydrogen from formic acid and its derivatives：Useful hydrogen storage materials [J]. Topics in Catalysis，2010，53 (13/14)：902-914.

[12]　Luo Q Q，Beller M，Jiao H J. Formic acid dehydrogenation on surfaces—a review of computational aspect [J]. Journal of Theoretical and Computational Chemistry，2013，12 (07)：1330001.

[13]　Luo Q Q，Zhang W H，Fu C F，et al. Single Pd atom and Pd dimer embedded graphene catalyzed formic acid dehydrogenation：A first-principles study [J]. International Journal of Hydrogen Energy，2018，43 (14)：6997-7006.

[14]　Xu H X，Cheng D J，Cao D P，et al. A universal principle for a rational design of single—atom electrocatalysts [J]. Nature Catalysis，2018，1 (5)：339-348.

[15]　Zhao X H，Liu Y Y. Unveiling the active structure of single nickel atom catalysis：Critical roles of charge capacity and hydrogen bonding [J]. Journal of the American Chemical Society，2020，142 (12)：5773-5777.

[16]　Wu H，Luo Q Q，Zhang R Q，et al. Single Pt atoms supported on oxidized graphene as a promising catalyst for hydrolysis of ammonia borane [J]. Chinese Journal of Chemical Physics，2018，31 (5)：641-648.

[17]　Wang L，Luo Q Q，Zhang W H，et al. Transition metal atom embedded graphene for capturing CO：A first-principles study [J]. International Journal of Hydrogen Energy，2014，39 (35)：20190-20196.

[18]　Li Q K，Li X F，Zhang G，et al. Cooperative spin transition of monodispersed FeN_3 sites within graphene induced by CO adsorption [J]. Journal of the American Chemical Society，2018，140 (45)：15149-15152.

[19]　Liu H，Du Y，Deng Y，et al. Semiconducting black phosphorus：Synthesis，transport properties and electronic applications [J]. Chemical Society Reviews，2015，44 (9)：2732-2743.

[20]　Cai Y Q，Gao J F，Chen S，et al. Design of phosphorene for hydrogen evolution performance comparable to platinum [J]. Chemistry of Materials，2019，31 (21)：8948-8956.

[21]　Zhou Q H，Chen Q，Tong Y L，et al. Light-induced ambient degradation of few-layer blackt phosphorus：Mechanism and protection [J]. Angewandte Chemie International Edition，2016，55 (38)：11437-11441.

[22]　Gan Y，Xue X X，Jiang X X，et al. Chemically modified phosphorene as efficient catalyst for hydrogen evolution reaction [J]. Journal of Physics：Condensed Matter，2019，32 (2)：025202.

[23]　Sa B S，Li Y L，Qi J S，et al. Strain engineering for phosphorene：The potential application as a photocatalyst [J]. The Journal of Physical Chemistry C，2014，118 (46)：26560-26568.

[24]　Wang Y，Zhu X，Li Y. Spin-orbit coupling-dominated catalytic activity of two-dimensional bismuth toward CO_2 electroreduction：Not the thinner the better [J]. The Journal of Physical Chemistry Letters，2019，10 (16)：4663-4667.

[25]　Pillai S B，Dabhi S D，Jha P K. Hydrogen evolution reaction and electronic structure calculation of two dimensional bismuth and its alloys [J]. International Journal of Hydrogen Energy，2018，43 (47)：21649-21654.

[26]　Paine R T，Narula C K. Synthetic routes to boron nitride [J]. Chemical Reviews，1990，90 (1)：73-91.

[27]　Wang X，Maeda K，Thomas A，et al. A metal-free polymeric photocatalyst for hydrogen production from water under visible light [J]. Nature Materials，2009，8 (1)：76-80.

[28]　Ling C，Niu X，Li Q，et al. Metal-free single atom catalyst forN_2 fixation driven by visible light [J]. Journal of the American Chemical Society，2018，140 (43)：14161-14168.

[29]　Azofra L M，Li N，Macfarlane D R，et al. Promising prospects for 2D d^2 - d^4 M_3C_2 transition metal carbides (MXenes) in N_2 capture and conversion into ammonia [J]. Energy & Environmental Science，2016，9 (8)：2545-2549.

[30]　Tang Q，Zhou Z，Shen P. Are MXenes promising anode materials for Li ion batteries? Computational studies on elec-

tronic properties and Li storage capability of Ti_3C_2 and $Ti_3C_2X_2$ (X = F, OH) monolayer [J]. Journal of the American Chemical Society, 2012, 134 (40): 16909-16916.

[31] Cheng C, Zhang X, Yang Z, et al. Cu_3-cluster-doped monolayer Mo_2CO_2 (MXene) as an electron reservoir for catalyzing a CO oxidation reaction [J]. ACS Applied Materials &Interfaces, 2018, 10 (38): 32903-32912.

[32] Zhang X, Zhang Z H, Li J L, et al. Ti_2CO_2 MXene: A highly active and selective photocatalyst for CO_2 reduction [J]. Journal of Materials Chemistry A, 2017, 5 (25): 12899-12903.

[33] Chen H, Handoko A D, Xiao J, et al. Catalytic effect on CO_2 electroreduction by hydroxyl-terminated two-dimensional mxenes [J]. ACS Applied Materials &Interfaces, 2019, 11 (40): 36571-36579.

[34] Li P, Zhu J, Handoko A D, et al. High-throughput theoretical optimization of the hydrogen erolution metal modification [J]. Journal of Materials Chemistry A, 2018, 6 (10): 4271-4278.

[35] Gao G P, O' mullane A P, Du A J. 2D MXenes: A new family of promising catalysts for the hydrogen evolution reaction [J]. ACS Catalysis, 2016, 7 (1): 494-500.

[36] Li N, Chen X, Ong W J, et al. Understanding of electrochemical mechanisms for CO_2 capture and conversion into hydrocarbon fuels in transition-metal carbides (MXenes) [J]. ACS Nano, 2017, 11 (11): 10825-10833.

[37] Pan H. Metal dichalcogenides monolayers: Novel catalysts for electrochemical hydrogen production [J]. Scientific Reports, 2014, 4 (1): 1-6.

[38] Tang Q, Jiang D E. Mechanism of hydrogen evolution reaction on $1T-MoS_2$ from first principles [J]. ACS Catalysis, 2016, 6 (8): 4953-4961.

[39] Hwang J, Noh S H, Han B. Design of active bifunctional electrocatalysts using single atom doped transition metal dichalcogenides [J]. Applied Surface Science, 2019, 471: 545-552.

[40] An Y R, Fan X L, Luo Z F, et al. Nanopolygons of monolayerMS_2: Best morphology and size for her catalysis [J]. Nano Letters, 2017, 17 (1): 368-376.

[41] Noh S H, Hwang J, Kang J, et al. Tuning the catalytic activity of heterogeneous two-dimensional transition metal dichalcogenides for hydrogen evolution [J]. Journal of Materials Chemistry A, 2018, 6 (41): 20005-20014.

[42] Er D, Ye H, Frey N C, et al. Prediction of enhanced catalytic activity for hydrogen evolution reaction in Janus transition metal dichalcogenides [J]. Nano Letters, 2018, 18 (6): 3943-3949.

第 7 章

电化学催化

为了应对全球气候变暖，人类亟需进一步开发可持续能源来替代化石能源，以满足我们的能源需求。来自太阳能和风力的电力资源在经济上正逐步变得具有竞争力，但可行的电力存储技术仍然匮乏。电池技术是解决方案的一部分，但是它们不易适应当前由化石燃料支持的活动比如航空和长途运输。合成燃料是化石能源的潜在替代品，因为它们具有非常高的能量密度，并适合存储、传输和融入现有庞大能源架构。采用可持续能源代替化石能源能够在一定程度上结束碳循环并减少二氧化碳排放量，从而为应对气候变化提供有效措施。

通过电化学过程将电能高效转化为可持续能源的关键因素之一是开发设计高活性、高选择性及廉价的催化材料。为了实现这一目标，我们需要具有预测能力的理论方法、先进的催化剂合成技术以及原位的材料表征技术，而这些方法和技术可以通过与机器学习和人工智能相结合进一步加速对催化剂和化学新工艺的探索。此外，如何工业放大并将可持续工艺有机地融入目前成熟的能源体系是更大的挑战。

实现可持续能源以及重要化学品的电化学合成，需要廉价纯净的氢气资源，因此，高效电解水制备氢气成为重中之重。目前，理想的电解水技术需要采用金属铂和铱作为电极材料分别催化析氢反应和析氧反应过程。然而，由于铂和铱的高成本和低储量，探索发现廉价且高效的替代材料是非常迫切的研究需求。此外，二氧化碳电化学还原制备碳氢以及碳氧化合物是另外一个非常重要的反应。然而，目前仍然没有催化剂具有足够高的活性和选择性能够满足经济上可行的目标，这主要源自催化剂材料过高的过电势（Overpotentials）。

基于上述电化学催化转化制备高附加值化学品的问题和挑战，本章将重点阐述如何利用理论模拟的方法来描述并理解微观层面的化学反应机理，并且提供理性设计 HER、OER、ORR 和 CO_2 还原催化剂的理论指导。

7.1 HER 机理模拟和催化剂设计策略

氢气被认为是未来非常有潜力的燃料，一方面其燃烧产物为水且没有碳，另一方面其燃烧焓比其他任何化学燃料都高。尽管现阶段科研工作者已经对产氢开展了广泛而富有成效的研究，然而通过可持续策略如高效电解水制备氢气仍然是一个巨大的挑战。目前，全世界每年通过诸如甲烷水蒸气重整、煤气化和水电解等手段生产氢约 5000 万吨，其中前两种方式生产了约 96% 的氢气，仅有 4% 来源于电解水。氢气在工业上主要用于石油重整和氨的合成。此外，通过碳氢化合物裂解制氢会产生大量杂质及有害气体导致环境污染。因此，通过电催化水分解产生氢气被证明是环境友好且可持续的能源开发途径。然而，用于储存和运输氢气的基础设施建设成为另外一个巨大的挑战。在这种背景下，制造即插即用的电解水制氢设备如质子交换膜燃料电池（Proton Exchange Membrane Fuel Cell，PEM）能够进一步推动氢气能源的利用，但是酸性反应介质对设备的抗腐蚀能力要求较高，而且 PEM 燃料电池依赖于贵金属铂电极，这些因素大大提高了应用成本进而阻碍了 PEM 的广泛应用。基于上述问题，开发廉价且稳定的催化材料来替代贵金属铂成为了关键因素之一。

7.1.1　HER 反应机理的微观描述

典型的电解水制备氢气的装置包括阴极（Cathode）、阳极（Anode）、电解质（Electrolyte）以及电能来源。在阴极和阳极发生的半反应可以分别描述为：

阴极
$$2H^+ + 2e^- \longrightarrow H_2 \tag{7.1-1}$$

阳极
$$2OH^- \longrightarrow 0.5O_2 + H_2O + 2e^- \tag{7.1-2}$$

水电解的总包反应为：
$$H_2O \longrightarrow H_2 + 0.5O_2 \tag{7.1-3}$$

在过去的几十年里，阴极的 HER 反应充当了表面电催化和新材料设计两个领域的桥梁而被广泛地研究。虽然 HER 的产物只有 H_2，但它包含了吸附、还原和脱附的多步反应。HER 的第一步涉及 H 在催化剂表面的吸附即图 7.1 中的 Volmer 步骤，表面吸附的 H 则可以通过两种不同反应机理生成气态的 H_2 分子。具体地，在 Volmer-Tafel 机理中，两个吸附在表面的 H 原子相互结合可以直接生成 H_2；而在 Volmer-Heyrovsky 机理中，质子 H^+ 获得一个电子并与吸附在表面的 H 原子直接作用形成 H_2。不同的催化剂由于本身性质的区别会通过不同的反应机理来产生氢气。

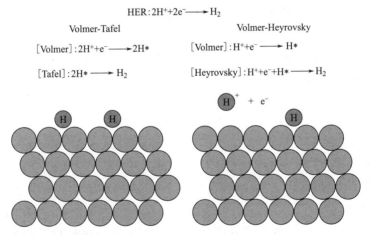

图 7.1　HER 过程中的 Volmer-Tafel 和 Volmer-Heyrovsky 反应机理示意图

然而，反应介质的 pH 值影响着质子氢的来源。在酸性条件下氢来自于水合氢离子，在碱性条件下则来自于水的解离。这也导致了两种反应介质中 HER 反应机理的区别（如

表 7.1）。

表 7.1　酸性（Acid）和碱性（Alkaline）反应介质中 HER 的不同反应机理包含的基元反应步骤

反应类型	酸性	碱性
总反应	$2H^+ + 2e^- \longrightarrow H_2$	$2H_2O + 2e^- \longrightarrow H_2 + 2OH^-$
Volmer	$H^+ + e^- \longrightarrow H*$	$H_2O + e^- \longrightarrow H* + OH^-$
Tafel	$2H* \longrightarrow H_2$	$2H* \longrightarrow H_2$
Heyrovsky	$H^+ + e^- + H* \longrightarrow H_2$	$H_2O + e^- + H* \longrightarrow H_2 + OH^-$

虽然实验上可以直观地检测出不同材料的 HER 反应性能，但是实现高效设计新颖催化剂需要行之有效的理论准则。随着计算机和量子力学理论的飞速发展，基于 DFT 计算的 HER 催化剂设计新策略被广泛应用。其中，基于 H 吸附自由能（ΔG_{H*}）这一简单描述符的方法被证明能够有效地描述和理解不同过渡金属和合金的 HER 反应活性趋势。

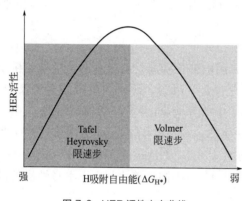

图 7.2　HER 活性火山曲线

具体而言（如图 7.2 所示），H 在催化剂表面的吸附强弱对 HER 反应活性具有非常重要的作用。如果 H 的吸附太弱，则会导致 Volmer 步骤变得困难进而成为决速步骤；如果 H 的吸附过强，氢气的脱附（Tafel 或者 Heyrovsky 机理）则变得困难，同样影响催化剂的 HER 性能。因此，理想 HER 催化剂的 ΔG_{H*} 值应该为 0。基于该思路，Nørskov 课题组通过理论模拟[1]，系统对比了在不同过渡金属上 H 原子的吸附自由能，并且发现金属 Pt 具有非常理想的氢吸附强度，进而解释了其高效产氢性能。此外，该理论方法成功地预测了 MoS_2 同样具有优良的 HER 性能并且得到了实验的验证，如图 7.3。

以 ΔG_{H*} 为描述符进行酸性条件下 HER 催化剂高效筛选设计的优势在于 H 在催化剂表面的吸附自由能可以通过理论模拟的方法获得。以 H 在金属铂（111）晶面的吸附为例，ΔG_{H*} 可表述为：

$$\Delta G_{H*} = \Delta E + \Delta ZPE - T\Delta S \tag{7.1-4}$$

其中，$\Delta E = E[H/Pt(111)] - E[Pt(111)] - E[H_2(g)]$，$E[H/Pt(111)]$、$E[Pt(111)]$ 和 $E[H_2(g)]$ 分别代表 DFT 计算所得的静态能量。ΔZPE 表示零点振动能的变化，$T\Delta S$ 代表反应过程中熵的变化，这两部分可以通过频率分析并结合热力学方法获得。公式（7.1-4）代表外加电势（U）为 0 以及 pH=0 的反应条件下 H 的吸附自由能。然而针对具体的电化学实验条件，一系列的参数同样需要考虑。比如电极电势的影响可以表述为 $\Delta G_U = -eU$，反应介质 pH 的影响可以表述为 $\Delta G_{pH} = kT\ln10 \times pH$。

虽然 ΔG_{H*} 可以作为单一的描述符有效地描述不同催化材料在酸性条件下 HER 的活性差异，但是该方法在描述碱性条件下 HER 的活性方面存在一定的不足。由于在碱性条件下

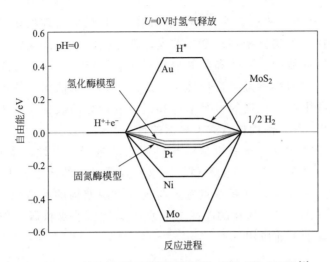

图 7.3 不同过渡金属以及硫化钼催化剂上 HER 反应自由能 [1]

H^+ 来源于水的解离并且该步骤在动力学上是比较缓慢的,因此在利用理论模拟方法研究催化材料在碱性条件下的 HER 活性时,除了考虑 H 的吸附自由能,还需要计算水的解离能垒。以 $MoNi_4$ 这一碱性条件下高效产氢催化剂的设计为例[2],如果仅考虑以 ΔG_{H*} 为描述符,从图 7.4(b) 中可以发现 $MoNi_4$ 并不具备优良的 HER 活性,因为其 H 吸附过强会导致 H_2 的脱附成为阻碍。显然,此理论模拟数据无法解释实验上检测到的 $MoNi_4$ 催化剂的高效产氢活性。而如果以水的解离作为速控步骤,图 7.4(a) 中的结果显示 $MoNi_4$ 具有非常低的水解离能垒,这意味着该催化剂能够克服碱性 HER 中缓慢的水解离的困难,进而呈现出高效的产氢活性。由此可见,在模拟催化材料碱性 HER 活性过程中,水的解离能垒是必不可少的因素。

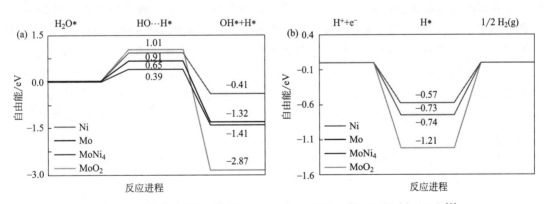

图 7.4 不同催化材料上水解离的自由能图(a)以及 H 的吸附自由能图(b)[2]

7.1.2 总结与展望

作为水分解非常重要的半反应,HER 在过去几十年里已经得到了广泛而深入的研究,大量的精力用于探索发现能够在碱性条件下高效催化 HER 的材料。然而,不同材料通常具有不同 HER 的动力学以及反应机理,尤其是从酸性介质到碱性介质,水的解离进一步增加了 HER 动力学上的阻碍。这也是为什么在酸性条件下性能优良的材料在碱性条件下无法表现出高的 HER 活性和稳定性。为了增强对 HER 反应机理的认识，尤其是碱性条件下，需要将理论模拟和实验密切结合。首先，理论模拟可用系统研究不同的活性位点或者表面对于水的解离能力、质子和氢氧根离子的吸附能力，并且建立起它们之间的相互关系，以揭示它们如何影响最终反应速率。此外，为了验证相关的理论研究，实验上应该采用原位光谱技术对催化剂的形貌结构和组成进行详细表征，以了解在实际反应条件下 HER 催化过程中各个活性位点或者表面的行为方式以及控制氢从催化剂表面释放的因素。这些理论基础的建立，将有效地引导科研人员进行针对性的催化剂合成与设计，而研究的重点应该集中在储量丰富的材料上，这对降低最终的产氢成本尤为重要。此外，致力于工业应用的产氢装置设计要重点考虑与现有能源架构的兼容性。总之，利用可持续能源（如太阳能、风能等）转化的电能电解水产氢仍然需要科研工作者大量的探索和研究来推动其大规模的工业应用。

7.2　OER 机理模拟和催化剂设计策略

在通过光电催化过程分解水制备氢气的过程中，由于动力学上的迟滞，发生在阳极的 OER 反应是整个过程能量流失严重的原因。如何设计开发新型催化材料降低 OER 过程的过电势进而降低能量流失，是该领域最大的挑战之一。目前，Ir 的氧化物是 OER 活性最好且在酸性条件下稳定性最高的阳极材料。由于没有足够稳定和良好导电性的载体材料，所以一般采用非负载的 IrO_x 或者将大量的 IrO_x 负载在绝缘的惰性载体上，这直接导致对 IrO_x 需求量的增加。在此背景下，典型的聚合物电解质膜水解池（Polymer Electrolyte Membrane Water Electrolysis，PEMWE）对 Ir 的需求和效率比例为 0.5g Ir/kW。然而，Ir 是非常稀有的贵金属，全球每年产量只有几吨，并且用途广泛。假设每年有 1 吨的 Ir 作为 PEMWE 电极材料用于电解水产氢，那么能够提供的能量约为 2 GW，这一数值远远无法达到能够对全球范围的能源结构产生影响所需的数百 GW/年。显然，想要到达这个目标，Ir 金属的使用率需要达到 0.01 g Ir/kW，即目前使用率的 50 倍。由此可见，如何提高 Ir 金属的使用率以及设计新型高效、廉价的 OER 催化剂是桎梏水分解工艺的关键。基于上述问题和挑战，大量的实验研究被广泛开展，并且设计开发了一系列廉价高效的 OER 催化材料。

与 HER 的两电子反应不同，整个 OER 过程中涉及 4 个电子参与，基于反应条件的不同（pH），可分为如下两种反应历程。

反应条件	酸性	碱性
总反应	$H_2O \longrightarrow 2H^+ + 0.5O_2 + 2e^-$	$2OH^- \longrightarrow H_2O + 0.5O_2 + 2e^-$
(1)	$* + H_2O(l) \longrightarrow *OH + H^+ + e^-$	$* + OH^- \longrightarrow *OH + e^-$
(2)	$*OH \longrightarrow *O + H^+ + e^-$	$*OH + OH^- \longrightarrow *O + H_2O(l) + e^-$
(3)	$O* + H_2O(l) \longrightarrow *OOH + H^+ + e^-$	$O* + OH^- \longrightarrow *OOH + e^-$

续表

反应条件	酸性	碱性
(4)	$*OOH \longrightarrow * + O_2(g) + H^+ + e^-$	$*OOH + OH^- \longrightarrow * + O_2(g) + H_2O(l) + e^-$

通过计算 OER 的过电位（η^{OER}）来评估与筛选高效的 OER 催化剂，可表述为：

$$\eta^{OER} = (\Delta G^{OER}/e) - 1.23V \tag{7.2-1}$$

其中，$\Delta G^{OER} = \max\{\Delta G_1^0, \Delta G_2^0, \Delta G_3^0, \Delta G_4^0\}$，可通过计算 OER 每一基元步骤间最大的自由能差获得。具体的自由能计算方法与 HER 类似，即 $\Delta G = \Delta E + \Delta ZPE - T\Delta S$。值得注意的是，计算的过电位（$\eta^{OER}$）与 pH 值无关，因为 pH 值对每一基元步骤的影响相同，因此其对 η^{OER} 的影响可通过反应前后的自由能相减而完全抵消。因此，pH 值只与 OER 的计算总能有关，与计算的 η^{OER} 无关。

通过理论计算方法，Nørskov 等广泛研究了金红石、钙钛矿、尖晶石、石盐和碧玉石等各种氧化物的表面在标准条件下（pH=0，$T=298.15$ K）的 OER 催化性能，发现催化活性（即 η^{OER}）与 $\Delta G_{O*} - \Delta G_{OH*}$ 间存在良好的线性描述关系[3]。具体地说，理想的催化剂[图 7.5(a)]应该能够在刚好高于平衡电位的情况下促进 OER，这要求四个电荷转移步骤在零电位时具有相同大小的反应自由能，即每一步均为 $4.92eV/4 = 1.23eV$。这等效于在平衡电位 1.23 V 时，所有的反应自由能均为零，即计算的 $\eta^{OER} = 0$。当然，这种情况是最理想的，实际催化剂的 η^{OER} 均会大于 0。图 7.5(b)、图 7.5(c) 和图 7.5(d) 为在标准条件下计算的 $LaMnO_3$（强键合）、$SrCoO_3$（适中键合）和 $LaCuO_3$（弱键合）的 OER 自由能台阶图。可以明显地看到在 $U=0$ V 时，所有的自由能台阶都是上坡的。在 $U=1.23$V 时（OER 的标准平衡电势），某些自由能台阶变为下坡但仍有台阶保持上坡。$U = \Delta G^{OER}$ 电位下时，电位速控步的自由台阶将全部变为下坡。因此，$LaMnO_3$ 具有一个相当大的过电位（ΔG_3^0）。对于 $SrCoO_3$，其 ΔG_2^0 和 ΔG_3^0 的数值很接近，具有较小的过电位；而对于 $LaCuO_3$，ΔG_2^0 为它的电位速控步。

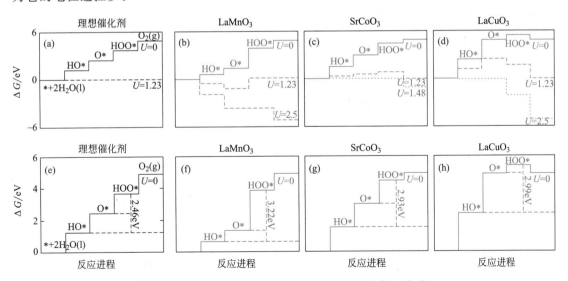

图 7.5　在不同电位下 OER 的标准自由能台阶图（a）~（d）

及在 0V 下的标准 OER 自由能台阶图（e）~（h）[3]

从图 7.5(f)、图 7.5(g) 和图 7.5(h) 中可以看出，OER 在 $LaMnO_3$、$SrCoO_3$ 和 $LaCuO_3$（从左到右）上各反应中间体物种的吸附强度逐渐变弱。需要注意的是，这些中间体物种的吸附强度会一同移动，即改变其中的一个反应能，其他的反应能亦会随之改变。从图 7.5(e)～图 7.5(h) 中可以看出，*OH 与 *OOH 物种间的自由能差值基本相同，独立于氧化物表面对 OER 物种的键合能力。M. Koper 提出 *OH 与 *OOH 物种在金属和氧化物表面上的吸附能相差约 3.2eV，其与吸附位点无关[4]。这意味着 *OH 与 *OOH 物种之间存在普遍的线性关系。Nørskov 和其合作者进一步在大范围的金属氧化物表面上确定了该线性关系。如图 7.6(a) 所示，可以看出在众多的氧化物表面上，*OH 与 *OOH 物种的吸附强度是线性相关的，斜率约为 1，截距为 3.2eV。线性拟合的平均绝对误差（MAE）为 0.17eV，表明这两个物种之间具有极强的相关性。从催化剂表面的角度来看，*OH 与 *OOH 物种看起来十分相似，这导致两者在吸附强度上存在一个近常数的差距，即 $\Delta E_{*OOH} - \Delta E_{*OH} \approx 3.2eV$。此外，*OH 与 *OOH 物种的吸附强度（$\Delta E_{*OOH}$，$\Delta E_{*OH}$）与电位无关，它们只描述 OER 中间物种与氧化物表面之间的相互作用。而 $\Delta G_{1\sim4}$ 则会受电位、pH 和温度的影响。

有趣的是，无论 O* 的吸附能如何，*OH 与 *OOH 的吸附能之间的恒定差值（3.2eV）定义了 OER 过电位的下限。这两步之间最理想的差值应该为 2.46eV ［图 7.5(e)］。实际催化剂与理想催化剂在这两个步骤的能量差异〔(3.2−2.46)/2e〕决定了最小的 OER 过电位为 0.4～0.2V，即我们找到了吸附 O* 物种最优的催化剂材料。热化学最理想的 OER 催化剂的特征是在标准条件下 $\Delta G_1^0 = \Delta G_2^0 = \Delta G_3^0 = \Delta G_4^0 = 1.23eV$，在图 7.6(a) 中红星代表着所有中间物种在最佳键合下的理想催化剂。显然，红星不在总体的线性趋势范围之内。因此，没有一个金属氧化物基催化剂可以提供 *OH 与 *OOH 物种最佳的吸附能。因此，我们需要找到一种方法，如修饰氧化物表面或电化学界面，调整 *OH 与 *OOH 物种的吸附能，打破线性关系，使其更趋近理想催化剂。

考虑到 *OH 与 *OOH 物种吸附能之间恒定的差值，从一个氧化物表面到另一个氧化物表面的 OER 过电位（η^{OER}）的变化应当由 O* 物种的吸附能来决定。这意味着步骤（2）或步骤（3）将成为电位速控步：

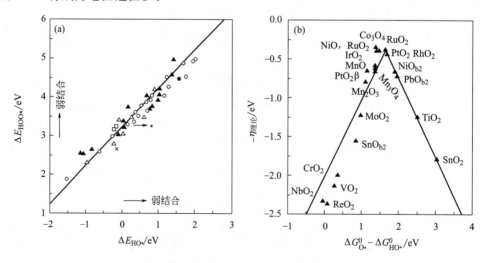

图 7.6 在不同种金属氧化物表面上的 OH* 与 OOH* 物种吸附能之间的
线性关系（a）和 $\Delta G_{O*}^0 - \Delta G_{*OH}^0$ 与 η^{OER} 的火山型关系（b）[3]

$$G^{OER} = \max\{\Delta G_2^0, \Delta G_3^0\} = \max\{(\Delta G_{O*}^0 - \Delta G_{*OH}^0), (\Delta G_{*OOH}^0 - \Delta G_{O*}^0)\}$$

$$\approx \max\{(\Delta G_{O*}^0 - \Delta G_{*OH}^0), 3.2eV - (\Delta G_{O*}^0 - \Delta G_{*OH}^0)\} \qquad (7.2\text{-}2)$$

因此，$\Delta G_{O*}^0 - \Delta G_{*OH}^0$ 可以作为 OER 催化活性的唯一描述符，标准条件下的理论过电位（η^{OER}）可由下面方程给出：

$$\eta^{OER} = \max\{(\Delta G_{O*}^0 - \Delta G_{*OH}^0), 3.2eV - (\Delta G_{O*}^0 - \Delta G_{*OH}^0)\}/e - 1.23V \qquad (7.2\text{-}3)$$

所以，以 $\Delta G_{O*}^0 - \Delta G_{*OH}^0$ 为横坐标绘制 η^{OER} 函数，将得到一个独立于催化剂材料之外的火山关系图谱。如图 7.6(b) 所示，对于金红石（锐钛矿）、锰氧化物和钴氧化物，计算的其 η^{OER} 与 $\Delta G_{O*}^0 - \Delta G_{*OH}^0$ 呈现出良好的火山形关系。OER 催化活性从高到低依次为：$Co_3O_4 \approx RuO_2 > PtO_2$ 金红石相 $\approx RhO_2 > IrO_2 \approx PtO_2 \beta$-相（$CaCl_2$）$\approx Mn_xO_y \approx NiOb_2 \approx RuO_2 \approx IrO_2$ 锐钛矿相 $> PbOb_2 \gg Ti$、Sn、Mo、V、Nb、Re 的氧化物。

7.3 ORR 机理模拟和催化剂设计策略

将太阳能、风能、水能等可持续资源转化成氢气和化学品是一条实现能源可持续发展的有效策略。然而，开发高效的工艺和技术将这些合成的氢气和液体燃料用于驱动交通运输等过程同样非常重要。燃料电池则是一种用于解决该问题有潜力的装置。其中，氧气还原反应（ORR）是燃料电池的核心，同样也是电化学催化领域的关键反应。在 ORR 过程中，氧气分子被四个质子/电子对还原成水并同时产生电势。对于低温的质子交换膜燃料电池来说，缺乏高效的电催化 ORR 催化材料为其最大的桎梏，因此，开发设计并优化新型的燃料电池电极催化材料成为学术研究和工业应用的重要目标。基于该背景，本节将从理论模拟的角度揭示 ORR 在不同金属催化剂表面的反应机理，并解释为什么 Pt 和 Pd 以及其合金具有最优良的 ORR 性能。此外，该部分将介绍理性筛选和设计理想 ORR 催化剂的策略。

7.3.1 ORR 的反应机理

针对不同的催化材料，ORR 将通过两电子 [公式(7.3-1)] 或者四电子 [公式(7.3-3)] 转移步骤分别生成过氧化氢（H_2O_2）或者水（H_2O）。其中，双电子反应机理仅涉及 $*OOH$ 表面中间体。根据 O_2 在发生还原反应前解离与否，四电子还原反应机理略微不同。O_2 在还原前不解离的机理 [公式(7.3-4)]，会涉及 $*OOH$、$*O$ 和 $*OH$ 三个反应中间体，而 O_2 在还原前先解离的机理 [公式(7.3-5)] 则仅涉及 $*OH$ 和 $*O$ 两个中间体。

（1）双电子步骤：

$$O_2 + 2(H^+ + e^-) \longrightarrow H_2O_2 \qquad E^0 = 0.70V \qquad (7.3\text{-}1)$$

$$O_2 + 2(H^+ + e^-) \longrightarrow *OOH + (H^+ + e^-) \longrightarrow H_2O_2 \qquad (7.3\text{-}2)$$

（2）四电子步骤：

$$O_2 + 4(H^+ + e^-) \longrightarrow 2H_2O \qquad E^0 = 1.23V \qquad (7.3\text{-}3)$$

$$O_2 + 4(H^+ + e^-) \longrightarrow *OOH + 3(H^+ + e^-) \longrightarrow *O + 2(H^+ + e^-) \longrightarrow *OH +$$

$$(H^+ + e^-) \longrightarrow 2H_2O \qquad (7.3\text{-}4)$$

$$1/2O_2 + 2(H^+ + e^-) \longrightarrow *O + 2(H^+ + e^-) \longrightarrow *OH + (H^+ + e^-) \longrightarrow H_2O \qquad (7.3\text{-}5)$$

7.3.2 基于反应自由能的反应势能面

电催化过程的电流密度和效率依赖于反应的速率，并且与基元步骤的反应能垒有密切联系，这些能垒对准确描述 ORR 的活性和选择性非常关键。然而，发生在纯金属表面的 ORR，由于通过水合氢离子发生的质子-电子转移步骤比较容易，所以表面中间体与催化剂表面的作用强弱将决定 ORR 的活性和选择性。密度泛函理论方法可以准确地描述中间体的吸附能，而最大的挑战来自如何准确描述在一定电势下发生在电极表面的质子-电子转移步骤。基于此，计算氢电极（CHE）模型被广泛用于描述质子-电子转移步骤的自由能变化。在该方法中，标准状态下氢气分子的自由能被作为参考来定义一个质子-电子转移步骤的自由能（$-eU$），其中 U 表示相对于可逆氢电极（RHE）的电极电势。在考虑了溶剂化效应（ΔG_s）、电场效应（ΔG_{field}）、零点振动能（ΔZPE）以及热力学熵效应（$-T\Delta S$）后，通过对 DFT 计算出的反应中间体在催化剂表面的结合能（ΔE_{ele}）进行修正，我们将可以通过下面的公式表示发生 n 个质子-电子交换步骤的反应自由能与电势的关系：

$$\Delta G = \Delta E_{ele} + \Delta G_s + \Delta G_{field} + \Delta ZPE - T\Delta S - neU \tag{7.3-6}$$

(1) 四电子还原生成水的反应势能面

图 7.7 描述了采用 CHE 模型模拟氧气在 Pt(111) 表面发生四电子还原的自由能势能面，其中氧气按照非解离的反应机理进行还原。如图 7.7(a) 的（1）线所示，在 $U=0.0V$ 时，每一基元反应步骤的自由能都在降低，表示该电压下反应非常容易发生。根据公式（7.3-3），四电子还原步骤的平衡电势在 $U=1.23V$，因此，图 7.7(a) 中的（3）线表示了 $U=1.23V$ 时的反应自由能图。每个中间体自由能的变化由公式(7.3-6)计算获得，我们将发现在该电压下，O_2 第一步还原生成 *OOH 以及 *OH 还原生成 H_2O 反应自由能呈现上升的趋势，因此，在该电压下 ORR 反应将难以进行。进一步的研究发现，$U=0.75V$ [图 7.7(a) 中（2）线] 是能够确保所有基元步骤自由能都降低进而确保 ORR 顺利发生的最大电压，这一数值与实验检测数值一致。在 CHE 模型中，能够使得所有基元反应的自由能呈现降低趋势的最大电势被定义为热力学极限电势（U_L），而该电势与平衡电势（$U=$1.23V）之间的差值被称为理论过电势，比如 Pt(111) 表面的理论过电势为 $1.23-0.75=$0.48V。然而，该理论过电势无法直接与实验检测的数值进行比对。

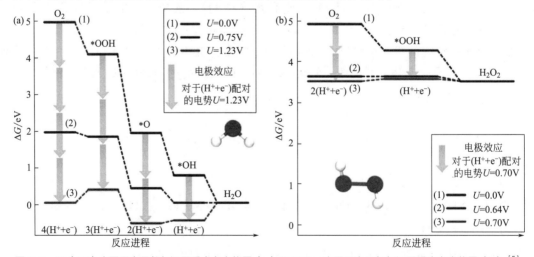

图 7.7　Pt（111）表面四电子氧气还原反应自由能图（a）和 PtHg₄ 表面双电子氧气还原反应自由能图（b）[5]

(2) 双电子还原生成 H_2O_2 的反应势能面

虽然双电子氧气还原步骤是在燃料电池中不希望发生的副反应，但是由于其生成的过氧化氢为重要的工业消毒试剂，因此该反应也被广泛地研究。在该反应机理中，$*OOH$ 是唯一的反应中间体。图 7.7(b) 中描述了在 $PtHg_4$ 催化剂表面 ORR 双电子机理生成 H_2O_2 的反应自由能图。在 $U=0.0V$ 时，所有基元步骤的自由能变化皆为负值，因此非常容易进行，而在热力学平衡电压（$U=0.7V$）下，$*OOH$ 的生成步骤的自由能变为正值，所以无法自发进行。最终，在 $U=0.64V$ 下该双电子步骤的理论过电势为 $0.70-0.64=0.06V$。

7.3.3　过渡金属表面 ORR 活性的趋势

基于 CHE 模型，通过计算 ORR 的自由能便可以在一定程度上准确描述金属表面 ORR 的反应机理。此外，该方法被广泛证明能够有效地描述一系列金属、合金、氧化物等的活性趋势。该部分将重点介绍反应中间体之间的线性关系以及由此产生的火山曲线关系。

以涉及 $*OOH$、$*O$ 和 $*OH$ 三个中间体的四电子 ORR 反应机理为例，催化剂对不同中间体的吸附区别直接决定催化剂的理论过电势。然而，如图 7.8(a) 所示，在不同的金属表面，这三个中间体的吸附强弱相互关联呈线性关系，这主要是因为它们都通过 O 原子与催化剂表面作用。其中 $*OOH$ 和 $*OH$ 线性关系的斜率近似为 1，说明两者的吸附形式非常类似。而 $*O$ 和 $*OH$ 线性关系的斜率大概为 2。这些线性关系的存在可以实现对复杂化学反应的降维，最终大大降低了计算量。

由于图 7.8(a) 中线性关系的存在，原则上仅需要获得 $*OH$ 的吸附能便能确定出 $*OOH$ 和 $*O$ 的吸附能。由于理论过电势是三个中间体吸附自由能的函数，因此，仅使用 $*OH$ 的吸附自由能（ΔG_{OH}）便可以定义四电子步骤中四个基元步骤的理论过电势（$U_{L1\sim L4}$）：

$$U_{L1}=\Delta G_{OH}+1.72 \tag{7.3-7}$$

$$U_{L2}=-\Delta G_{OH}+3.3 \tag{7.3-8}$$

$$U_{L3}=\Delta G_{OH} \tag{7.3-9}$$

$$U_{L4}=\Delta G_{OH} \tag{7.3-10}$$

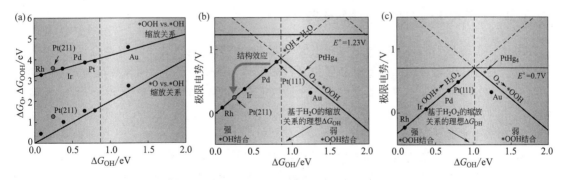

图 7.8　（a）金属（111）表面上 $*OOH$ 和 $*O$ 吸附自由能与 $*OH$ 吸附能的线性关系；
（b）等式（7.3-10）中单个步骤的极限电势；（c）等式（7.3-11）和等式（7.3-12）中各个步骤的极限电位[5]
（a）中两条黑线的函数表达式分别为 $\Delta G_{OOH}=\Delta G_{OH}+3.2$ 和 $\Delta G_O=2\Delta G_{OH}$；（b）显示了
四电子过程的强吸附 $*OH$ 区域和弱吸附 $*OOH$ 区域；（c）显示了双电子
过程的强吸附 $*OH$ 区和弱吸附 $*OOH$ 区

上述四个公式最终定义了四个基元步骤的极限电势。在所有基元反应步骤中，限制电势最低的一个基元步骤对应的电势为整个反应的速控步骤。如图 7.8(b) 所示，对于 O_2 非解离的 associative 的反应机理来说，在所有的过渡金属上，公式(7.3-4) 中的第一步和最后一步为电势限制步骤。在 OH 吸附强的金属上（如 Rh，Ir 等），$*OH \longrightarrow 2H_2O$ 是限制步骤，而在 OH 吸附弱的金属上，其弱的 O_2 活化能力而导致 $O_2 \longrightarrow *OOH$ 步骤成为限制步骤。此外，图 7.8(b) 显示 Pt 金属的（111）表面最接近限制电势火山图的顶端，从而解释了实验上发现的其具有优良的 ORR 反应性[6]。此外，该火山图可以用于解释 ORR 反应与催化剂结构的依赖关系，比如说，Pt 金属的（211）台阶面相对于（111）表面具有更强的 OH 吸附能而容易导致表面的毒化，所以（211）表面上的 $*OH \longrightarrow 2H_2O$ 步骤将会严重限制整个 ORR 反应活性，从而导致 Pt(211) 表面具有低的 ORR 活性。这一结果也解释了实验上发现的小尺寸的 Pt 纳米颗粒具有非常低的 OOR 活性。然而对于弱吸附的金属如 Au、Ag 等，由于台阶表面可以增强 OH 的吸附，所以小的纳米颗粒可能会提高此类金属的 ORR 活性。综上所述，OH 的吸附强弱可以作为一个合理的描述符来解释不同金属 ORR 活性的定性趋势，而 OH 和 O 在金属表面的吸附能是与金属的 d 带密切相关的，比如 d 带的能量越高 OH 的吸附越强。

对于两电子的 ORR 反应机理，电势限制步骤有两种可能，即 $*OOH$ 的形成或者其从表面脱附生成 H_2O_2。因此，该反应的理论过电势只是 $*OOH$ 吸附能的函数。基于线性缩放关系，$*OOH$ 的吸附能也可以转化成 $*OH$ 吸附能的函数。因此，公式(7.3-2) 中两步基元反应的极限电势可以表示为：

$$U_{L1'} = -\Delta G_{OH} + 1.72 \tag{7.3-11}$$

$$U_{L2'} = \Delta G_{OH} - 0.32 \tag{7.3-12}$$

图 7.8(c) 描述了双电子 ORR 反应的火山曲线。由于该反应中只涉及一个 $*OOH$ 中间体，所以火山图的顶点正好交叉于平衡电势 0.7V。这意味着我们在理论上可以找到一种催化材料，其具有恰到好处的 OOH 吸附强度从而具备最优的双电子 ORR 反应活性。目前已经有一系列的催化材料被证明具有理想的 OOH 吸附强度，如 Pt、$PtHg_4$、有缺陷的碳材料等。此类火山曲线将有助于通过高通量计算高效筛选优秀的 ORR 催化材料。

7.3.4　ORR 反应的动力学因素

上述介绍的基于热力学的理论限制电势的方法能够有效地描述不同过渡金属的 ORR 活性趋势，并且在一定程度上指导对新催化材料的设计和筛选。然而在 ORR 反应过程中电化学反应步骤的能垒也是非常重要的因素。在计算电化学反应步骤能垒以及溶剂化效应方面目前有一系列的理论方法。比如隐式溶剂化和显式溶剂化，这些方法中一般包含数个水分子[7]或者多个水分子层[8]。

采用 Norskov 课题组开发的电化学理论模拟方法[9]研究固-液界面反应发现：质子与表面吸附物种反应的能垒较小，而 O_2 的吸附被认为是速控步骤。更为重要的是，基于动力学能垒的计算，我们可以合理地描述过渡金属表面 ORR 反应中的双电子和四电子步骤的选择性。这里以 ORR 选择性生成 H_2O_2 为例阐述动力学能垒的关键作用。前面基于热力学的分析显示，H_2O_2 的选择性生成是由以下两个步骤决定的：

$$*OOH + (H^+ + e^-) \longrightarrow *O + H_2O \tag{7.3-13}$$

$$* OOH + (H^+ + e^-) \longrightarrow H_2O_2 \tag{7.3-14}$$

对比上述两个反应步骤会发现，避免四电子步骤而选择性生成 H_2O_2 的关键是避免 O—O 键的断裂，这一重要信息可以帮助我们剔除对 O 吸附强的催化材料，因为它们倾向于打断 O—O 键。因此，高选择性生成 H_2O_2 的催化剂应该具备较弱的 O 吸附强度。基于此，研究人员设计了一系列有效生成 H_2O_2 的催化剂如 Au、碳材料等。

需要注意的是，仅仅采用基于热力学的理论模拟分析无法解释实验上检测到的 Au 催化剂高选择性生成 H_2O_2 的现象。如图 7.9（a）所示，通过分析 Au（111）表面上 ORR 各基元步骤的热力学，我们发现 * OOH 的解离在热力学上比 H_2O_2 的生成更加有利，进而说明其具有低的 H_2O_2 选择性，显然与实验结果不符，同时说明简单的热力学分析无法准确描述实验现象。然而，通过计算 * OOH 的反应能垒发现，O—O 键断裂的能垒明显高于质子电子交换加氢步骤生成 H_2O_2，从而解释了 Au(111) 对生成 H_2O_2 的高选择性。因此，为了更加准确地描述相关实验现象，在理论模拟电催化过程中需要考虑基元步骤的反应能垒与电势的依赖关系。

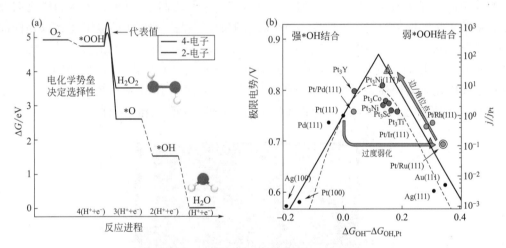

图 7.9　（a）Au（111）表面四电子和双电子 ORR 反应机理的自由能图；
（b）基于动力学模拟的火山曲线与基于热力学分析获得的限制电势火山曲线的区别[5]

7.3.5　基于简单描述符的 ORR 催化剂设计

通过热力学分析，不同过渡金属催化剂的 ORR 活性可以转换成 * OH 吸附能的函数，进而产生了如图 7.9(b) 实线所示的限制电势的火山曲线。然而，由于实验过程的电流密度与反应速率相关。因此，能否使用该限制电势的火山曲线进行催化剂的筛选需要详细确认。基于此，图 7.9(b) 的虚线描述了基于详细动力学模拟的火山曲线[10]。对比两个火山曲线会发现，基于热力学分析获得的限制电势火山曲线能够有效地描述不同过渡金属的 ORR 活性趋势。比如，对于强吸附金属（Pt、Pd），* OH 物种从表面的移除将是热力学上的电势限制步骤，即 ΔG_{OH} 起决定作用；而动力学上的限制步骤则是 O_2 分子在催化剂表面的吸附活化，这一过程与表面活性位点的数目直接相关，而表面活性位点的数目将受 * OH 物种表面覆盖度的影响，所以动力学上也受制于 * OH 的吸附能（ΔG_{OH}）。因此，基于热力学和动力学的分析将提供类似的理论预测结果。对于弱吸附的过渡金属，* OOH 的吸附自由能将

决定热力学上的限制电势，而动力学上的速控制步骤则是 O_2 分子第一步质子化生成
* OOH 的过程。基于表面催化反应过程中普遍存在的 BEP 关系[11]，基元反应的反应热与
反应能垒具有线性相关性，以 $O_2 + (H^+ + e^-) \longrightarrow$ * OOH 反应步骤为例，* OOH 吸附
强度的增加将会降低该反应的能垒，进而导致催化剂活性的增加。由此可见，基于热力学定
义的限制电势火山曲线能够有效合理地预测不同催化剂的 ORR 反应活性趋势，并且能够将
ORR 活性简化成 * OH 吸附自由能的函数，进而提供了高效筛选 ORR 催化剂的理论基础。

7.3.6 总结与展望

近年来，尽管学术和工业界都付出了巨大的努力开发优质的催化剂材料以降低 ORR 反
应的过电势，但是成功的案例非常有限。从理论的角度分析，巨大挑战在于图 7.8 中
* OOH 和 * OH 吸附能之间的线性缩放关系难以被有效规避或者克服。这一线性关系的存
在将产生如图 7.10 中所示的二维火山图，即催化剂的 ORR 反应活性将受到两个难以独立
变化的 * OOH 和 * OH 吸附能的影响。图中包含了不同类型的催化材料，如过渡金属、二
维材料及单原子催化剂等，然而这些催化剂材料都遵循并受制于 * OOH 与 * OH 之间存在
的线性缩放关系。即使我们可以改变 * OH 的吸附能，但是 * OOH 的吸附能将以相同的方
式随着变化，从而导致它们都远离高 ORR 活性的火山顶，最终产生高的过电势。因此，如
果想要设计出更加高效且具有低过电势的 ORR 催化材料，我们需要找到能够打破 * OOH
与 * OH 吸附能之间线性关系的策略，使得催化剂走向图 7.10 中火山顶区域。这将需要催
化材料具有多功能的活性位点，从而以不同的方式结合 * OOH 和 * OH。

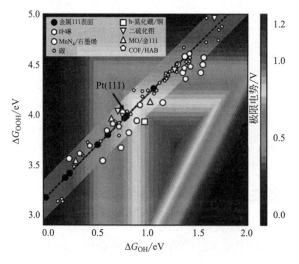

图 7.10 决定 ORR 反应活性的限制电势与 * OOH 和 * OH 吸附能的二维火山图[5]

7.4 CO_2 电化学还原机理模拟和催化剂设计策略

基于《巴黎气候协定》，人们希望在 21 世纪下半叶实现 CO_2 的排放量与消耗量达到平
衡以避免全球变暖。如果将全球变暖的速度限制在相对工业革命前不高于 1.5 ℃ 的相对安

全水平，则到 2050 年左右二氧化碳净排放量需要迅速减少并达到零。减少二氧化碳净排放量的策略大概分为三类：脱碳、固碳和碳回收。

二氧化碳电化学还原提供了一种利用可再生能源合成燃料和化学原料的有吸引力的碳回收方法。然而，要实现这一梦想仍然存在很多的问题与挑战。在众多的挑战中，设计具有高选择性、低过电势和更高电流密度的催化剂尤为关键，而将催化剂设计与反应机理密切结合会加深对这一复杂过程的理解，并且可以使得相关技术朝着工业应用的方向发展。

7.4.1 二氧化碳还原的产物和经济价值

二氧化碳电化学还原设备一般包含阴极、阳极、容纳 CO_2 的电解质以及隔膜。阴极作为还原二氧化碳的电化学催化剂，阳极提供发生氧化反应（如 OER）的活性位点，电解质需要具备传输带电中间体的能力以确保二氧化碳能够在阴极催化剂上发生还原反应，而隔膜的作用则是将氧化产物和还原产物隔开并且确保电荷守恒。当有额外的能量输入时，二氧化碳便可以转化成高附加值的碳氢或者碳氧化合物。从热力学角度来讲，还原二氧化碳消耗的能量与 HER 的非常接近。比如，热力学上将二氧化碳转化为一氧化碳和乙烯将发生在电位为 -0.10 和 $+0.08$ V（相对于可逆氢电极 RHE）。

如表 7.2 所示，尽管 CO_2 还原成烷烃、醛和醇等时的平衡电位略高于 RHE，但通过电化学方法直接制备这些产物仍需要大量的能量输入，因为驱动整个反应的最小电位（即 CO_2 还原的平衡电位与 OER 平衡电位之间的差）也需要 1V。此外，阳极的 OER 以及阴极的 CO_2 还原目前都需要较大的过电势，这意味着二氧化碳还原装置以高于热力学势的电池电势进行。

表 7.2 二氧化碳电化学还原生成不同产物的热力学还原电位

反应	E^0(vs. RHE)/V	产物名称
$2H_2O \rightleftharpoons O_2 + 4H^+ + 4e^-$	1.23	氧气
$2H^+ + 2e^- \rightleftharpoons H_2$	0.00	氢气
$CO_2 + 2H^+ + 2e^- \rightleftharpoons HCOOH$	-0.12	甲酸
$CO_2 + 2H^+ + 2e^- \rightleftharpoons CO + H_2O$	-0.10	一氧化碳
$CO_2 + 6H^+ + 6e^- \rightleftharpoons CH_3OH + H_2O$	0.03	甲醇
$CO_2 + 8H^+ + 8e^- \rightleftharpoons CH_4 + 2H_2O$	0.17	甲烷
$2CO_2 + 8H^+ + 8e^- \rightleftharpoons CH_3COOH + 2H_2O$	0.11	乙酸
$2CO_2 + 10H^+ + 10e^- \rightleftharpoons CH_3CHO + 3H_2O$	0.06	乙醛
$2CO_2 + 12H^+ + 12e^- \rightleftharpoons C_2H_4 + 4H_2O$	0.08	乙烯
$2CO_2 + 12H^+ + 12e^- \rightleftharpoons C_2H_5OH + 3H_2O$	0.09	乙醇
$2CO_2 + 14H^+ + 14e^- \rightleftharpoons C_2H_6 + 4H_2O$	0.14	乙烷
$3CO_2 + 16H^+ + 16e^- \rightleftharpoons C_2H_5CHO + 5H_2O$	0.09	丙醛
$3CO_2 + 18H^+ + 18e^- \rightleftharpoons C_3H_7OH + 5H_2O$	0.10	丙醇

图 7.11 描述了二氧化碳电化学还原产物的经济性和能量的关系，即各种产物的市场价格与通过 CO_2 还原制备它们所需的最低能量输入的关系。所有经济量均归一化为一吨碳（tC）含量。虚线表示在电力价格为 50USD/MWh 或 20USD/MWh 且捕获的二氧化碳价格

为 200USD/tC 时的最低成本。20～50USD/MWh 代表目前来自太阳能的电能的市场价格，200USD/tC 也是电厂捕获 CO_2 的普遍价格，这些成本随着太阳能和二氧化碳捕集技术的发展都将会大大降低。显然，虚线以下的产物从经济的角度不可行。当然，如果直接从空气中捕获 CO_2，则成本将高达 2000USD/tC（尽管将来可能会下降），这将导致所有的产品都在虚线以下而变得经济上不可行。因此，真正实现二氧化碳电化学还原在经济上可行性需要各个领域的协同合作。图 7.11 虽然简单但是有一个被广泛认同的结论即二氧化碳电化学还原制备甲酸和丙醇有更大的机会达到经济上可行的标准。然而，与传统的煤炭和天然气相比，通过电还原二氧化碳合成这些化学品在短期内没有足够的竞争力，因为即使以 20USD/MWh 的电力价格计算，煤炭和天然气也比通过二氧化碳还原合成所需的最低能量便宜。

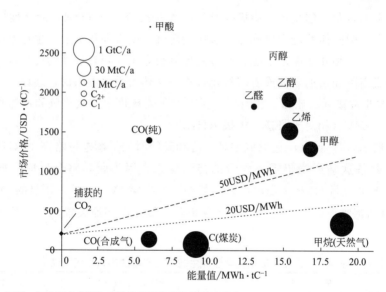

图 7.11　通过二氧化碳电化学还原的产品的价格与能量密度的关系虚线代表不同电力价格下的最低成本

7.4.2　二氧化碳还原研究现状

二氧化碳电化学还原的实验研究最早追溯到 1950 年[12]。但是，Yoshio Hori 课题组在 1985 年对气态和液态二氧化碳还原产物进行了首次定量分析[13]。在恒定电流下于饱和了 CO_2 的 $KHCO_3$ 溶液中对一系列多晶面金属进行了二氧化碳电化学还原活性测试。基于一系列系统一致的研究，最终将金属电极分为了四类，其中 Pb、Hg、Tl、In、Sn、Cd 和 Bi 主要产生甲酸盐（$HCOO^-$）；Au、Ag、Zn、Pd 和 Ga 主要产生一氧化碳（CO）；Ni、Fe、Pt 和 Ti 几乎没有 CO_2 还原活性，而是几乎只能将水还原为 H_2；只有金属 Cu 脱颖而出能够生产多种碳氢以及碳氧。因此，Cu 是唯一能将 CO_2 还原为需要两个以上电子转移产物的纯金属而且其法拉第效率很高。

7.4.3　二氧化碳还原反应机理的微观描述

具体而言，气态的二氧化碳首先溶解到液体中并与水形成碳酸（H_2CO_3），二氧化碳饱和溶液的主要成分为 HCO_3^-。而 CO_2 在电解质中有限的溶解度导致其无法有效地传输到电催化剂界面，这也是确保二氧化碳还原高效进行的挑战之一。此外，随着催化反应的进行，体系中局部二氧化碳和质子的浓度是动态变化的，这对催化界面的设计提出了更高的要求。

二氧化碳溶解并在电解质中形成平衡后，下一步反应则是二氧化碳的活化并形成 HCOO ∗ 和 COOH ∗ 两种产物。通过进一步的质子耦合电子转移反应，HCOO ∗ 一般被还原成甲酸，而 COOH ∗ 既可以被还原成甲酸也可以形成 CO。在众多的过渡金属上，形成的 CO 能够形成稳定的吸附进而确保后续反应的进行。通过一系列的质子耦合电子转移反应，CO 可以转化成甲烷，同时 CO 的耦合则会导致 C—C 键的形成进而产生不同 C 数的产物。显然，二氧化碳还原反应机理非常复杂，涉及诸多基元步骤，图 7.12 描述了从 CO_2 出发生成所有 C1 产物（甲烷、甲酸、甲醇以及一氧化碳）的基元反应步骤。以 Cu 催化剂为例，目前已经发现 13 种不同的产物可以通过 CO_2 电化学还原形成，而高选择性地合成每种产物则需要有效地调控和设计催化剂来控制不同反应路径的进行。

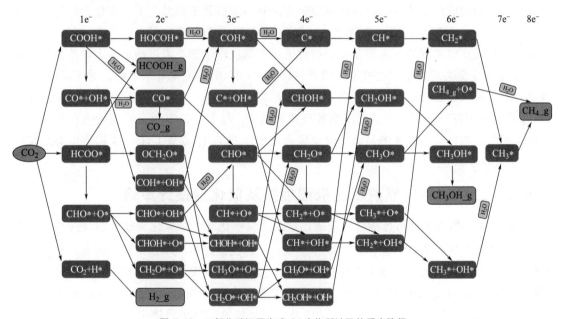

图 7.12　二氧化碳还原生成 C1 产物所涉及的反应路径

基于二氧化碳电化学还原的诸多问题和挑战，高效、稳定和高选择性的催化剂设计仍然是亟待解决的问题。新的活性位点的探索发现以及催化剂形貌结构的调控近年来被广泛地研究。下面将重点介绍如何利用理论模拟的方法描述二氧化碳电化学还原的反应机理并且介绍基于 Sabatier 原理的催化剂设计策略。

7.4.4　计算氢电极模型

通过理论模拟的方法准确合理地描述电化学反应机理对理解实验现象具有重要的意义。在此，我们首先介绍一种简单且有效描述反应中间体自由能在不同电位下变化的方法，即 Nørskov 提出的计算氢电极模型（CHE）[14]。该方法以反应中间体的吸附自由能为核心，处理问题比较简洁并且能够对趋势的变化进行准确描述。

在该方法中零电压的定义基于可逆氢电极（RHE），即 $H^+ + e^- \rightleftharpoons 1/2H_2$ 这一过程在电位（U）为 0V 和 H_2 压力为 1bar 时为平衡反应。因此，利用 CHE 模型，在 $U=0V$ 时，质子与电子耦合过程的化学势 $\mu(H^+)+\mu(e^-)$ 将近似为气态 H_2 化学势 $\mu(H_2)$ 的一半。同时，质子与电子耦合过程的化学势也可以通过 $\Delta G=-eU$ 与实际电位进行关联，其中 e 代表元电荷。由于可逆氢电极是在 0 V 和所有 pH 值的前提下定义的，所以在这里 pH 值不需要修正。因此，质子与电子耦合过程的化学势在不同温度和 pH 值下与外加电位的关系可以表示为：

$$\mu(H^+)+\mu(e^-)=1/2\mu(H_2)-eU \tag{7.4-1}$$

以催化剂表面吸附的 CO 质子化生成表面 CHO 物种为例：

$$CO* +(H^+ +e^-) \longrightarrow CHO* \tag{7.4-2}$$

该反应自由能变化可以表示为：

$$\Delta G=\mu(CHO*)——\mu(CO*)-[1/2\mu(H_2)-eU]+\Delta G_{solv}+\Delta G_{field} \tag{7.4-3}$$

$\mu(CHO*)$ 和 $\mu(CO*)$ 分别代表吸附物种 CHO 和 CO 的自由能，该部分可以通过频率分析并利用简谐振动近似结合统计热力学方法对焓变以及不同温度下熵变化进行计算。而 ΔG_{solv} 和 ΔG_{field} 分别代表了溶剂和电场的影响。因此，CHE 模型可以将电势 (U) 明确包含在每个基元反应步骤的自由能变化中。对于给定的反应步骤，可以确定热力学速控步电势 U_L，该电势定义为反应步骤恰好变为放热（即 $\Delta G=0$）时对应的外加电势。对于反应路径，该电势由反应自由能最高的步骤决定。该方法已应用于 Cu(211) 台阶面上二氧化碳还原制备 C1 产物的机理分析中，并且已证明各种产物的 U_L 与多晶铜上的实验起始电位相关。该方法被证明能够准确描述在多晶面过渡金属表面上生成 CH_4 或者 CH_3OH 临界电势的定性趋势。

7.4.5　二氧化碳还原的反应机理模拟及催化剂设计策略

虽然以 U_L 作为关键指标能够合理描述过渡金属催化剂上二氧化碳还原的反应机理并且能够合理地解释实验数据，但是该方法并不能完全描述催化剂的本征活性。因此，反应活化能的计算是必不可少的，并且可以将反应转化率与电势进行关联。在真空中，理论模拟能够容易地确定反应物与表面 H 发生氢化反应的能垒，也就是通常所说的 Langmuir-Hinshelwood 反应机理。然而，在电化学反应条件下，用于加氢的质子可能直接来自溶液中，该机理有时被称为 Eley-Rideal 反应机理[15]，这大大增加了计算反应能垒的挑战性。此外，已证明离子和溶剂的作用是决定各种产品的活性和选择性的重要因素。因此，对电化学活化能以及由此产生的动力学和选择性的研究需要明确地考虑电势、溶剂和离子的影响，这也催生了大量不同的理论模拟方法，但是同时也导致同一个电化学反应步骤由于采用的模拟方法不同产生相当大的能量差异。近年来，在理论上广泛应用的溶剂化效应模拟包括隐式溶剂模型 (Implicit Solvent Model) 和显式溶剂模型 (Explicit Solvent Models)。

(1) 隐式溶剂模型

通常，如果考虑溶剂分子和离子，那么在确定金属表面反应的活化势垒时会增加许多额外的自由度和计算时间。因此，隐式溶剂模型就是不具体描述溶质附近的溶剂分子的具体结构和分布，而是把溶剂环境简单地当成可极化的连续介质来考虑的。这种考虑溶剂效应的好处是可以表现溶剂的平均效应而不需要像显式溶剂模型那样需要考虑各种可能的溶剂层分子的排布方式，而且不至于令计算耗时增加很高，因此被广泛用于量子化学和分子模拟领域。然而，这种模型虽然简单且计算量小，但它们存在一定的问题。比如，隐式方法最广泛使用方式之一是使用离子的简单线性化 Poisson-Boltzmann 分布[16]，这种分布不能解决有限的离子大小的影响，并且在经典模型中发现其会导致非物理界面的电容。零电荷（PZC）的电位通常被作为这些方法的基准，但是由于 PZC 和金属的功函数是直接相关的，因此实验和理论 PZC 之间的一致性可能仅仅反映了理论模拟方法中广义梯度近似（GGA）泛函描述的金属功函数的准确性而非对溶剂效应的描述。这样的基准也无法评估反应能量的准确性，因为溶剂化或阳离子相互作用会产生重大影响。最后，在恒定电势下利用隐式溶剂模拟的另一个挑战是离子被认为绝热地随着反应过程中偶极的变化而变化。

（2）显式溶剂模型

显式溶剂方法可以从原子层面上描述溶剂化和阳离子的影响，但其代价是大大增加了计算成本，并带来了其他挑战。由于离子是在有限尺寸的晶胞内显式建模的，因此电势不是连续变化的。在有限尺寸的晶胞中建模的质子电子转移过程也导致沿反应路径的电势发生显著变化。这些问题可以通过界面的电容器模型缓解，该模型可以将计算出的反应能垒外推到无限大尺寸晶胞的极限，对应于恒定电势极限。过渡态结构可以采用 NEB 方法确定。

（3）利用显式溶剂模型描述 CO$_2$ 电还原生成甲烷的反应机理

本部分将以金属铜（211）晶面上 CO$_2$ 电化学还原生成甲烷[17]为例阐述如何通过理论模拟采用显式溶剂模型描述电化学反应机理。首先，在考虑电子-质子耦合步骤中，假设电子转移在时间尺度上比质子快得多。由于过渡态的结构与催化剂表面有相互作用，所以这一假设较为合理。所有基元反应的反应自由能都是通过"计算氢电极"的方法进行的，在计算中间体能量和反应过渡态能垒过程中采用显式溶剂模型来描述溶剂化效应，即所有的体系都是一层通过氢键作用的水层和四层过渡金属表面平板模型。水层中多余的氢电荷以水合氢离子的形式存在并且在平板模型中追加相应数目的背景电荷。过渡态结构的确定采用 NEB 方法。反应中间体的自由能受零点振动能和熵的影响，这些矫正通过谐振子近似计算，对过渡态的自由能仅进行零点能矫正且不包括构型熵。

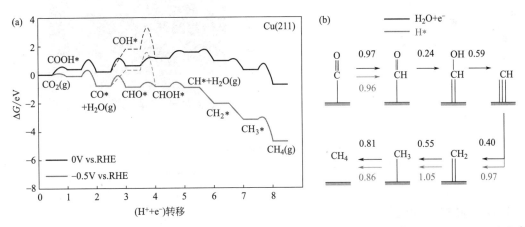

图 7.13　二氧化碳在 Cu（211）晶面电化学还原生成甲烷的反应势能面（a）和相关中间体与催化剂表面的作用方式（b）[17]

图 7.13（a）为二氧化碳电化学还原生成甲烷的关键基元步骤的反应势能面。由于 CO$_2$ 通过 COOH＊中间体生成 CO 时需要相对较低的过电势，因此后续的反应主要是 CO 的还原。在 Cu(211) 表面上，CO 的第一步加氢会生成 COH＊和 CHO＊，其中生成 CHO＊为更加有利的反应路径。CHO＊经过一系列的加氢以及 C—O 键断裂后继续加氢最终生成甲

烷产物。从图中可以发现 CO 第一步加氢生成 CHO * 物种在整个反应路径中具有最高的反应能垒，因此这步反应为速度控制步骤，并将决定催化剂的反应活性。

（4）CO$_2$ 电化学还原催化剂设计的理论参考

在确定详细合理的反应机理的基础上，通过在一系列金属上进行系统的计算并且建立起微观动力学模型则可以探索出不同催化剂催化活性的规律。在传统多相催化反应的理论模拟中，催化剂表面上不同物种的吸附能存在着线性相关性（Scaling Relation）[18]，而且基元反应的反应能垒与反应热也存在相关性（BEP Relation）[19]。这两种线性关系奠定了"基于简单描述符的微观动力学方法"的基础[20]。虽然该方法被普遍应用于热化学催化中催化剂的高效筛选设计，但是在电化学催化尤其是二氧化碳电化学还原这类复杂反应中的应用相对较少。

在 CO$_2$ 电化学还原生成甲烷的机理模拟中，Nørskov 课题组首次发现这种线性关系也存在于复杂的电化学反应基元步骤当中。如图 7.14(a) 所示，在二氧化碳电化学还原生成甲烷的过程中，最关键反应步骤（即 CO 加氢生成 CHO * 物种）的过渡态能量与催化剂表面的 CO 吸附能具有线性依赖关系。最终，通过动力学模拟和线性降维的方式，将二氧化碳电化学还原生成甲烷的活性转化成 CO 和 H—CO 这两个重要反应中间体自由能的函数。如图 7.14(b) 的二维火山曲线所示，铜催化剂是最为接近火山顶点的金属，这与大量的实验研究结论相符合，因为 Cu 催化剂是目前为止最为优质的二氧化碳电化学还原催化剂。基于此类二维火山曲线，我们可以方便地进行新型催化剂的筛选，并且为实验研究提供有价值的信息。当然，通过理论预测的催化剂仍然需要实验工作者通过大量的高精尖的合成和表征技术进行论证。

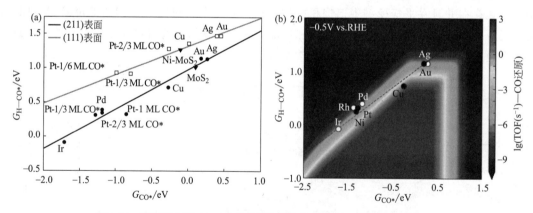

图 7.14　CO 吸附能和 H—CO 能量的线性依赖关系（a）和一氧化碳电化学
还原活性与 CO 吸附能和 H—CO 过渡态能量二维火山曲线（b）[17]

7.4.6　总结与展望

近年来，电化学界面理论模拟方法的发展使得深入分析和理解二氧化碳还原机理成为可能。该领域的主要研究进展包括确立 CO 为关键的反应中间体、基于稳定的显示溶剂模型确定生成 CH$_4$ 的反应机理并建立催化剂设计的理论指导。然而，目前的理论研究成果仍然缺乏二氧化碳电还原生成 C^{2+} 物种的反应机理，以及与 pH 值和催化剂表面结构的依赖关系。这一方面源于该反应本身的高复杂性，另一方面是反应中间体对溶剂和阳离子环境非常敏感。然而，通过实验的手段确定二氧化碳还原性能与催化剂不同晶面的依赖关系非常具有挑战性，因为实际反应条件下晶面的重构无法避免。尽管通过分析反应的自由能变化能够提供一些有价值的信息，但是有必要通过微观动力学模型阐明表面物种的覆盖度、活化能与电位的依赖关系以及 pH 效应。此外，开发多尺度模型方法将量子力学和分子动力学方法结合可提供更加有效的途径描述二氧化碳电化学还原。

7.5　NRR 机理模拟和催化剂设计策略

氨（NH_3）作为一种重要化学原料，不仅可以用于生产氮肥，保证人类社会充足的粮食供应，而且还是一种绿色的能源载体和替代燃料，具有较高的能量密度（约为柴油的三分之一）。此外，它也是各种化学品（包括硝酸、炸药和几乎所有药物）的重要合成原料。因此，将自然中丰富的氮源（N_2）转化为 NH_3 是极其必要的反应。在 20 世纪初期，Haber 和 Bosch 发明了一种工业合成氨方法，即在高温高压下通过化石燃料将 N_2 和 H_2 直接转化合成氨（NH_3）。而在此之前，几乎所有人类收集的 NH_3 都来自微生物的生物固氮。从 Haber-Bosch 合成氨工艺开始，逐渐建立了完整的工业氮转化合成氨体系，为繁荣的现代工业社会做出了卓越的贡献。直到今天，该反应仍然供养着全球 80% 的人口，固定的 N 含量占人体内 N 元素的一半。

然而，随着对 NH_3 需求的不断增长、化石燃料的供应减少以及日益严重的环境与气候危机，Haber-Bosch 工艺将变得难以为继，因其需要极为苛刻的反应条件，每年消耗的化石燃料占全球总能源的 1%～2%，同时伴随着海量的温室气体排放（每年超过 3 亿吨的二氧化碳）。因此迫切地需要开发出高效的替代合成氨策略，以在环境条件下实现绿色、可持续、低能耗的固氮为氨。当前，电化学方法合成氨（eNRR）因其可以连接可再生能源、降低反应能源需求、减少 CO_2 排放、简化实验装置设计而备受关注。但是，缓慢的 N_2 吸附过程和难以劈裂的强 N≡N 键抑制了该反应过程，导致较大的过电位和较低的 NH_3 产率。电催化剂作为电化学体系中最核心的组分，其在提高反应速率、提高反应选择性和降低反应能耗中发挥着关键作用。因此，设计与开发出新型高效的 eNRR 催化剂引起了研究者们极大的关注[21]。

水溶液中 eNRR 合成氨是一个 6 电子反应，即 $N_2 + 6H^+ + 6e^- \longrightarrow 2NH_3$。具有 4 种还原路径，包括解离路径（Dissociative Pathway）、远端和交替缔合路径（Distal and Alternative Pathway）以及酶促路径（Enzymatic Pathway），如图 7.15 所示。解离路径中 N_2 分子先直接劈裂为两个分离的 N 原子，随后分别氢化为 NH_3。远端路径为垂直吸附的 N_2 分子中远端的 N 原子先氢化为 NH_3，随后另一个 N 原子再氢化为 NH_3。交替路径为垂直吸附的 N_2 分子中两个 N 原子同时氢化形成 NH_3。酶促路径与交替路径相似，仅是 N_2 的吸附方式不同，酶促路径中 N_2 分子是水平吸附的，而在交替路径中 N_2 为垂直吸附。

尽管当前在 eNRR 领域取得了许多重要的进展，但由于催化剂的催化活性较差，NH_3 的产率较低，水溶液中竞争的析氢反应（HER）导致较低的法拉第效率，因此电化学氮氨转化的发展仍然具有挑战性。使用理论计算加速开发与探索新型高效的 eNRR 催化剂需要

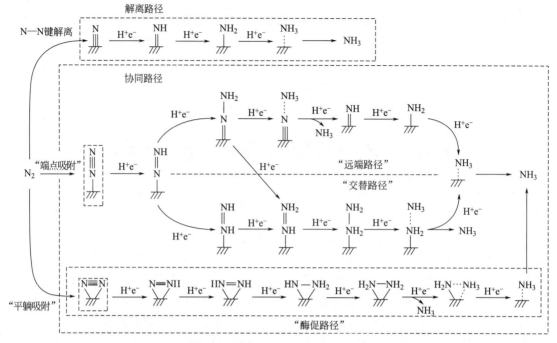

图 7.15 通过质子耦合-电子转移的 eNRR 反应路径[22]

深刻理解该过程中的反应机理与评价标准。通过计算反应的限制电位（U_L，Limiting Potential）定量评估催化剂的 NRR 活性，定义为使 eNRR 每一基元步骤都为放热所需施加的外接电位：

$$\Delta G^{NRR} = \Delta E + \Delta ZPE - T\Delta S + \Delta G_{pH} \tag{7.5-1}$$

$$U_L = -\max\{\Delta G_1, \Delta G_2, \Delta G_3, \Delta G_4, \Delta G_5, \Delta G_6\} \tag{7.5-2}$$

其中，ΔE 为 DFT 计算中所得的静态能量。ΔZPE 表示零点振动能的变化；$T\Delta S$ 代表反应过程中熵的变化（$T = 298.15K$）。ΔZPE 和 $T\Delta S$ 可以通过计算吸附物种的频率获得。ΔG_{pH} 为 pH 值的自由能修正，可通过方程 $\Delta G_{pH} = k_B T \times pH \times \ln 10$ 计算，为简便起见，一般将 pH 值设为 0。

Nørskov 等理论构建了计算限制电位与各种过渡金属表面上 N 原子的吸附能之间的描述关系[23]。如图 7.16(a) 所示，与 N 原子具有较弱的结合能力的过渡金属（低反应性），其 eNRR 过程限制于 N_2* 的第一步质子化为 N_2H* 物种。而对高反应性的过渡金属，其与 N 原子具有较强的结合能力，电位速控步为 $NH*$ 质子化为 NH_2* 或 NH_2* 物种解附为 $NH_3(g)$。因此，理论上可以在与 N 键合较弱的金属上增强 N_2H* 物种的吸附能，或在与 N 键合较强的金属上削弱 NH_2*（$NH*$）物种的吸附能来获得更低的 eNRR 限制电位。例如，金属 Re、Ru 和 Rh 的 (111) 面具有适中的 N 键合能力，其处于火山图的峰顶。然而，即便 eNRR 性能最好的金属，其限制电位依然负于（至少 0.5V）其启动 HER 所需的限制电位，如图 7.16(b) 所示。这意味着竞争的析氢反应在绝大多数金属催化剂上更容易发生，导致 eNRR 的法拉第效率很不理想。因此，需要采取更具针对性的策略合理设计高效 eNRR 催化剂以促进电化学氮还原制氨。

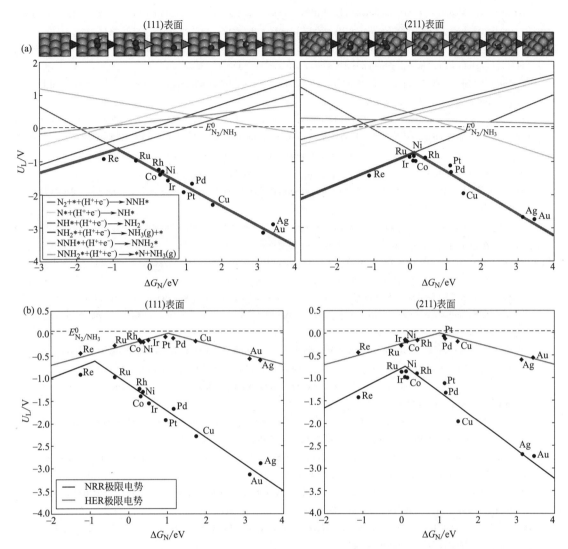

图 7.16　面心立方金属上 N_2 电还原的限制电位与 N * 物种结合能间的描述符
关系图（a）和 HER 和 NRR 限制电位间的火山比较关系图（b）[23]

参考文献

[1] Hinnemann B，Moses P G，Bonde J，et al. Biomimetic hydrogen evolution：MoS_2 nanoparticles as catalyst for hydrogen evolution [J]. Journal of the American Chemical Society，2005，127（15）：5308-5309.

[2] Zhang J，Wang T，Liu P，et al. Efficient hydrogen production on $MoNi_4$ electrocatalysts with fast water dissociation kinetics [J]. Nature Communications，2017，8（1）：1-8.

[3] Man I C，Su H Y，Calle-Vallejo F，et al. Universality in oxygen evolution electrocatalysis on oxide surfaces [J]. Chem Cat Chem，2011，3（7）：1159-1165.

[4] Koper M T. Thermodynamic theory of multi-electron transfer reactions：Implications for electrocatalysis [J]. Journal of Electroanalytical Chemistry，2011，660（2）：254-260.

[5] Kulkarni A，Siahrostami S，Patel A，et al. Understanding catalytic activity trends in the oxygen reduction reaction [J]. Chemical Reviews，2018，118（5）：2302-2312.

[6] Marković N，Schmidt T，Stamenković V，et al. Oxygen reduction reaction on Pt and Pt bimetallic surfaces：A selective review [J]. Fuel Cells，2001，1（2）：105-116.

［7］ Hyman M P，Medlin J W. Mechanistic study of the electrochemical oxygen reduction reaction on Pt（111）using density functional theory ［J］. The Journal of Physical Chemistry B，2006，110（31）：15338-15344.

［8］ Janik M J，Taylor C D，Neurock M. First-principles analysis of the initial electroreduction steps of oxygen over Pt（111）［J］. Journal of the Electrochemical Society，2008，156（1）：B126.

［9］ Rossmeisl J，Skúlason E，Björketun M E，et al. Modeling the electrified solid-liquid interface ［J］. Chemical Physics Letters，2008，466（1/2/3）：68-71.

［10］ Hansen H A，Viswanathan V，Nørskov J K. Unifying kinetic and thermodynamic analysis of 2 e⁻ and 4 e⁻ reduction of oxygen on metal surfaces ［J］. The Journal of Physical Chemistry C，2014，118（13）：6706-6718.

［11］ Wang S G，Temel B，Shen J，et al. Universal Brønsted-Evans-Polanyi relations for C—C，C—O，C—N，N—O，N—N，and O—O dissociation reactions ［J］. Catalysis Letters，2011，141（3）：370-373.

［12］ Teeter T E，Van Rysselberghe P. Reduction of carbon dioxide on mercury cathodes ［J］. The Journal of Chemical Physics，1954，22（4）：759-760.

［13］ Hori Y，Kikuchi K，Suzuki S. Production of CO and CH_4 in electrochemical reduction of CO_2 at metal electrodes in aqueous hydrogencarbonate solution ［J］. Chemistry Letters，1985，14（11）：1695-1698.

［14］ Nørskov J K，Rossmeisl J，Logadottir A，et al. Origin of the overpotential for oxygen reduction at a fuel-cell cathode ［J］. The Journal of Physical Chemistry B，2004，108（46）：17886-17892.

［15］ Cheng T，Xiao H，Goddard W A. Full atomistic reaction mechanism with kinetics for CO reduction on Cu（100）from ab initio molecular dynamics free-energy calculations at 298 K ［J］. Proceedings of the National Academy of Sciences，2017，114（8）：1795-1800.

［16］ Mathew K，Sundararaman R，Letchworth-Weaver K，et al. Implicit solvation model for density-functional study of nanocrystal surfaces and reaction pathways ［J］. The Journal of Chemical Physics，2014，140（8）：084106.

［17］ Liu X Y，Xiao J P，Peng H J，et al. Understanding trends in electrochemical carbon dioxide reduction rates ［J］. Nature Communications，2017，8（1）：1-7.

［18］ Abild-Pedersen F，Greeley J，Studt F，et al. Scaling properties of adsorption energies for hydrogen-containing molecules on transition-metal surfaces ［J］. Physical Review Letters，2007，99（1）：016105.

［19］ Bligaard T，Nørskov J K，Dahl S，et al. The Brønsted-Evans-Polanyi relation and the volcano curve in heterogeneous catalysis ［J］. Journal of Catalysis，2004，224（1）：206-217.

［20］ Medford A J，Shi C，Hoffmann M J，et al. CatMAP：A software package for descriptor-based microkinetic mapping of catalytic trends ［J］. Catalysis Letters，2015，145（3）：794-807.

［21］ Wan Y C，Xu J C，Lv R T. Heterogeneous electrocatalysts design for nitrogen reduction reaction under ambient conditions ［J］. Materials Today，2019，27：69-90.

［22］ Guo W H，Zhang K X，Liang Z B，et al. Electrochemical nitrogen fixation and utilization：Theories，advanced catalyst materials and system design ［J］. Chemical Society Reviews，2019，48（24）：5658-5716.

［23］ Montoya J H，Tsai C，Vojvodic A，et al. The challenge of electrochemical ammonia synthesis：A new perspective on the role of nitrogen scaling relations ［J］. Chem Sus Chem，2015，8（13）：2180-2186.

第8章

光催化

光催化是在半导体催化剂作用下，利用光能驱动化学反应的过程。自 1972 年报道 TiO_2 光催化分解水产氢以来，光催化作为一种具有可直接利用太阳能实现水分解产氢析氧、化学合成、CO_2 加氢还原和污染物降解等应用潜力的技术而被关注。经过近半个世纪的发展，光催化无论在机理研究还是在可控合成制备方面都取得了重大进步，但离大规模工业应用还有较远距离，主要障碍在于其表观总反应速率远低于热催化过程的反应速率。

目前，光催化研究仍然以实验为主，计算模拟一般被作为实验研究的辅助手段。采用纯计算模拟方法开展光催化研究偏少，主要原因在于光催化体系较为复杂，包括激发态、自由基和多相界面反应，尚未形成较为系统成熟的计算模拟研究方法。光催化总反应效率与光吸收效率、光生电子-空穴对分离及传输效率和活性物种参与目标反应效率三个决定因素有关。在这三个因素中，活性物种参与反应的机理可参照热催化计算模拟方法开展研究，前面已有章节论述。本章重点关注光催化剂能带结构调节、光生载流子分离与传输和电子与空穴参与活性物种的形成过程。

8.1 能带结构调节

光催化基本原理如图 8.1 所示，在光照作用下，半导体价带（Valence Band，VB）电子被激发跃迁到导带（Conduction Band，CB），形成光生载流子电子-空穴对。进入导带的电子（e^-）具有还原性，留在价带的空穴（h^+）具有氧化性，它们与 O_2 或 H_2O 反应形成活性氧物种，可以进一步参与后续氧化还原反应[1]。作为驱动光催化反应的光源，太阳光是最经济的选择。太阳光全光谱包括紫外、可见和近红外三个区域，所含能量占全谱能量的比例依次为 5%、43% 和 52%。其中紫外区域光子能量高，能够激发大部分半导体生成电子-空穴载流子。但紫外区域仅占太阳光全光能量 5% 左右。拓展半导体的可见光响应，利用好 43% 的能量，能够有效提高光催化剂的全光活性。

光催化的核心是半导体催化剂，其催化活性与光吸收效率、光生电子-空穴对的分离及传输效率和活性物种参与催化反应的效率三个因素有关，效率公式为：

$$\eta_{光催化} = \eta_{吸收} \eta_{分离传输} \eta_{催化反应}$$

因此，对光催化活性的改善，可以从改善以上三个因素考虑。通过杂原子掺杂降低催化剂禁带宽度可以有效提高全光吸收利用率；通过构造异质结形成半导体复合结构和对层状材料掺杂形成内建电场能够促进光生载流子分离；通过构造氧空位缺陷、暴露高活性晶面等手

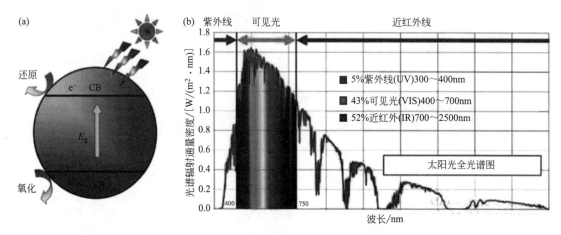

图 8.1 半导体催化剂光催化原理示意图（a）和太阳全光光谱能量分布（b）

段可以促进光生载流子与环境中 O_2 或 H_2O 反应形成高活性自由基，从而提高目标反应的反应速率。

能带结构（Band Structure）是固体物理中的概念，用来描述晶体中电子能级随倒空间 k 点的变化特征。能带结构主要特征包括禁带宽度、价带顶和导带底等。如果价带最高能量与导带最低能量出现在同一 k 点，能带结构为直接带隙，否则为间接带隙。具有足够能量的光子入射会将价带电子激到导带。间接带隙电子跃迁除了需要克服带宽，还需要消耗额外的能量用于晶体结构的调整。态密度是电荷数量随能量的分布特征，是能带结构在能量空间的投影。通过态密度图也能看出禁带宽度、价带和导带位置。对态密度按照原子和角动量进行分解，能得到更丰富的信息。因此，采用态密度分析能带结构是光催化领域常见的处理方法。

对几何结构具有周期性对称特点的半导体而言，对半导体催化剂能带结构的调节，一般是通过减小禁带宽度提高可见光响应以提高太阳光全光利用率，或者调整导带或价带位置匹配目标反应的氧化还原电位。以 TiO_2 为例[2]，由于它具有高催化活性、高化学稳定性和长光生载流子寿命的特点，被认为在光催化分解水产氢方面很有前景。TiO_2 的还原能力由导带底（Conduction Band Minimum，CBM）位置高低来衡量，导带底越接近真空能级还原能力越高。其氧化能力由价带顶（Valence Band Maximum，VBM）位置来衡量，价带顶越低，氧化能力越强。图 8.2 表明，CBM 略高于产氢半反应对应的能级，而 VBM 比析氧能级低 1.6eV。产氢和析氧反应能级居于 CBM 和 VBM 之间，理论上，水裂解反应在 TiO_2 催化下能够进行。但实际上能量利用率不高，主要原因是 TiO_2 禁带宽度很大，达到 3.2eV，只能吸收太阳光中紫外区域的很小一部分。

为提高 TiO_2 光解水反应效率，需要减小禁带宽度增强可见光响应。

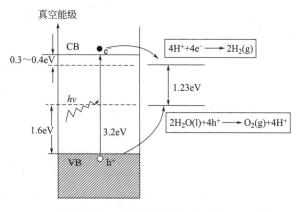

图 8.2 锐钛型 TiO_2 价带顶和导带底相对位置示意图[1]

由于导带位置略高于产氢半反应氧化还原电位 0.3~0.4eV，调整空间较小，在保持其能级位置不变的情况下，将价带能级位置提高 1.2eV，使禁带宽度缩小到 2.0eV 比较合适。

纯锐钛矿型 TiO_2 总态密度（Total Density of States，DOS）和部分态密度（Partial Density of States，PDOS）如图 8.3 所示。横坐标 0 点处的虚线为费米能级位置，其右高能级空轨道为导带，主要由 Ti 3d 组成。其左低能级为价带，主要由 O 2p 组成。禁带宽度约为 2.0eV，比实验测量值 3.2eV 低 1.2eV。这个偏差是由密度泛函理论自身的缺陷导致的，无论是局域近似（LDA）还是广义梯度近似（GGA），都会低估禁带宽度。采用杂化泛函 HSE 方法能够得到较为准确的禁带宽度，但计算资源需求较高。

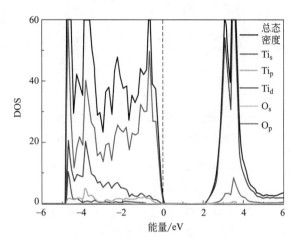

图 8.3 纯锐钛矿型 TiO_2 总态密度图 [1]

以最高占据态横坐标所在位置为零点

为了调整 TiO_2 的禁带宽度，既可以单独调节价带（p 型掺杂）或导带（n 型掺杂），也可以对二者同时调节。对价带的调节可以通过在 O 位置替位掺杂与 O 具有不同 p 轨道能级的原子实现，而对导带的调节可以通过在 Ti 位置替位掺杂与 Ti 具有不同 d 轨道能级的原子实现。

图 8.4 给出了 N 和 C 取代 O 的 p 型掺杂，3d 过渡金属 V 和 Cr 及 4d 过渡金属 Nb 和 Mo 取代 Ti 的 n 型掺杂的单原子掺杂态密度图。N 和 C 掺杂在价带顶引入受主能级（Acceptor）。N 和 C 原子的电中性 2p 轨道能级分别比 O 2p 轨道能级高 2.0eV 和 3.8eV，因此 N 掺杂引入的受主能级在禁带较浅位置，离 TiO_2 价带顶较近。而 C 掺杂引入的受主能级在禁带较深位置，离 TiO_2 价带顶较远。另外，C 原子比 O 原子少两个价电子，C 取代 O 后作为双电子受主能级，而 N 取代 O 后作为单电子受主能级。

过渡金属取代 Ti 掺杂在导带底引入施主能级（Donor）。施主能级的位置与掺杂金属原子的 d 轨道能级相关。V 和 Cr 掺杂引入的施主能级在禁带较深位置，离 TiO_2 导带底较远，而 Nb 和 Mo 掺杂引入的施主能级较浅。计算结果表明，Cr 3d、V 3d 和 Mo 4d 轨道能级分别比 Ti 3d 轨道能级低 3.3eV、1.8eV 和 1.2eV。而 Nb 4d 轨道能级比 Ti 3d 高 0.5eV。掺杂过渡金属原子 d 轨道能级越低，形成的施主能级越深。因此，Cr 掺杂形成的施主能级最深，Nb 的最浅。Mo 和 Nb 是较为理想的 n 型掺杂元素，给 TiO_2 的导带造成的扰动小。另外，V 和 Nb 比 Ti 多一个价电子，掺杂后形成单施主能级。而 Cr 和 Mo 比 Ti 多两个价电子，掺杂形成双施主能级。

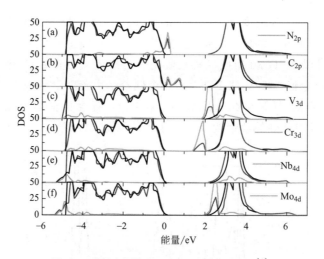

图 8.4 单掺杂锐钛矿型 TiO$_2$ 的总态密度图[1]

黑线条为纯 TiO$_2$ 总态密度，为便于显示，对部分态密度（PDOS）纵坐标进行了放大

从前面六个原子单掺杂态密度图分析来看，要减小禁带宽度，就要在阴离子位置引入价电子更少的非金属原子掺杂，使价带上移，而在阳离子位置引入价电子更多的过渡金属原子掺杂，使导带下移。但针对 TiO$_2$ 光催化分解水反应而言，要保持导带位置不变或者变化较小，提高价带位置。但是，单掺杂引入部分占据的掺杂态在光吸收效率、光生载流子生成量的同时，也会作为电子和空穴的复合中心促进载流子的复合[3]。为避免这个问题，可采用电荷补偿施主-受主能级共掺杂，如 V+N、Nb+N、Cr+C、Mo+C。电荷补偿的意思是 p 型掺杂原子价电子比 O 少的个数与 n 型掺杂原子价电子比 Ti 多的个数相等。这种情况下，施主能级上的电子会钝化受主能级上等量的空穴，体系整体保持半导体特性。

图 8.5 给出了（V+N）、（Nb+N）、（Cr+C）和（Mo+C）共掺杂 TiO$_2$ 的态密度图。从图中可以看到，与纯 TiO$_2$ 相比，掺杂后价带顶显著升高，导带底变化很小。表 8.1 列出了四种掺杂组合下带边和禁带宽度相对纯 TiO$_2$ 的变化情况。价带顶和导带底位置变化趋势与单掺杂情形一致。N 和 V 都是浅能级掺杂，（V+N）共掺杂引起的禁带宽度仅减小 0.49eV；（Nb+N）共掺杂导致禁带宽度减小也很小，为 0.37eV；（Cr+C）双深能级共掺杂体系禁带宽度最小，相对 TiO$_2$ 减小了 1.36eV。但是，降低禁带宽度提高可见光区域的响应不是唯一需要考虑的因素。就 TiO$_2$ 光解水而言，对能带结构的调整还需要维持氧化还原反应的能力，掺杂 TiO$_2$ 的导带能级越高越有利于发挥 TiO$_2$ 的还原性。（Cr+C）共掺杂导致导带底降低超过 0.3eV，因而不满足产 H$_2$ 反应的要求。综合来看，（Mo+C）是更合适的选项，虽然禁带宽度仅减小了约 1.1eV。与图 8.4 相比，会发现 C 和 Mo 共掺杂比他们各自单独掺杂，引入的掺杂态能级都有提高，说明施主-受主能级共掺杂存在协同效应。通过形成能分析发现，共掺杂相对单独掺杂能量降低超过 2eV，说明共掺杂结构在热力学上是稳定的，这种稳定作用可能源于施主和受主之间的电荷转移和施主阳离子与受主阴离子之间的库仑力。

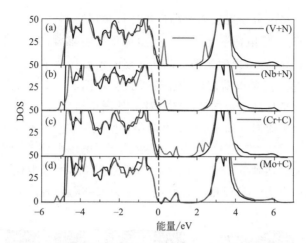

图 8.5 施主-受主能级双掺杂锐钛矿型 TiO_2 的总态密度图[1]

黑线条为纯 TiO_2 总态密度

表 8.1 施主-受主共掺杂锐钛型 TiO_2 价带顶、导带底和禁带宽度变化

单位：eV

体系	ΔE_v	ΔE_c	ΔE_g
$TiO_2:(N+V)$	0.38	−0.11	−0.49
$TiO_2:(N+Nb)$	0.42	0.05	−0.37
$TiO_2:(C+Cr)$	1.05	−0.31	−1.36
$TiO_2:(C+Mo)$	1.04	−0.08	−1.12

　　除了直接通过掺杂原子调节半导体能带结构外，还可以通过将禁带宽度较小的半导体与禁带宽度较大的半导体进行复合构建异质结或在半导体表面负载 Au 等金属团簇的方式提高光催化剂的可见光响应。这种情况，要利用禁带宽度较窄的半导体或贵金属团簇在可见光激发下生成载流子，载流子在电势差的作用下传输到主半导体上，使后者具备氧化还原能力。但从计算模拟的角度来看，对半导体材料的能带结构进行计算和分析是基本且重要的。

8.2　电子-空穴分离与传输

　　半导体的价带电子受激发进入导带的同时，会在价带形成空穴[4]。电子-空穴载流子分离后，在抵达材料表面与环境中 O_2 或 H_2O 等分子反应前，可能会因为复合而被消耗掉。因此，提高半导体光催化剂催化活性的研究重点之一是提高电子-空穴的分离效率。在第一节我们提到在价带或导带掺杂引入间隙态会成为电子-空穴复合中心，通过价带-导带双掺杂能够在一定程度上克服单掺杂的缺点，但这种处理方法仍然没有考虑电子-空穴分离的增强问题。对于类似 $BiOCl$[5]、$g-C_3N_4$[6,7] 这种具有分层结构的半导体材料而言，通过取代掺杂或层间间隙掺杂可以构建内电场（Inner Electric Field，IEF），从而实现电子-空穴的定向传输。对固体材料内电场的分析可以通过静电势计算实现。

Bi_3O_4Cl 是 $[Bi_3O_4]$ 正电荷层与 $[Cl]$ 负电荷层交替堆叠的层状材料，其晶体结构如图 8.6(a) 所示。图 8.6(b) 给出的是用不同非金属元素取代一个 Cl 原子掺杂后[4]的电荷密度图，显示 C 掺杂引起的正负电荷层电荷密度差最大。图 8.6(c) 给出了沿 $[001]$ 方向静电势分布图，电子倾向于从高电势向低电势迁移。从图中可以看出，Bi_3O_4Cl 材料本身存在内电场，光生电子倾向于流向 $[Bi_3O_4]$ 正电荷层，空穴倾向于流向 $[Cl]$ 负电荷层，两层间电势差可定量为 3.57 V。在 $[Cl]$ 层取代掺杂后，内电场电势差均有升高，其中 C 掺杂引起的电势差升高最大，达到 7.36 V。因此，从理论上预测用 C 取代 Cl 掺杂可实现最大程度上增强 Bi_3O_4Cl 的内电场，实现光生电子-空穴最大效率的分离。

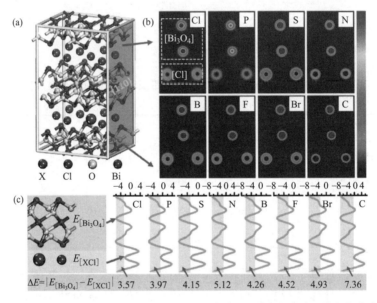

图 8.6　不同非金属元素掺杂 Bi_3O_4Cl 的晶体结构（a）、电荷密度（b）和静电势（c）[4]

进一步对 Bi_3O_4Cl 的 $[010]$、$[110]$ 和 $[001]$ 三个面做态密度分析 [图 8.7(a)]，发现不同面呈现的禁带宽度、带边位置有差异，表明光生载流子分离后的流向可能存在差异。具体而言，$[010]$ 面具有最低导带底，光生电子应该在 $[Bi_3O_4]$ 正电荷层沿 $[010]$ 方向迁移。$[110]$ 面具有最高价带顶，空穴应该在掺杂了 C 的 $[Cl]$ 负电荷层沿着 $[110]$ 方向迁移。光沉积（Photodeposition）实验证明，在可见光（波长大于420nm）照射条件下，Pt 和 Au 金属会在 $[010]$ 面沉积，电子迁移到该处使沉积物处于还原状态。而 MnO_x 和 PbO_2 会在 $[110]$ 面沉积，表明空穴迁移到该处使沉积物处于氧化状态。

回顾第一节受主-施主浅能级掺杂的态密度分析方法，按照同样的理论可以分析 C 掺杂 Bi_3O_4Cl 的情形。从图 8.7 态密度反映的能带结构来看，导带（包括导带底）主要由 Bi 的 d 轨道组成，表明激发电子会从 Bi 的 d 轨道传递。价带（包括价带顶）主要由 Cl 和掺杂的 C 的 p 轨道组成，其中 C 的 2p 态处在价带顶最高位置，提高了可见光响应活性。可以推断，C 2p 电子能级高于 Cl 3p 电子，C 掺杂在价带顶引入了受主浅能级。

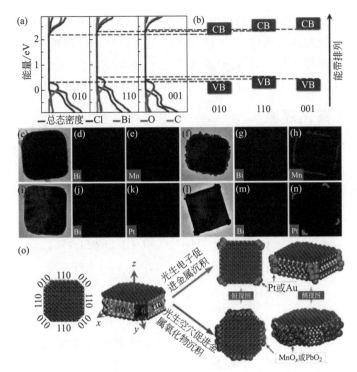

图 8.7　C 掺杂的 Bi$_3$O$_4$Cl［010］、［110］和［001］面计算得到的 DOS 图（a）；
能带排列（b）；透射电镜和元素映射图（c）～（n）；金属（Pt 和 Au）和金
属氧化物（MnO$_x$ 和 PbO$_2$）在 C 掺杂 Bi$_3$O$_4$Cl 纳米片上可见光沉积示意图（o）[4]

8.3　激发态的近似处理

半导体经能量大于禁带宽度的光子照射激发后形成电子-空穴对，电子被激发到导带，空穴留在价带。通过对能带结构和静电势的计算，可以了解光吸收和光生载流子的分离和传输特性。但分离后的载流子到达半导体催化剂表面后，如何参与化学反应？前两部分的第一性原理计算是凝聚态物理中的常规操作，在光催化领域已经成为与实验研究相配合的标准方法。但在光生载流子参与化学反应方面的计算严重偏少，与其重要性不相匹配。另外，这方面化学和催化的意味更浓，是光催化与热催化、电催化等过程类型的区别所在，值得深入研究。

造成以上局面的主要原因在于第一性原理理论基础是描述和处理物质基态性质的，而光生电子-空穴载流子是激发状态。在经典第一性原理理论框架中，通常会采用绝热近似，认为物质中原子如果移动，其外层电子会相应瞬间调整并找到最低能量状态。这样的好处是能够显著降低计算量，并能计算包含较多原子（如 100～500 个原子）的扩展体系或较为复杂的结构。半导体光催化材料和光催化反应就处在这样一个尺度上。如果不做绝热近似，而采用含时密度泛函理论，也可以直接处理激发态的问题，但受限于目前的计算硬件只能处理含原子较少的分子或团簇体系。

所以，对包含较多原子的半导体光催化体系，目前处理电子-空穴激发态的基本思路是采用基态计算方法，但对计算模型做最小程度的处理。目前有两种处理方法：①直接改变体系电子个数；②吸附 H 或 OH 简单基团。然后通过 DFT＋U 或者杂化泛函方法将电子或空穴定位到合适的位置。如果要研究导带中激发电子参与的还原反应，可向体系增加一个电子或在模型上远离反应位的地方吸附一个 H 原子。与之对应的，如果要研究价带中空穴参与的氧化反应，可从体系中删除一个电子或在模型上远离反应位的地方吸附一个 OH 基团。下面以 TiO_2 热力学稳定面（101）上 CO_2 光催化还原和 CH_3OH 光催化氧化为例来说明。

8.3.1　CO_2 光催化还原

利用光催化还原 CO_2 为碳氢化合物燃料或其他有用化合物是实现二氧化碳减排和利用的重要途径。CO_2 还原反应是多电子过程，包括 C—O 键断裂和 C—H 键形成，主要产物有甲酸（HCOOH）、甲醛（HCHO）、甲醇（CH_3OH）、甲烷（CH_4）和 CO 等，相应总反应有：

$$CO_2 + 2H^+ + 2e^- \longrightarrow HCOOH$$

$$CO_2 + 4H^+ + 4e^- \longrightarrow HCHO + H_2O$$

$$CO_2 + 6H^+ + 6e^- \longrightarrow CH_3OH + H_2O$$

$$CO_2 + 8H^+ + 8e^- \longrightarrow CH_4 + 2H_2O$$

$$CO_2 + 2H^+ + 2e^- \longrightarrow CO + H_2O$$

以上每个反应都可能涉及多步反应。与之对应，在氧化反应端 H_2O 被光生空穴还原为羟基自由基、双氧水或氧气分子，同时形成质子。对应反应有：

$$H_2O + h^+ \longrightarrow \cdot OH + H^+$$

$$2H_2O + 2h^+ \longrightarrow H_2O_2 + 2H^+$$

$$2H_2O + 4h^+ \longrightarrow O_2 + 4H^+$$

在 CO_2 还原反应中[8]，产物为 HCOOH 和 CO 的两个 $2e^-$ 反应是计算模拟研究关注的重点，一方面是因为这两个反应相对简单，容易处理。另一方面是因为后续产物可能是在这两种产物的基础上进一步还原的结果。由于 CO_2 为化学惰性很强的分子，具有正电子亲合能（约 $0.6eV$），因此 $CO_2 + e^- \longrightarrow CO_2^-$ 在热力学上为吸热反应，且被认为是 CO_2 还原的速控步（Rate-Determined Step）。

$TiO_2(101)$ 面桥位 O 上吸附一个 H 原子，由于 H 的强还原性，会给出电子形成 H^+ 阳离子。给出的电子会将 Ti^{4+} 还原为 Ti^{3+}，在能带结构上表现为导带底出现占据态。这一结果等效为价带电子被激发进入导带。图 8.8 表明，DFT+U 方法倾向于将电子局域到特定位置。如果 CO_2 在附近吸附，被局域在 Ti^{3+} 的电子就有可能转移到 CO_2 的 C 上使其被还原弯曲[8]。

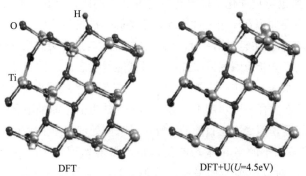

DFT　　　　　　　DFT+U（U=4.5eV）

图 8.8　TiO_2（101）面上吸附 H 原子后的电子自旋密度图

等值面为 $0.04e/Å^3$

气相孤立 CO_2 分子带一个电子的 CO_2^- 构型 O—C—O 角度为 138°。其在带电 TiO_2(101)
面的吸附构型如图 8.9 所示。可见，在通过添加一个 H 原子和添加一个电子两种情况下，均
可以得到 A1、A2、B1 和 B2 四种 CO_2 吸附构型，且两种情况下对被吸附 CO_2 几何结构几乎没
有影响。其中 A1 构型接近直线，其他三个构型具有明显弯曲特征，角度约为 130°，与气相孤
立 CO_2^- 构型 O—C—O 角度接近。直线吸附构型 A1 中 C—O 键长为 1.20Å，CO_2 分子整体离
表面较远。弯曲为 A2 后，靠近 TiO_2 表面的两个原子分别被表面 O 和 Ti 吸附，C—O 键被拉
长到 1.34Å，远离表面的 C—O 键长则仅被拉长到 1.24Å。B1 和 B2 两种吸附构型中，C 被表
面 O 吸附，两个 O 都被表面 Ti 吸附，C—O 键长被拉长到 1.26～1.28Å。

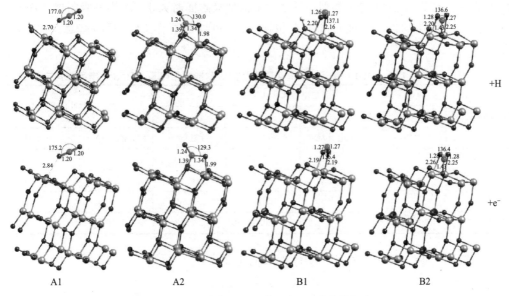

图 8.9　CO_2 在带电 TiO_2（101）面上的吸附构型

图上标出了部分键长（单位：Å）及吸附态 CO_2 的角度［单位：(°)］。上面四个图通过在表面桥位 O 原子上
添加一个 H 原子构造一个表面负电荷，下面四个图直接向系统增加一个电子构造一个表面负电荷[9]

实际上，在不加 H 和电子的中性表面，CO_2 的吸附构型也具有类似情况（图 8.10），
除了没有得到 B1 结构。在 A1 结构中，中性表明对 CO_2 的吸附距离为 2.58Å，显著小于带
电表面 A1 结构中的吸附距离。这说明 CO_2 的电子亲和能为正，负电荷表面（Ti^{3+} 吸附
位）对 CO_2 有一定排斥作用。

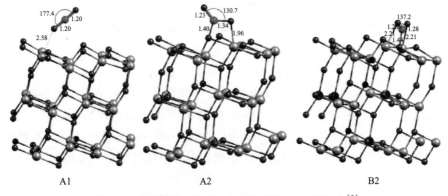

图 8.10　CO_2 在电中性 TiO_2（101）表面上的吸附构型[9]

另外，在 A1 和 B1 吸附结构中只有 O 原子与表面成键，C 原子暴露出来可以被 H 还原形成 $HCOO^-$ 并继续接受质子形成 HCOOH。而在 A2 和 B2 吸附结构中，C 原子与表面 O 成键，较难从 C 开始加氢还原，这种情况下，通过对 O 加氢形成 COOH 并进一步分解形成 CO 的可能性较大。

从吸附能（表 8.2）来看，在加 H 体系表面吸附 CO_2 结构中，A1 和 A2 构型吸附能放热最大，为 0.21eV。B1 构型吸附能为正值，比前两种情况高出 0.71eV。B2 构型吸附放热值几乎可以忽略。而根据 Bader 电荷布居分析，A1 构型 CO_2 几乎保持电中性，其他三个吸附构型从表面得电子。这与它们的吸附构型情况相一致。直接添加电子体系的吸附能和 CO_2 电荷变化趋势与加 H 情况相似，除了 A2 构型吸附能略大于 A1 构型吸附能。综合对比带电体系 A1 与 B1 的构型、能量和电荷情况，A1 可以被看作 CO_2 吸附基态，而 B1 是激发态。

表 8.2　CO_2 在 TiO_2（101）表面上不同吸附构型的吸附能和带电量（Bader 电荷布居方法）

吸附构型	带电体系				中性体系	
	+H		|e^-			
	吸附能/eV	带电量/e	吸附能/eV	带电量/e	吸附能/eV	带电量/e
A1	−0.21	0.01	−0.07	−0.03	−0.20	0.00
A2	−0.21	−0.08	−0.23	−0.11	−0.14	−0.04
B1	0.50	−0.60	0.72	−0.65	—	—
B2	−0.06	−0.12	−0.03	−0.18	0.06	−0.11

CO_2 被两个 $1e^-$ 步还原为 HCOOH 的反应步骤为：

$$CO_2 + e^- \longrightarrow CO_2^-$$
$$CO_2^- + e^- + H^+ \longrightarrow HCOO^-$$
$$HCOO^- + H^+ \longrightarrow HCOOH$$

其可能的反应路径如图 8.11（a）所示。反应从 A1 初始吸附构型开始，经 $CO_2 + e^- \longrightarrow CO_2^-$ 反应，转化为吸附构型 B1，能垒为 0.87eV。这一过程电子从 TiO_2（101）表面的 Ti^{3+} 转移到 CO_2^-，需要通过光激发实现。

后续形成终产物 HCOOH 的若干步反应通过热反应实现。反应计算过程中，需要再添加一个 H 原子吸附于表面桥位 O 形成（$e^- + H^+$）。最后一步加氢形成 HCOOH 利用的 H^+ 是第一个为引入表面电荷而吸附于桥位 O 的 H 原子。

CO_2 被两个电子经一步反应直接还原为 HCOOH 的反应步骤为：

$$CO_2 + 2e^- + H^+ \longrightarrow HCOO^-$$
$$HCOO^- + H^+ \longrightarrow HCOOH$$

其可能的反应如图 8.11（b）所示。在这个反应路径中，CO_2 在 A1 吸附构型时即引入第二个 H 原子吸附，形成双表面电子。两个 H 都被消耗形成终产物 HCOOH。速控步为 CO_2 加氢形成 $HCOO^-$，表观能垒为 0.82eV，略低于前一个反应路径。但需要说明的是，要在一个反应位置同时具备两个电子的概率很低，实际上这个反应对总反应速率的贡献应当很小。

从以上反应的计算过程可以看到，这里的光激发过程实际上是通过人为构造特殊的吸附

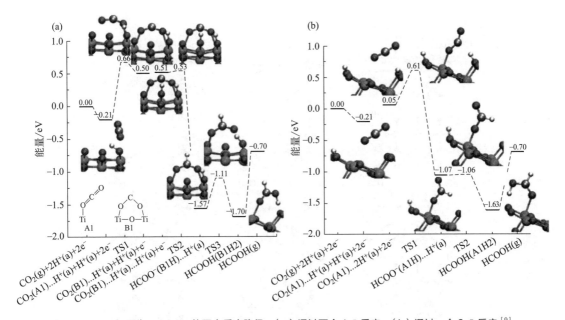

图 8.11　CO_2 还原为 HCOOH 的两个反应路径：（a）通过两个 $1e^-$ 反应；（b）通过一个 $2e^-$ 反应[9]

能量参考零点为单个 CO_2 分子和 H_2 分子的计算能量之和，横坐标下面标注的（a）为吸附态，（g）为气态

结构实现的（A1 ⟶ B1）。通过第一性原理计算能收敛到能量具有明显差异的不同结构上，前提是不同构型之间的转换需要克服较大的能垒。而这个结构优化过程需要足够的谨慎和耐心。

8.3.2　CH_3OH 光催化氧化

仍然以 TiO_2 为例，计算空穴（h^+）参与 TiO_2（110）表面上 CH_3OH 氧化的反应机理[10]。如图 8.12 所示，从 TiO_2 吸附 CH_3OH 的体系中删去一个电子，通过 DFT+U 方法进行结构优化可将空穴定位到（a）~（c）三种不同晶格 O 位置，其中 O_{br-II} 位置能量最低，比 O_{br-I} 位置低 0.16eV，比 O_{sub} 位置低 0.39eV。（d）到（f）反应为热激发过程，能垒为 0.21eV。（g）~（i）和（j）~（l）两个反应能垒依次为 0.60eV 和 0.32eV。表明空穴对 CH_3OH 第一步分解 O—H 断开有抑制作用。自旋密度图显示断键过程为异裂分解过程，H 以 H^+ 离子形式迁移到表面晶格氧上，正电荷性质的空穴的存在通过库仑作用力抑制分解过程。据此推断，CH_3OH 分解第一步为热激发过程。

热激发 Ti^{4+}-CH_3O^- 进一步分解放出甲醛 CH_2O 的反应为：

$$Ti^{4+}\text{-}CH_3O^- + O_{br}{}^{2-} \longrightarrow CH_2O + H^+O_{br} + Ti^{3+}$$

该反应能垒为 1.57eV，反应吸热 0.60eV（图 8.13），动力学和热力学上都难以发生。但如果光生空穴被吸附态 CH_3O^- 捕获，形成激发态 CH_3O^*，C—H 解离能垒则降低至 0.21eV，反应放热 0.60eV。

光激发吸附态 CH_3O^- 的 C—H 断裂能垒远低于热激发过程，主要原因在于光激发空穴从 TiO_2 体相传递到表面并定位在 CH_3O^- 上（图 8.14），释放的 0.81eV 能量使 CH_3O^* 处于弱吸附的高能状态，本身也被活化。

从前面的两个例子我们知道，可以人为引入电子（空穴）进来，采用 DFT+U 或者 HSE 方法使其局域到指定位置，在此基础上开展吸附和反应计算，得到光激发条件下的吸

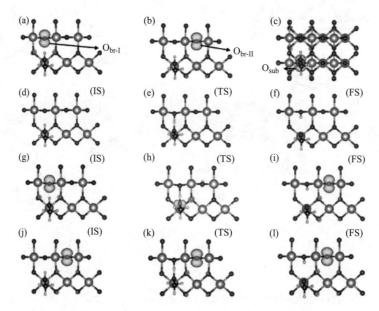

图 8.12　TiO$_2$（110）面上 CH$_3$OH 的吸附与解离结构的自旋密度图[10]

（a）～（c）为空穴（h$^+$）定位的三个不同位置情况。下面三排分别表示无空穴［(d)～(f)］和空穴
定位在两个不同位置［(g)～(l)］时 CH$_3$OH 中 O—H 断键反应物（IS）、过渡态（TS）和产物（FS）的情况

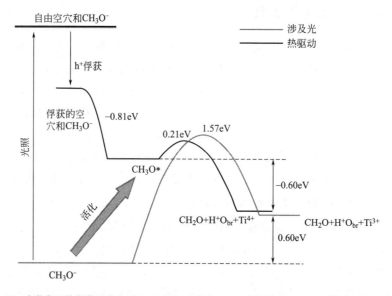

图 8.13　光激发和热激发吸附态 CH$_3$O$^-$ 进一步发生 C—H 断裂生成 CH$_2$O 能量变化示意图[10]

附能、能垒和反应热。进一步借助自旋密度分析，可以确定电子（空穴）所在位置。但是，也要注意到，这类处理方法是借助基态计算近似激发态过程的，在结构优化和反应路径计算过程中电子（空穴）的定位受人为因素影响极大，所以在计算结果的分析总结和运用方面对研究者提出了较高的要求。

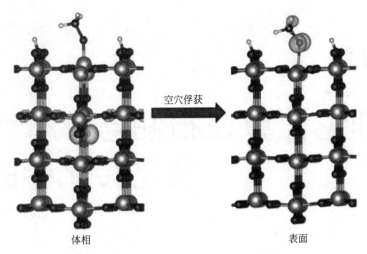

体相　　　　　　　　　　　　　表面

图 8.14　体相空穴（h^+）向 CH_3O^- 迁移

参考文献

[1]　Gai Y Q，Li J B，Li S S，et al. Design of narrow-gap TiO_2：A passivated codoping approach for enhanced photoelectrochemical activity [J]. Physical Review Letters，2009，102（3）：036402.

[2]　Fujishima A，Honda K. Electrochemical photolysis of water at a semiconductor electrode [J]. Nature，1972，238（5358）：37-38.

[3]　Bai S，Jiang J，Zhang Q，et al. Steering charge kinetics in photocatalysis：Intersection of materials syntheses，characterization techniques and theoretical simulations [J]. Chemical Society Reviews，2015，44（10）：2893-2939.

[4]　Li J，Cai L J，Shang J，et al. Giant enhancement of internal electric field boosting bulk charge separation for photocatalysis [J]. Advanced Materials，2016，28（21）：4059-4064.

[5]　Li J Y，Chen R M，Cen W L，et al. Quantifying the activation energies of ROS-induced NO_x conversion：Suppressed toxic intermediates generation and clarified reaction mechanism [J]. Chemical Engineering Journal，2019，375：122026.

[6]　Xiong T，Cen W L，Zhang Y X，et al. Bridging the g-C_3N_4 interlayers for enhanced photocatalysis [J]. ACS Catalysis，2016，6（4）：2462-2472.

[7]　Xiong T，Wang H，Zhou Y，et al. KCl-mediated dual electronic channels in layered g-C_3N_4 for enhanced visible light photocatalytic no removal [J]. Nanoscale，2018，10（17）：8066-8074.

[8]　He H Y，Zapol P，Curtiss L A. Computational screening of dopants for photocatalytic two-electron reduction of CO_2 on anatase（101）surfaces [J]. Energy & Environmental Science，2012，5（3）：6196-6205.

[9]　He H，Zapol P，Curtiss L A. A theoretical study of CO_2 anions on anatase（101）surface [J]. The Journal of Physical Chemistry C，2010，114（49）：21474-21481.

[10]　Zhang J，Peng C，Wang H，et al. Identifying the role of photogenerated holes in photocatalytic methanol dissociation on rutile TiO_2（110）[J]. ACS Catalysis，2017，7（4）：2374-2380.

第9章

理论计算在石油与天然气催化转化中的应用

　　石油和天然气是当前人类社会重要的一次能源，在世界能源消费结构中占据重要地位。据统计，2018 年全球一次能源消费量为 138.6×10^8 t 油当量，相比 2017 年增长 2.9%。从能源消费结构看，石油、天然气、煤等化石能源仍然是当前世界最主要的能源。2018 年我国的一次能源消费总量为 32.7×10^8 t 油当量，相比 2017 年增长 4.3%；人均量为 96.9GJ/人，相对 2017 年上升 3.9%。其中煤炭、石油和天然气占主体，消耗分别为 6.4×10^8 t 油当量、2.4×10^8 t 油当量和 19.7×10^8 t 油当量。相对全球一次能源消费量，我国煤炭资源利用占比较大，而石油和天然气的使用比例仍有一定上升空间[1]。

　　天然气、石油和煤可以作为燃料通过燃烧的方式释放出能量，也可以通过炼油过程转化成化工原料和运输燃料，这是当前社会液体燃料和化工原料的最主要转化方式。然而，一次能源的转化必须经过化学反应，催化是其中的关键技术环节。石油的炼制过程重点包括石油的精馏、催化裂化、催化重整、催化异构化等，部分产品还要经过催化烷基化和加氢催化，利用加氢脱硫、脱金属、脱氮等技术将产品提升等级等，在这些石化产品加工过程中，至少百分之九十要利用催化剂才能够实现转化。而在天然气转化利用方面，除了直接燃烧，最主要的就是碳氢键的活化问题，催化活化甲烷中的碳氢键仍然是当前工业催化的主要解决方案。

　　在石油和天然气催化转化领域，无论是实验研究还是理论研究，前人已经做了大量的工作，但本节篇幅有限，难以一一描述所有与石化和天然气产品相关的催化过程及反应机理的研究，仅就其中一些代表性工作进行讲解。

9.1　甲烷的催化转化

　　甲烷在自然界的分布很广，是最简单的有机物，是天然气、沼气、坑气等的主要成分。它可用作燃料，也可作为制造氢气、碳黑、一氧化碳、乙炔、氢氰酸及甲醛等物质的原料。作为天然气等的主要成分，由于其储量大、价格相对低廉，不仅是化石燃料中最清洁的燃料之一，也是生产大宗化学品的重要原料。

　　甲烷是四面体结构，存在极性较弱的 C—H 键，因而具有特殊的热力学性质。断裂甲烷的第一个 C—H 键需要很高的能量，所以甲烷的活化主要在高温下完成，高温过程的反应主要包括甲烷氧化偶联、无氧脱氢、水蒸气重整和干气重整等，反应的主要产物是 CO、H_2 和 CO_2。但是，在甲烷的活化过程中通常伴随着 CO 的歧化和积碳的生成，为甲烷的活化寻找更合适的催化剂是至关重要的，在这一领域，理论计算相关的研究工作也取得了进展。

9.1.1　甲烷在金属表面的活化

近年来，由于全球变暖现象加剧，二氧化碳的转化和利用变得越来越重要。降低温室气体排放并在应用中进一步利用和消耗这些气体非常重要。通过甲烷干重整（DRM）将 CO_2 转化为合成气受到了广泛地关注[2]。该过程提供了一种减少和回收温室气体（CH_4 和 CO_2）并将其转化为合成气（H_2 和 CO）的方法。甲烷干重整可以直接利用天然气，并且不需要随后的气体分离和纯化去除 CO_2[3]。甲烷的干重整还被视为增加天然气自然转化过程中碳氢化合物热值的基础。

甲烷干重整（DRM）是一个高度吸热的过程，需要较高的运行温度才能将二氧化碳和甲烷平衡转化为氢气和一氧化碳：

$$CO_2 + CH_4 \longrightarrow 2CO + 2H_2 \tag{9.1-1}$$

$$\Delta H^0_{298K} = +247 kJ \cdot mol^{-1} \tag{9.1-2}$$

$$\Delta G^0 = 256.67 - 0.28T (kJ \cdot mol^{-1}) \tag{9.1-3}$$

但甲烷干重整不可避免地伴随着 CO 歧化（9.1-4）和甲烷裂解反应（9.1-7），这是形成积碳的两个主要反应：

$$2CO \longrightarrow C + CO_2 \tag{9.1-4}$$

$$\Delta H^0_{298K} = -172 kJ \cdot mol^{-1} \tag{9.1-5}$$

$$\Delta G^0 = -170.34 + 0.18T (kJ \cdot mol^{-1}) \tag{9.1-6}$$

$$CH_4 \longrightarrow C + 2H_2 \tag{9.1-7}$$

$$\Delta H^0_{298K} = +75 kJ \cdot mol^{-1} \tag{9.1-8}$$

$$\Delta G^0 = 89.53 - 0.11T (kJ \cdot mol^{-1}) \tag{9.1-9}$$

这两种副反应产生的积碳会进一步占据金属活性位点，破坏催化剂颗粒，导致催化剂失活。由碳沉积导致的催化剂失活已经成为 DRM 过渡金属催化剂（例如 Ni）商业化的主要障碍。

一般来说，用于甲烷干重整的催化剂主要包括非贵金属过渡金属催化剂，如钴和镍，贵金属过渡金属催化剂，如钌、铑和铂。贵金属催化剂的主要优点包括良好的催化活性和抗积碳性能，以及抗氧化和抗腐蚀能力[3]。然而，贵金属的低储量和高成本是其工业应用的主要障碍。另一方面，一些非贵金属在甲烷干重整反应中表现出良好的催化性能，又比贵金属的成本低得多。在过渡金属和非贵金属催化剂中，镍表现出与贵金属相当的活性。然而，如上所述，镍催化剂可能由于焦炭沉积而失活。在镍基催化剂中引入第二种金属是获得双金属体系可行而有效的途径之一。此外，镍与第二金属之间的协同作用也证明了催化剂的抗碳化能力得到显著提高。

在过去的几十年里，双金属催化剂引起了越来越多的关注[3]。双金属催化剂表现出与单金属催化剂不同的化学和电子性质，因此为设计和合成具有改进的活性、选择性和稳定性的新型催化剂提供了可能性。另一方面，量子化学计算作为近年来迅速发展的方法，可以在原子尺度上更好地理解这一催化过程。同时，密度泛函理论已经成为在微观水平上探索许多非均相催化过程的基本步骤和机理的有力工具。密度泛函理论计算也可用于验证实验结果或给出更深入的解释。接下来我们学习用密度泛函理论对单金属和双金属表面 CH_4 活化进行的一些研究。

9.1.1.1 单金属表面催化剂

单金属催化剂中一般采用Ⅷ族过渡金属作为活性组分。如 Rh、Ru、Pd 等贵金属负载催化剂反应温度低，能耗小，寿命长；还有部分非贵金属催化剂，如 Ni、Co、Fe 等。

（1）贵金属催化剂

Bunnik 和 Kramer[4] 使用 DFT 计算研究了 Rh(111) 表面上 CH_x（$x=0\sim3$）的吸附和甲烷活化。已经发现，第一步的脱氢步是最困难的。此外，CH 分解势垒最高，CH 种类也最稳定。通过 DFT 计算研究了 Rh(111)、Rh(110) 和 Rh(100) 表面上的 CH_4 脱氢[5]。动力学结果表明，在 Rh(111) 和 Rh(100) 表面上，CH 是 CH_4 脱氢中最丰富的物质；而在 Rh(110) 表面上，CH_2 成为最丰富的物质。此外，与 Rh(111) 和 Rh(110) 相比，Rh(100) 是最有利于 CH_4 脱氢的表面。Zhang 等[6] 研究了 CH_4 在 Pt($h\,k\,l$) 表面的吸附和解离。结果表明，在 CH_4 分解过程中 Pt 可以抑制碳的形成，这为 Pt 可以降低焦炭形成提供了更深入的解释。

（2）Ni 催化剂

许多研究者致力于研究 Ni 基催化剂。Ricardez-Sandoval 组致力于在过渡金属催化剂上进行甲烷分解，特别是对于 Ni。他们通过 DFT 计算研究了 Ni(100)、Ni(111) 和 Ni(553) 表面上的 CH_4 解离[7]。碳原子的吸附强度遵循 Ni(100)＞Ni(553)＞Ni(111) 的顺序。同时，发现 CH 脱氢是 Ni(111) 表面的速控步骤，而 $CH_4 \longrightarrow CH_3 + H$ 被视为 Ni(100) 和 Ni(553) 表面的速控步骤。这些结果表明碳不宜在 Ni(111) 表面形成。此外，为了研究 Ni 表面上的碳原子对 CH_4 分解反应的影响，他们使用密度泛函理论计算在干净表面有碳覆盖和亚表面积碳的 Ni(111) 表面上进行了 CH_4 脱氢反应[8]。结果表明，与干净的 Ni(111) 相比，表面和亚表面 C 原子的存在使表面烃物种的吸附变得不那么稳定。此外，还通过 DFT 计算[9] 研究了甲烷解离的系统反应路径。结果表明，双分子反应可以促进 CH_x 在低能势垒下的脱氢，为 CH_4 热解提供了一种动力学方法。

9.1.1.2 双金属表面催化剂

双金属材料往往表现出独特和优越的催化性能，以弥补单个金属在活性和稳定性方面的不足[10]。镍是过渡金属基催化剂中使用最广泛的元素，并显示出与其他过渡金属金属形成双金属体系的最高能力。过渡金属常被添加到镍基催化剂中以形成双金属体系。

（1）Ni/Pt 双金属

一定量铂的加入可以提高镍的还原性，展现更好的催化性能和抗积碳能力。研究发现，随着铂负载量的增加，Ni^0 的粒径呈减小趋势。镍铂合金的形成有助于在甲烷干重整中提高催化活性和降低碳沉积。同时，对双金属催化剂进行了深入的表征并发现了镍铂合金的形成，铂在合金表面富集，金属颗粒比铂和镍催化剂小。此外，双金属催化剂中 NiPt 金属中心之间存在相互作用，从而提高了生成 H_2 和 CO 的稳定性和选择性。

使用 DFT 计算研究掺入 Ni(111) 表面的单个 Pt 原子对甲烷部分氧化为合成气的影响[11]。观察到 CH 脱氢是在 Pt 掺杂的 Ni(111) 表面上 CH_4 连续脱氢的速控步骤。

同时，Fan 等[12]研究了 CH_4 脱氢对镍基双金属表面（NiM，其中 M＝Cu，Ru，Rh，Pd，Ag，Pt 和 Au）产生协同作用的起源。权衡催化活性和催化剂稳定性，他们认为 Rh 是 Ni 催化剂催化 CH_4 分解的良好助剂。此外，Pt-Ni 催化剂具有最佳的抗积碳性能。图 9.1 展示了 Ni 基双金属催化剂表面上 CH_4 脱氢的势能图。

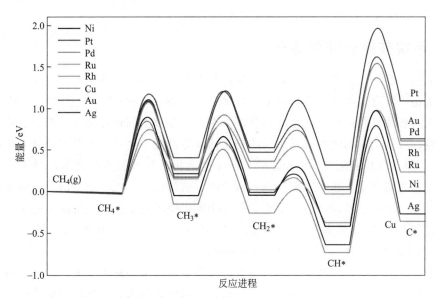

图 9.1　Ni 基双金属催化剂表面 CH_4 脱氢的势能图[12]

（2）Ni/Co 双金属

在过去的几十年中，人们研究了不同镍钴比、不同载体和合成方法的镍钴双金属体系。已经发现 Ni/Co 比和载体性质对催化剂活性有决定性影响。采用水滑石前驱体共沉淀法制备的镍钴双金属催化剂具有较高的稳定性和优异的催化活性。Zhang 等研究了镍钴负载量对催化性能的影响，以尽量减少结焦[13]。结果表明，与高镍钴负载量的样品相比，低镍钴负载量的样品表现出更高的活性和更稳定的催化性能。更低的镍钴负载，表现出更小的金属颗粒、更大的表面积和更高的金属分散性，产生更好的催化性能。

近年来，Wang 等专注于使用 DFT 计算在双金属表面进行的甲烷分解，他们通过密度泛函理论计算[14]研究了 NiCo(111) 表面上 CH_x（$x＝0\sim4$）的吸附和解离。结果表明，脱氢的第一步是在 NiCo(111) 表面上进行 CH_4 分解的速控步骤，而在 Ni(111) 表面上速控步变成了第四步。另外，他们还对 NiCu(111) 双金属表面上的 CH_4 脱氢进行了 DFT 计算，并与纯 Ni(111) 表面和 Cu(111) 表面上的 CH_4 脱氢进行了比较[14]。与均匀的 NiCu 表面和 Ni(111) 表面相比，富 Cu 的 NiCu 表面具有更好的抗焦炭沉积性，并且比 Cu(111) 表面具有更高的甲烷解离活性。

（3）Ni 与贵金属催化剂

Li 等[15]使用密度泛函理论计算研究了 NiM(111)（M＝Co，Rh，Ir）表面上的 CH_4 脱氢。观察到在 NiM(111) 表面 CH_4 的解离比在 Ni(111) 表面更容易。NiRh 和 NiIr 被认为是 CH_4 解离的良好催化剂。而且，他们对甲烷在 NiPd(111) 表面的解离进行了密度泛函理论研究[16]。结果表明，与纯 Ni(111) 表面和 Pd(111) 相比，NiPd(111) 表面甲烷解离的效果更好。改进的双金属表面 CH_4 分解催化性能可以归结为 NiPd 协同效应。Qi 等[16]研究了 Pt(111) 表面、Ir(111) 表面和 PtIr(111) 表面的甲烷解离。从热力学考虑，解离反应容易在 PtIr(111) 表面上进行。从动力学方面来看，PtIr(111) 表面上 CH_4 连续脱氢的活化能垒比 Pt(111) 表面上的低。在 Niu 等最新的计算工作中[17]，系统地采用密度泛函理论计算研究了 Pt 修饰的 Ni(111) 表面对 CH_4 分解形成碳的催化性能，发现与 Ni(111) 表面相比，在 Ni-Pt 双金属催化剂上 CH 脱氢的势垒明显增强。

9.1.2 甲烷在镍表面的活化

新型甲烷干重整工艺以二氧化碳作为氧化剂引起了人们的关注，但这一反应需要较为苛刻的条件活化高度稳定的非极性甲烷 C—H 和二氧化碳 C＝O 键，这会导致一些不良后果并降低催化剂活性以及产物的选择性和收率。在这一苛刻的催化环境中，理想的催化材料要具有耐高温、抗氧化、耐腐蚀以及优异的催化活性等性能，这是过渡金属及其氧化物才可以满足的[10]。因为镍基催化剂具有较高的 C—H 键活化活性和较低的成本，是工业上最常见的甲烷重整催化剂类型。然而镍催化剂会因结焦（表面积碳形成）而失活，从而导致反应器结垢和高压降。因此，开发或改进用于工业应用的甲烷转化工艺需要解决一些关键催化剂问题：①改进甲烷的选择性脱氢以产生表面甲基（—CH_3）、亚甲基（—CH_2）或次甲基（—CH），而不是焦炭（C）；②改进表面碳氧化。

这两个关键问题与我们对催化剂（纳米）颗粒表面反应的理解有关。这些反应在极端条件下和相对较小的时间尺度内发生，这就是为什么对催化体系进行原位实验表征、反应途径分析和测量基本反应步骤的动力学具有挑战性[18]。但是，理论力学计算提供了一种有趣的替代方法，以理解各种结构材料上的反应机理和获得随后的催化剂失活所需分子水平的见解。密度泛函理论可以用合理的精度和适度的计算成本捕获交换和关联相互作用。计算是筛选潜在催化材料和阐明反应途径的有效工具。另外，使用密度泛函理论计算得到的活化势垒和反应能量也可以用于更高尺度的动力学模型（例如微动力学模型）的输入，以比较和验证具有实验动力学数据的计算工作[19]。

接下来我们重点学习有关镍基催化剂在催化甲烷重整过程中的一些进展，包括镍基催化剂和过渡金属（TM）、过渡金属氧化物（TMO）和 TMO 负载催化剂等。

(1) 甲烷转化中的基本反应及其与催化剂结焦的关系

研究反应机理以及计算它们的相关能量可以帮助我们有效地测试和筛选催化材料，因此，这种系统地筛选可以增加发现新催化剂的机会。理论计算作为一种工具，通过合理的设计获得分子水平的理解，从而设计催化剂，提高催化剂的稳定性、活性和选择性。

甲烷水蒸气重整（SRM）、甲烷的部分氧化（POM）和甲烷干重整（DRM），分别需要 H_2O、O_2 和 CO_2 作为共反应物，并且具有三种主要反应类别相似的机理：①CH_4 逐步脱氢；②形成表面氧化剂（O＊/OH＊，其中＊表示金属表面）；③CH_x 氧化（参见图 9.2）。

研究 CH＊脱氢（CH＊——→C＊＋H＊）和碳被 O＊或 OH＊吸附原子氧化，以分别了解表面碳是如何形成和破坏的，以及它是如何影响催化剂稳定性的[20]。尽管与所有镍表面上的其他甲烷分解步骤相比，CH＊分解为 C＊（138.9kJ/mol）的势垒要高得多，但表面碳（C＊）通过阻断反应位点形成镍催化剂并使其失活[9,11,21]。在 Ni(111) 表面上，O＊和 OH＊吸附原子都是关键的除焦介质[18,21]。在 O＊和 OH＊的不同氧化途径中，只有 CH＊

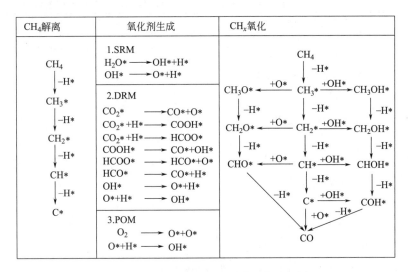

图 9.2 目前甲烷间接重整反应的可能反应途径

包括连续的甲烷分解；甲烷水蒸气重整、干重整和部分氧化反应的
表面氧化剂生成；以及通过氧原子和氢原子的氧化途径（其中 * 代表金属表面）

和 C * 氧化途径与 Ni(111) 表面有关。

Han 和 Zhang 等发现 O * 和 OH * 对 CH * 氧化最有利（势垒分别为 79.12kJ/mol 和 85.87kJ/mol）。而 Fan 等提出 O * 氧化 C * 是主要的氧化途径[11,18,21]。此外，在对 SRM、DRM、POM、甲烷完全氧化、水煤气变换、CO 歧化、CH_x 偶联等 50 个基本反应进行深入研究的基础上，Han 等提出了通过减少结焦提高 Ni(111) 表面稳定性的一个主要策略：通过选择二级反应提高表面 O * 和 OH * 浓度以促进氧化剂吸附、解离和扩散到镍上的材料（即掺杂剂、催化剂载体等）[21]。相比之下，在 Pt(111) 表面和 Ir(111) 表面上发现 CH * 脱氢在动力学上是不利的[22]。

很少有基于密度泛函理论计算的研究在给定操作条件下是热力学或动力学上不利的反应。然而，鉴于 DFT 计算是在 0K 下进行的，同样可以探索这些反应，并确定它们的动力学在不同温度和催化材料下如何变化。例如，与 Ni(111) 表面上的双分子反应相比，连续甲烷脱氢在动力学上更有利，并且由于高势垒（热力学上也不利），气相 C_2 碳氢化合物物种的产生极不可能发生[9]。相比之下，在 IrO_2（110）表面上 CH_2 与乙烯的自耦合在动力学和热力学上都是有利的，其能垒为 1.0kJ/mol，反应自由能为 -122kJ/mol，但受限于在甲烷重整温度下优先脱氢的表面 CH_2 * 吸附原子的存在。只有通过研究分子水平上与甲烷偶联相关的热力学和动力学问题，以及反应条件、掺杂、镍合金化和其他 TMs 和 TMOs 对能量的影响，才有可能确定如何使这一化学过程具有商业优势。

（2）镍双金属负载镍催化剂的稳定性

大量的实验和理论证据表明，甲烷重整用金属氧化物负载金属催化剂中存在金属-载体强相互作用（Strong Metal-Support Interaction，SMSI）。对双金属和 SMSI 的计算研究可以了解这些新材料组合对催化剂结焦的作用以及如何消除或减少结焦的发生[20]。从而可以帮助找到 Ni 双金属化合物或 TMO 负载的 Ni 催化剂，这些催化剂可通过增加次甲基脱氢的活化能垒（CH * ⟶ C * ＋H *）或通过 O * 或 OH * 降低碳氧化能垒抑制失活。

表 9.1　DFT 计算的镍基双金属催化剂的次甲基脱氢和碳氧化反应的能垒

催化剂	计算方法与细节 (C) 纳米团簇模型 (S) 周期性平板模型	$E_a/(kJ/mol)$ $CH \longrightarrow C+H$	$E_a/(kJ/mol)$ $C+O \longrightarrow CO$	参考文献
$NiAu_3$	(C) Gaussian 09;GGA-PBE	158.24	—	[23]
Ni		96.27	166.46	
Ni-Co	(C) Gaussian 09;B3LYP	130.90	44.86	[10]
Ni-Cu		171.03	26.76	
Ni_2Fe		131.22	129.29①	
Ni-FeO	(S) VASP;GGA-PW91	98.42	15.44	[24]
Ni-La		155.78	132.18	
$Ni-La_2O_3$	(S) VASP;GGA-PBE	103.24	103.24	[19]
$Ni_{22}Pt_4$	(S) CASTEP 8.0;GGA-PBE	163.35	—	[17]

① CH 的氧化（$CH+OH \longrightarrow CO+2H$），是最有利的氧化途径。

表 9.1 列出了用 DFT 计算研究的各种双金属催化剂上这两个反应能垒。在这些计算中，有两种不同的方法：气相计算，通常用于模拟孤立的纳米团簇（如 GAUSSIAN）及其催化的反应；周期平板模型计算，只计算价电子和实现平面波赝势方法（代码如 VASP，CASTEP）。但必须指出的是，考虑到理论水平和捕捉短程与长程相互作用的差异，在表9.1 中比较数据中的绝对数可能并不完全合理，不过表中的能垒对确定关键趋势很有用。例如，$NiAu_3$、Ni-Cu 和 $Ni_{22}Pt_4$（在低 Pt 浓度下）对 CH * 脱氢具有更高的能垒，这与先前的发现（与贵金属合金化的镍显示出更高的稳定性）是一致的。同样，Wang 等通过 DFT 发现，由于强电荷的作用，Ag 有选择地替代了 Ni(211) 的高活性位点，从而阻止了这些部位以及与之相邻的部位发生反应[20]，在实验研究中未观察到催化剂上的结焦现象，这与其他选择性中毒如 K、S 和 Au 一致[25]。但是，使用 $Ni_{0.95}Ag_{0.05}$ 时，甲烷的反应速率降低了近 50%，这是因为甲烷的 C—H 键活化能从裸露的 Ni 阶点上的 75.26kJ/mol 变为增加到 5%Ag 时的 127.36kJ/mol[20]。相反，Arevalo 等通过计算预测，在 Ni(211) 阶位置之下加入一层类似 Pt、Re 或 Au 的 5d 三价金属的次表层，将原子碳的吸附构型从与表面和亚表面 Ni 的 5 配位键变为 4 配位键，从而降低了其吸附能并降低了 CH * 脱氢势垒[26]。然而，这些次表层掺杂的催化剂的热力学稳定性尚未被实验验证。

(3) 过渡金属氧化物负载镍催化剂的稳定性

过渡金属氧化物虽然不被认为是甲烷重整的最优催化剂，但被广泛用于化学链燃烧、选择性氧化和烃脱氢。因此，这类材料提供了一种有趣的选择，可以将镍催化甲烷重整反应的稳定性和活性与其结合。相应地，对于 CH * 加氢和碳氧化来说，Ni-FeO 和 $Ni-La_2O_3$ 合金均显示出比其金属合金对应物（Ni_2Fe 和 Ni-La）低得多的能垒。值得注意的是，即使在不可还原的 TMO（例如 La_2O_3）中，氧化物晶格也会通过 CO_2 吸附生成 CO_2（La_2O_3）络合物而活化，并通过"推出"晶格氧使其变形，以使其参与 C * 和 CH * 的氧化反应[19]。已知生成的氧空位缺陷（Vo）存在于 TMO 中，无论 TMO 是与镍形成合金，还是用作其载体[27]。此外，氧缺陷位点是 H_2O 和 CO_2 解离的活化中心，产生碳氧化所必需的表面氧原子[19,24]。

目前对金属和氧化物（镍合金或载体）之间界面的化学认识有限[28]。但是，自 1940 年以来，已经广泛研究了沿界面发生的一些现象。Conner 和 Falconer 对溢流的定义是："'它'涉及吸附或形成在第一个表面上的活性物种转移到另一个表面上，而该表面在相同条件下不吸附或形成活性物种"。具体而言，氧反向溢出（ORS），其中反向表示吸附剂从载体向催化剂的移动，可以是两种类型之一：气相氧优先吸附在载体上并溢出到金属颗粒上，或者来自氧化物载体晶格的氧溢出到金属上，导致金属氧化物还原。因此，氧从晶格或气相氧化剂解离扩散到催化剂纳米颗粒上，进一步揭示了金属氧化物载体如何参与甲烷重整，并可能潜在地影响催化剂的稳定性和活性。首先，催化剂的稳定性受到影响，因为不稳定的氧气溢出会氧化催化剂表面的碳，导致失活减少。再者，动力学也有可能受到这些参与反应网络的氧原子的影响：如果氧的扩散速率低于所有其他基本步骤，那么前一个过程将成为机理中的速率决定步骤。然而，目前还没有文献报道将溢出型扩散纳入该机制。此外，密度泛函理论计算结果表明，金属-金属氧化物界面周围的晶格氧反应性增加，这是由于界面处或周围 V_O 形成的热力学稳定性增加[24]。值得注意的是，团簇-载体相互作用存在尺寸依赖性，其中纳米团簇必须足够小（例如：Pd_x＜1 纳米直径，Au_x＜0.5 纳米直径），以使金属氧化物能够通过电荷转移影响团簇性质。然而，这需要更多密度泛函计算工作的开展，以了解是否通过 ORS 和表面碳氧化影响催化剂的稳定性。

基于密度泛函理论的建模通过包含某些空位缺陷、载体、双金属和界面现象，越来越接近真实的催化系统。Cadi Essadek 等所做的工作就是一个这样：利用气相分子、Ni 纳米颗粒和金属氧化物载体之间的三相边界，全面考虑了界面和载体之间的相互作用[29]。

9.1.3　卤素对甲烷的活化

由于甲烷的第一个碳氢键较难活化，甲烷的活化一直被认为是化学界的"圣杯"。在工业上，甲烷的卤化是最有前途的甲烷转化途径之一。通常，由于所需产品的量小，直接甲烷转化工艺很难达到经济可行性，但催化甲烷卤化是一种有吸引力的甲烷转化方法，特别是氯化和溴化，因为这些反应可以在中等反应条件（1bar 和 800K）下以相对高的效率进行，并且它们的反应产物是多功能平台分子，可以转化为高附加值的化学品和液体燃料。此外，甲烷卤化反应可以在有或没有催化剂的情况下进行，产生卤代甲烷。不同的沸石催化剂可用于卤代甲烷的转化。SAPO-34 沸石可用于甲基溴或甲基氯与烯烃的偶联。二溴甲烷也可以通过不同的催化剂转化为轻质烯烃。此外，甲烷的卤化可以通过热、光化学催化来实现。

（1）甲烷的氯化反应

甲烷的气相卤化在过去已经被细致地研究。早在 1931 年 Pease 和 Walz 对甲烷进行了热氯化的动力学研究[30]。他们发现如果甲烷过量，则产物包括氯甲烷、二氯甲烷、氯仿、四氯化碳以及等量的氯化氢；如果氯过量，混合物会爆炸，主要产物是碳和氯化氢。确定发生了以下反应：

$$CH_4 + Cl_2 \longrightarrow CH_3Cl + HCl \tag{9.1-10}$$

$$CH_3Cl + Cl_2 \longrightarrow CH_2Cl_2 + HCl \tag{9.1-11}$$

$$CH_2Cl_2 + Cl_2 \longrightarrow CHCl_3 + HCl \tag{9.1-12}$$

$$CHCl_3 + Cl_2 \longrightarrow CCl_4 + HCl \tag{9.1-13}$$

大气压下遵循动力学的二级反应，活化能为 132.3kJ/mol。

20 世纪 80 年代，奥拉等[31]制备了用于甲烷溴化和氯化的不同酸性的催化剂，一卤代产物的选择性提高到90％以上。在甲烷的催化卤化中，催化剂的材料包括沸石、载体（石英、SiO_2、SiC、$\alpha\text{-}Al_2O_3$、$\gamma\text{-}Al_2O_3$ 和碳）、贵金属（Pd、Ru 和 Rh）、金属氧化物（Fe_2O_3 和 CeO_2）、氯化物（$PdCl_2$ 和 $CuCl_2$）和负载在 SiO_2、$\gamma\text{-}Al_2O_3$、碳或 H-ZSM-5 载体上的氟氧化物（$TaOF_3$）、硫酸化体系（$S\text{-}ZrO_2$、$S\text{-}ZrO_2\text{-}SBA\text{-}15$）等。介孔载体如 SiO_2 和 $\gamma\text{-}Al_2O_3$ 显示出比无孔石英、碳化硅和 $\alpha\text{-}Al_2O_3$ 更高的甲烷转化率，表明表面积对甲烷卤化的积极影响。

Zichittella 等[32]比较了甲烷在 RuO_2、Cu-K-La-X、CeO_2、VPO、TiO_2 和 $FePO_4$ 催化剂上的氧氯化和氧溴化。催化剂的氧卤化活性依次为 RuO_2＞Cu-K-La-X＞CeO_2＞ VPO ＞TiO_2＞$FePO_4$，并且它们氧化卤化氢的能力和卤素与甲烷的气相反应性相关。HX 活化甲烷时，CeO_2 催化剂的活性最高，氯代甲烷（大于82％和28％）和溴代甲烷（大于98％和20％）的选择性和产率分别达到最高。

Yin 等[33]从理论上研究了甲烷在 CeO_2 上的分解机理以及 HCl 可能的伴随效应。使用 DFT＋U 的方法，他们对 CeO_2(111) 表面、具有氧空位的 CeO_2(111) 表面和 CeO_2(110) 表面的反应进行了建模。他们发现 HCl 优先以 1.1eV 的吸附能解离地吸附在 CeO_2(111) 表面上，因此 H 结合到暴露的氧原子上，而 Cl 附着在 Ce 原子上。分子形式的 HCl 吸附效果差（约0.6eV），在 CeO_2(110) 表面上，解离吸附模式较强（$E_{ads}=1.7eV$）。计算出的能量分布图如图9.3所示。

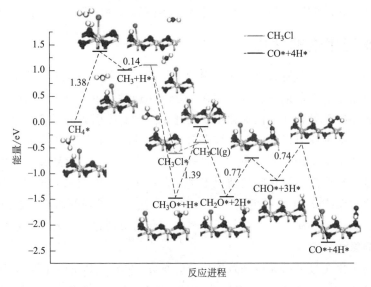

图9.3　CeO_2（111）表面共吸附的 HCl 在 CH_4 氧化时的能量分布和结构[33]

然而，预吸附解离的 HCl 的存在对甲烷活化没有帮助。氯化氢的存在几乎没有改变氢脱附的能垒。在 CeO_2(111) 表面，前两个脱氢（转化为 CH_3 * 和 CH_2 *）比后两个（能垒约为0.7eV）脱氢（生成 CH * 和 CO）更困难（$E_A=1.4eV$）。相反，氯化氢开辟了一条新的反应路线。一旦 CH_3 * 形成，它同样容易与吸附的氯结合形成 CH_3Cl 或与表面氧结合形成 CH_3O。在有氧空位的表面上，CH_3Cl 途径比完全氧化（形成 CH_3O）更困难。还原表面具有更高的电子密度，这进一步促进了甲烷的脱氢。然后，定域电子之间的排斥相互作用开始发挥作用。CeO_2(110) 表面是一种更具活性的表面，它对 CH_3Cl 的氧氯化反应具有更好的选择性和更高的活性，归因于其表面结构平坦。

由于甲烷卤化反应的产物通常是高活性分子，因此在同一过程中它们通常会立即转化为其他化学物质。在多步方法中，卤化反应的产物仅仅是形成最终产物的中间体。大多数情况下，这些方法包含一些活性金属，而这些金属可以偶联中间体，例如通过提供氧气，同时自身被卤化，然后被去卤化产生卤素，从而完成催化循环。Peringer 等[34,35]合成并测试了用于甲烷氧化氯化的 $LaCl_3$ 催化剂。镧是该反应的良好催化剂，具有高稳定性和高选择性。次氯酸盐物种充当表面上的活性位点。镧可以通过催化剂改性改变反应的活性和选择性。镧基催化剂在 CH_4 转化率低于 $1\%\sim2\%$ 时对 CH_3Cl 表现出 100% 的选择性。当甲烷转化率增加时，CH_3Cl 是主要产物，但同时出现 CH_2Cl_2、CO 和 CO_2 副产物[36]。

Podkolzin 等[36]的研究还表明，镧基催化剂（$LaCl_3$ 和 LaOCl）有效催化了 O_2 和 HCl 对甲烷的氯化反应。虽然 O_2 是反应必需的，但 HCl 不是必需的。在没有 HCl 的情况下，反应开始使用催化剂中的氯，将 $LaCl_3$ 有效转化为 LaOCl。由于这种转化是可逆的，因此 $LaCl_3$ 可以充当氯气储存器。DFT 计算结果表明 O_2 会在表面解离，形成 OCl 物质，该物质与气态 CH_4 反应，生成 CH_3Cl 和 OH。

（2）甲烷的溴化反应

Kistiakowsky 和 Artsdales[37]研究了光化学甲烷溴化。他们发现反应是根据以下链机制发生的：

$$Br_2 + (h\nu \text{ 或加热}) \longrightarrow Br* + Br* \tag{9.1-14}$$

$$Br* + CH_4 \longrightarrow CH_3* + HBr \tag{9.1-15}$$

$$CH_3* + Br_2 \longrightarrow CH_3Br + Br* \tag{9.1-16}$$

$$CH_3* + HBr \longrightarrow CH_4 + Br* \tag{9.1-17}$$

$$Br* + Br* + M \longrightarrow Br_2 + M \tag{9.1-18}$$

溴分子在催化剂上解离，极化的溴原子作为亲电试剂与甲烷发生亲电反应[31]。

Paunovic 等[38]指出氧溴化催化剂应能氧化表面的溴化氢，但同时不能活化甲烷和烃类产品中的碳氢键。HBr 氧化发生在催化剂表面，甲烷的溴化应仅在气相中进行，以避免甲烷氧化。对此，中等氧化特性的磷酸盐催化剂对甲烷氧溴化反应有较好的效果。Wang 等制备了几种 $FePO_4$ 催化剂[39]。他们发现 $FePO_4$ 的氧化还原能力是催化剂表面产生溴自由基的原因。所有催化剂在 640 ℃ 时都表现出相当高的活性。在磷酸盐催化剂中，磷酸钒（VPO）是最好的催化剂，对甲基溴的选择性高，对 CO_2 的选择性低[38]。CH_3Br 在 480 ℃ 时的产率约为 16%，甲烷的转化率约为 20%。该催化剂表现出优异的 HBr 氧化活性，但对甲烷和含氧产物的燃烧活性较低。通过实验证实了这一点，其中比较了燃烧和 HBr 氧化的每个单独反应的 VPO 性能。结果表明，碳氢键断裂的活化势垒相当高，溴化发生在气相中[38]。

Paunovic[40]通过理论和实验研究了甲烷的溴化，比较了焦磷酸氧钒（VPO）和氧溴化（EuOBr）催化剂上的氧溴化路线以及气相中 Br_2 的非催化溴化。他们将理论计算仅用于中间体的能量，并发现 O_2 在放热反应（-0.36eV/O）中解离地吸附在 VPO 上。在解离吸附 HBr 时，会在强烈放热步骤（-0.9eV）中形成 Br 和 OH，Br 基可能解吸（1.30eV 的势垒）。如果第二个 HBr 分子解离吸附，则形成 Br_2 和 H_2O 并以 0.6eV 和 1.3eV 的势垒解吸。在气相中，Br 和 Br_2 之间存在平衡。溴自由基可从 CH_4 中提取氢（0.73eV 的势垒），

形成的 CH_3 与 Br_2 反应生成 CH_3Br，而 HBr 被重新吸附在表面上以再生 Br 和 Br_2。而且 $Br*$ 的出现温度低于 CH_3*，证明了溴的生成必须被表面催化，而不是 Br_2 的均匀解离。从能量上讲，吸附氧（O*）或溴原子（Br*）对 CH_4 的活化作用较弱。相关的研究确定了其对甲基溴的高选择性以及出色的 HBr 氧化活性[38]，发现溴化发生在气相中，且在 EuOBr 上的反应机制是类似的。

9.1.4　总结

使用密度泛函理论对反应机理研究为探索各种甲烷转化的催化体系的热力学和动力学提供了可行的方法。在采用理论计算研究催化反应机理的过程中，必须考虑给定温度下热力学稳定的结构、空位缺陷和界面作为可能的化学与物理反应位点，以适当地重现真实催化剂体系。已经开展的工作考虑了金属氧化物中的氧空位缺陷，并开始考虑载体与金属的界面以及溢流效应。目前有很少密度泛函理论研究基于多组分体系（如周期性载体模型上的催化剂纳米颗粒），对反应机理动力学中的溢流效应也缺少相关的理论研究。

过去已经对气相卤化及其机理和动力学进行了广泛的研究。当今正在进行的研究重点是开发用于甲烷的卤化和氧卤化的催化剂，并研究这些新型催化剂的催化机理，以提高对所需卤代产物的选择性。现有的氧溴化最有希望的催化剂是磷酸钒体系，反应与催化卤化的情况相似，在气相和催化剂表面上均可发生，其中催化剂主要用于氧化 HBr。随着密度泛函理论方法的发展以及可用的计算能力的提高，理论研究甲烷卤化的机理将为工业催化剂的开发提供更多有用的信息。

9.2　石油的催化转化

石油是非常重要的石化能源，能够被加工成各种化学能源，石油在工业转化过程中可以生产很多化工材料。在石油化工中有一半以上的化学生产过程应用了催化剂，由于石油的催化转化过程很多，且相关的理论催化研究工作也非常丰富，本节仅以丙烯双聚反应为例，展示理论计算在该领域的应用。

9.2.1　研究背景

以沸石为催化剂直接将轻烷烃转化为芳烃可以大幅提升低碳烃的附加值。采用各种方法改性的 MFI 沸石已经用于低碳烷烃的芳构化（芳香族产品包括苯、甲苯和二甲苯，BTX），BTX 在下游石化过程中有着广泛的应用。

尽管各种沸石的酸性质子位置以及它们的强度和反应性能已被广泛研究，但对其催化芳构化反应的机理目前仍缺少分子水平的认识。Lukyanov 根据实验现象，建立了乙烯、丙烯和丙烷在 HZSM-5 和 GaHZSM-5 上芳构化反应的动力学模型[41]，在他们的模型中，丙烷首先通过质子化裂解和氢转移途径转化为烯烃。这些烯烃依次在沸石催化位（ZCS）上齐聚和裂解，然后通过 ZCS 上的氢转移和镓物种上的脱氢生成二烯。在 ZCS 上的二烯环化，通过 ZCS 上的氢转移和镓物种上的脱氢生成环二烯和芳烃。Guisnet 等根据实验观察，总结了丙烷芳构化反应涉及的步骤：①烷烃 C—H 活化；②脱氢制烯烃；③质子化裂解；④齐聚制高碳烯烃；⑤异构化；⑥β-解离；⑦环化；⑧脱氢芳构化。这些丙烷芳构化模型都有一个共同特点，即芳构化生成烯烃，如丙烯。Joshi 等运用密度泛函理论计算以确定 C6 二烯环化，无论是在气相还是在沸石环境中，都是芳构化最重要的步骤之一。

芳构化的起始步骤是碳链的伸长，丙烯的二聚是实现芳构化最简单有效的途径。然而，当前对丙烯二聚反应的研究非常有限，因为反应过程非常复杂，到目前为止还无法通过实验一步一步地跟踪反应。以前人们发现丁烯骨架异构化的单分子机理是通过二级线性丁醇、一级异丁醇和叔丁基阳离子中间体转化吸附的丁烯，这表明丙烯的二聚反应更加复杂。虽然 Mlinar 研究了丙烯二聚反应的机理，但仅限于逐步反应。此外，理论计算主要集中在使用 ONIOM 模型计算 ZSM-5、ZSM-22 或八面沸石上乙烯二聚反应的简单情况。接下来我们讲述如何采用密度泛函理论计算研究丙烯的双聚反应机理。

9.2.2　催化模型的构建

由于孔的大小对分子筛内小分子的吸附起着至关重要的作用，因此选择分子筛来模拟丙烯的二聚反应是非常重要的。$AlPO_4$-5 由交替的 AlO_4^- 和 PO_4^+ 四面体单元组成，其主通道直径为 7.3Å，略大于 ZSM-5（约为 5.5Å）。由于完美的电子平衡结构，$AlPO_4$-5 通道的内壁与纯 ZSM-5 一样具有化学惰性。类似于纯 ZSM-5 的 Al 修饰，$AlPO_4$-5 可以通过用 Si 原子代替 P 原子进行修饰。因此，在修饰好的 $AlPO_4$-5，即 $AlPO_4$-5 的内壁上产生了具有催化作用的 Brønsted 酸位。

在没有过渡金属的情况下，SAPO-5 的主通道可以用来催化制备 BTX，它为仅由 Brønsted 酸中心催化的反应提供了理想的环境。

研究丙烯在 SAPO-5 主通道中的二聚反应机理，可以为丙烯在沸石中的二聚反应提供详细的反应机理，在本算例中采用周期模型，系统地研究了 SAPO-5 的 Brønsted 酸位催化丙烯二聚反应的协同机理、分步机理和碳原子机理。

密度泛函理论被证明是几何优化和过渡态定位的有力工具，被用来研究二聚过程。应用维也纳从头计算模拟软件包（VASP），用 Grimme 的 DFT-D2 方法计算了色散相互作用，相互作用的截止半径设置为 30.0Å，全局标度因子 $s6$ 为 0.75。Al、P、Si、O、H 和 C 原子的 C_6 和 R_0 参数分别为 10.79J·nm^6/mol、7.84J·nm^6/mol、9.23J·nm^6/mol、0.70J·nm^6/mol、0.14J·nm^6/mol、1.75J·nm^6/mol 和 1.639Å、1.705Å、1.716Å、1.342Å、1.001Å、1.452Å。用 PBE 广义梯度交换相关函数进行了自旋极化计算，采用了截止能为 400eV 的平面波基组。用投影增强波法（PAW）描述了核电子，对 SAPO-5 的晶胞参数进行了全面优化，得到了优化值 $a = b = 13.992$Å、$c = 8.622$Å、$\alpha = \beta = 90°$、$\gamma = 120°$。所有计算均采用菱形周期模型。用 Monkhorst-Pack 算法生成的 $1×1×1$ k 点网格对 $p(1×1×2)$ 单元进行采样。SCF 能量的收敛标准为 $1.0×10^{-5}$ eV，总能量的收敛标准为 $1×10^{-4}$ eV，原子力的收敛标准为 0.05eV/Å。利用 NEB 的方法定位过渡态。

9.2.3　结果分析

在 SAPO-5 沸石主通道中，Si^{4+} 取代了一个 P^{5+} 位。如图 9.4 所示，在十二元环的主通道中有三个可能的 Brønsted 酸位点。通过考虑所有可能的酸位和晶格常数及结构的优化，我们发现位于同一分子环中的 1 位（在 O^1 上）和 2 位（在 O^2 上）是最稳定的 Brønsted 酸位。连接沸石层的 3 号位（O^3 上）不太稳定。在下面的计算中，我们将重点研究 Brønsted 酸性位 1 和位 2 上的吸附和反应。为了了解丙烯的具体吸附机理，我们首先研究了丙烯的物理吸附和化学吸附。随后，对 C6-碳离子和烷氧基的相对稳定性进行了分析，为二聚反应机理提供了信息。最后，基于 C6 物种的相对稳定性，提出了二聚反应的优先反应机理。

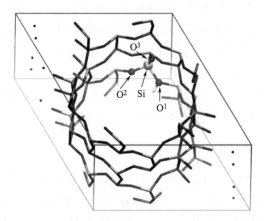

图 9.4 当 P^{5+} 被 Si^{4+} 取代后， SAPO-5 的 Brønsted 酸性位点

（1）丙烯的物理吸附

丙烯在 SAPO-5 分子筛中的物理吸附存在多种吸附构象。应考虑四个典型的吸附点：远平行、远垂直、近平行和近垂直，其中，标签"近或远"表示 C_3H_6 接近或远离 Brønsted 酸位点，标签"平行或垂直"表示碳链平行或垂直于 SAPO-5 的主通道。对于远平行和远垂直吸附模式，丙烯到 Brønsted 酸中心的距离约为 5Å。然而，在近平行和近垂直构型中，距离小于 3Å。

表 9.2 列出了吸附能和色散（范德华）修正值。无色散校正的远、近垂直的吸附能约为 $-35kJ/mol$。色散校正非常显著，其值也约为 $-35kJ/mol$。因此，总吸附能约为 $-70kJ/mol$，其中色散几乎占一半，因此色散作用对研究分子筛孔道内的吸附至关重要。在四种典型的吸附模式中，近平行位的吸附能最为有利，总吸附能为 $-121kJ/mol$，如表 9.2 所示。由于丙烯上的 π 电子可以与质子在酸中心通过 η^2（C＝C）模式形成 π 络合物，使吸附稳定在近平行构型。

表 9.2 丙烯在 SAPO-5 主通道内物理吸附的吸附能

单位：kJ/mol

吸附位	ΔE	$\Delta E(\text{vdW})$	$\Delta E(E+\text{vdW})$
远平行	-38	-38	-76
远垂直	-37	-34	-71
近平行	-79	-42	-121
近垂直	-35	-35	-70

（2）丙烯的化学吸附

丙烯在 Brønsted 酸位上的物理吸附放热为 $121kJ/mol$，丙烯很容易扩散到 Brønsted 酸位，并与质子通过 η^2（C＝C）模式相互作用形成 π 络合物。然后它可以通过进一步的亲电加成形成丙氧基。先前的实验结果表明，这种反应在室温下很容易发生[42]。与传统的亲电加成反应一样，丙烯在沸石内壁上的化学吸附有两种模式，它们产生两种不同的产物：i-丙

氧基和 n-丙氧基。在一个 Brønsted 酸周围有三个相互靠近的吸附位，其中 1 位和 2 位是最有利的。在这里，我们将第一个吸附位置 1 作为初始的 Brønsted 酸性位置，并且考虑了吸附的丙烯与位置 2 和位置 3 进一步相互作用的情况。因此，有四种吸附模式：位点-1-至-2-i、位点-1-至-2-n、位点-1-至-3-i 和位点-1-至-3-n，"i 或 n"表示 i-丙氧化物或 n-丙氧化物的形成。例如，位点-1-至-2-i 意味着位置 1 的质子迁移到丙烯，然后在位置 2 上形成 i-丙氧化物。活化能和反应能见表 9.3，相应的过渡态结构如图 9.5 所示。如表 9.3 所示，丙烯的化学吸附比物理吸附更有利。我们的结果与先前报道的关于菱沸石和 HZSM-5 的结果一致。

表 9.3　异丙氧化物和正丙氧化物在 2 位和 3 位形成的能垒和反应能（包括色散校正）

单位：kJ/mol

吸附位	能垒			反应能		
	ΔE_a	$\Delta E_a(\text{vdW})$	$\Delta E_a(E_a+\text{vdW})$	ΔE	$\Delta E(\text{vdW})$	$\Delta E(E+\text{vdW})$
位点-1-至-2-i	97	−11	86	−6	−19	−26
位点-1-至-2-n	146	−11	134	−15	−22	−37
位点-1-至-3-i	137	−20	117	11	−33	−20
位点-1-至-3-n	164	−18	146	6	−27	−20

在活化能垒方面，反应通道之间的差异大于反应能量的差异。考虑色散校正后，i-丙氧基（位点-1-至-2-i）的活化能为 86kJ/mol，n-丙氧基（位点-1-至-2-n）的活化能为 134kJ/mol。这些结果与传统的亲电加成反应符合马氏规则（马尔科夫尼科夫规则，Markovnikov's Rule），并与以往在菱沸石和 H-丝光沸石中的化学吸附的研究一致，其中还报道了 i-丙氧基的阻隔比 n-丙氧基低 40kJ/mol，这两种吸附模式的过渡结构非常相似。HO^1、HC^1 和 C^2O^2 的距离分别为 1.59Å、1.19Å 和 2.43Å。相比之下，HO^1、HC^2 和 C^1O^2 的距离分别为 1.54Å、1.20Å 和 2.24Å。

O^3 的连接位置如图 9.5 所示，丙烯在位置 3 上的化学吸附更加困难，活化能垒为 117kJ/mol（1-3-i 位）和 146kJ/mol（1-3-n 位）。过渡结构也与位点 2 不同。如图 9.5 所示，HO^1、HC^1 和 C^2O^3 的吸附距离分别为 2.10Å、1.12Å 和 2.51Å。相比之下，HO^1、HC^1 和 C^2O^3 的吸附距离分别为 1.61Å、1.22Å 和 2.39Å。

(3) 碳离子的形成

对于取代 SAPO-5 分子筛内壁的化学吸附，Brønsted 酸中心的质子可以迁移到丙烯上形成异丙基离子 $C_3H_7^+$。如图 9.6(a) 所示，异丙基离子 $C_3H_7^+$ 的 C—C 键长均为 1.44Å，离子中的 H 原子距离 SAPO-5 分子筛骨架 O 原子的最小距离为 4.11Å。如图 9.6（b）所示，对这种异丙基离子结构，电荷离域在氢原子上，而不是碳上，以抵消离域在 SAPO-5 沸石壁中氧原子上的负电荷。因此，异丙基离子可以存在于 SAPO-5 通道中。由于 $C_3H_7^+$ 从未在沸石和超强酸的催化体系中被证实，所以有必要使用更精确的方法，如杂化 MP2：DFT 方法确认其稳定性。

此前，人们预测碳离子以芳香碳离子或 C6 碳离子的形式存在于沸石中，然而 $C_3H_7^+$ 和 $C_2H_5^+$ 等碳离子很难获得。虽然在 ZSM-5、ZSM-22 和八面沸石环境中提出了乙烯二聚反应的详细机理，但没有关于这类碳离子中间体的报道。由于小碳离子很容易在分子筛孔道中扩散，质子很容易反馈给分子筛，其结果是它被重新转化为烯烃。在我们的计算中，尽管在

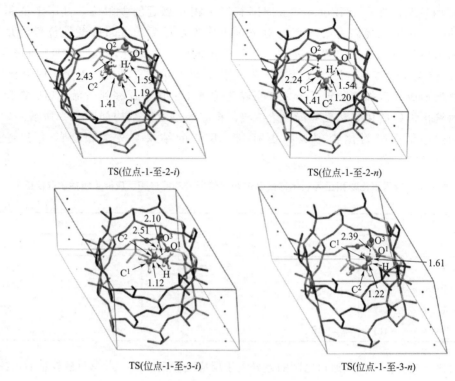

TS(位点-1-至-2-i)　　　　　　TS(位点-1-至-2-n)

TS(位点-1-至-3-i)　　　　　　TS(位点-1-至-3-n)

图 9.5　丙烯在 SAPO-5 中化学吸附的过渡态结构（距离单位为 Å）

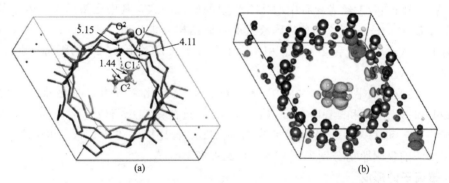

(a)　　　　　　　　　　　　(b)

图 9.6　SAPO-5 中碳正离子的结构（a）和 SAPO-5 中的 $C_3H_7^+$ 的电荷差分密度（b）

（a）中距离单位为 Å

SAPO-5 的通道内发现了 $C_3H_7^+$，但其能量比异丙氧基高 269kJ/mol。根据玻尔兹曼分布，位点-1-2-i 的产物在热力学上不是很稳定，在沸石中的存在概率也很小。

① C6 物种的形成

丙烯二聚反应有许多可能的产物。为了研究能量低洼结构的形成机制，我们系统地研究了 C6 物种可能结构的相对稳定性。丙烯二聚反应的 C6 有两类：一类是由 Brønsted 酸中心的质子迁移形成的碳离子，另一类是碳离子吸附在 SAPO-5 分子筛内壁形成的烷氧基。

② 碳正离子的形成

$C_6H_{13}^+$ 和 C_6H_{12} 的形成方案如图 9.7 所示。可能的产品包括己烯、戊烯和丁烯。己烯有三种异构体，分别为 IM1、IM2 和 IM3，它们对应的质子化产物标记为 IM4、IM5 和 IM6

的碳离子。对于 IM4，碳链边缘有一个亚甲基，但事实上优化的结构是环状的，如图 9.8 所示，其中两个亚甲基共享一个氢原子。从氢原子到亚甲基的碳原子分别为 1.24Å 和 1.30Å。对于 IM5 和 IM6，碳离子到 Brønsted 酸中心的最近距离分别为 2.36Å 和 2.53Å。

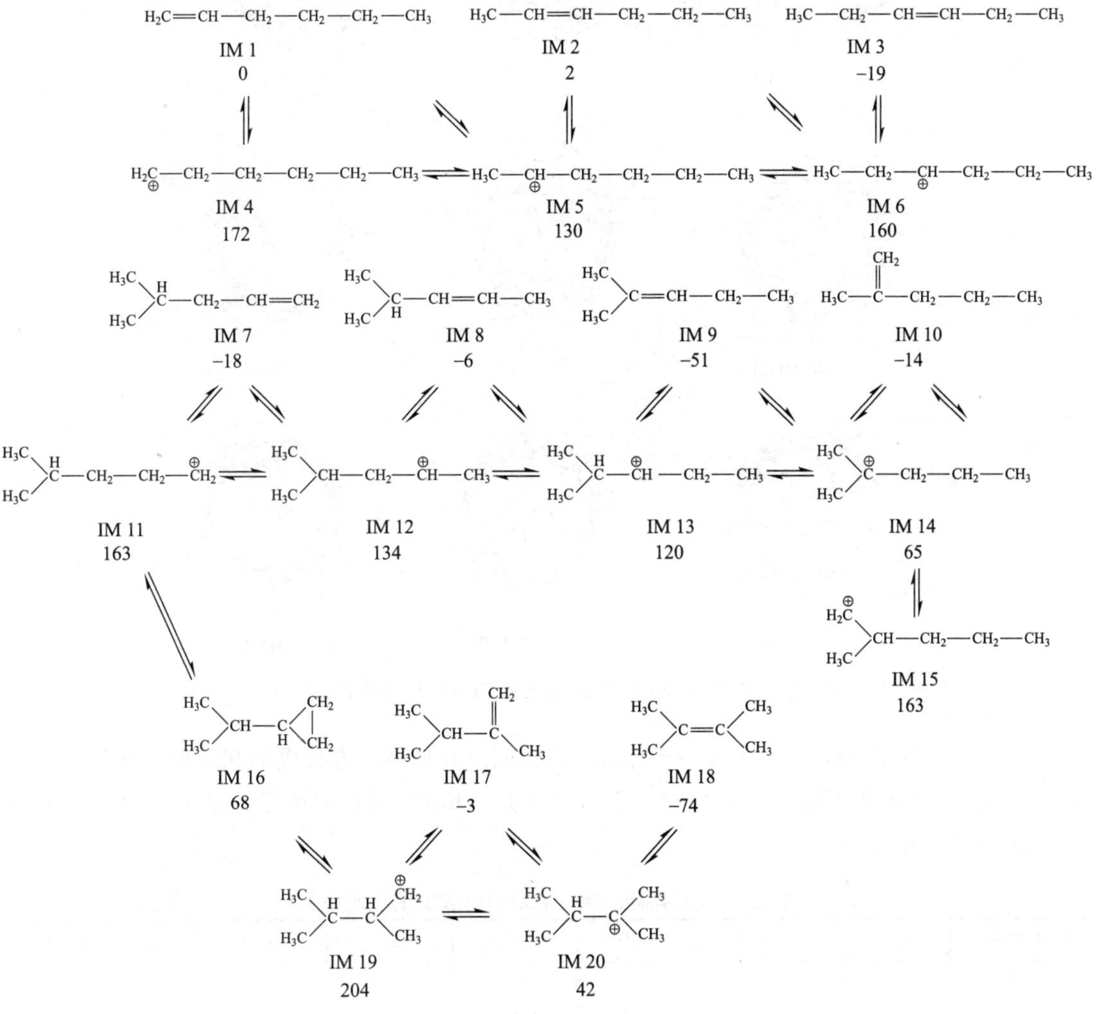

$H_2C=CH-CH_2-CH_2-CH_3$ $H_3C-CH=CH-CH_2-CH_3$ $H_3C-CH_2-CH=CH-CH_3$

IM 1   IM 2   IM 3
0   2   −19

$H_2\overset{\oplus}{C}-CH_2-CH_2-CH_2-CH_2-CH_3$ ⇌ $H_3C-\overset{\oplus}{C}H-CH_2-CH_2-CH_2-CH_3$ ⇌ $H_3C-CH_2-\overset{\oplus}{C}H-CH_2-CH_2-CH_3$

IM 4   IM 5   IM 6
172   130   160

IM 7   IM 8   IM 9   IM 10
−18   −6   −51   −14

IM 11   IM 12   IM 13   IM 14
163   134   120   65

IM 15
163

IM 16   IM 17   IM 18
68   −3   −74

IM 19   IM 20
204   42

图 9.7　SAPO-5 沸石中碳正离子生成的路线

IM 代表中间体。相对于 IM1 的相对能量的色散校正以 kJ/mol 表示

　　与己烯的异构体一样，戊烯也可以以甲基为支链形成，如 IM7、IM8、IM9 和 IM10。它们的伴生质子化碳离子分别为 IM11、IM12、IM13、IM14 和 IM15。IM11 和 IM15 是环状的，在链的边缘也有一个亚甲基，类似于 IM4。虽然亚甲基的位置不同，但实际上碳链会卷起形成相同的环。从共享氢原子到亚甲基的距离分别为 1.27Å 和 1.30Å。对于 IM12、IM13 和 IM14，碳离子到 Brønsted 酸中心的最近距离分别为 2.61Å、2.80Å 和 2.70Å。

　　具有丁烯主链的异构体必须有两个甲基作为支链，如 IM17 和 IM18，其相应的质子化产物分别为 IM19 和 IM20。IM19 也是一种环结构，两个亚甲基共享一个氢原子，另一个亚甲基位于碳链边缘。从共享氢原子到两个亚甲基的距离分别为 1.27Å 和 1.29Å。从碳离子到 Brønsted 酸中心的最近距离为 2.51Å。对于 IM20，有四个甲基，最接近 Brønsted 酸位点的距离为 2.05Å。

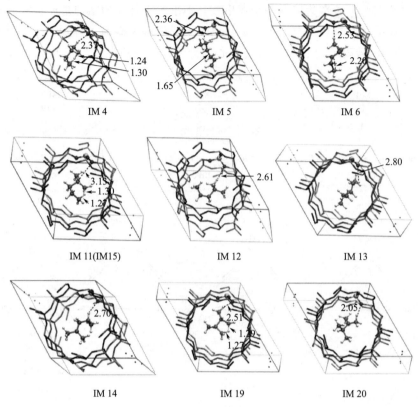

图 9.8　SAPO-5 分子筛中 C6 碳正离子的结构（距离单位为 Å）

　　此外，如 IM16 所示，末端有一个环状结构的同分异构体，连接戊烯和丁烯。从相对能量来看，2,3-二甲基-2-丁烯（IM18）和 2-甲基-2-戊烯（IM9）的相对能量分别为 −74kJ/mol 和 −51kJ/mol（表 9.4）。

表 9.4　C6 物种的相对能量和色散校正（vdW）　　　　　　　　　单位：kJ/mol

中间物	ΔE	$\Delta(\mathrm{vdW})$	$\Delta(E+\mathrm{vdW})$	中间物	ΔE	$\Delta(\mathrm{vdW})$	$\Delta(E+\mathrm{vdW})$
IM1	0	0	0	IM16	51	18	68
IM2	−5	7	2	IM17	−7	4	−3
IM3	−22	3	−19	IM18	−58	−16	−74
IM4	161	10	172	IM19	204	0	204
IM5	118	12	130	IM20	40	2	42
IM6	148	12	160	IM21	−36	5	−31
IM7	−7	−12	−18	IM22	−47	−20	−67
IM8	−2	−4	−6	IM23	−41	−36	−77
IM9	−39	−13	−51	IM24	−25	−2	−27
IM10	−23	9	−14	IM25	−40	−26	−65
IM11	148	14	163	IM26	−21	−26	−47
IM12	142	−8	134	IM27	−9	−37	−46
IM13	119	1	120	IM28	−41	−17	−58
IM14	42	1	43	IM29	−37	−20	−57
IM15	148	14	163	IM30	−27	−46	−73

③ 烷氧基的形成

质子化的碳离子 $C_6H_{13}^+$ 也可以与内壁结合形成烷氧化物，这些烷氧基的相对能量在 $-31kJ/mol$ 至 $-77kJ/mol$ 范围内，表明这些产物比碳离子更稳定。

(4) 丙烯二聚反应

基于相对能量的对比，丙烯二聚反应最有利的产物是 2-甲基-2-戊烯（IM9）和 2，3-二甲基-2-丁烯（IM18），这是我们研究 2-甲基-2-戊烯（IM9）和 2，3-二甲基-2-丁烯（IM18）二聚反应机理的重点。众所周知，丙烯的直接二聚是不可能发生的，因为对称性规则禁止 "2+2" 加成，需要催化剂参与才能使反应成为可能。此外，空间效应对实际反应也很重要。通过结构分析，我们发现 2-甲基-2-戊烯是可能生成的产物，但由于空间效应，2，3-二甲基-2-丁烯（IM18）很难形成。这里我们将着重讨论丙烯二聚制 2-甲基-2-戊烯及其相关异构体。

如图 9.9 所示，在二聚机制中考虑了三种不同的路径：协同路径（IM31-TS5-IM12）、分步路径（IM32-TS6-IM12）和碳正离子路径（IM33-IM12）。反应曲线如图 9.10 所示，过渡结构如图 9.11 所示。

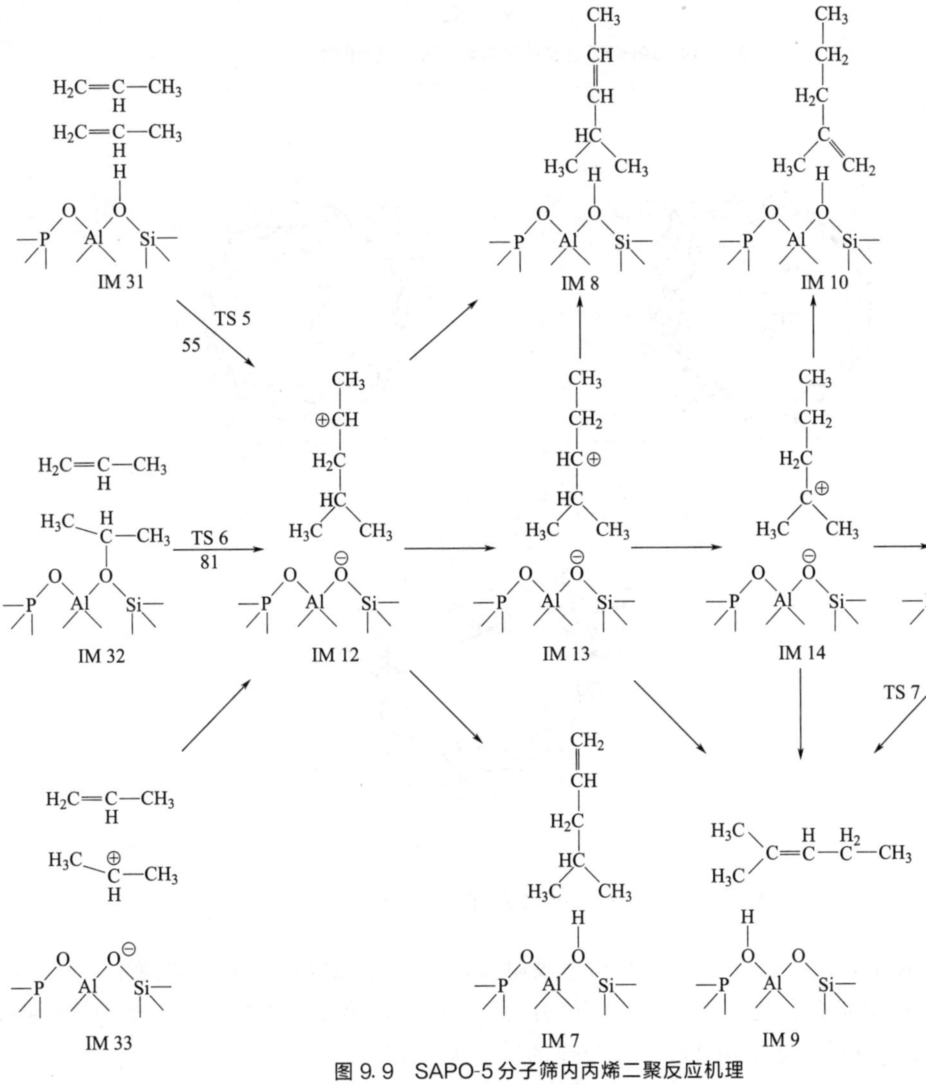

图 9.9　SAPO-5 分子筛内丙烯二聚反应机理

反应物的能垒以 kJ/mol 表示

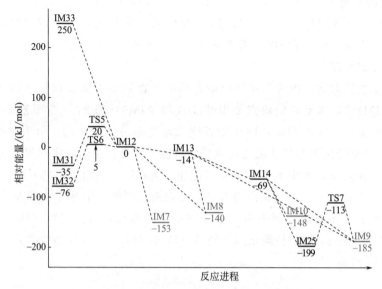

图 9.10　SAPO-5 分子筛内丙烯二聚的反应曲线
能量为相对 IM12 的能量

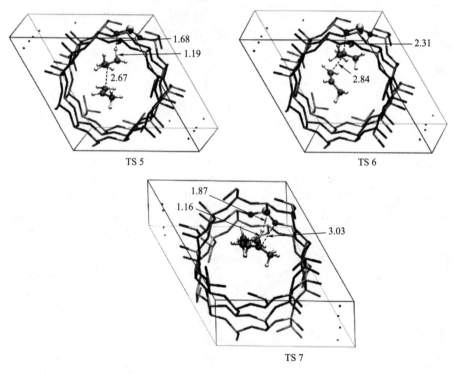

TS 5　　　　　　　TS 6

TS 7

图 9.11　丙烯二聚反应的过渡结构（键长单位为 Å）

　　在协同路径中，两个丙烯分子通过物理吸附作用吸附在 SAPO-5 的主通道中。该反应是由质子从 Brønsted 酸位迁移到第一个丙烯引发的。同时，第二个丙烯与第一个丙烯反应，如图 9.11 所示，具有过渡结构 TS5。该反应的能垒为 55kJ/mol。

　　对 FAU 分子筛中乙烯二聚反应的研究表明，乙烯二聚反应的有利机理是逐步进行的，其也被认为是丙烯二聚反应的有利机理。在这一机制中，第一步是丙烯的化学吸附形成稳定的 i-丙氧基。由于碳与沸石上的氧结合时带正电荷较多，故在环氧丙烷上可以吸附一个额外的丙烯分子。如过渡态 TS6（图 9.11）所示，C—O 键之间的距离为 2.31Å，C—C 键与两个不同分子之间的距离为 2.84Å。该反应的势垒为 81kJ/mol，如图 9.10 所示。然而，根据图 9.10 所示的总能量，丙烯的逐步反应比协同反应更有利。

此外，我们还考虑了碳离子 $C_3H_7^+$ 与丙烯直接反应的第三条二聚途径。有趣的是，尽管我们努力寻找反应的过渡态和能垒，但并没有发现该反应的过渡态和能垒。有可能是因为势能面在这些区域是平坦的，因此很难找到相关的过渡态。同样的原因，碳离子异构化（IM12-IM13、IM13-IM14、IM14-IM15）和质子从碳离子 $C_6H_{13}^+$ 转移到 SAPO-5 沸石（IM13-IM19）内壁的连续反应没有过渡态。碳离子 $C_6H_{13}^+$ 具有很强的反应性，能与丙烯直接反应，从而形成链式反应。

9.2.4　总结

利用具有色散校正的周期密度泛函理论（PBE-D2）系统地研究了丙烯在 SAPO-5 沸石中二聚成 C6 的详细机理。首先研究了丙烯的物理吸附和化学吸附。四种典型的物理吸附模式中平行模式是最有利的，色散校正吸附能为 -121kJ/mol，2 位的异丙氧基是最有利的化学吸附模式，活化能垒为 86kJ/mol。分析了 C6-碳离子和醇盐的相对稳定性，为二聚反应机理的选择提供了依据。结果表明，2,3-二甲基-2-丁烯和 2-甲基-2-戊烯是较理想的产物。但是，由于空间效应，2,3-二甲基-2-丁烯不能作为直接二聚产物。因此，二聚反应机理主要集中在 2-甲基-2-戊烯及其相关异构体的形成上。从而提出了丙烯二聚反应的协同机理、分步机理和碳正离子机理。研究发现，当能量能垒接近时，协同路径和分步路径具有可比性，而当 $C_3H_7^+$ 的形成较为困难时，碳正离子路径的竞争性较弱，这些反应有助于研究烯烃的二聚反应。

理论计算在石油化工中的应用很多，由于篇幅有限，这里不再赘述。需要强调的是，模型的构建和计算方法的选择是确保理论模拟与实验结果可相比拟的前提，在任何计算模拟工作开展之前，必须要充分地认识实验条件，并合理地将实验条件抽象为可靠的理论模型，并在算力允许的情况下，选取具有相对较高精度的理论方法进行计算。

参考文献

[1] 《bp 世界能源统计年鉴》2019 中文版，https：//www. bp. com/content/dam/bp/country-sites/zh＿cn/china/home/reports/statistical-review-of-world-energy/2019/2019srbook. pdf.

[2] Kathiraser Y，Oemar U，Saw E T，et al. Kinetic and mechanistic aspects for CO_2 reforming of methane over Ni based catalysts [J]. Chemical Engineering Journal，2015，278：62-78.

[3] Niu J T，Liland S E，Jia Y，et al. Effect of oxide additives on the hydrotalcite derived Ni catalysts for CO_2 reforming of methane [J]. Chemical Engineering Journal，2019，377：119763.

[4] Bunnik B S，Kramer G J. Energetics of methane dissociative adsorption on Rh（111）from DFT calculations [J]. Journal of Catalysis，2006，242（2）：309-318.

[5] Wang B J，Song L Z，Zhang R G. The dehydrogenation of CH_4 on Rh（111），Rh（110）and Rh（100）surfaces：A density functional theory study [J]. Applied Surface Science，2012，258（8）：3714-3722.

[6] Zhang R G，Song L Z，Wang Y H. Insight into the adsorption and dissociation of CH_4 on Pt（hkl）surfaces：A theoretical study [J]. Applied Surface Science，2012，258（18）：7154-7160.

[7] Li J D, Croiset E, Ricardez-Sandoval L. Methane dissociation on Ni (100), Ni (111), and Ni (553): A comparative density functional theory study [J]. Journal of Molecular Catalysis A: Chemical, 2012, 365: 103-114.

[8] Li J D, Croiset E, Ricardez-Sandoval L. Effect of carbon on the Ni catalyzed methane cracking reaction: A DFT study [J]. Applied Surface Science, 2014, 311: 435-442.

[9] Li J D, Croiset E, Ricardez-Sandoval L. Theoretical investigation of the methane cracking reaction pathways on Ni (111) surface [J]. Chemical Physics Letters, 2015, 639: 205-210.

[10] He J, Yang Z Q, Ding C L, et al. Methane dehydrogenation and oxidation process over Ni-based bimetallic catalysts [J]. Fuel, 2018, 226: 400-409.

[11] Zhang M H, Zhang X H, Yu Y Z, et al. Effect of Ni (111) surface alloying by Pt on partial oxidation of methane to syngas: A DFT study [J]. Surface Science, 2014, 630: 236-243.

[12] Fan C, Zhu Y A, Xu Y, et al. Origin of synergistic effect over Ni-based bimetallic surfaces: A density functional theory study [J]. Journal of Chemical Physics, 2012, 137 (1): 77.

[13] Zhang J G, Hui W, Dalai A K. Effects of metal content on activity and stability of Ni-Co bimetallic catalysts for CO_2 reforming of CH_4 [J]. Applied Catalysis A: General, 2008, 339 (2): 121-129.

[14] Liu H Y, Zhang R G, Yan R X, et al. CH_4 dissociation on NiCo (111) surface: A first-principles study [J]. Applied Surface Science, 2011, 257 (21): 8955-8964.

[15] Li K, Zhou Z J, Wang Y, et al. A theoretical study of CH_4 dissociation on NiPd (111) surface [J]. Surface Science, 2013, 612: 63-68.

[16] Qi Q H, Wang X J, Li C, et al. Methane dissociation on Pt (111), Ir (111) and PtIr (111) surface: A density functional theory study [J]. Applied Surface Science, 2013, 284: 784-791.

[17] Niu J T, Ran J Y, Du X S, et al. Effect of Pt addition on resistance to carbon formation of Ni catalysts in methane dehydrogenation over Ni-Pt bimetallic surfaces: A density functional theory study [J]. Molecular Catalysis, 2017, 434: 206-218.

[18] Fan C, Zhu Y A, Yang M L, et al. Density functional theory-assisted microkinetic analysis of methane dry reforming on Ni catalyst [J]. Industrial & Engineering Chemistry Research, 2015, 54 (22): 5901-5913.

[19] Li K, He F, Yu H M, et al. Theoretical study on the reaction mechanism of carbon dioxide reforming of methane on La and La_2O_3 modified Ni (111) surface [J]. Journal of Catalysis, 2018, 364: 248-261.

[20] Wang H, Blaylock D W, Dam A H, et al. Steam methane reforming on a Ni-based bimetallic catalyst: Density functional theory and experimental studies of the catalytic consequence of surface alloying of Ni with Ag [J]. Catalysis Science & Technology, 2017, 7 (8): 1713-1725.

[21] Han Z Y, Yang Z B, Han M F. Comprehensive investigation of methane conversion over Ni (111) surface under a consistent DFT framework: Implications for anti-coking of SOFC anodes [J]. Applied Surface Science, 2019, 480: 243-255.

[22] Niu J T, Du X S, Ran J Y, et al. Dry (CO_2) reforming of methane over Pt catalysts studied by DFT and kinetic modeling [J]. Applied Surface Science, 2016, 376: 79-90.

[23] Roy G, Chattopadhyay A P. Methane dissociation on bimetallic $AuNi_3$, Au_2Ni_2 and Au_3Ni clusters-a DFT study [J]. ChemistrySelect, 2018, 3 (11): 3133-3140.

[24] Xu L L, Wen H, Jin X, et al. DFT study on dry reforming of methane over Ni_2Fe overlayer of Ni (111) surface [J]. Applied Surface Science, 2018, 443: 515-524.

[25] Horn R, Schlögl R. Methane activation by heterogeneous catalysis [J]. Catalysis Letters, 2015, 145 (1): 23-39.

[26] Arevalo R L, Aspera S M, Escao M C S, et al. Tuning methane decomposition on stepped Ni surface: The role of subsurface atoms in catalyst design [J]. Scientific Reports, 2017, 7 (1): 13963.

[27] Yu W, Porosoff M D, Chen J G. ChemInform abstract: Review of Pt-based bimetallic catalysis: From model surfaces to supported catalysts [J]. Chemical Reviews, 2012, 112 (11): 5780-5817.

[28] Puigdollers A R, Schlexer P, Tosoni S, et al. Increasing oxide reducibility: The role of metal/oxide interfaces in the formation of oxygen vacancies [J]. ACS Catalysis, 2017, 7 (10): 6493-6513.

[29] Cramer C J, Truhlar D G. Density functional theory for transition metals and transition metal chemistry [J]. Physi-

cal Chemistry Chemical Physics，2009，11（46）：10757-10816.

[30] Pease R N，Walz G F. Kinetics of the thermal chlorination of methane [J]. Journal of the American Chemical Socie-
ty，1931，53（10）：1262-1267.

[31] Olah G A，Gupta B，Felberg J D，et al. Electrophilic reactions at single bonds. 20. Selective monohalogenation of
methane over supported acidic or platinum metal catalysts and hydrolysis of methyl halides over . Gamma-alumina-
supported metal oxide/hydroxide catalysts. A feasible path for the oxidative conversion of methane into methyl alco-
hol/dimethyl ether [J]. Journal of the American Chemical Society，1985，107（24）：7097-7105.

[32] Zichittella G，Paunovic V，Amrute A P，et al. Catalytic oxychlorination versus oxybromination for methane func-
tionalization [J]. ACS Catalysis，2017，7（3）：1805-1817.

[33] Yin L L，Lu G Z，Gong X Q. ADFT plus U study on the oxidative chlorination of CH_4 at ceria：The role of HCl
[J]. Catalysis Science & Technology，2017，7（12）：2498-2505.

[34] Peringer E，Tejuja C，Salzinger M，et al. On the synthesis of $LaCl_3$ catalysts for oxidative chlorination of methane
[J]. Applied Catalysis A：General，2008，350（2）：178-185.

[35] Peringer E，Podkolzin S G，Jones M E，et al. $LaCl_3$-based catalysts for oxidative chlorination of CH_4 [J]. Topics
in Catalysis，2006，38（1/2/3）：211-220.

[36] Podkolzin S G，Stangland E E，Jones M E，et al. Methyl chloride production from methane over lanthanum-based
catalysts [J]. Journal of the American Chemical Society，2007，129（9）：2569-76.

[37] Kistiakowsky G B，Van Artsdalen E R. Bromination of hydrocarbons. I. Photochemical and thermal bromination of
methane and methyl bromine. Carbon-hydrogen bond strength in methane [J]. Journal of Chemical Physics，1944，
12（12）：469-478.

[38] Paunović V，Zichittella G，Moser M，et al. Catalyst design for natural-gas upgrading through oxybromination chem-
istry [J]. Nature Chemistry，2016，8（8）：803-809.

[39] Wang R Q，Lin R H，Ding Y J，et al. Structure and phase analysis of one-pot hydrothermally synthesized $FePO_4$-
SBA-15 as an extremely stable catalyst for harsh oxy-bromination of methane [J]. Applied Catalysis A：General，
2013，453：235-243.

[40] Paunovic V，Hemberger P，Bodi A，et al. Evidence of radical chemistry in catalytic methane oxybromination [J].
Nature Catalysis，2018，1（5）：363-370.

[41] Lukyanov D B，Gnep N S，Guisnet M R. Kinetic modeling of propane aromatization reaction over HZSM-5 and
GaHZSM-5 [J]. Industrial & Engineering Chemistry Research，1995，34（2）：516-523.

[42] Derouane E G，He H，Hamid S B D-A，et al. In situ MAS NMR investigations of molecular sieves and zeolite-cata-
lyzed reactions [J]. Catalysis Letters，1999，58（1）：1-19.

第 10 章

理论计算在煤转化中的应用

煤炭（Coal）是地球上蕴藏最丰富、分布最广泛的化石能源，是埋藏在地下的古代植物经过复杂的生物、化学和物理变化，逐渐形成的可燃性固体沉积岩，是主要由碳、氢、氧、氮、硫等元素构成的有机质。自十八世纪以来，煤炭一直是世界国民经济发展的重要支柱。我国化石能源结构具有富煤、贫油、少气的特点，因此煤炭资源的合理利用对我国经济发展和国家安全具有重要的战略意义。

传统的煤炭资源利用方式是燃烧，即利用燃烧放热为生产和生活提供动力、电力或用于冶金等。然而，煤燃烧的热效率较低（60%），且燃烧过程中会释放大量二氧化碳等温室气体、二氧化硫、氮氧化物、固体粉尘等污染物，以及汞、砷、苯并芘等有毒的无机物和有机物，造成严重的大气和水环境污染问题。发展新型煤化工技术，一方面可提高煤炭资源的高效利用率，另一方面也有助于缓解环境污染问题。

煤化工是指以煤为原料，经化学加工转化为气体、液体、固体燃料及化学品的过程，主要包括煤的气化、液化、干馏以及焦化和电石制乙炔等。图 10.1 给出了煤化工产品工艺流程简图。传统煤化工包括焦炭、电石、合成氨等生产工艺，具有高能耗和环境污染等问题。新型煤化工以生产清洁燃料和可替代石油化工产品为主，包括汽油、柴油、航空煤油、液化

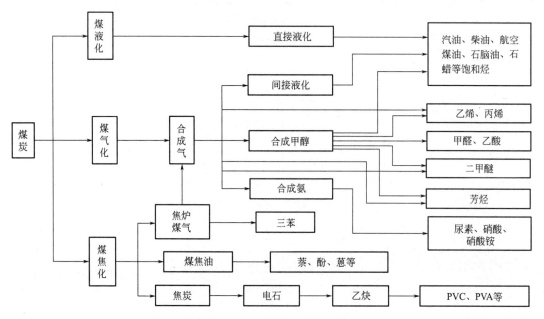

图 10.1　煤化工产品工艺流程简图

石油气、乙烯、聚丙烯、甲醇、二甲醚等。进入二十一世纪，发展新型煤化工，实现煤炭资源清洁高效利用，是催化领域的重要课题之一。

煤炭由 C、H、O、N、S 等多种元素构成，其分子结构极其复杂，直接将其定向转化为目标产品比较困难，尤其对于含杂质较多的贫矿煤来说，无法运用直接液化等技术。相比之下，间接液化是煤化工的主要手段，即先将煤转化为只含一个碳（C1）的小分子原料，如合成气（CO/H_2），再利用催化技术，自下而上（Bottom-Up）制备各类化工产品。合成气是基于煤化工的碳一化学（C1 Chemistry）平台分子，煤制合成气催化转化是新型煤化工的核心。费-托合成（Fischer-Tropsch Synthesis，FTS）是最主要的煤间接液化技术，即将煤制合成气催化转化为烃类等液体燃料，与之相关，还有合成气制低碳（$C_2 \sim C_3$）烯烃（Fischer-Tropsch to Olefin，FTO）、芳烃（Fischer-Tropsch to Aromatics，FTA）、二甲醚（Dimethyl Ether，DME）等。此外，合成气化工还包括传统的合成甲醇和合成氨。利用 CO 加氢将合成气转化为甲醇，再以甲醇为中间体，进一步合成烃类（Methanol to Hydrocarbon，MTH）、汽油（Methanol to Gasoline，MTG）、烯烃（Methanol to Olefin，MTO）、丙烯（Methanol to Propylene，MTP）、芳烃（Methanol to Aromatics，MTA）以及甲醛、乙酸、二甲醚等。合成气为合成氨提供原料气，先利用水煤气变换（Water-Gas Shift），将合成气转化为 CO_2 和 H_2，再脱去 CO_2 并与 N_2 混合用于合成氨。合成氨的下游产品包括尿素、硝酸、硝酸铵等。本章将对煤化工领域相关的理论研究进行系统介绍，主要涉及以煤间接液化为主的合成气催化转化，包括催化剂结构、催化反应机理和微观动力学模拟等，通过典型范例，展现计算化学在多相催化研究中的重要作用。

10.1　煤的结构和热解

煤热解（高温裂解）是煤化工的第一步，煤催化转化本质上是煤中化学键的重组，因此首先要认识煤中的化学键。煤中的有机质主要是以多个苯环与吡啶、吡咯、呋喃、噻吩等稠合芳香环为结构单元，由碳或氧或硫等桥键互相连接，并带有羟基、羧基等多种含氧官能团的大分子结构（如图 10.2）。因此，煤转化首先要切断煤分子中的化学键，将其转化为小分子化合物，用于后续的催化转化。值得注意的是，煤的结构极为复杂，没有明确统一的分子结构和分子量，其元素组成随产地和地质条件的不同而有所差别。所以，要实现化学键的选择性剪切并非易事。

尽管如此，理论工作者也曾尝试利用理论计算的方法，研究煤的选择性裂解。例如，刘海明等[1]采用吡啶和吡咯小分子作为简化的含氮化合物分子模型，研究煤裂解释放 NO_x 反应机理。煤裂解过程中存在两类吡咯自由基和三类吡啶自由基，通过分析 Mulliken 电荷重叠布居，发现吡啶和吡咯中的 C—N 键强度较弱，会优先断裂而引发热解反应。另外，吡啶环裂解的活化能高于吡咯环裂解，说明吡啶氮的稳定性高于吡咯氮，在热解过程中，部分吡咯氮可转化为吡啶氮。吡啶氮最终以 HCN 形式释放出来，HCN 在高温条件下可发生二次反应转化为 NH_3，也就是 NO_x 的前驱体。王宝俊等[2]利用量子化学计算选择煤的七种典型局域结构片段模型，用于研究其热化学、紫外-可见光谱、表面电势、气体吸附、氢键自组装、溶剂分子抽提等性质，用"多点计算，整体平均"方法，有效降低模型计算的偶然性误差；从氮杂降茨烷双烯中间体出发，研究 2-亚甲基吡啶热解反应机理，发现分子环翻转的力

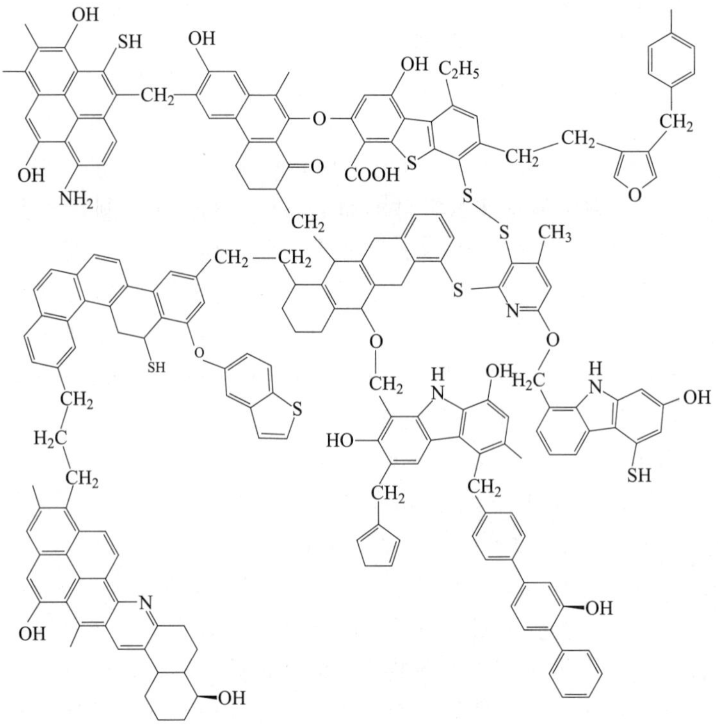

图 10.2　煤的分子结构示意图

学突变及其控制因素符合尖点突变（Cusp Catastrophe）理论模型。

　　描述化学键的强弱，最直观的是热化学中的键焓（Bond Enthalpy）。姚晓倩等[3]采用密度泛函理论方法对一组脂肪链芳基烷烃化合物的键焓进行精确计算，包括 B3LYP、B3PW91、MPW1PW91 和 B3P86 等方法，发现 MPW1P86 方法，即 MPW1 交换泛函和 P86 相关泛函组合，可准确描述类煤模型化合物分子结构中 C—H、N—H、O—H、S—H、X—H、C—C、C—N、C—O、S—O 和 C—X 等多种化学键的键焓。李璐等[4]根据分子模型的大小，在不同理论水平上优选量子化学计算方法，发现原子数小于 20 时，可选用高精度的 G4MP2 组合方法，原子数大于 20 小于 50 时，可选用 MPW2PLYP 双杂化泛函方法，原子数大于 50 时，可选择 M06-2X 或 B3P86 方法；提出利用自由基稳定化能描述化学键键焓，应用于含 N、O、S、F、Cl、I 等杂原子的模型体系，精度较高；理论结合实验，研究芳基类模型化合物桥键键焓，判断芳桥键解离顺序：Ph—Ph > PhCH$_2$—Ph > PhCH$_2$—CH$_2$Ph。

　　由于量子力学算法和计算机能力的限制，基于第一性原理的 DFT 计算只适用于有限原子数（约 10^2）的小分子或表面超晶胞模型，只能描述单个活性中心附近的静态反应机理。基于化学键键级的反应力场 ReaxFF 方法，可正确描述化学键的断裂和生成，精度接近于 DFT，却大幅度降低了计算复杂度。此外，将 ReaxFF 与分子动力学（MD）结合，即 ReaxFFMD，可用于较大分子体系（$10^3 \sim 10^4$ 个原子）的计算模拟，并且 ReaxFFMD 计算不必预先定义反应始或终态和反应路径，为从分子水平上认识煤热解机理提供了新途径。

　　郑默等[5]采用 ReaxFFMD 模拟方法对煤热解机理进行深入研究，创建了基于图形处理器（GPU）并行的化学反应分子动力学程序 GMD-Reax，显著提高了计算效率。构建不同煤种的大分子模型，包括概念验证烟煤模型、海拉尔褐煤模型和柳林烟煤模型，包含原子数 5000~28000。利用 GMD-Reax 直接模拟煤热解过程，获得初始煤热解的反应机理。通过改变温度（海拉尔褐煤为 800~2600K；柳林烟煤为 1000~2600K）和升温速率（2K/ps、8K/ps、10K/ps、20K/ps、40K/ps），得到主要热解产物（焦炭、焦油、气体）和特定产物（各类气体小分子、苯、苯酚、萘及其衍生物）随时间和温度的演化规律，与经典煤化学及 Py-GC/MS 热解实验结果一致。通过对比主要产物的产量、所含元素（C、H、O）及其质量分布，确定了褐煤和烟煤热解过程的转折温度为 2000K，主要反应从裂解变为缩聚，并伴随缩聚物的二次裂解和交联反应。研究发现，海拉尔褐煤和柳林烟煤的整体热解行为基本相似，不同的是海拉尔褐煤的热解起始温度早于柳林烟煤，提前 100~300K，且失重速率常数高于柳林烟煤。此外，模拟结果表明，桥键的断裂顺序为—CH_2—O—>—COOH>—CH_2—CH_2—>—C_{ar}—O—>C_{ar}—CH_2—>C_{ar}—C_{ar}。注意，采用小规模分子模型，得到的热解产物数量较少，统计性差，影响对热解产物演化规律的判断和认识；采用大规模分子模型，有利于考察煤热解反应的多样性，得到更具统计意义的煤热解全景，但是耗时较长。这是理论计算研究普遍存在的精度和效率矛盾，研究者需要考虑实际条件做好权衡。

10.2 费-托合成催化剂

煤制合成气是在高温高压条件下，将煤炭等固体燃料加氢转化为合成气（CO/H_2）。利用 C1 化学催化技术，进一步将合成气转化为有机烃类、合成甲醇、合成氨等；利用费-托合成（Fischer-Tropsch Synthesis，FTS）技术将合成气催化转化为汽油、柴油等烃类燃料是煤间接液化技术的核心，费-托合成技术由德国科学家 F. Fischer 和 H. Tropsch 于 1925 年提出，并由此得名。费-托合成催化剂主要是铁、钴、镍和钌等过渡金属。镍具有较强的加氢能力，主要用作甲烷化催化剂；钌是贵金属，对低温费-托合成具有优异的催化性能，然而由于价格昂贵，不适合大规模工业应用。因此，铁和钴是工业上最常用的费-托合成催化剂。

正确描述催化剂结构，是理解其催化性能的前提。利用基于第一性原理的密度泛函理论计算和从头计算原子热力学分析，可获得催化剂结构的相关信息。本小节主要介绍对铁、钴、镍、钌催化剂物相和表面结构的理论研究，通过经典算例的介绍，展示理论计算在准确描述和预测催化剂结构方面的作用。

10.2.1 铁催化剂

铁基催化剂的物相结构复杂多样，包括金属铁（α-Fe）、氧化铁（Fe_2O_3、FeO、Fe_3O_4、FeOOH）、碳化铁（χ-Fe_5C_2、ε-Fe_2C、ε'-$Fe_{2.2}C$、θ-Fe_3C、Fe_7C_3）等。在常温至 910℃条件下，体心立方（bcc）结构的 α-Fe 是金属铁的稳定物相，当温度高于 910℃时，可转化为面心立方（fcc）结构的 γ-Fe。氧化铁是铁催化剂的前驱体，在反应前常常需要经过 H_2、CO 或合成气还原预处理，活化或反应后的铁催化剂在氧气或空气气氛下，极易被氧化为氧化铁。在 CO 或合成气气氛下，铁催化剂可以发生碳化，生成不同结构的碳化铁。

尽管金属铁在费-托合成反应条件下会转变为碳化铁物相，但是研究金属铁的表面结构和性质，有助于理解铁催化剂的初始催化性能，以及探究其碳化过程的结构演变等。另一方面，金属铁的基本物理化学性质的实验依据，可用来评价计算模型的精确度。关于金属铁的实验和理论研究由来已久，人们对其体相（Bulk）和表面结构具有基本认识。实验研究指出，金属铁（α-Fe）具有体心立方（bcc）密堆积结构，晶格长度 $a=b=c=2.86\text{Å}$；属铁磁性金属，原子磁矩为 $2.22\mu_B$；块体金属的体积弹性模量为 168GPa；绝对温度（0K）下金属铁的表面能约为 $2.41 \sim 2.55\text{J} \cdot \text{m}^{-2}$，表面功函（Work Function）约为 4.8eV。根据第一性原理的密度泛函理论计算结果，传统的广义梯度近似（GGA-PBE）方法能比较准确地描述金属铁的体相和表面结构以及磁学、力学、电子学物理性质。根据计算的表面能，在理想真空条件下，金属铁的纯净表面稳定性顺序为 (110)＞(100)＞(211)＞(310)＞(111)＞(321)＞(210)，表面能依次为 $2.37 < 2.47 < 2.50 < 2.53 < 2.58 < 2.59 < 2.60\text{J} \cdot \text{m}^{-2}$。Huo 等研究发现，在碱金属钾（K）作为助剂存在条件下，金属铁的表面能发生显著变化，例如，当 K/Fe=1/12 时，铁的表面能顺序发生变化：(211) 的表面能最低（$1.85\text{J} \cdot \text{m}^{-2}$），(100) 的表面能最高（$2.14\text{J} \cdot \text{m}^{-2}$）。此时金属铁纳米颗粒的 Wulff 平衡形貌发生显著变化：如图 10.3 所示，在无钾助剂覆盖的纯铁表面，主要暴露 (110) 和 (100) 晶面，同时还有 (310)、(211) 和少量的 (111) 晶面；当铁表面有 K 助剂存在时（覆盖度为 1/12），高指数 (211) 和 (310) 晶面成为优势暴露晶面，并出现了 (321) 晶面，同时 (100) 和 (111) 晶面消失。这说明 K 助剂有利于增大高活性 (211) 和 (310) 晶面的暴露比例，从而提高金属铁的催化活性。

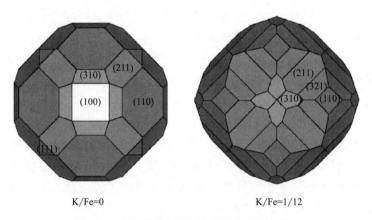

K/Fe=0   K/Fe=1/12

图 10.3 钾助剂对金属铁 Wulff 平衡形貌的影响

通常认为，碳化铁是铁基费-托合成催化剂的活性相。碳化铁是碳原子填充到六方最密堆积（hcp）铁的晶格间隙而形成的化合物。迄今为止，实验上具有明确结构的碳化铁物相有 7 种，其晶体结构如表 10.1 所示。根据间隙碳原子的不同位置，可以将碳化铁分为八面体（O）型和三角锥（TP）型。例如，η-Fe$_2$C 和 ε-碳化铁属于 O 型结构，χ-Fe$_5$C$_2$、θ-Fe$_3$C 和 Fe$_7$C$_3$ 均属于 TP 型结构。在冶金学领域中，人们对碳化铁的物相转变进行了深入研究，在较低温度下观察到 O 型碳化铁向 TP 型碳化铁转化。具体来说，首先通过马氏体剪切（Martensitic Shearing）形成 O 型 ε-Fe$_{2(2.2)}$C，但是该物相只在低温（<250℃）条件下稳定存在。当温度升高至 250～350℃时，开始形成孪晶（Twinning），逐渐转化为 χ-Fe$_5$C$_2$，而继续升高温度（>350℃）时，进一步转化为 θ-Fe$_3$C。碳化铁物相转化温度还与晶体的尺寸、形貌、表面结构、硅/铝等助剂或抑制剂有关。

表 10.1　不同碳化铁物相晶体结构

碳化铁	空间群	晶胞参数	
		晶格长度	角度
$\eta\text{-Fe}_2\text{C(O)}$	$Pnnm(58)$	$a=4.70,b=4.32,c=2.83$	$\alpha=\beta=\gamma=90°$
$\varepsilon\text{-Fe}_2\text{C(O)}$	$P6_3/mmc(194)$	$a=b=2.75,c=4.34$	$\alpha=\beta=90°,\gamma=120°$
$\varepsilon'\text{-Fe}_{2.2}\text{C(O)}$	$P6_3/mmc(194)$	$a=b=2.75,c=4.34$	$\alpha=\beta=90°,\gamma=120°$
$\varepsilon\text{-Fe}_3\text{C(O)}$	$P6_322(182)$	$a=b=4.77,c=4.35$	$\alpha=\beta=90°,\gamma=120°$
$\chi\text{-Fe}_5\text{C}_2\text{(TP)}$	$C2/c(15)$	$a=11.59,b=4.58,c=5.06$	$\alpha=\gamma=90°,\beta=97.7°$
$\text{Fe}_7\text{C}_3\text{(TP)}$	$P6_3mc(186)$	$a=b=6.88,c=4.54$	$\alpha=\beta=90°,\gamma=120°$
$\theta\text{-Fe}_3\text{C(TP)}$	$Pnma(62)$	$a=5.09,b=6.74,c=4.53$	$\alpha=\beta=\gamma=90°$

在典型费-托合成反应条件下，实验可观察到 $\chi\text{-Fe}_5\text{C}_2$、$\varepsilon\text{-Fe}_2\text{C}$、$\varepsilon'\text{-Fe}_{2.2}\text{C}$、$\theta\text{-Fe}_3\text{C}$、$\text{Fe}_7\text{C}_3$ 五种主要碳化铁。$\eta\text{-Fe}_2\text{C}$ 主要形成于钢铁的回火过程中，$\varepsilon\text{-Fe}_3\text{C}$ 因具有较大的形变能，在费-托合成反应条件下不能稳定存在。随着反应气氛和反应条件的变化，碳化铁物相的稳定性也有所不同。de Smit 等[6]结合理论计算和实验研究，提出通过控制碳势（μ_C），在费-托合成反应条件下定量描述碳化铁物相的稳定性及其转化动力学规律（如图 10.4 所示）。此外，研究指出 $\varepsilon\text{-Fe}_{2(2.2)}$ C 在低温（<200℃）条件下具有较高的催化活性，$\chi\text{-Fe}_5\text{C}_2$ 是典型费-托合成反应条件下的主要活性相，且易被氧化。在高压费-托合成反应条件下，催化剂表面会生成无定形 Fe_xC 物相。该无定形 Fe_xC 和 $\theta\text{-Fe}_3\text{C}$ 的活性和选择性都较低，是铁催化剂失活的原因，主要归因于表面积碳。理论计算研究指出，$\theta\text{-Fe}_3\text{C}$ 有利于提高烯烃产物的选择性。

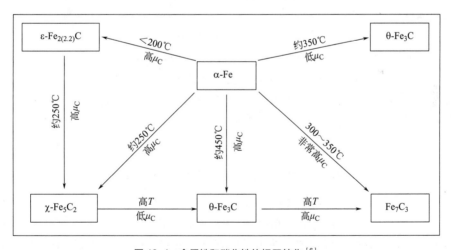

图 10.4　金属铁和碳化铁的相互转化[6]

多相催化主要发生在催化剂的表面，因此，催化剂表面结构的合理预测，对理解催化反应机理至关重要。利用密度泛函理论方法，计算催化剂的表面能。根据热力学基本原理，表面能越低，该表面越稳定，在实际催化剂表面的暴露比例越高。利用表面能数据，根据 Wulff 原理，构建催化剂纳米颗粒的平衡形貌，可获得各表面的暴露比例，有助于全面认识催化剂表面结构。

实验研究表明，随着反应温度和气氛等条件的变化，催化剂表面结构可发生明显变化。

考虑反应温度和气氛等因素，预测催化剂的表面能，可得到不同反应条件下催化剂的 Wulff 平衡形貌，可用于模拟真实反应条件下催化剂的结构和催化性能。Zhao 等[7,8]利用 DFT 计算和从头计算原子热力学分析，构建基于碳势（μ_C）模型的碳化铁形貌结构，根据碳势（μ_C）与反应温度和反应气氛的函数关系，揭示不同反应条件下的碳化铁催化剂表面形貌结构。例如：Hägg 碳化铁 $\chi\text{-Fe}_5\text{C}_2$ 的表面能（γ）可表示为：

$$\gamma(T,p) = \frac{1}{2A_{slab}}\left[G_{slab}(T,p) - N_{Fe}\mu_{Fe}(T,p) - N_C\mu_C(T,p)\right] \tag{10.2-1}$$

式中，A_{slab} 是表面（slab）模型的表面积；G_{slab} 是表面（slab）模型的自由能；N 是表面（slab）模型包含的原子数；μ 是化学势；T 是温度；p 是压力。$\chi\text{-Fe}_5\text{C}_2$ 的体相（bulk）元胞（Primitive Cell）的自由能 G_{bulk} 可表示如下：

$$G_{bulk}(T,p) = 5\mu_{Fe}(T,p) + 2\mu_C(T,p) \tag{10.2-2}$$

所以，$\chi\text{-Fe}_5\text{C}_2$ 的表面能（γ）可计算如下：

$$\gamma(T,p) = \frac{1}{2A_{slab}}\left[G_{slab}(T,p) - \frac{N_{Fe}}{5}G_{bulk}(T,p) + \left(\frac{2N_{Fe}}{5} - N_C\right)\mu_C(T,p)\right] \tag{10.2-3}$$

热力学系统的 Gibbs 自由能 $G = U + pV - TS$。在非极端条件下（$T < 1000\text{K}$），凝聚相的（$pV - TS$）对 G 的贡献低于 1meV，同时忽略有限温度下晶体点阵振动对热力学能 U 的贡献，可得 $G \approx E$。由此可得：

$$\gamma(T,p) = \frac{1}{2A_{slab}}\left[E_{slab} - \frac{N_{Fe}}{5}E_{bulk} + \left(\frac{2N_{Fe}}{5} - N_C\right)\mu_C(T,p)\right] \tag{10.2-4}$$

碳势（μ_C）依赖于反应气氛的温度和压力。在 CO 气氛下，可发生碳化反应 $2\text{CO(g)} \longrightarrow \text{C(Fe)} + \text{CO}_2\text{(g)}$：

$$\mu_C(T,p) = 2\mu_{CO}(T,p) - \mu_{CO_2}(T,p) \tag{10.2-5}$$

在 CO/H_2 气氛下，碳化反应为 $\text{CO(g)} + \text{H}_2\text{(g)} \longrightarrow \text{C(Fe)} + \text{H}_2\text{O(g)}$：

$$\mu_C(T,p) = \mu_{CO}(T,p) + \mu_{H_2}(T,p) - \mu_{H_2O}(T,p) \tag{10.2-6}$$

CO、CO_2、H_2、H_2O 等气体分子的化学势依赖于温度、压力、熵（S）和热力学能（U）。热力学能 U 包含了分子总能（E_{gas}）、零点能（ZPE）、振动能（E_v）、转动能（E_r）、平动能（E_t）：

$$\mu_{gas}(T,p) = \mu_{gas}(T,p^\ominus) + k_B T \ln\left(\frac{p}{p^\ominus}\right) \tag{10.2-7}$$

$$\mu_{gas}(T,p^\ominus) = U + k_B T - TS \tag{10.2-8}$$

$$U = E_{gas}(0\text{K}) + ZPE + E_v + E_r + E_t \tag{10.2-9}$$

以上各项可利用频率分析，根据统计热力学原理计算得到，或者采用实验值进行校正。习惯上，人们用相对碳势（$\Delta\mu_C = \mu_C - E_C$，$E_C$ 是单个碳原子的能量）表示对反应条件的依赖关系。

根据文献报道的表面能数据，模拟 $\chi\text{-Fe}_5\text{C}_2$ 在不同条件下的 Wulff 平衡形貌，如图 10.5 所示。在 600K 和 1atm 的纯 CO 气氛下，$\chi\text{-Fe}_5\text{C}_2$ 的主要暴露表面为 33%的（111）、20%的（100）、11%的（11-1）、9%的（510）、7%的（10-1）、6%的（010）、6%的（-411）、5%的（101）、3%的（110）；当温度升高至 700K 时，其他条件不变，表面暴露比例变化不大，但（100）的表面原子结构发生变化，从化学计量表面（Fe：C=2）变成富铁

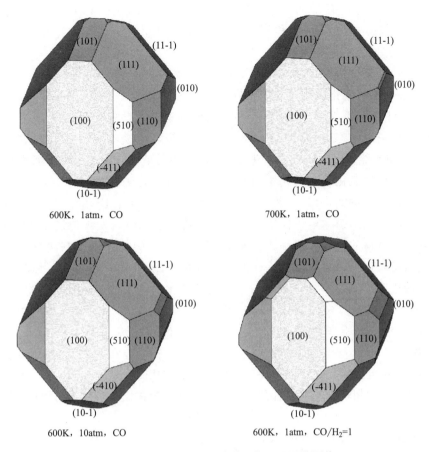

600K，1atm，CO　　　　　　　700K，1atm，CO

600K，10atm，CO　　　　　　600K，1atm，CO/H₂=1

图 10.5　χ-Fe₅C₂ 在不同条件下的 Wulff 平衡形貌

表面（Fe：C＝2.25）；其他条件不变，升高压力至 10atm，也有类似的表面变化；当改变反应气氛为 $CO/H_2 = 1$ 时，表面暴露比例发生显著变化，24%的（111）、16%的（100）、13%的（11-1）、12%（510）、9%的（−411）、6%的（131）、4%的（101）、4%的（010）、3%的（11-3）、3%的（10-1）、3%的（110），且大部分表面转化为富铁表面（Fe：C＝2.17~2.50），说明在合成气条件下，碳化铁的表面碳原子易于加氢还原，使表面铁原子的比例增加。同位素标记实验研究表明，初始碳化铁中含有的 [14]C，经 300℃ 催化反应后可部分（16%）进入烃类产物，这意味着碳化铁表面碳原子参与了合成气催化转化，与计算结果一致。Gracia 等[9]的计算研究指出碳化铁表面催化 CO 加氢反应具有类 Mars-van Krevelen 机理，即碳化铁的表面碳与 H 反应，生成烃类产物脱附，气相的 CO 在碳缺陷表面解离，使表面复原。

　　同理，通过改变反应温度、压力和气氛，调控碳势（μ_C），可得到各种碳化铁（ε-Fe₂C、θ-Fe₃C）物相的表面结构和形貌。在低温、高压、高 CO/H₂ 比、高含碳量气氛（C₂H₂）条件下，碳势（μ_C）较高，有利于富碳物相（ε-Fe₂C）及其表面结构的稳定性；相反，在高温、低压、低 CO/H₂ 比、低含碳量气氛（CH₄）条件下，碳势（μ_C）较低，有利于富铁物相（θ-Fe₃C）及其表面结构的稳定。在典型的费-托合成反应气氛条件下，ε-Fe₂C、χ-Fe₅C₂、θ-Fe₃C 纳米颗粒的优势暴露表面分别是（1-21）、（100）、（010），且表面 Fe/C 原子比分别为 2.00、2.25 和 2.33。选择此三个表面分别计算 CO 吸附能，

发现 $\chi\text{-Fe}_5\text{C}_2$（100）具有最高的 CO 吸附能，其次是 $\theta\text{-Fe}_3\text{C}$（010）、$\varepsilon\text{-Fe}_2\text{C}$（1-21）。电子结构分析发现，CO 吸附能和表面功函（Work Function）相关，即功函越低，CO 吸附能越高。

氧化铁也具有多种不同的物相，如 $\alpha\text{-Fe}_2\text{O}_3$、$\gamma\text{-Fe}_2\text{O}_3$、FeO、$\text{Fe}_3\text{O}_4$、$\alpha\text{-FeOOH}$、$\gamma\text{-FeOOH}$ 等，在合成气催化转化过程中发挥重要作用。水煤气变换（WGS）是重要的费-托合成反应的副反应，导致生成 CO_2 副产物。实验观察到，铁催化剂在高温（300～450℃）WGS 反应过程中存在 $\alpha\text{-Fe}_2\text{O}_3$、$\gamma\text{-Fe}_2\text{O}_3$、$\text{Fe}_3\text{O}_4$ 等氧化铁物相，其中 Fe_3O_4 是铁催化 WGS 反应的体相活性相。FeO 是铁催化 WGS 反应的失活相，而 FeOOH 通常用于电催化或环境催化。人们对氧化铁的物相结构和电子性质进行计算研究，并对各类 DFT 方法的计算精度进行评价。例如，Meng 等[10] 系统研究了 $\alpha\text{-Fe}_2\text{O}_3$、$\text{Fe}_3\text{O}_4$、FeO、$\alpha\text{-FeOOH}$ 四种铁氧化合物的体相结构、电子性质、磁性质和热力学性质，发现传统 GGA-PBE 方法严重低估了氧化铁材料的带隙，而考虑库仑相互作用校正的 PBE＋U 方法可以有效克服这一缺陷，对描述氧化铁的电子结构，U 的最佳取值范围为 3.6～5.0eV，而对预测氧化铁的生成能，最佳 U 值为 3eV。这表明对于不同的氧化铁体系，选择的最佳 U 值不尽相同，且 Hubbard-like U 是一个经验参数，缺乏明确的物理意义，因此限制了此类方法的广泛应用。与此同时，作者还考虑了 Hartree-Fock 杂化泛函方法（Heyd-Scuseria-Ernzerhof，HSE），通过调控 Hartree-Fock 交换项的屏蔽因子（$a=0.15$ 和 0.25），精确计算各氧化铁物相和表面 Gibbs 自由能，在不同条件下描绘氧化铁的相图，发现 HSE（$a=0.15$）可以很好地预测氧化铁的物相转变，对理解和认识氧化铁催化剂在反应条件下的物相稳定性具有重要启示。

此外，Meng 等[11] 还对氧化铁（$\alpha\text{-Fe}_2\text{O}_3$、$\text{Fe}_3\text{O}_4$、FeO）的表面能进行了计算，发现 PBE 方法可以准确预测三种氧化铁的表面能，而 PBE＋U 方法计算的 Fe_2O_3 表面能与实验结果偏差较大。表面能与气相中氧的相对化学势（$\Delta\mu_\text{O}$）有关，而 $\Delta\mu_\text{O}$ 主要取决于气氛的温度和压力。计算结果显示，氧化铁的平均表面能随温度的升高而逐渐增加，其中 Fe_3O_4 的表面能最低。根据不同尺寸的球型纳米颗粒表面积，计算摩尔表面能，发现其随颗粒尺寸增加呈指数衰减，而摩尔表面能对亚纳米（<10nm）尺寸的氧化铁颗粒的总自由能贡献显著，因此小尺寸氧化铁颗粒的相图与宏观尺寸的氧化铁相图存在较大差别。在不同 $\Delta\mu_\text{O}$ 条件下，模拟氧化铁纳米颗粒的 Wulff 平衡形貌，有助于理解如何控制实验条件合成不同形貌的氧化铁。

10.2.2　钴催化剂

钴催化剂也具有金属钴（Co）、氧化钴（CoO 和 Co_3O_4）、碳化钴（Co_2C）等多种相态。一般认为，钴基费-托合成催化剂的活性相是金属钴，包括面心立方（fcc）和六方最密堆积（hcp）两种体相结构。实验发现，fcc-Co 的热力学稳定性高于 hcp-Co，而 hcp-Co 的催化活性高于 fcc-Co。通过计算 fcc-Co 和 hcp-Co 的表面能，发现 fcc-Co(111) 和 hcp-Co(001) 的表面能较低，分别为 $127\text{meV} \cdot \text{Å}^{-2}$ 和 $131\text{meV} \cdot \text{Å}^{-2}$。因此，早期的计算研究集中讨论这两个稳定的表面模型，但是结果表明，hcp-Co(001) 和 fcc-Co(111) 具有相似的催化活性，这与实验结果相矛盾。因此，有人提出假设，对催化剂表面结构进行修正，比如 van Santen 等[12] 提出褶皱表面缺陷模型解释 hcp-Co 和 hcp-Ru 催化剂的催化性能，并提出 CO

解离主要发生在半折叠的信封状 B5 活性位。然而，粗糙表面并不能完全代表真实的催化剂结构，因为缺陷表面的稳定性较差，在催化反应条件下，容易发生表面重构，失去其特有的催化活性位。因此，需要采用更合理的催化剂模型，才能理解真实的催化反应机理。实际上，无缺陷的完美金属表面也可呈现出 B5 活性位，如 hcp-Co(101) （图 10.6）。但是 hcp-Co(101) 的表面能（149meV·Å^{-2}）高于 hcp-Co(001)，因此，早期的计算研究对其关注较少。

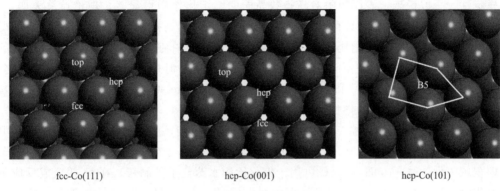

fcc-Co(111)　　　　　　hcp-Co(001)　　　　　　hcp-Co(101)

图 10.6　金属钴的三种表面模型

Liu 等详细比较了 hcp-Co 和 fcc-Co 低指数晶面的表面能，构建了 Wulff 平衡形貌，如图 10.7 所示，fcc-Co(111) 的表面能最低，其暴露比例也最高（70%），其次是 fcc-Co(100) 占 12%，所以 fcc-Co 具有类八面体（Octahedron-like）形貌；hcp-Co 的主要暴露晶面有（101）、（100）、（001）、（102）等，导致其呈现类二面体（Dihedral-like）形貌。需要指出的是，尽管 hcp-Co(001) 的表面能最低，其暴露比例（18%）却低于稳定性较差的 hcp-Co(101)（35%）和 hcp-Co(100)（28%）。对 CO 解离反应机理的计算结果表明，hcp-Co(101) 的催化活性远远高于 fcc-Co(111)，并且主要发生直接解离，而在 fcc-Co(111) 表面上，CO 易于发生氢助解离。至此为止，科学家找到了六方晶型的金属钴表现出较高催化活性的理论依据，即高暴露比例的 hcp-Co(101) 催化 CO 吸附直接解离。

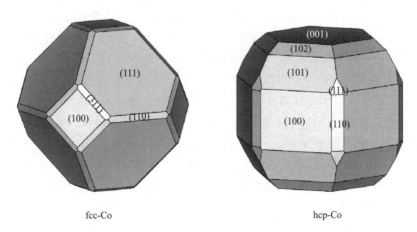

fcc-Co　　　　　　　　　　hcp-Co

图 10.7　钴纳米颗粒的 Wulff 平衡形貌

理论预测催化剂表面结构的合理性，可结合原位透射电子显微镜（TEM）技术进行确认。通过原位 TEM 实验观察到，尽管金属 Co 纳米颗粒在 CO 气氛下发生表面重构，但是其形貌保持不变；金属 Pt 纳米颗粒的形貌在 CO 气氛下发生动态变化，其平衡形貌取决于气氛中 CO 的分压。金属的表面能与表面原子配位数（CN）密切相关，即低指数晶面的原子配位数较高，表面能较低，表面稳定性较好；高指数晶面的配位数较低，表面能较高，表面稳定性较差。表面吸附作用相当于增加金属原子的配位数，导致表面能降低，有利于提高表面稳定性。一般说来，表面吸附对高指数晶面的稳定化作用更显著。理论计算表明：CO 吸附对金属 Pt 的高指数晶面具有很强的稳定化作用，导致高指数晶面在 CO 气氛下变得更稳定，从而引起形貌变化。相比之下，CO 吸附对金属 Co 的高指数晶面的稳定化作用不太明显，所以，金属 Co 的形貌不随 CO 气氛的变化而改变。但是，晶面的相对暴露比例会发生变化，例如，高温（675K）和 H_2 还原气氛可显著提高 fcc-Co 高指数晶面（311）的暴露比例，因此具有更多的 B5 活性位，有利于提高催化活性。

碳化钴（Co_2C）是传统钴基费-托合成催化剂的失活相，归因于 Co_2C 具有较高的甲烷选择性，不利于生成长链烃，以及 Co_2C 的稳定性较差，易于分解成金属钴和无定形碳聚合物，即积碳失活。另一方面，Co_2C 可用于催化乙醇水蒸气重整制氢。在费-托合成反应条件下，氧化镧（La_2O_3）掺杂可以促进钴催化剂生成 Co_2C，有利于促进高级直链 α-醇（$C_1 \sim C_{18}$）的选择性生成。Zhao 等[13]对 Co_2C 的表面结构和电子性质进行了详细的计算分析，发现金属钴与合成气生成 Co_2C 和 H_2O 的反应放热 0.81eV，而 Co_2C 分解为金属钴和石墨碳的反应进一步放热 0.37eV，说明在费-托合成反应条件下 Co_2C 是钴催化剂的亚稳态。符合化学计量的碳化钴晶面的热力学稳定性为（101）＞（011）＞（010）＞（110）＞（100）＞（001）＝（111）；在表面两端添加不同数量的钴，计算非化学计量的表面能，结果表明在贫钴（Co-poor）条件下，（111）和（011）的稳定性最高，在富钴（Co-rich）条件下，表面覆盖一层金属 Co 的（111）稳定性最高，说明在实际催化条件下，Co_2C 纳米颗粒表面主要是钴覆盖的（111）表面。

Zhong 等[14]利用一步共沉淀法制备了钠修饰的钴锰复合氧化物（$Co_xMn_{1-x}O$）催化剂，用于费-托合成制低碳烯烃（FTO），其表现出优异的催化活性和烯烃选择性，此项研究颠覆了 Co_2C 不具有费-托合成反应活性的传统观点。该催化剂可在温和条件下催化合成气高选择性地转化为低碳烯烃，突破了经典的费-托合成产物 ASF（Anderson-Schulz-Flory）分布，引起了人们的广泛关注。实验研究发现，该 $Co_xMn_{1-x}O$ 在合成气催化反应条件下，可以转化为棱柱形 Co_2C 纳米颗粒，具有特殊的暴露晶面（101）和（020）。密度泛函理论计算表明，Co_2C（101）有利于 CH_2 中间体发生 C—C 耦合生成乙烯（CH_2CH_2），同时抑制乙烯的加氢脱附反应（能垒较高且吸热），解释了 Co_2C 纳米棱柱的高 FTO 选择性。

针对高性能 $Co_xMn_{1-x}O$ 催化剂的组成和结构问题，Liu 等[15]采用 meta-GGA 方法（M06L）进行第一性原理密度泛函理论计算，揭示不同比例（0～0.5）的 Mn 掺杂诱导 CoO 晶格膨胀（0～2%），近似满足线性关系；结合 X 射线衍射实验，确定最佳掺杂比例为 0.25～0.40 时，有利于 $Co_xMn_{1-x}O$ 催化剂在反应条件下转化为棱柱形 Co_2C 纳米颗粒，具有较高的 FTO 反应活性。

10.2.3　其他催化剂

金属镍（Ni）和钌（Ru）也是常用的合成气转化催化剂，Ni 对一氧化碳甲烷化具有很高的催化活性，Ru 是主要的低温（＜220℃）费-托合成催化剂。Liu 等[16]对 Ni 和 Ru 的两种晶型（fcc 和 hcp）进行了理论计算，并基于表面能构建 Wulff 平衡形貌，发现与金属 Co 类似，fcc-Ni 和 fcc-Ru 具有类八面体形貌，hcp-Ni 和 hcp-Ru 具有类二面体形貌，即主要暴露晶面相同，且晶面暴露比例相差不大。不同的是，fcc-Ni 的（100）、（211）和（311）活性较高，hcp-Ni 的（101）和（102）活性较高，且 CO 主要发生氢助解离；在低温条件下，fcc-Ru 的（100）、（211）、（110）等开放性表面及（111）阶梯边缘（Step Edge）均具有较高的 CO 解离活性，而 hcp-Ru 只有（111）表面的活性较高。根据理论预测，通过优化 fcc-Ru 纳米颗粒开放性表面的暴露比例，增加催化剂表面活性位密度，有望获得性能优于 hcp-Ru 的 fcc-Ru 催化剂。实验研究指出，通过控制性实验优化 fcc-Ru 纳米颗粒表面结构，合成了具有丰富开放性表面的 fcc-Ru 催化剂，其对低温液相费-托合成反应表现出优异的催化活性，从而证实了以上理论预测。

除了过渡金属催化剂之外，还有一类复合氧化物-分子筛耦合的双功能催化剂体系，对合成气的定向转化具有优异的催化性能。例如，Jiao 等[17]提出将 $ZnCrO_x$ 与多孔 SAPO 复合，可用于催化合成气制低碳烯烃，选择性高达 94%，该反应的中间体是乙烯酮。Cheng 等[18]发展了 $ZnZrO_x$-SAPO-34 接力催化剂，用于合成气制低碳烯烃，该反应的主要中间体是二甲醚。双功能/接力催化剂体系包括两种氧化物的复合物和分子筛三种组分，氧化物复合方式一般为机械混合或球磨混合，且在合成气作用下发生部分还原，不具有确切的化学计量比和一致统一的微观表/界面结构，因此，理论计算难以发挥作用。实验上提出的可能的催化反应机理，包括 CO 在复合氧化物上发生解离，加氢生成中间产物，再通过分子筛择形作用，选择性地转化为目标产物。

10.2.4　催化剂谱学模拟

此外，针对催化剂结构的实验表征，尤其是表面精细结构的谱学表征，如 X 射线吸收精细结构、固体核磁共振、穆斯堡尔谱（Mossbauer Spectrum，MES）等，理论工作者发展了相应的计算模拟方法，一方面有助于理解已有实验结果，另一方面理论结合实验可预测未知催化剂结构。

de Smit 等[6]利用 FEFF 程序，采用全实空间多重散射方法和 muffin-tin 轨道近似，计算电子势能和原子的 X 射线吸收截面，模拟金属铁（α-Fe）和碳化铁（ε-Fe_2C、χ-Fe_5C_2、θ-Fe_3C）的 K 边 XANES 光谱。对单胞中的所有不等价铁原子进行单独计算，然后加权平均得到单组分纯物相的 XANES，再与样品的标准实验谱图比较，评价理论计算模型的可信度。如前所述，在实际催化条件下，铁催化剂的组分和物相非常复杂，包括各种晶相的金属铁、氧化铁、碳化铁以及无定形 Fe_xC 等，物相组成与催化剂的还原和反应条件密切相关。对比铁催化剂在预处理和催化反应前后的 XANES 光谱，发现纯氧化铁（Fe_2O_3）在电子结合能为 7111.2eV 附近的 X 射线吸收较弱，经 CO 或 CO/H_2 预处理（还原或碳化）后，此处的 X 射线吸收显著增强，与金属铁的标准 XANES 光谱比较接近。但这并不意味着氧化铁催化剂在 CO 或 CO/H_2 气氛下被还原为金属铁，因为 EXAFS 结果表明，预处理后催化剂样品中 Fe-C 原子对的相对数目与标准碳化铁（χ-Fe_5C_2 和 θ-Fe_3C）样品一致。与此同时，对不同物相碳化铁 XANES 的理论计算表明，ε-Fe_2C 在 7111.2eV 附近的 X 射线吸收强度最强，其次是 χ-Fe_5C_2 和 θ-Fe_3C，但都与预处理样品的实验光谱存在较大差异。因此，作者将其归属于无定形 Fe_xC，且此无定形 Fe_xC 在反应条件下优先转化为热力学最稳定的高对

称性 ε-碳化铁物相。由于 ε-碳化铁只有在低温（200℃）且较高碳势条件下才稳定存在，所以经过催化费-托合成反应后，催化剂物相转化为 χ-Fe$_5$C$_2$ 和 θ-Fe$_3$C。

固体核磁共振（SSNMR）理论模拟的核心是计算化学位移。基于分子模型的化学位移计算方法比较成熟，如规范不变原子轨道（GIAO）方法，包含在诸如 Gaussian 的量子化学计算软件中。固体材料的 NMR 化学位移计算，需要借助适于周期性晶体和表面模型的计算程序，如量子 ESPRESSO 程序和 Materials Studio 软件中的 CASTEP，采用规范相关的投影缀加波（GIPAW）方法。最近，华东理工大学龚学庆教授将 GIPAW 方法与基于第一性原理的周期赝势平面波计算程序（VASP）结合，发展了基于电场梯度（EFG）的线性响应化学位移计算方法，并与南京大学彭路明教授合作，开展理论结合实验研究。将 SSNMR 技术用于识别氧化物纳米晶（CeO$_2$）的表面氧物种，考察晶面的化学环境对 ^{17}O-NMR 化学位移的影响，展示了理论计算方法在模拟 SSNMR、表征催化材料结构方面的作用，理论结合实验的研究方法在多相催化领域发挥越来越重要的作用。

中国科学院山西煤炭化学研究所的温晓东研究员发展了穆斯堡尔谱的理论模拟方法，并结合实验用于研究 ε-碳化铁的物相结构[19]。研究的出发点源于持续半个多世纪的一个争论。早在 20 世纪 50 年代，Hofer[20] 首次报道了 ε-碳化铁的六方对称结构，但是由于缺乏单晶衍射的直接证据，关于 ε-碳化铁物相的晶体结构一直没有定论。如上所述，ε-碳化铁包括 ε-Fe$_2$C、ε′-Fe$_{2.2}$C 和 ε-Fe$_3$C 三种物相，其中 ε-Fe$_2$C 和 ε′-Fe$_{2.2}$C 具有相同的晶胞参数。但是，确定晶体结构除了确定晶胞参数，还需要确定晶胞内的原子坐标，而实验上无法获得基于单晶衍射的解析结构信息。另一方面，通过间接的光谱学实验手段（如 MES 精细场结构特征），可以对催化剂样品中 ε-Fe$_2$C 和 ε′-Fe$_{2.2}$C 组分进行定性或半定量区分。室温下，ε-Fe$_2$C 具有六重 MES 精细场结构，分别位于（170±3）kGauss、（237±3）kGauss 和（130±6）kGauss。对于 ε′-Fe$_{2.2}$C，人们基于原子核常数不变性准则，推测其精细场信号在 170kGauss 附近，但是 Niemantsverdriet 对此提出质疑。利用第一性原理计算方法确定 ε-碳化铁的晶体结构，结合 MES 理论模拟，对照实验结果，标定 ε-Fe$_2$C 和 ε′-Fe$_{2.2}$C 的特征精细场结构。

六方 ε-Fe$_2$C 单胞包含 2 个 Fe 原子和 1 个 C 原子，C 填充到六方最密堆积（hcp）结构的八面体空隙，一个 hcp 单胞（素格子）中有 2 个不等价的八面体空隙（如图 10.8），因此有两种可能的 ε-Fe$_2$C 结构。如果取超胞（复格子）结构，如 p（2×2×1），此时有顶点、棱心、面心、体心四种八面体空隙，总数为 1+3+3+1=8，此时将 4 个 C 填充进去，共有 $4C_1^1C_3^3 + 4C_1^1C_3^2C_3^1 + 2C_1^1C_3^2C_1^1 + 2C_1^1C_3^3 + C_3^2C_3^2 + C_1^1C_3^1C_3^1C_1^1 = 70$ 种可能的排布方式。考虑晶体对称性后，有 6 种可能的构型。随着超晶胞的增大，碳化铁的构型空间急剧增加，p（2×2×2）具有 122 个不等价构型，p（2×2×3）具有 10496 个不等价构型，可借助 SOD（Site Occupancy Disorder）程序进行构型筛选。ε′-Fe$_{2.2}$C 和 ε-Fe$_2$C 具有相同的晶体结构，为近似满足 2.2∶1 的化学计量关系，至少要取 p（2×2×3）超晶胞，Fe∶C=24∶11=2.18，可筛选出 9551 个不等价构型。对所有构型进行优化计算，根据能量最低原则，确定优势构型。

穆斯堡尔谱（MES）的理论模拟需要计算原子磁矩（M）、同质异能位移（Isomer Shift，IS）即化学位移、四极矩裂分（Quadrupole Splitting，QS）、超精细磁场（Magnetic Hyperfine Field，B_{hf}）等参数。原子磁矩取决于其总角动量量子数 $J=L+S$：

$$M = \sqrt{J(J+1)}\mu_B \tag{10.2-10}$$

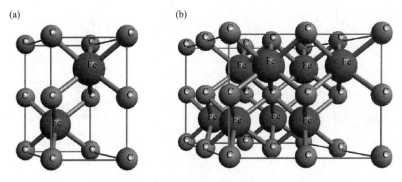

图 10.8　ε-碳化铁单胞（a）和超胞结构（b）

L 为总轨道角动量量子数，S 为总自旋角动量量子数。IS 来源于核电荷与周围电子密度的库仑相互作用，可计算如下：

$$IS = \alpha(\rho - \rho^0) \tag{10.2-11}$$

式中，α 是原子核电荷数；ρ 是原子核附近的电子密度；ρ^0 是标准参照系（如金属铁）中原子电子密度。QS 表示原子核能级与其周围电场梯度（Wlectric Field Gradient，EFG）的相互作用。EFG 来自于壳层电子电荷的不对称性分布，数学上可表示为电场强度（E）的梯度张量，用电势能（V）对位置坐标的二阶导数矩阵表示：

$$\nabla E = \nabla^2 V = \begin{bmatrix} V_{xx} & V_{xy} & V_{xz} \\ V_{yx} & V_{yy} & V_{yz} \\ V_{zx} & V_{zy} & V_{zz} \end{bmatrix} \tag{10.2-12}$$

用最大对角元（V_{zz}）计算 EFG：

$$QS = eQV_{zz}(1 + \eta^2)^{1/2} \tag{10.2-13}$$

其中，e 是元电荷（1.602×10^{-19} C）；Q 是核自旋量子数 $I > 1$ 的 ^{57}Fe 的激发态四极矩（0.16×10^{-28} m^2）；η 是非对称性参数：

$$\eta = (V_{xx} - V_{yy})/V_{zz} \tag{10.2-14}$$

B_{hf} 与原子磁矩 M 满足线性关系 $B_{hf} = kM$，斜率 k 取决于具体体系，碳化铁的 $k = 12.81T/\mu_B$。此外，B_{hf} 与温度（T）有如下关系：

$$B_{hf}(T) = B_{hf}(0K)(1 - T/T_c)^\beta \tag{10.2-15}$$

T_c 是居里温度，T_c（χ-Fe$_5$C$_2$）=538K，T_c（θ-Fe$_3$C）=483K，T_c（ε-碳化铁）无据可查。β 是临界指数，根据平均场理论取值 0.5。由于 ε-碳化铁的 T_c 不详，只能在 0K 和 0atm 条件下计算 MES 参数。根据优化的晶胞结构，计算超精细参数，拟合得到 MES 谱图。根据核塞曼（Zeamann）效应，^{57}Fe 的基态/激发态核自旋能级在磁场中发生超精细裂分，呈现六重信号峰（如图 10.9）。ε-Fe$_2$C 只有一种 Fe 原子，超精细磁感应强度（B_{hf}）为 180kGauss；ε′-Fe$_{2.2}$C 有 6 种不等价 Fe，B_{hf} 分别为 259kGauss、232kGauss、186kGauss、182kGauss、179kGauss、171kGauss。根据 6 种 Fe 原子的计量比（1：2：2：5：1：1），用计算的磁超精细裂分参数拟合的 MES 谱图，比用 ε-Fe$_2$C 参数拟合的结果，具有更小的误差，说明实验合成的 ε-碳化铁的主要组分是 ε′-Fe$_{2.2}$C。

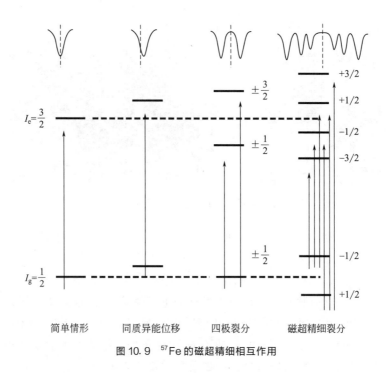

$I_e = \dfrac{3}{2}$

$I_g = \dfrac{1}{2}$

$\pm\dfrac{3}{2}$

$\pm\dfrac{1}{2}$

$\pm\dfrac{1}{2}$

$+3/2$

$+1/2$

$-1/2$

$-3/2$

$-1/2$

$+1/2$

简单情形　　　　同质异能位移　　　　四极裂分　　　　磁超精细裂分

图 10.9　^{57}Fe 的磁超精细相互作用

10.3　费-托合成反应机理

费-托合成反应主要包括 CO 活化和 C—C 耦合两个方面。CO 活化是指 C—O 键解离，包括直接解离和氢助解离两种方式。C—C 耦合即碳链增长，主要包括碳化物机理、CO 插入机理和烯醇式机理等。由于费-托合成反应条件苛刻，需在高温高压下完成，所以很难在反应条件下直接获得微观反应机理的具体细节。目前，人们对费-托合成反应机理的认识尚未完善，随着催化剂体系和结构的不同，具体细节也有所差异。理论计算化学在催化剂结构、表面吸附和反应过程、微观反应动力学等方面发挥了重要作用。

在正确描述催化剂表面结构的基础上，合理选择表面模型，用于合成气催化转化反应机理的理论计算，包括 CO/H_2 吸附活化、C_1 物种 CH_x（$x = 0\sim4$）的加氢转化、C—C 耦合等，得到各基元反应步骤的动力学参数，描绘各反应路径的势能面，利用稳态近似或平衡假设，即平均场（Mean Field）近似，做微观动力学分析，得到反应速率方程，定量评价催化反应活性和选择性。

10.3.1　吸附和解离

普遍认为，CO 吸附解离是合成气催化转化的第一步，通常是整个反应过程的速控步，因此正确认识 CO 吸附活化过程是理解反应机理的关键。首先，要确定 CO 的吸附位和吸附能。通常情况下，传统 DFT 方法（如 GGA）无法准确预测 CO 的稳定吸附位，且高估吸附能（$E_{ads} = E_{gas/surface} - E_{gas} - E_{surface}$）。例如，实验观察到，即使在较低覆盖度（$<0.3$ML）的情况下，CO 倾向于吸附在单个 Co 原子的 top 位，吸附能约为 -1.2eV。Gong 等[21]利用 GGA-PW91 计算出 CO 在 Co(0001) 表面的稳定吸附位是 hcp 空位，吸附

能为 -1.66eV。Pick 等[22]用 GGA-PBE 准确预测了 CO 在 Co(0001) 表面的稳定吸附位，并利用经验公式，校正了 CO 吸附能（-1.33eV），但不可否认传统 DFT-GGA 方法本身的精度缺陷。

基于均匀电子气模型的局域自旋密度近似（LSDA）方法，可以很好地描述固体表面能，但是严重高估分子吸附能。对于气体分子在固体表面的吸附，需要在 LSDA 基础上引入描述电子离域特征的密度梯度泛函，即 GGA。GGA 方法大大提高了对吸附能的计算精度，但同时导致其低估表面能，且在半局域（Semilocal）框架下，无法同时精确预测吸附能和表面能。有研究表明，通过添加 Hartree-Fock 交换项的杂化泛函方法，不改变 GGA 方法的半局域性，虽然无法修正吸附能和表面能的计算误差，但是可准确描述吸附分子的分子轨道和电子态。考虑分子间弱相互作用的范德华密度泛函（vdW-DF）方法对提高吸附能和表面能的计算精度具有一定的积极作用，但无法从根本上克服半局域 DFT 方法的缺陷。在GGA 基础上进一步引入电子动能密度（电子密度的 Laplacian 二阶导数），即 meta-GGA 方法（如 TPSS，revTPSS），对平衡 GGA 的局域性-离域性矛盾具有很好的效果。利用基于二阶微扰理论的随机相近似（RPA）方法，可以从根本上克服半局域 DFT 方法的固有缺陷，同时准确预测吸附能和表面能，并且能准确描述 CO 吸附态的电子结构。

但需要指出，随着 LSDA、GGA（vdW-DF）、meta-GGA、RPA 计算精度的逐渐提高，计算效率也越来越低，如 RPA 计算非常耗时，计算量与模型体系的原子数 N 呈四次方递增 $O(N^4)$。从可行性角度上讲，在 RPA 水平上开展大规模催化反应机理计算还不太现实，只能牺牲精度，折中采用 GGA 方法，同时保证高效地得到定性可靠的结果，所以，GGA 方法是催化机理计算研究的首选。正因如此，在利用 DFT 方法开展计算研究前，要对计算方法和模型进行各种测试，保证结果和结论准确可靠。

CO 吸附解离被认为是合成气催化转化的速控步，常作为模型反应，用来评价催化剂的活性。通过对不同催化剂表面的 CO 解离反应机理和动力学进行计算，可以直接比较其催化活性的差异。CO 解离机理包括直接解离和氢助解离两种：

直接解离　$CO + * \Longrightarrow CO*$　　$(K_1 = k_1/k_{-1})$

$\qquad\qquad CO* + * \longrightarrow C* + O*$　　(k_2)

氢助机理　$CO + * \Longrightarrow CO*$　　$(K_1 = k_1/k_{-1})$

$\qquad\qquad H_2 + 2* \Longrightarrow 2H*$　　$(K_3 = k_3/k_{-3})$

$\qquad\qquad CO* + H* \Longrightarrow HCO* + *$　　$(K_4 = k_4/k_{-4})$

$\qquad\qquad HCO* + * \longrightarrow HC* + O*$　　(k_5)

利用稳态近似，推导直接解离的速率方程为：

$$r = \frac{k_2 K_1 p_{CO}}{(K_1 p_{CO} + 1)^2} \tag{10.3-1}$$

氢助解离的速率方程为：

$$r' = \frac{k_4 k_5}{k_{-4} + k_5} \times \frac{K_1 p_{CO} K_3^{1/2} p_{H_2}^{1/2}}{\left(K_1 p_{CO} + K_3^{1/2} p_{H_2}^{1/2} + \dfrac{k_4}{k_{-4} + k_5} K_1 p_{CO} K_3^{1/2} p_{H_2}^{1/2} + 1\right)^2} \tag{10.3-2}$$

式中，k 为速率常数；p 为压力；K 为平衡常数。

利用统计热力学原理，计算各基元反应的速率常数：

$$k = \frac{k_{\mathrm{B}} T}{h} \mathrm{e}^{\left(-\frac{E_{\mathrm{a}}}{k_{\mathrm{B}} T}\right)} \tag{10.3-3}$$

$$E_{\mathrm{a}} = \Delta E_{\mathrm{SCF}} + \Delta ZPE + \Delta E_{\mathrm{vib}} - T \Delta S_{\mathrm{vib}} \tag{10.3-4}$$

式中，活化能 E_{a} 是过渡态和反应物的自由能之差；Δ 表示过渡态和反应物的差值；E_{SCF} 是 SCF 计算得到的总能量；ZPE 是零点能；E_{vib} 是振动能；S_{vib} 是振动熵。均可由振动频率 (ν) 计算得到：

$$ZPE = \sum_i \frac{h\nu_i}{2} \tag{10.3-5}$$

$$E_{\mathrm{vib}} = \sum_i h\nu_i \left(\mathrm{e}^{\frac{h\nu_i}{k_{\mathrm{B}} T}} - 1\right)^{-1} \tag{10.3-6}$$

$$S_{\mathrm{vib}} = k_{\mathrm{B}} \sum_i \left[\frac{h\nu_i}{k_{\mathrm{B}} T} \left(\mathrm{e}^{\frac{h\nu_i}{k_{\mathrm{B}} T}} - 1\right)^{-1} - \ln\left(1 - \mathrm{e}^{-\frac{h\nu_i}{k_{\mathrm{B}} T}}\right) \right] \tag{10.3-7}$$

吸附平衡常数 K 计算如下：

$$K = \mathrm{e}^{-\frac{E_{\mathrm{ads}} - T \Delta S_{\mathrm{ads}}}{k_{\mathrm{B}} T}} \tag{10.3-8}$$

ΔS_{ads} 是气体分子吸附前后的熵变。气相分子的熵主要包括 3 个平动自由度、2 个（线形）或 3 个（非线形）转动自由度、$3N-5$（线形）或 $3N-6$（非线形）（N 为原子数）个振动自由度的贡献，其熵值可通过查阅化学手册（http：//webbook.nist.gov/chemistry/），并进行温度校正得到。分子吸附到催化剂表面，平动和转动自由度消失，只有 $3N$ 个振动自由度，因此，吸附分子的熵值主要包括分子在催化剂表面的振动熵，可通过频率分析，利用统计热力学原理计算得到。我们将通过如下算例，对 CO 解离反应的微观动力学模拟进行说明。

如上所述，金属钴具有六方（hcp）和立方（fcc）两种晶型，其优势暴露晶面分别为 hcp-Co(10-11) 和 fcc-Co(111)。利用这两个表面模型，分别计算 CO 的直接解离和氢助解离，得到反应始态（IS）、终态（FS）、中间体（IM）和过渡态（TS）的结构和能量，描绘反应势能面（如图 10.10）。对于直接解离，IS 是 CO 分子吸附态，FS 是 CO 的解离吸附态；对于氢助解离，IS 是 CO/H 的共吸附态，FS 是 CH 和 O 的共吸附态，IM 是指 HCO 中间物种。一般来说，IS、FS 和 IM 是反应势能面上的局域极小点（Local Minima），TS 是一阶鞍点（1st-Order Saddle Point），这种差别可以通过频率分析确认。极小点无虚频（Imaginary Frequence），TS 只有一个虚频，且振动模式与反应模式一致，即振动方向指向连接 TS 的两个极小点。

有研究指出可采用速控步能垒作为等效能垒（E_{eff}），表示多步骤连续反应的动力学和活性。E_{eff} 是反应路径上能量最高 TS 和能量最低 IS 之间的能量差。He 等[23]系统地对比研究了 χ-Fe$_5$C$_2$ 的不同晶面催化 CO 直接和氢助解离反应，比较直接解离的 E_{a} 和氢助解离的 E_{eff} 发现，同一物相的不同晶面呈现出不同的 CO 解离方式，且与晶面的热力学稳定性有关：在稳定性较低的（510）、（010）、（221）表面上，CO 可以直接解离；在中等稳定性的（010）、（110）、（111）、（11-1）、（-411）表面上，CO 优先发生氢助解离；在稳定性较高的（100）表面上，CO 直接解离和氢助解离都比较困难。

根据等效能垒（E_{eff}），可以对催化反应活性进行初步判断。如图 10.10，在 hcp-Co

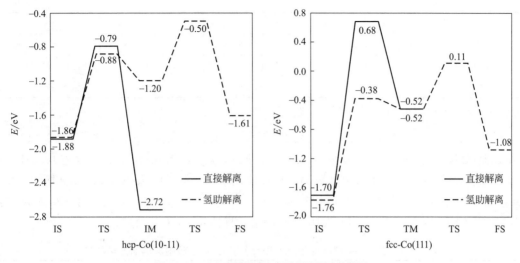

图 10.10 CO 直接解离和氢助解离反应势能面

(10-11) 上，直接解离的能垒为 $1.88-0.79=1.09eV$，氢助解离分两步，能垒分别为 $1.86-0.88=0.98eV$ 和 $1.20-0.50=0.70eV$，$E_{eff}=1.86-0.50=1.36eV$，直接解离优于氢助解离；在 fcc-Co(111) 上，直接解离能垒为 $1.70+0.68=2.38eV$，两步氢助解离的能垒分别为 $1.76-0.38=1.38eV$ 和 $0.52+0.11=0.63eV$，$E_{eff}=1.76+0.11=1.87eV$，氢助解离优于直接解离。

如果要对催化反应活性进行直接的可靠评价，可进一步做微观动力学模拟分析。根据频率分析和统计热力学原理，计算 CO 吸附和解离各基元反应步骤的热力学和动力学参数。如表 10.2 所示，在 473K 下，CO 的标准熵 $S°=211.76J \cdot mol^{-1} \cdot K^{-1}$，$H_2$ 的标准熵 $S°=143.40J \cdot mol^{-1} \cdot K^{-1}$。根据频率分析数据，在 473K 和标准压力（$1bar=10^5Pa$）下，计算 CO/H_2 的吸附平衡常数（K_1/K_3）。如表 10.3 所示，在 hcp-Co(10-11) 和 fcc-Co(111) 表面上 CO 吸附态的振动熵 S_{vib} 分别为 $62.64J \cdot mol^{-1} \cdot K^{-1}$ 和 $69.94J \cdot mol^{-1} \cdot K^{-1}$，$H_2$ 吸附态的振动熵 S_{vib} 分别为 $11.97J \cdot mol^{-1} \cdot K^{-1}$ 和 $10.79J \cdot mol^{-1} \cdot K^{-1}$。因此，CO 的吸附熵变（$\Delta S_{ads}=S_{vib}-S°$）分别为 $-149.12J \cdot mol^{-1} \cdot K^{-1}$ 和 $-141.82J \cdot mol^{-1} \cdot K^{-1}$，$H_2$ 的吸附熵变分别为 $-131.43J \cdot mol^{-1} \cdot K^{-1}$ 和 $-132.61J \cdot mol^{-1} \cdot K^{-1}$。根据公式（10.3-8），计算 CO 和 H_2 吸附平衡常数分别为 $K_1=1.72\times10^{12}$ 和 5.41×10^{10}；$K_3=1.95\times10^6$ 和 1.21×10^6。

表 10.2 不同温度下 CO 和 H_2 的标准熵校正表

参数/ $J \cdot mol^{-1} \cdot K^{-1}$	CO		H_2	
	298~1300/K	1300~6000/K	298~1000/K	1000~2500/K
A	25.56759	35.15070	33.066178	18.563083
B	6.096130	1.300095	-11.363417	12.257357
C	4.054656	-0.205921	11.432816	-2.859786
D	-2.671301	0.013550	-2.772874	0.268238
E	0.131021	-3.282780	-0.158558	1.977990

参数/ $J \cdot mol^{-1} \cdot K^{-1}$	CO		H_2	
	298~1300/K	1300~6000/K	298~1000/K	1000~2500/K
G	227.3665	231.7120	172.707974	156.288133
$S°(473K)$	211.76	198.65	143.40	152.30

注：$S° = A \times \ln(T/1000) + B \times (T/1000) + C/2 \times (T/1000)^2 + D/3 \times (T/1000)^3 - E/2 \times (T/1000)^{-2} + G$。

利用零点能和自由能校正计算得到各基元反应步骤的活化能（E_a），根据公式（10.3-3）计算各基元反应步骤的速率常数（k_2、k_4、k_{-4}、k_5），再由动力学方程（10.3-1）和式（10.3-2），计算 CO 直接解离和氢助解离反应速率（r 和 r'），结果如表 10.3 所示。hcp-Co(10-11) 有利于 CO 直接解离（$r = 3.64 \times 10^{-12} s^{-1}$），fcc-Co(111) 有利于 CO 氢助解离（$r' = 7.17 \times 10^{-17} s^{-1}$），且 hcp-Co(10-11) 的活性远高于 fcc-Co(111)。

表 10.3　在 473K 和标准压力（1bar）下 CO/H_2 吸附解离动力学参数

参数	hcp-Co(10-11)	fcc-Co(111)
$E_{ads}(CO/H_2)/eV$	−1.88/−0.62	−1.76/−0.61
$S_{vib}(CO/H_2)/J \cdot mol^{-1} \cdot K^{-1}$	62.64/11.97	69.94/10.79
$\Delta S_{ads}(CO/H_2)/J \cdot mol^{-1} \cdot K^{-1}$	−149.12/−131.43	−141.82/−132.61
$K_1(CO)/K_3(H_2)$	$1.72 \times 10^{12}/1.95 \times 10^6$	$5.41 \times 10^{10}/1.21 \times 10^6$
$E_{a,2}/eV$	1.15	2.46
$E_{a,3}/eV$	1.02	1.43
$E_{a,-3}/eV$	0.20	0.24
$E_{a,4}/eV$	0.65	0.82
k_2/s^{-1}	6.28	7.00×10^{-14}
k_4/s^{-1}	120.76	6.44×10^{-3}
k_{-4}/s^{-1}	7.67×10^{10}	3.21×10^{10}
k_5/s^{-1}	1.16×10^6	1.76×10^4
$r/r'/s^{-1}$	$3.64 \times 10^{-12}/1.48 \times 10^{-12}$	$1.29 \times 10^{-24}/7.17 \times 10^{-17}$

此外，人们对不同的铁、钴、镍、钌等金属表面以及碳化铁、碳化钴等催化剂表面的 CO 吸附解离也进行了计算研究，其对理解费-托合成反应活性具有重要理论意义，在此不再赘述。需要指出，Lu 等[24] 发展了金属铁表面的 ReaxFF 方法，可用分子动力学模拟手段研究 CO 吸附和解离，结果表明最稳定的 Fe（110）表面在反应初始阶段无法解离 CO，但是随着反应达到稳态后，Fe（110）表现出良好的催化活性。

10.3.2　加氢和链增长

根据费-托合成反应机制，CO 吸附解离之后，可与催化剂表面的吸附 H 发生加氢反应生成 CH_x（$x = 0~4$）中间体，相邻的 C_1 中间体进一步发生 C—C 耦合反应，生成长链烃。研究 CO 加氢和 C—C 耦合反应，有助于理解费-托合成反应产物的选择性。理论研究表明，H_2 在过渡金属表面很容易发生解离吸附，生成两个 H 原子，解离反应放热，说明原子吸附比分子吸附更稳定。Jiang[25] 和 Liu[26] 分别计算研究了 Fe（110）和 Fe（100）表面的 C 吸附和扩散作用，在热力学上有利于碳从铁表面扩散至体相内部，而在动力学上有利于表面碳沉积。Błoński 等[27]研究了 Fe（110）和 Fe（100）表面的 O 吸附作用，指出 O 倾向于吸附在两个铁表面次表层的八面体和四面体空位。Xu 等[28]计算研究了多种原子、分子和自由基片段在 Fe（110）表面的吸附，发现吸附强度符合以下顺序：$C > CH > O > COH > CH_2 > OH > HCO > H > CH_3 > CO$。从热力学角度解释了 CO 加氢反应的可行性。

早期对 CH_x 加氢和 C—C 耦合的理论研究仅限于相关基元反应步骤的第一性原理计算。例如：Liu 等[29]对 Ru（0001）表面的 CH_x（$x = 0 \sim 2$）加氢及耦合反应机理进行了计算研究，发现 $CH_2 + CH_2R$ 耦合反应的能垒较高，相比之下，C+CR 的耦合加氢分步反应更有利，颠覆了 C—C 耦合主要基于 CH_2 中间体的传统观点。同时，Ciobîcă 等[30]的研究提出基于卡宾自由基的碳链增长机制，CH 是主要的结构单元。Sorescu[31]计算了 Fe（100）表面的 CH_x（$x = 0 \sim 4$）吸附和加氢反应，发现加氢反应比 CO 解离更容易发生，CO 解离速控步活化能为 24.5kcal/mol。Cheng 等[32]利用 DFT 计算 Co（0001）阶梯缺陷表面的不同长度碳链的加氢和 C—C 耦合反应，推导链增长概率的一般性公式计算 α 值，指出高甲烷选择性归因于 C_1—C_1 耦合链增长速率较低；费-托合成产物选择性偏离 ASF 分布主要来源于产物的烯烃/烷烃比值随着碳链长度的增加而有所不同，取决于 α-烯烃与催化剂表面的范德华相互作用和分子吸附前后的熵变；还计算研究了过渡金属（Fe、Co、Ru、Rh、Re）缺陷表面的甲烷化反应，提出用等效能垒（E_{eff}）作为反应活性的描述符。Li 等[33]根据逆向合成分析法，计算 Fe（110）表面 CH_4、C_2H_6、CH_3CHO 连续解离反应，结果表明在 H_2 气氛下，表面含碳物种加氢生成 CH_4 和 C_2H_6 具有较低的表观活化能，且热力学上也比较稳定，催化剂表面覆盖度对反应机理具有决定性影响；最近，Li 等对高覆盖度（0.25ML）的 Fe（110）表面催化 CO 活化、甲烷化和 C—C 键生成反应进行计算，发现 C—C 成键首先生成乙烯酮中间体，链传递则主要通过 CCH_3 进行。

此外，Huo 等[34]计算碳化铁（η-Fe_2C、χ-Fe_5C_2、θ-Fe_3C、Fe_4C）稳定表面催化 CO 解离和甲烷化反应发现，等效能垒（E_{eff}）与碳化铁表面的 d 带中心线性相关。Cheng 等[35]对比研究了 χ-Fe_5C_2（100）和 Co_2C（001）表面的 CH_x（$x = 0 \sim 3$）加氢和 C—C 耦合反应，与金属铁和金属钴相比，碳化铁活性更高，碳化钴活性较低。根据 Sabatier 原理，解释催化活性与 CO 解离吸附强度的火山曲线（Volcano Curve）分布，即中等强度的吸附具有最佳的催化活性。还有其他课题组计算研究了 χ-Fe_5C_2（001）的碳链增长机理，发现链引发阶段遵循 CO 插入机理，链传递阶段遵循碳化物机理，C 原子是主要的 C_1 物种。研究了 χ-Fe_5C_2（510）表面的加氢和 C—C 耦合反应机理，发现此表面不利于 CH 加氢生成甲烷，C—C 耦合主要通过 C+CH 和 CH+CH 方式发生，采用甲烷化和 C—C 耦合的等效能垒之差（ΔE_{eff}）描述费-托合成的产物选择性，指出该表面具有较高的 C_{2+} 选择性，说明通过 χ-Fe_5C_2 晶面调控可以有效调节催化剂的反应性能。选择 Co_2C 低指数晶面（101）、（110）、（111）及其 Co/Co_2C 界面模型，研究费-托合成 C_2 产物选择性生成机制发现，在（111）面上，CH_x 中间体以 CH 为主，且易发生 CO 插入反应生成 CHCO，即 C—C 耦合生成 C_2 含氧化合物，有利于高级醇的选择性；在（101）和（110）面上，CH 和 CH_2 是最主要的 CH_x 中间体，发生 C—C 耦合反应生成 CHCH 或 $CHCH_2$，有利于生成 C_2 烯烃或烷烃。其他课题组计算研究 Co_2C 的晶面效应，详细对比（101）、（011）、（010）、（110）、（111）表面催化 CH_x/CO 的 C—C 耦合反应机理，指出（011）和（111）的 d 带中心能级升高，有利于生成含氧化合物，（101）和（010）表面有利于生成 C_2 烃，（110）表面有利于生成甲烷；对比研究 Co、Co_2C 和 Co_3C 表面催化 CH_x 加氢和 C—C 耦合反应，发现 Co_3C（101）及 Co/Co_3C 界面位点有利于费-托合成制烯烃。最近，Li 等[36]详细研究了 Fe_3C（010）表面的 CO 活化和 C—C 耦合反应，对比考察表面的 Fe/C 原子暴露比例对催化反应活性和选择性的影响。对于 Fe/C 同时暴露的表面，含氧物种 CH_xO（$x=0\sim3$）不易脱氧，而容易生成甲醇和甲烷，可以通过 CH_3CO 和 CH_3CC 中间体增长碳链，即 CO 插入机理和碳化物机理共存；对于 Fe 暴露表面，主要发生 CH—CH_2 耦合反应，即碳化物机理。

利用第一性原理计算与微观动力学分析，可以直接定量描述催化反应活性和选择性。Storsæter 等[37]对 Co(0001) 表面的 CO 氢助解离和加氢生成 C_1 和 C_2 烃类产物进行微观动力学模拟，反应主要通过 CO 插入机理发生，CO 与 CH_3 的插入反应是链增长的速控步。还有其他课题组利用 DFT 计算并结合动力学模拟，研究 Fe（100）表面 CO/H_2 的解离、加氢、甲烷化反应机理，发现 CH 是主要的 C_1 中间物种，甲烷选择性取决于反应温度和 CO/H_2 分压。结合 DFT 计算和微观动力学证实了 Ru（0001）表面的 C—C 成键机理，即 CO 插入机理，并指出 CO 在 Ru（0001）表面更容易解离，而在 Co(0001) 表面更容易脱附。对费-托合成反应 CO 插入链增长机理进行微观动力学分析，根据经典 BEP（Brønsted-Evans-Polanyi）关系公式计算基元反应速率常数，并调控影响反应速率的自变量参数，优化产物选择性。研究发现只有在 CO 解离速率和链终止速率相当且都较低的情况下，才具有最佳的链增长速率。

DFT 计算结合微观动力学模拟已成为理论计算研究表面催化反应的主要手段。最近，Liu 等[38]利用 DFT 计算和微观动力学模拟对 hcp-Co(10-11) 表面的 CO 解离加氢生成 CH_x（$x=1\sim3$）中间体，以及 C—C 耦合生成 C_2/C_3 烃类和含氧物种进行详细研究，发现 CH 和 CH_2 是最稳定的 C_1 单体，且不易深度加氢生成甲烷和甲醇；碳链增长主要通过 CH 和 CH_2 的自耦合机制发生，符合碳化物机理，而非 CO/CHO 插入机理；CH_3CH_2 是最稳定的 C_2 单体，进一步与 CH_2 耦合生成 C_3 物种，而相应的 CO/CHO 插入反应生成乙醇或丙醇的副反应则比较困难；微观动力学模拟结果显示，甲烷对 C_{2+} 长链烃的生成具有重要影响，而醇类产物对长链烃的选择性影响不大，可以忽略。还有其他课题组对 fcc-Co(111) 表面催化合成气转化机理进行了理论计算，发现 CH 是主要的 C_1 单体，碳链增长主要通过 CHO 插入机理完成，即 CH+CHO $\longrightarrow$ CHCHO $\longrightarrow$ CHCH+O，与 C_2 烃加氢反应相比，甲烷化反应更有利，说明平整 fcc-Co(111) 表面不利于 C_2 烃的生成，通过构造台阶缺陷，可以提高 C_2 烃的选择性，抑制甲烷生成；还计算研究了 hcp-Co 的（10-10）和（10-12）表面的碳链生长，其主要通过碳化物机理进行，且表面 B5 活性位对碳链生长具有重要促进作用。

van Santen 等[39]对过渡金属表面催化费-托合成反应的机理和微观动力学模拟进行综述性评论，展示理论计算在研究费-托合成反应机理方面的主要作用，同时指出平均场微观动力学模型的局限性。首先，微观动力学模拟是第一性原理计算的后处理方法，由于模型基于 DFT 计算所得的能量性质，所以 DFT 计算精度会影响微观动力学模拟结果，传统 DFT 方法对能量的计算精度为 $10\sim30kJ/mol$，然而描述反应动力学的温度依赖关系需要的能量精度小于 $10kJ/mol$，因此发展高精度 DFT 方法对准确预测反应机理和动力学至关重要；其次，平均场微观动力学模型基于单活性位点，不能反映相邻活性位之间的协同作用；第三，一般情况下，微观动力学模拟不考虑反应产物的二次吸附效应，而烯烃的二次吸附作用会影响烃类产物的 ASF 分布；最后，催化剂表面结构在实际催化条件下可能发生动态变化，而平均场微观动力学模型无法考虑这一实时变量。

10.4　总结和展望

采用绝对零度和真空条件下的简单表面模型，模拟真实反应条件下的复杂催化剂表面催化反应过程，不可避免地产生理论催化难以逾越的两个鸿沟（Gap）：一个是材料鸿沟（Materials Gap），一个是压力鸿沟（Pressure Gap）。结合第一性原理或量子力学计算、分子动力学模拟、统计热力学分析，发展多尺度模拟方法，同时采用模型催化剂体系开展实验研究，缩小理论模型与真实催化体系之间的材料鸿沟。另一方面，得益于新理论方法的发展，如全局优化（Global Optimization）、限制性从头算热力学（Constrained Ab Initio Thermodynamics）、biased 分子动力学、平均场微观动力学模拟（Mean Field Microkinetics Modeling）和机器学习（Machine Learning）等方法，人们可以从多个不同的角度考虑温度、压力和气氛等因素，模拟真实反应条件下的催化过程，跨越压力鸿沟。

利用全局优化可以预测催化剂的稳定结构和组成，例如金属亚纳米团簇在氧化物等载体上的稳定构型和氧气气氛下的还原性氧化物表面重构。利用从头计算热力学预测金属、合金和碳化物纳米颗粒催化剂的形状或形貌，描绘金属氧化物和碳化物的相图。考虑温度、压力和介质环境，利用 biased 分子动力学模拟真实反应条件下催化剂的结构和催化反应过程，一般需跑约 10^5 步，时长约 100ps。采用平均场近似的微观动力学模拟方法，可直接计算反应速率，研究催化反应的动力学规律。通过搜集催化活性的各种描述符，包括几何结构（键长、表面积、配位数、电负性）和电子性质（原子电荷、d 带中心、电子亲和势、前线轨道能级、带隙等），构建训练参数数据库，用基于线性回归（Linear Regression）、支持向量机（Support Vector Machine）、神经网络（Neural Network）等机器学习算法，在真实反应条件下直接模拟催化反应过程，预测性能优化的催化剂可能具备的结构特征，指导对催化剂的理性设计和性能优化。

参考文献

[1] 刘海明. 煤热解过程中 NO_x 前驱物生成机理的研究 [D]. 武汉：华中科技大学，2004.

[2] 王宝俊. 煤结构与反应性的量子化学研究 [D]. 太原：太原理工大学，2006.

[3] 姚晓倩. 煤模型化合物转化反应机理的量子化学研究 [D]. 太原：中国科学院山西煤炭化学研究所，2005.

[4] 李璐. 煤中常见化学键的解离及分子结构的量子化学理论研究 [D]. 大连：大连理工大学，2016.

[5] 郑默. 基于 GPU 的煤热解化学反应分子动力学（ReaxFFMD）模拟 [D]. 北京：中国科学院研究生院（过程工程研究所），2015.

[6] De Smit E，Cinquini F，Beale A M，et al. Stability and reactivity of ε-χ-θ iron carbide catalyst phases in Fischer-Tropsch synthesis：Controlling μ_c [J]. Journal of the American Chemical Society，2010，132（42）：14928-14941.

[7] Zhao S，Liu X W，Huo C F，et al. Surface morphology of Hägg iron carbide（χ-Fe$_5$C$_2$）from ab initio atomistic thermodynamics [J]. Journal of Catalysis，2012，294：47-53.

[8] Zhao S，Liu X W，Huo C F，et al. Determining surface structure and stability of ε-Fe$_2$C，χ-Fe$_5$C$_2$，θ-Fe$_3$C and Fe$_4$C phases under carburization environment from combined DFT and atomistic thermodynamic studies [J]. Catalysis

Structure & Reactivity, 2015, 1 (1): 44-59.

[9] Gracia J M, Prinsloo F F, Niemantsverdriet J W. Mars-van Krevelen-like mechanism of CO hydrogenation on an iron carbide surface [J]. Catalysis Letters, 2009, 133 (3): 257.

[10] Meng Y, Liu X W, Huo C F, et al. When density functional approximations meet iron oxides [J]. Journal of Chemical Theory and Computation, 2016, 12 (10): 5132-5144.

[11] Meng Y, Liu X, Bai M M, et al. Prediction on morphologies and phase equilibrium diagram of iron oxides nanoparticles [J]. Applied Surface Science, 2019, 480: 478-486.

[12] Shetty S, Van Santen R A. CO dissociation on Ru and Co surfaces: The initial step in the Fischer-Tropsch synthesis [J]. Catalysis Today, 2011, 171 (1): 168-173.

[13] Zhao Y H, Su H Y, Sun K J, et al. Structural and electronic properties of cobalt carbide Co_2C and its surface stability: Density functional theory study [J]. Surface Science, 2012, 606 (5): 598-604.

[14] Zhong L S, Yu F, An Y L, et al. Cobalt carbide nanoprisms for direct production of lower olefins from syngas [J]. Nature, 2016, 538 (7623): 84-87.

[15] Liu S X, Sun B L, Zhang Y H, et al. The role of intermediate $Co_xMn_{1-x}O$ ($x = 0.6 \sim 0.85$) nanocrystals in the formation of active species for the direct production of lower olefins from syngas [J]. Chemical Communications, 2019, 55 (46): 6595-6598.

[16] Liu J X, Zhang B Y, Chen P P, et al. CO dissociation on face-centered cubic and hexagonal close-packed nickel catalysts: A first-principles study [J]. The Journal of Physical Chemistry C, 2016, 120 (43): 24895-24903.

[17] Jiao F, Li J J, Pan X L, et al. Selective conversion of syngas to light olefins [J]. Science, 2016, 351 (6277): 1065.

[18] Cheng K, Gu B, Liu X L, et al. Direct and highly selective conversion of synthesis gas into lower olefins: Design of a bifunctional catalyst combining methanol synthesis and carbon-carbon coupling [J]. Angewandte Chemie International Edition, 2016, 55 (15): 4725-4728.

[19] Liu X W, Zhao S, Meng Y, et al. Mössbauer spectroscopy of iron carbides: From prediction to experimental confirmation [J]. Scientific Reports, 2016, 6 (1): 26184.

[20] Hofer L J E, Cohn E M, Peebles W C. The modifications of the carbide, Fe_2C; their properties and identification [J]. Journal of the American Chemical Society, 1949, 71 (1): 189-195.

[21] Gong X Q, Raval R, Hu P. CO dissociation and O removal on Co (0001): A density functional theory study [J]. Surface Science, 2004, 562 (1): 247-256.

[22] Pick Š. Density-functional study of the CO adsorption on ferromagnetic Co (0001) and Co (111) surfaces [J]. Surface Science, 2007, 601 (23): 5571-5575.

[23] He Y R, Zhao P, Yin J Q, et al. CO direct versus H-assisted dissociation on hydrogen coadsorbed χ-Fe_5C_2 Fischer-Tropsch catalysts [J]. The Journal of Physical Chemistry C, 2018, 122 (36): 20907-20917.

[24] Lu K, He Y R, Huo C F, et al. Developing ReaxFF to visit CO adsorption and dissociation on iron surfaces [J]. The Journal of Physical Chemistry C, 2018, 122 (48): 27582-27589.

[25] Jiang D E, Carter E A. Carbon atom adsorption on and diffusion into Fe (110) and Fe (100) from first principles [J]. Physical Review B, 2005, 71 (4): 045402.

[26] Liu X W, Huo C F, Li Y W, et al. Energetics of carbon deposition on Fe (100) and Fe (110) surfaces and subsurfaces [J]. Surface Science, 2012, 606 (7): 733-739.

[27] Błoński P, Kiejna A, Hafner J. Theoretical study of oxygen adsorption at the Fe (110) and (100) surfaces [J]. Surface Science, 2005, 590 (1): 88-100.

[28] Xu L, Kirvassilis D, Bai Y H, et al. Atomic and molecular adsorption on Fe (110) [J]. Surface Science, 2018, 667: 54-65.

[29] Liu Z P, Hu P. A new insight into Fischer-Tropsch synthesis [J]. Journal of the American Chemical Society, 2002, 124 (39): 11568-11569.

[30] Ciobîcǎ I M, Kramer G J, Ge Q, et al. Mechanisms for chain growth in Fischer-Tropsch synthesis over Ru (0001) [J]. Journal of Catalysis, 2002, 212 (2): 136-144.

[31] Sorescu D C. First-principles calculations of the adsorption and hydrogenation reactions of CH_x ($x=0$, 4) species on a Fe (100) surface [J]. Physical Review B, 2006, 73 (15): 155420.

[32] Cheng J, Hu P, Ellis P, et al. ADFT study of the chain growth probability in Fischer-Tropsch synthesis [J]. Journal of Catalysis, 2008, 257 (1): 221-228.

[33] Li T, Wen X D, Li Y W, et al. Successive dissociation of CO, CH_4, C_2H_6, and CH_3CHO on Fe (110): Retrosynthetic understanding of FTS mechanism [J]. The Journal of Physical Chemistry C, 2018, 122 (50): 28846-28855.

[34] Huo C F, Li Y W, Wang J G, et al. Insight into CH_4 formation in iron-catalyzed Fischer-Tropsch synthesis [J]. Journal of the American Chemical Society, 2009, 131 (41): 14713-14721.

[35] Cheng J, Hu P, Ellis P, et al. Density functional theory study of iron and cobalt carbides for Fischer-Tropsch synthesis [J]. The Journal of Physical Chemistry C, 2010, 114 (2): 1085-1093.

[36] Li T, Wen X D, Yang Y, et al. Mechanistic aspects of CO activation and C-C bond formation on the Fe/C- and Fe-terminated Fe_3C (010) surfaces [J]. ACS Catalysis, 2020, 10 (1): 877-890.

[37] Storsæter S, Chen D, Holmen A. Microkinetic modelling of the formation of C_1 and C_2 products in the Fischer-Tropsch synthesis over cobalt catalysts [J]. Surface Science, 2006, 600 (10): 2051-2063.

[38] Liu H X, Zhang R G, Ling L X, et al. Insight into the preferred formation mechanism of long-chain hydrocarbons in Fischer-Tropsch synthesis on Hcp Co (10-11) surfaces from DFT and microkinetic modeling [J]. Catalysis Science & Technology, 2017, 7 (17): 3758-3776.

[39] Van Santen R A, Markvoort A J, Filot I A W, et al. Mechanism and microkinetics of the Fischer-Tropsch reaction [J]. Physical Chemistry Chemical Physics, 2013, 15 (40): 17038-17063.

第 11 章

理论计算在生物质转化中的应用

生物质作为一种可再生清洁能源，仅次于煤炭、石油、天然气，为世界上第四大广泛使用的能源，约占全球 10% 的能源供应，是现有能源体系中必不可少的一部分。根据国际纯粹与应用化学联合会（International Union of Pure and Applied Chemistry，IUPAC）的定义[1]，生物质为微生物和动植物生长过程所产生的物质。国际能源机构（IEA）[2]将生物质定义为通过光合作用而形成的各种有机体，包括所有的动植物和微生物。狭义上来说，生物质主要为植物生长过程所产生的物质，主要组成为木质素、纤维素以及植物油等。其主要成分及官能团有糖、醛、酸、醇、酯、苯、酚和胺等，基本覆盖了能够参与各种生命活动的碳基物质框架。因此，生物质有机结构上的体系多样性也决定了生物质可以从化学物理性质多样性上为能源工业应用提供更多的发展途径。

11.1 生物质

从生物质的化学成分上来看，其主要成分为构成细胞壁的木质素和碳水化合物（纤维素和半纤维素）以及非细胞壁物质的少量无机、有机化学成分。图 11.1 提供的成分分类能够让我们对生物质的化学成分有最基本的了解和认知。

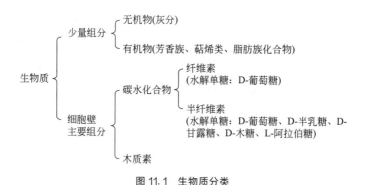

图 11.1　生物质分类

11.1.1　木质素和纤维素的组成与结构

人类赖以生存的大自然为我们提供了丰富多样的植物材料来源，植物细胞则是维持植物生命活动的基本结构功能单位。木质纤维素包括木质素与纤维素。木质素则在细胞壁的形成中起着极其重要的作用，为木质化植物的细胞壁的主要组成部分。如图 11.2 所示，木质素（Lignin）是一种无定形的、分子结构中含有氧代苯丙醇或其衍生物结构单元的芳香性高聚物，赋予植物维持支撑整株重量的刚性和硬度。木质素在木质纤维素中的含量以植物的种类而异，可分为三种：阔叶树木质素、针叶树木质素和草类木质素。在木本植物中，木质素含量为 20%~35%；在草本植物中为 15%~25%。木质素的单体（图 11.3）主要有对香豆醇（Paracoumaryl Alcohol，H），松柏醇（Coniferyl Alcohol，G），和芥子醇（Sinapyl Alcohol，S）。单体在木质素中的含量也因植物种类而异，裸子植物主要为愈创木基木质素（G），双子叶植物主要含愈疮木基-紫丁香基木质素（G-S），单子叶植物则为愈创木基-紫丁香基-对羟基苯基木质素（G-S-H）。

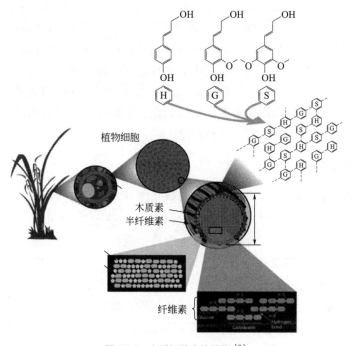

图 11.2　木质纤维素的结构 [3]

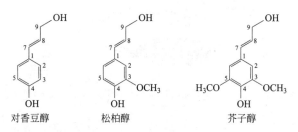

图 11.3　木质素的三种单体

　　纤维素（Cellulose）是由 D-葡萄糖（Glucose）以 β-1,4-糖苷键组成的大分子多糖，分子量约 50000~2500000，相当于 300~15000 个葡萄糖基，分子式可写作 $(C_6H_{10}O_5)_n$，是维管束植物、地植物以及一部分藻类细胞壁的主要成分。纤维素是生物质材料中的一个大类，图 11.4 展示了高分子纤维素的基本链式结构。组成纤维素大分子的基本结构单元失水葡萄糖基环上具有 3 个醇羟基，分别在 2、3、6 位上（2、3 为仲醇羟基位，6 为伯醇羟基位），同时纤维素的分子链极长，属于线型的高分子化合物，其两个端基之一上的苷羟基在糖环开链时可转变为醛基而具有还原性，另外一端则为非还原性的。

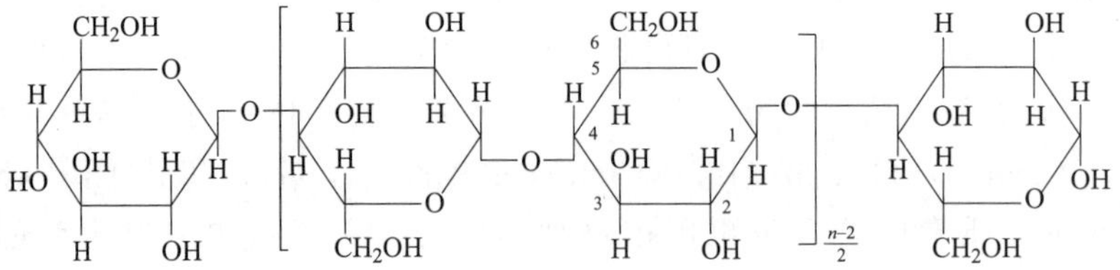

图 11.4　纤维素结构示意图

不定型的木质素结构往往位于纤维素之间以提供抗压支撑，而木质素中的苯丙烷结构又可以通过形成醚与其他碳水衍生物连接而形成三维网状的复杂生物高分子，即形成木质素-碳水复合物，这也使得原本的木质素结构更加难以完全地进行结构分离。这种结构上的不确定性也使得基于木质纤维素的生物质在应用上的理论和实验研究又上升了一个难度。纤维素大分子虽然能维持基本的构型，但往往官能团和单键结构可以在一定范围内旋转和扭转，从而形成不同空间排布的聚合物构象形态。如何对这类复杂高分子聚合物进行合理的结构表征和性质解析依然是木质纤维素研究中的热点之一。

11.1.2　生物炼制

生物炼制过程（Bio-Refinery Process）指的是通过对生物质的热化学转化以及生物转化获取生物燃料（生物柴油、乙醇）、高附加值的化学品以及化工中间体（见图 11.5）的炼制过程。生物质的高效转化可以有效减轻对石油资源的依赖，提高应对能源危机的能力，也是缓解全球环境恶化的重要手段。与石油精炼相比，木质纤维素生物质转化面临着不同的挑战。由于生物质中含有大量的氧元素，分子被高度氧官能化，因此将其转化为燃料产品时，需要除去氧以增加能量密度，同时提高产物的选择性。这一过程可以通过气化、热解或选择性加氢、脱水、氢解、脱羧和脱羰、裂化等液相催化实现。常用的催化剂主要为过渡金属（Ru、Pd、Pt、Ni 等）以及它们的合金、金属氧化物和分子筛等。

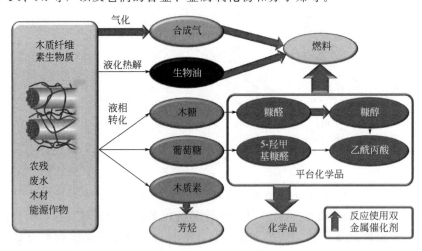

图 11.5　生物炼制用以获取可再生能源和化合物的路径[4]

（1）木质素的转化

木质素在木质纤维素中所占质量比例为 15%～30%，但由于其结构中含有更少的 O 元素，所占能量比却高达 30% 或者更高。在已有的可再生资源中，木质素也是最主要的芳香化合物来源。降解木质素可以获取一系列化工生产中的芳香族化合物（BTX：苯、甲苯、二甲苯）以及生物燃油等，如图 11.6。但由于木质素在解聚过程中新生成的单体之间会发生 C—C 键的重新组合，生成更稳定的副产物，严重降低了单体的产量，也限制了其解聚反应的效率。目前对大部分的木质素均以燃烧加热提供热能的方式加以利用。因此改进反应条件，研发新的催化剂对木质素的高效降解，提高生物炼制的经济性都发挥着至关重要的作用。

热解是一种在没有空气或氧气的情况下将原料热降解的过程。根据热解条件的不同，可以将其分为慢速、快速以及闪速热裂解，与此同时所得产物的类型也有所变化。木质素的热解产物主要为固体（木炭）、生物油（Bio-oil，包括焦油和其他有机物）和合成气等可替代能源产品。合成气的主要成分为 CO 和 H_2，也可以通过生物质直接气化获得，合成气主要与费-托合成、甲醇合成等反应结合，进一步转化为其他化学品和燃料。生物油成分复杂，主要为不同的烷氧基酚以及氧化芳烃等化合物，具有能量密度高、发热量较低的特点。除热解外，生物油还可以通过水热液化的方法来获取。通过分子筛催化裂解、贵金属催化剂加氢脱氧反应可以进一步对生物油提炼升级，以获取燃料以及其他可用于平台生产的化合物。充分了解热解反应机理有助于商业规模生物精炼厂的工艺优化和反应器设计，通过调控反应参数提高生物油的产量与质量，极大简化后续的催化处理过程。然而，木质素结构的多尺度复杂性和热解中不同键的断裂再生成，使得阐明该机理具有挑战性。

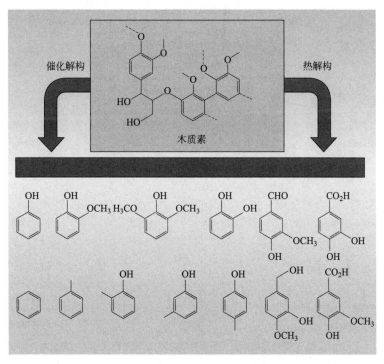

图 11.6　催化和热处理降解木质素获取低分子量的芳香化合物 [5]

与气化和热解相比，催化转化主要为液相催化过程，所需的温度更低，条件更加温和。该转化过程尽管非常复杂，涉及众多不同的催化步骤，但可以实现燃料和化合物的高选择性获取。在简化生物质转化操作流程和提高灵活性方面，具有无可比拟的优势。木质素的催化转发主要分为裂解、氢解、水解、还原和氧化四种类型。裂解是在石油工业中将长链分子的C—C键断裂获取短链气态烃和液态烃燃料和原料的加工过程，主要用于生物油的升级处理过程。氢解是在氢气和催化剂存在的条件下将一些不饱和的化学键加氢生成饱和键，或者将一些化学键断裂，使发生开环反应或加氢裂解生成小分子。水解主要采用碱催化剂（KOH、NaOH），在溶剂水、甲醇、乙醇或者超临界水中，将木质素转化为小分子的产物。经过还原反应，木质素侧链上多余的烷氧基官能团（—OCH$_3$、—OH）可以被去除，从而得到更为单一的单体化合物，例如苯、苯酚类物质，并进一步被整合到现有的石油工业链中生产其他的化学品。经过催化氧化反应则可以获取具有不同官能团的、更复杂的平台化合物，或者直接氧化为目标精细化学品[6]。

（2）纤维素的转化

生物质通常经预处理步骤除去其中的半纤维素和一些木质素。半纤维素可以转化为糠醛，纤维素部分可以水解为葡萄糖。2004年，美国的能源部根据已有工业生产技术、市场以及转化的难度，从生物质获取的300种化合物中筛选出最具有潜力的前12类平台化合物（图11.7）以及它们的转化流程图[7]。首先通过预处理（水解、热解、分离等）将生物质分解并得到糖类化合物；然后再通过生物发酵、催化加氢、氧化、脱水等反应将它们进一步转化为这12种平台化合物，通过高选择性的催化转化为日常生产生活中的高附加值化学品，这也是生物质中纤维素部分充分利用的有效路径。

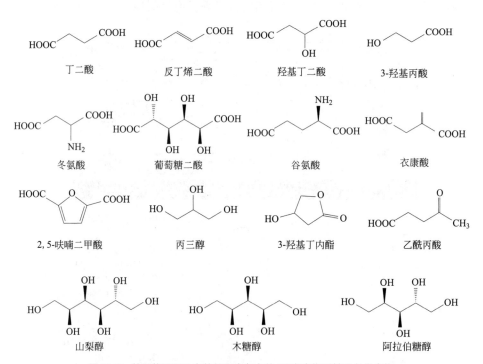

丁二酸　　　反丁烯二酸　　　羟基丁二酸　　　3-羟基丙酸

冬氨酸　　　葡萄糖二酸　　　谷氨酸　　　衣康酸

2,5-呋喃二甲酸　　　丙三醇　　　3-羟基丁内酯　　　乙酰丙酸

山梨醇　　　木糖醇　　　阿拉伯糖醇

图 11.7　美国能源局公布的最具竞争力的 12 类生物质基平台化合物

（3）甘油的转化

与其他 11 类平台化合物不同，甘油则是油脂类物质转化为生物柴油过程的副产物。如图 11.8 所示，脂肪酸酯（生物柴油）和甘油可以经过甲醇或乙醇与油脂类生物质之间的酯

交换反应生成。生物柴油主要作为石油资源的补充，为机动车提供动力。甘油则是重要的化工中间体，随着生物柴油的大量生产，甘油也一直处在供应过剩的状态，除转化为其他高附加值的 C_3 化学品外，甘油也可以通过水相重整等技术生产 H_2。

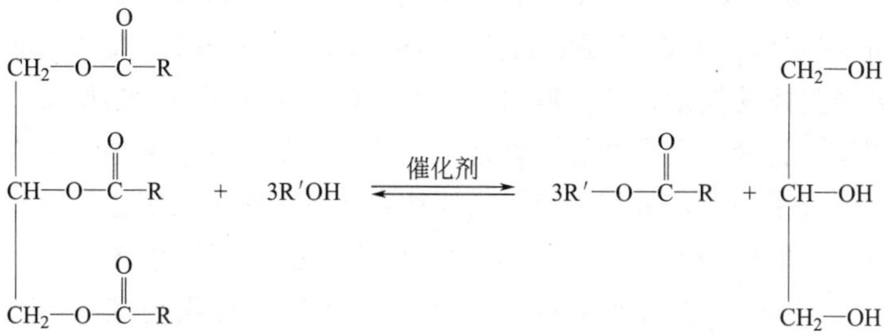

图 11.8　酯类化合物与醇通过酯交换反应生产生物柴油和甘油

（4）理论计算对生物质催化转化的意义

生物质组成分子的多样性、复杂性，并且在生物炼制中涵盖均相和多相众多的反应过程，为理论计算在其热转化以及化学催化转化中的应用提供了广阔的空间，使得计算化学的各种计算方法得到充分的应用。理论计算可以提供原子尺度上反应物以及催化剂电子和几何结构信息，有助于我们更加直观地理解反应过程中分子的行为以及分子间的相互作用，提出反应机理，解释已有的实验现象。理论计算的结果也可以用于多尺度的计算模拟，比如 Kinetic Monte Carlo、Ab Initio Microkinetic 等，对产物分布、反应速率进行预测，并评估反应条件对转化过程的影响，进一步与实验结合，互相验证，为研发和改进催化剂、调控催化反应条件提供理论思路。生物质分子、催化剂以及反应过程的多样性为它们之间的组合提供了无尽的可能性，也使得整合理论计算的结果生成数据库成为可能。通过数据库的资源，可以有效避免重复计算，提高科研工作者的效率，但资源共享仍然成为数据库搭建的主要瓶颈之一。

随着机器学习的流行，对数据库的训练可以帮助我们更加快速地了解影响生物质催化转化过程的关键因素。此外，很多人也致力于自动生成反应网络并计算过渡态的势能面，这也极大地加快了数据的生成，为机器学习数据的采集提供了便利[8]。DFT 理论计算的过程主要包括模型结构的搭建优化以及结果的处理两部分。本章主要围绕这两部分进行展开，介绍一些常用的结构搭建方法以及与 DFT 结果处理相对应的经典实例。

11.2　生物质催化转化中的理论基础

能量和结构是 DFT 计算中最为重要的结果，根据研究的需求，设置合理的计算参数，对计算模型优化可以得到与其对应的能量。这些能量信息可以帮助我们进一步获取研究对象的热力学及动力学的相关信息，加深我们对物质结构及化学反应过程的理解。本节着重列举一些在生物质相关计算中的主要细节，并展示相关的计算实例。

11.2.1　键解离焓

键解离焓（Bond Dissociation Enthalpy，BDE）为共价键均裂生成自由基时反应中焓的变化，因此也是键强度的重要量度，解离能越小，键更容易断裂。对一个分子（A—B）来说，A、B 为组成分子的两个片段，可以为原子，也可以为官能团，A 和 B 之间所成键的 BDE 可以通过以下公式来计算：BDE(A—B)＝H(A·)＋H(B·)－H(AB)。H(A·)、H(B·)、H(AB) 分别为热力学校正之后自由基 A·、B· 以及分子 AB 的焓。

实际上对 BDE 的解读还可以是键解离能（Bond Dissociation Energy），即可以单纯地用各个片段的能量与分子整体的能量相减。但由于考虑了热力学作用下的焓所带来的能量修正，与实验热力学数据相比，将带来更准确的定量结果。此外，需要注意的地方是在共价键产生断裂的过程中，相当于形成了两个自由基，因此需要注意自旋多重度设定上的计算问题。

在木质素中 C—C、C—O、C—H、O—H 大量存在于不同的键型中（α-O-4、β-O-4、4-O-5、5-5、β-1、β-β 等），如何准确得到这些键的能量，对我们理解木质素的降解过程，尤其是热解过程，具有重要的意义。通过对比键能，可以初步判断键的强弱，以及热解过程中断裂的先后顺序（如图 11.9）。需要注意的是，计算软件、泛函、基组对 BDE 的影响最为明显，因此相关的测试工作必不可少。

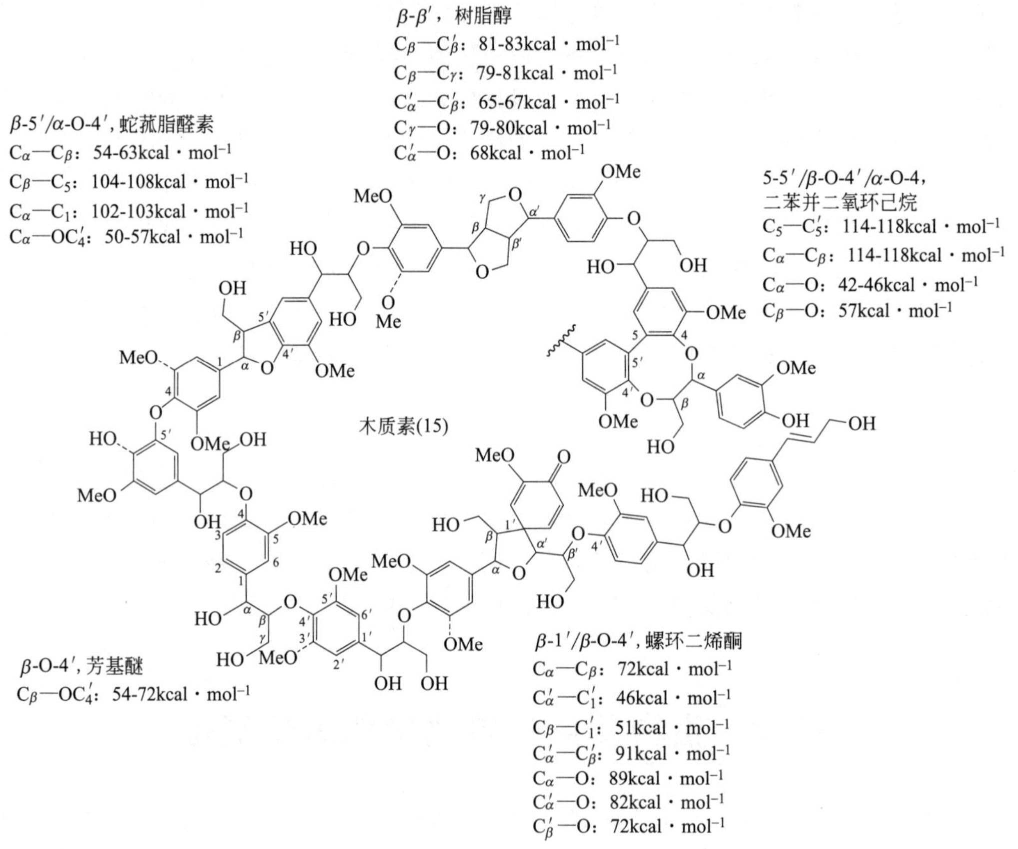

图 11.9　木质素模型中，所报道的不同 C—C、C—O 键的解离能[9]

Beckham 等[10]通过搭建不同的木质素键的模型，使用 G09 程序，将 CBS-Q3 高精度的结果作为参考，研究了不同泛函对键解离能的描述。如图 11.10 所示，结果表明 M06-2x 泛函结合 6-311＋＋G(d, p) 基组与 CBS-Q 的计算结果最为接近。并在此基础上，计算了 65 种木质素模型中 104 个化学键的键能。

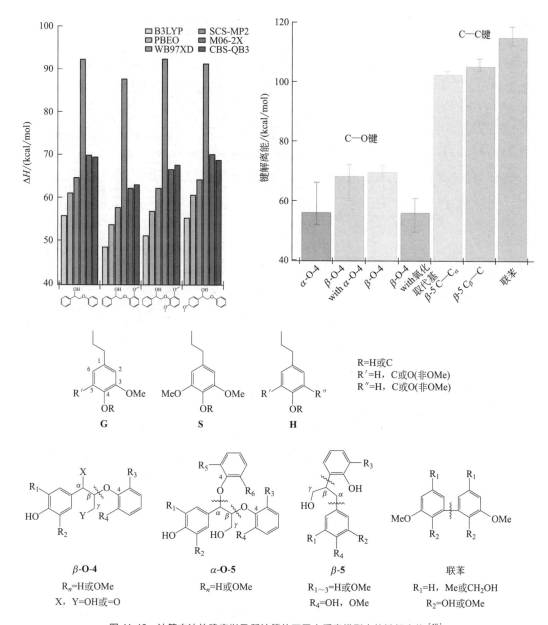

图 11.10　计算方法的确定以及所计算的不同木质素模型中的键解离能[10]

　　Gnanakaran 等[11]也进行了类似的工作，采用同样的计算参数［G09 软件，M06-2X/6-311++G（d，p）］计算了包含不同取代基的模型化合物中键能的变化，得到解离能与键长的线性关系，用以通过几何参数（键长）快速预测键能。如图 11.11 所示，在木质素众多的键中，C—C 键的能量要远大于 C—O 键，这初步表明在木质素的热解过程中，C—O 会优先断裂。同一类型的键也因它们所处位置不同而存在明显的差异，比如 β-5 的键能远远大于 β-1。

　　He 等[12]通过 G03 程序、BLYP/6-31G（d，p）基组，采用更加复杂的 α-O-4 键二聚体结构，考虑当取代基—OH、—OCH$_3$ 存在时，计算模型化合物中不同键的解离能，如图 11.12 所示，得到了它们的强弱顺序：C_α—O<O—CH$_3$<C_α—C_β<O—H<O—$C_{aromatic}$<

(a)

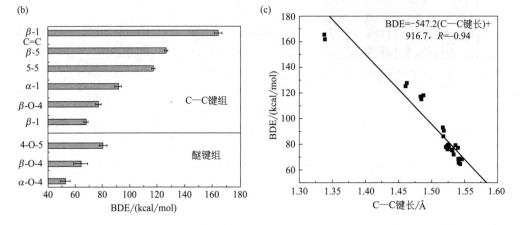

α-O-4	R1, R2, R8, R10=**H**
L22	R3=H, R4=H, R5=H, R6=H2, R7=OCH3, R9=CH2CH2CH3, R11=H
L23	R3=H, R4=H, R5=H, R6=H2, R7=H, R9=H, R11=H
L24	R3=H, R4=H, R5=OCH3, R6=H2, R7=H, R9=H, R11=H
L25	R3=OCH3, R4=OCH3, R5=H, R6=H2, R7=H, R9=H, R11=H
L26	R3=OCH3, R4=OCH3, R5=H, R6=H2, R7=OCH3, R9=H, R11=H
L27	R3=OCH3, R4=OCH3, R5=H, R6=H2, R7=OCH3, R9=H, R11=OCH3
L28	R3=OCH3, R4=H, R5=H, R6=H2, R7=H, R9=H, R11=H
L29	R3=OCH3, R4=H, R5=H, R6=H2, R7=OCH3, R9=H, R11=H
L30	R3=OCH3, R4=H, R5=H, R6=H2, R7=OCH3, R9=H, R11=OCH3
L31	R3=H, R4=OCH3, R5=H, R6=H2, R7=OCH3, R9=H, R11=OCH3

图 11.11 木质素 α-O-4 模型中不同的取代基、不同键型中的键解离能（a）、（b）以及键解离能与键长的线性关系（c）[11]

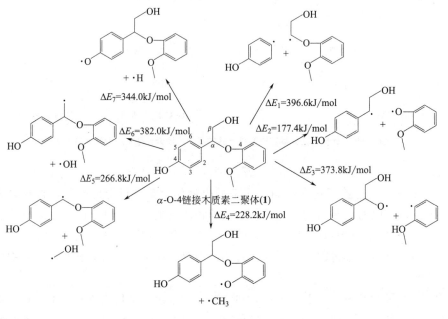

图 11.12 α-O-4 木质素二聚体模型中不同键的解离能[12]

C_β—OH$<$$C_\alpha$—$C_{aromatic}$。基于此推测，在热解初期，$C_\alpha$—O 最先断裂，其次为 O—$CH_3$ 和 C_α—C_β 键的断裂。进而从这三种键断裂的产物出发，对热解反应机理进行更加深入的研究。由于其他键断裂所需能量很高，可以认为在反应阶段不会发生，从而起到了简化反应路径、减少计算量的作用。

11.2.2　溶剂化效应

在实际的催化体系中，绝大多数的反应过程均有溶剂的参与，生物质分子中由于含有大量的氧原子，具有较强的极性，溶剂一方面可以影响反应物的浓度，另一方面可以作为反应物或者产物参与到反应中，因此溶剂的作用不可忽略[13]。理论计算中的溶剂化有隐式（implicit）和显式（explicit）两种模型可供选择。隐式模型将溶剂环境简单看作可极化的连续介质用以表现溶剂的平均效应，被广泛应用在 DFT 计算中。在均相相关的计算中，比如在高斯程序中，可供的选择很多，PCM（Polarizable Continuum Model）、SMD（Solvation Model Based on Density）等，其中 SMD 是业内最广泛认可的隐式模型。在多相计算中，溶剂化模型的开发并不如均相成熟，可供选择的溶剂化隐式模型并不多，以 VASP 为例，目前被广泛采用的为 VASPsol。其他的方法例如 VASP-MGCM（VASP-Multigrid Continuum Model），目前只限制应用于课题组内的相关计算。

溶剂化能主要为施加溶剂化前后体系的能量差，计算公式为：

$$E_{solv} = E_{tot\text{-}sol} - E_{tot\text{-}vac}$$

$E_{tot\text{-}sol}$ 和 $E_{tot\text{-}vac}$ 分别为考虑以及不考虑（气相结构）溶剂化体系的能量。

显式模型主要通过增加溶剂分子模拟溶剂化的影响。其计算量大，优点是可以凸显隐式模型所不能体现的局部相互作用，比如溶剂化对分子吸附结构、反应过渡态的影响。

Nuria 课题组研究了溶剂化对木质素在 Ni(111) 表明催化加氢反应过程吸附能的影响。并通过 Born-Harber 循环计算了溶剂化条件下木质素在催化剂表面的吸附能。如图 11.13 所示，在溶剂化条件下的吸附过程，存在多个基元步骤：①溶剂分子在催化剂表面的脱附；②脱附的溶剂分子经溶剂化回到溶剂中；③吸附质（木质素）摆脱溶剂的束缚；④木质素分子吸附在①中溶剂分子留下的表面位置上。通过溶剂化校正之后的吸附能明显小于采用气相分子在催化剂模型上吸附的计算结果。同理，溶剂化对脱附过程也有着类似的影响。

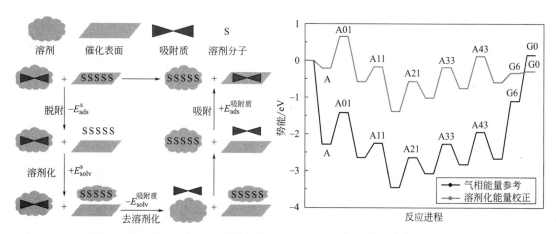

图 11.13　溶剂化条件下计算吸附能的 Born-Harber 循环以及溶剂化对吸附和脱附的影响

糖醇被广泛应用于食品、制药、聚合物和燃料工业，一般通过还原相应的糖类获得。相对于葡萄糖来说，甘露糖比较低的产量制约着其加氢产物甘露糖醇的产量。Javier 课题组[14]通过钼杂多酸基催化剂将产量丰富的葡萄糖异构化为相对稀少的甘露糖，然后再通过 Ru 基催化剂将甘露糖加氢制备甘露醇。在该课题组相关的理论工作中，研究了 Ru 基催化剂上葡萄糖和甘露糖的加氢反应路径，发现 H_2O 的参与会促进开环反应（C—O 键的断裂）的发生。如图 11.14 所示，H_2O 未参与时，甘露糖和葡萄糖中 C—O 键的断裂能垒分别为 144.7kJ/mol 和 150.5kJ/mol，当 H_2O 参与开环反应时，可以通过分子间氢键稳定过渡态，降低反应能垒，分别为 131.2kJ/mol 和 95.5kJ/mol。在计算中，考虑了单个 H_2O 分子参与反应的情况，可以推测，当更多 H_2O 参与时，则会进一步稳定过渡态的结构，促进开环反应的发生。这也表明了显式的溶剂化模型在含有 O 原子参与的相关反应中的作用。

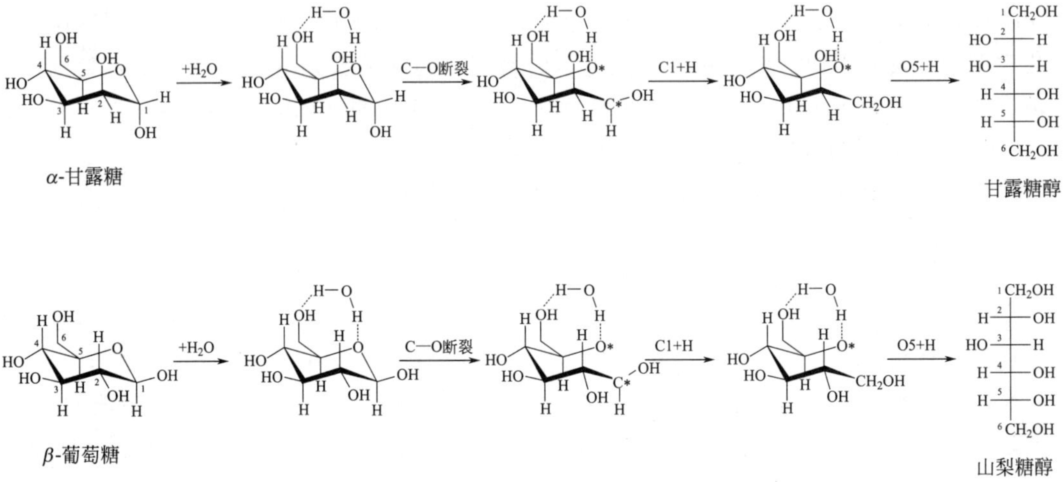

图 11.14　α-甘露糖和 β-葡萄糖在 Ru 催化剂上加氢反应路径示意图

11.2.3　范德华力和覆盖度的影响

范德华力为分子间非定向的、无饱和性的、较弱的相互作用力，比化学键或氢键弱得多，通常其能量小于 5kJ/mol。对一些催化剂表面的弱吸附，引入范德华力可以更合理地描述分子与催化剂的弱相互作用，从而得到与实验相一致的计算结果。由于范德华力的大小和分子的大小成正相关，因此在生物质分子相关的计算中，范德华力的作用通常也会被考虑在内。对于范德华力的校正，可以在传统的交换相关泛函中引入经验的色散校正项，比如最为流行的 DFT-D 系列、Tkatchenko-Scheffler 的 TS 方法等。还可以在交换关联项泛函中加入范德华力的修正项，比如 vdW-DF、vdW-DF2、optPBE-vdW 等。因此，对于不同的反应体系，通过已有的实验结果，测试并选择合适的校正方法尤为重要。值得注意的是，范德华力的引入通常会导致吸附能过度校正，而对一些反应过程中的相对能量，比如能垒、同一物种不同位点上吸附能的差别等，范德华力的影响则可以忽略不计。图 11.15 为苯环在 Ru (0001) 表面上的不同吸附结构，考虑范德华力作用后，不同吸附结构的吸附能均增强了 0.90eV，但这些结构的构型以及相对能量则未发生明显变化。

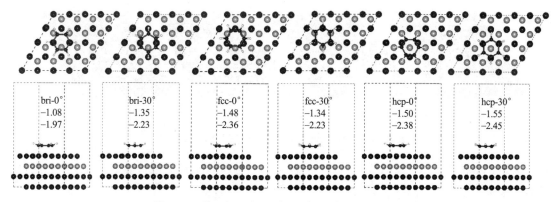

图 11.15　苯环在 p-（4×4）-Ru（0001）表面上的吸附

Tkatchenko 等[15]研究了苯环在不同金属 fcc（111）面上的吸附，如表 11.1，通过在计算中考虑范德华力的影响，可以有效解决 DFT 计算的吸附能偏低的问题。

表 11.1　不同范德华力校正对苯环在不同金属表面吸附能的影响

方法	Cu	Ag	Au	Rh	Pd	Ir	Pt
PBE	−0.08	−0.08	−0.08	−1.44	−1.16	−1.26	−1.00
PBE＋vdW	−1.02	−0.82	−0.80	−2.73	−2.02	−2.35	−1.98
PBE＋vdW^{surf}	−0.79	−0.73	−0.73	−2.46	−2.13	−2.40	−2.14
vdW-DF	−0.50	−0.52	−0.59	−1.20	−0.89	−1.03	−0.77
vdW-DF2	−0.47	−0.48	−0.56	−0.76	−0.64	−0.47	−0.34
optPBE-vdW	−0.63	−0.67	−0.75	−1.97	−1.61	−1.81	−1.55
optB88-vdW	−0.68	−0.72	−0.79	−2.27	−1.91	−2.09	−1.84
optB86b-vdW	−0.72	−0.76	−0.84	−2.66	−2.26	−2.52	−2.24
实验值	−0.71	−0.69	−0.76				−1.91〜−1.57

考虑范德华力也会影响物种在表面的吸附结构，通过对乙醇分子在金属表面上的对比计算发现：未考虑范德华力作用时，在优化得到的乙醇吸附结构中，C—C 键与表面垂直，而范德华力校正之后则获得了 C—C 与表面平行的结构。此外，范德华力也会影响纳米团簇的形貌，Johnston 等研究了 D2、D3、optPBE 和 vdW-DF 四种范德华力校正对 CO 在不同金属纳米颗粒上吸附的影响，结果表明，范德华力的校正对 Pt 和 Au 的纳米颗粒形貌影响较大。此外最稳定的吸附位点也会因选择的校正方法不同而发生变化。

尽管范德华力的校正对单一物种在不同位点上结合强度的相对大小影响可以忽略，但是在计算与键的形成或者断裂相关的反应时，范德华力校正对反应热也会有所影响。例如，A—B——→A＊＋B＊，在计算产物能量（A＊与 B＊）时，通常会采用 A＊和 B＊分别在催化剂模型上的吸附能量，这也忽略了 A＊与 B＊之间的范德华力相互作用。而在 AB 中，则包含了相关的作用。这一部分未考虑的能量则会对反应热或者反应能垒产生影响。如图 11.16 所示，联苯中 C—C 键的断裂，未考虑范德华力作用时，反应能垒和反应热为 2.15eV 和 1.24eV；而考虑范德华力（DFT-D3）后，尽管几何构型未发生明显变化，但对应的能量

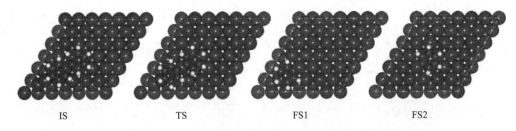

图 11.16 联苯中 C—C 键在 Ru（0001）表面上的断裂

变为 2.20eV 和 1.41eV。由此可见，当产物（反应物）的能量单独计算时，范德华力的校正不可忽略。

表面物种的吸附强弱以及物种之前的相互作用与覆盖度密切相关。因此在报道吸附能时需要指明催化剂模型的大小或者对应的覆盖度。当覆盖度增加时，分子间的相互排斥以及催化剂和分子间的相互作用都会减弱物种在催化剂表面上吸附，覆盖度增加导致吸附变弱。在动力学模拟中，催化剂表面的物种覆盖度随时间发生相应的变化，所对应物种与表面的结合强度（吸附能）以及分子构型都会相应地发生变化，因此覆盖度的影响不可忽略。Vlachos 课题组研究了覆盖度对糠醛在 Pd（111）表面[16]上加氢以及脱羧基反应的影响，发现覆盖度对分子的吸附构型以及能量有着重要的影响。覆盖度增加时，糠醛的平面吸附构型变为倾斜吸附，从而导致吸附变弱。当表面吸附的 H 覆盖度增加时，通过动力学模拟发现产物的选择性也从低覆盖度时的呋喃变为糠醇。此外，表面其他物种的存在也会影响过渡态的构型并降低反应能垒。如图 11.17 所示，在表面 O 的参与下，C—H 键的断裂能垒明显降低。

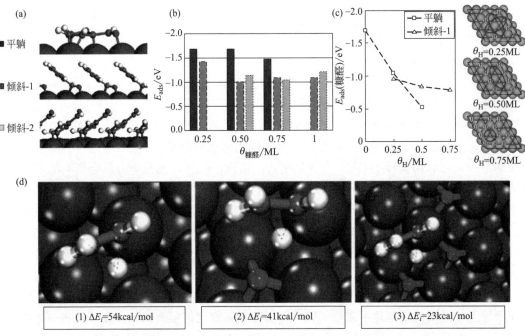

图 11.17 不同吸附构型（a）、不同覆盖度的吸附能（b）、不同 H 覆盖度（c）对呋喃的吸附构型及能量的影响和表面 O 参与下 C—H 键的断裂能垒变化（d）[16]

11.2.4　反应物种以及过渡态能量的预测

　　反应物种的能量可以通过 DFT 计算直接获取，但是这种方法适合某一特定的反应路径，以及分子数目不多的体系。对于生物质分子来说，其多样性以及大分子特性，使得中间体的数目巨大，导致计算对资源的需求量剧增。如图 11.18 所示：乙二醇的分解反应包括 C—H、O—H、C—C 以及 C—O 四种基本键断裂反应，每种反应的产物又可以经历这四种可能的反应继续分解为更小的中间体，直至为 C、H、O 等基本的组成原子，这一体系中包含约 250 个基元反应。而对于甘油来说，其分解过程包含 250 个中间体，涉及大约 2000 个基元反应。可以想象，对含有更多 C 原子的醇，其分解过程的基元反应数目则会呈现指数型的增长。通过直接 DFT 计算获取热力学（反应物，产物）以及动力学（过渡态）数据已经不再可能，需要借助其他方法预测这些中间体的数目。

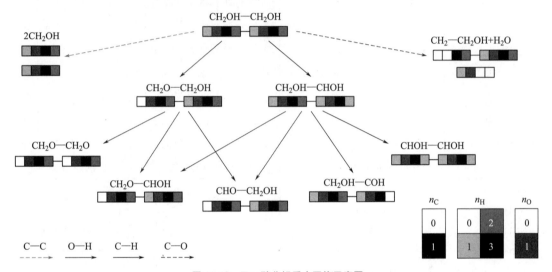

图 11.18　乙二醇分解反应网络示意图

　　Group Additivity（GA）方法由 Benson 最早提出[17]，根据组分或者基团（Group）的可加性预测分子的热力学性质，比如标准生成焓（ΔH_f）、等压热容（C_p）、熵（S）等。如图 11.19 所示，在公式中，y 为化合物的热力学性质的数值，i 代表某一组分，GAV_i（Group Additive Value）为该组分对热力学贡献的数值。生物质分子一般具有较大的分子结构，通过该方法可以快速预测分子的热力学性质。GA 方法需要预先知道各个组分对热力学性质的贡献，因此可以通过 DFT 计算优化与研究体系相关的结构，搭建数据库，获取其能量及每种组分的数目，再通过回归分析的方法得到各组分的 GAV 数值，进而用于未知结构的预测。这一方法已经被广泛应用在数据库以及一些课题组的研究中。预测的反应物种能量，可以进一步与 BEP、TSS 等线性方法相结合用以估测基元反应中的能垒。

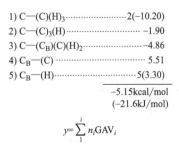

1) C—(C)(H)₃ ······················ 2(−10.20)
2) C—(C)₃(H) ·························· −1.90
3) C—(C_B)(C)(H)₂ ··················· −4.86
4) C_B—(C) ··························· 5.51
5) C_B—(H) ······················· 5(3.30)

−5.15kcal/mol
(−21.6kJ/mol)

$$y=\sum_1^i n_i GAV_i$$

图 11.19　Group Additivity 用以预测异丁苯分子的标准生成焓

在 GA 相关的工作中，由于分子的复杂性，很多的基团（Group）以及基团之间非近邻相互作用，并未出现在现有的数据库中，从而限制了 GA 方法在热力学性质预测中的应用。因此，寻找更多的基团、分子间的相互作用，通过 DFT 理论计算获取相关的热力学数值并得到它们对热力学的贡献是保证 GA 方法可应用性和提高其准确性的关键，新增数据见表 11.2。Marin 课题组[18]通过研究含有甲基、乙基、乙烯基、甲酰基、羟基和甲氧基取代基的单环芳香化合物，得到了 7 组基团以及 15 种来源于取代基效应的非近邻相互作用对热力学的贡献，并得到了准确的预测结果。

表 11.2　GA 模型中新增加的 7 种基团的热力学贡献值以及 15 种非最近邻相互作用

GAVs	$\Delta_f H°$ /kJ·mol^{-1}	$S°$ /J·mol^{-1}·K^{-1}	C_p/J·mol^{-1}·K^{-1}						
			300/K	400/K	500/K	600/K	800/K	1000/K	1500/K
C_b—(H)	13.7±0.16	48.6±0.28	13.3±0.26	18.4	22.7	26.2	31.3	34.8	40.1
C_b—(O)	24.0±0.41	−30.0±0.70	12.1±0.66	12.6	15.0	17.4	21.3	23.5	26.0
O—(C_b)C	−124.1±0.51	21.6±0.88	20.3±0.82	24.2	25.1	24.8	23.7	23.1	22.0
C_b—(CO)	21.5±0.73	−33.5±1.25	16.4±1.16	17.8	19.7	21.6	24.5	26.6	27.4
C_b—(C_d)	24.3±0.54	−35.0±0.92	12.4±0.86	14.8	16.4	18.0	20.9	22.6	25.6
C_b—(C)	23.5±0.40	−33.6±0.68	10.8±0.63	13.8	16.5	18.7	21.9	23.8	26.2
C—(C_b)(C)(H)$_2$	−20.6±0.45	38.6±0.76	24.9±0.71	30.7	36.0	40.4	47.3	52.3	60.0

NNI（非最近邻相互作用）相互作用的底物		用于识别 NNI 的分子	对 NNI 的贡献
NNI1	o-OH+CHO	29	氢键,内消旋,诱导效应
NNI2	o-CHO+CHO	14	氢键,内消旋,诱导效应
NNI3	o-MeO+MeO	11	端基,内消旋,诱导效应
NNI4	o-CH=CH$_2$+CHO	53	位阻,诱导效应
NNI5	o-CH=CH$_2$+CH=CH$_2$	17	位阻,诱导效应
NNI6	p-OH/MeO+OH/MeO	10,13,28	内消旋,诱导效应
NNI7	p-CHO+CHO	16	内消旋,诱导效应
NNI8	o-Me/Et+CHO	56,59	位阻,内消旋,诱导效应
NNI9	o-CH=CH$_2$+Me/Et	62,65	位阻效应
NNI10	m-CHO+CHO	15	诱导效应
NNI11	p-CHO+OH/MeO	31,43	内消旋,诱导效应
NNI12	o-MeO+CHO	41	氢键,内消旋,诱导效应
NNI13	o-Me/Et+Me/Et	20,23,68	位阻效应
NNI14	o-OH+OH/MeO	8,26	氢键,内消旋,诱导效应
NNI15	o-CH=CH$_2$+OH/MeO	32,44	位阻,诱导效应

在 Group Additivity 预测催化剂表面物种吸附的热力学性质的相关研究中，Vlachos 课题组做了大量的理论计算工作[19]。如图 11.20 所示，通过基于量子力学的分子中的原子理论获取表面吸附的拓扑结构，并转化为可以应用在 GA 方法的基元基团快速预测吸附物种的热力学性质，相关的工作包括 $C_2H_xO_2$ 等乙二醇脱氢反应物在 Ni(111)、Ni-Pt(111) 表面

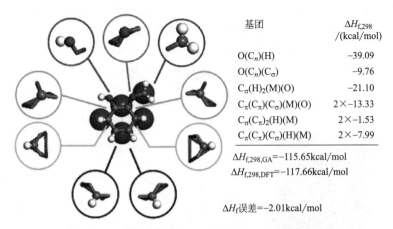

基团	$\Delta H_{f,298}$/(kcal/mol)
$O(C_n)(H)$	−39.09
$O(C_n)(C_\sigma)$	−9.76
$C_\sigma(H)_2(M)(O)$	−21.10
$C_\pi(C_\pi)(C_\sigma)(M)(O)$	2×−13.33
$C_\sigma(C_\pi)_2(H)(M)$	2×−1.53
$C_\pi(C_\pi)(C_\sigma)(H)(M)$	2×−7.99

$\Delta H_{f,298,GA}$=−115.65kcal/mol

$\Delta H_{f,298,DFT}$=−117.66kcal/mol

ΔH_f误差=−2.01kcal/mol

图 11.20 表面吸附结构的基团构型以及对热力学的贡献[19]

上，单环的芳香化合物在 Pt(111) 表面上，呋喃及其不同的加氢化合物在 Pd(111) 表面上，羧酸、酯类以及醚类化合物在 Pt (111) 表面上的吸附结构。

Nuria 课题组[20]研究了含有不同 C 原子的多元醇在 Pd(111) 和 Pt(111) 表面上的吸附，表明构型对吸附能的贡献主要分为：OH 基团（O）、CH_x（C）以及分子内氢键相关的参数（β，γ），并拟合了这些拓扑单元对吸附能的贡献，$\Delta E_{ads} = a_O n_O + a_C n_C + a_\beta n_\beta + a_\gamma n_\gamma$。如表 11.3 所示。

表 11.3 不同 C 原子数的多元醇中拓扑基团的数目以及预测的吸附能

C 原子数	多元醇	n_O	n_C	n_β	n_γ	n_δ	n_ε	ΔE_{ads}^{Pt}/eV	ΔE_{ads}^{Pd}/eV
C4	赤藓糖醇	2.5	4	3.0	1.0	0.0	0.0	−0.813	−0.864
	苏糖醇	2.5	4	3.0	1.0	0.0	0.0	−0.813	−0.864
C5	木糖醇	2.5	5	3.5	1.0	0.0	0.0	−0.787	−0.849
	阿糖醇	2.5	5	3.0	2.0	0.0	0.0	−0.854	−0.905
	核糖酸	2.5	5	4.0	0.0	1.0	0.0	−0.721	−0.793
C6	岩藻糖醇	2.0	6	2.5	1.5	0.0	0.0	−0.787	−0.848
	山梨糖醇	2.5	6	3.0	3.0	0.0	0.0	−0.895	−0.946
	甘露醇	2.5	6	3.5	1.0	1.0	0.0	−0.787	−0.849
	半乳糖醇	2.5	6	3.0	2.5	0.0	0.0	−0.904	−0.960
	艾杜糖醇	2.5	6	3.5	2.0	0.0	0.0	−0.769	−0.821
C7	庚七醇	2.5	6	3.5	2.0	0.0	1.0	−0.828	−0.890

随着机器学习、大数据的流行，越来越多已经发表过的数据可以再次被拾取，用来训练模型从而实现对中间体以及过渡态结构的预测。现阶段使用机器学习估计各个中间体在催化剂上的吸附能主要有以下几个方向。

① 基于中间体的学习，假设我们研究 $CH_4 \longrightarrow CH_3 \longrightarrow CH_2 \longrightarrow CH \longrightarrow C$ 这个反应的吸附能，可以通过机器学习算法学习 CH_4、CH_3、CH_2、C 的吸附能，从而预测 CH 的吸附能。基于 GA 方法的思想，Ulissi 等[21]使用 Extended Connectivity Fingerprints （ECFP）作为中间体的特征 Group，并结合主成分分析以及高斯过程回归 （Gaussian Process Regression）作为机器学习算法预测中间体的能量（图 11.21）。Wang 等[22]也通过类似的方法研究了 Ru（111）表面上 C1/C2 物种以及对应过渡态的能量。该方法的缺点是不能跨催化剂学习，即使我们有这些中间体在不同催化剂的吸附能，也不能用 Cu 上的数据训练和预测 Pt 上的吸附能，因此该方法适合对单一催化剂进行机理研究。

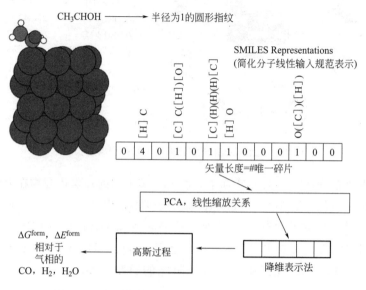

图 11.21　表面物种的指纹信息以及机器学习的回归方法

② 基于催化剂的学习，假设我们同样有该反应，可以通过 CH@Cu、CH@Pd、CH@Ru 上的数据训练机器学习算法预测 CH@Pt 上的吸附能。Toyao 等[23]采用元素性质（Elemental Properties）作为特征值预测 CH_4 相关物种（CH_3、CH_2、CH、C、H）在 Cu 基合金上的吸附能，并测试了不同算法的预测能力，如图 11.22。其实 d-band theory 也可以理解为该领域的一种方法，可以作为催化剂的特征值添加到机器学习的模型中。

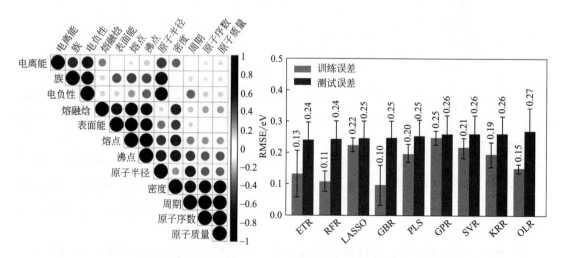

图 11.22　机器学习中采用的元素性质以及不同算法的预测评估 [23]

③ 结合基于中间体和催化剂的学习，基于 ioChem-BD 中已经发表的数据集，Li 等[24]使用 Spectral London Axilrod-Teller-Muto（SLATM）表示中间体的特征值以及催化剂的性

质特征值，然后将两个特征值合并，从而实现了跨中间体、跨催化剂的学习和预测。在机器学习中，提高训练集样本数量是提高模型准确度的第一方法，该方法显著增加了训练的数据量，最终得到了 0.2eV 左右的预测误差，适合用于对比几个催化剂表面的机理研究，也适合用于全 MKM 模型寻找新的催化剂。该方法的缺点是没有考虑中间体的吸附位置，因为在对同一物种表面结构优化时，一般会选取不同的几何构型以及不同的结合位点，报道时或者上传数据库时只选择能量最低的结构，而这些非最低能量的结构一般都被丢弃了，因此如果机器学习模型可以考虑这些被丢弃的结构，准确度可以得到进一步地提升，得到更低的预测误差。

　　④ 同样是基于中间体和催化剂的学习，主要采用数据降维的主成分分析（Principal Component Analysis，PCA）及主成分回归（Principle Component Regression，PCR）的方法，其流程图见图 11.23。Nuria 课题组[25]首先将 N 个中间体在 M 个催化剂上的数据转化为一个 $M \times N$ 的矩阵，通过 PCA 将该矩阵降维至 $M \times 2$，再找到与该降维矩阵线性最相关的几个中间体以及催化剂相关的参数。最终，我们可以通过计算新催化剂表面上这几个线性

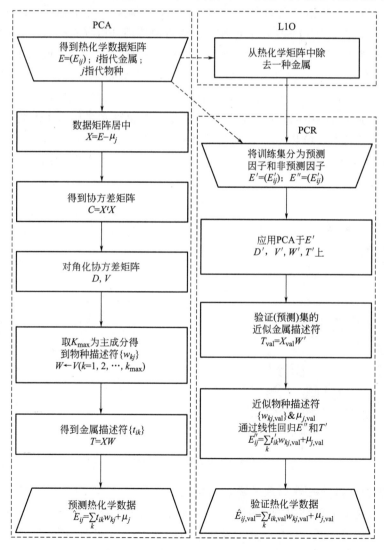

图 11.23　主成分分析以及回归的流程图

最相关中间体的吸附能，以快速获得所有中间体的吸附能。但该方法对误差敏感，所以需要高质量的样本。

11.2.5 生物质催化转化的反应动力学

通过微观动力学模拟可以预测不同条件下复杂化学反应的结果，如催化剂表面上最丰富的物种、反应速率（TOF）、对某一产物的选择性等。DFT 计算可以得到每一基元反应的能垒，再根据过渡态理论进一步得到正反应和逆反应的反应速率。在此基础上进行微观反应动力学的研究，可以有效避免经验参数的使用，更加准确地阐明反应机理，理解反应过程中反应条件对动力学的影响、关键的动力学参数、速控步等。这对设计反应器、调节反应产物、评估不同催化剂性能、研究催化剂失活和中毒意义重大。在已报道的相关工作中，使用的程序包括 Chemkin、Catmap、Zacros、Micki、Maple、OpenMKM 等。

Vlachos 课题组研究了乙二醇在 Pt 催化剂表面上的分解反应[26,27]。如图 11.24 所示，通过动力学模拟发现低温时主要的分解反应以 O—H 键的断裂为开端，当温度升高至 500K 时，C—H 键的断裂也开始变得可能。C—C 键的断裂主要发生在 HOCH_2CO*、HOCH-CO*、OCCHO* 和 OCCO* 这几个物种上。通过敏感度分析（Sensitive Analysis）发现最初的脱氢步骤为整个分解反应的动力学控制步骤，尤其是 HOCH_2CH_2O* ⟶ HOCH_2CHO*＋H* 这一步反应，而 C—C 键的断裂则对整个反应的动力学影响不大。此外，如图 11.25 所示，将 C、H、O 在催化剂表面上的结合能作为描述符，结合半经验的线性关系，预测反应网络中中间体以及过渡态的能量，进而研究在其他催化剂上乙二醇的反应动力学。结果预测当 H、O 以及 C 在催化剂上的结合能分别为 58kcal/mol、116kcal/mol 以及 145kcal/mol 时，产氢效果最佳，这也为实验设计催化剂提供了指导依据。

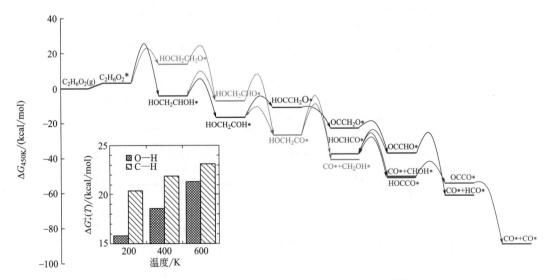

图 11.24 乙二醇分解反应路径中吉布斯自由能的变化[27]

Nuria 课题组通过第一性原理微观动力学的方法[28]，对乙醇、乙二醇以及甘油在 Cu、Ru、Pd 和 Pt 催化剂上重整制 H_2 的反应过程进行了相关研究。并考虑了四种不同的重整技术：自热重整、水相重整、直接解离以及水蒸气重整对产氢速率的影响。如图 11.26 所示，通过动力学分析，当反应物和催化剂确定后，可以通过生成 H_2 的速率确定最佳的重整技

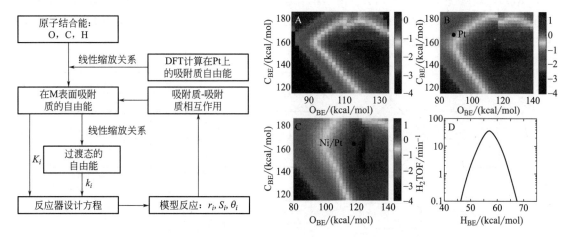

图 11.25　基于描述符（O、 C、 H 结合能）和半经验线性关系的动力学模型以及不同结合能时的产氢速率[27]

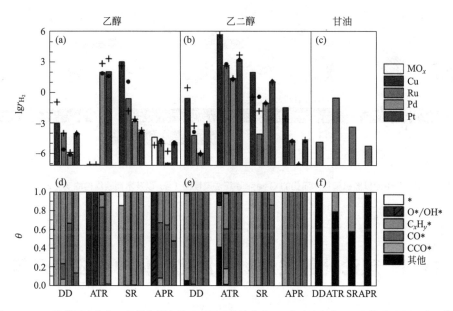

图 11.26　不同的反应物在不同催化剂上以及不同重整技术中 H$_2$ 生成速率以及不同物种的表面浓度[28]

术，比如在图 11.26(a) 中，使用 Cu 为催化剂时，SR 的产氢速度最快。也可以通过固定反应物以及重整技术，确定最佳的催化剂。以图 11.26(a) 为例，采用 SR 为重整技术时，催化剂的性能 Cu＞Ru＞Pd＞Pt。所对应表面富集的物种则可以提供催化剂中毒与失活的信息，如图 11.26(d) 所示，在自热重整（ATR）中，Cu、Ru 表面被 O 物种所覆盖，Pd 催化剂表面为 CO，Pt 为 C$_x$H$_y$ 物种。可以看出，Pd 催化剂与其他金属相比，容易发生 CO 中毒的现象。

木质素复杂的结构组成以及预处理过程中强酸强碱环境对结构的破坏，使得表征结果限制了我们对其自然结构的认识，也限制了我们充分分解利用木质素的潜力。因此，对木质素原始结构更加定量的了解可以改进、指导优化目前的解聚技术，提高木质素的转化效益。人工模拟木质素的生物合成可以帮助我们更好地了解木质素的形成过程及其结构。Yuriy 等通过[29]M06-2X/def2-TZVP 计算了自由基耦合反应的能垒（图 11.27），并结合动力学蒙特卡洛开发了 Lignin-KMC 程序模拟木质素的形成过程，验证实验的表征结果，从原子水平帮助我们更好地理解木质素的原始结构。

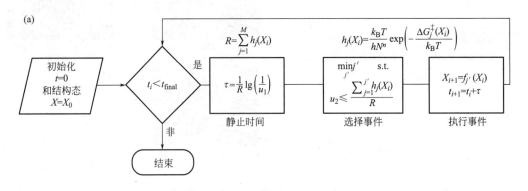

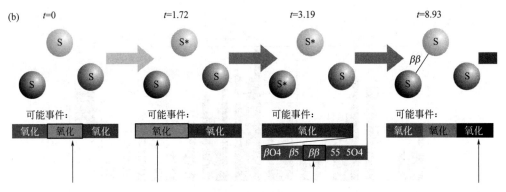

图 11.27 KMC 中用以随机模拟木质化的 Gillespie 算法流程图（a）以及木质素结构的演变过程（b）[29]

11.3 理论计算在生物质催化转化中的应用示例

11.3.1 甲醇分解反应

甲醇是重要的 C1 化学物种，可以通过生物质气化所得到的合成气（CO、H_2）进行合成。此外，在计算中，甲醇分子较小，可以用作生物质转化过程中其他醇类（乙醇、乙二醇、甘油等）相关计算的模型化合物以简化计算。Nuria 课题组研究了甲醇在 Cu(111)、Ru(0001)、Pd(111) 和 Pt(111) 表面的分解反应[28]。计算结果表明，在 Cu(111) 表面，甲醇分解沿着 $CH_3OH \longrightarrow CH_3O \longrightarrow CH_2O \longrightarrow CHO \longrightarrow CO + H_2$ 路径进行。在 Pd(111) 和 Pt(111) 表面的反应路径为：$CH_3OH \longrightarrow CH_2OH \longrightarrow CHOH \longrightarrow COH \longrightarrow CO + H_2$。在 Ru(0001) 表面上，这两条反应路径则相互竞争。如图 11.28。

11.3.2 糠醛等分子的反应

糠醛被广泛认可为生物质转化的平台化学品之一，在工业上可以通过纤维素和半纤维素

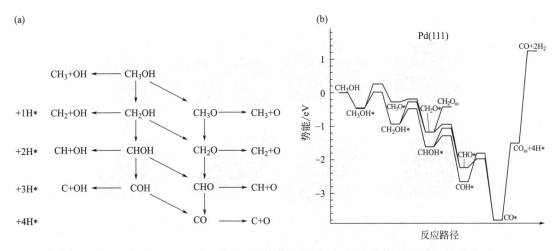

图 11.28　甲醇的分解反应路径（a）以及在 Pd（111）表面上反应路径示意图（b）

的水解和脱水反应制得。糠醛可转化为高附加值的其他产品，例如糠醇、4,2-甲基呋喃（2-MF）、合成气和 1,5-戊二醇（1,5-PeD），其中 1,5-戊二醇是生产聚酯和聚氨酯的重要单体，可以通过糠醛的开环反应获取，Ir 基催化剂对该反应表现出良好的催化活性。但人们对该反应机理持有不同的观点，主要集中在氢解、共轭结构加氢以及官能团还原这三个步骤的先后发生顺序上。美国特拉华大学 Vlachos 课题组[30]对四种相关的化合物在 Ir（111）表面上的开环反应进行了研究。如图 11.29 所示，在不饱和的反应物中，呋喃的能垒最高，与其他两个反应物对比可以发现，引入—CHO 和—CH$_2$OH 基团后，取代基效应可以促进反应的发生。而对于四氢糠醇这一饱和的反应物（THFA）来说，开环所需的能垒最高，表明 THFA 的生成对开环反应会起到抑制的作用。此外，通过对比两种不同的 C—O 键断裂能垒，可以推测糠醛开环加氢产物主要在 1,2-PeD，而 FOL 和 THFA 对应的产物为 1,5-PeD。

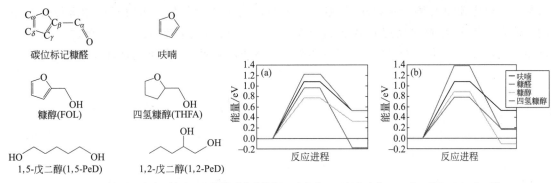

图 11.29　糠醛、呋喃、糠醇、四氢糠醇的结构以及它们的开环加氢产物 1,5-戊二醇和 1,2-戊二醇
图（a）和图（b）分别为四种反应物的 C$_\beta$-O 和 C$_\omega$-O 的断裂反应能垒示意图[30]

　　通过理论与实验结合，研究糠醛在亲氧性金属 Co 助剂掺杂前后的 Ir 基催化剂上的反应[31]。实验上采用程序升温脱附并结合高分辨电子能量损失谱观测糠醛在这两种催化剂上的反应。DFT 计算主要研究糠醛和四氢糠醇在这两个催化剂模型表面的吸附情况（见图 11.30），糠醛在 Ir(111) 上的吸附能为 −0.92eV，在 Co 掺杂的 Ir 催化剂模型上，吸附增强，吸附能变为 −2.64eV。这表明掺杂 Co 有助于糠醛分子在催化剂表面上的活化，从而促进其开环反应。四氢糠醇为饱和结构，以物理吸附的形式存在表面，吸附能分别

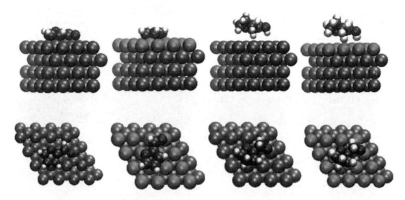

图 11.30 糠醛和四氢糠醇在 Ir（111）和 Co/Ir（111）表面上的吸附结构[31]

为 $-0.29eV$ 和 $-0.32eV$，因此分子在表面活化比较困难，这证实了实验上糠醛开环反应的速率比四氢糠醇更快的结果。

11.3.3 加氢脱氧反应

开发高选择性的非均相催化剂用于芳香族含氧化合物（如苯甲醚）的加氢脱氧反应是从木质素中获取芳香族化合物的关键之一。迄今为止，大多数的金属负载催化剂表现出高转化率，但对有价值的芳烃选择性低，主要产生酚类化合物。由于木质素的大分子结构，在多相催化相关的计算中需要有对应大小的催化剂模型，这大大增加了计算对资源的需求，因此可以采用一些小的分子模型化合物进行计算。Philippe 等[32]在超高真空（Ultra High Vacuum，UHV）条件下进行了表面科学实验［X 射线光电子能谱（X-ray Photoelectron Spectroscopy，XPS）和程序升温脱附（Temperature Programmed Desorption，TPD）］研究苯甲醚在 Pt(111) 表面上的分解反应（图 11.31）。TPD 结果表明真空条件下反应的主要产物为苯、一氧化碳和氢气。而在 H_2 气氛下，分解产物主要为苯酚。为解释产物选择性的不同，他们对表面可能的反应路径进行计算，通过对反应过程势能面的分析发现苯氧基（PhO）是关键中间体。H_2 的参与可以调节反应路径，从而导致不同的选择性。

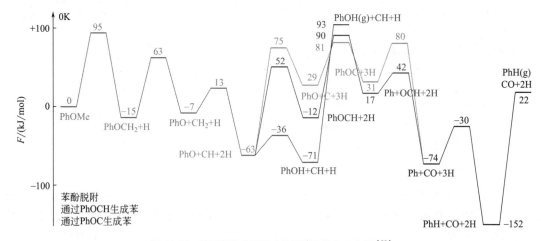

图 11.31 苯甲醚的分解反应路径以及能垒示意图[32]

（0K）

　　西班牙加泰罗尼亚化学研究所 Núria Lopez 课题组[33]研究了具有不同手性的 β-O-4 模型化合物在纯金属 Ni 以及掺杂 Ru 的 Ni 催化剂上的吸附（图 11.32）。发现它们遵循 Sergeants-and-Soldiers Principle，芳环与金属的相互作用对吸附能的贡献最大，而侧链、尾部的烷烃基则对吸附能的贡献相对较少。通过对比具有不同手性的四种结构 A（α-S，β-S）、B（α-R，β-S）、C（α-R，β-R）和 D（α-S，β-R）在表面的吸附强度，可以判断最稳定的表面吸附结构以及手性对吸附能的影响。

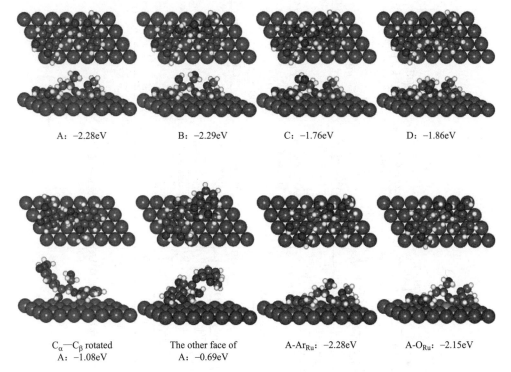

A：-2.28eV　　　　B：-2.29eV　　　　C：-1.76eV　　　　D：-1.86eV

C_α—C_β rotated　　The other face of　　A-Ar$_{Ru}$：-2.28eV　　A-O$_{Ru}$：-2.15eV
A：-1.08eV　　　　A：-0.69eV

图 11.32　具有不同手性的 β-O-4 模型分子在纯金属 Ni 以及
掺杂 Ru 的金属 Ni 催化剂表面上的吸附

　　研究 A 物种在 Ni(111) 催化剂表面上的分解反应（图 11.33），通过对比反应能垒，可以确定最优的反应路径：A—A01—A11—A33—A43—G6。此外，还发现苯基与 Ni 的强相互作用增强了反应物种在表面上的刚性，从而抑制了碳链上 H 与 Ni 原子的接触，增大了 C—H 键断裂的能垒，而使用单环的 β-O-4 化合物模型，同样位置的 C—H 键断裂所需要的能垒更低，这也表明简单的模型化合物对某一些反应描述失败。通过对比 β-O-4 键的直接断裂（A04）与从反应中间体的断裂（A01）发现，由于产物中存在共轭结构（G1），β-O-4 从 A01 处断裂所需要的能垒远远低于直接解离的能垒。这表明 β-O-4 键的断裂可能发生在反应的中间过程，也给实验提供了一些催化分解 β-O-4 模型化合物的思路。比如发展一些具有 α-C 活性的催化剂，促进前面 C—H 键的断裂以加快 β-O-4 键的断裂。

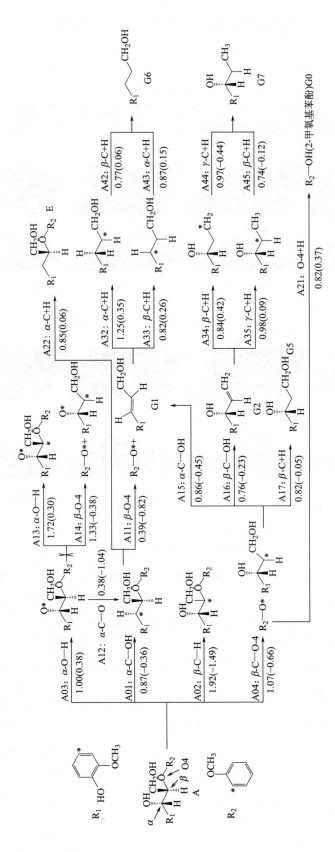

图 11.33 木质素在 Ni(111)表面上的转化反应路径 [33]

11.3.4　展望

社会经济伴随着时代的发展，背后总是蕴含着能源材料的过度消耗，全球性的能源资源消耗也将导致严重的环境危害。我们赖以生存的地球上所持有的石油储量到底还能撑多久，也许这并不仅仅是个哲学问题。化石能源的消耗速度如图 11.34。

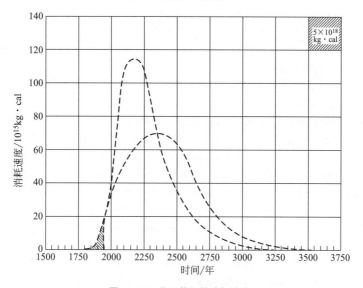

图 11.34　化石能源的消耗速度

Hubbert（1949）在他的早期论文中[34]曾提出著名的石油矿物资源钟形曲线规律，以表明石油作为不可再生资源存在着石油峰值顶点，即当世界各地均在大张旗鼓地开采石油的同时，该地的产量均将会到达一个顶点，而后石油产量必将下降，这一峰值过后石油生产将会遇到不可避免的大衰退直至可开采的能源资源全部枯竭。上述结论看似是合理的，因为化石类资源的总储量是定值且对石油的利用是单向的，并不会形成一个可封闭的回收循环，所以在一直消耗的情况下，资源消耗殆尽并不意外。然而，这个观点又往往不被经济学家所支持，任何经济学基础教材的前言和第一章都在强调"供给"与"需求"之间的联系，供需之间的关系往往都是相辅相成的，并不会孤立性地存在，当供给达不到需求时可以通过提高石油的价格牵制需求。当然，如果在石油储量将尽的时候将价格提高到一个任何人和政府都无法承担的高额数值时，不再有需求也就不会出现资源殆尽，当然这依然是一个理想化的场景。从经济学策略出发，人类发展总是要不停地寻找可替代的廉价新能源。生物质作为一种可再生资源，可以源源不断地为我们的生产和生活提供各种原料以及燃料。由于其结构的复杂多样性，发展高活性、高选择性的催化剂成为生物质催化转化的关键。而理论计算可以帮助我们从分子、原子层次上了解反应机理以及催化剂的电子几何结构，进而指导催化剂研发的相关工作。随着计算能力的发展以及机器学习的流行，理论化学在研究反应机理、预测催化剂活性以及指导催化剂研发等过程中发挥着日益重要的作用。

参考文献

[1]　Iupac，Gold book，https：//goldbook.iupac.org/terms/view/B00660.

[2] Iea，https：//www. iea. org/fuels-and-technologies/bioenergy.

[3] Rubin E M. Genomics of cellulosic biofuels [J]. Nature，2008，454（7206）：841-845.

[4] Alonso D M，Wettstein S G，Dumesic J A. Bimetallic catalysts for upgrading of biomass to fuels and chemicals [J]. Chemical Society Reviews，2012，41（24）：8075-8098.

[5] Ragauskas A J，Beckham G T，Biddy M J，et al. Lignin valorization：Improving lignin processing in the biorefinery [J]. Science，2014，344（6185）．

[6] Zakzeski J，Bruijnincx P C，Jongerius A L，et al. The catalytic valorization of lignin for the production of renewable chemicals [J]. Chemical Reviews，2010，110（6）：3552-3599.

[7] Werpy T，Petersen G. Top value added chemicals from biomass：Volume i - results of screening for potential candidates from sugars and synthesis gas [R]，2004.

[8] Van De Vijver R，Zádor J. Kinbot：Automated stationary point search on potential energy surfaces [J]. Computer Physics Communications，2020，248：106947.

[9] Questell-Santiago Y M，Galkin M V，Barta K，et al. Stabilization strategies in biomass depolymerization using chemical functionalization [J]. Nature Reviews Chemistry，2020，4（6）：311-330.

[10] Kim S，Chmely S C，Nimlos M R，et al. Computational study of bond dissociation enthalpies for a large range of native and modified lignins [J]. The Journal of Physical Chemistry Letters，2011，2（22）：2846-2852.

[11] Parthasarathi R，Romero R A，Redondo A，et al. Theoretical study of the remarkably diverse linkages in lignin [J]. The Journal of Physical Chemistry Letters，2011，2（20）：2660-2666.

[12] Huang J B，He C. Pyrolysis mechanism of α-O-4 linkage lignin dimer：A theoretical study [J]. Journal of Analytical and Applied Pyrolysis，2015，113：655-664.

[13] García-Muelas R，Rellán-Piñeiro M，Li Q，et al. Developments in the atomistic modelling of catalytic processes for the production of platform chemicals from biomass [J]. ChemCatChem，2019，11（1）：357-367.

[14] Lari G M，Gröninger O G，Li Q，et al. Catalyst and process design for the continuous manufacture of rare sugar alcohols by epimerization - hydrogenation of aldoses [J]. ChemSusChem，2016，9，3407.

[15] Carrasco J，Liu W，Michaelides A，et al. Insight into the description of van der waals forces for benzene adsorption on transition metal（111）surfaces [J]. The Journal of Chemical Physics，2014，140（8）：084704.

[16] Wang S，Vorotnikov V，Vlachos D G. Coverage-induced conformational effects on activity and selectivity：Hydrogenation and decarbonylation of furfural on Pd（111）[J]. ACS Catalysis，2015，5（1）：104-112.

[17] Benson S W，Cruickshank F，Golden D，et al. Additivity rules for the estimation of thermochemical properties [J]. Chemical Reviews，1969，69（3）：279-324.

[18] Ince A，Carstensen H H，Reyniers M F，et al. First-principles based group additivity values for thermochemical properties of substituted aromatic compounds [J]. AIChE Journal，2015，61（11）：3858-3870.

[19] Gu G H，Vlachos D G. Group additivity for thermochemical property estimation of lignin monomers on Pt（111）[J]. The Journal of Physical Chemistry C，2016，120（34）：19234-19241.

[20] Garcia-Muelas R，Lopez N. Collective descriptors for the adsorption of sugar alcohols on Pt and Pd（111）[J]. The Journal of Physical Chemistry C，2014，118（31）：17531-17537.

[21] Ulissi Z W，Medford A J，Bligaard T，et al. To address surface reaction network complexity using scaling relations machine learning and DFT calculations [J]. Nature Communications，2017，8（1）：1-7.

[22] Wang B，Gu T，Lu Y，et al. Prediction of energies for reaction intermediates and transition states on catalyst surfaces using graph-based machine learning models [J]. Molecular Catalysis，2020，498：111266.

[23] Toyao T，Suzuki K，Kikuchi S，et al. Toward effective utilization of methane：Machine learning prediction of adsorption energies on metal alloys [J]. The Journal of Physical Chemistry C，2018，122（15）：8315-8326.

[24] Li X，Chiong R，Hu Z，et al. Improved representations of heterogeneous carbon reforming catalysis using machine learning [J]. Journal of Chemical Theory and Computation，2019，15（12）：6882-6894.

[25] García-Muelas R，López N. Statistical learning goes beyond the d-band model providing the thermochemistry of adsorbates on transition metals [J]. Nature Communications，2019，10（1）：4687.

[26] Christiansen M A，Vlachos D G. Microkinetic modeling of Pt-catalyzed ethylene glycol steam reforming [J]. Ap-

plied Catalysis A：General，2012，431/432：18-24.

[27] Salciccioli M，Vlachos D. Kinetic modeling of Pt catalyzed and computation-driven catalyst discovery for ethylene gly-col decomposition [J]. ACS Catalysis，2011，1 (10)：1246-1256.

[28] García-Muelas R，Li Q，Lopez N. Density functional theory comparison of methanol decomposition and reverse reac-tions on metal surfaces [J]. ACS Catalysis，2015，5 (2)：1027-1036.

[29] Orella M J，Gani T Z，Vermaas J V，et al. Lignin-KMC：A toolkit for simulating lignin biosynthesis [J]. ACS Sustainable Chemistry & Engineering，2019，7 (22)：18313-18322.

[30] Jenness G R，Wan W，Chen J G，et al. Reaction pathways and intermediates in selective ring opening of biomass-de-rived heterocyclic compounds by iridium [J]. ACS Catalysis，2016，6 (10)：7002-7009.

[31] Wan W M，Jenness G R，Xiong K，et al. Ring-opening reaction of furfural and tetrahydrofurfuryl alcohol on hydro-gen-predosed iridium (111) and cobalt/iridium (111) surfaces [J]. ChemCatChem，2017，9 (9).

[32] RéOcreux R，Ould Hamou C A，Michel C，et al. Decomposition mechanism of anisole on Pt (111)：Combining sin-gle-crystal experiments and first-principles calculations [J]. ACS Catalysis，2016，6 (12)：8166-8178.

[33] Li Q，López N. Chirality，rigidity，and conjugation：A first-principles study of the key molecular aspects of lignin depolymerization on Ni-based catalysts [J]. ACS Catalysis，2018，8 (5)：4230-4240.

[34] Hubbert M K. Energy from fossil fuels [J]. Science，1949，109 (2823)：103.

第 12 章

理论计算在环境催化中的应用

环境催化是将环境污染物转化为无危害或危害程度较低的物质的重要手段[1]，其研究重点包括污染物迁移转化反应机理及催化剂的合成制备与改进。目前已形成广泛工程应用并在环境治理领域发挥了巨大作用的是燃煤电厂烟气氮氧化物（NO_x）氨选择性催化还原和汽柴油车尾气催化净化，相关研究工作已经在一些专著中做了梳理[2]。SO_2 也是煤、天然气等燃料燃烧过程排放的主要气态污染物之一，以多孔碳材料为主体的碳基催化剂能够在 80℃ 左右利用烟气中的 SO_2、氧气和水蒸气等生产可资源化利用的硫酸[3,4]，但对相关过程的机理还没有清晰的认识。本章以碳基催化法烟气脱硫反应机理研究为例，介绍第一性原理计算模拟方法在环境催化领域的应用。

多孔碳材料是由石墨微晶组成的非晶复杂材料，没有固定的元素化学计量比，也没有固定的晶型和孔隙结构。这种特征对目前主流实验分析手段造成了很大困难，而直接开展计算模拟研究也存在建立结构模型的困难。根据多孔碳材料的主要结构特征，可以将其分解为类石墨烯的平面结构和类碳纳米管或双层石墨烯缝隙的孔道结构。平面结构可用于研究化学组成、官能团等对 SO_2 催化氧化的作用机制[5,6]。孔道结构可以研究孔道尺寸对反应物和产物吸附、迁移与扩散的限域作用[7,8]。考虑到在实际工程应用中碳基催化剂会反复经历硫酸溶液的浸泡侵蚀，因此不考虑将可能形成硫酸盐被带走流失的金属组分与石墨烯掺杂，而考虑 N、O 和 S 等在元素周期表中与 C 相近的非金属元素的进行掺杂。

12.1 氧化石墨烯上 SO_2 的吸附与氧化特性

碳基催化剂催化脱硫反应的环境包括水、O_2 和 SO_2，碳材料中羟基、环氧基和羰基等含氧基团对 SO_2 催化氧化的作用是比较自然的。有实验表明，添加了氧化石墨烯的水溶液对 SO_2 有催化氧化形成硫酸的能力。因此，我们从向石墨烯表面添加含氧基团开始研究[9]。考虑到实际碳基催化剂含氧量较低，所采用的氧化石墨烯模型仅包含单个环氧基或羟基，或者同时含有二者。

12.1.1 SO_2 在氧化石墨烯上的吸附

SO_2 在含有羟基、环氧基基团石墨烯上的收敛吸附结构如图 12.1 所示。研究发现，范德华力修正（DFT-D2）可以使 SO_2 分子整体离碳材料主体更近，距离缩短了近 0.2Å。例

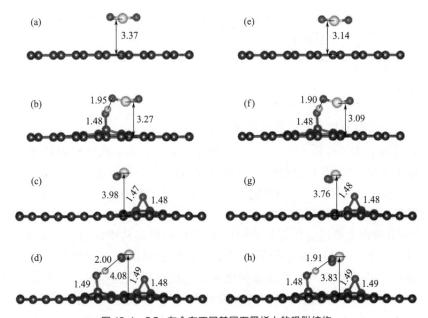

图 12.1　SO$_2$ 在含有不同基团石墨烯上的吸附结构

由 C 原子组成的基底石墨烯在文中记为 GP。(a)～(d) 为引入范德华力修正的几何结构；
(e)～(h) 为忽略范德华力修正的几何结构。标注键长单位为 Å

如，SO$_2$/GP 结构中，SO$_2$ 离 GP 主体的距离从 3.37Å 缩小到 3.14Å；SO$_2$/HO_GP 结构中，SO$_2$ 离 HO_GP 主体的距离从 3.27Å 缩小到 3.09Å。另外，范德华力修正使得 SO$_2$ 与羟基之间的氢键距离缩短。图 12.1(b) 与图 12.1(f) 比较，氢键距离从 1.95Å 缩短到 1.90Å；图 12.1(d) 和图 12.1(h) 比较，则从 2.00Å 缩短到 1.91Å。环氧基的引入，则削弱了氢键的作用，相应氢键的距离增加。

原则上，引入具有吸电子倾向的含氧官能团会降低石墨烯的供电子能力，从而减弱石墨烯对 SO$_2$ 的吸附作用。图 12.1 中四种碳材料按照被氧化程度排序为 GP＜HO_GP＜OGP＜HO_OGP，而 SO$_2$ 离碳材料主体的距离排序为 HO_GP＜GP＜OGP＜HO_OGP。HO_GP 和 GP 顺序颠倒，说明 HO 对 SO$_2$ 吸附具有明显的增强作用。

SO$_2$ 在不同氧化石墨烯表面上的吸附能如表 12.1 所示。包含范德华力修正计算得到的吸附能比 DFT 方法直接得到的吸附能大，约增加 0.2eV。这种趋势与吸附结构的几何结构特征分析结论一致。就不同官能团及其组合对吸附能的影响而言，在不含范德华力修正的情况下，吸附能排序为 SO$_2$/GP＜SO$_2$/HO_GP＝SO$_2$/OGP＜SO$_2$/HO_OGP。包含范德华力修正后，吸附能排序变为 SO$_2$/GP＜SO$_2$/OGP＜SO$_2$/HO_GP＜SO$_2$/HO_OGP。范德华力的引入改变了 SO$_2$/OGP 和 SO$_2$/HO_GP 的排序，强化了 HO 基团与 SO$_2$ 之间的氢键作用。

表 12.1　SO$_2$ 在不同氧化石墨烯表面上吸附的吸附能及电荷转移量

吸附构型	DFT		DFT-D2	
	$\Delta E_{ads}/eV$	$\Delta q/e$	$\Delta E_{ads}/eV$	$\Delta q/e$
SO$_2$/GP	−0.05	+0.09	−0.25	+0.10
SO$_2$/HO_GP	−0.13	+0.13	−0.38	+0.15

续表

吸附构型	DFT		DFT-D2	
	$\Delta E_{ads}/eV$	$\Delta q/e$	$\Delta E_{ads}/eV$	$\Delta q/e$
SO_2/OGP	-0.13	$+0.05$	-0.30	$+0.05$
SO_2/HO_OGP	-0.21	$+0.05$	-0.40	$+0.06$

从通过 Bader 电荷布局分析方法得到的电荷转移量 Δq 来看，在以上不同 SO_2 吸附结构中，电子从碳材料主体转移到 SO_2 分子中。电荷转移量总体呈现这样的规律：引入环氧基导致电荷转移量减少，引入羟基导致电荷转移量增加。不包含范德华力修正的数据并不完全符合这一规律，SO_2/OGP 和 SO_2/HO_OGP 的电荷转移数都是 0.05e，表明范德华力修正对氢键作用明显的体系来说是需要的。

图 12.2 的电荷密度差图清楚直观地表明了 SO_2 吸附结构中的电荷转移情况。在 SO_2/GP 结构中［图 12.2(a)］，在 SO_2 分子与石墨烯平面之间出现电荷聚集。羟基的引入［图 12.2(b)］，使 SO_2 中 S 原子与石墨烯表面之间的得电子区域体积进一步增加，说明羟基的存在促进了 SO_2 和石墨烯氧化物之间的电荷转移。同时还发现，有电子通过羟基转移到 SO_2 分子中。环氧基的引入［图 12.2(c)］则导致部分转入 SO_2 的电子由 S 原子转移到环氧基的 O 原子上。因此，在同时出现 HO 和环氧基的 SO_2/HO_OGP 结构［图 12.2(d)］中，形成电子传递环：电子从石墨烯表面传递给 HO，再经由被吸附的 SO_2 分子和环氧基的 O 原子，再回到石墨烯表面。

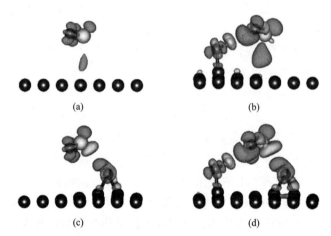

图 12.2 SO_2 在不同氧化石墨烯表面吸附的电荷密度差图

(a) SO_2/GP；(b) SO_2/HO_GP；(c) SO_2/OGP；(d) SO_2/HO_OGP。

等值面为 $0.01e/Å^3$

12.1.2 SO_2 在氧化石墨烯上的氧化

SO_2 被 OGP 和 HO_OGP 上的环氧基氧化的反应路径分别如图 12.3 和图 12.4 所示。SO_2 被 OGP 氧化能垒较低，为 0.21eV，氢键的引入使氧化能垒进一步降低至 0.12eV。

从图 12.3 可以看出，SO_2 在 OGP 上的氧化，放热 1.89eV，该反应在热力学上可行。在起始态（IS）中 S—O 键长为 1.45Å，与气态 SO_2 中 S—O 键长一致；终态（FS）S—O

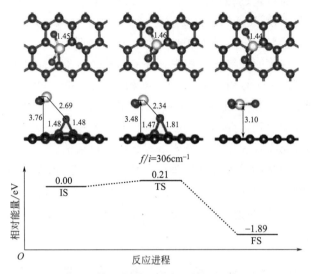

图 12.3　SO₂ 在 OGP 上的最小能量反应路径

IS 为起始态，TS 为过渡态，FS 为终态。长度单位为 Å

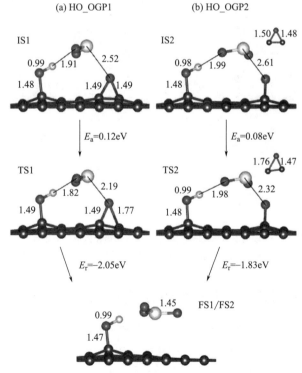

图 12.4　HO_OGP 中环氧基位置不同对氧化能垒的影响

(b) 中 IS2 和 TS2 子图右上角的插图是环氧基的几何结构。长度单位为 Å

键长为 1.44Å，与气态 SO₃ 的 S—O 键长一致。从几何结构上来看，过渡态（TS）更接近于起始态（IS）。同时，在过渡态中，环氧基的一个 C—O 键从 1.48Å 被拉伸到 1.81Å，因此，我们推测环氧基转化为羰基是 SO₂ 在 OGP 上氧化的主要控制步骤。

与 SO$_2$ 在 OGP 上的氧化过程相比，SO$_2$ 在 HO_OGP 上的氧化反应放热更多，能垒更低，意味着羟基的引入使 SO$_2$ 的氧化反应更容易发生。从氧化过程中过渡态（TS）的结构特征来看，SO$_2$ 靠近环氧基并靠近石墨烯表面。环氧基两个 O—C 键，一个被拉长，另一个几乎保持原来长度。这表明在氧化过程中，环氧基从"双脚"站立向"单脚"站立状态转化。氧化能垒高低可能与 O—C 键被拉长的长度相关。在 SO$_2$/OGP 氧化过渡态中，O—C 键长从 1.48Å 被拉伸到 1.81Å，在 SO$_2$/HO_GP 氧化过渡态中，O—C 键长从 1.49Å 被拉伸到 1.77Å。键长拉伸短表明需要的活化能更低，因此能垒更低。过渡态频率验算表明两个路径中搜索到的结构都仅有唯一虚频，证明所有结果是可信的。

前面的结果表明，羟基的引入可以显著提高 SO$_2$ 吸附能和降低氧化能垒。图 12.5 给出了双羟基存在时环氧基氧化 SO$_2$ 的反应路径[10]。由图 12.5 可知，双羟基的引入，使氧化能垒进一步降低至 0.06eV。过渡态 TS 中环氧基的一个 O—C 键从 1.51Å 被拉长到 1.74Å，活化强度进一步降低。

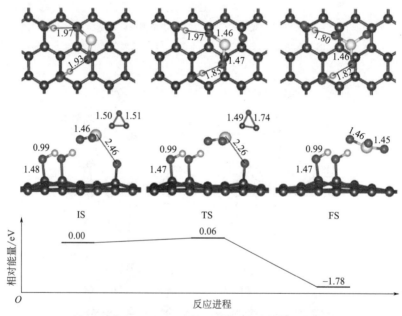

图 12.5　双羟基结构 2HO_OGP 上 SO$_2$ 氧化的最小能量反应路径

IS 为起始态，TS 为过渡态，FS 为终态。长度单位为 Å

12.1.3　OH 促进 SO$_2$ 氧化的机理研究探讨

SO$_2$ 在不同氧化石墨烯上的氧化过程的电荷密度差如图 12.6 所示。由于 SO$_2$/HO_OGP1 与 SO$_2$/HO_OGP2 的差分电荷密度相似，因此这里仅列出 SO$_2$/HO_OGP1 的差分电荷密度。由图 12.6 可知，在 H—O 之间，电子聚集和电子减少都存在强氢键作用。对于 SO$_2$/HO_OGP1，SO$_2$ 在 IS 和 TS 两种结构中分别得到 0.060e 和 0.141e 电荷。而对于 SO$_2$/2HO_OGP，这两个值分别增加到 0.094e 和 0.152e。相应的电荷密度差增大，也就是有更多的电子通过双通道从羟基转移到吸附态的 SO$_2$。

从前面的结果可知，氢键对 SO$_2$ 的吸附和氧化过程具有重要作用[10]。氢键具有一定的共价特性，因此可以用表征电子共价特性的电子局域函数（Electron localization function，

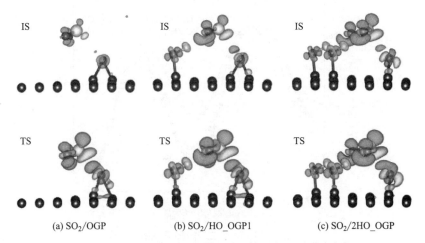

图 12.6　SO₂ 在不同氧化石墨烯上的氧化过程的电荷密度差

等值面取 $0.01e/\text{Å}^3$

ELF）来定量地给出其影响。ELF 取值在 $0\sim1$ 之间，数值越大表明共价特性越强。

　　ELF 结果如图 12.7 所示。基于 ELF 计算结果，发现三个值得注意的特点。首先，S—C 共价作用按 $SO_2/GP < SO_3/GP < SO_2/HO\_GP < SO_3/HO\_GP$ 顺序递增，与吸附能顺序一致。SO_3/HO_GP 结构中 S—C 的 ELF 最大（图 12.8），为 0.30。表明氢键的引入，能够显著增强 SO_2 和 SO_3 与石墨烯平面的共价作用。其次，不同的吸附结构，羟基中的 H 与 SO_2 或 SO_3 中的 O 之间的氢键作用相差不大，低谷数值都在 0.12 左右。但是他们还是比 SO_2/GP 和 SO_3/GP 结构中的 S—C 共价性强（ELF 仅为 0.08）。

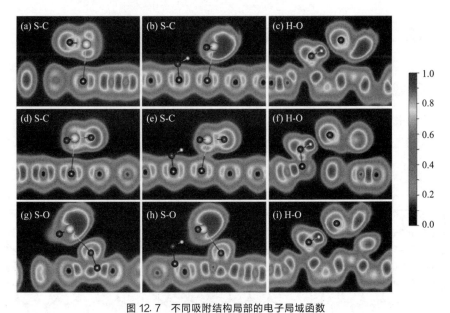

图 12.7　不同吸附结构局部的电子局域函数

（a）SO_2/GP；（b）和（c）SO_2/HO_GP；（d）SO_3/GP；（e）和（f）SO_3/HO_GP；
（g）SO_2/OGP；（h）和（i）SO_2/HO_OGP

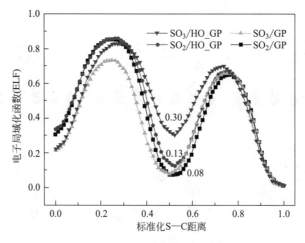

图 12.8　S—C 之间的 ELF 变化

图中横轴 0.4～0.6 之间标出 S—C 之间最弱 ELF，可据此定性判断吸附分子 SO_2 或者 SO_3

与石墨烯碳原子面之间的作用强弱

综上所述，弱作用共价属性排序为 SO_2/GP 中的 S—C＜SO_2/O＿GP 中的 S—O＜SO_2/HO＿OGP 中的 H—O＜SO_2/HO＿OGP 中的 S—O。据此可以进一步证实，羟基的存在是 SO_2/HO＿OGP 结构中形成电荷传递通道的重要因素，并且电子传递通道呈较强的共价特性。

在这一节中，我们发现碳材料表面的环氧基对 SO_2 氧化活性极高（能垒为 0.2eV），表面羟基的存在能够将氧化能垒进一步降低到 0.1eV 以下。这表明氧化反应不是控制步骤，O_2 分子的活化解离可能才是控制步骤。

12.2　掺杂石墨烯上 SO_2 的吸附与氧化特性

12.2.1　O 或 S 掺杂石墨烯上 O_2 的吸附与解离

图 12.9 给出了石墨烯（GP）、单氧原子掺杂石墨烯（OG）和单硫原子掺杂石墨烯（SG）的结构模型。经过结构优化后的 C—C 键为 1.42Å，O—C 键为 1.48Å，S—C 键为 1.86Å。

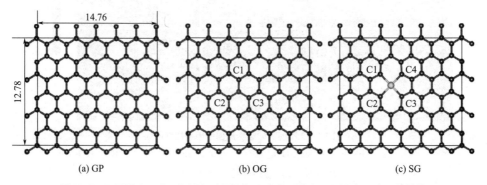

图 12.9　石墨烯（GP）、氧掺杂石墨烯（OG）和硫掺杂石墨烯（SG）几何结构

长度单位为 Å

通常认为，电负性原子的掺杂会带来自旋和电荷密度的重新分布，这对提高该物质的催化活性是很重要的。自旋密度决定了分子的吸附位置，而电荷密度则决定了吸附能[11]。图 12.10(b) 为 OG 的自旋密度，从掺杂位置开始 1~4 个碳原子的范围内，自旋向上和向下交替变化。而 SG 的自旋集中在掺杂原子 S 上 [图 12.10(c)]。图 12.10(e) 为 OG 的电荷密度，由图可知，电子由 C1~C3 转移至 O 原子，使 C 原子带正电荷。SG 中 C 原子的电荷重新分布不明显。因此，三者的催化活性顺序预测为 OG＞SG＞GP，并且直接与掺杂原子相连的 C 原子为活性位。

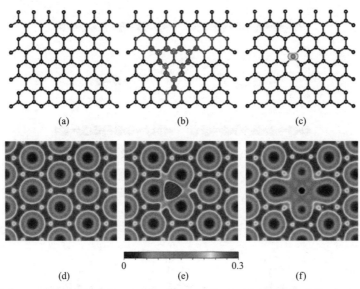

图 12.10　GP、OG 及 SG 的自旋密度（a）~（c）和总电荷密度（d）~（f）

长度单位为 Å，(a)~(c) 的等值面为 $5 \times 10^{-6} e/Å^3$

O_2 在石墨烯及掺杂石墨烯上的吸附如图 12.11 所示，其中（a）~（c）忽略自旋极化计算结果，（d）~（f）考虑自旋极化计算结果。由图可知，自旋极化的吸附距离比忽略自旋极化的吸附距离大 0.1~0.3Å，也就是说自旋极化会减弱 GP、OG 及 SG 对 O_2 的吸附。对于 O_2/GP 吸附结构，O_2 分子平行于石墨烯表面，吸附距离为 3.13Å [图 12.11(d)]，与文献的结果一致。两种掺杂石墨烯增强了对 O_2 的吸附。三者吸附距离的顺序为 OG＜SG＜GP。O_2 分子在三种吸附结构中的键长始终为 1.26Å 左右，说明三种吸附均为物理吸附。

O_2 在 GP 上解离的最小能量反应路径如图 12.12 所示。总体来说，O_2 在石墨烯上的解离需吸热 0.72eV，表明这个反应在热力学上不可行。在解离过程中，出现了中间态（MS），它将反应分成两部分。MS 的结构特点是两个 O 原子与两个 C 原子形成一个正方形，O—O、O—C 和 C—C 的键长均为 1.50Å。从起始态（IS）到中间态，能垒为 1.78eV，吸热 1.23eV。在起始态中 O_2 的键长为 1.26Å，与气态氧气分子的计算键长相同。在几何结构上，过渡态（TS1）更接近于中间态。因此反应的控制步骤是将氧气拉近石墨烯表面，并拉伸 O—O 键，使之形成过氧离子。从中间态到终态（FS），能垒为 0.62eV，放热 0.51eV。终态中，O—C 键长为 1.45Å 和 1.48Å，与环氧基的键长相当。最终，氧气被解离为石墨烯上的两个环氧基，这个过程需克服很高的能垒才能完成，因此在常温条件下，该反应不会发生。

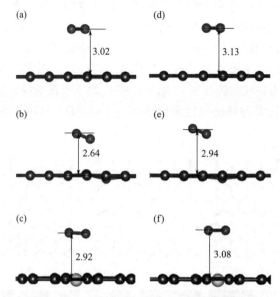

图 12.11　O_2 在不同掺杂石墨烯上的收敛吸附结构

（a）和（d）为 O_2/GP；（b）和（e）为 O_2/OG；（c）和（f）为 O_2/SG。（a）～（c）为忽略自旋极化
的几何结构；（d）～（f）为考虑自旋极化的几何结构。标注键长单位为 Å

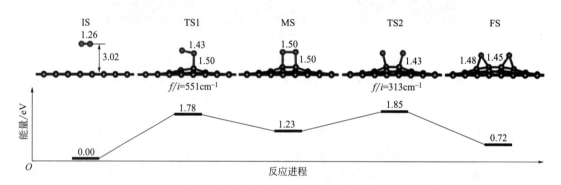

图 12.12　O_2 在 GP 上的最小能量反应路径

IS 为起始态，MS 为中间态，TS 为过渡态，FS 为终态。长度单位为 Å

O_2 在 OG 上解离的最小能量反应路径如图 12.13 所示。当 O_2 接近 OG 表面（从 IS 到 MS），O—O 键长由 1.26Å 被拉伸为 1.38Å，O_2 转变为超氧离子。这个过程的能垒很低，放热 2.04eV。同时，与 O_2 相连的 C 原子，也就是与掺杂的 O 原子相连的 C 原子凸出 OG 表面。从中间态（MS）到终态（FS）的过程，能垒低至 0.05eV，放热 1.07eV。在这个过程中，超氧离子距离 OG 表面更近，O—O 由 1.38Å 被拉伸为 1.41Å（TS），最终 O—O 距离为 2.68Å，表面 O—O 已经完全断裂。该反应的控制步骤为超氧离子中 O—O 的拉伸。O_2 解离后，在 OG 表面形成一个环氧基，一个羰基。

O_2 在 SG 上的解离过程如图 12.14 所示。与 O_2 在 GP 上的解离过程相似，该反应有两个反应能垒，并且第一个能垒 0.39eV 为主要能垒。控制步骤为 O_2 分子被激活形成超氧离子，O—O 键长由 1.26Å 被拉伸为 1.34Å（TS1）中间态（MS）。克服 0.19eV 的能垒后，O—O 被继续拉伸，最终形成两个羰基（FS），O—C 键长为 1.23Å。

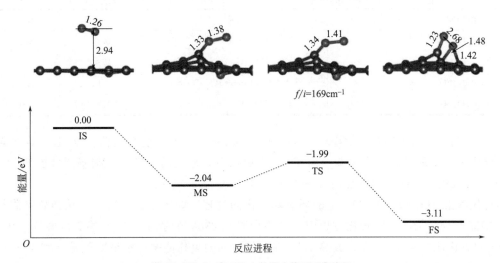

图 12. 13　O$_2$ 在 OG 上的最小能量反应路径

IS 为起始态，MS 为中间态，TS 为过渡态，FS 为终态。长度单位为 Å

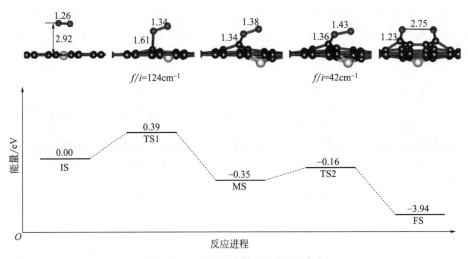

图 12. 14　O$_2$ 在 SG 上的最小能量反应路径

IS 为起始态，MS 为中间态，TS 为过渡态，FS 为终态。长度单位为 Å

12. 2. 2　OG 或 SG 上解离氧对 SO$_2$ 的氧化

杂原子掺杂可以促进 O$_2$ 在石墨烯上的解离，但形成的含氧官能团的活性还未可知。因此，我们研究了 SO$_2$ 在两种掺杂石墨烯上的氧化。O$_2$ 在 OG 或 SG 上解离后的结构记为 2O＿OG 或 2O＿SG，当氧化反应发生，消耗掉一个含氧官能团后，剩下的结构记为 1O＿OG 或 1O＿SG。SO$_2$ 吸附能和反应能如表 12.2 所示。结合 O$_2$ 解离反应能垒，我们发现有两个催化循环反应是动力学上可行的。但是，SO$_2$ 在 OG 上的催化氧化反应的控制步骤为 SO$_2$/1O＿OG ⟶ SO$_3$/OG，该反应的能垒为 2.46eV，而 SO$_2$ 在 SG 上的催化氧化反应的控制步骤为 SO$_2$/2O＿SG ⟶ SO$_3$/1O＿SG，该反应的能垒高达 2.57eV。这两个反应在动力学上不可行。

表 12.2　SO$_2$ 氧化的吸附能（ΔE_{ads}）、反应能垒（E_b）和反应能（E_r）

吸附结构	$\Delta E_{ads}/eV$	反应	E_b/eV	E_r/eV
SO$_2$/2O_OG	−0.35	SO$_2$/2O_OG ⟶ SO$_3$/1O_OG	0.79	−1.79
SO$_2$/1O_OG	−0.46	SO$_2$/1O_OG ⟶ SO$_3$/OG	2.46	1.48
SO$_2$/2O_SG	−0.27	SO$_2$/2O_SG ⟶ SO$_3$/1O_SG	2.57	0.62
SO$_2$/1O_SG	−0.37	SO$_2$/1O_SG ⟶ SO$_3$/SG	1.41	−0.03

根据我们之前的研究，石墨烯上的环氧基可以氧化 SO$_2$，能垒较低。O$_2$ 在 OG 上解离后，形成一个环氧基，一个羰基；而在 SG 上解离后，形成两个羰基。羰基活性极低，不利于 SO$_2$ 的氧化。因此我们重点研究 SO$_2$ 在 2O_OG 上的氧化。

首先考虑 SO$_2$ 被 2O_OG 上的环氧基氧化的过程，如图 12.15 所示。从初始吸附结构 IS 到中间产物结构 MS 的转化过程中，需要克服 0.23eV 的能垒，环氧基变为羰基。从 MS 到 FS 的氧化能垒为 0.79eV，放热 1.74eV。如此高的氧化能垒，也证明羰基不利于 SO$_2$ 的氧化。这与 SO$_2$ 在氧化石墨烯上的氧化不同，主要是由于氧化过程中 O—C 键的变化。环氧基在氧化 SO$_2$ 的过程中，O—C 键由 1.48Å 被拉伸至 1.81Å，拉伸了 0.33Å。然而羰基在氧化 SO$_2$ 的过程中，O—C 键由 1.27Å 被拉伸至 1.62Å，拉伸了 0.35Å。也就是说，环氧基中较短的 O—C 键被拉伸的长度决定了氧化能垒的高低。因此，也就不难理解，有羰基参与反应的氧化过程的能垒都较高，如 SO$_2$/1O_OG ⟶ SO$_3$/OG，SO$_2$/2O_SG ⟶ SO$_3$/1O_SG，SO$_2$/1O_SG ⟶ SO$_3$/SG。

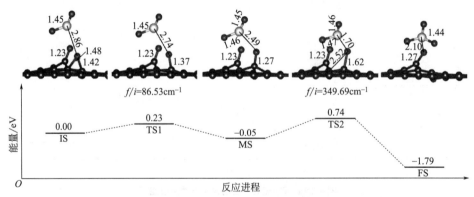

图 12.15　SO$_2$ 在 2O_OG 上氧化的最小能量反应路径

IS 为起始态，MS 为中间态，TS 为过渡态，FS 为终态。长度单位为 Å

12.2.3　O 或 S 掺杂石墨烯对 SO$_2$ 的氧化机理研究

不同含氧官能团的态密度分析如图 12.16 所示。与 GP 上的环氧基相比 [图 12.16(a)]，OG 上的环氧基的价态更低。同时，在最高占据分子轨道 A（HOMO）的左侧出现了新的高峰 B [图 12.16(b)]，这表明 OG 上的环氧基不如 GP 上的环氧基氧化活性好。图 12.16(c) 中 C 峰为 SG 上的羰基的低峰，低于 −20eV，这表明 SG 上的羰基的氧化活性更低，需要消耗更多的能量激发其活性，因此羰基不利于 SO$_2$ 的氧化。

分析 OG 和 SG 表面 O$_2$ 的吸附解离和 SO$_2$ 氧化反应的能垒，我们发现 O 或 S 掺杂能够有效降低 O$_2$ 分子的解离能垒，但是解离后形成的表面氧物种活性较低，无论是形成羰基，

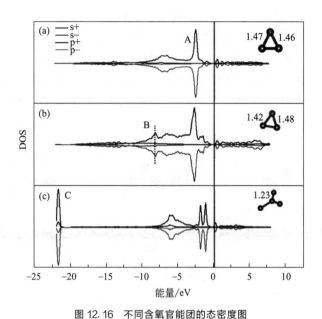

图 12.16　不同含氧官能团的态密度图

（a）为 GP 表面的环氧基；（b）为 OG 表面的环氧基；（c）为 SG 表面的羰基

或者先形成环氧基再在氧化过程中转化为羰基，氧化活性都很低。如果通过合适的掺杂能够促进 O_2 解离形成高氧化活性的环氧基，就能够在 O_2 解离与 SO_2 氧化之间达到平衡。我们的后续研究表明，通过吡啶氮与石墨氮掺杂组合，或通过双石墨氮掺杂，O_2 解离速控步能垒与 SO_2 氧化速控步能垒都能被调控到 0.5eV 左右。氮掺杂具备这种潜力，可能是因为 N 的电负性与 C 相近，而比 O 和 S 低，其邻近的 C 原子的正电荷较低，从而使解离后的 O 原子的结合能降低，保持了解离吸附 O 的高活性。但是，0.5eV 的能垒仍然很高，不能解释实验和工程应用中碳材料催化脱硫反应在 80℃ 左右的温度就具有高氧化活性的事实。因此，可能存在非 O_2 解离的催化反应路径。考虑到碳基催化剂催化氧化 SO_2 反应中水是必不可少的反应物，有研究者推测 SO_2 可能先发生水化形成亚硫酸根之类的物种，然后再被 O_2 分子通过一定的方式氧化。下一节将尝试这个思路，并考虑 O_2 分子不经解离直接参与氧化反应。

12.3　双层石墨烯缝隙内 SO_2 的水化与氧化

12.3.1　SO_2 的氧化及水化

在水存在的情况下，脱硫反应可能存在两种途径[12]：一为 O_2 分子氧化 SO_2 生成 SO_3，SO_3 被水化得 H_2SO_4，从而达到脱硫效果；二为 SO_2 先被水化为 H_2SO_3，H_2SO_3 与 O_2 反应生成 H_2SO_4，从而去除 SO_2。为了验证两种途径的可能性，我们首先计算了 SO_2 与 O_2 在碳材料表面的直接氧化反应，如图 12.17 所示。

在计算 SO_2 与 O_2 在石墨烯表面的氧化反应过程中，我们发现，在石墨烯表面，SO_2 与 O_2 发生氧化反应，最终生成 SO_4，而并非 SO_3。该反应氧化能垒为 1.24eV，最终放热

1.71eV。在氧化过程中，SO_2 分子到石墨烯表面的距离被拉近 0.64Å，氧气分子的键长由 1.26Å 被拉伸至 1.45Å。由于氧化能垒较高，该反应在常温下不易发生。通过第一节的结果，我们得知，羟基可以促进二氧化硫在石墨烯上的氧化。因此我们还计算了在羟基存在的情况下 SO_2 与 O_2 反应的最小能量反应路径（图 12.18），其反应能垒为 1.20eV，与其在 GP 上的反应能垒相差不大。由此推断，在碳材料表面，即使对碳材料表面引入羟基改性，SO_2 与 O_2 也不易发生直接反应。

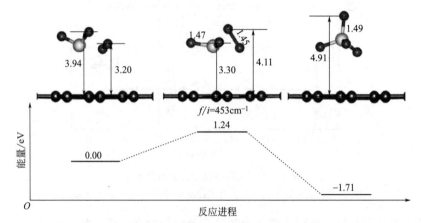

图 12.17 SO_2 与 O_2 在碳材料表面反应的最小能量反应路径

长度单位为 Å

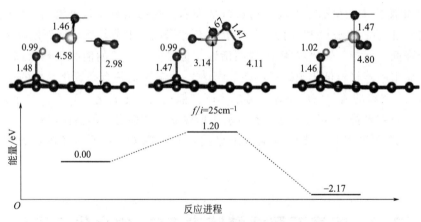

图 12.18 SO_2 与 O_2 在 HO_ GP 表面反应的最小能量反应路径

长度单位为 Å

有文献指出，自然界中并无可分离的单个 H_2SO_3 分子存在[13]。对于单个 SO_2 分子和 n 个水分子共存的体系，有 $SO_2 \cdot nH_2O$ 和 $H_2SO_3 \cdot (n-1)H_2O$ 两种情况。$SO_2 \cdot nH_2O$ 为单个 SO_2 分子被 n 个水分子包裹形成的团簇，而 $H_2SO_3 \cdot (n-1)H_2O$ 为单个 H_2SO_3 分子被 $(n-1)$ 个水分子包裹形成的团簇。不同 n 情况下，通过分子动力学平衡后再经结构优化收敛的团簇总能如表 12.3 所示。由表可知，仅当水分子个数 n 超过 4 时，在热力学上 SO_2 才会倾向于以 H_2SO_3 形式存在，而燃煤烟气中水分和 SO_2 的比例符合形成 H_2SO_3 的要求。典型工况条件下，SO_2 的浓度数量级为 0.1%（体积分数），而 H_2O 的浓度数量级为 10%（体积分数）。因此，可以推断，当烟气温度降低到 100℃ 以下时，在碳基催化剂的丰富孔道中，吸附的 H_2O 和 SO_2 分子数比例超过 4。

表 12.3　SO_2 和 H_2O 不同共存状态的总能　　　　　　　　单位：eV

n	1	2	3	4	5	10
$H_2SO_3 \cdot (n-1)H_2O$	−31.15	−45.88	−60.77	−75.57	−90.49	−163.88
$SO_2 \cdot nH_2O$	−31.43	−45.95	−60.96	−75.69	−90.09	−163.40

12.3.2　受限空间对亚硫酸氧化的影响

将双层石墨烯之间的缝隙作为碳材料孔道模型，通过调整双层石墨烯之间的距离，得到间距分别为 6Å、7Å、8Å、9Å 和 10Å 的结构，分别命名为 D6、D7、D8、D9 和 D10。双层石墨烯孔道模型如图 12.19 所示。

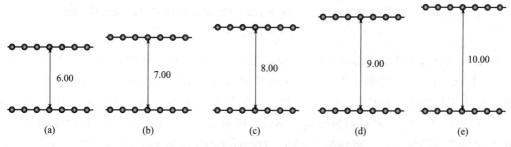

图 12.19　五种间距不同的双层石墨烯孔道模型
（长度单位为 Å）

在计算模拟亚硫酸在石墨烯上的氧化过程中，我们发现，亚硫酸并不直接与氧气分子发生氧化反应生成硫酸，而是分为两个过程：首先亚硫酸被氧气氧化为 H_2SO_5 结构；然后 H_2SO_5 结构分解为 HSO_4 分子和羟基，最终羟基吸附于石墨烯表面。两个过程分别如图 12.20 和图 12.21 所示。

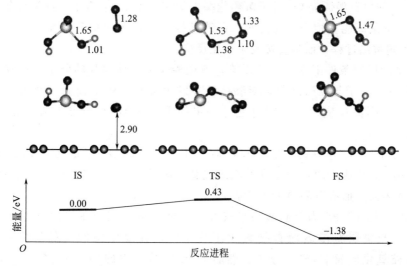

图 12.20　单层石墨烯表面 H_2SO_3 被 O_2 分子直接氧化为 H_2SO_5 的最小能量反应路径
长度单位为 Å

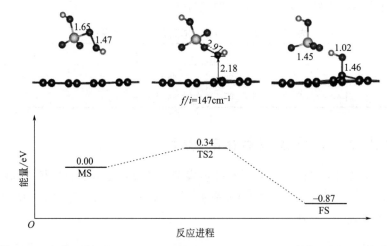

图 12.21　单层石墨烯表面 H_2SO_5 分解为 HSO_4 和石墨烯表面羟基的最小能量反应路径

长度单位为 Å

图 12.20 给出了单层石墨烯表面 H_2SO_3 被 O_2 分子直接氧化的最小能量路径。图的上部分是 H_2SO_3-O_2 结构的俯视图，为了突出视觉效果，石墨烯碳原子结构没有显示；图的中部分给出了侧视图，包括 H_2SO_3-O_2 和石墨烯局部；图的下部分是氧化反应过程中过渡态（TS）和产物（FS）相对初始结构（IS）的能量变化。从初始结构来看，H_2SO_3-O_2 在远离石墨烯平面的位置，距离约为 2.90Å。这个距离与 O_2 分子在 GP 表面的吸附距离相当，表明其是极弱的物理吸附。氧分子键长为 1.28Å，与气相分子键计算值相等。过渡态为 H 原子的传递，O_2 分子得到 H 原子，自身被活化，键长延长为 1.33Å。这个距离对应超氧离子 O—O 键长。在产物中，O—O 键长进一步延长至 1.47Å，对应过氧离子 O—O 键长。氧化能垒为 0.43eV，放热 1.38eV。

值得注意的是，这里 O_2 分子并未经历解离过程再参与反应，而是借助 H_2SO_3 分子中的一个 H 被活化，然后直接与 S 原子成键。这一过程从来没有被报道过。该氧化反应的能垒 0.43eV，与理想石墨烯上 O_2 分子解离能垒 1.78eV 相比，非常小。甚至与杂原子掺杂后 SO_2 分子氧化的最高能垒相当。这说明，在碳材料催化氧化 SO_2 反应循环中，有可能不经历 O_2 分子吸附解离过程，而是直接发生氧化反应。

考虑到实际反应条件下水气氛的影响，亚硫酸作为极性很强的分子，很容易被吸附的水分子包围，O_2 分子与亚硫酸分子能够接触并发生反应的概率较低。因此，需要进一步降低氧化能垒，提高反应效率，同时通过一定的手段增加 O_2 分子与亚硫酸分子接触的机会。

H_2SO_3 分子被 O_2 分子氧化为 H_2SO_5 后，H_2SO_5 中的 O—O 键继续被拉伸，由 1.47Å 被拉伸至 2.97Å，形成 HSO_4 分子和游离的羟基。该过程能垒为 0.34eV，最后游离的羟基吸附在石墨烯表面，形成石墨烯表面羟基。

图 12.22～图 12.26 为亚硫酸与氧气在不同间距的双层石墨烯内发生反应的最小能量反应路径。与单层石墨表面直接氧化历程不同，在受限空间内的反应可分为三步：首先亚硫酸被氧化形成 H_2SO_5 分子，然后 H_2SO_5 分子中的 O—O 键断裂，形成一个游离的羟基和一个 HSO_4 分子，最后羟基吸附到石墨烯表面。多了一个形成游离羟基的过程。

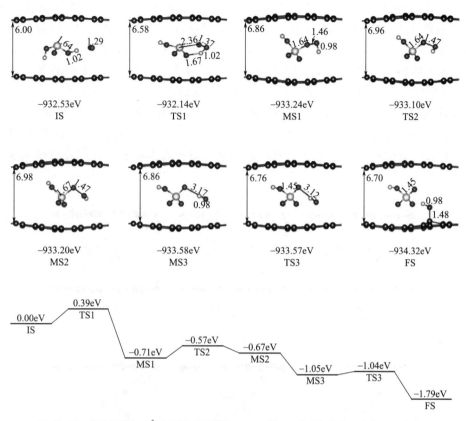

图 12.22　缝隙间距为 6Å 的两层石墨烯间 H_2SO_3 被 O_2 分子氧化的最小能量反应路径

长度单位是 Å

　　亚硫酸分子在间距为 6Å 的双层石墨烯内的氧化反应如图 12.22 所示。在氧化反应过程中，双层石墨烯结构受氧化反应影响发生明显变形，两侧的石墨烯平面分别向上下两边发生扭曲，层间距被拉大，最大达到 6.98Å，说明 6Å 的间距对于亚硫酸的氧化反应来说，空间不足。从 IS 到 MS2 为整个反应的第一步，即为亚硫酸的氧化反应，能垒为 0.39eV，放热 0.67eV。该反应的能垒小于亚硫酸在单层石墨烯上的氧化能垒，因此我们推断受限空间有利于亚硫酸的氧化。过渡态 TS1 中，氢原子靠近氧气分子，原来 H—O 键长由 1.02Å 被拉伸至 1.67Å。O_2 分子活化程度增大，O_2 分子中的 O—O 键长由 1.29Å 被拉伸至 1.37Å。MS1 结构中，原来的 H—O 键彻底断裂，与原有的 O_2 分子中的 O 原子形成新的 H—O 键，键长为 0.98Å。原来的 O_2 分子中 O—O 键进一步被拉伸至 1.46Å，其中一个 O 原子与 S 成键，键长 1.64Å。随后，原有的 O—O 键继续被拉伸，形成 O—O 键长为 1.47Å、S—O 键长为 1.67Å 的 H_2SO_5 结构（MS2）。MS2 结构并不稳定，将自发变为 MS3 结构，即新形成的 O—O 键断裂，使 H_2SO_5 结构分为两部分：HSO_4 结构和游离的羟基。游离的羟基需克服 0.01eV 的能垒吸附在石墨烯表面，形成石墨烯表面羟基。

　　图 12.23 为亚硫酸在间距为 7Å 的双层石墨烯内的氧化反应。与亚硫酸在 D6 的氧化反应类似，在整个反应过程中，双层石墨烯发生变形，两侧的石墨烯平面向上下两边发生扭曲，层间距被拉大，最大达到 7.46Å，增大了 0.46Å，比 D6 的变形小，说明 7Å 的

间距对于亚硫酸的氧化反应来说，空间略小。从 IS 到 MS1 为亚硫酸的氧化，能垒为 0.25eV，放热 1.07eV。过渡态 TS1 中，氢原子靠近氧气分子，原来 H—O 键长由 1.02Å 被拉伸至 1.75Å。O_2 分子活化程度增大，O_2 分子中的 O—O 键长由 1.29Å 被拉伸至 1.37Å。MS1 结构中，原来的 H—O 键彻底断裂，与原有的 O_2 分子中的 O 原子形成新的 H—O 键，键长为 0.98Å。原来的 O_2 分子中 O—O 键进一步被拉伸至 1.46Å，其中一个 O 原子与 S 成键，键长 1.66Å，形成 H_2SO_5 结构。从 MS1 到 MS2，需克服 0.18eV 的能垒，主要用于 O—O 键的断裂。MS2 结构并不稳定，O—O 键断裂，使 H_2SO_5 结构分为两部分：HSO_4 结构和游离的羟基。游离的羟基吸附在石墨烯表面，形成石墨烯表面羟基（FS）。

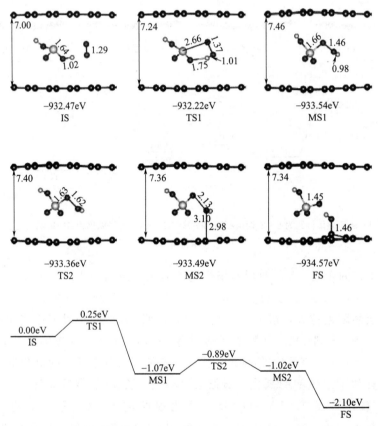

图 12.23　缝隙间距为 7Å 的两层石墨烯间 H_2SO_3 被 O_2 分子氧化的最小能量反应路径

长度单位是 Å

　　将 H_2SO_3-O_2 放在层高为 8Å 的双层石墨烯缝隙中（图 12.24），发现氧化能垒降低至 0.18eV，不足单层石墨表面氧化能垒的一半，并且石墨烯表面不再发生卷曲。反应从 IS 到 MS 放热 1.32eV，与图 12.20 中单层石墨烯表面放热 1.38eV 在化学精度范围吻合。与单层石墨烯上的氧化反应路径相比，过渡态 TS1 中，氢原子更靠近 O_2 分子，原来 O—H 键长拉伸后长度从 1.38Å 增加到 1.62Å。O_2 分子活化程度增大，O—O 键长拉伸为 1.36Å，增加了 0.08Å。从 MS 到 FS 的能垒为 0.31eV，与图 12.22 和图 12.23 相比，亚硫酸被氧化为 H_2SO_5 后，进一步分解为石墨烯表面羟基和 HSO_4 分子的能垒较高。

　　图 12.25 为亚硫酸在间距为 9Å 的双层石墨烯内的氧化反应。IS 到 MS 为亚硫酸的氧

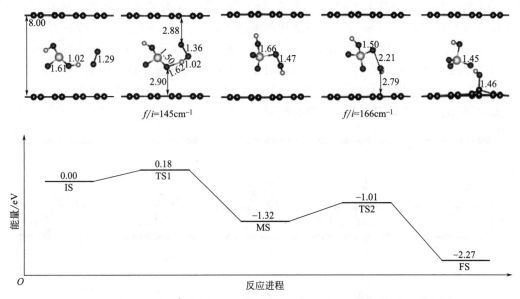

图 12.24　缝隙间距为 8Å 的两层石墨烯间 H_2SO_3 被 O_2 分子氧化的最小能量反应路径

长度单位是 Å

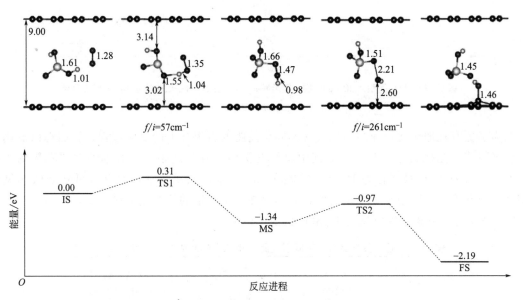

图 12.25　缝隙间距为 9Å 的两层石墨烯间 H_2SO_3 被 O_2 分子氧化的最小能量反应路径

长度单位是 Å

化，能垒为 0.31eV，放热 1.34eV。过渡态 TS1 中，氢原子靠近氧气分子，原来 H—O 键长由 1.01Å 被拉伸至 1.55Å，O_2 分子中的 O—O 键长由 1.28Å 被拉伸至 1.35Å。MS 结构中，原来的 H—O 键彻底断裂，与原有的 O_2 分子中的 O 原子形成新的 H—O 键，键长为 0.98Å。原来的 O_2 分子中 O—O 键进一步被拉伸至 1.47Å，其中一个 O 原子与 S 成键，键长 1.66Å，形成 H_2SO_5 结构。从 MS 到 FS，需克服 0.37eV 的能垒，主要用于 O—O 键的断裂。

图 12.26 为亚硫酸在间距为 10Å 的双层石墨烯内的氧化反应。IS 到 MS 为亚硫酸的氧

化，能垒为 0.34eV，放热 1.21eV。过渡态 TS1 中，氢原子靠近氧气分子，原来 H—O 键长由 1.01Å 被拉伸至 1.51Å。O_2 分子活化程度增大，O_2 分子中的 O—O 键长由 1.28Å 被拉伸至 1.35Å。MS 结构中，原来的 H—O 键彻底断裂，与原有的 O_2 分子中的 O 原子形成新的 H—O 键，键长为 0.98Å。原来的 O_2 分子中 O—O 键进一步被拉伸至 1.47Å，其中一个 O 原子与 S 成键，键长 1.66Å，形成 H_2SO_5 结构。与图 12.24 类似，从 MS 到 FS，需克服 0.29eV 的能垒，主要用于 O—O 键的断裂。

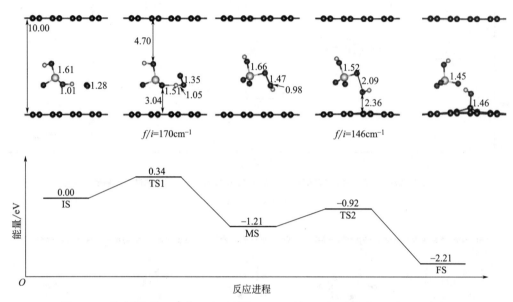

图 12.26　缝隙间距为 10Å 的两层石墨烯间 H_2SO_3 被 O_2 分子氧化的最小能量反应路径

长度单位是 Å

　　为了更直观地对比亚硫酸与氧气在不同层间距的石墨烯上的氧化过程，我们将该氧化过程的吸附能、能垒汇总于表 12.4，其中单层石墨烯可看作间距为无穷远的双层石墨烯，记为 D∞。从 H_2SO_3 被氧化为 H_2SO_5 的能垒来看，双层石墨烯能够显著降低亚硫酸的氧化能垒，但并不是间距越小，能垒越低，而是存在一个合适的间距使能垒最低，即双层石墨烯间距为 8Å 时，亚硫酸被氧化为 H_2SO_5 的能垒最低。

表 12.4　亚硫酸与氧气在不同层间距石墨烯上的氧化过程的吸附能、能垒

模型	IS 吸附能/eV	$H_2SO_3 \xrightarrow{O_2} H_2SO_5$ 氧化能垒/eV	羟基吸附到 GP 表面的能垒/eV
D6	−1.10	0.39	0.01
D7	−1.17	0.25	0.18
D8	−1.12	0.18	0.31
D9	−1.12	0.31	0.37
D10	−1.02	0.34	0.29
D∞	−0.87	0.43	0.34

12.3.3　受限空间对亚硫酸氧化的作用

将 O_2 分子对 H_2SO_3 氧化过程中 IS 的吸附能以及过渡态 TS1 结构中发生断裂的 H—O 和 O—O 键长列于表 12.5 中。

表 12.5　IS 的吸附能以及 TS1 的几何结构特征

模型	吸附能/eV	TS1 H—O 键长/Å	TS1 O—O 键长/Å
D6	−1.10	1.67	1.37
D7	−1.17	1.75	1.37
D8	−1.12	1.62	1.36
D9	−1.12	1.55	1.35
D10	−1.02	1.51	1.35
D∞	−0.87	1.38	1.33

从吸附能来看，O_2 分子及 H_2SO_3 在单层石墨烯上的吸附能仅有 0.87eV，而双层石墨烯对 H_2SO_3 的吸附显著增强。从 TS1 的几何结构来看，与双层石墨烯上的氧化相比，TS1 结构中 O—O 键长均在 1.35Å 左右，最大的不同在于 H—O 键长的变化。双层石墨烯上的氧化，TS1 中 H—O 键长都大于 1.5Å，而单层石墨烯的 TS1 中 H—O 键长仅有 1.38Å，这说明双层石墨烯使 H—O 键更易断裂，过渡态提前，从而使得 O_2 分子对 H_2SO_3 的氧化能垒降低。

图 12.27 中给出了亚硫酸在不同间距的石墨烯上吸附结构的差分电荷密度。从图中可以看出，与亚硫酸在单层石墨烯上的吸附相比，H_2SO_3-O_2 共存体系在双层石墨烯间可以从缝隙的上下两层石墨烯平面得到电子，而当石墨烯间距过大（大于 9Å）时，H_2SO_3-O_2 共存体系只能从距离较近的石墨烯平面得到电子。O_2 分子从与之靠近的 H 原子和上层石墨烯平面得到电子。比较图 12.20 和图 12.22 中两个 IS 结构的 O_2 分子发现，后者 O—O 键长比前者长 0.01Å。这个差异并不显著，但鉴于 O_2 分子较强的化学惰性和吸附状态下较弱的分子间作用，可以将其视作石墨烯缝隙内的多电子环境促进 O_2 活化的证据，进而降低氧化能垒。

到目前为止，对多孔碳低温材料催化氧化 SO_2 生成硫酸的反应机理仍然没有较为清晰的理解。其困难主要在三个方面：①作为氧化剂的 O_2 分子如何在常压和接近室温条件下有效活化；②水是反应过程中的必需组分，它在 SO_2 氧化过程如何发挥作用；③产物硫酸如何有效从碳材料孔道中脱附。我们推测，整个碳基催化脱硫反应是在非金属微孔结构中的气体-液-固三相反应，O_2 分子可能经历非解离过程而直接氧化 SO_2 形成过氧硫酸盐高氧化性中间物种，水在碳材料孔道内形成柔性氢键网络，从而促进 SO_2 的氧化和硫酸的脱附。这种氢键网络环境下的多相界面催化化学是环境催化的核心问题之一，具有界面效应和尺寸效应。相关问题需要采用量子力学与经典分子动力学嵌套的方法或者机器学习的方法开展跨尺度计算才能进一步推进研究工作。另外，真实多孔碳材料的结构远比石墨烯和碳纳米管复杂，可能不是石墨烯和碳纳米管等理想模型上催化反应行为的简单加和。采用随机方法建模和多尺度计算方法研究真实碳材料上污染物的迁移转化

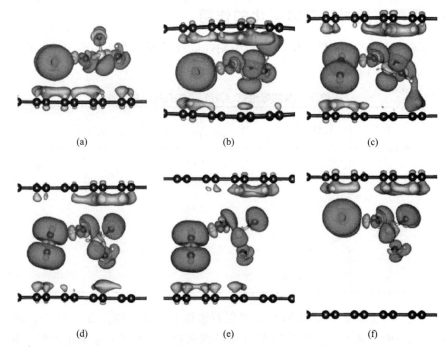

(a)　　　　　　　　　(b)　　　　　　　　　(c)

(d)　　　　　　　　　(e)　　　　　　　　　(f)

图 12.27　H_2SO_3 和 O_2 在不同间距双层石墨烯间共存结构的电荷密度差

（a）～（f）分别对应间距无穷远及 6～10Å 的间距

机理也是值得探索的。

参考文献

［1］　贺泓，李俊华，何洪，等．环境催化——原理及应用［M］．北京：科学出版社，2008.

［2］　李俊华，杨恂，常化振．烟气催化脱硝关键技术研发及应用［M］．北京：科学出版社，2015.

［3］　Gaur V，Asthana R，Verma N. Removal of SO_2 by activated carbon fibers in the presence of O_2 and H_2O ［J］. Carbon，2006，44（1）：46-60.

［4］　Raymundo-Piero E，Cazorla-Amorós D，Linares-Solano A. The role of different nitrogen functional groups on the removal of SO_2 from flue gases by N-doped activated carbon powders and fibres ［J］. Carbon，2003，41（10）：1925-1932.

［5］　Hou M L，Zhang X，Yuan S D，et al. Double graphitic-N doping for enhanced catalytic oxidation activity of carbocatalysts ［J］. Physical Chemistry Chemical Physics，2019，21（10）：5481-5488.

［6］　Li J Y，Yin S，Dong F，et al. Tailoring active sites via synergy between graphitic and pyridinic N for enhanced catalytic efficiency of a carbocatalyst ［J］. ACS applied materials & interfaces，2017，9（23）：19861-19869.

［7］　Holt J，Park H，Wang Y，et al. Fast mass transport through sub-2-nanometer carbon nanotubes ［J］. Science，2006，312（5776）：1034-1037.

［8］　Pan X L，Fan Z L，Chen W，et al. Enhanced ethanol production inside carbon-nanotube reactors containing catalytic particles ［J］. Nature Materials，2007，6（7）：507-511.

［9］　Zhang H J，Cen W L，Liu J，et al. Adsorption and oxidation of SO_2 by graphene oxides：A van der waals density functional theory study ［J］. Applied Surface Science，2015，324：61-67.

［10］　Cen W L，Hou M，Liu J，et al. Oxidation of SO_2 and NO by epoxy groups on graphene oxides：The role of the hydroxyl group ［J］. RSC Advances，2015，5（29）：22802-22810.

［11］　Hou M，Cen W，Nan F，et al. Dissociation of O_2 and its reactivity on O/S doped graphene ［J］. RSC Advances，2016，6（9）：7015-7021.

［12］　程振民，蒋正兴. 活性炭脱硫研究：（Ⅱ）水蒸气存在下 SO_2 的氧化反应机理 ［J］. 环境科学学报，1997，17（3）：273-277.

［13］　Shamay E S，Valley N A，Moore F G，et al. Staying hydrated：The molecular journey of gaseous sulfur dioxide to a water surface ［J］. Physical Chemistry Chemical Physics，2013，15（18）：6893-6902.

总结与展望

工业催化已经有几百年的发展历史并深刻影响了人类社会的发展，在可以预期的未来，工业催化对人类的发展仍将产生深远的影响。虽然很早之前化学家们就提出了催化研究追求的是100％的原料转化率、100％的目标产物选择性、100％的收率以及催化剂持久的稳定性，并且时至今日工业催化已经进入在分子水平操控化学反应实现分子工程的新阶段，但工业催化中实现100％的目标产物收率和催化剂持久稳定性的实例仍然鲜有报道。

由于工业催化反应体系的复杂性，要在宏观上对整个反应路径以及反应器内的传递和转化过程进行完全的描述，不仅仅需要微观上对反应机理的阐述，更需要在不同层次、不同尺度（包括时间尺度和空间尺度）上对整个反应体系的综合描述。

工业催化的复杂性不仅仅体现在各种反应的复杂性上，也体现在催化剂的复杂性上。催化剂的结构是认识催化反应机理的基础。以负载型催化剂为例，载体表面负载的活性金属或者氧化物团簇通常被认为是一个稳定的状态，具有明确的结构。而越来越多的证据表明，催化剂的活性位结构以及负载金属的状态在反应过程中具有流变性，在催化反应中，不仅反应物原料在发生反应得到目标产物，催化剂也在催化反应气氛中发生反应和结构演变，向着热力学稳定的方向前进，并最终演变为一种更稳定（或者说失活）的状态，这些活性位结构演变的热力学基础和动力学过程以及其与催化主副反应本身的关联性仍需进一步探究。

虽然目前计算化学在解决工业催化过程与催化剂的热力学以及动力学等基础原理方面起到了重要的定量和定性的作用，对催化实践活动起到了很大的帮助作用。但我们也要注意到，一些影响催化剂制备和催化反应走向的关键能量因素，往往只有几个千焦/摩尔，或者几十个千焦/摩尔，这些微小的能量会对催化反应的选择性以及催化剂的稳定性起到至关重要的作用，而这些比较小的能量，正是我们当前计算化学难以达到的精度极限，要精准地描述这些物质结构以及反应过程所涉及的势能面，需要计算方法和计算机运算能力的共同改进。

时至今日，我们再回顾早期催化界先驱对催化本质的认识，例如，Thenard把催化剂的作用归因于"电流体"的作用。虽然这种观点一度遭到摒弃，但从当前人们对物质结构的认识来说，化学键本身是由电子云构成的，催化过程涉及旧化学键的断裂和新化学键的形成，这一过程始终伴随着电子云随原子核的运动而发生的转移，此即现在的化学术语"动态学"。催化过程中的"构效关系"是需要引起我们重视的另一重要概念，简而言之，催化剂的分子结构决定了催化性能和催化效果，但是如果从电子结构出发考虑这个问题，其实是因为每一个原子独有的电子结构决定了可以组成什么样活性位结构的催化剂，从而可以实现对应功能的催化效果。从微观层面来讲，电子结构始终是催化的核心问题，催化剂活性位的电子结构关系到催化剂的结构稳定性、催化反应过程、反应物与催化剂反应过程所涉及的整个势能面。从计算的角度来说，只有精准描述催化剂与反应过程中物质的电子结构，才能准确计算反应的势能图，了解在反应过程中电子迁移的规律才是准确描述反应动态、预测反应规律、实现在分子层面操控催化反应的基础。

在所有涉及电子运动的过程中，都可能涉及磁这个范畴。在理论催化计算中已经有越来越多的计算结果证明，这些催化反应过程不仅涉及电子运动，而且伴随着催化剂或反应物自旋态以及磁矩的变化。电子结构与催化的相关性已经得到了充分确认，但是人们对反应过程中微观磁场的认识仍然十分匮乏。现在的计算结果只是表明在反应过程中自旋态与磁矩会发生变化，影响到反应的势能面，由此可以推断磁场对反应分子微观的动力学和动态学行为也会有影响。因此，能否通过磁场实现对催化反应过程的调控，或者将催化剂的磁性特征与催化性能关联实现对催化现象的表征是值得我们思考的问题。

除了上述催化反应机理的问题，反应物、中间体、产物分子的扩散传递也是影响催化过程的一个关键步骤。尤其是对像分子筛类型的复杂多孔材料，扩散传递过程或步骤甚至是复杂反应体系中的反应物向目标产物定向转化的决定性因素，成为调控目标产物选择性的重要手段。如何利用理论计算的方法，更准确清晰地描述这些扩散与催化性能的关联性，以及多孔催化材料的扩散传质的演变规律都是理论催化研究者需要关注的热点。

理论必须源自实践，且又高于实践。催化的理论与计算必须要在工业催化的实践中展开，从工业催化的实践中发现制约催化效率提升的技术难点，凝练出关键的科学问题并予以解决。当前催化化学已经进入分子催化的新阶段，对催化的研究已经不仅要对某一反应的特定反应速控步进行调控，更要对复杂反应体系的整个反应网络中的特定反应路径进行选择。这些复杂反应体系由多个反应步骤构成，各反应步骤具有不同的热力学或动力学特性。这要求我们在催化研究中要结合理论计算，在充分认识复杂反应体系反应网络的基础上，创建以"精准催化"为目标的理论体系与技术方法，通过对催化剂的微观结构设计、反应条件（温度、压力、空速）的优化和特定反应路径的选择，实现化学键的定向活化转化和目标产物原子经济性的精准合成。